Fundamentals of Physics

物理学の基礎

［3］

電磁気学

D.ハリディ／R.レスニック／J.ウォーカー

［共著］

野﨑光昭

［監訳］

培風館

訳　者

22〜24章：	福田行男 <small>ふくだ ゆきお</small>	神戸大学名誉教授
25, 26章：	浦野俊夫 <small>うらの としお</small>	神戸大学工学研究科准教授 （電気電子工学専攻）
27章：	川越清以 <small>かわごえ きよとも</small>	神戸大学理学研究科教授（物理学専攻）
28章：	浦野俊夫	
29, 30章：	野崎光昭 <small>のざき みつあき</small>	高エネルギー加速器研究機構素粒子原子核研究所教授
31章：	浦野俊夫	
32, 33章：	本間康浩 <small>ほんま やすひろ</small>	神戸大学工学研究科准教授 （電気電子工学専攻）
34章：	野崎光昭	

FUNDAMENTALS OF PHYSICS
6th edition
by
David Halliday
Robert Resnick
Jearl Walker

Copyright © 2002 by Baifukan Co., Ltd, All Rights Reserved. Authorized translation from English language edition published by John Wiley & Sons, Inc., Copyright © 2001 by John Wiley & Sons, Inc. All Rights Reserved.

本書は株式会社培風館がジョン・ワイリー・アンド・サンズ社と直接の契約により，その英語版原著を翻訳したものである．日本語版「© 2002」は培風館がその著作権を登録し，かつこれに付随するすべての権利を保有する．
原著「© 2001」の著作権ならびにこれに付随する一切の権利はジョン・ワイリー・アンド・サンズ社が保有する．

本書の無断複写は，著作権法上での例外を除き，禁じられています．
本書を複写される場合は，その都度当社の許諾を得てください．

訳者序文

　本書はHalliday, Resnik, Walker著のFundamentals of Physics第6版の日本語訳である．物理学の教科書・参考書は数多く存在するが，わかりやすく丁寧な記述という観点で見ると，本書は群を抜いている．基礎となる考え方が，平易な文章で，時にはくどいと感じられるくらい，丁寧に説明されているばかりでなく，随所にチェックポイントや例題が数多く盛り込まれているので，正しく理解しているかどうかを確認しながら読み進むことができる．身近な例，学生が興味をもつであろう風変わりな例，現代の科学技術に関わる例，さらにはきれいなカラー図版と写真が豊富に取り入れられており，少しでも多くの学生に物理を学んで欲しいという原著者の意気込みが感じられる．必然的に本書は厚い（原書は全章で1100ページを超える）．厚い教科書は敬遠されるという経験則があるそうだが，初学者が自分で勉強できるような，言葉で丁寧に物理が語られている教科書は貴重である．"わび・さび"の文化をもつ日本人にとって（おそらく多くの物理学者にとっても），ごてごてした記述を一切取り払った簡潔な教科書も魅力的ではあるが，最近の読者層にマッチしているかどうかは疑問である．

　本書は大学初年次向けの入門書として書かれたものであり，訳者の所属する大学では物理を専門としない学生のための教科書として用いられる予定であるが，物理学科の学生または物理を必須の道具として使う理工系の学生にも，まず本書で基礎概念の理解を固めた上でさらに高度な学習をして欲しいと願っている．多くの大学から教養課程が姿を消し，物理を2度学ぶチャンスが減った現状では，高校物理からの橋渡しとして，本書のような自習（予習）書として使える教科書が必要なのではないだろうか．

　一方，本書は物理に興味を持つ高校生でも読みこなせるのではないかと思う．本屋に並んでいる多くの高校生向けの参考書を見ても，問題集と見間違うようなものが多く，物理を丁寧に記述しているものは少ないように見受けられる．試験対策ではなく本当に"物理"に興味をもつ高校生に読んでいただければ幸いである．

　文章が多く，また米国の生活に密着したような例も多く出てくることから，翻訳には苦労した．厳密な訳を多少犠牲にしても，わかりやすく表現することに努めたつもりではあるが，不十分な点も多いかと思う．読者諸氏からのご批判を仰ぎたい．

　最後になったが，本書を翻訳する機会を与えていただいた培風館の松本和宣氏に感謝するとともに，監訳者として，教育・研究・学務で忙しい中，翻訳を分担してくださった諸先生方に謝意を表したい．

　　2002年8月

野﨑光昭

目 次

第3巻

第22章

電 荷　1
冬緑樹の香りのライフセーバーから出るスパークの原因は何か？
- **22-1**　電磁気学　1
- **22-2**　電　荷　2
- **22-3**　導体と絶縁体　3
- **22-4**　クーロンの法則　5
- **22-5**　電荷は量子化されている　10
- **22-6**　電荷は保存されている　12
- まとめ　13
- 問　題　13

第23章

電 場　15
噴火口の上で起きる巨大な放電現象の原因は何か？
- **23-1**　電荷と力　15
- **23-2**　電　場　16
- **23-3**　電気力線　17
- **23-4**　点電荷による電場　19
- **23-5**　電気双極子による電場　20
- **23-6**　線電荷による電場　22
- **23-7**　面電荷による電場　26
- **23-8**　電場の中におかれた点電荷　27
- **23-9**　電場の中におかれた双極子　30
- まとめ　32
- 問　題　33

第24章

ガウスの法則　35
稲妻の大きさはどれくらいか？
- **24-1**　クーロンの法則の新しい見方　35
- **24-2**　フラックス　36
- **24-3**　電 場 束　37
- **24-4**　ガウスの法則　39
- **24-5**　ガウスの法則とクーロンの法則　41
- **24-6**　孤立した帯電導体　42
- **24-7**　ガウスの法則の応用：円筒対称の場合　45
- **24-8**　ガウスの法則の応用：平面対称の場合　47
- **24-9**　ガウスの法則の応用：球対称の場合　49
- まとめ　51
- 問　題　51

第25章

電 位　53
髪の毛が逆立ったときの危険とは何か？
- **25-1**　電気ポテンシャルエネルギー　53
- **25-2**　電　位　55
- **25-3**　等電位面　57
- **25-4**　電場から電位を計算する　59
- **25-5**　点電荷による電位　60
- **25-6**　複数の点電荷による電位　61
- **25-7**　電気双極子による電位　63
- **25-8**　連続的な電荷分布による電位　64
- **25-9**　電位から電場を計算する　66
- **25-10**　点電荷系の電気ポテンシャル

エネルギー　67
25-11　孤立した帯電導体の電位　69
ま と め　70
問　題　71

第26章

電 気 容 量　73
救急現場でどのようにして心室細動を止めるのか？
26-1　キャパシターの利用　73
26-2　電気容量　74
26-3　電気容量の計算　76
26-4　キャパシターの並列接続と直列接続　79
26-5　電場に蓄えられるエネルギー　84
26-6　誘電体を含むキャパシター　86
26-7　誘電体：原子的考察　89
26-8　誘電体とガウスの法則　90
ま と め　92
問　題　93

第27章

電流と抵抗　95
飛行船ヒンデンブルグ号の炎上墜落の原因は何か？
27-1　電荷の移動と電流　95
27-2　電　流　96
27-3　電流密度　98
27-4　抵抗と低効率　101
27-5　オームの法則　105
27-6　微視的に見たオームの法則　107
27-7　回路の電力　108
27-8　半 導 体　110
27-9　超伝導体　112
ま と め　112
問　題　113

第28章

回　路　115
電気ウナギはどうやって大きな電流を流すのか？

28-1　電荷ポンプ　115
28-2　仕事、エネルギー、起電力　116
28-3　単ループ回路の電流　117
28-4　単ループ回路の発展形　120
28-5　電 位 差　122
28-6　多重ループ回路　124
28-7　電流計と電圧計　130
ま と め　134
問　題　135

第29章

磁　場　137
オーロラの厚さが高さや幅の広がりに比べて薄いのはなぜか？
29-1　磁　場　137
29-2　$\vec{B}$の定義　138
29-3　直交電磁場：電子の発見　142
29-4　直交電磁場：ホール効果　144
29-5　荷電粒子の円運動　146
29-6　サイクロトロンとシンクロトロン　150
29-7　電流に働く磁気力　152
29-8　電流ループに働くトルク　155
29-9　磁気双極子モーメント　157
ま と め　159
問　題　159

第30章

電流がつくる磁場　162
宇宙空間に物質を送る方法は？
30-1　電流がつくる磁場　162
30-2　平行な2本の導線の間に働く力　168
30-3　アンペールの法則　170
30-4　ソレノイドとトロイド　173
30-5　磁気双極子としてのコイル　176
ま と め　178
問　題　179

第31章

誘導とインダクタンス　**181**
エレクトリックギターがロック界にもたらした革命とは？

- 31-1　対称的な状況　181
- 31-2　2つの実験　182
- 31-3　ファラデーの電磁誘導の法則　182
- 31-4　レンツの法則　185
- 31-5　誘導とエネルギー移動　188
- 31-6　誘導電場　191
- 31-7　インダクターとインダクタンス　195
- 31-8　自己誘導　197
- 31-9　RL 回路　198
- 31-10　磁場に蓄えられるエネルギー　201
- 31-11　磁場のエネルギー密度　203
- 31-12　相互インダクタンス　205
- まとめ　207
- 問題　208

第32章

物質の磁性：マクスウェル方程式　**210**
カエルの磁気浮上はなぜ起こる？

- 32-1　磁石　210
- 32-2　磁場に関するガウスの法則　211
- 32-3　地磁気　212
- 32-4　磁気と量子　213
- 32-5　磁性体　218
- 32-6　反磁性　219
- 32-7　常磁性　220
- 32-8　強磁性　222
- 32-9　誘導磁場　225
- 32-10　変位電流　228
- 32-11　マクスウェルの方程式　230
- まとめ　231
- 問題　232

第33章

電磁振動と交流　**234**
送電線の電圧が高いのはなぜか？

- 33-1　新しい物理と古い数学　234
- 33-2　LC 振動：定性論的議論　235
- 33-3　電気的振動と力学的振動の類似性　238
- 33-4　LC 振動：定量的議論　238
- 33-5　RLC 回路における減衰振動　242
- 33-6　交流　243
- 33-7　強制振動　245
- 33-8　単純な3種類の回路　245
- 33-9　RLC 直列回路　251
- 33-10　交流回路における電力　256
- 33-11　変圧器　259
- まとめ　262
- 問題　263

第34章

電磁波　**265**
彗星の尾が曲がっているのはなぜか？

- 34-1　マクスウェルの虹　265
- 34-2　進行電磁波；定性的議論　267
- 34-3　進行電磁波；定量的議論　270
- 34-4　エネルギー輸送とポインティングベクトル　273
- 34-5　放射圧　275
- 34-6　偏光　278
- 34-7　反射と屈折　281
- 34-8　全反射　286
- 34-9　反射による偏光　288
- まとめ　289
- 問題　290

付　録

- **A** 基礎物理学定数　293
- **B** 天文データ　294
- **C** 数学公式　295
- **D** 元素の特性　298

解　答

CHECKPOINTS　301
問　題　302

索　引　　**305**

全巻の目次

第1巻

- **1章** 測　　定
- **2章** 直線運動
- **3章** ベクトル
- **4章** 2次元と3次元の運動
- **5章** 力と運動 I
- **6章** 力と運動 II
- **7章** 運動エネルギーと仕事
- **8章** ポテンシャルエネルギーとエネルギー保存
- **9章** 粒 子 系
- **10章** 衝　　突
- **11章** 回　　転
- **12章** 転がり，トルク，角運動量
- **13章** 重　　力

第2巻

- **14章** 平衡と弾性
- **15章** 流　　体
- **16章** 振　　動
- **17章** 波　動 I
- **18章** 波　動 II
- **19章** 温度，熱，熱力学第1法則
- **20章** 気体分子運動論
- **21章** エントロピーと熱力学第2法則

第3巻

- **22章** 電　　荷
- **23章** 電　　場
- **24章** ガウスの法則
- **25章** 電　　位
- **26章** 電気容量
- **27章** 電流と抵抗
- **28章** 回　　路
- **29章** 磁　　場
- **30章** 電流がつくる磁場
- **31章** 誘導とインダクタンス
- **32章** 物質の磁性：マクスウェル方程式
- **33章** 電磁振動と交流
- **34章** 電 磁 波

22　電　荷

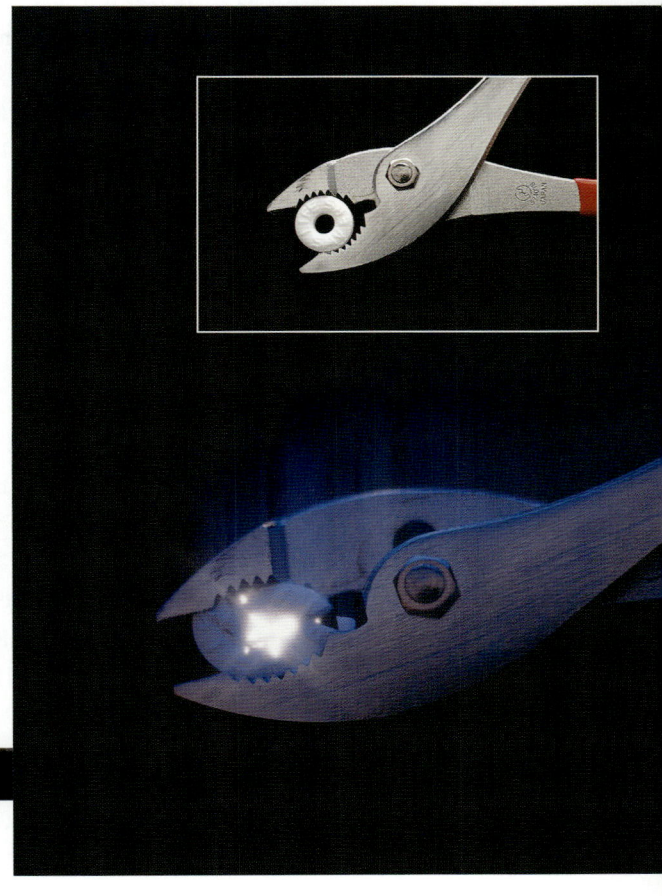

真っ暗な部屋で15分間ほど眼を慣らした後，冬緑樹（wintergreen）の香りのライフセーバー（LifeSaver, 訳注：キャンディの商品名）を友達に噛んでもらうと，噛む度に口からかすかな青い光が出るのが見えるだろう。（歯を痛めないために，写真のように，プライヤーでキャンディを押し潰してもよい。）

スパークと呼ばれるこの発光の原因は何だろう？

答えは本章で明らかになる。

22-1　電磁気学

古代ギリシャの哲学者達は，琥珀をこすると麦わらが吸い付けられることを知っていた。これがまさに現在われわれが生きている"電子の時代"の先駆けである。（電子を意味する *electron* の語源はギリシャ語の琥珀である。）また，古代ギリシャ人は，今では磁鉄鉱として知られているある種の"石"が，鉄を引きつけるということを記録に残している。

電気と磁気の科学は，その後何世紀もの間別々に発展し，1820年にエルステッド（Hans Christian Oersted）が初めて両者の関連性を見いだした；彼は，導線を流れる電流が磁針の向きを変えることを発見した。興味深いことに，エルステッドは物理の学生のための演示実験の準備中にこれを発見したのである。

その後，電気（electricity）と磁気（magnetism）の現象を総合的に取り扱う電磁気学（electromagnetism）という新しい科学は，いろいろな国の多くの研究者によって発展してきた。最も注目すべき研究者のひとりがファ

図22-1 乾燥した日に起きる電気的な現象：紙切れが互いにくっつき，プラスチック製の櫛に引きつけられている。同様に，衣服は体にまとわりつく。

ラデー(Michael Faraday)である。彼は，物理的な直感力と視覚化の才能に恵まれた天才的な実験家であった。その天賦の才能は，彼の実験ノートに方程式が全く出てこないことでも明らかであろう。19世紀の半ばに，マクスウェル(James Clerk Maxwell)はファラデーの着想を数学的な形で表現し，また，自分自身の多くの新しい着想を加えることによって，電磁気学の基礎理論を確立した。

第32章の表32-1に，マクスウェル方程式(Maxwell's equations)と呼ばれる電磁気学の基本法則がまとめられている。本章から第32章までを使って，これに取り組むことになるが，先にゴールをちらっと覗いてみるのもよいだろう。

22-2 電 荷

乾燥した日にカーペットの上を歩いた後，金属製のドアノブに指を近づけるとスパークが起こることがある。静電気によって衣類が体にまとわりつく現象(図22-1)は，テレビコマーシャルにも登場する。誰もが知っている稲妻は，もっと大きなスケールの現象である。これらはいずれも，われわれの身近にある物体，あるいは人体そのものに蓄えられた膨大な量の**電荷**(electric charge)が，ちらりと姿を現したものである。電荷は物体を構成する基本粒子に固有の属性(粒子の存在自体に付随した特性)である。

多くの場合，物体中の膨大な量の電荷は姿を現さない。2種類の電荷，すなわち*正電荷*(positive charge)と*負電荷*(negative charge)が等量存在するためである。このように正負の電荷が均衡を保っているとき，物体は*電気的に中性*(electrically neutral)である，または，正味の電荷(net charge)をもたないといわれる。2種類の電荷のバランスが崩れると正味の電荷が現れる。このとき，物体は*帯電している*(charged)といわれる。物体に含まれる正と負の電荷の総量に比べると，電荷の不均衡はたいてい極めてわずかな量である。

帯電した物体の間には相互作用があり，互いに力を及ぼしあう。このことを見るために，ガラス棒の一端を絹でこすってガラスを帯電させてみよう。ガラスと絹が接触する点で，一方から他方へ微量の電荷が移動し，それぞれの電荷の均衡が破れる。(こすり合わせるのは，接触点の数を増して，移動する電荷量を少しでも増やすためである。)

帯電したガラス棒を糸で吊り，周囲から電気的に絶縁して電荷量が変化しないようにする。同じように帯電させた第2のガラス棒を近づけると(図22-2a)，2本の棒は反発する；それぞれの棒は，互いに遠ざかる向きに力を受ける。しかし，プラスチックの棒を毛皮でこすって吊り下げたガラス棒に近づけると(図22-2b)，2本の棒は*引き合う*；それぞれの棒は互いに近づく向きに力を受ける。

この2つの実験結果は，正と負の2種類の電荷を考えることによって理解することができる。ガラス棒を絹でこすると，ガラス棒は負の電荷を少しだけ失うので，電荷の均衡が崩れて，正の電荷(図22-2bの＋記号)もつことになる。プラスチック棒を毛皮でこすると，電荷の均衡が崩れて，プ

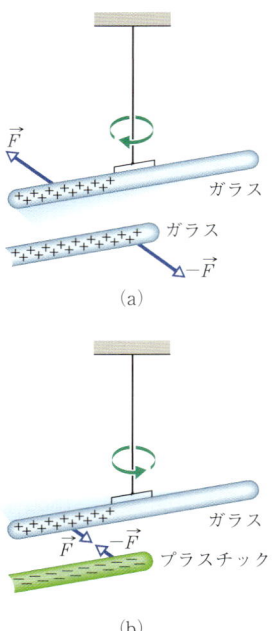

図22-2 (a)同符号の電荷をもつ帯電した2本の棒は反発し合う。(b)異符号の電荷をもつ帯電した2本の棒は引き合う。＋は正の，－は負の正味の電荷を示す。

ラスチック棒は負の電荷（図22-2bの−記号）を少しだけもつことになる。2つの実験結果から次のことがわかる：

▶ 同符号の電荷は反発し合い，異符号の電荷は引き合う。

22-4節で，この法則を電荷の間に働く*静電気力*(electrostatic force)（または，*電気力*(electric force)）に関するクーロンの法則(Coulomb's law)という定量的な形にまとめる。静電気という言葉は，電荷が相対的に静止しているか，またはゆっくり動いていることを強調するために使われる。

電荷の"正"と"負"の符号は，フランクリン(Benjamin Franklin)が勝手に決めたものである。彼は符号を入れ替えたり，2種類の電荷を識別するために他の符号の対を使うこともできた。（フランクリンは国際的に有名な科学者であった。アメリカ独立戦争中にフランスでのフランクリンによる外交が成功したのは，彼の科学者としての名声に負うところが大きいと言われている。）

電荷の間の引力と反発力（斥力ともいう）は，静電塗装や静電粉体塗装，電気集塵機，インクジェットプリンター，コピー機等々，工業的に広く利用されている。図22-3は，ゼロックスのコピー機で使われているトナー（黒色粉体）が，静電気力で小さな球状のキャリアに付着しているところを示している。回転ドラム上ではコピーする書類の像の部分が正に帯電しており，負に帯電したトナー粒子は小球から離れて回転ドラムに吸い付けられる。次に，トナーはドラムから帯電した紙に転写され，そこで熱的に焼き付けられてコピーが完了する。

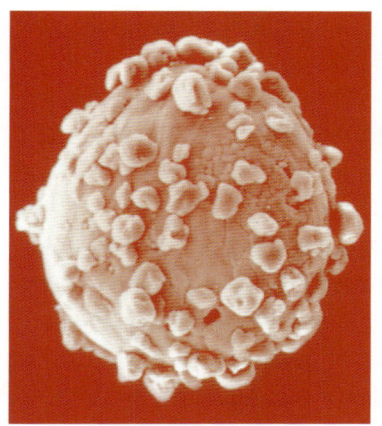

図22-3 ゼロックスコピー機のトナーを運ぶキャリア：トナー粒子は静電気的な引力でキャリアに付着している。キャリアの直径は約0.3 mmである。

22-3 導体と絶縁体

金属，水道水，人体などの物質では，負の電荷がかなり自由に動き回ることができる。このような物質を**導体**(conductor)とよぶ。ガラス，化学的に純粋な水，プラスチックなどの物質では，電荷は自由に動き回ることができない。このような物質を**不導体**(nonconductor)あるいは**絶縁体**(insulator)とよぶ。

銅の棒を手に持ってウールの布でこすっても，銅も人体も導体であるために，棒を帯電させることはできない。棒をこすると棒の電荷のバランスは崩れるが，余剰の電荷はすぐに棒から人体を通って地表に接している床に移動して，棒はあっという間に電気的に中性化される。

このように物体と地表の間を導体でつなぐことを，物体を*接地する*(ground，訳注：または"アースする")という。また，このように余剰の正または負の電荷を取り除いて物体を電気的に中性にすることを*放電する*(discharge)という。銅の棒を手で持たずに，絶縁体の取っ手で支えた状態でこすれば，地球への電荷の通り道がなくなるので，銅の棒を帯電させることができる。ただし銅の部分に直接手を触れないこと。

導体と絶縁体の特性は，原子の構造と電気的な性質によっている。原子は，正の電荷をもつ*陽子*(proton)と負の電荷をもつ*電子*(electoron)と電

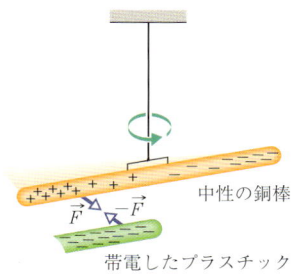

図 22-4 中性の銅棒は絶縁体の糸でつるされており，周囲から電気的に絶縁されている．帯電した棒を銅棒の端に近づけると，どちらの端に近づけても銅棒は引き寄せられる．銅棒の伝導電子は，プラスチック棒の負電荷から反発力を受け，反対の端へ移動する．残った正電荷がプラスチック棒の負電荷に引き寄せられるので，銅棒は回転する．

図 22-5 これは曲芸ではない；人体が電気的な導体であることを証明するために 1774 年に行われたまじめな実験である．この絵に描かれた人は，絶縁体のロープで吊り下げられ，帯電した棒（この棒はおそらくズボンではなく身体に直接触れている）によって帯電させられた．この人が，顔，左手，右手でつかんだ棒を板の上の小さい紙片に近づけると，紙に電荷が誘起されて，紙片が身体に向かって舞い上がる．

気的に中性な*中性子*（neutron）からできている．陽子と中性子は強く結合して中心にある*原子核*（nucleus）を形成する．

 1個の電子がもつ電荷と1個の陽子がもつ電荷は，符号が逆で大きさは等しい．したがって，電気的に中性である原子は，同数の電子と陽子を含んでいる．電子は原子核内の陽子と反対符号の電荷をもつため，原子核に引きつけられ，原子核の近くに束縛されている．

 銅のような導体では原子が集まって固体を形成すると，最も外側の（したがって最も弱く束縛された）いくつかの電子は，個々の原子から離れて固体中を自由に動く．このような電子を*伝導電子*（conduction electron）とよぶ．後には正電荷をもつ原子（正イオン，positive ion）が残される．絶縁体中には，（たとえあったとしても）極わずかの伝導電子しかない．

 図 22-4 の実験は，導体中の電子が自由に動くことを示している．負に帯電したプラスチック棒は，絶縁された電気的に中性の銅棒の両端をどちらも同じように引き寄せる．プラスチック棒に近い方の端にある銅棒の伝導電子は，プラスチック棒の負電荷から反発力を受け，銅棒の反対側の端へ移動する．このために近い方の端にある電子が減り，正負の均衡が破れて正電荷が現れる．この正電荷がプラスチック棒の負電荷に引きつけられるのである．このとき，銅棒は全体としては中性であるが，銅棒に電荷が誘起されるので銅棒は*誘導電荷*（induced charge）をもつという．誘導電荷は，近くにある電荷のために正負の電荷が分離して現れる電荷である．

 今度は，帯電したガラス棒を電気的に中性の銅棒の先端に近づける．銅棒の伝導電子がガラス棒に引きつけられるので，銅棒の先端は負に帯電し，反対側は正に帯電する．先程と同じように銅棒に誘導電荷が現れる．この場合も銅棒は中性であるが，銅棒とガラス棒は互いに引き合う．（図 22-5 に誘導電荷の例をもうひとつ示す．）

 移動するのは負電荷をもつ伝導電子であり，正電荷をもつイオンは同じ場所に止まっていることに注意しよう．物体が正に帯電するのは，負電荷が取り去られたときだけである．

 シリコン（硅素）やゲルマニウムなどの**半導体**（semiconductor）は，導体と絶縁体の中間の性質をもつ．われわれの生活を一変させたマイクロエレクトロニクス革命は，半導体で作られた素子によってもたらされた．

 最後に，**超伝導体**（superconductor）をあげよう．超伝導体は電荷の移動に対して全く抵抗を示さないので，そのように呼ばれている．物質中を電荷が移動するとき，物質中に**電流**（electric current）が存在するという．通常の物質は，それが良い導体であっても，電荷の流れを妨げようとする傾向をもっている．しかし，超伝導体では，その抵抗が，単に小さいというではなく，完全にゼロである．もし超伝導体のリングに電流を流せば，その電流は，"永久に"流れ続ける；電流を維持するための電池やその他のエネルギー源を必要としない．

✓ **CHECKPOINT 1:** 図は5組の平板を表す：A，B，Dは帯電したプラスチック板，Cは電気的に中性の銅板である。板の間に働く静電気力の向きが3組について示されている。残りの2組について，板は互いに引き合うだろうかそれとも反発し合うだろうか？

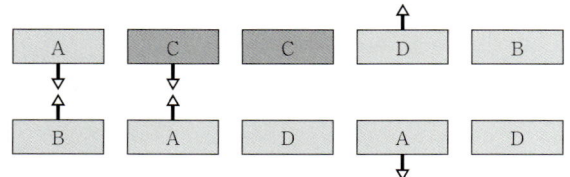

22-4 クーロンの法則

2つの荷電粒子(chraged particle)(点電荷(point charge)とも呼ばれる)が，それぞれ，大きさ q_1 と q_2 の電荷をもち，距離 r だけ離れているとする。両者の間に働く**静電気力**(引力または反発力)の大きさは，

$$F = k\frac{|q_1||q_2|}{r^2} \quad (クーロンの法則) \tag{22-1}$$

k は定数である。それぞれの粒子はもう一方の粒子にこの大きさの力を及ぼす；この2つの力は，作用・反作用の力の対になっている。粒子が互いに反発するときは，それぞれの粒子に働く力はもう一方の粒子から遠ざかる向きである(図22-6a,b)。粒子が互いに引き合うときは，それぞれの粒子に働く力はもう一方の粒子へ近づく向きである(図22-6c)。

式(22-1)は，クーロン(Carles Augustin Coulomb)が1785年の実験から導いたもので，**クーロンの法則**(Coulomb's law)と呼ばれている。面白いことに，式(22-1)は，距離 r 離れた質量 m_1，m_2 の粒子の間に働く重力を表すニュートンの式と全く同じ形をしている(ただし G は重力定数)：

$$F = G\frac{m_1 m_2}{r^2} \tag{22-2}$$

式(22-1)の定数 k は，式(22-2)の重力定数に対応しており，**静電定数**(electrostatic constant)と呼んでもかまわない。どちらの式も相互作用する粒子の特性 ── 一方では質量，他方では電荷 ── に関する逆2乗法則を表している。この2つの法則の違いは，重力が常に引力であるのに対して，静電気力は2つの電荷の符号により引力にも反発力にもなるという点である。この相違は，質量は1種類だけなのに対して，電荷は2種類あることによる。このため，式(22-2)では不要である絶対値の記号が式(22-1)では必要になる。

クーロンの法則は多くの実験的検証を生き延びてきた；この法則に反する実験結果は見つかっていない。ニュートン力学が破綻して量子物理学で記述しなければならないような原子の内部でもクーロンの法則は成り立ち，正の電荷をもつ原子核と負の電荷をもつ個々の電子との間に働く力を正しく記述する。また，この簡潔な法則は，原子を結合させて分子を作る力，さらには原子や分子を結合させて固体や液体を作る力も正

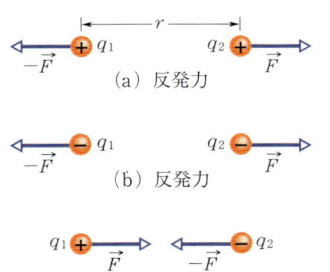

図22-6 距離 r 離れた2つの点電荷が，(a)どちらも正電荷の場合，(b)どちらも負電荷の場合，互いに反発する。(c)電荷の符号が異なると互いに引き合う。3通りの場合すべてにおいて，それぞれの粒子に働く力の大きさは，もう一方の粒子に働く力の大きさに等しく，逆向きである。

しく説明する。

　測定精度に関わる実用上の理由により，電荷のSI単位は，電流のSI単位であるアンペア（A）から導かれ，**クーロン**（coulomb, C）とよばれる：導線に1アンペアの電流が流れているとき，導線の断面を1秒間に通過する電荷量を1クーロンとする。アンペアが実験的にどのように定義されるかは30-2節で説明する。一般に次の関係が成り立つ：

$$dq = i\, dt \tag{22-3}$$

dq（クーロン単位）は，電流i（アンペア単位）によって時間dt（秒単位）の間に運ばれる電荷である。

　歴史的な理由により（また他の多くの公式を単純化するために），式(22-1)の静電定数kは通常$1/4\pi\varepsilon_0$と書かれる。このとき，クーロンの法則は次の形になる：

$$F = \frac{1}{4\pi\varepsilon_0}\frac{|q_1||q_2|}{r^2} \quad (\text{クーロンの法則}) \tag{22-4}$$

式(22-1)と式(22-4)の定数の値は，

$$k = \frac{1}{4\pi\varepsilon_0} = 8.99 \times 10^9 \, \text{N}\cdot\text{m}^2/\text{C}^2 \tag{22-5}$$

kとは独立して使われることもあるε_0は真空の**誘電率**（permittivity constant）と呼ばれ，次の値をもつ：

$$\varepsilon_0 = 8.85 \times 10^{-12} \, \text{C}^2/\text{N}\cdot\text{m}^2 \tag{22-6}$$

　重力と静電気力のもうひとつの類似点は，どちらも重ね合わせの原理に従うことである。n個の荷電粒子があるとき，相互作用は粒子対ごとに独立に働き，任意の粒子（粒子1とする）に働く力は，次のベクトル和で与えられる：

$$\vec{F}_{1,\text{net}} = \vec{F}_{12} + \vec{F}_{13} + \vec{F}_{14} + \vec{F}_{15} + \cdots + \vec{F}_{1n} \tag{22-7}$$

たとえば，$\vec{F}_{14}$は粒子4から粒子1に働く力である。重力についても全く同じ関係式が成り立つ。

　重力の場合に大変役に立った2つの球殻定理が静電気学でも成り立つことを最後に述べておこう。

▶ 一様に帯電した球殻が，その外部にある荷電粒子に及ぼす反発力あるいは引力は，球殻上のすべての電荷が球殻の中心に集まったときの力に等しい。

▶ 一様に帯電した球殻がその内部にある荷電粒子に及ぼす力の合力はゼロである。

（第1の定理では，球殻上の電荷は粒子の電荷に比べてずっと大きいと仮定している。したがって，荷電粒子の存在による球殻の電荷分布の変化は無視できる。）

球形の導体

導体でできた球殻に余分な電荷を与えると，その電荷は球殻の外側の表面に一様に広がる．たとえば，金属製の球殻に余分な電子をおくと，電子は反発し合って互いに遠ざかろうとし，一様に分布するまで球面上に広がっていく．この配置はすべての電子対について互いの距離を最大にする．第1の球殻定理によれば，球殻が外部の電荷に及ぼす反発力あるいは引力は，すべての余剰電子が球殻の中心に集中しているときの力に等しい．

球殻から負の電荷を取り去ると，残された正の電荷もまた球殻の外側の表面に一様に広がる．たとえば，n個の電子を取り去ると，球殻の表面に一様に広がったn個の正電荷の点（電子を失った点）ができる．第1の球殻定理によれば，この場合も，あたかも球殻の中心にすべての過剰電荷が集中しているように，球殻は外部の電荷に反発力あるいは引力を及ぼす．

> ✓ **CHECKPOINT 2:** 図は同じ軸上に並んだ2つの陽子（記号p）とひとつの電子（記号e）を示している．(a) 電子から中央の陽子に働く静電気力，(b) 右端の陽子から中央の陽子に働く静電気力，(c) 中央の陽子に働く正味の静電気力，はどちらを向いているか？

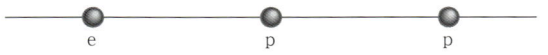

例題 22-1

(a) 図22-7は，x軸上に固定された正電荷をもつ2つの粒子を示している．電荷は，$q_1 = 1.60 \times 10^{-19}$ C，$q_2 = 3.20 \times 10^{-19}$ C，粒子間の距離は$R = 0.0200$ mである．粒子2が粒子1に及ぼす静電気力$\vec{F}_{12}$の大きさと向きを求めなさい．

解法： **Key Idea：** どちらの電荷も正だから，粒子1は粒子2から反発力を受け，力の大きさは式(22-4)で与えられる．したがって，図22-7bの力の作用図に示されるように，粒子1に働く力$\vec{F}_{12}$の向きは，粒子2から遠ざかる向き，すなわちx軸の負の向きである．式(22-4)のrに距離Rを代入すると，この力の大きさF_{12}は，

$$F_{12} = \frac{1}{4\pi\varepsilon_0} \frac{|q_1||q_2|}{R^2}$$

$$= (8.99 \times 10^9 \,\text{N} \cdot \text{m}^2/\text{C}^2)$$

$$\times \frac{(1.6 \times 10^{-19}\,\text{C})(3.2 \times 10^{-19}\,\text{C})}{(0.0200\,\text{m})^2}$$

$$= 1.15 \times 10^{-24}\,\text{N}$$

このように，力$\vec{F}_{12}$は次の大きさと（x軸の正の向きを基準とする）向きをもつ：

$$1.15 \times 10^{-24}\,\text{N} \quad \text{と} \quad 180° \quad \text{(答)}$$

単位ベクトル表記を使って$\vec{F}_{12}$を次のように書くこともできる：

$$\vec{F}_{12} = -(1.15 \times 10^{-24}\,\text{N})\,\hat{i} \quad \text{(答)}$$

(b) 図22-7cは，粒子3がx軸上の粒子2と粒子3の間にあることを除けば，図22-7aと同じである．粒子3は電荷$q_3 = -3.20 \times 10^{-19}$ Cをもち，粒子1から$(3/4)R$の距離にある．粒子1が粒子2と粒子3から受ける正味の静電気力$\vec{F}_{1,\text{net}}$を求めなさい．

解法： **Key Idea 1：** 粒子3があっても，粒子2が粒子1に及ぼす静電気力は変化しない．したがって，この場合も力$\vec{F}_{12}$は粒子1に働く．同様に，粒子3から粒子1に働く力$\vec{F}_{13}$も粒子2によって影響を受けない．粒子

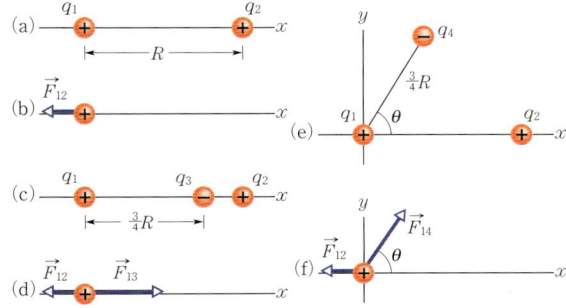

図 22-7 例題22-1。(a) 電荷q_1とq_2をもつ2つの粒子がx軸上に距離Rだけ離れて固定されている．(b) 粒子1の力の作用図：粒子2から受ける静電気力を示す．(c) 粒子3が粒子1と2の間に追加された．(d) 粒子1の力の作用図．(e) 粒子3の代わりに粒子4をx軸からθの角度におく．(f) 粒子1の力の作用図．

1と3の電荷は異符号なので，粒子1は粒子3から引力を受ける。したがって，図22-7dの力の作用図に示されるように，力$\vec{F}_{13}$は粒子3に近づく向きになる。

$\vec{F}_{13}$の大きさを求めるために，式(22-4)に値を代入する：

$$F_{13} = \frac{1}{4\pi\varepsilon_0} \frac{|q_1||q_3|}{(\frac{3}{4}R)^2} = (8.99 \times 10^9 \text{ N} \cdot \text{m}^2/\text{C}^2)$$

$$\times \frac{(1.6 \times 10^{-19} \text{ C})(3.2 \times 10^{-19} \text{ C})}{(\frac{3}{4})^2 (0.0200 \text{ m})^2}$$

$$= 2.05 \times 10^{-24} \text{ N}$$

$\vec{F}_{13}$を単位ベクトル表記で表すと，
$$\vec{F}_{13} = (2.05 \times 10^{-24} \text{ N})\hat{\text{i}}$$

Key Idea 2：粒子1に働く正味の力$\vec{F}_{1,\text{net}}$は$\vec{F}_{12}$と$\vec{F}_{13}$のベクトル和になる。式(22-7)を使って粒子1に働く正味の力を単位ベクトル記法で表すと，

$$\vec{F}_{1,\text{net}} = \vec{F}_{12} + \vec{F}_{13}$$
$$= -(1.15 \times 10^{-24} \text{ N})\hat{\text{i}} + (2.05 \times 10^{-24} \text{ N})\hat{\text{i}} \quad (答)$$
$$= (9.00 \times 10^{-25} \text{ N})\hat{\text{i}}$$

このようにして，$\vec{F}_{1,\text{net}}$は次の大きさと向き（基準はx軸の正の向き）をもつ：

$$9.00 \times 10^{-25} \text{N} \quad と \quad 0° \quad (答)$$

(c) 図22-7eは，粒子4が付け加わっていること以外は，図22-7aと全く同じである。粒子4は電荷$q_4 = -3.20 \times 10^{-19}$Cをもち，粒子1から$(3/4)R$の距離にあり，$x$軸からの角度60°の直線上にある。粒子1が粒子2と4から受ける正味の静電気力$\vec{F}_{1,\text{net}}$を求めなさい。

解法： **Key Idea 1**：力$\vec{F}_{1,\text{net}}$は$\vec{F}_{12}$と$\vec{F}_{14}$（粒子1が粒子4から受ける力）のベクトル和になる。粒子1と粒子4は異なる符号の電荷をもつので，粒子1は粒子4から引力を受ける。したがって，図22-7fの力の作用図に示すように，粒子1に働く力$\vec{F}_{14}$は粒子4の向き，すなわち$\theta = 60°$になる。

$\vec{F}_{14}$の大きさを求めるために式(22-4)に値を代入する：

$$F_{14} = \frac{1}{4\pi\varepsilon_0} \frac{|q_1||q_4|}{(\frac{3}{4}R)^2} = (8.99 \times 10^9 \text{ N} \cdot \text{m}^2/\text{C}^2)$$

$$\times \frac{(1.6 \times 10^{-19} \text{ C})(3.2 \times 10^{-19} \text{ C})}{(\frac{3}{4})^2 (0.0200 \text{ m})^2}$$

$$= 2.05 \times 10^{-24} \text{ N}$$

式(22-7)より，粒子1に働く正味の$\vec{F}_{1,\text{net}}$は，
$$\vec{F}_{1,\text{net}} = \vec{F}_{12} + \vec{F}_{14}$$

Key Idea 2：力$\vec{F}_{12}$と$\vec{F}_{14}$は同じ方向を向いていないので，ベクトルの大きさを足すだけでは右辺を求めることができない。次の方法のひとつを使ってベクトル和を計算する。

方法1．ベクトル計算機能付き電卓で計算する。$\vec{F}_{12}$については大きさ1.15×10^{-24}Nと角度180°，$\vec{F}_{14}$については大きさ2.05×10^{-24}Nと角度60°を入力してベクトル和を求める。

方法2．単位ベクトル表記を使って計算する。まず，$\vec{F}_{14}$を次のように書き換える：

$$\vec{F}_{14} = (F_{14}\cos\theta)\hat{\text{i}} + (F_{14}\sin\theta)\hat{\text{j}}$$

F_{14}に2.05×10^{-24}N，θに60°を代入すると，
$$\vec{F}_{14} = (1.025 \times 10^{-24} \text{ N})\hat{\text{i}} + (1.775 \times 10^{-24} \text{ N})\hat{\text{j}}$$

次に和を計算する：
$$\vec{F}_{1,\text{net}} = \vec{F}_{12} + \vec{F}_{14}$$
$$= -(1.15 \times 10^{-24} \text{ N})\hat{\text{i}}$$
$$\quad + (1.025 \times 10^{-24} \text{ N})\hat{\text{i}} + (1.775 \times 10^{-24} \text{ N})\hat{\text{j}}$$
$$\approx -(1.25 \times 10^{-25} \text{ N})\hat{\text{i}} + (1.78 \times 10^{-24} \text{ N})\hat{\text{j}}$$
(答)

方法3．軸ごとに成分の和を計算する。x成分の和は，
$$\vec{F}_{1,\text{net},x} = \vec{F}_{12,x} + \vec{F}_{14,x} = \vec{F}_{12} + \vec{F}_{14}\cos 60°$$
$$= -1.15 \times 10^{-24} \text{ N} + (2.05 \times 10^{-24} \text{ N})\cos 60°$$
$$= -1.25 \times 10^{-25} \text{ N}$$

y成分の和は，
$$\vec{F}_{1,\text{net},y} = \vec{F}_{12,y} + \vec{F}_{14,y} = 0 + \vec{F}_{14}\sin 60°$$
$$= (2.05 \times 10^{-24} \text{ N})\sin 60°$$
$$= 1.78 \times 10^{-24} \text{ N}$$

正味の力$\vec{F}_{1,\text{net}}$の大きさは，
$$\vec{F}_{1,\text{net}} = \sqrt{F_{1,\text{net},x}^2 + F_{1,\text{net},y}^2} = 1.78 \times 10^{-24} \text{ N} \quad (答)$$

$\vec{F}_{1,\text{net}}$の向きは，
$$\theta = \tan^{-1}\frac{F_{1,\text{net},y}}{F_{1,\text{net},x}} = -86.0°$$

しかし，$\vec{F}_{1,\text{net}}$は$\vec{F}_{12}$と$\vec{F}_{14}$の間を向くはずなので，この結果はおかしい。θの値を修正するために180°を加えて，次の結果を得る：

$$-86.0° + 180° = 94.0° \quad (答)$$

✓ **CHECKPOINT 3**： 図は，1つの電子eと2つの陽子pについて3通りの配置を示している。(a) 電子に働く静電気力が大きい順に並べなさい。(b) cの場合，電子に働く正味の力と直線dの間の角は45°より大きいか，小さいか？

PROBLEM-SOLVING TACTICS

Tactic 1: 電荷を表す記号

文中で記号 q（添字の有無にかかわらず）が正負の符号なしで使われていたら，その電荷は正負どちらの可能性もある．ときには，$+q$ または $-q$ のように，符号が明示されていることもある．

複数の電荷をもつ物体を考える場合には，ある電荷の大きさの倍数として電荷が与えられることがある．たとえば，$+2q$ という記号は，ある基準となる電荷 q の 2 倍の大きさの正電荷を表し，$-3q$ は 3 倍の大きさの負電荷を表す．

例題 22-2

図 22-8a は，2 つの固定された粒子を表している：電荷 $q_1 = +8q$ をもつ粒子が原点に，電荷 $q_2 = -2q$ をもつ電子が $x = L$ にある．どの点（無限遠を除く）に陽子を置いたら平衡状態（正味の力がゼロという意味）になるか？また，その平衡は安定か，不安定か？

解法: **Key Idea**: 陽子が電荷 q_1 から受ける力を $\vec{F}_1$，電荷 q_2 から受ける力を $\vec{F}_2$ とすると，求める点は，$\vec{F}_1 + \vec{F}_2 = 0$ が成り立つ点である．この条件から，

$$\vec{F}_1 = -\vec{F}_2 \tag{22-8}$$

したがって，求める点では，陽子が他の 2 つの粒子から受ける力の大きさは等しい：

$$F_1 = F_2 \tag{22-9}$$

また，向きは互いに反対でなければならない．

陽子は正の電荷をもつので，陽子と電荷 q_1 の粒子は同符号であり，陽子に働く力 $\vec{F}_1$ は q_1 から遠ざかる向きになる．また，陽子と電荷 q_2 の粒子は異符号であり，陽子に働く力 $\vec{F}_2$ は q_2 に近づく向きになる．"q_1 から遠ざかる向き" と "q_2 に近づく向き" が反対向きになるのは，陽子が x 軸上にあるときだけである．

陽子が x 軸上の q_1 と q_2 の間の任意の点（図 22-8b の P）にあるとすると，$\vec{F}_1$ と $\vec{F}_2$ は同じ向きになり，逆向きという条件に合わない．陽子が x 軸上の q_1 より左の任意の点（図 22-8c の S）にあるとすると，$\vec{F}_1$ と $\vec{F}_2$ は逆向きになる．しかし，式(22-4)より，S では $\vec{F}_1$ と $\vec{F}_2$ の大きさは等しくなり得ない：q_1 はより大きな電荷（$8q > 2q$）をもち，より近くにある（r が小さい）電荷だから，F_1 は必ず F_2 より大きくなる．

最後に，陽子が x 軸上の q_2 より右の任意の点（図 22-8c の R）にあるとすると，この場合も $\vec{F}_1$ と $\vec{F}_2$ は逆向きになる．しかし，より大きな電荷 q_1 が（より小さい電荷に比べて）より遠くにあるので，F_1 が F_2 と等しくなる点が存在する．この点の座標を x，陽子の電荷を q_p と

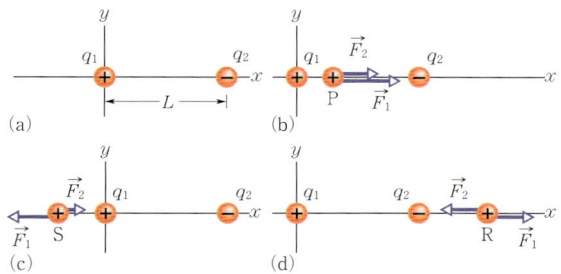

図 22-8 例題 22-2．(a) 電荷 q_1 と q_2 をもつ 2 つの粒子が x 軸上に距離 L だけ離れて固定されている．(b)-(d) 3 通りの陽子の位置：P, S, R．いずれの場合も，$\vec{F}_1$ は陽子が粒子 1 から受ける力，$\vec{F}_2$ は陽子が粒子 2 から受ける力を表す．

すれば，式 (22-4) と (22-9) から，

$$\frac{1}{4\pi\varepsilon_0}\frac{8qq_\mathrm{p}}{x^2} = \frac{1}{4\pi\varepsilon_0}\frac{2qq_\mathrm{p}}{(x-L)^2} \tag{22-10}$$

（式 (22-10) には，電荷の大きさのみが現れていることに注意すること．）式 (22-10) を整理すると，

$$\left(\frac{x-L}{x}\right)^2 = \frac{1}{4}$$

両辺の平方根をとると，

$$\frac{x-L}{x} = \frac{1}{2}$$

これより，次の結果が得られる：

$$x = 2L \qquad \text{（答）}$$

$x = 2L$ における平衡状態は不安定である：陽子が点 R から左に動いたとすると，F_1 と F_2 は共に増加するが，F_2 の増加の方が大きいので（なぜなら q_2 は q_1 より近くにある），正味の力は陽子をさらに左に動かそうとする．陽子が点 R から右に動いたとすると，F_1 と F_2 は共に減少するが，F_2 の減少の方が大きいので，正味の力は陽子をさらに右に動かそうとする．安定な平衡状態では，陽子が少し動いても，常に平衡位置にもどる．

PROBLEM-SOLVING TACTICS

Tactic 2: 静電気力ベクトルを描くこと

図 22-7a のような荷電粒子の分布が与えられ，その内のひとつの粒子に働く正味の力を問われたとしよう．多くの場合，問題の粒子とこの粒子が受ける力だけを示す図 22-7b のような力の作用図を描くだろう．しかし，その代わりに，すべての粒子が示された図にこれらの力を重ね書きしてもよい．この場合，力ベクトルの始点（ベクトルの終点でもよいが始点の方が望ましい）を問題の粒子の位置において力ベクトルを描かなければならない．ベクトルを他の位置に描くと混乱を招く，特に，問題の粒子に力を及ぼす粒子の位置に描くと間違いなく混乱する．

例題 22-3

電気的に孤立した同一の導体球AとBが，球の大きさに比べて十分に離れた距離（中心間の距離）aに置かれている（図22-9a）。球Aは正電荷$+Q$をもち，球Bは電気的に中性である。最初は2つの球の間に静電気力は働いていない。（距離が大きいためどちらの球にも誘導電荷は現れないと仮定する。）

(a) しばらくの間，細い導線で2つの球をつなぐ。この線は十分細いので，線の正味の電荷は無視できるとする。導線を取り除いたとき，2つの球の間に働く静電気力はいくらか？

解法: **Key Idea 1**: 導線で結ばれると，球Bの表面で常に反発し合っている（負の）伝導電子は，正に帯電した球Aが電子を引きつけるために，導線を通って互いに遠ざかるように移動する（図22-9b）。球Bは負電荷を失って正に帯電し，球Aは負電荷を得て正電荷が減少する。
Key Idea 2: 2つの球は同一だから，2球のもつ電荷は最終的には等しくなる。こうして，Bの余剰電荷が増加して$+Q/2$になり，Aの余剰電荷が減少して$+Q/2$になったときに電荷の移動が終わる。この状態は$-Q/2$だけの電荷が移動して達成される。

導線が外されると（図22-9c），球の大きさは2球間の距離に比べて小さいので，それぞれの球の電荷は球面上に一様に分布し，他方の電荷によって乱されることはないと仮定してよい。したがって，第1の球殻定理を適用できる。式(22-4)に$q_1 = q_2 = Q/2$を代入して，2球の

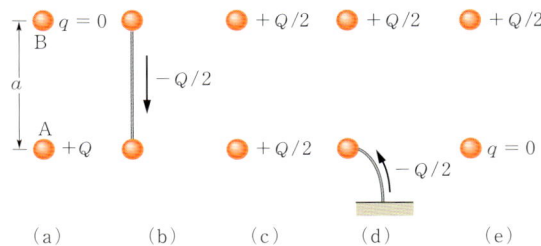

図 22-9 例題22-3。（2つの小さい導体球AとBがある。(a) 初め球Aは正に帯電している。(b) 負電荷が導線を通って2球の間を移動する。(c) 2球は共に正に帯電する。(d) 負電荷が接地線（アース線）を通って球Aに流れ込む。(e) こうして球Aは電気的に中性となる。

間に働く静電気力の大きさが得られる：

$$F = \frac{1}{4\pi\varepsilon_0}\frac{(Q/2)(Q/2)}{a^2} = \frac{1}{16\pi\varepsilon_0}\left(\frac{Q}{a}\right)^2 \quad \text{(答)}$$

ともに正の電荷をもつ2球は互いに反発し合う。

(b) 次に，球Aを瞬間的に接地した後，接地線を外したとする。このとき静電気力はどうなるか？

解法: **Key Idea**: 接地線を通って全電荷量$-Q/2$に相当する電子が球Aに流れ込み（図22-9d），球Aは電気的に中性になる（図22-9e）。球Aに電荷がないので，（図22-9aと同様に）2球の間に静電気力は働かない。

22-5 電荷は量子化されている

フランクリンの時代には，電荷は連続的な流体であると考えられていた。これは多くの場合有用な考え方であったが，いまでは，空気や水のような流体そのものが連続ではなく，原子や分子でできていることをわれわれは知っている；物質は不連続なのだ。"電気流体"もまた連続的ではなく，ある基本的な電荷の集まりであることが実験によって示されている。検出される電荷qはすべて，正負を問わず次のように表される：

$$q = ne, \quad n = \pm 1, \pm 2, \pm 3, \cdots \quad (22\text{-}11)$$

素電荷(elementary charge，訳注：電気素量ともよばれる)eは次の値をもつ：

$$e = 1.60 \times 10^{-19} \text{ C} \quad (22\text{-}12)$$

素電荷eは自然界の重要な定数のひとつである。電子と陽子はいずれも大きさeの電荷をもつ（表22-1）。（陽子と中性子の構成要素であるクォーク(quark)は$\pm e/3$または$\pm 2e/3$の電荷をもつが，いまのところクォークが

表 22-1 3つの粒子のもつ電荷

粒子	記号	電荷
電子	e または e^-	$-e$
陽子	p	$+e$
中性子	n	0

単独で検出されたことはないのと，歴史的な理由により，クォークのもつ電荷を素電荷とはしない。)

"球の電荷"，"移動した電荷量"，"電子によって運ばれる電荷"などのように，電荷が物質であることを臭わせるような語句がしばしば使われる。(実際，本章でもこのような表現は既に何度か現れた。)しかし，そのような文の意図を正しく理解しよう：物質の実体はあくまでも粒子であり，電荷は，質量と同様に，粒子のもつ属性のひとつである。

ある物理量が任意の値をとらず，電荷のようにとびとびの値だけをとる場合，その物理量は**量子化**されている(quantized)という。たとえば，全く電荷をもたない粒子や $+10e$ あるいは $-6e$ の電荷をもつ粒子は存在するが，$3.57e$ というような電荷をもつ粒子は存在しない。

電荷の量子(quantum)は小さい。たとえば，ふつうの100Wの電球には，毎秒およそ 10^{19} 個の電子が流れ込み，同じ数が流れ出ている。しかし，このような大きなスケールの現象では，粒々の電気を見ることはできない(個々の電子が通るたびに電球がチカチカ点滅することはない)。これは，個々の水分子を手で感じることができないのと同じである。

"粒々の電気"は，冬緑樹の香りのLifeSaver(訳注：浮き輪の形をしているのでこのように名付けられたのであろう)を砕くときに出る青い光にも関係している。キャンデーの中の砂糖の結晶が割れるとき，破片の片方が余分な電子をもち，他方が余分な正イオンをもつ。電子とイオンは瞬時に間隙を飛び越えて両方を電気的中性にする。飛び越える途中で，電子とイオンは間隙に入り込んだ空気中の窒素分子と衝突する。

この衝突によって窒素は紫外線を出すが，これは目に見えない。同時に(可視領域の)青い光も出るが，これは弱すぎて見えない。結晶中の冬緑樹油が紫外光を吸収してプライヤーや口を明るく照らす青い光を発生させるのである。しかし，唾液でキャンデーが濡れていると，この実験はうまくいかない。放電が起きる前に，導電性をもつ唾液が結晶の破片を電気的に中性にしてしまうからである。

> ✓ **CHECKPOINT 4:** 同じ大きさの導体球AとBがある。最初に，球Aは $+50e$，球Bは $-20e$ の電荷をもっている。2球を接触させると，球Aのもつ電荷はいくらになるか？

例題 22-4

鉄の原子核は26個の陽子をふくみ，その半径は約 4.0×10^{-15} m である。

(a) 4.0×10^{-15} m だけ離れた2個の陽子の間に働く静電気的な反発力はいくらか？

解法： Key Idea: 陽子は荷電粒子とみなせるので，一方が他方に及ぼす静電気力の大きさはクーロンの法則で与えられる。表22-1を見ると陽子の電荷は $+e$ である。したがって，式(22-4)から次の結果が得られる：

$$F = \frac{1}{4\pi\varepsilon_0} \frac{e^2}{r^2}$$

$$= \frac{(8.99 \times 10^9 \,\text{N}\cdot\text{m}^2/\text{C}^2)(1.60 \times 10^{-19}\,\text{C})^2}{(4.0 \times 10^{-15}\,\text{m})^2} = 14\,\text{N} \quad (答)$$

この力は，マスクメロンのような巨視的な物体に働く力としては小さなものだが，陽子に働く力としては巨大な力である。これほどの力は，水素(原子核には陽子がひとつだけしかない)を除くすべての元素の原子核を吹き飛ばしてしまいそうである。しかしながら，鉄より多くの陽子をもつ原子核でもそうはなっていない。この巨大

な静電気的な反発力に打ち勝つ何らかの引力が存在するに違いない。

(b) 同じ2つの陽子の間に働く重力はいくらか？

解法： **Key Idea**：(a) の場合と同様である：陽子は粒子であるから，陽子間に働く重力の大きさはニュートンの式（式22-2）で与えられる。陽子の質量を $m_p (= 1.67 \times 10^{-27} \text{kg})$ とすると，式(22-2)より，

$$F = G\frac{m_p^2}{r^2}$$
$$= \frac{(6.67 \times 10^{-11} \text{N} \cdot \text{m}^2/\text{kg}^2)(1.67 \times 10^{-27} \text{kg})^2}{(4.0 \times 10^{-15} \text{m})^2}$$
$$= 1.2 \times 10^{-35} \text{N} \qquad \text{（答）}$$

重力は引力であるが，原子核内の陽子間に働く静電気的反発力に対抗するにはあまりにも弱すぎる。陽子は，実は，**強い核力**(strong nuclear force) と呼ばれる力によって互いに束縛されているのである。この力は，陽子（および中性子）が，原子核内部のように，互いに接近したときに作用する力である。

重力は静電気力に比べて桁違いに弱い力ではあるが，それが常に引力であることから，巨視的スケールでは重要になる。重力はたくさんの小物体を集めて惑星や恒星のような巨大な質量をもつ巨大な物体を作り，これらが大きな重力を及ぼし合う。一方，同符号の電荷に対する静電気力は反発力だから，正または負の電荷だけを集めて，大きな静電気力を及ぼすような大きな物体を作ることはできない。

22-6 電荷は保存されている

ガラス棒を絹でこすると正電荷がガラス棒に現れる。測定によれば，このとき同じ量の負電荷が絹に現れる。しかし，こすり合わせることによって電荷が生み出されるのではない。物体から物体への電荷の移動により物体の電気的中性が破れるのである。フランクリンが最初に提示したこの**電荷の保存**(conservation of charge) の仮説が成立することは，巨視的スケールの帯電物体に対しても，また原子，原子核，素粒子に対しても，綿密な測定によって確認されている。例外はこれまでにまだ見つかっていない。したがって，保存則に従う物理量（エネルギー，運動量，角運動量など）のリストに電荷を加えることにする。

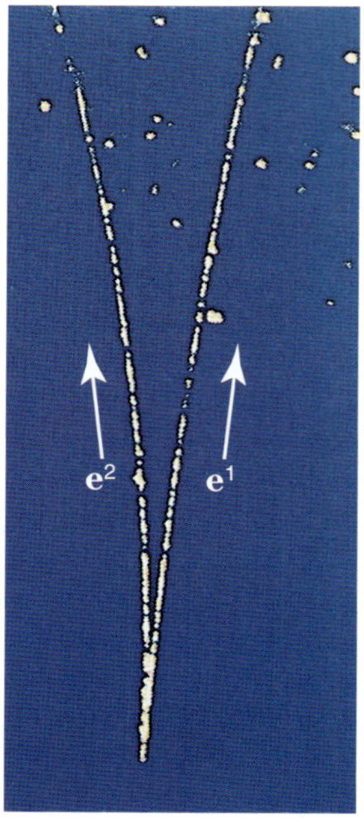

原子核が自然に他の原子核に変わる原子核の**放射性崩壊**(radioactive decay) は，原子核レベルでの電荷保存則の多くの例を与えてくれる。たとえば，ウラン鉱石に含まれるウラン238(^{238}U)は α 粒子（ヘリウムの原子核，^{4}He）を放出してトリウム(^{234}Th)に変わる：

$$^{238}\text{U} \rightarrow {}^{234}\text{Th} + {}^{4}\text{He} \qquad \text{（放射性崩壊）} \qquad (22\text{-}13)$$

親核(parent nucleus) である ^{238}U の原子番号 Z は92だから，この原子核は92個の陽子，すなわち $92e$ の電荷をもっている。放出される α 粒子は $Z = 2$ であり，娘核(daughter nucleus) ^{234}Th は $Z = 90$ である。このように，崩壊前に存在する電荷量 $92e$ は，崩壊後の電荷の総量 $(90+2)e$ と等しい。電荷は保存されてる。

電荷保存のもうひとつの例は，電子（電荷 $-e$）とその反粒子である**陽電子**(positron，電荷 $+e$) が2つの γ 線 (gamma ray, 高エネルギーの光) に変わる**対消滅過程**(annihilation process) に見られる：

$$e^- + e^+ \rightarrow \gamma + \gamma \qquad \text{（対消滅）} \qquad (22\text{-}14)$$

電荷保存の原理を適用するときは，符号に注意して電荷の代数和を計算しなければならない。式(22-14)の対消滅過程では，反応の前後で系の正味の電荷はゼロであり，電荷は保存されている。

図22-10 電子と陽電子によって泡箱に残された泡の軌跡の写真。下方から入射したガンマ線によって2つの粒子が生成された。ガンマ線は電気的に中性なので，電子や陽電子のような泡の軌跡を残さない。

対消滅の逆過程である対生成（pair production）でも電荷は保存されている。この過程では，γ線が電子と陽電子に変わる：

$$\gamma \rightarrow e^- + e^+ \quad （対生成） \tag{22-15}$$

図22-10は，泡箱の中で起きた対生成反応を示している。泡箱の下方から入射したγ線が電子と陽電子に変換されている。生成された荷電粒子の運動により，小さな泡の軌跡が残される。（磁場がかけられているため，軌跡は曲がっている。）電荷をもたないγ線は軌跡を残さないが，それでも，どこで対生成が起きたかを知ることができる；電子と陽電子の軌跡が始まるV字の頂点であることは明らかであろう。

まとめ

電荷 粒子と周囲の物体との間の電気的な相互作用の強さは，粒子がもつ**電荷**に依存する。電荷は正または負の符号をもつ。同符号の電荷は反発し合い，異符号の電荷は引き合う。正負の電荷を等量もつ物体は電気的に中性であり，正負の電荷がつり合っていない物体は帯電している。

導体は大量の荷電粒子（金属の場合は電子）がその中を自由に動くことができる物質である。絶縁体（不導体）中の荷電粒子は自由に動くことができない。物質中を電荷が移動するとき，物質中を電流が流れるという。

クーロンとアンペア 電荷のSI単位は**クーロン**(C)である。電流の単位であるアンペア(A)を基に，1アンペアの電流が流れている点を1秒間に通過する電荷量を1クーロンと定義する。

クーロンの法則 クーロンの法則は，距離rだけ離れた（ほとんど）静止している点電荷q_1とq_2の間に働く静電気力を記述する：

$$F = \frac{1}{4\pi\varepsilon_0} \frac{|q_1||q_2|}{r^2} \quad （クーロンの法則） \tag{22-4}$$

$\varepsilon_0 = 8.85 \times 10^{-12}\,\text{C}^2/\text{N} \cdot \text{m}^2$ は真空の**誘電率**であり，$1/4\pi\varepsilon_0 = k = 8.99 \times 10^9\,\text{N} \cdot \text{m}^2/\text{C}^2$ である。

静止した電荷間の引力あるいは反発力は2つの電荷を結ぶ直線に沿った方向に働く。3個以上の電荷があるときは，それぞれの電荷の対に対して式(22-4)が成り立つ。個々の電荷に働く正味の静電気力は，重ね合わせの原理を使って，他のすべての電荷による力のベクトル和として得られる。

静電気に関する2つの球殻定理がある。

一様に帯電した球殻から，その外部にある荷電粒子に働く反発力あるいは引力は，球殻上の電荷がすべて球殻の中心に集まったときの力に等しい。

一様に帯電した球殻から，その内部にある荷電粒子に働く力の合力はゼロである。

素電荷 電荷は**量子化されている**：電荷は常にneのかたちで表される。nは正または負の整数，eは**素電荷**（約$1.60 \times 10^{-19}\,\text{C}$）と呼ばれる自然界の基本的な定数である。**電荷は保存されている**：孤立系の正味の電荷は決して変化しない。

問題

1. クーロンの法則はすべての帯電体について成立するか？

2. 電荷qをもつ粒子を，電荷Qが一様に分布している次の4つの金属物体の外部に順に置く：(1)大きな球，(2)大きな球殻，(3)小さな球，(4)小さな球殻。粒子と物体の中心との距離は等しく，qは十分小さいので電荷Qの一様な分布は乱されない。4つの物体を粒子に及ぼす静電気力が大きい順番に並べなさい。

3. 図22-11は，軸上に固定された2つの荷電粒子を4通り示している。電子に働く静電気力がつり合う点が，2つの荷電粒子の左側に存在するのはどの場合か？

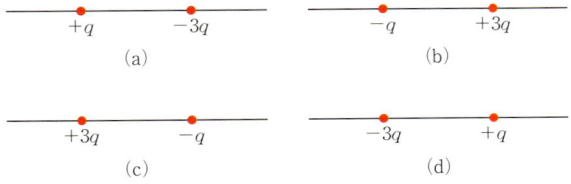

図22-11 問題3

4. 図 22-12 は，軸上にあって自由に動くことができる 2 つの荷電粒子を示している．第 3 の荷電粒子をある点に置いて，3 個の粒子がつり合うようにすることができる．(a) その点は最初に置かれた 2 個の粒子の左か，右か，2 つの間か？ (b) 第 3 の粒子の電荷は正か負か？ (c) そのつり合いは安定か，不安定か？

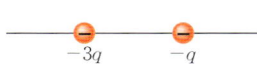

図22-12 問題 4

5. 図 22-13 では，半径が r と $R(R>r)$ の同心円の中心に電荷 $-q$ の粒子があり，円周上に荷電粒子が並んでいる．中心の粒子に他の粒子が及ぼす静電気力の和の大きさと向きは？

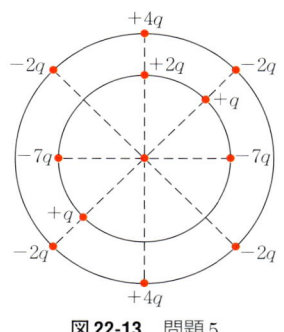

図22-13 問題 5

6. 図 22-14 は，電荷の配置を 4 通り示している．これらを，$+Q$ の電荷をもつ荷電粒子に働く静電気力が大きい順に並べなさい．

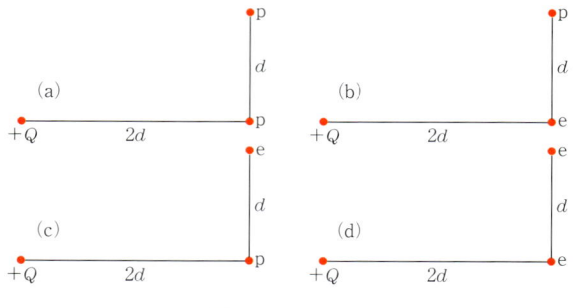

図22-14 問題 6

7. 図 22-15 は電荷 $+q$ と $-q$ をもつ粒子の 4 通りの配置を示している．どの場合も，x 軸上の粒子は y 軸から等距離にある．まず，(1) の中央（y 軸上）の粒子について考える．この粒子は他の 2 つの粒子から 2 つの静電気力を受ける．(a) 2 つの力の大きさ F は同じか，違うか？ (b) この粒子に加わる正味の力の大きさは $2F$ と比べて同じか，大きいか，小さいか？ (c) 2 つの力の x 成分は足し合わされるか，打ち消し合うか？ (d) y 成分は足し合わされるか，打ち消し合うか？ (e) 中央の粒子に働く正味の力の向きは打ち消し合う成分の向きか，足し合わされる成分の向きか？ (f) 正味の力の向きは？ 次に，残りの場合について考える．(g) (2) で中央の粒子に働く正味の力の向きは？ (h) (3) では？ (i) (4) では？（いずれの場合も，電荷の配置の対称性を考えて打ち消し合う成分と足し合わされる成分を判断すること．）

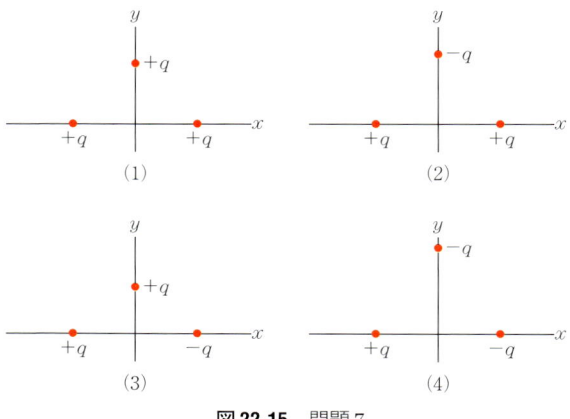

図22-15 問題 7

8. 正電荷をもつ球を，電気的に中性な導体に近づける．次に，球を近づけたまま導体を接地する．次の 2 つの場合，導体のもつ電荷は正か，負か，ゼロか？ (a) 球を遠ざけた後で接地の配線を外した場合，(b) 接地の配線を外した後で球を遠ざけた場合．

9. (a) 正に帯電したガラス棒が，絶縁体の糸で吊された物体を引きつけている．この物体は確かに負の電荷をもっていると言えるか，それとも，その可能性があるとしか言えないか？ (b) 正に帯電したガラス棒が，絶縁体の糸で吊された物体を遠ざけている．この物体は確かに正電荷をもっていると言えるか，それとも，その可能性があるとしか言えないか？

10. 図 22-4 で，（負に帯電した）プラスチック棒は，近くにある銅棒の伝導電子の一部を銅棒の遠い方の端に移動させる．伝導電子はいくらでも自由に動けるのに，なぜ，伝導電子の流れはすぐに止まるのか？

11. 電気的に絶縁された台の上に立つ人が，孤立して置かれた帯電した導体に触れる．このことによって導体の電荷は完全になくなるか？

23 電　場

桜島で頻発する噴火の最中に多数の火花放電（スパーク）が噴火口上空でおこり，空を明るく照らし，雷鳴のような音波を発生させる。しかし，これは雷雨のときに発生する稲妻 ── 帯電した水滴の雲から大地に向かった放電 ── とは違う現象である。

なぜ火山の上空が帯電するのだろうか。また，放電は噴火口から上向きに起きるのか，噴火口へ向かって下向きに起きるのかを知る方法があるのだろうか？

答は本章で明らかになる。

23-1　電荷と力

まず，正の点電荷 q_1 をどこかに固定し，次に，その近くに第2の正電荷 q_2 をおいたとしよう。われわれは，クーロンの法則により，q_1 が q_2 に反発力を及ぼすことを知っている。十分なデータがあれば，その力の大きさと向きを決定することができるだろう。しかし，悩ましい疑問が残る：q_1 は q_2 の存在をどうやって"知る"ことができるのだろうか？

　この*遠隔作用*(action at a distance)に関する疑問は，q_1 がその周りの空間に**電場**(electric field)を作ると考えることによって解決できる。空間の任意の点Pで，電場は大きさと向きの両方をもつ：大きさは q_1 の大きさおよびPと q_1 の間の距離によって決まる；向きは q_1 からPへの向きと q_1 の電気的な符号によって決まる。点Pに q_2 をおいたとき，q_1 はPにおける電場を通じて q_2 と相互作用する。電場の大きさと向きが，q_2 に働く力の大きさと向きを決める。

　q_1 が（たとえば q_2 へ向かって）動くとき，遠隔作用に関する別の問題が生じる。クーロンの法則によれば，q_1 が q_2 に近づけば q_2 に働く反発力は大きくなるはずで，確かにそうなっている。しかし，ここで気になること

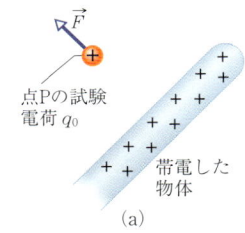

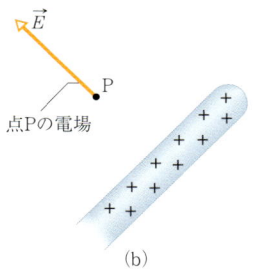

図 23-1 (a) 正の試験電荷 q_0 が帯電した物体の近くの点 P におかれている。試験電荷に静電気力 $\vec{F}$ が働く。(b) 帯電した物体によって点 P に電場 $\vec{E}$ がつくられる。

がある：q_2 における電場（したがって q_2 に働く力）は，瞬時に変化するのだろうか？

答はノーである。q_1 の動きに関する情報は，q_1 から（すべての方向に）電磁波として光速 c で伝わるのだ。q_2 における電場（したがって q_2 に働く力）は，この電磁波が q_2 に到達した時点ではじめて変化する。

23-2 電　場

部屋の中のすべての場所で，温度はそれぞれ明確な値をもっていて，温度計を使えば各点での温度を測定することができる。その結果得られる温度の分布を**温度場**（temperature field）と呼ぶ。全く同様に，大気中の**圧力場**（pressure field）を考えることもできる；大気中の各点における気圧の分布である。これらは**スカラー場**（scalar field）の例である；温度も圧力もスカラー量である。

ベクトルの分布を**ベクトル場**（vector field）と呼ぶ；電場はベクトル場である。（帯電した棒のような）物体周辺の各点に対して，ひとつの電場ベクトルが対応する。原理的には，帯電した物体の周りにある点（図 23-1a の点 P）の電場を次のように定義することができる：まず，**試験電荷**（test charge）と呼ばれる正の電荷 q_0 をその点におく。次に，その試験電荷に働く静電気力 $\vec{F}$ を測定する。この帯電した物体がつくる点 P での電場 $\vec{E}$ は次式で定義される：

$$\vec{E} = \frac{\vec{F}}{q_0} \quad \text{（電場）} \tag{23-1}$$

点 P における電場 $\vec{E}$ の大きさは $E = F/q_0$，$\vec{E}$ の向きは正の試験電荷に働く力 $\vec{F}$ の向きである。図 23-1b に示すように，点 P の電場を P を始点とするベクトルで表す。ある領域内の電場を定義するためには，その領域のすべての点で，同じように電場を定義しなければならない。電場の SI 単位はニュートン/クーロン（N/C）である。表 23-1 にいくつか状況における電場の大きさを示す。

帯電した物体がつくる電場を定義するのに正の試験電荷を用いたが，電場は試験電荷とは関係なく存在するものである。図 23-1b の点 P の電場は，図 23-1a の試験電荷をおく前でも後でも同じように存在する。（電場を定義する手順において，試験電荷が帯電物体の電荷分布を変えず，したがって，決めようとしている電場を乱さないということを仮定している。）

帯電した物体間の相互作用のなかで電場が果たす役割を次のような手順で調べる：（1）与えられた電荷分布から電場を計算する，（2）与えられた電場が電荷に及ぼす力を計算する。23-4 節から 23-7 節では，いくつかの電荷分布について（1）の課題を扱い，23-8 節と 23-9 節では，電場の中におかれた 1 個の電荷または 2 個の電荷の対を考えて（2）の課題に取り組む。しかし，まずは電場を視覚化する方法について学ぼう。

表 23-1 電場の例

場所または状況	値 (N/C)
ウラン原子核の表面	3×10^{21}
水素原子の中心から 5.29×10^{-11} m の距離	5×10^{11}
空気の絶縁破壊強度	3×10^{6}
コピー機の回転ドラムの近く	10^{5}
帯電した櫛の近く	10^{3}
大気の下層部	10^{2}
家庭用電気配線の銅線内部	10^{-2}

23-3 電気力線

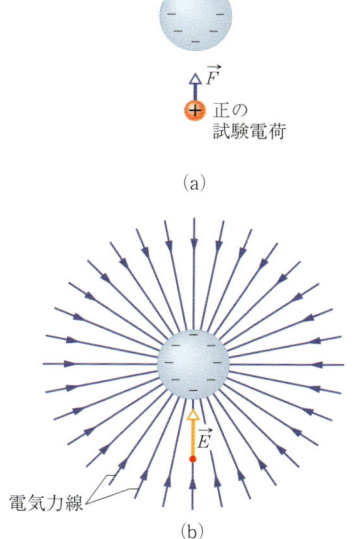

図 23-2 (a) 一様な負電荷をもつ球の近くにおかれた試験電荷に働く静電気力 $\vec{F}$ 。(b) 試験電荷の位置の電場ベクトル $\vec{E}$ と球の周りの空間における電気力線。電気力線は負に帯電した球に向かっている。(電気力線は遠くの正電荷から出ている。)

19世紀に電場の概念を導入したファラデーは，帯電物体の周りの空間は**力線**(line of force)で満たされていると考えた。**電気力線**(electric field line)と呼ばれるこの力線を，今では実在のものとは考えないが，電気力線の考え方は，電場のようすを眼に見える形でうまく表現する方法として生き残っている。

電気力線と電場の関係は次の通りである：（1）任意の点での電場 $\vec{E}$ の向きは，その点での電気力線の接線の向き（直線の場合はその向き）である。（2）電場 $\vec{E}$ の大きさは，電気力線に垂直な面で測った電気力線の密度（単位面積当たりの本数）に比例する。第2の関係から，電気力線が密集しているところは電場が強く，まばらなところは電場が弱い。

図23-2aは負電荷が一様に帯電した球を描いている。正の試験電荷をこの球の近くにおくと，図のように，球の中心に*向かって*静電気力が試験電荷に働く。言い換えると，球近傍のすべての点で，電場ベクトルは球の中心を向いている。このベクトルのようすが図23-2 b に的確に描かれている。矢印は，力や電場のベクトルと同じ向きを向いている。球から遠ざかるにつれて電気力線が広がっているので，電場の大きさは球から遠ざかるにつれて小さくなる。

図23-2の球の電荷が正だとすると，電場ベクトルは球近傍のすべての点で放射状に球から外向きになり，電気力線も球から外向きに広がる。したがって，次のルールが成り立つ：

▶ 電気力線は正電荷（始点）から伸びて負電荷（終点）に向かう。

図23-3aは無限に広がった絶縁体の薄板（または平面）の一部を示している。片面には正電荷が一様に分布している。図23-3aの板の近くに試験電荷をおく。対称性を考えると，板に平行な力の成分は互いに打ち消し合い，試験電荷に働く静電気力の合力は板に垂直になるだろう。また，図に示す通り，この合力は板から遠ざかる向きである。こうして，板の両側の任意の

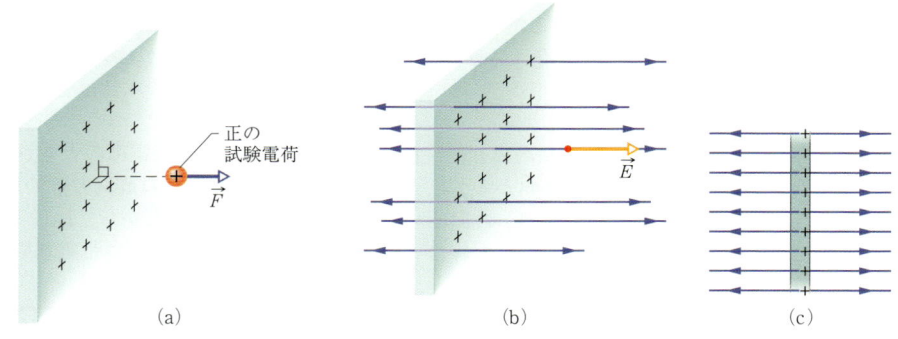

図 23-3 (a) 片面に一様な正電荷が分布をした無限に広がる絶縁体の平面板と，その近くにおかれた正の試験電荷に働く静電気力 $\vec{F}$ 。(b) 試験電荷の位置での電場ベクトル $\vec{E}$ と，平面板近傍の空間の電気力線。電気力線の向きは正に帯電した板から外向きである。(c) (b) を横から見た図。

図 23-4 大きさが等しい2つの正電荷がつくる電気力線。電荷は反発し合っている。（電気力線の終点である負電荷は遠方にある。）実際の3次元パターンを見るには，2つの電荷を結ぶ軸の周りに紙面を回転させた様子を思い描けばよい。こうしてできた3次元のパターンとそれが表す電場は，この軸のまわりに*回転対称性*(rotational symmetry)をもつという。図にはある点での電場ベクトルが示されている；電場ベクトルはこの点で電気力線に接していることに注意。

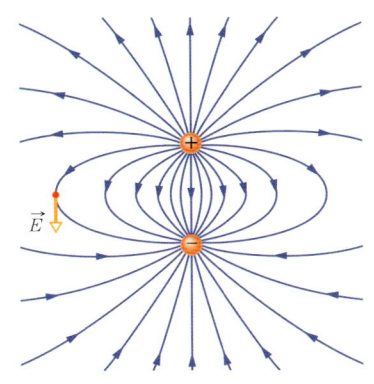

図 23-5 大きさが等しい正負の電荷がつくる電気力線。電荷は引き合っている。電気力線のパターンとそれが表す電場は，2つの電荷を結ぶ軸のまわりに回転対称性をもつ。図にはある点での電場ベクトルが示されている；電場ベクトルは電気力線の接線になっていることに注意。

点で，電場ベクトルは板に垂直で，板から見て外向きであることがわかる（図23-3b, c）。電荷は板の表面に一様に分布しているので，すべてのベクトルは同じ大きさをもつ。どの点でも同じ大きさと同じ向きをもつこのような電場を**一様な電場**(uniform electric field)という。

もちろん，無限に大きな絶縁体の板（たとえばプラスチック板）など現実には存在しないが，実際の板の中央付近（端ではなく）に限れば，そこでの電気力線は図23-3b, cのようになっている。

図23-4は，大きさが等しい2つの正電荷による電気力線を示している。図23-5は，大きさは等しいが符号が異なる2つの電荷の場合である；このような電荷の配置を**電気双極子**(electric dipole)とよぶ。電気力線を定量的に使うことはあまりないが，電気力線は状況を視覚的に把握するためには大変便利である。図23-4では電荷が反発し合い，図23-5では引き合っていることが眼に見えるようではないか。

例題 23-1

図23-2の一様に帯電した球がつくる電場は，球の中心からの距離によってどのように変化するか？ 電気力線を使って考えなさい。

解法： Key Idea 1：電気力線は球の周りに一様に分布し，途中で途切れることなく外に向かって広がる。したがって，帯電した球の外側に半径rの同心の球殻をおくと，球を終点とするすべての電気力線はこの同心球殻を通るはずである。電気力線の本数をNとすると，球殻の面積は$4\pi r^2$だから，球殻を通る電気力線の単位面積当たりの本数は$N/4\pi r^2$である。

Key Idea 2：電場の大きさEは，電気力線に垂直な単位面積当たりの電気力線の本数に比例する。球殻は電気力線と垂直だから，Eは$N/4\pi r^2$に比例する。変数はrだけなので，Eは帯電球の中心からの距離の2乗に反比例して変化する。

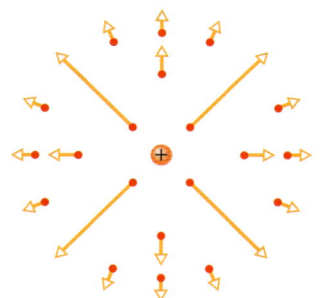

図 23-6 正の点電荷の周りの電場ベクトル。

23-4　点電荷による電場

電荷 q をもつ点電荷（または荷電粒子）が，距離 r にある任意の点につくる電場を求めるためには，その点に正の試験電荷 q_0 をおけばよい．クーロンの法則（式 22-4）より，q_0 に働く静電気力の大きさは，

$$F = \frac{1}{4\pi\varepsilon_0} \frac{|q||q_0|}{r^2} \tag{23-2}$$

ベクトル $\vec{F}$ の向きは，q が正ならば点電荷から外向き，q が負ならば点電荷に向かう向きである．電場ベクトル $\vec{E}$ の大きさは，式 (23-1) より，

$$E = \frac{F}{q_0} = \frac{1}{4\pi\varepsilon_0} \frac{|q|}{r^2} \quad \text{(点電荷)} \tag{23-3}$$

$\vec{E}$ の向きは正の試験電荷に働く力と同じ向きである；q が正ならば点電荷から外向き，q が負ならば点電荷に向かう向きである．

q_0 をおく点に特別の条件はないので，式 (23-3) は点電荷 q の周りのすべての点の電場を与える．正の点電荷による電場ベクトル（電気力線ではない）が図 23-6 に示されている．

複数の電荷による正味の電場（合成電場）を求めるのは簡単である．n 個の点電荷 $q_1, q_2, \cdots, q_n$ の近くに正の試験電荷 q_0 をおくと，式 (22-7) より，n 個の点電荷から試験電荷に働く力の合力 $\vec{F}_0$ は，

$$\vec{F}_0 = \vec{F}_{01} + \vec{F}_{02} + \cdots + \vec{F}_{0n}$$

したがって，式 (23-1) より，点電荷の位置での合成電場は，

$$\vec{E} = \frac{\vec{F}_0}{q_0} = \frac{\vec{F}_{01}}{q_0} + \frac{\vec{F}_{01}}{q_0} + \cdots + \frac{\vec{F}_{0n}}{q_0}$$
$$= \vec{E}_1 + \vec{E}_2 + \cdots + \vec{E}_n \tag{23-4}$$

$\vec{E}_i$ は点電荷 i だけが存在する場合の電場である．式 (23-4) は，静電気力と同様に，電場についても重ね合わせの原理が成り立つことを示している．

✓ **CHECKPOINT 1:** この図は x 軸上の陽子 p と電子 e を示す．電子による電場は，(a) 点 S，(b) 点 R，でどちらを向いているか？　また，合成電場は，(c) 点 R，(d) 点 S，でどちらを向いているか？

例題 23-2

図 23-7a は，いずれも原点から d の距離にある 3 つの電荷 $q_1 = +2Q$，$q_2 = -2Q$，$q_3 = -4Q$ を示している．原点に作られる合成電場 $\vec{E}$ はどうなるか？

解法　**Key Idea**：電荷 q_1，q_2，q_3 は，それぞれ，電場ベクトル $\vec{E}_1$，$\vec{E}_2$，$\vec{E}_3$ を原点につくり，合成電場はそれらのベクトル和 $\vec{E} = \vec{E}_1 + \vec{E}_2 + \vec{E}_3$ になる．この和を求めるには，まず，3 つのベクトルの大きさと向きを求めなければならない．q_1 による電場 $\vec{E}_1$ を求めるには，式 (23-3) を使い，r に d を，$|q|$ に $2Q$ を代入すればよい：

$$E_1 = \frac{1}{4\pi\varepsilon_0} \frac{2Q}{d^2}$$

同様にして，電場 $\vec{E}_2$ と $\vec{E}_3$ の大きさは，

$$E_2 = \frac{1}{4\pi\varepsilon_0} \frac{2Q}{d^2} \quad \text{と} \quad E_3 = \frac{1}{4\pi\varepsilon_0} \frac{4Q}{d^2}$$

次に，原点でのこれらの電場ベクトルの向きを求めなければならない．正の電荷 q_1 がつくる電場ベクトルは電荷から外向きであり，負の電荷 q_2 と q_3 がつくる電場はどちらも電荷に向かう向きである．したがって，3 つの荷電粒子が原点につくる電場は図 23-7b に示す向

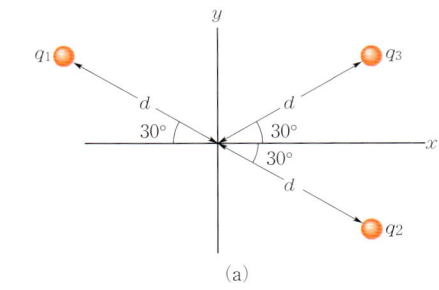

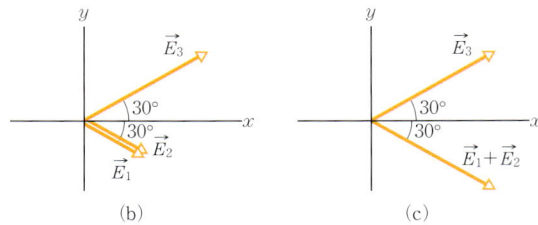

図 23-7 例題 23-2。(a) 電荷 q_1, q_2, q_3 をもつ 3 つの粒子が原点から等距離にある。(b) 3 つの粒子が原点につくる電場ベクトル $\vec{E}_1$, $\vec{E}_2$, $\vec{E}_3$。(c) 原点における電場ベクトル $\vec{E}_3$ と合成電場 $\vec{E}_1 + \vec{E}_2$。

きになる。(注意：ベクトルの始点が電場を求めたい点におかれていることに注意；こうすると間違いが少ない。)

静電気力について例題 22-1c で示したように，電場をベクトル的に加えることができる。しかし，ここでは，対称性を使って手順を簡略化しよう。図 23-7b から，$\vec{E}_1$ と $\vec{E}_2$ は同じ向きである。したがって，これらのベクトル和はこの向きをもち，その大きさは，

$$E_1 + E_2 = \frac{1}{4\pi\varepsilon_0}\frac{2Q}{d^2} + \frac{1}{4\pi\varepsilon_0}\frac{2Q}{d^2} = \frac{1}{4\pi\varepsilon_0}\frac{4Q}{d^2}$$

これは電場 $\vec{E}_3$ の大きさとたまたま等しい。

次に，2 つのベクトル ($\vec{E}_3$ とベクトル和 $\vec{E}_1 + \vec{E}_2$) を合成しなければならない。図 23-7c に示すように，これらは大きさが等しく，向きは x 軸に関して対称である。図 23-7c の対称性から，2 つのベクトルの y 成分は大きさは等しく互いに打ち消し合い，x 成分は大きさは等しく足し合わされることがわかる。これより，原点における合成電場 $\vec{E}$ は x 軸の正の向きで，その大きさは，

$$E = 2E_{3x} = 2E_3 \cos 30°$$
$$= (2)\frac{1}{4\pi\varepsilon_0}\frac{4Q}{d^2}(0.866) = \frac{6.93Q}{4\pi\varepsilon_0 d^2} \quad \text{(答)}$$

✓ **CHECKPOINT 2：** 図は，原点から等しい距離におかれた荷電粒子の配置を 4 通り示している。これらを原点での合成電場の大きさが大きい順に並べなさい。

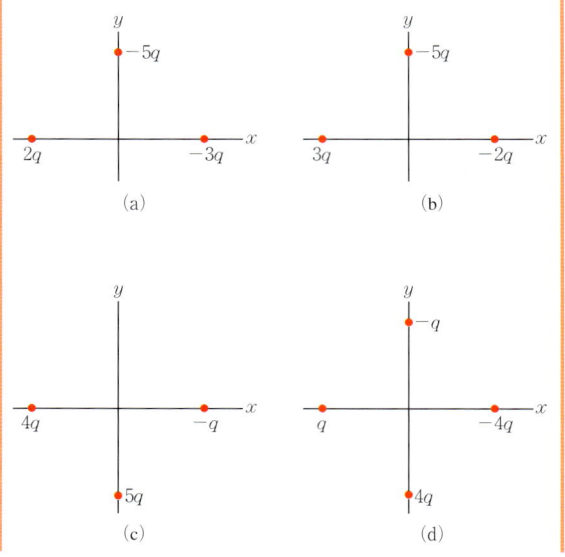

23-5 電気双極子による電場

図 23-8a では，電荷の大きさが q で符号が異なる 2 つの荷電粒子が，距離 d だけ離れている。図 23-5 で述べたように，この配置を**電気双極子**とよぶ。図 23-8a の点 P は，**双極子軸** (dipole axis) とよばれる 2 つの荷電粒子を結ぶ線上にあり，双極子の中央から距離 z の位置にある。この点 P での電場を考えよう。

対称性を考えると，点 P における電場 $\vec{E}$ は，双極子を構成する個々の電荷による電場 ($\vec{E}_{(+)}$ と $\vec{E}_{(-)}$) と同じように，双極子軸 (z 軸にとる) と平行になるはずである。電場の重ね合わせの原理を適用すると，P における電場の大きさ E は，

23-5 電気双極子による電場

$$E = E_{(+)} - E_{(-)}$$
$$= \frac{1}{4\pi\varepsilon_0}\frac{q}{r_{(+)}^2} - \frac{1}{4\pi\varepsilon_0}\frac{q}{r_{(-)}^2}$$
$$= \frac{q}{4\pi\varepsilon_0(z-\frac{1}{2}d)^2} - \frac{q}{4\pi\varepsilon_0(z+\frac{1}{2}d)^2} \quad (23\text{-}5)$$

少し計算をして，この式を書き換えると，

$$E = \frac{q}{4\pi\varepsilon_0 z^2}\left[\left(1-\frac{d}{2z}\right)^{-2} - \left(1+\frac{d}{2z}\right)^{-2}\right] \quad (23\text{-}6)$$

多くの場合，興味があるのは，双極子のサイズに比べて遠く離れた場所 ($z \gg d$) での電場である．このとき，式 (23-6) において $d/2z \ll 1$ となる．括弧の中の 2 つの項を 2 項定理 (付録C) を使って展開すると，

$$\left[\left(1+\frac{2d}{2z(1!)}+\cdots\right) - \left(1-\frac{2d}{2z(1!)}+\cdots\right)\right]$$

これより，次式が得られる：

$$E = \frac{q}{4\pi\varepsilon_0 z^2}\left[\left(1+\frac{d}{z}+\cdots\right) - \left(1-\frac{d}{z}+\cdots\right)\right] \quad (23\text{-}7)$$

式 (23-7) の 2 つの展開式で省略されているのは d/z の 2 次以上の項であるが，$d/z \ll 1$ であるため，これらの項の寄与は小さく，遠くでの E を近似するときには無視できる．この近似を使って，式 (23-7) を次のように書き換えることができる：

$$E = \frac{q}{4\pi\varepsilon_0 z^2}\frac{2d}{z} = \frac{1}{2\pi\varepsilon_0}\frac{qd}{z^3} \quad (23\text{-}8)$$

双極子の**電気双極子モーメント** (electric dipole moment) $\vec{p}$ とは，その大きさ p が双極子の 2 つの特性である q と d の積 qd となるようなベクトル量である．（$\vec{p}$ の単位はクーロン・メートルである．）したがって，式 (23-8) を次のように書くことができる：

$$E = \frac{1}{2\pi\varepsilon_0}\frac{p}{z^3} \quad \text{（電気双極子）} \quad (23\text{-}9)$$

$\vec{p}$ の向きは，双極子の負電荷から正電荷へ向かう向きとする（図 23-8b）．したがって，$\vec{p}$ によって双極子の向きが指定できる．

双極子の電場を遠く離れた点で測定すると，式 (23-9) より，q と d の積だけが関係するので，q と d を個別に知ることはできない．遠い点での電場は，たとえば，q が 2 倍になり同時に d が半分になっても変化しない．このように，双極子モーメントは双極子の基本的な特性である．式 (23-9) は双極子軸上の遠く離れた点についてのみ成り立つが，双極子軸上にないすべての遠く離れた点でも，双極子の電場 E は $1/r^3$ に比例することが導かれる．ただし，r は電場を求めたい点と双極子の中心との間の距離である．

図 23-8 と図 23-5 の電気力線を見ると，双極子軸上の遠く離れた点では，$\vec{E}$ の向きは双極子モーメントベクトル $\vec{p}$ の向きに等しいことがわかる．図 23-8a の点 P が双極子軸の上下どちらにあってもこれは正しい．

双極子からの距離が 2 倍になると，式 (23-9) より，その点の電場は 1/8 に減る．しかし，点電荷の場合は，距離が 2 倍になるとき，電場は 1/4 に

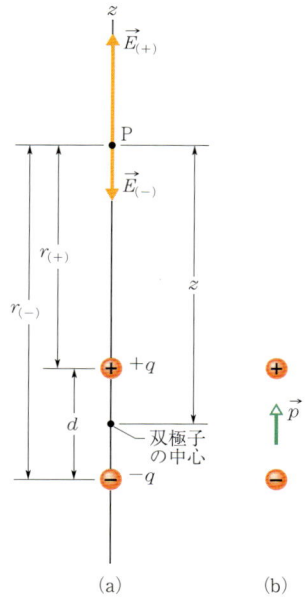

図 23-8 (a) 電気双極子．双極子の 2 つの電荷が双極子軸上の点 P につくる電場ベクトルは $\vec{E}_{(+)}$ と $\vec{E}_{(-)}$．双極子を構成する個々の電荷と P との距離は $r_{(+)}$ と $r_{(-)}$．(b) 双極子の双極子モーメント $\vec{p}$ の向きは負電荷から正電荷へ向かう．

なるだけである（式23-3）。このように双極子の電場は，距離が離れるにつれて単独電荷の電場より急激に減少する。この物理的な理由は，双極子を構成している大きさが等しく符号が異なる2つの電荷は，遠くから見ると（完全にではないが）ほとんど同じ位置にあるように見えるからである。したがって，2つの電荷による電場は，遠くの点において（完全にではないが）ほとんど互いに打ち消し合う。

表 23-2　電荷と電荷密度

名称	記号	SI 単位
電荷	q	C
線電荷密度	λ	C/m
面電荷密度	σ	C/m²
電荷密度	ρ	C/m³

23-6　線電荷による電場

これまでは，1個あるいはせいぜい数個の点電荷がつくる電場を考えてきたが，本節は，非常に多くの（たとえば数十億個の）点電荷が，線上に，面上に，あるいは体積中に，びっしり詰まった電荷分布を考える。このような分布は不連続（discrete）ではなくむしろ**連続的な**（continuous）分布とみなされ，電場は解析的な方法で求められる：莫大な数の点電荷があるので，点電荷をひとつずつ考えることはしない。本節では，線状の電荷分布による電場を議論し，面状の分布については次節で考える。次章では一様に帯電した球の内部の電場を求める。

　連続的な電荷分布を考えるときは，物体の電荷を，全電荷量ではなく，*電荷密度*（charge density）で表す方が便利である。たとえば，線状の電荷分布の場合，線電荷密度 λ（単位長さ当たりの電荷，SI 単位はクーロン／メートル）を用いる。これから用いることになる電荷密度の例を表23-2に示す。

　半径 R の細いリングの円周上に，線電荷密度 λ の一様な正電荷が分布している（図23-9）。リングはプラスチックなどの絶縁体で作られていて，電荷はその場に固定されているとする。リングの中心軸上にあり，リング面からの距離が z である点Pでの電場 $\vec{E}$ はいくらか？

　点電荷による電場を与える式（23-3）を適用してこの問いに答えることはできない：リングは明らかに点電荷ではない。しかし，リングを微小要素に分割して，各要素を点電荷とみなせば，式（23-3）を適用することは可能である。そして，すべての微小要素がPにつくる電場を足し合わせればよい。このベクトル和がリングがPにつくる電場となる。

　リングの任意の微小要素の（円弧に沿った）長さを ds としよう。λ が単位長さ当たりの電荷だから，この微小要素がもつ電荷の大きさは，

$$dq = \lambda\, ds \tag{23-10}$$

この微小電荷は，距離 r 離れた点Pに微小電場 $d\vec{E}$ をつくる。微小電荷を点電荷とみなし，式（23-10）を使って式（23-3）を書き換えると，$d\vec{E}$ の大きさは，

$$dE = \frac{1}{4\pi\varepsilon_0}\frac{dq}{r^2} = \frac{1}{4\pi\varepsilon_0}\frac{\lambda ds}{r^2} \tag{23-11}$$

図23-9から，式（23-11）は次のように書き換えられる：

$$dE = \frac{1}{4\pi\varepsilon_0}\frac{\lambda ds}{(z^2+R^2)} \tag{23-12}$$

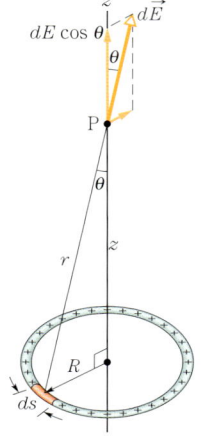

図 23-9　一様な正電荷をもつリング。微小要素の長さは ds（見やすいように大きく描いてある）。この微小要素は点Pに電場 $d\vec{E}$ をつくる。$d\vec{E}$ の中心軸方向の成分は $dE\cos\theta$。

$d\vec{E}$ と中心軸 (z 軸とする) の間の角は θ だから，$d\vec{E}$ は中心軸に平行な成分と垂直な成分をもつ (図 23-9)。

すべての電荷要素が P に微小電場 $d\vec{E}$ をつくる：$d\vec{E}$ の大きさは式 (23-12) で与えられる。$d\vec{E}$ ベクトルがもつ中心軸方向のベクトル成分は，大きさも向きもすべて等しい。一方，中心軸に垂直なベクトル成分は，大きさはすべて等しいが向きは異なる。ある向きの垂直成分に対して，反対向きの別の垂直成分が必ず存在する。この 1 対の成分の和はゼロである；他のすべての対についても同様である。

このように，垂直成分は打ち消し合うので，これ以上考える必要はない。残るは平行成分である；この成分はすべて同じ向きをもつので，P における合成電場は平行成分の和である。

図 23-9 を見ると，$d\vec{E}$ の平行成分の大きさは $dE\cos\theta$ であり，次の関係が成り立っていることがわかる：

$$\cos\theta = \frac{z}{r} = \frac{z}{(z^2+R^2)^{1/2}} \tag{23-13}$$

さらに，式 (23-13) と (23-12) から，$d\vec{E}$ の平行成分が得られる；

$$dE\cos\theta = \frac{z\lambda}{4\pi\varepsilon_0(z^2+R^2)^{3/2}}ds \tag{23-14}$$

すべての要素からの平行成分 $dE\cos\theta$ を足しあげるために，リングに沿って $s=0$ から $s=2\pi R$ まで式 (23-14) を積分する。このときに変化する量は s だけだから，他の量は積分記号の外に出せる。したがって，

$$\begin{aligned} E &= \int dE\cos\theta = \frac{z\lambda}{4\pi\varepsilon_0(z^2+R^2)^{3/2}}\int_0^{2\pi R}ds \\ &= \frac{z\lambda(2\pi R)}{4\pi\varepsilon_0(z^2+R^2)^{3/2}} \end{aligned} \tag{23-15}$$

λ は単位長さ当たりの電荷だから，式 (23-15) の $\lambda(2\pi R)$ はリングの全電荷量 q である。したがって，式 (23-15) は次の形に書き換えられる：

$$E = \frac{qz}{4\pi\varepsilon_0(z^2+R^2)^{3/2}} \quad \text{(帯電したリング)} \tag{23-16}$$

リングの電荷が負の場合でも，P での電場の大きさは式 (23-16) で与えられる。しかし，電場ベクトルの向きは，リングから外向きではなく，リングに向かう向きになる。

中心軸上の遠方の点 ($z \gg R$) について式 (23-16) を調べてみよう。このとき，式 (23-16) の中の z^2+R^2 は z^2 で近似できるので，式 (23-16) は次のようになる：

$$E = \frac{1}{4\pi\varepsilon_0}\frac{q}{z^2} \quad \text{(遠距離の帯電したリング)} \tag{23-17}$$

これは大変もっともらしい結果である：遠くから見るとリングは点電荷のように見える。式 (23-17) の z を r に置き換えると，確かに点電荷の電場の大きさを与える式 (23-3) が得られる。

次に，リングの中心 ($z=0$) について式 (23-16) を調べてみよう。この点では，式 (23-16) は $E=0$ を与える。これももっともらしい；試験電荷をリングの中心に置くと，リングの各要素から受ける力は，リングの反

対側の要素からの力と打ち消し合って，試験電荷に働く静電気力の合力はゼロになる．式 (23-1) より，リングの中心での力がゼロならば，そこでの電場もゼロでなければならない．

例題 23-3

図 23-10a は $-Q$ の電荷が一様に分布したプラスチックの棒を示す．この棒は，半径 r，中心角 $120°$ の円弧状に曲げられている．x 軸が棒の対称軸になるように座標軸を決め，原点を棒の円弧の中心 P にとる．棒が点 P につくる電場 $\vec{E}$ は Q と r を使ってどう表されるか？

解法 **Key Idea**：棒は連続的な電荷分布をもつので，棒の微小要素による電場をまず求めて，その和を解析的に計算する．弧の長さが ds となるような微小要素が，x 軸から上向きに角 θ の位置にある（図 23-10b）．棒の線電荷密度を λ とすれば，微小要素 ds がもつ微小電荷の大きさは，

$$dq = \lambda ds \quad (23\text{-}18)$$

この要素は距離 r の位置にある点 P に微小電場 $d\vec{E}$ をつくる．この要素を点電荷とみなして，式 (23-3) が $d\vec{E}$ の大きさを表すように書き換えると，

$$dE = \frac{1}{4\pi\varepsilon_0}\frac{dq}{r^2} = \frac{1}{4\pi\varepsilon_0}\frac{\lambda ds}{r^2} \quad (23\text{-}19)$$

電荷 dq が負なので，$d\vec{E}$ は ds に向かう向きである．

この微小要素に対応して，棒の下半分の対称な位置に微小要素 ds' がある（ds の鏡像）．ds' が P につくる電場 $d\vec{E}'$ の大きさは式 (23-19) で与えられるが，ベクトルの向きは ds' へ向かう（図 23-10b）．ds と ds' がつくる電場を図 23-10b のように x 成分と y 成分に分解すると，y 成分は（同じ大きさで向きが反対だから）打ち消し合い，x 成分は同じ大きさで同じ向きをもつことがわかる．

したがって，棒がつくる電場を求めるには，棒のすべての微小要素がつくる微小電場の x 成分のみの和を（積分を使って）計算すればよい．図 23-10b と式 (23-19) から，ds がつくる電場の x 成分 dE_x は，

$$dE_x = dE\cos\theta = \frac{1}{4\pi\varepsilon_0}\frac{\lambda}{r^2}\cos\theta\,ds \quad (23\text{-}20)$$

式 (23-20) は 2 つの変数 θ と s を含むので，積分する前に変数をひとつ消去しなければならない．次の関係式を用いて ds を書き換える：

$$ds = r\,d\theta$$

$d\theta$ は長さ ds の弧を見込む角である（図 23-10c）．これにより，式 (23-20) を $\theta = -60°$ から $\theta = 60°$ まで積分することができる．その結果，棒が点 P につくる電場の大きさは，

$$E = \int dE_x = \int_{-60°}^{60°}\frac{1}{4\pi\varepsilon_0}\frac{\lambda}{r^2}\cos\theta\,r\,d\theta$$

$$= \frac{\lambda}{4\pi\varepsilon_0 r}\int_{-60°}^{60°}\cos\theta\,d\theta = \frac{\lambda}{4\pi\varepsilon_0 r}\Big[\sin\theta\Big]_{-60°}^{60°}$$

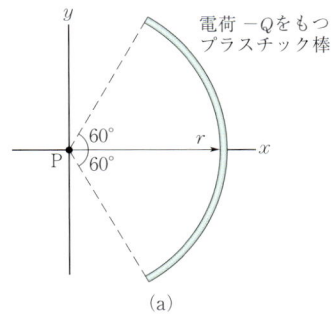

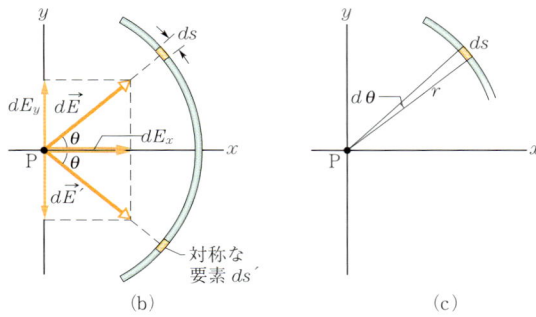

図 23-10 例題 23-3．(a) 電荷 $-Q$ をもつプラスチック棒が，半径 r，中心角 $120°$ の円弧を形づくっている．点 P は円弧の中心である．(b) 棒の上半分にあり x 軸からの角が θ，弧の長さが ds の微小要素が点 P に微小電場 $d\vec{E}$ をつくる．x 軸について ds と対称な微小要素 ds' が P に同じ大きさの電場 $d\vec{E}'$ をつくる．(c) 長さ ds の円弧を点 P から見込む角が $d\theta$．

$$= \frac{\lambda}{4\pi\varepsilon_0 r}\big[\sin 60° - \sin(-60°)\big]$$

$$= \frac{1.73\lambda}{4\pi\varepsilon_0 r} \quad (23\text{-}21)$$

（積分の上限と下限を入れ替えると，同じ大きさで符号が逆になる．積分は $\vec{E}$ の大きさを与えるものだから符号は無視する．）

λ を求めるため，棒の中心角 $120°$ が円周の $1/3$ に相当することに注意しよう．円弧の長さは $2\pi r/3$ となり，線電荷密度は，

$$\lambda = \frac{\text{電荷量}}{\text{長さ}} = \frac{Q}{2\pi r/3} = \frac{0.477Q}{r}$$

これを式 (23-21) に代入して整理すると，

$$E = \frac{(1.73)(0.477Q)}{4\pi\varepsilon_0 r^2} = \frac{0.83Q}{4\pi\varepsilon_0 r^2} \quad \text{(答)}$$

$\vec{E}$の向きは電荷分布の対称軸に沿って棒に向かう向きである。単位ベクトル表記を使えば，

$$\vec{E} = \frac{0.83Q}{4\pi\varepsilon_0 r^2}\hat{\mathrm{i}}$$

PROBLEM-SOLVING TACTICS

Tactic 1: 線電荷による電場の求め方
電荷が線状(円または直線)に一様に分布するとき，点Pでの電場$\vec{E}$を求めるための一般的な指針を与えよう。一般的な方法は，まず，ある電荷要素dqに注目し，それがつくる$d\vec{E}$を求め，線状の電荷全体にわたって$d\vec{E}$を積分することである。

Step 1．線が円の場合は，微小要素の円弧長をdsとする。線が直線の場合は，x軸をこの直線上にとり，微小要素の長さをdxとする。図を描いてその要素に目印をつける。

Step 2．電荷要素dqと微小要素の長さを関係づける；$dq = \lambda ds$ または $dq = \lambda dx$。電荷が負であっても，dqとλは正と仮定する。(電荷の符号は次のstepで考慮する。)

Step 3．式(23-3)が，dqがPにつくる電場$d\vec{E}$を表す；qにλdsまたはλdxを代入する。線の電荷が正の場合は，Pを始点としてdqから遠ざかる向きにベクトル$d\vec{E}$を描く。電荷が負の場合は，dqへ向かう向きにベクトルを描く。

Step 4．与えられた設定に何らかの対称性があるかどうかを必ず調べよう。Pが電荷分布の対称軸上にある場合は，dqがつくる電場$d\vec{E}$を，対称軸に平行な成分と垂直な成分に分解する。次に，対称軸についてdqと対称な位置にある要素dq'を考える。dq'がPにつくる電場ベクトル$d\vec{E'}$を図示し，それを成分に分解する。$d\vec{E}$の成分のひとつは，対応する$d\vec{E'}$の成分と打ち消し合う相殺成分(canceling component)となるのでこの先忘れてよい。もうひとつの成分は，対応する成分と足し合わされる加算成分(adding component)となる。すべての要素の加算成分の和を積分で求める。

Step 5．次の4つの形の一様な電荷分布の場合には，step 4の積分を簡略化できる。

リング： 図23-9のように，点Pが対称軸(中心軸)上にある場合。式(23-12)のように，$d\vec{E}$の表式に現れるr^2を$z^2 + R^2$に置き換える。$d\vec{E}$の加算成分をθを使って表す。ここで$\cos\theta$が現れるが，θはすべての要素について等しいので，θは変数ではない。$\cos\theta$を式(23-13)のように書き換えて，リングの円周全体にわたってsについて積分する。

円弧： 図23-10のように，点Pが円の中心にある場合。$d\vec{E}$の加算成分をθを使って表す。ここで$\sin\theta$または$\cos\theta$が現れる。dsを$r d\theta$に置き換えて，2つの変数sとθをひとつにまとめる。例題23-1のように，円弧の端から端までθについて積分する。

線分： 図23-11aのように，点Pが線分の延長上にある場合。dEの表式に現れるrをxに書き換える。電荷の線分の端から端までxについて積分する。

線分： 図23-11bのように，点Pが線分から距離yの位置にある場合。dEの表式に現れるrをxとyを使って書き換える。Pが線分の垂直2等分線上にあるときは，$d\vec{E}$の加算成分の表式を求める。ここで$\sin\theta$または$\cos\theta$が現れる。三角関数の定義に従ってこれらをxとyで表し，2変数(xとθ)を1変数(x)に減らす。線分の端から端までxについて積分する。図23-11cのように，点Pが対称軸上にないときは，成分dE_xを求めてから，これをxについて積分してE_xを求める。同様に，成分dE_yを求めてから，これをxについて積分してE_yを求める。E_xとE_yから，いつもの方法で，$\vec{E}$の大きさと向きを求める。

Step 6．積分領域の設定の仕方によって，積分結果は正にも負にもなる：負符号は無視せよ。結果を全電荷量Qで表したければ，λをQ/Lで(Lは電荷分布の長さ)おきかえる。リングの場合はLは円周の長さになる。

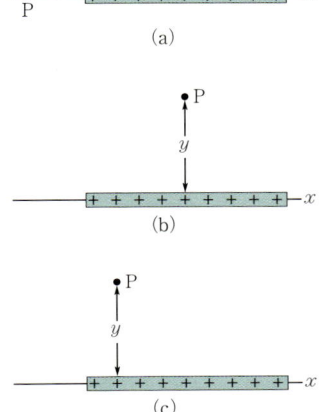

図23-11 (a)点Pは線電荷の延長線上にある。(b)Pは線電荷の対称軸上にあり，線電荷から距離yの位置にある。(c)Pが対称軸上にないことを除けば(b)と同じ。

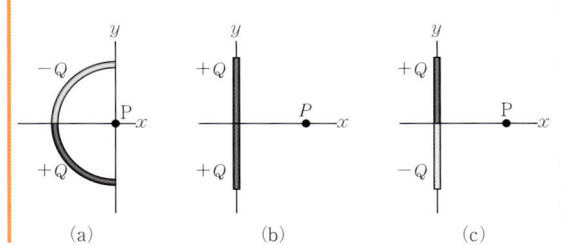

✓ CHECKPOINT 3: 図のような3つの絶縁体の棒（ひとつは円形で他の2つは直線状）の上半分と下半分に大きさQの電荷が一様に分布している。点Pにおける合成電場の向きはどうなるか？

23-7 面電荷による電場

図23-12は半径Rのプラスチック円板を示している。上面には，正の電荷が密度σで一様に分布している（表23-2参照）。円板の中心軸上で円板からの距離がzの点Pにおける電場はどうなるか？

　円板を同心状のリングに分割し，すべてのリングからの寄与を加え合わせて（すなわち，積分して），点Pの電場を計算することにしよう。図23-12は，半径rで半径方向の幅がdrのリングを示している。単位面積当たりの電荷がσだから，このリング上にある電荷は，

$$dq = \sigma dA = \sigma(2\pi r\, dr) \tag{23-22}$$

dAはリングの微小面積である。

　リング状の電荷による電場の問題は既に解いた。式(23-22)のdqを式(23-16)のqに代入し，式(23-16)のRにrを代入すると，ひとつのリングによるPの電場が得られる：

$$dE = \frac{z\sigma 2\pi r\, dr}{4\pi\varepsilon_0(z^2+r^2)^{3/2}}$$

この式を少し整理すると，

$$dE = \frac{\sigma z}{4\varepsilon_0}\frac{2r\, dr}{(z^2+r^2)^{3/2}} \tag{23-23}$$

次に，式(23-23)を円板の全表面にわたって積分すればEを求めることができる；zが定数であることに注意して，変数rについて$r=0$から$r=R$まで積分すると，

$$E = \int dE = \frac{\sigma z}{4\varepsilon_0}\int_0^R (z^2+r^2)^{-3/2}(2r)\, dr \tag{23-24}$$

この積分を実行するために，$X=(z^2+r^2)$, $m=-3/2$, $dX=(2r)dr$とおいて，$\int X^m\, dX$の形に書き換える。この積分は次のように計算できる：

$$\int X^m\, dX = \frac{X^{m+1}}{m+1}$$

したがって，式(23-24)は，

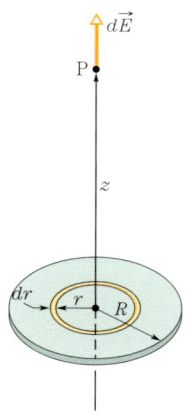

図23-12 一様に正に帯電した半径Rの円板。図中のリングは半径r，半径方向に幅drをもち，中心軸上の点Pに微小電場$d\vec{E}$をつくる。

$$E = \frac{\sigma z}{4\varepsilon_0} \left[\frac{(z^2 + r^2)^{-1/2}}{-\frac{1}{2}} \right]_0^R$$

式 (23-25) を計算して整理すると，帯電した円板が中心軸上の点に作る電場の大きさが得られる：

$$E = \frac{\sigma}{2\varepsilon_0}\left(1 - \frac{z}{\sqrt{z^2 + R^2}}\right) \quad \text{(帯電した円板)} \quad (23\text{-}26)$$

（積分の計算で，$z \geq 0$ を仮定した。）

z を有限に保ちながら $R \to \infty$ とすると，式 (23-26) の括弧内の第 2 項はゼロに近づき，この式は次のようになる：

$$E = \frac{\sigma}{2\varepsilon_0} \quad \text{(無限の平板)} \quad (23\text{-}27)$$

これは，プラスチックのような絶縁体でできた無限に広い平板の片面に一様に広がった電荷がつくる電場である。この場合の電気力線は図 23-3 に示されている。

式 (23-26) の R を有限に保ちながら $z \to 0$ としても式 (23-27) が得られる。円板が円板の近傍につくる電場は，無限に大きな円板がつくる電場と同じである。

23-8　電場の中におかれた点電荷

前節までの 4 節では，2 つの課題のうちの第 1 の課題を扱った：電荷分布を仮定して，その周りの空間にできる電場を求めた。本節では第 2 の課題に移る：定常的あるいはゆっくり動く電荷がつくる電場の中で，荷電粒子がどのように振る舞うかを決定する。

粒子には次式で与えられる静電気力が働く：

$$\vec{F} = q\vec{E} \quad (23\text{-}28)$$

q は粒子の（符号を含む）電荷であり，$\vec{E}$ は他の電荷が粒子の位置につくる電場である。（この電場はその粒子自身がつくる電場ではない；2 つの電場を区別するために，式 (23-28) の粒子に作用する電場を外部電場 (external field) とよぶことが多い。荷電粒子（あるいは物体）はそれ自身がつくる電場からは影響を受けない。）式 (23-28) から次のことがわかる：

▶ 外部電場 $\vec{E}$ の中におかれた荷電粒子に働く静電気力 $\vec{F}$ の向きは，電荷 q が正の場合は $\vec{E}$ の向きに等しく，電荷 q が負の場合は反対向きである。

✓ CHECKPOINT 4:　(a) 図に示された電場が電子に及ぼす静電気力の向きは？ (b) 初めに電子が y 軸に平行に運動しているとすると，電子はどの向きに加速されるか？ (c) 電子が初めに右向きに運動しているとすると，その速さは増加するか，減少するか，変わらないか？

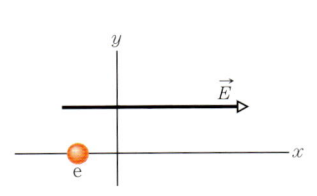

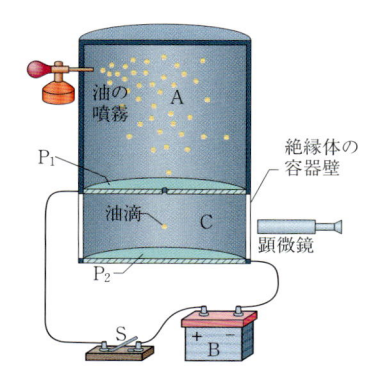

図 23-13 素電荷 e を測定するためのミリカンの油滴装置。帯電した油滴が導体板 P_1 の穴を通って容器 C に入る。スイッチ S の開閉によって容器 C の中の電場を切り替えると，油滴の運動を制御することができる。顕微鏡を使って油滴を観察し，油滴の速さを測定する。

素電荷の測定

アメリカの物理学者ミリカン (Robert A. Millikan) が 1910～1913 年に行った素電荷 e の測定において，式 (23-28) は重要な役割を演じた。図 23-13 は装置の図である。小さな油滴を容器 A の中に吹き込むと，油滴の一部が正または負に帯電する。導体板 P_1 の小さな穴を通って容器 C にゆっくり落ちていく油滴は負の電荷をもつと仮定する。

図 23-13 のスイッチ S が図のように開いていると，電池 B は容器 C に影響を与えない。スイッチ S を閉じる（電池の＋極が容器 C につながる）と，電池は導体板 P_1 に余分の正電荷を与え，導体板 P_2 に余分の負電荷を与える。帯電した板は容器 C の中に下向きの電場をつくる。この電場は，そのとき容器内にあるすべての帯電した油滴に，式 (23-28) にしたがう静電気力を及ぼし，その運動を変化させる。特に，今考えている負に帯電した油滴は上向きに動こうとする。

スイッチを入れたり切ったりしながら油滴の速さを測定し，電荷 q の効果を調べた結果，ミリカンは q の値は常に次のような値をとることを発見した：

$$q = ne \quad (n = 0, \pm 1, \pm 2, \pm 3, \cdots) \quad (23\text{-}29)$$

その後 e は基礎定数であることがわかり，素電荷 (elementary charge) と呼ばれている；その値は 1.60×10^{-19} C である。ミリカンのこの実験は，電荷が量子化されていることの確かな証拠であり，彼はこの実験を含む業績によって 1923 年度にノーベル物理学賞を受賞した。最近では，さまざまな実験を組み合わせて素電荷の測定が行われており，ミリカンの先駆的実験に比べていずれも精度が高い。

インクジェット・プリンタ

印刷に対する高品質・高速性のニーズが高まるにつれて，昔のタイプライターのようなインパクト・プリンタに代わる方法が開発された。紙面に微小なインク滴を噴出して文字を描く方法もそのひとつである。

図 23-14 は，負に帯電したインク滴が 2 枚の偏向板の間を運動するようすを示す。導体の偏向板の間には下向きで一様な電場 $\vec{E}$ がかかっている。この粒子は，式 (23-28) にしたがって上向きに曲げられ，電場 $\vec{E}$ とインク滴の電荷 q の大きさで決まる紙面の 1 点に当たる*。

実際には，E は一定に保たれ，インク滴の位置はインク滴に付加する電荷 q の大きさで決まる。インク滴が偏向系に入る前に通過する帯電ユニットは，印刷情報を符号化した電気信号によって作動する。

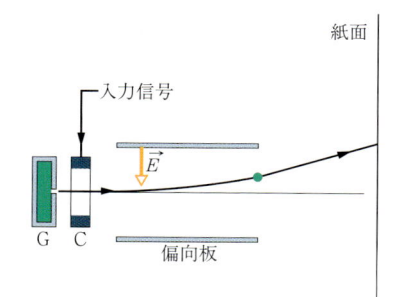

図 23-14 インクジェット・プリンタの原理。射出部 G から噴射されたインク滴は帯電ユニット C で電荷を受け取る。コンピュータから送られてくる制御信号が，インク滴に与える電荷の量，すなわち電場 $\vec{E}$ の影響の大きさ，すなわちインク滴が達する紙面上の位置を制御する。1 文字を描くのにおよそ 100 滴のインクが必要である。

火山の雷光

冒頭の写真のように，桜島が噴火して大気中に灰を噴出するのは，高温の溶岩流のために火山内部の水が急激に気化し，発生した水蒸気が岩石を粉砕し，焼かれた破片が灰となって飛び散るためである。液体から気体への変換と岩石の破砕は正負の電荷が分離する原因になる。噴き出し

---

*訳注：この方式は産業用のインクジェット・プリンタに採用されており，家庭用のものには偏向板はないようである。

た水蒸気と灰により，正電荷の領域と負電荷の領域を含む雲ができる。

　帯電領域が成長して，隣り合う領域間および噴火口と帯電領域の間の電場が大きくなり，電場の大きさが 3×10^6 N/C に達すると，空気の*絶縁破壊*(electric breakdown)が起こり電気を通すようになる。電場によって空気分子がイオン化し，電子が自由になると，そこには瞬間的な伝導経路がつくられる。電場で加速された自由電子と空気分子との衝突によって分子は発光する。この発光のために，瞬間的につくられた経路が目に見えるようになる；これは*火花放電*(spark, スパーク)と呼ばれる。(小規模の火花放電は，図23-15の帯電した金属製のキャップに見ることができる。)

　火山上空のスパークは，帯電領域から噴火口の壁に向かって下向き，あるいは上向きに蛇行する。途中で途切れたスパークの枝がどのように分岐しているかを見れば放電の向きを知ることができる。枝が下向きに分岐している場合，この放電は下向きに進んでいる。(写真右側から火口壁まで延びている明るい放電はこの例である。)分枝が上向きに分岐している場合，放電は上向きに進んでいる。(火口壁中央の明るい放電の下の部分はその例である。)下向きに蛇行する放電と上向きに蛇行する放電が出会うこともある。読者は写真の中にこのような例を見つけられるだろうか？

図23-15　帯電した金属製キャップが周りにつくる電場が空気の絶縁破壊を引き起こす。火花放電を目で見ると，空気中に瞬間的にできた伝導経路がよくわかる。この経路に沿って電場が分子から電子を剥ぎ取り，この電子を加速して分子に衝突させる。

例題 23-4

図23-16は，インクジェット・プリンタの偏向板に座標軸を重ね合わせたものである。負に帯電したインク滴(質量 $m = 1.3 \times 10^{-10}$ kg，電荷の大きさ $Q = 1.5 \times 10^{-13}$ C)が，x軸に沿って初速 $v_x = 18$ m/s で電極の間に入射する。電極の長さ L は 1.6 cm である。帯電した電極は，電極間に下向きの電場 $\vec{E}$ をつくる。電場は一様であり，その大きさは 1.4×10^6 N/C と仮定する。電極終端での鉛直方向の偏向はいくらか？(インク滴に作用する重力は静電気力に比べて小さいので無視してよい。)

解法：インク滴の電荷は負で，電場は*下向き*である。
Key Idea：式(23-28)より，荷電粒子には*上向き*に大きさ QE の静電気力が働く。したがって，このインク滴は，一定の速さ v_x でx軸に平行に運動する間，一定の加速度 a で y 軸方向に加速される。ニュートンの第2法則 ($F = ma$) を y 軸方向の成分に適用すると，

$$a_y = \frac{F}{m} = \frac{QE}{m} \qquad (23\text{-}30)$$

電極間の領域をインク滴が通過する時間を t で表すと，この間のインク滴の鉛直方向および水平方向の変位は，それぞれ，

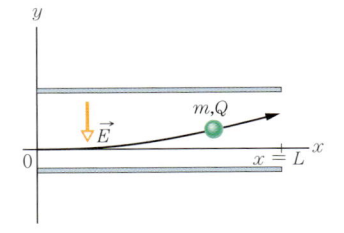

図23-16　例題23-4。質量 m，電荷の大きさ Q をもつインク滴がインクジェット・プリンタの電場で曲げられる。

$$y = \frac{1}{2} a_y t^2 \quad \text{および} \quad L = v_x t \qquad (23\text{-}31)$$

この2式から t を消去して，a_y に式(23-30)を代入すると次の結果が得られる：

$$\begin{aligned}
y &= \frac{QEL^2}{2mv_x^2} \\
&= \frac{(1.5 \times 10^{-13} \text{C})(1.4 \times 10^6 \text{N/C})(1.6 \times 10^{-2} \text{m})^2}{(2)(1.3 \times 10^{-10} \text{kg})(18 \text{m/s})^2} \\
&= 6.4 \times 10^{-4} \text{m} = 0.64 \text{mm} \qquad (答)
\end{aligned}$$

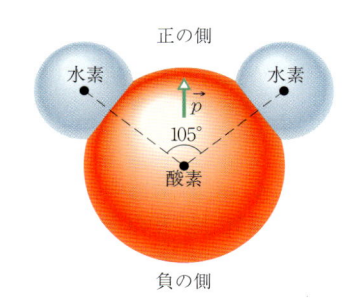

図 23-17 水分子 H₂O の 3 つの原子核（黒点）と電子の存在可能領域を示す。電気双極子 $\vec{p}$ は（負の）"酸素側" から（正の）"水素側" へ向かう。

23-9 電場の中におかれた双極子

電気双極子の双極子モーメント $\vec{p}$ を，双極子の負電荷から正電荷へ向かうベクトルと定義した。一様な外部電場 $\vec{E}$ の中におかれた双極子の振る舞いは，双極子の構造の詳細を知らなくても，2 つのベクトル $\vec{E}$ と $\vec{p}$ を使って完全に記述することができる。

図 23-17 を見ればわかるように，水（H₂O）の分子は電気双極子である。図中の黒点は（8 個の陽子をもつ）酸素原子核と（それぞれ 1 個の陽子をもつ）2 つの水素原子核を示し，原子核の周りの色をつけた部分は電子の存在可能領域を表す。

水分子では，2 個の水素原子と酸素原子は直線上にはなく，約 105°に開いているため（図 23-17），"酸素側" と "水素側" が生じる。また，10個の電子は酸素原子核の近くに分布する傾向がある。この結果，酸素側は水素側に比べてわずかに負になり，図のように，分子の対称軸と平行な電気双極子モーメントが生じる。外部電場の中に水分子をおくと，水分子は，抽象化された電気双極子（図 23-8）と同じような振る舞いを示す。

この振る舞いを調べるために，一様な外部電場 $\vec{E}$ の中におかれた抽象化された双極子を考えよう（図 23-18a）。双極子は，大きさが q で符号が異なる 2 つの電荷が，距離 d を隔てて固定されたものと仮定する。双極子モーメント $\vec{p}$ は電場 $\vec{E}$ に対して角 θ だけ傾いている。

両端の電荷には静電気力が働く。電場は一様だから，両端に働く力の向きは反対で，大きさはどちらも $F = qE$ である（図 23-18）。したがって，一様な電場の中で，双極子に働く合力はゼロであり，双極子の質量中心は動かない。しかし，両端の電荷に働く力によって，双極子の質量中心のまわりにトルク $\vec{\tau}$ が発生する。質量中心は，両端の電荷を結ぶ直線上の，一方の電荷から距離 x，したがって他方から距離 $d-x$ の位置にある。式 (11-31)（$\tau = rF\sin\theta$）より，トルク $\vec{\tau}$ の大きさは，

$$\tau = Fx\sin\theta + F(d-x)\sin\theta = Fd\sin\theta \tag{23-32}$$

$\vec{\tau}$ の大きさは，電場の大きさ E と双極子モーメントの大きさ $p = qd$ を使って書くこともできる。式 (23-32) の F に qE を，d に p/q を代入すると，τ の大きさは，

$$\tau = pE\sin\theta \tag{23-33}$$

この式を一般化してベクトルで表すと，

$$\vec{\tau} = \vec{p} \times \vec{E} \quad \text{（双極子に働くトルク）} \tag{23-34}$$

ベクトル $\vec{p}$ と $\vec{E}$ は図 23-18b に示されている。双極子に働くトルクは，$\vec{p}$ を（したがって双極子を）電場 $\vec{E}$ の向きに回転させて θ を小さくしようとする。図 23-18 では，回転は時計まわりである。第 11 章で議論したように，時計まわりに回転させるトルクには，トルクの大きさに負の符号をつけた。この約束にしたがうと，図 23-18 のトルクは，

$$\tau = -pE\sin\theta \tag{23-35}$$

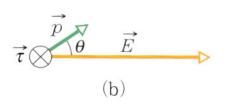

図 23-18 (a) 一様な電場 $\vec{E}$ の中におかれた電気双極子。大きさが等しく逆符号をもつ 2 つの電荷の中心が距離 d だけ離れている。これらを結ぶ線分は固い結合を表している。(b) 電場 $\vec{E}$ は双極子にトルク $\vec{\tau}$ を及ぼす。$\vec{\tau}$ の向きは，記号 ⊗ で示されており，紙面の向こう側へ向かう。

電気双極子のポテンシャルエネルギー

電場の中におかれた電気双極子の向きとポテンシャルエネルギーを関係づけることができる。双極子のポテンシャルエネルギーが最小となるのは，双極子が平衡状態（すなわち双極子モーメント $\vec{p}$ が電場 $\vec{E}$ と同じ向き）にあるときで，この場合 $\vec{\tau} = \vec{p} \times \vec{E} = 0$ となる；他のどの向きにあってもポテンシャルエネルギーは増える。双極子は振り子に似ている；振り子の重力ポテンシャルエネルギーは，平衡位置（最低点）にあるとき最小となる。双極子や振り子を平衡状態から回転させるためには，何らかの方法で外部から仕事をする必要がある。

ポテンシャルエネルギーは，その差だけが物理的な意味をもつので，ポテンシャルエネルギーの基準点を任意に定義することができる。電場中におかれた電気双極子のポテンシャルエネルギーは，図 23-18 の角 θ が 90° のときをゼロとすれば最も簡潔に表すことができる。このように定義すると，双極子が 90° から任意の角 θ まで回転する間に電場が双極子にする仕事 W を計算することによって，式 (8-1)($\Delta U = -W$) から，任意の角 θ でのポテンシャルエネルギー U を求めることができる。式 (12-45)($W = \int \tau d\theta$) と式 (23-35) から，任意の角 θ でのポテンシャルエネルギー U は次のように求められる：

$$U = -W = -\int_{90°}^{\theta} \tau d\theta = \int_{90°}^{\theta} pE \sin\theta \, d\theta \qquad (23\text{-}36)$$

積分を計算すると，

$$U = -pE \cos\theta \qquad (23\text{-}37)$$

この式を一般化してベクトルで表すと，

$$U = -\vec{p} \cdot \vec{E} \qquad \text{（双極子のポテンシャルエネルギー）} \qquad (23\text{-}38)$$

式 (23-37) と (23-38) より，双極子のポテンシャルエネルギーは，$\theta = 0$ ($\vec{p}$ と $\vec{E}$ が同じ向き) のとき最小値 ($U = -pE$) をとり，$\theta = 180°$ ($\vec{p}$ と $\vec{E}$ が反対向き) のとき最大値 ($U = pE$) をとることがわかる。

双極子が初期値 θ_i から θ_f に回転するとき，電場が双極子にする仕事 W を，式 (23-38) で計算される U_f と U_i を使って表すと，

$$W = -\Delta U = -(U_f - U_i) \qquad (23\text{-}39)$$

外力が及ぼすトルクによって双極子の向きが変化する場合は，加えられたトルクが双極子にする仕事 W_a は，電場がする仕事 W の符号を変えたものである：

$$W_a = -W = (U_f - U_i) \qquad (23\text{-}40)$$

✓ **CHECKPOINT 5:** 図は外部電場の中におかれた電気双極子の向きを 4 通り示している。これらを (a) 双極子に働くトルクの大きさ，(b) 双極子のポテンシャルエネルギーの大きい順に並べなさい。

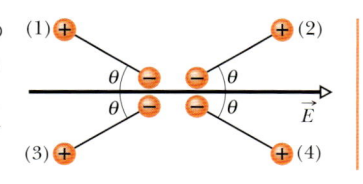

例題 23-5

気体の水分子 (H_2O) は中性で，大きさ 6.2×10^{-30} C·m の電気双極子モーメントをもっている。

(a) この分子の正電荷の中心と負電荷の中心はどれだけ離れているか？

解法： **Key Idea**：分子の双極子モーメントは，分子の正または負電荷の大きさ q と電荷間の距離 d で決まる。中性の水分子には10個の電子と10個の陽子があるので，その双極子モーメントの大きさは，求める距離を d，素電荷を e とすると，

$$p = qd = (10e)(d)$$

これより，

$$d = \frac{p}{10e} = \frac{6.2 \times 10^{-30} \text{C·m}}{(10)(1.6 \times 10^{-19}\text{C})} = 3.9 \times 10^{-12}\text{m}$$
$$= 3.9 \text{pm} \qquad (答)$$

この距離はただ小さいだけではなく，水素原子の半径より確かに小さくなっている。

(b) この分子が 1.5×10^4 N/C の電場の中にあるとき，電場が双極子に及ぼす最大のトルクはいくらか？（この程度の電場は実験室で容易に得られる）。

解法： **Key Idea**：双極子に働くトルクは，$\vec{p}$ と $\vec{E}$ の間の角 θ が $90°$ のとき最大になる。この値を式(23-33)に代入して，

$$\tau = pE\sin\theta$$
$$= (6.2 \times 10^{-30}\text{C·m})(1.5 \times 10^4 \text{N/C})(\sin 90°)$$
$$= 9.3 \times 10^{-26} \text{N/m} \qquad (答)$$

(c) この電場の中で双極子に外力を加えて，双極子の向きを電場の向き ($\theta = 0$) から反対向きになるまで回すためには，外力はどれだけの仕事をするか？

解法： **Key Idea**：外力が（分子にトルクを及ぼすことによって）する仕事は，向きが変化による双極子のポテンシャルエネルギーの変化に等しい。式(23-40)より，

$$W_a = U(180°) - U(0)$$
$$= (-pE\cos 180°) - (-pE\cos 0)$$
$$= 2pE$$
$$= (2)(6.2 \times 10^{-30}\text{C·m})(1.5 \times 10^4 \text{N/C})$$
$$= 1.9 \times 10^{-25} \text{J} \qquad (答)$$

まとめ

電場　2つの電荷の間に働く静電気力を説明するひとつの方法は，電荷がその周りの空間に電場をつくると仮定することである。ある電荷に働く静電気力は，その位置に他の電荷がつくる電場によるものと考える。

電場の定義　任意の点での電場 $\vec{E}$ は，そこにおかれた試験電荷 q_0 に働く静電気力 $\vec{F}$ を使って，次のように定義される：

$$\vec{E} = \frac{\vec{F}}{q_0} \qquad (23\text{-}1)$$

電気力線　電気力線によって電場の向きと大きさを目で見えるように表現することができる。ある点での電場ベクトルの向きは，その点における電気力線の接線に平行である。ある領域の電気力線の密度はその領域の電場の大きさに比例している。電気力線の始点は正電荷，終点は負電荷である。

点電荷による電場　点電荷 q が距離 r の点に作る電場 $\vec{E}$ の大きさは，

$$E = \frac{1}{4\pi\varepsilon_0}\frac{|q|}{r^2} \qquad (23\text{-}3)$$

$\vec{E}$ の向きは，その電荷が正であれば点電荷から外向きであり，負であれば点電荷に向かう向きである。

電気双極子による電場　電気双極子は，小さな距離 d だけ離れた，大きさが q で符号が異なる2つの荷電粒子からできている。電気双極子の双極子モーメント $\vec{p}$ の大きさは qd で，その向きは負電荷から正電荷へ向かう。双極子軸上（2つの電荷を通る直線上）の遠くの点に双極子がつくる電場は，z をこの点と双極子の中心との距離とすると，

$$E = \frac{1}{2\pi\varepsilon_0}\frac{p}{z^3} \qquad (23\text{-}9)$$

連続的な電荷分布による電場　連続的な電荷分布がつくる電場を求めるには，電荷要素を点電荷とみなして，すべての電荷要素がつくる電場ベクトルの和を積分で計算すればよい。

電場中の点電荷に働く力　点電荷 q がそれ以外の電荷がつくる電場 $\vec{E}$ の中にあるとき，この点電荷に働く静電気力 $\vec{F}$ は，

$$\vec{F} = q\vec{E} \qquad (23\text{-}28)$$

力 $\vec{F}$ の向きは，q が正であれば $\vec{E}$ の向きと等しく，q が負であれば反対向きである。

電場中の電気双極子　双極子モーメント $\vec{p}$ をもつ電気双極子が電場 $\vec{E}$ の中にあるとき，電場は双極子にトルク $\vec{\tau}$ を及ぼす：

$$\vec{\tau} = \vec{p} \times \vec{E} \qquad (23\text{-}34)$$

電場の中で，電気双極子はその向きで決まるポテンシャルエネルギー U をもつ：

$$U = -\vec{p} \cdot \vec{E} \qquad (23\text{-}38)$$

ポテンシャルエネルギーは，$\vec{p}$ が $\vec{E}$ に垂直のときゼロと定義され，$\vec{p}$ が $\vec{E}$ と同じ向きのとき最小 ($U = -pE$)，$\vec{p}$ が $\vec{E}$ と反対向きのとき最大 ($U = pE$) となる。

問　題

1. 図23-19には3本の電気力線が描かれている。正の試験電荷が (a) 点Aと，(b) 点Bにおかれたとき，この試験電荷に働く静電気力の向きは？ (c) 電荷を自由にした場合，加速度の大きさが大きいのはAとBのどちらの点か？

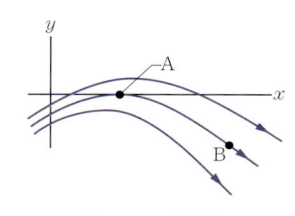

図23-19　問題1

2. 図23-20aは軸上におかれた2つの荷電粒子を示している。(a) 軸上のどの位置（無限遠点は除く）で合成電場がゼロになるか：電荷の間，電荷の左，電荷の右？。(b) 軸上の点以外で，電場がゼロの点があるか？

図23-20　問題2と3

3. 図23-20bでは，2つの陽子とひとつの電子が等間隔で並んでいる。軸上のどの位置（無限遠の点を除く）で合成電場がゼロになるか：3つの粒子の左，右，2つの陽子の間，電子と電子に近い方の陽子との間？

4. 図23-21のように，2つの正方形の辺上に荷電粒子が並んでいる。点Pを中心とする2つの正方形の向きはずれている。正方形の辺に沿った粒子の間隔は d または $d/2$ である。Pにおける合成電場の向きと大きさはどうなるか？

5. 図23-22では，電荷 $-q$ の2つの粒子が y 軸について対称な位置にあり，それぞれが y 軸上の点Pに電場をつくっている。(a) Pにおける電場の大きさは等しい

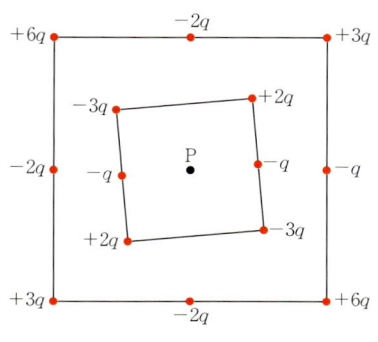

図23-21　問題4

か？ (b) それぞれの電場の向きは，その電場をつくる電荷へ向かう向きか，反対向きか？ (c) Pでの合成電場の大きさは，2つの電場ベクトルの大きさ E の和に等しいか（すなわち $2E$ か）？ (d) 2つの電場ベクトルの x 成分は足されるか，打ち消し合うか？ (e) y 成分は足されるか，打ち消し合うか？ (f) Pの合成電場の向きは，相殺成分の向きか，加算成分の向きか？ (g) 合成電場の向きはどうなるか？

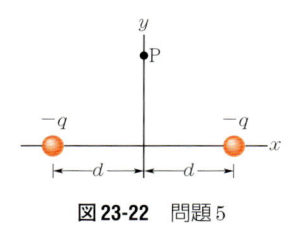

図23-22　問題5

6. 3本の円弧状の絶縁体の棒が一様に帯電している。円弧の半径はすべて等しい。棒Aの電荷は $+2Q$，円弧の中心角は30°，棒Bの電荷は $+6Q$，中心角は90°，棒Cの電荷は $+4Q$，角度は60°である。棒を線電荷密度が大きい順にならべなさい。

7. 図23-23aでは，一様な電荷 $+Q$ をもつ円弧状のプラスチック棒が円弧の中心（原点）に大きさ E の電場をつくっている。図23-23b，c，dでは，同じ一様な電荷 $+Q$

をもつ円弧が，円周が完成するまで順に追加される。5番目の配置（これを e とする）では，第4象限の4分円の電荷が $-Q$ であること以外は d と同様である。5つの配置を，原点での電場の大きさの順にならべなさい。

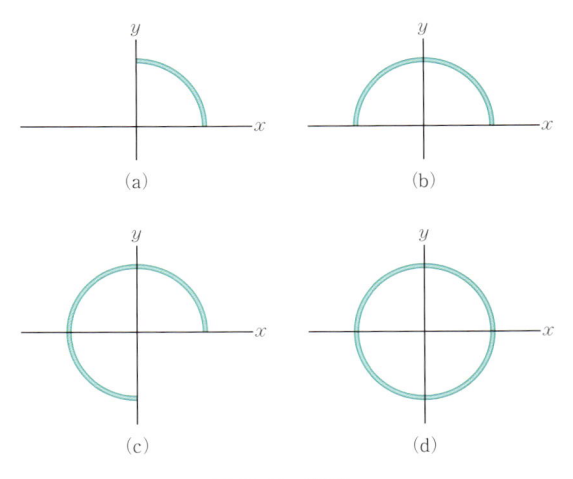

図 23-23 問題 7

8． 図23-24では，電子 e が板 A の小穴を通って板 B の方に進む。このとき，2枚の板の間の一様な電場によって電子は減速する（偏向はしない）。(a) 電場の向きは？ (b) 他の4つの粒子が板 A あるいは板 B の小穴を通って板の間の領域に入る。3つの粒子は電荷 $+q_1$，$+q_1$，$-q_1$ をもっている。4番目の粒子 n は中性子で，電気的に中性である。板の間の領域で，これら4つの粒子の速さは，増えるか，減るか，変わらないか？

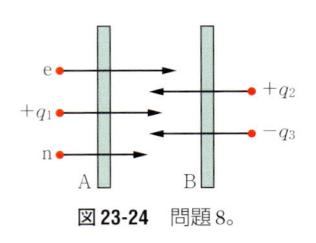

図 23-24 問題 8。

9． 図23-25は，一様な電場の矩形領域を通過する負に帯電した粒子1の軌跡を示している；粒子は紙面内で上向きに曲げられる。(a) 電場は，紙面内の上下左右のうち，どちらを向いているか？ (b) 図のように，他の3つの荷電粒子が電場の領域に入射しようとしている。どの粒子が上向きに，また，どの粒子が下向きに曲げられるか？

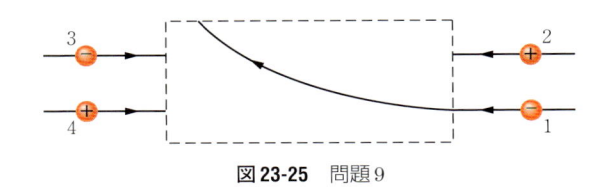

図 23-25 問題 9

10． (a) CHECKPOINT 5 の図で，電気双極子が1の向きから2の向きに回転するとき，電場が双極子にする仕事は正か，負か，ゼロか？ (b) 双極子が1の向きから4の向きに回転するとき，電場がする仕事は，(a) の場合に比べて，大きい，小さいか，同じか？

11． 電場中での電気双極子のポテンシャルエネルギーが，4通りの向きに対応してそれぞれ，(1) $-5U_0$, (2) $-7U_0$, (3) $3U_0$, (4) $5U_0$, となっている。ただし U_0 は正とする。この4つの向きを，(a) 電気双極子モーメント $\vec{p}$ と電場 $\vec{E}$ のなす角の大きい順に，(b) 双極子に働くトルクの大きさの順に，並べなさい。

12． 乾燥した日にある種のカーペットの上を歩いた後で，ドアの金属製ノブに手を伸ばすと，あるいは（もっと面白いのだが）誰かの首に触れようとすると，火花放電が起こることがある。なぜ放電が起こるのか？（指先や，もっと良いのは，金属製の鍵の尖った先端を近づけると，放電の光や音を強くすることができる。）

24 ガウスの法則

Tucson（訳注：Arizona州南部の都市）を明るく照らす稲妻。雷が落ちると，雲の底部から10^{20}個程度の電子が地面に運ばれる。

稲妻の幅はどれくらいか？ 何キロメートルも離れた場所から見えるのだから，車の大きさくらいはあるのだろうか？

答えは本章で明らかになる。

24-1 クーロンの法則の新しい見方

ジャガイモの質量中心を知りたいと思ったら，実験をやるか，3重積分の数値計算を含むめんどうな計算をしなければならない。しかし，たまたまジャガイモが一様な楕円体であれば，計算せずに，対称性から正確に質量中心の位置を知ることができる。これが対称性の利点である。対称性は物理学のあらゆる分野に現れる；対称性を最大限利用して物理法則を表すのが賢明である。

クーロンの法則は静電気学の基本法則であるが，対称性をもつ状況で簡単になるような形式では表現されていない。本章では，クーロンの法則に対する新しい定式化を紹介しよう。これはドイツの数学者であり物理学者でもあったガウス（Carl Friedrich Gauss，1777〜1855）が導いたものである。**ガウスの法則**（Gauss' law）と呼ばれるこの法則を使うと，特定の状況がもつ対称性を有効に利用することができる。静電気の問題に関しては，ガウスの法則とクーロンの法則は完全に同等である；問題によって都合の

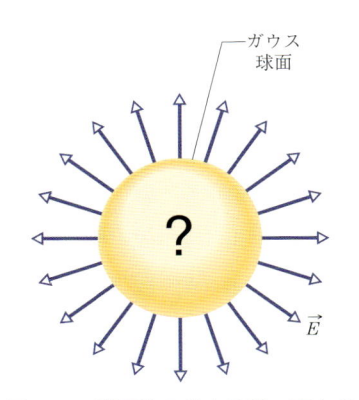

図 24-1 球面状のガウス面。面上のあらゆる点で電場の大きさが等しく，向きが半径方向の外向きであれば，面に囲まれた正味の電荷量は正であり，球対称に分布していることがわかる。

よい方を選べばよい。

ガウスの法則で中心的役割を果たすのは，**ガウス面**(Gaussian surface)と呼ばれる仮想的な閉曲面である。ガウス面はどのような形にとってもよいが，問題の対称性を反映した形が最も有効である。多くの場合，球面や円筒面といった対称的な形状がとられる。ガウス面は*閉じた曲面*でなければならない；閉曲面では面の内部，表面，外部が明確に区別できる。

電荷分布を囲むようにガウス面を設定すると，ガウスの法則が使えるようになる：

▶ ガウスの法則は，（閉じた）ガウス面上の点での電場を，この面に囲まれた電荷の総量に関係づける。

図 24-1 はガウス面が球面であるような単純な状況を示している。面上のあらゆる点に電場があることがわかっていて，しかもその電場の大きさが等しく，半径方向に外向きであるとしよう。ガウスの法則を知らなくても，ガウス面に囲まれた領域内の正味の電荷が正であることが推測される。しかし，ガウスの法則を知っていれば，囲まれた電荷の総量を計算することができる。この計算に必要なのは，ガウス面を貫く電場の"量"である；この"量"は，ガウス面を貫く電場のフラックスに関係している。

24-2　フラックス

面積 A の小さな正方形のループ（閉曲線）に向けて一様な速度 $\vec{v}$ の空気を流すことを考える（図 24-2a）。ループを通って流れる空気の*体積流量*(volume flow rate，単位時間当たりの体積）を Φ とする。この流量は $\vec{v}$ とループ面の間の角度に依存する。$\vec{v}$ が面と垂直ならば Φ は vA に等しい。

$\vec{v}$ がループ面と平行ならば，空気はループを通らないので Φ はゼロである。中間の角 θ の場合，流量 Φ は，$\vec{v}$ のループ面に垂直な成分によって決まる（図 24-2b）。この成分は $v\cos\theta$ だから，ループを通る体積流量は，

$$\Phi = (v\cos\theta)A \tag{24-1}$$

面を通過する流量は**フラックス**(flux)の一例である――この場合は*体積フラックス*(volume flux)。静電気学におけるフラックスを議論する前に，式(24-1)をベクトルを使って書き換えよう。

まず，*面積ベクトル*(area vector) $\vec{A}$ を定義する；面積ベクトルの大きさは面積（ここではループの面積）に等しく，向きは図 24-2c のように面に垂直にとる。次に，空気流の速度ベクトル $\vec{v}$ とループの面積ベクトル $\vec{A}$ のスカラー積を使って式(24-1)を書き換える：

$$\Phi = vA\cos\theta = \vec{v}\cdot\vec{A} \tag{24-2}$$

θ は $\vec{v}$ と $\vec{A}$ の間の角である。

"フラックス"はラテン語の"流れる(to flow)"という言葉に由来している。空気の流れに関する限りこの用法はもっともである。しかし，式(24-2)をもっと抽象的に捉えてみよう。そのために，ループを通過する空

図 24-2 (a)面積 A のループに垂直な速度 $\vec{v}$ をもつ空気の流れ。(b)速度 $\vec{v}$ のループ面に垂直な成分は，$\vec{v}$ と面の法線がなす角度を θ として，$v\cos\theta$ である。(c)面積ベクトル $\vec{A}$ はループ面に垂直で，$\vec{v}$ と角度 θ をなす。(d)ループ面と交差するベクトル場。

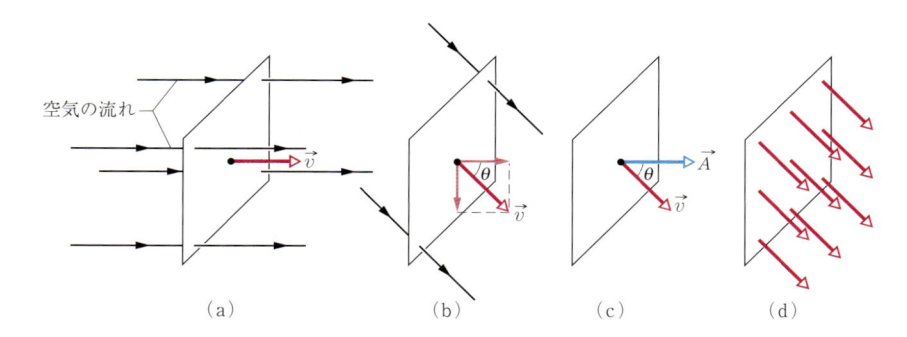

気流の各点に速度ベクトルを割り当てる（図24-2d）。これらのベクトルはベクトル場を構成するので，式(24-2)はループを貫くベクトル場のフラックスを与えるものと解釈することができる。この解釈では，フラックスは，もはや，ある面を通過するなにものかの実際の流れを意味するのではなく，むしろ，面を貫く場とその面積との積を表している。

24-3　電　場　束*

電場束（電場のフラックス）を定義するために，一様でない電場の中におかれた（非対称な）任意の形のガウス面を考える（図24-3）。この表面を面積 ΔA の小さい正方形に分割する；この正方形は十分小さいので湾曲を無視して平面とみなせる。このような面積要素を面積ベクトル $\Delta\vec{A}$ で表す。各ベクトル $\Delta\vec{A}$ はガウス面に垂直で，その向きはガウス面の内から外へ向かう。

正方形の面積は十分に小さくとることができるので，ひとつの正方形の中では電場 $\vec{E}$ は一定とみなせる。ベクトル $\Delta\vec{A}$ と $\vec{E}$ の間の角を θ とする。図24-3に，ガウス面上の3つの正方形(1, 2, 3)の拡大図とそれぞれの角 θ が示されている。

図24-3のガウス面を貫く電場束を暫定的に次のように定義する：

$$\Phi = \sum \vec{E} \cdot \Delta\vec{A} \tag{24-3}$$

この式にしたがうと，ガウス面上の個々の正方形について，そこでの $\vec{E}$ と $\Delta\vec{A}$ からスカラー積 $\vec{E}\cdot\Delta\vec{A}$ を計算し，その結果を面を構成するすべての正方形について代数的に（符号を考慮して）足し合わせることになる。各正方形でのスカラー積の符号（正，負，ゼロ）が正方形を貫く電場束の符号を決める。正方形1のように内側を向いている場合は，式(24-3)の和に対して負の寄与をする。正方形2のように $\vec{E}$ が面内にある場合の寄与はゼロ，正方形3のように $\vec{E}$ が外向きの場合の寄与は正である。

閉曲面を貫く電場束を厳密に定義するためには，図24-3の正方形の面積をどんどん小さくする。このとき，微小面積は dA，面積ベクトルは $d\vec{A}$ となる。こうすると，式(24-3)の和は積分に変わり，電場束は次式で

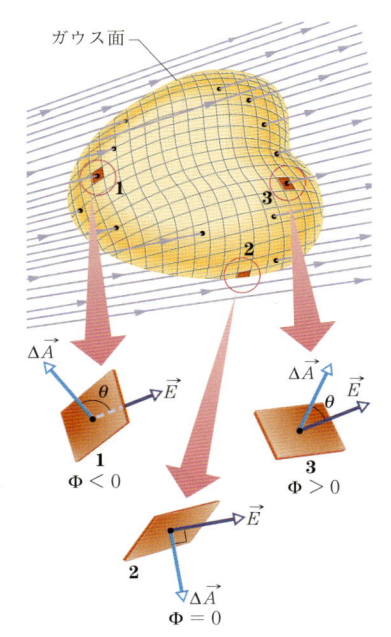

図 24-3　電場中の任意の形のガウス面。面は面積 ΔA の小さい正方形に区分される。3つの代表的な正方形1, 2, 3について，電場ベクトル $\vec{E}$ はと面積ベクトル $\Delta\vec{A}$ が示されている。

* 訳注："Flux of electric field" の訳語である"電場束"は本書の造語である。電束という用語の方が，後に登場する磁束と対になってわかりやすいが，電束は第26章の電束密度を積分したものとして一般に使われており，電場束とは ε_0 だけ値が異なる。

定義される：

$$\Phi = \oint \vec{E} \cdot d\vec{A} \quad \text{(ガウス面を貫く電場フラックス)} \quad (24\text{-}4)$$

積分記号の丸印は，*閉曲面全体*にわたって積分することを示す．電場束はスカラー量であり，そのSI単位はニュートン・平方メートル・毎クーロン（N·m²/C）である．

式(24-4)を次のように解釈する：まず思い出して欲しいのは，ある面を貫く電気力線の密度が，そこでの電場 $\vec{E}$ を表す尺度として使えるということだ．すなわち，電場の大きさ E は単位面積当たりの電気力線の数に比例する．したがって，式(24-4)のスカラー積の $\vec{E} \cdot d\vec{A}$ は，面 $d\vec{A}$ を貫く電気力線の数に比例する．式(24-4)ではガウス面全体について積分するので，結局，

▶ ガウス面を貫く電場束 Φ は，その面を貫く電気力線の正味の数に比例する．

例題 24-1

図24-4は一様な電場 $\vec{E}$ の中におかれた半径 R の円筒形のガウス面を示している．円筒軸は電場に平行である．この閉曲面を貫く電場束 Φ を求めなさい．

解法: **Key Idea**: 面を貫く電場束 Φ を求めるには，スカラー積 $\vec{E} \cdot d\vec{A}$ をガウス面上で積分すればよい．この積分を次の3つの項に分けて考える；すなわち，円筒の左端面a，円筒面b，右端面c．式(24-4)より，

$$\Phi = \oint \vec{E} \cdot d\vec{A}$$
$$= \int_a \vec{E} \cdot d\vec{A} + \int_b \vec{E} \cdot d\vec{A} + \int_c \vec{E} \cdot d\vec{A} \quad (24\text{-}5)$$

左端面のすべての点で，$\vec{E}$ と $d\vec{A}$ の間の角度 θ は $180°$，大きさ E は一定である．したがって，

$$\int_a \vec{E} \cdot d\vec{A} = \int E(\cos 180°)\, dA = -E \int dA = -EA$$

$\int dA$ は端面の面積 $A\,(=\pi R^2)$ になる．同様に，右端面については，すべての点で $\theta = 0$ だから，

$$\int_c \vec{E} \cdot d\vec{A} = \int E(\cos 0)\, dA = EA$$

最後に，円筒面については，すべての点で $\theta = 90°$ だから，

$$\int_b \vec{E} \cdot d\vec{A} = \int E(\cos 90°)\, dA = 0$$

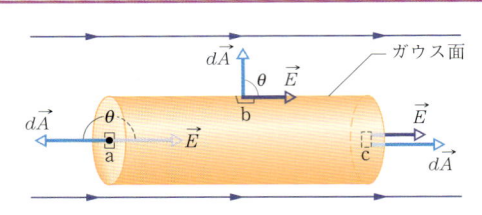

図 24-4 例題 24-1．両端が閉じた円筒形のガウス面が一様な電場の中にある．円筒の軸は電場と平行である．

これらの結果を式(24-5)に代入して，
$$\Phi = -EA + 0 + EA = 0 \quad \text{(答)}$$
これは驚くような結果ではない；，電場を表す電気力線は，すべて左端面から入って右端面に通り抜ける形でガウス面を貫くために，正味の電場束はゼロになる．

✓ **CHECKPOINT 1**: 図は，ひとつの面の面積が A である立方体のガウス面を示している．この立方体は z 軸の正の向きの一様な電場 $\vec{E}$ の中におかれている．(a) (xy面内にある) 手前の面，(b) 裏の面，(c) 上の面，(d) 立方体の全表面，を貫く電場束を E と A を使って表しなさい．

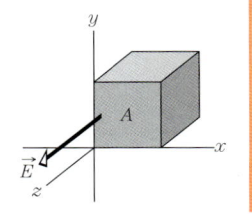

例題 24-2

一様でない電場 $\vec{E} = 3.0x\hat{i} + 4.0\hat{j}$ が，図24-5に示される立方体のガウス面を貫いている．(E の単位はニュートン/クーロン，x の単位はメートルである．) 右側面，左側面，上面を貫く電場束を求めなさい．

解法: **Key Idea**: スカラー積 $\vec{E} \cdot d\vec{A}$ をそれぞれの面で積分すれば，その面を貫く電場束 Φ が求められる．

右側面：面積ベクトル $\vec{A}$ は常にその面に垂直で，ガウス面の内から外を向く．したがって，立方体の右側

面では，ベクトル $d\vec{A}$ は x 軸の正の向きを向く．単位ベクトル表記を使って書くと，
$$d\vec{A} = dA\,\hat{\imath}$$
図24-5から，右の側面を貫く電場束 Φ_r は，
$$\Phi_r = \int \vec{E}\cdot d\vec{A} = \int (3.0x\,\hat{\imath} + 4.0\,\hat{\jmath})\cdot(dA\,\hat{\imath})$$
$$= \int [(3.0x)(dA)\hat{\imath}\cdot\hat{\imath} + (4.0)(dA)\hat{\jmath}\cdot\hat{\imath}]$$
$$= \int (3.0x\,dA + 0) = 3.0\int x\,dA$$

次に，右側面全体にわたって積分を計算する．この面のどこでも x の値は定数 $(x = 3.0\,\text{m})$ であることに注目すると，この定数を x に代入すればよい．したがって，
$$\Phi_r = 3.0\int (3.0)\,dA = 9.0\int dA$$
この積分は単に側面の面積 $A = 4.0\,\text{m}^2$ になるので，
$$\Phi_r = (9.0\,\text{N/C})(4.0\,\text{m}^2) = 36\,\text{N}\cdot\text{m}^2/\text{C} \quad (\text{答})$$

左側面：左側面を貫く電場束を求める手順は，右側面の場合と同様であるが，異なる点が2つある．(1) 微小面積ベクトル $d\vec{A}$ は x 軸の負の向きだから，$d\vec{A} = -dA\,\hat{\imath}$ である．(2) この積分にも x が現れて，この面の

図 24-5 例題24-2．1つの辺が x 軸上にある立方体のガウス面が一様でない電場の中にある．

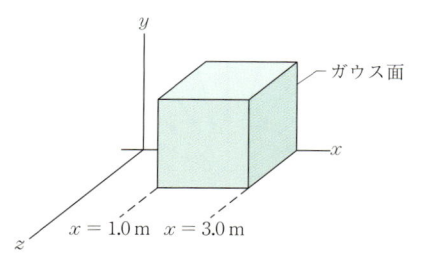

どこでもその値は一定であるが，左側面では $x = 1.0\,\text{m}$ である．この2つの相違点に注意すると，左側面を貫く電場束 Φ_l は，
$$\Phi_l = -12\,\text{N}\cdot\text{m}^2/\text{C} \quad (\text{答})$$

上面：微小面積ベクトル $d\vec{A}$ は y 軸の正の向きなので，$d\vec{A} = dA\,\hat{\jmath}$ である．上面を貫く電場束 Φ_t は，
$$\Phi_t = \int (3.0x\,\hat{\imath} + 4.0\,\hat{\jmath})\cdot(dA\,\hat{\jmath})$$
$$= \int [(3.0x)(dA)\hat{\imath}\cdot\hat{\jmath} + (4.0)(dA)\hat{\jmath}\cdot\hat{\jmath}]$$
$$= \int (0 + 4.0\,dA) = 4.0\int dA$$
$$= 16\,\text{N}\cdot\text{m}^2/\text{C} \quad (\text{答})$$

24-4 ガウスの法則

ガウスの法則は，閉曲面（ガウス面）を貫く正味の電場束 Φ と，この面で囲まれる（enclosed）正味の電荷量 q_{enc} とを関係づける．ガウスの法則は次式で表される：

$$\varepsilon_0 \Phi = q_{\text{enc}} \quad (\text{ガウスの法則}) \tag{24-6}$$

電場束の定義式である式(24-4)を代入して，次のように書くこともできる：

$$\varepsilon_0 \oint \vec{E}\cdot d\vec{A} = q_{\text{enc}} \quad (\text{ガウスの法則}) \tag{24-7}$$

式(24-6)と(24-7)は，すべての電荷が真空中あるいは（ほとんどの場合真空中とみなせる）空気中にある場合にのみ成り立つ．26-8節では，マイカ（雲母），油，ガラスなどがある場合でも成り立つようにガウスの法則を修正する．

式(24-6)と(24-7)の正味の電荷量 q_{enc} は，ガウス面に囲まれたすべての正と負の電荷の代数和であり，正，負，ゼロのいずれにもなり得る．電荷の符号はガウス面を貫く電場束に関する情報をもっているので，電荷量には，その大きさだけではなく符号も含める：q_{enc} が正ならば正味の電場束は*外向き*である；q_{enc} が負ならば正味の電場束は*内向き*である．

ガウス面の外にある電荷は，たとえそれがどんなに大きくても，また，どんなに近くにあっても，ガウスの法則の q_{enc} には含まれない．また，ガ

ウス面内部の電荷の正確な形や位置も全く関係ない；式(24-7)の右辺で重要なのは，内部にある正味の電荷の大きさと符号だけである．しかし，式(24-7)の左辺の$\vec{E}$という量は，ガウス面の内部と外部にあるすべての電荷がつくる電場である．このことは一見矛盾しているように見えるかも知れないが，例題24-1の結果を思い出して欲しい：ガウス面の外側にある電荷がつくる電場は，表面を貫く電場束の総量には全く寄与しない，なぜなら，中へ入った電気力線はすべて外にでてしまう．

この考え方を図24-6に適用してみよう．この図には，大きさが等しく符号が異なる2つの電荷と，それが周囲の空間につくる電場を表す電気力線，さらに4つのガウス面の断面が示されている．それぞれのガウス面について順に考える．

面 S_1：この面上のあらゆる点で電場は外向きだから，この面を貫く電場束は正である．また内部の正味の電荷量も正である．したがって，ガウスの法則の要請——式(24-6)のΦが正ならばq_{enc}も正でなければならない——に合っている．

面 S_2：この面上のあらゆる点で電場は内向きだから，この面を貫く電場束は負である．また内部の正味の電荷量も負である．したがって，ガウスの法則の要請に合っている．

面 S_3：この面の内部には電荷がないので，$q_{enc} = 0$である．ガウスの法則(式24-6)により，この面を貫く正味の電場束はゼロでなければならない．確かに，すべての電気力線は上から下へこの面を完全に通り抜けている．

面 S_4：この面に囲まれた正の電荷と負の電荷は大きさが等しいので，内部にある正味の電荷量はゼロである．ガウスの法則によれば，この面を貫く正味の電場束はゼロでなければならない．確かに，面S_4を通って外にでる電気力線の数はこの面に入ってくる数と等しい．

図24-6の面S_4のすぐ近くに巨大な電荷Qを持って来るとどうなるだろう．電気力線のようすは確かに変わるだろうが，4つのガウス面のそれぞれについて，正味の電場束は変化しない；追加した電荷Qによってできる電気力線は，4つの各ガウス面を完全に通り抜けるので，どのガウス面の正味の電場束にも全く寄与しない．Qはいま考えているすべての4つのガウス面の外部にあるので，ガウスの法則には全く関与しない．

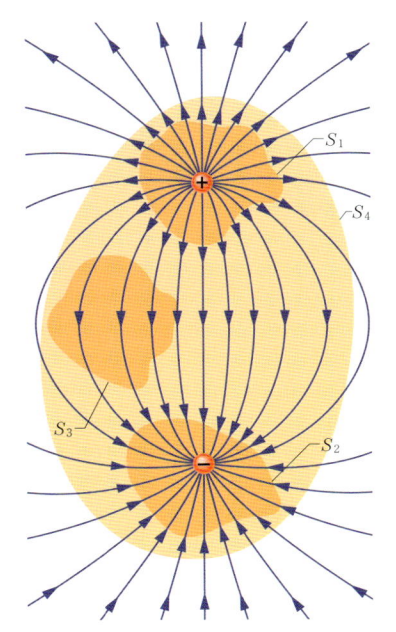

図 24-6 大きさは等しいが符号が異なる2つの電荷とこの電荷が作る合成電場を表す電気力線．4つのガウス面の断面図が示されている．面S_1は正の電荷を，また，面S_2は負の電荷を囲んでいる．面S_3の内部には電荷がない．面S_4は両方の電荷を囲んでいるので，電荷の総和はゼロである．

✓ **CHECKPOINT 2**: 図は，電場の中におかれた立方体を3通り示している．矢印と数値は電気力線の向きと各立方体の6面を通る電場束の大きさ(単位はN・m²/C)を表している．(薄い矢印は隠れた面に対応する．)立方体が囲む正味の電荷量が，(a)正，(b)負，(c)ゼロ，であるのはどの場合か？

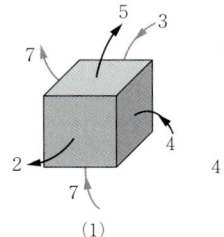

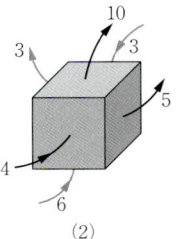

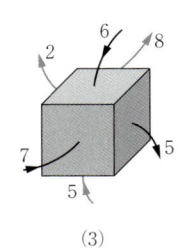

例題 24-3

図 24-7 は，5 つの帯電したプラスチックのかたまりと電気的に中性のコインを描いている。また，ガウス面 S の断面が示されている。$q_1 = q_4 = +3.1\,\mathrm{nC}$，$q_2 = q_5 = -5.9\,\mathrm{nC}$，$q_3 = -3.1\,\mathrm{nC}$ のとき，このガウス面を貫く正味の電場束を求めなさい。

解法：　**Key Idea**：面を貫く正味の電場束 Φ は，面 S に囲まれた正味の電荷量 q_enc によって決まる。したがって，コインと電荷 q_4 と q_5 は Φ には寄与しない。中性のコインは，正負の電荷を等量もっているので寄与しない。また，電荷 q_4 と q_5 は面 S の外にあるので寄与しない。したがって，q_enc は $q_1 + q_2 + q_3$ であり，式 (24-6) より，

$$\Phi = \frac{q_\mathrm{enc}}{\varepsilon_0} = \frac{q_1 + q_2 + q_3}{\varepsilon_0}$$

$$= \frac{+3.1 \times 10^{-9}\,\mathrm{C} - 5.9 \times 10^{-9}\,\mathrm{C} - 3.1 \times 10^{-9}\,\mathrm{C}}{8.85 \times 10^{-12}\,\mathrm{C^2/N \cdot m^2}}$$

$$= -670\,\mathrm{N \cdot m^2 C} \quad\quad (答)$$

負の符号は，面を貫く正味の電場束が内側を向いていること，すなわち，面内部の正味の電荷が負であることを示している。

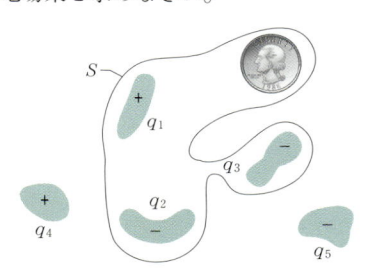

図 24-7　図 24-3。5 つのそれぞれ電荷をもつプラスチックの物体と，電荷をもたないコイン。断面が示されているガウス面は，プラスチックの物体 3 つとコインを囲んでいる。

24-5　ガウスの法則とクーロンの法則

ガウスの法則とクーロンの法則が等価であるならば，一方から他方を導くことができるはずである。本節では，ガウスの法則と対称性からクーロンの法則を導く。

図 24-8 は正の点電荷 q と，半径 r の同心球のガウス面を示している。この面を微小面積 dA に分割する。定義により，面積ベクトル $d\vec{A}$ は常に面に垂直で外向きである。この状況の対称性から，電場 $\vec{E}$ もまた面に垂直で外向きであることがわかる。したがって，$\vec{E}$ と $d\vec{A}$ のなす角 θ はゼロとなり，式 (24-7) のガウスの法則は次のように書き換えられる：

$$\varepsilon_0 \oint \vec{E} \cdot d\vec{A} = \varepsilon_0 \oint E\,dA = q_\mathrm{enc} \quad\quad (24\text{-}8)$$

ここで $q_\mathrm{enc} = q$ である。E は q からの距離 r によって変化するが，球面上ではどこでも等しい値をもつ。式 (24-8) では球面について積分するので，積分の中の E は定数であり，したがって，積分記号の外へ出すことができる：

$$\varepsilon_0 E \oint dA = q \quad\quad (24\text{-}9)$$

積分は，単に，球面上のすべての微小面積 dA の和になるので，その値は表面積 $4\pi r^2$ である。これを代入すると，

$$\varepsilon_0 E (4\pi r^2) = q$$

または，

$$E = \frac{1}{4\pi\varepsilon_0} \frac{q}{r^2} \quad\quad (24\text{-}10)$$

これは，まさに，クーロンの法則から得られる点電荷による電場 (式 23-3)

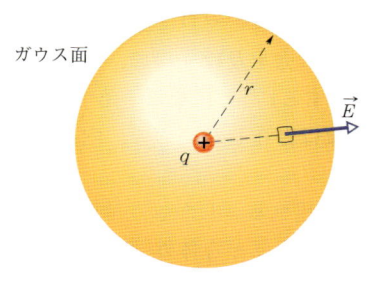

図 24-8　点電荷 q を中心とする球状のガウス面。

である。したがって，ガウスの法則はクーロンの法則と等価である。

> ✓ **CHECKPOINT 3:** 孤立した荷電粒子を囲む半径 r のガウス球面を正味の電磁束 Φ_i が貫いている。このガウス面が，(a) もっと大きい球面，(b) 辺の長さが r の立方体，(c) 辺の長さが $2r$ の立方体，に変わったとする。それぞれの場合に，新しいガウス面を貫く正味の電磁束は Φ_i に比べて，大きいか，小さいか，同じか？

PROBLEM-SOLVING TACTICS

Tactic 1: ガウス面の選び方

ガウスの法則から式 (24-10) の導いたのは，他の電荷分布がつくる電場を導出するためのウォーミングアップである。そこで，導出の過程を復習しておこう。まず，正の点電荷 q から出発した；電気力線は q から放射状に広がり球対称のパターンを描く。

ガウスの法則 (式 24-7) を使って距離 r の点での電場の大きさ E を求めるためには，この点を通る仮想的なガウス面を q の周りに考える必要があった。次に，$\vec{E} \cdot d\vec{A}$ の値をガウス面全体にわたって積分した。この積分をできるだけ簡単にするために，(電場の球対称性に注目して) ガウス面として球面を選んだ。これにより，次の 3 点で計算が簡単になった。(1) ガウス面のすべての点で $\vec{E}$ と $d\vec{A}$ のなす角がゼロになるので，スカラー積が $\vec{E} \cdot d\vec{A} = EdA$ と簡単になった。(2) ガウス球面のすべての点で電場の大きさ E が等しいので，E を定数として積分記号の前に出すことができた。(3) その結果，積分は簡単——球面の微小面積の総和——になり，直ちに $4\pi r^2$ が得られた。

ガウスの法則は，q_{enc} を囲むガウス面の形には関係なく成立する。しかし，立方体のガウス面を選んだとすると，上記の 3 つの特徴は消えてしまい，立方体の表面での $\vec{E} \cdot d\vec{A}$ の積分は大変難しくなったであろう。ここでの教訓は，ガウスの法則の積分を最も簡単にするガウス面を選べ，ということである。

24-6 孤立した帯電導体

ガウスの法則を使って，孤立した導体に関する次の重要な定理を証明することができる：

> ▶ 孤立した導体に余剰な電荷を与えると，その電荷はすべて導体の表面に移動する。導体内部には余剰な電荷は全く存在しない。

同符号の電荷が反発し合うことを考えると，これは当然であろう。付け加えられた電荷は，表面に移動することによって，互いにできるだけ遠ざかろうとする。この推論をガウスの法則から証明することにする。

図 24-9a は，絶縁体の糸で吊り下げられた銅塊の断面を描いている。この導体には電荷 q が与えられ，電気的に孤立している。ガウス面を導体表面のすぐ内側にとる。

この導体の内部の電場はゼロにちがいない。もしゼロでないと，電場は導体の至る所にある伝導電子 (自由電子) に力を及ぼすので，導体内に常に電流が存在する (導体内を電荷が移動する) ことになる。もちろん，孤立した導体内にそのような永続的な電流は存在しないので，内部の電場はゼロである。

(導体が帯電すると一時的に内部に電場が現れる。しかし，付加された電荷は直ちに移動して，内部の電場——導体内部と導体外部のすべての電荷がつくる電場ベクトルの和——がゼロになるように分布する。個々の電荷に働く正味の力がゼロになると電荷の移動は終わり，電荷は*静電*

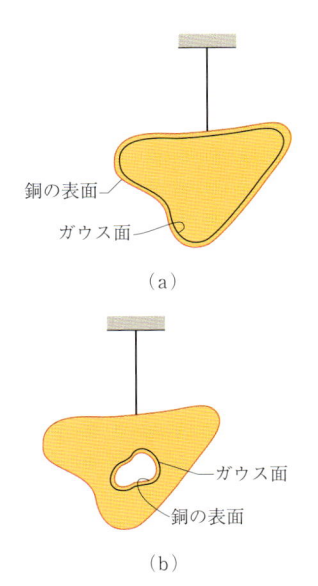

図 24-9 (a) 絶縁体の糸に電荷 q をもつ銅製の物体が吊り下げられている。金属の表面のすぐ内側にガウス面を考える。(b) 銅製の物体の中に空洞がある。空洞の表面のすぐ外側の金属中にガウス面を考える。

的平衡状態 (electrostatic equilibrium) になる。)

銅の導体内部のすべての点で $\vec{E}$ がゼロならば，ガウス面のすべての点で $\vec{E}$ はゼロになる；このガウス面は，導体表面のごく近くではあるが，導体の内部にある。したがって，ガウス面を貫く電場束はゼロである。ガウスの法則より，ガウス面の内側にある正味の電荷もゼロでなければならない。余剰な電荷がガウス面の内側にないということは，外側にあることを意味する；電荷は導体の実際の表面に存在する。

導体の中の空洞

図 24-9b は同じ吊り下げられた導体であるが，導体の内部に空洞がある。空洞を作るのに電気的に中性の物質を削り取っても，図 24-9a の電荷の分布あるいは電場のようすは変わらないと予想できる。ここでもガウスの定理を使って定量的に証明しよう。

空洞に面した表面近傍の導体内部に，空洞を囲むようにガウス面を描く。導体内部では $\vec{E} = 0$ だから，この新しいガウス面を貫く電場束はない。したがって，ガウスの法則より，この面が囲む正味の電荷量はゼロである。空洞の壁には電荷は存在しないと結論できる；すべての余剰な電荷は，図 24-9a のように，導体の外側の表面に存在する。

導体の除去

魔法か何かを使って導体表面の電荷をその場に"固定"できたとしよう。さらに，薄いプラスチック・コーティングのようなものに表面電荷を埋め込んだ上で，内部の導体だけを完全に消し去ることができたとしよう。これは，図 24-9b の空洞が，表面の電荷だけを残して導体全体広がったのと同じ状態である。電場は全く変化しない；薄い電荷シートが囲む空間の電場はゼロのままで，外部のすべての点の電場も変化しない。このことから，電場をつくっているのは導体ではなく電荷であることがわかる。導体は，単に，電荷がしかるべき位置に移動するための通路を提供するだけである。

外部の電場

余剰電荷はすべて導体表面に移動することを学んだが，導体が球形でなければ，電荷は一様には分布しない。言い換えると，非球面の導体表面では，表面電荷密度 σ（単位面積当たりの電荷）は場所によって異なる。このため，一般に表面電荷による電場を求めるのは非常に難しい。

しかし，導体表面のすぐ外側の電場は，ガウスの法則から容易に決めることができる。最初に，表面の曲率が無視できるほど十分に小さな断片を考える；この断片は平面とみなせる。次に，この断片に微小円筒形のガウス面をはめ込む（図 24-10）：この円筒の一方の端面は導体の内部に，他方は外部にあり，円筒面は導体表面に垂直である。

導体表面と表面のすぐ外側の電場 $\vec{E}$ もこの表面に垂直になるはずである。そうでないと，この電場は導体表面に沿った成分をもち，表面の電荷に力を及ぼして電荷を動かしてしまう。しかし，これは暗に仮定して

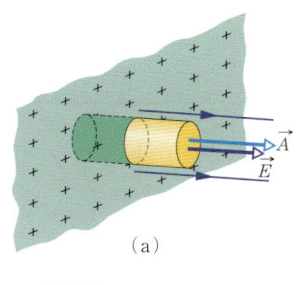

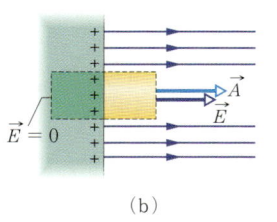

図 24-10 正の余剰電荷を表面にもつ大きな孤立導体の微小部分の透視図 (a) と側面図 (b)。導体に垂直に埋め込まれた(閉じた)円筒形ガウス面がいくらかの電荷を囲んでいる。電場は導体の外部の端面を貫いているが，内部の端面の電場はゼロである。外部の端面の面積は A，面積ベクトルは $\vec{A}$ である。

いる静電的平衡状態と矛盾する。したがって，$\vec{E}$ は導体表面に垂直である。

このガウス面を貫く電場束の和を求めよう。内部の端面を貫く電場束はない；導体内の電場はゼロである。円筒側面の曲面を貫く電場束はない；導体内部では電場がゼロ，外部では電場が側面に平行である。このガウス面を貫く電場束は，電場 $\vec{E}$ に垂直な外部の端面を貫く電場束のみである。端面の面積 A は十分に小さく，電場の大きさ E は端面のどこでも一定であると仮定すると，この端面を貫く電場束は EA となり，これがガウス面を貫く正味の電場束 Φ になる。

ガウス面に囲まれた電荷 q_{enc} は導体表面の面積 A の部分にある。σ は単位面積当たりの電荷だから，q_{enc} は σA に等しい。ガウスの法則（式24-6）の q_{enc} に σA を，Φ に EA を代入すると，

$$\varepsilon_0 EA = \sigma A$$

これより，

$$E = \frac{\sigma}{\varepsilon_0} \quad \text{（導体の表面）} \quad (24\text{-}11)$$

こうして，導体のすぐ外側の電場の大きさは，そこでの表面電荷密度に比例することがわかった。導体上の電荷が正であれば，図24-10のように，電場は導体から外向きである。電荷が負であれば，電場は導体に向かう向きである。

図24-10の電気力線の終端は，まわりのどこかにある負電荷である。この電荷を導体に近づけると，導体のあらゆる点で表面電荷が（したがって，表面電場も）変化する。しかし，この場合でも，σ と E の関係は式(24-11)で与えられることに変わりはない。

例題 24-4

図24-11aは内径 R の金属球殻の断面図である。

$-5.0\,\mu\mathrm{C}$ の点電荷が球殻の中心から $R/2$ の距離におかれている。球殻が電気的に中性だとすると，球殻の内面と外面に誘起される誘導電荷はどうなるか？ 誘導電荷は一様に分布するか？ 球殻の内側と外側の電場のパターンはどうなるか？

解法： 図24-11bには，内面のすぐ外側の金属中にある球形のガウス面の断面が示されている。**Key Idea 1**：金属の内部では（金属中のガウス面上でも）電場はゼロである。したがって，このガウス面を貫く電場束もゼロであり，ガウスの法則から，ガウス面が囲む正味の電荷量もゼロである。球殻内部の点電荷は $-5.0\,\mu\mathrm{C}$ だから，$+5.0\,\mu\mathrm{C}$ の電荷が球殻の内面にあるはずだ。

点電荷が中心にあれば，この正電荷は内面に一様に分布する。しかし，点電荷は中心から外れた位置にあるので，図24-11bに示すように，正電荷の分布は一様でなくなる；内面の正電荷は，（負の）点電荷に最も近い場所の周辺に集まる傾向をもつ。

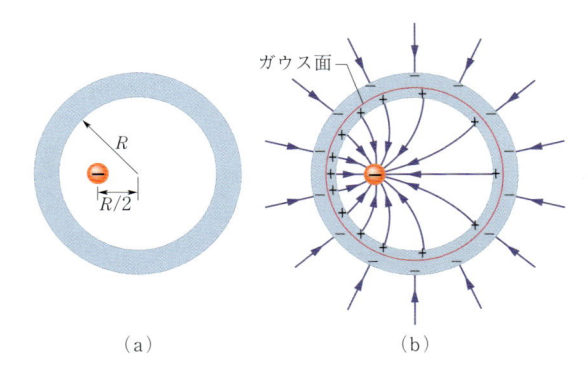

図24-11 例題24-4。(a)負の点電荷が電気的に中性な金属の球殻の内部に置かれている。(b)その結果，殻の内壁に正電荷が不均一に分布し，外壁には等量の負電荷が一様に分布する。

Key Idea 2： 球殻は電気的に中性だから，内面が $+5.0\,\mu\mathrm{C}$ の電荷をもつためには，$-5.0\,\mu\mathrm{C}$ だけの電子が内面から外面に移動しなければならない。外面では電子は一様に広がる（図24-11b）；この理由は，金属殻が

球形であること，および，内面の不均一な正電荷の分布が，外面の電荷分布に影響を与えるような電場を，金属殻内部につくらないためである。

　球殻の内側と外側の電気力線の概略が図24-11bに示されている。すべての電気力線は球殻または点電荷と直交している。球殻の内側では，正電荷の分布が一様でないため，電気力線のパターンも一様ではない。球殻の外側のパターンは，点電荷が中心にあって球殻が

ない場合のパターンと全く同一である。これは，球殻内の点電荷がどこにあっても正しい。

> ✓ **CHECKPOINT 4:** 電荷 $-50e$ をもつ球が，電荷 $-100e$ をもつ中空の金属球殻の中心におかれている。(a) 球殻の内面と，(b) 球殻の外面，にある電荷はいくらか？

24-7　ガウスの法則の応用：円筒対称の場合

　図24-12は，一様な正の線電荷密度 λ をもつ無限に長いプラスチックの丸棒の一部を示している。棒の中心からの距離 r の位置での電場 $\vec{E}$ の大きさを求めよう。

　この問題の対称性（ここでは円筒対称）に合わせて，ガウス面として，棒と同軸の半径 r，長さ h の円筒を選ぶ。ガウス面は閉じていなければならないので，面の一部として，両側の端面を含める。

　誰かがあなたの目を盗んで，棒を軸のまわりに回転させるか，あるいは棒をひっくり返しても，あなたは何も気がつかないだろう。このような対称性から，この問題で唯一意味のある方向は半径方向であることがわかる。したがって，ガウス面の円筒部分のすべての点で，電場 $\vec{E}$ の大きさは等しく，（棒が正電荷をもつ場合は）電場の向きは放射状に外向きになる。

　円筒の周長は $2\pi r$，高さは h だから，円筒面の面積は $2\pi rh$ である。したがって，円筒面を貫く $\vec{E}$ の電場束は，

$$\Phi = EA\cos\theta = E(2\pi rh)\cos 0 = E(2\pi rh)$$

放射状の $\vec{E}$ は，どの点でも端面に平行だから，両端面を貫く電場束はない。

　ガウス面に囲まれた電荷は λh だから，ガウス法則 $\varepsilon_0 \Phi = q_{\text{enc}}$ を書き換えると，

$$\varepsilon_0 E(2\pi rh) = \lambda h$$

これより，

$$E = \frac{\lambda}{2\pi\varepsilon_0 r} \quad \text{（直線状の電荷）} \quad (24\text{-}12)$$

これが，無限に長い直線状の電荷が直線からの距離が r の点につくる電場の大きさである。$\vec{E}$ の向きは，電荷が正ならば直線電荷から放射状に外向きであり，負ならば放射状に内向きである。有限の長さの直線電荷がつくる電場も，（直線からの距離と比較して）端に余り近くない点では，式 (24-12) で近似的に与えられる。

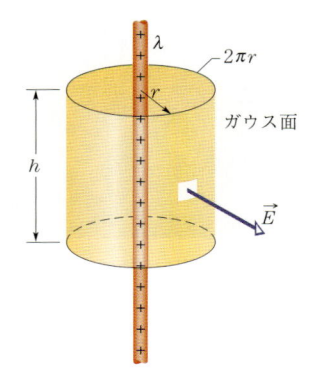

図 24-12 直線状のプラスチックの丸棒が一様に帯電している。閉じた円筒状のガウス面が棒の一部を囲んでいる。

例題 24-5

に長くもないが，図 24-12 のような直線状の電荷分布で近似できる．（電荷が負なので，電場 $\vec{E}$ は半径方向の内側を向く．）式 (24-12) によれば，電場の大きさ E は，電子柱の軸から遠ざかるにつれて減少する．

Key Idea 2：帯電した柱の表面の半径 r を $\vec{E}$ の大きさが 3×10^6 N/C になるようにとる．空気分子はこの半径以内では電離し，その外では電離しない．式 (24-12) を r について解いて，わかっている数値を入れると，柱の半径が得られる：

$$r = \frac{\lambda}{2\pi\varepsilon_0 E}$$

$$= \frac{1\times 10^{-3}\,\text{C/m}}{(2\pi)(8.85\times 10^{-12}\,\text{C}^2/\text{N}\cdot\text{m}^2)(3\times 10^6\,\text{N/C})}$$

$$= 6\,\text{m} \qquad\qquad\text{（答）}$$

（稲妻の明るい部分の半径はもっと小さく，おそらく 0.5 m 程度でしかない．図 24-13 の写真からその幅が想像できる．）柱の半径は 6 m 程で余り大きくはないが，落雷地点からもう少し遠くにいれば安全だと思ったら大間違いである；落雷の電流は地表に沿って流れる．このような落雷電流は致命的である．図 24-14 はこの落雷電流の痕跡である．

図 24-13 高さ 20 m のスズカケノキに落ちる雷．木が濡れているため，ほとんどの電荷は木の表面の水を流れて，木は被害を受けない．

雷が落ちるとき，稲妻という目に見える現象が起きる前に，柱状に集まった電子が雲から下向きに延びて地表に達するという目には見えない段階がある．この電子は，雲の中または柱の中でイオン化した空気分子から生じるものである．典型的な電子柱の線電荷密度 λ の値は -1×10^{-3} C/m である．ひとたび柱が地表に到達すると，柱の中の電子は直ちに大地に吸い込まれる．この過程で，運動する電子と柱の内部の空気との衝突の結果，明るい稲妻が発生する．電場の大きさが 3×10^6 N/C を超えるとき空気分子が壊れる（電離する）と仮定すると，そのときの柱の半径はいくらか？

解法：　**Key Idea 1**：柱は実際には直線状でもなく無限

図 24-14 落雷の地表電流がゴルフのグリーンの芝生を焼いて，土が見えている．

24-8 ガウスの法則の応用：平面対称の場合

絶縁体のシート

図24-15は，一様な（正）の面電荷密度 σ をもつ無限に広い絶縁体の薄いシートを示している．片面に一様に帯電した薄いプラスチックのラップフィルムはその一例である．このシートから距離 r の点での電場 $\vec{E}$ を求めてみよう．

図のようにシートを垂直に貫くような面積 A の端面をもつ閉じた円筒をガウス面として考えると都合がよい．対称性から，$\vec{E}$ はシートに（したがって，両端面に）垂直になるはずである．さらに，電荷が正なので，$\vec{E}$ の向きはシートから*外向き*であり，電気力線はガウス面の両端面を外向きに貫く．電気力線は側面を貫かないので，ガウス面のこの部分の電場束はゼロである．したがって，$\vec{E} \cdot d\vec{A}$ は単に $E \, dA$ になる．これより，ガウスの法則 $\varepsilon_0 \oint \vec{E} \cdot d\vec{A} = q_{\text{enc}}$ は，σA をガウス面に囲まれた電荷とすると，
$$\varepsilon_0 (EA + EA) = \sigma A$$
この式から次の結果が得られる：

$$E = \frac{\sigma}{2\varepsilon_0} \qquad \text{(帯電したシート)} \qquad (24\text{-}13)$$

一様な表面電荷をもつ無限のシートを考えているので，この結果はシートから有限の距離にある任意の点で成り立つ．式(24-13)は，個々の電荷がつくる電場の成分を積分して求めた式(23-27)と一致している．（時間のかかる面倒な積分を思い出せば，ガウスの法則を使う方がずっと簡単に同じ結果が得られることがわかるだろう．これがガウスの法則に1章を費やす理由のひとつである：電荷分布がある種の対称性をもつ場合，電場の成分を積分するよりガウスの法則の方がはるかに簡単である．）

2枚の導体平板

図24-16aは，正の余剰電荷をもつ薄くて無限に広い導体板の断面である．余剰電荷が板の表面に分布することを24-6節で学んだ．板は薄くまた大変広いので，余剰電荷はすべて板の広い2つの面にあると考えてよい．

正の電荷に特定の分布を強いるような外部電場がなければ，電荷は2つの面に一様に広がる；面電荷密度の大きさを σ_1 とする．式(24-11)より，この電荷は板のすぐ外側に大きさ $E = \sigma_1/\varepsilon_0$ の電場をつくる．余剰電荷が正なので，電場の向きは板から外向きである．

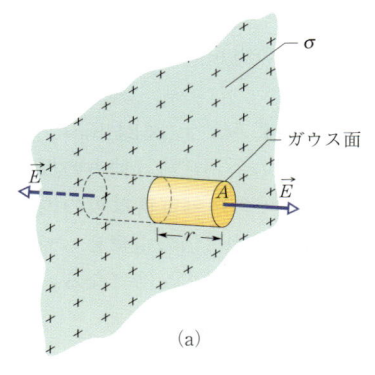

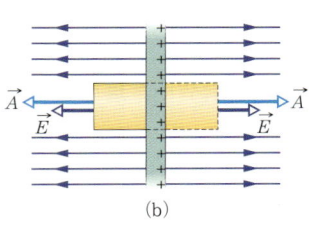

図24-15 表面電荷密度 σ をもつたいへん広いプラスチックの薄いシートの透視図(a)と側面図(b)．閉じた円筒のガウス面がシートを垂直に貫いている．

図24-16 (a)正電荷をもつとても広い導体の薄い平板．(b)負電荷をもつ同じ平板．(c)これらの平板2枚を平行に接近させた組み合わせ．

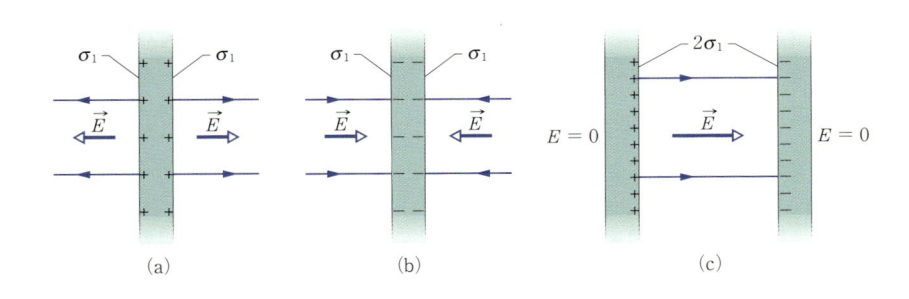

図24-16bは負の余剰電荷をもつ同じ板を示す；面電荷密度の大きさは先程と同じσ_1である．唯一の違いは，電場が板の方を向いていることである．

図24-16aとbの2枚の板を近づけて平行においてみよう（図24-16c）．板は導体なので，2枚の板を近づけると，一方の板の余剰電荷は他方の板の余剰電荷を引きつけ，図24-16cのように，すべての余剰電荷は板の内側の面に移動する．このとき，板の内側の面はそれぞれ2倍の電荷をもつことになるので，内側の面の新しい表面電荷密度σはσ_1の2倍になる．したがって，2枚の板の間の任意の点における電場の大きさは，

$$E = \frac{2\sigma_1}{\varepsilon_0} = \frac{\sigma}{\varepsilon_0} \tag{24-14}$$

この電場の向きは正に帯電した板から負に帯電した板への向かう．外側の面には余剰電荷がないので，2枚の板の左側と右側の電場はゼロである．

2枚の平板を近づけたときに電荷が移動したので，図24-16cは図24-16aとbを重ね合わせたものにはなっていない；2枚の平板系の電荷分布は個々の平板の電荷分布の和にはなっていない．

無限に長い直線電荷，無限に広い平面電荷，あるいは，無限に広い平面電荷の対がつくる電場というような，一見非現実的な状況をなぜ考えるのかという疑問をもつかもしれない．その理由のひとつは，このような状況はガウスの法則で容易に解析できることである．しかし，もっと重要な理由は，"無限"の状況での解析が多くの現実世界の問題に良い近似を与えることである．有限の絶縁体シートについても，シートに近い点で，それほどシートの端に近くなければ，式(24-13)は良く成り立っている．有限の導体平板対についても，端に近い点を除けば，式(24-14)は良く成り立つ．

シートや平板の端に関する困難は（これが端を考えなかった理由でもあるが），端の近くでは平面の対称性が使えないことにある．実際，端部では電気力線は曲がっており，電場を数式で表すのは非常に困難である；これはエッジ効果（edge effect）またはフリンジング（fringing）と呼ばれている．

例題 24-6

図24-17aは，平行におかれた2枚の広い絶縁体シートの一部を示している．それぞれのシートの一方の面には，一様な電荷が固定されている．面電荷密度の大きさは，正に帯電したシートでは，$\sigma_{(+)} = 6.8\ \mu\mathrm{C/m^2}$，負に帯電したシートでは$\sigma_{(-)} = 4.3\ \mu\mathrm{C/m^2}$である．

(a) シートの左側，(b) 2枚のシートの間，(c) シートの右側での電場はいくらか．

解法： **Key Idea**：電荷が固定されているので，図24-17aの2枚のシートによる電場は，次の手順で求められる：(1) シートが孤立していると考えて，それぞれのシートがつくる電場を求め，(2) 重ね合わせの原理を使って，孤立したシートによる電場を代数的に足し合わせる．（電場が互いに平行だから，代数的な和を計算すればよい．）式(24-13)から，正のシートが任意の点に作る電場の大きさ$E_{(+)}$は，

$$E_{(+)} = \frac{\sigma_{(+)}}{2\varepsilon_0} = \frac{6.8 \times 10^{-6}\mathrm{C/m^2}}{(2)(8.85 \times 10^{-12}\mathrm{C^2/N \cdot m^2})}$$
$$= 3.84 \times 10^5 \mathrm{N/C}$$

同様に，負のシートが任意の点に作る電場の大きさ$E_{(-)}$は，

$$E_{(-)} = \frac{\sigma_{(-)}}{2\varepsilon_0} = \frac{4.3 \times 10^{-6}\,\text{C/m}^2}{(2)(8.85 \times 10^{-12}\,\text{C}^2/\text{N}\cdot\text{m}^2)}$$
$$= 2.43 \times 10^5\,\text{N/C}$$

図24-17bは2枚のシートがつくるシートの左側(L), 中間(B), 右側(R)の電場を示している.

この3つの領域の合成電場は重ね合わせの原理から求められる. 左側の電場の大きさは,

$$E_L = E_{(+)} - E_{(-)}$$
$$= 3.84 \times 10^5\,\text{N/C} - 2.43 \times 10^5\,\text{N/C}$$
$$= 1.4 \times 10^5\,\text{N/C} \qquad (\text{答})$$

$E_{(+)}$ は $E_{(-)}$ より大きいので, この領域の合成電場 $\vec{E}_L$ は左向きである(図24-17c). シートの右側では, 電場 $\vec{E}_R$ の大きさは同じだが向きは反対である(図24-17c).
シートの間では, 電場は足し合わされて,

$$E_B = E_{(+)} + E_{(-)}$$
$$= 3.84 \times 10^5\,\text{N/C} + 2.43 \times 10^5\,\text{N/C}$$
$$= 6.3 \times 10^5\,\text{N/C} \qquad (\text{答})$$

電場 $\vec{E}_B$ は右向きである.

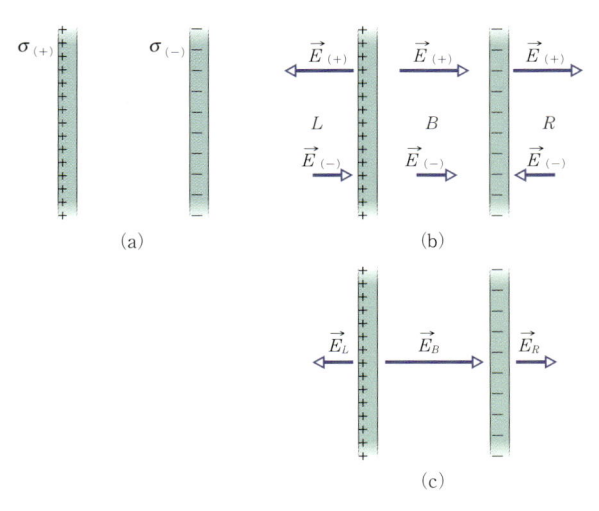

図24-17 例題24-6. 平行な2枚の広いシート. それぞれ, 片方の面が一様に帯電している. (b)2枚の帯電したシートそれぞれが作る電場. (c)重ね合わせによって求められる合成電場.

24-9 ガウスの法則の応用：球対称の場合

本節では, 22-4節で証明なしに示した次の2つの球殻定理をガウスの法則を使って証明する.

▶ 一様に帯電した球殻が, その外部にある荷電粒子に及ぼす反発力あるいは引力は, 球殻上の電荷がすべて球殻の中心に集まったときの力に等しい.

▶ 一様に帯電した球殻が, その内部にある荷電粒子に及ぼす力の合力はゼロである.

図24-18は, 全電荷量 q をもつ帯電した半径 R の球殻と, 同心の2つのガウス球面 S_1 と S_2 を示している. 24-5節の手順に従って, ガウスの法則を面 S_2 ($r \geq R$) に適用すると,

$$E = \frac{1}{4\pi\varepsilon_0}\frac{q}{r^2} \qquad (球殻, r \geq R の電場) \qquad (24\text{-}15)$$

これは, 点電荷 q が帯電した球殻の中心にある場合にできる電場に等しい. したがって, 電荷 q をもつ球殻は, その中心に点電荷 q がある場合と同じ力を外部の荷電粒子に及ぼす. これが第1の球殻定理の証明である.

ガウスの法則を面 S_1 ($r < R$) に適用すると, このガウス面の内部に電荷はないので, 直ちに次の結果が得られる：

$$E = 0 \qquad (球殻, r < R の電場) \qquad (24\text{-}16)$$

したがって, 荷電粒子が球殻の内部にあるときは, 球殻は荷電粒子に静

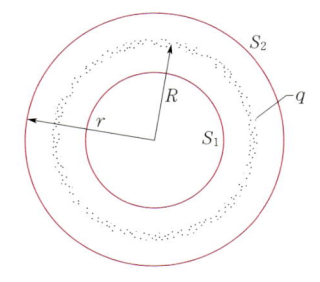

図24-18 一様に帯電して総電荷 q を持つ薄い球殻の断面図. 2つのガウス面 S_1, S_2 の断面図も示されている. S_2 は球殻を囲んでいるが, S_1 は球殻の内部の空虚な空間を囲んでいる.

電気力を及ぼさない。これが第2の球殻定理の証明である。

図24-19のような任意の球対称の電荷分布は，同心球殻を組み合わせてつくることができる。2つの球殻定理を適用するためには，電荷密度 ρ はそれぞれの球殻に対して一定の値でなければならないが，球殻ごとに異なってもよい。すなわち，電荷分布全体で ρ は変化してもよいが，中心からの距離 r のみの関数でなければならない。この条件が満たされていれば，電荷分布の効果を球殻ごとに求めることができる。

図24-19aでは，すべての電荷がガウス面の内部にある（$r>R$）。この電荷は，あたかも中心におかれた点電荷のように，ガウス面上に電場をつくり，式(24-15)で表される。

図24-19bは $r<R$ のガウス面を示している。このガウス面上の電場を求めるために，2組の帯電した殻——1組はガウス面の内側，もう1組は外側——を考える。式(24-16)より，ガウス面の外側にある電荷はガウス面に電場をつくらない。式(24-15)より，ガウス面の内側にある電荷は，内側の電荷すべてがあたかも中心に集中しているような電場をつくる。ガウス面に囲まれた電荷を q' とすると，式(24-15)を次のように書き換えることができる：

$$E = \frac{1}{4\pi\varepsilon_0}\frac{q'}{r^2} \quad （球対称分布, r\leq R の電場）. \quad (24\text{-}17)$$

全電荷量 q が半径 R の球面内の一様に分布している場合，半径 r の球面に囲まれた電荷 q' は q に比例する：

$$\frac{\text{半径}r\text{の内側の電荷}}{\text{半径}r\text{の内側の体積}} = \frac{\text{全電荷}}{\text{全体積}}$$

あるいは，

$$\frac{q'}{\frac{4}{3}\pi r^3} = \frac{q}{\frac{4}{3}\pi R^3} \quad (24\text{-}18)$$

したがって，

$$q' = q\frac{r^3}{R^3} \quad (24\text{-}19)$$

これを式(24-17)に代入すると，

$$E = \left(\frac{q}{4\pi\varepsilon_0 R^3}\right)r \quad （一様電荷, r\leq R の電場） \quad (24\text{-}20)$$

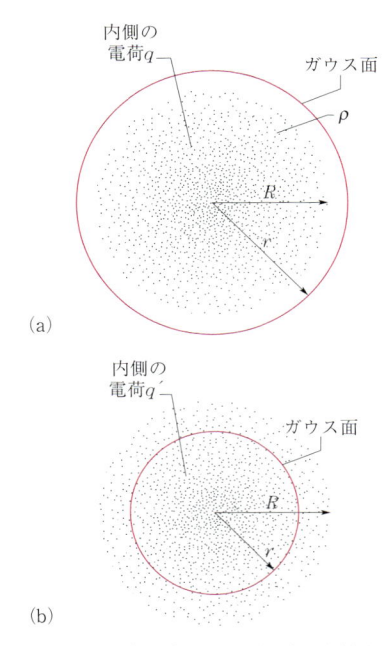

図 **24-19** 点は半径 R の内側に球対称に分布した電荷を表す。電荷密度は中心からの距離のみに依存する。この帯電体は導体ではないので，電荷は固定されている。(a) $r>R$ の同心ガウス面。(b) $r<R$ の同心ガウス面。

✓ **CHECKPOINT 5：** 図は，平行におかれた2枚の広い絶縁体シート（大きさが等しい一様な正の表面電荷密度をもつ）と一様な正の電荷密度をもつ球を示している。番号をつけた4つの点を，その点での電場の大きさの順に並べなさい。

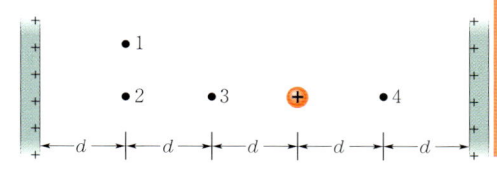

まとめ

ガウスの法則 ガウスの法則とクーロンの法則は，異なる形で表されてはいるが，静的な状況での電荷と電場の関係を記述する等価な記述法である．ガウスの法則は，次式で表される：

$$\varepsilon_0 \Phi = q_{enc} \quad (\text{ガウスの法則}) \quad (24\text{-}6)$$

q_{enc} は仮想的な閉曲面（**ガウス面**）に囲まれた全電荷量，Φ はこの面を貫く正味の電場束である：

$$\Phi = \oint \vec{E} \cdot d\vec{A} \quad (\text{ガウス面を貫く電気束}) \quad (24\text{-}4)$$

クーロンの法則はガウスの法則から簡単に導かれる．

ガウスの法則の適用 ガウスの法則と（場合によっては）対称性の議論を使って，静電気に関するいくつかの重要な結果を導くことができる：

1. 導体の余剰電荷はすべて導体の外側の表面に分布する．
2. 帯電した導体の外側の電場は，導体表面近傍では表面に垂直であり，その大きさは，
$$E = \frac{\sigma}{\varepsilon_0} \quad (\text{導体の表面}) \quad (24\text{-}11)$$
導体内部では，$E = 0$ である．
3. 一様な線電荷密度 λ をもつ無限に長い直線電荷がつくる電場は，どの点においても直線に垂直であり，その大きさは，
$$E = \frac{\lambda}{2\pi\varepsilon_0 r} \quad (\text{直線状の電荷}) \quad (24\text{-}12)$$
r はその点から直線までの距離である．
4. 一様な表面電荷密度 σ をもつ*無限に広い*絶縁体シートがつくる電場は，シート面に垂直であり，その大きさは，
$$E = \frac{\sigma}{2\varepsilon_0} \quad (\text{帯電したシート}) \quad (24\text{-}13)$$
5. 全電荷量 q をもつ一様に帯電した半径 R の球殻の外部の電場は，半径方向を向き，その大きさは，
$$E = \frac{1}{4\pi\varepsilon_0}\frac{q}{r^2} \quad (\text{球殻},\ r \geq R \text{の電場}) \quad (24\text{-}15)$$
r は球殻の中心から電場 E を測定する点までの距離である．（電荷は，外部の点に対しては，あたかもすべてが球の中心にあるように振る舞う．）一様な球殻の内部の電場は厳密にゼロである．
$$E = 0 \quad (\text{球殻},\ r < R \text{の電場}) \quad (24\text{-}16)$$
6. 一様に帯電した球の内部の電場は，半径方向を向き，その大きさは，
$$E = \left(\frac{q}{4\pi\varepsilon_0 R^3}\right)r \quad (24\text{-}20)$$

問題

1. 表面の面積ベクトルが $\vec{A} = (2\hat{i} + 3\hat{j})\ \text{m}^2$ で与えられている．(a) $\vec{E} = 4\hat{i}\ \text{N/C}$ のとき，(b) $\vec{E} = 4\hat{k}\ \text{N/C}$ のとき，この面を貫く電場束はいくらか？

2. (a) 一辺の長さが a の正方形，(b) 半径 r の円，(c) 半径 r，高さ h の円筒の側面，について $\int dA$ はいくらか？

3. 図24-20でガウス面は4つの電荷粒子のうち，2つを囲んでいる．(a) ガウス面上の点Pでの電場に寄与するのはどの荷電粒子か？ (b) ガウス面を貫く正味の電場束が大きいのはどちらか：q_1 と q_2 がつくる電場か4つの電荷がつくる電場か？

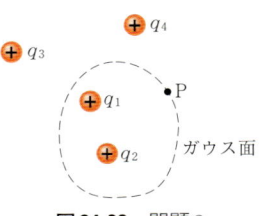

図24-20 問題3

4. 図24-21は，中心にある金属球と2つの金属球殻と3つのガウス球面の断面を示している．ガウス面の半径はそれぞれ R，$2R$，$3R$ で，中心は一致している．3つの物体は一様な電荷をもっている：球は Q；小さい球殻は $3Q$；大きい球殻は $5Q$．ガウス面上の任意の点での電場が大きい順に面を並べなさい．

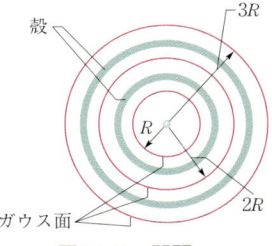

図24-21 問題4

5. 図24-22は，表面に一様に帯電した広くて厚い金属板の中に半分入っている3つのガウス面を示している．S_1 は最も高く上下の端面が最も小さい；S_3 は最も低く上下の端面が最も大きい；S_2 は中間である．3つのガ

図24-22 問題5

ウス面を (a) 面が囲む電荷量，(b) 上面での電場の大きさ，(c) 上面を貫く正味の電場束，(d) 下面を貫く正味の電場束，の大きさの順に面を並べなさい．

6. 図 24-23 は，一様な電荷 Q をもった円筒と，それぞれの円筒と同じ軸をもつガウス面（半径は皆同じ）の断面を示している．ガウス面上の電場の大きさの順に円筒を並べなさい．

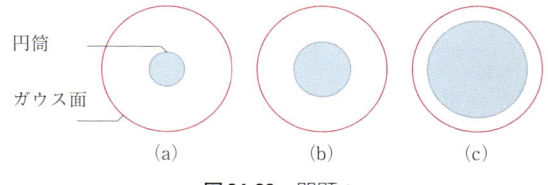

図 24-23 問題 6

7. 一様な電荷密度をもつ無限に広い 3 枚の絶縁体シートがある．電荷密度はそれぞれ σ，2σ，3σ で，3 枚のシートは，図 24-17a のように，平行におかれている．2 枚のシートの間の電場 $\vec{E}$ の大きさが $E = 0$ と $E = 2\sigma/\varepsilon_0$ であるとき，3 枚のシートはどのような順番に並んでいるか？

8. 半径 R の金属球殻の内部に帯電した小さな球がおかれている．球と球殻がもつ電荷を 3 通り考える：(1) $+4q$, 0；(2) $-6q$, $+10q$；(3) $+16q$, $-12q$．これら 3 通りの場合を (a) 球殻の内側の面，(b) 球殻の外側の面，にある電荷の大きい順に並べなさい．

9. 問題 8 の 3 通りの場合を，(a) 球殻の金属の内部，(b) 球殻の中心から $2R$ の点，での電場の大きさの順に並べなさい．

10. 図 24-24 は，電荷 Q が一様に分布している 4 つの球を示している．(a) 4 つの球を電荷密度の大きい順に並べなさい．図に示されている点 P は，それぞれの球の中心から等しい距離にある．(b) 4 つの球を点 P での電場の大きさの順に並べなさい．

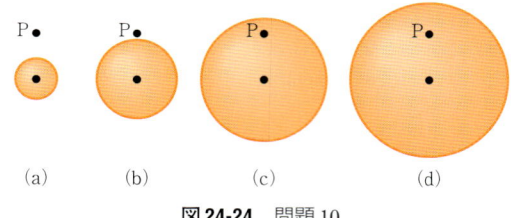

図 24-24 問題 10

25 電 位

展望台からSequoia 国立公園の景色を楽しんでいたこの写真の女性の髪が逆立ったようすを，彼女の弟が面白がって写真に撮った。彼らが立ち去ってから5分後に展望台に雷が落ち，ひとりが死亡し7人が怪我をした。

彼女の髪が逆立ったのはなぜか？

答えは本章で明らかになる。

25-1 電気ポテンシャルエネルギー

重力に対するニュートンの法則と，静電気力に対するクーロンの法則は数学的に同等である。したがって，重力に関する一般的な特徴は静電気力に対してもあてはまるはずである。

なかでも，静電気力が保存力であろうという推論は正しい。系内の複数の荷電粒子の間に静電気力が作用しているとき，その系に対して**電気ポテンシャルエネルギー**（electric potential energy）U を考えることができる。そして，系の配置が初期状態 i から異なった終状態 f に変化するとき，静電気力が粒子に仕事 W をする。このときの系のポテンシャルエネルギーの変化 ΔU は，式 (8-1) より，

$$\Delta U = U_f - U_i = -W \qquad (25\text{-}1)$$

他の保存力と同じように，静電気力がする仕事は経路に依存しない。荷電粒子が系内の他の粒子から力を受けて点 i から点 f まで移動する場合を考

えよう．他の粒子の状態が変化しなければ，この力がする仕事 W は点 i と f の間のすべての経路について同じである．

荷電粒子系の粒子が互いに無限に離れているような配置を**基準配置** (reference configuration) とすることが多い．通常，これに対応する**基準ポテンシャルエネルギー** (reference potential energy) をゼロとする．無限に離れた（初期状態 i）複数の荷電粒子が近寄ってきた（終状態 f）としよう．初期状態のポテンシャルエネルギー U_i をゼロ，粒子が無限遠から移動する間に粒子の間に働く静電気力によってなされた仕事を W_∞ とする．系の終状態のポテンシャルエネルギー U は，式 (25-1) より，

$$U = -W_\infty \tag{25-2}$$

他の種類のポテンシャルエネルギーがそうであったように，電気ポテンシャルエネルギーは力学的エネルギーの一種と考えられる．第 8 章で学んだように，（閉じた）系で保存力だけが作用している場合には，系の力学的エネルギーは保存される．この事実をこの章全体でおおいに利用しよう．

PROBLEM-SOLVING TACTICS

Tactic 1: 電気ポテンシャルエネルギー；電場によってなされる仕事

電気ポテンシャルエネルギーは粒子系全体に関わっている．しかし，（例題 25-1 のように）系内の 1 粒子にだけ関係しているような表現——たとえば"電場中の電子は 10^{-7} J のポテンシャルエネルギーをもつ"——に出会うかも知れない．このような表現も間違いではないが，ポテンシャルエネルギーは系全体——ここでは電子と電場を形成するすべての荷電粒子——に関係しているという

ことをいつも心に留めておくべきである．また 10^{-7} J というようなポテンシャルエネルギーの値は，基準となるポテンシャルエネルギーがわかっていて初めて意味をもつ，ということにも注意すべきである．

ポテンシャルエネルギーが系内のただひとつの粒子に関係している場合には，*電場によって粒子になされた仕事*，という言い方をすることがある．これは電場を形成する電荷によって粒子になされた仕事を意味している．

例題 25-1

宇宙から飛来する宇宙線によって，電子が絶え間なく大気中の気体分子からたたき出されている．いったん飛び出した電子は，すでに地球上に存在する荷電粒子が大気中につくる電場 $\vec{E}$ から静電気力 $\vec{F}$ を受ける．地表付近の電場は下向きでその大きさは $E = 150 \text{ N/C}$ である．飛び出した電子が静電気力で上向きに距離 $d = 520 \text{ m}$ だけ移動したとき，電気ポテンシャルエネルギーの変化 ΔU はいくらか（図 25-1）？

解法：3 つの Key Ideas が必要である．**Key Idea 1**：電子の電気ポテンシャルエネルギーの変化 ΔU は，電場が電子にする仕事 W と関係している．式 (25-1) ($\Delta U = -W$) がこの関係を表している．**Key Idea 2**：粒子が $\vec{d}$ だけ変位する間に，一定の力 $\vec{F}$ がする仕事は，

$$W = \vec{F} \cdot \vec{d} \tag{25-3}$$

Key Idea 3：静電気力と電場の間には $\vec{F} = q\vec{E}$ という関係がある．q は電子の電荷量 ($= -1.6 \times 10^{-19}$ C) である．

図 25-1 例題 25-1．大気中の電子が電場 $\vec{E}$ による静電気力 $\vec{F}$ を受けて $\vec{d}$ だけ上向きに変位した．

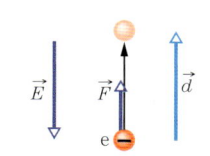

これを式 (25-3) の $\vec{F}$ に代入してスカラー積をとると，

$$W = q\vec{E} \cdot \vec{d} = qEd \cos\theta \tag{25-4}$$

θ は $\vec{E}$ と $\vec{d}$ の間の角である．電場 $\vec{E}$ は下向き，変位 $\vec{d}$ は上向きだから，$\theta = 180°$ である．これと他のデータを式 (25-4) に代入すると，

$$W = (-1.6 \times 10^{-19} \text{ C})(150 \text{ N/C})(520 \text{ m}) \cos 180°$$
$$= 1.2 \times 10^{-14} \text{ J}$$

式 (25-1) より，

$$\Delta U = -W = -1.2 \times 10^{-14} \text{ J} \quad \text{(答)}$$

この結果は，電子が 520 m 上昇する間に，電子のポテン

シャルエネルギーは 1.2×10^{-14} J だけ減ることを意味する。

> ✓ **CHECKPOINT 1:** 図のように，陽子が一様な電場の中を点 i から点 f まで移動する。(a) 電場は陽子に対して正の仕事をするか，負の仕事をするか？ (b) 陽子の電気ポテンシャルエネルギーは増えるか，減るか？

25-2 電 位

例題25-1からわかるように，電場中の荷電粒子のポテンシャルエネルギーは電荷の大きさに依存する。しかし，単位電荷あたり (per unit charge) のポテンシャルエネルギーは，電場中のいかなる場所でも，電荷量によらない一定の値をもつ。

たとえば，電場の中におかれた 1.6×10^{-19} C の正の試験電荷が 2.40×10^{-17} J のポテンシャルエネルギーをもつとする。このとき，単位電荷あたりのポテンシャルエネルギーは，

$$\frac{2.40 \times 10^{-17} \text{J}}{1.60 \times 10^{-19} \text{C}} = 150 \text{ J/C}$$

次に，2倍の 3.2×10^{-19} C をもつ正の試験電荷に置き換える。この粒子は，2倍の 4.80×10^{-17} J の電気ポテンシャルエネルギーをもつだろう。しかし，単位電荷あたりのポテンシャルエネルギーは150 J/Cのままである。

このように，単位電荷あたりのポテンシャルエネルギーは (U/q と記す)，たまたま使った粒子の電荷 q には無関係で，電場だけの特性である。電場の中のある点における単位電荷あたりのポテンシャルエネルギーは**電位** V (electric potential，または単に**ポテンシャル**，potential) と呼ばれる：

$$V = \frac{U}{q} \tag{25-5}$$

電位はベクトル量ではなくスカラー量であることに注意せよ。

電場中の2つの点 (i と f) の間の電位差 (electric potential difference，電圧ともいう) ΔV は，2点間の単位電荷あたりのポテンシャルエネルギーの差に等しい：

$$\Delta V = V_f - V_i = \frac{U_f}{q} - \frac{U_i}{q} = \frac{\Delta U}{q} \tag{25-6}$$

式 (25-1) を用いて，式 (25-6) の ΔU の代わりに $-W$ を代入すると，点 i と点 f の間の電位差は次のように定義することができる：

$$\Delta V = V_f - V_i = -\frac{W}{q} \quad \text{(電位差の定義)} \tag{25-7}$$

2点間の電位差は，ある点から別の点へ単位電荷が移動したときに静電気力がした仕事の符号を逆にしたものである。電位差は，q と W の符号と大きさによって，正にも負にもゼロにもなりうる。

無限遠でのポテンシャルエネルギーを基準ポテンシャルエネルギーにとり，これを $U_i = 0$ とすれば，式 (25-5) より，そこでの電位はゼロである。

こうすると，式(25-7)を使って，電場中の任意の点での電位Vを定義することができる：

$$V = -\frac{W_\infty}{q} \quad \text{(電位の定義)} \quad (25\text{-}8)$$

W_∞は荷電粒子が無限遠から点fまで移動する間に電場がした仕事である。電位Vは，qとW_∞の符号と大きさによって，正にも負にもゼロにもなりうる。

式(25-8)から導かれる電位のSI単位はジュール/クーロンである。この組み合わせは頻繁に使われるので，特別な単位——ボルト(Vと記す)——が用いられる。すなわち，

$$1\text{ボルト} = 1\text{ジュール/クーロン} \quad (25\text{-}9)$$

この新しい単位は，これまでニュートン/クーロンという単位で表してきた電場$\vec{E}$に対して，より便利な単位を提供する。2つの単位を変換すると，

$$1\text{N/C} = \left(1\frac{\text{N}}{\text{C}}\right)\left(\frac{1\text{V}\cdot\text{C}}{1\text{J}}\right)\left(\frac{1\text{J}}{1\text{N}\cdot\text{m}}\right) = 1\text{V/m} \quad (25\text{-}10)$$

2番目の括弧内の変換係数は式(25-9)から得られる；3番目の括弧内の変換係数はジュールの定義から導かれる。今後，電場の大きさは ニュートン/クーロン ではなく ボルト/メートル で表すことにする。

最後に，原子やもっと小さなスケールでのエネルギー測定に便利なエネルギーの単位——電子ボルト——を定義しよう：1電子ボルト(electron-volt, eV)は，素電荷e（電子や陽子がもつ電荷量）を，1ボルトの電位差を移動させるのに必要な仕事に等しいエネルギーである。式(25-7)より，この仕事の大きさは$q\Delta V$で与えられる：

$$1\text{eV} = e(1\text{V}) = (1.60 \times 10^{-19}\text{C})(1\text{J/C}) = 1.60 \times 10^{-19}\text{J}$$

PROBLEM-SOLVING TACTICS

Tactic 2：電位と電気ポテンシャルエネルギー
電位Vと電気ポテンシャルエネルギーUは全く別の量であり，混同してはならない。

▶ 電位は，電場そのものの性質であり，帯電した物体がその場にあるかどうかには無関係である：電位はジュール/クーロンまたはボルトで表される。

▶ 電気ポテンシャルエネルギーは，外部電場の中におかれた帯電した物体がもつエネルギーである（より厳密には，物体と外部電場の系のエネルギーである）；電気ポテンシャルエネルギーはジュールで表される。

外力による仕事

電場の中におかれた電荷qの粒子に外力を加えて，この粒子を点iから点fまで移動させよう。移動する間に外力は粒子に対してW_appの仕事をし，電場はWの仕事をする。粒子の運動エネルギーの変化ΔKは，仕事—運動エネルギーの定理（式7-10）より，

$$\Delta K = K_f - K_i = W_\text{app} + W \quad (25\text{-}11)$$

移動の前後で粒子は静止しているとすると，K_fとK_iはともにゼロだから，式(25-11)は次のようになる：

$$W_{\text{app}} = -W \qquad (25\text{-}12)$$

言葉で表すと，物体が移動する間に外力がする仕事W_{app}は，電場がする仕事Wの符号を変えたものに等しい——ただし，運動エネルギーの変化はないものとする．

式(25-12)のW_{app}を式(25-1)に代入すると，外力がする仕事を，粒子のポテンシャルエネルギーの変化に関係づけられる：

$$\Delta U = U_f - U_i = W_{\text{app}} \qquad (25\text{-}13)$$

同様に，式(25-12)を用いてW_{app}を式(25-7)に代入すると，W_{app}を，粒子の初期位置と最終位置の間の電位差ΔVに関係づけられる：

$$W_{\text{app}} = q\Delta V \qquad (25\text{-}14)$$

W_{app}は，qとΔVの符号と大きさによって，正にも負にもゼロにもなりうる．W_{app}は，電荷qの粒子を電位差ΔVの間で，運動エネルギーの変化なしに，移動させるのに必要な仕事である．

> ✓ **CHECKPOINT 2:** CHECKPOINT 1の図では，陽子を一様な電場の中で点iから点fまで移動させた．(a)力は正の仕事をしたか，負の仕事をしたか？ (b)陽子は電位の高いところへ移動したか，低いところへ移動したか？

25-3 等電位面

同じ電位をもつ隣接した点は**等電位面**（equipotential surface）を形成する；等電位面は仮想的な面でも実在の面でもかまわない．粒子が等電位面上の点iから点fへ移動するとき，電場が荷電粒子にする正味の仕事Wはゼロである；式(25-7)より，$V_i = V_f$ならば$W = 0$でなければならない．仕事は（さらにポテンシャルエネルギーも電位も）経路によらないので，経路が完全に等電位面上にあるかどうかにかかわらず，iとfを結ぶのどのような経路でも$W = 0$である．

図25-2には，ある電荷分布がつくる電場に対応した等電位面の組が示されている．荷電粒子が経路IまたはIIを通って経路の端から端まで移動する間に電場がする仕事はゼロである；なぜなら経路の両端が等電位面内にある．荷電粒子が経路IIIまたはIVを通って経路の端から端まで移動する間に電場がする仕事はゼロではない．しかし経路IIIとIVでは，始点と終点の電位がそれぞれ等しいので，すなわち同じ等電位面を結んでいるので，仕事量は同じである．

点電荷や球対称な電荷分布がつくる等電位面は，対称性を考えると，同心球面になる．一様な電場では，電気力線に垂直な平面になる．事実，等電位面はつねに電気力線，すなわち$\vec{E}$に垂直である；$\vec{E}$は電気力線に接している．$\vec{E}$が等電位面に垂直でなければ，$\vec{E}$は等電位面内の成分をもっていることになる．荷電粒子が面内で移動するとき，この成分は仕事をするだろう．しかし，式(25-7)より，その面が等電位面ならば仕事はされない；$\vec{E}$は至る所で等電位面に垂直であると結論するしかない．図25-3は，

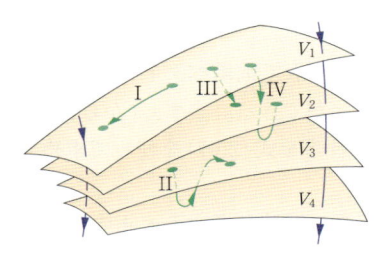

図 25-2 4つの等電位面の一部．電位はそれぞれ$V_1 = 100\,\text{V}$, $V_2 = 80\,\text{V}$, $V_3 = 60\,\text{V}$, $V_4 = 40\,\text{V}$である．試験電荷の移動経路が4通り示されている．電気力線が2本描かれている．

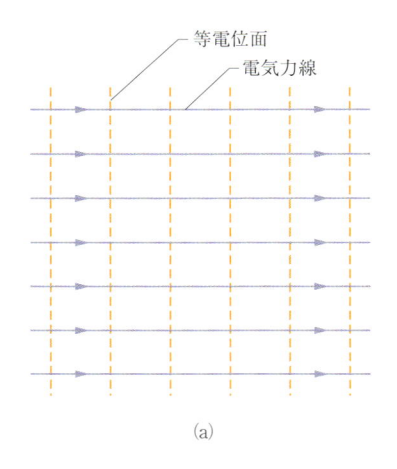

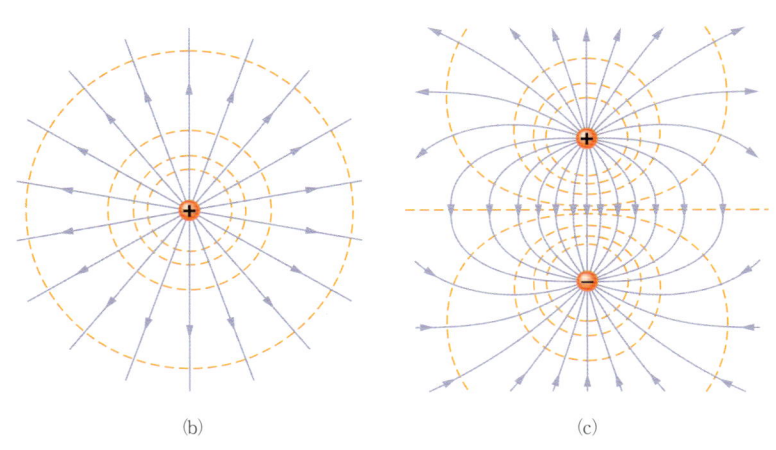

図 25-3 電気力線(紫色)と等電位面(金色)の断面。(a)一様電場，(b)点電荷による電場，(c)電気双極子による電場。

一様な電場と，点電荷および電気双極子がつくる電場に対する電気力線と等電位面の断面を示す。

本章の冒頭の写真の女性に戻ろう。山腹の展望台の上に立っていた彼女は，山腹とほぼ同じ電位にあったと考えられる。非常に強く帯電した雲が頭上に移動してきて，山腹と彼女のまわりに外向きの強い電場 $\vec{E}$ をつくった。この電場による静電気力は，彼女の体内の伝導電子の一部を下向きに移動させた。このため彼女の髪は正に帯電した。電場 $\vec{E}$ はとても強かったが，気体分子の絶縁破壊を引き起こす約 3×10^6 V/m には達していなかった。（直後に展望台に落雷したときはその値を超えていた。）

山腹の展望台にいる女性を取り囲む等電位面は，彼女の髪の毛から推察される；髪の毛は電場 E に沿って伸びていて等電位面に垂直だから，等電位面は図 25-4 のようになっていたに違いない。彼女の髪が横よりも真上に長く伸びていることから，電場の大きさ E は，彼女の頭上で最も大きい（したがって等電位面はもっとも密になる）。

ここでの教訓は単純である。あなたの髪が電場で逆立ったら，写真のポーズをとるよりは，直ちに小屋に逃げ込むべきだ。

図 25-4 本章冒頭の写真は，頭上の雲が女性の頭の近くに強い電場 $\vec{E}$ をつくっていることを示す。多くの髪の毛が電場に沿って伸びている。電場は等電位面に垂直で，等電位面が最も密になっている彼女の頭のてっぺん近くで最も大きい。

25-4 電場から電位を計算する

任意の 2 点（点 i と f）を結ぶ経路上のすべての点で電場ベクトル $\vec{E}$ がわかっていれば，2 点間の電位差を計算することができる。まず，i から f まで移動する正の試験電荷に対して電場がする仕事を式 (25-7) を使って求めてみよう。

図 25-5 の電気力線に示されるような任意の電場を考える。正の試験電荷 q_0 が，図に示す経路を通って点 i から点 f まで移動する。経路上のどの点でも，電荷が微小区間 $d\vec{s}$ を移動する間，静電気力 $q_0\vec{E}$ が荷に作用する。粒子が力 $\vec{F}$ を受けて距離 $d\vec{s}$ だけ移動する間になされる微小な仕事 dW は，第 7 章で学んだように，

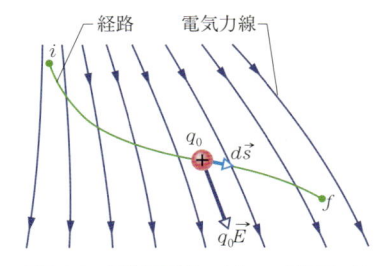

$$dW = \vec{F} \cdot d\vec{s} \tag{25-15}$$

図25-5では，$\vec{F} = q_0\vec{E}$ であるから，式(25-15)は次のようになる：

$$dW = q_0\vec{E} \cdot d\vec{s} \tag{25-16}$$

粒子が点iから点fまで移動する間に電場がする全仕事を求めるために，経路に沿った微小変位$d\vec{s}$の間に電荷になされる仕事を足し合わせる（積分する）：

$$W = q_0 \int_i^f \vec{E} \cdot d\vec{s} \tag{25-17}$$

式(25-17)の全仕事を式(25-7)に代入すると，

$$V_f - V_i = -\int_i^f \vec{E} \cdot d\vec{s} \tag{25-18}$$

このように，電場中の2点iとfの間の電位差$V_f - V_i$は，$\vec{E} \cdot d\vec{s}$をiからfまで線積分 (line integral，特定の経路に沿った積分) して符号を変えたものに等しい．しかし，静電気力は保存力だから，どのような経路をとっても（計算の難易に関係なく）同じ結果が得られる．

ある領域内のすべての点で電場がわかっているならば，式(25-18)より，任意の2点間の電位差を計算することができる．点iの電位V_iをゼロとすれば，式(25-18)より，

$$V = -\int_i^f \vec{E} \cdot d\vec{s} \tag{25-19}$$

V_fの添字fは省略した．式(25-19)は，電位の基準点iに対する，任意の点fの相対的な電位Vを与える；点iを無限遠にとれば，電位ゼロの無限遠に対する任意の点fの電位になる．

✓ CHECKPOINT 3: 電場の中におかれた電子を移動させる．図は平行な等電位面の断面と，電子の経路を5通り示している．(a) 電場はどちらを向いているか？ (b) それぞれの経路について，あなたのする仕事は正か，負か，ゼロか？ (c) あなたのする仕事の大きい順に経路を並べよ．

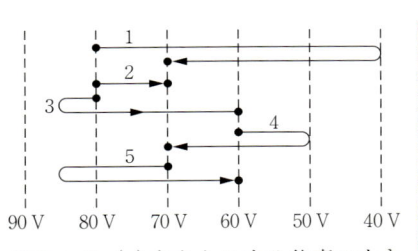

図25-5

試験電荷q_0が，一様でない電場中を点iから点fまで図に示された経路に沿って移動する．試験電荷が$d\vec{s}$だけ変位する間に静電気力$q_0\vec{E}$が作用している．この力は，試験電荷の位置での電気力線の向きを向いている．

例題 25-2

(a) 図25-6aは，一様な電場$\vec{E}$の中の2点iとfを示す．2点は同じ電気力線（この線は描かれていない）の線上にあり，dだけ離れている．図のように，正の試験電荷q_0が電場に平行な経路に沿ってiからfまで移動するときの電位差$V_f - V_i$を求めよ．

解法: **Key Idea**: 電場中の2点間の電位差を求めるには，式(25-18)より，経路に沿って$\vec{E} \cdot d\vec{s}$を積分すればよい．試験電荷q_0を経路に沿って初期位置iから最終位置fまで頭の中で移動させてみよう．図25-6aの経路に沿って試験電荷を移動させると，微小変位$d\vec{s}$は常に電場$\vec{E}$と同じ向きである．したがって，$\vec{E}$と$d\vec{s}$の間の角θはゼロであり，式(25-18)のスカラー積は次のようになる：

$$\vec{E} \cdot d\vec{s} = E\,ds\cos\theta = E\,ds \tag{25-20}$$

式(25-18) と (25-20) より，

$$V_f - V_i = -\int_i^f \vec{E} \cdot d\vec{s} = -\int_i^f E\,ds \tag{25-21}$$

電場は一様なので，経路上で E は定数になり，積分の外に出せる．この積分は経路の距離 d になるので，

$$V_f - V_i = -E\int_i^f ds = -Ed \quad \text{(答)}$$

答の負符号は，図25-6aの点 f の電位は点 i より低いことを示している．これは一般的な結果である：電気力線に沿って電気力線と同じ向きに進むと電位は常に降下する．

(b) 図25-6bのように，正の試験電荷 q_0 が経路 icf を通って i から f まで移動するときの電位差 $V_f - V_i$ を求めよ．

解法：(a) の **Key Idea** がここでも適用できる．ただし，ここでは2つの経路（ic と cf）に分けて考える．ic の線上では試験電荷の変位 $d\vec{s}$ は電場 $\vec{E}$ に垂直である．$\vec{E}$ と $d\vec{s}$ の間の角 θ が90°であるから，スカラー積 $\vec{E}\cdot d\vec{s}$ はゼロになる．すなわち，式(25-18)より，点 i と c は同じ電位にある：$V_c - V_i = 0$．

経路 cf に関しては $\theta = 45°$ であるから，式(25-18)より，

$$V_f - V_i = V_f - V_c = -\int_c^f \vec{E}\cdot d\vec{s}$$

$$= -\int_c^f E(\cos 45°)\,ds = -E(\cos 45°)\int_c^f ds$$

この式の積分は，線分 cf の長さになり，この長さは

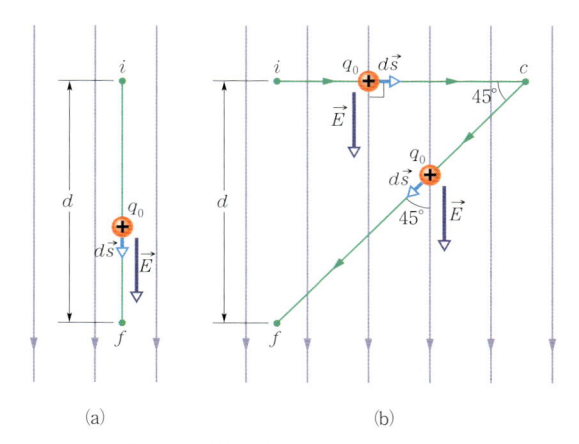

図25-6 例題25-2．(a)試験電荷 q_0 が一様な電場の向きに沿って点 i から点 f まで真っ直ぐに移動する．(b)電荷 q_0 が同じ電場の中を経路 icf に沿って移動する．

$d/\sin 45°$ である（図25-6b）．これより，

$$V_f - V_i = -E(\cos 45°)\,\frac{d}{\sin 45°} = -Ed \quad \text{(答)}$$

予想されるように，(a) と同じ結果になった；2点間の電位差は経路によらない．教訓：試験電荷を移動させて2点間の電位差を求めるとき，式(25-18)が最も簡単になるような経路を選べば，時間と労力を節約することができる．

25-5　点電荷による電位

本節では，式(25-18)を使って，荷電粒子のまわりの空間の電位 V を導く．ただし，無限遠の電位をゼロとする．正電荷 q をもつ固定された粒子から距離 R にある点Pを考える（図25-7）．式(25-18)を使うために，試験電荷 q_0 を点Pから無限遠まで移動させてみよう．どの経路をとるかは関係ないので，最も単純な経路——粒子から点Pを通って無限遠に伸びる経路——を選ぶ．

式(25-18)を使うためには，次のスカラー積を計算すればよい：

$$\vec{E}\cdot d\vec{s} = E\cos\theta\,ds \quad (25\text{-}22)$$

図25-7の電場 $\vec{E}$ は，固定された粒子から放射状に外向きだから，試験電荷の経路に沿った微小変位 $d\vec{s}$ は $\vec{E}$ と同じ向きを向いている．したがって，式(25-22)において角 $\theta = 0$，すなわち $\cos\theta = 1$ である．経路は半径方向だから，ds を dr と書き換える．積分区間を R から ∞ として式(25-18)に代入すると，

$$V_f - V_i = -\int_R^\infty E\,dr \quad (25\text{-}23)$$

ここで，$V_f = 0\,(r=\infty)$，$V_i = V(r=R)$ とおく．試験電荷の位置における

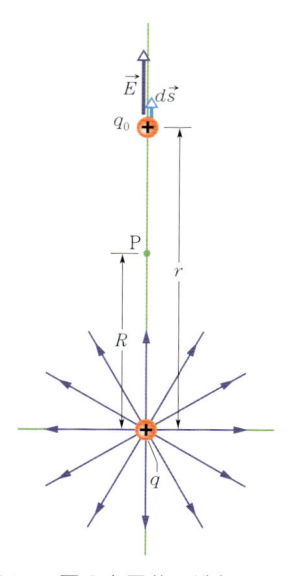

図25-7 正の点電荷 q が点Pに電場 $\vec{E}$ と電位 V をつくる．試験電荷 q_0 をPから無限遠まで移動させて電位を求める．点電荷から r の距離にある試験電荷が，微小変位 $d\vec{s}$ だけ移動する．

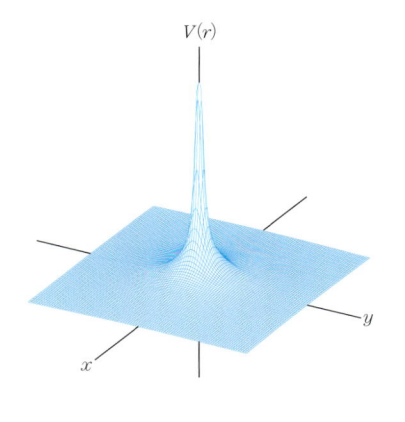

図 25-8 xy 平面の原点にある正の点電荷がつくる電位 $V(r)$ のグラフをコンピューターで描いたもの。各点の電位は鉛直方向に描かれている（曲線は視覚化を助けるために引かれている）。式 (25-26) の V は $r=0$ で無限大になるが，これは描かれていない。

電場の大きさは，式 (23-3) で与えられる：

$$E = \frac{1}{4\pi\varepsilon_0}\frac{q}{r^2} \qquad (25\text{-}24)$$

これらを式 (25-23) に代入すると，

$$0 - V = -\frac{q}{4\pi\varepsilon_0}\int_R^{\infty}\frac{1}{r^2}\,dr = \frac{q}{4\pi\varepsilon_0}\left[\frac{1}{r}\right]_R^{\infty} = -\frac{1}{4\pi\varepsilon_0}\frac{q}{R} \qquad (25\text{-}25)$$

V について解き，R を r に置き換えると，

$$V = \frac{1}{4\pi\varepsilon_0}\frac{q}{r} \qquad (25\text{-}26)$$

これは，電荷 q の粒子から距離 r での電位 V を示す。

式 (25-26) は，正に帯電した粒子に対して導出されたが，負に帯電した粒子についても成り立つ；電荷 q を負にすればよい。V は q と同じ符号をもつことに注意せよ：

▶ 正に帯電した粒子は正の電位をつくり，負に帯電した粒子は負の電位をつくる。

図 25-8 は，正電荷をもつ粒子に対する式 (25-26) をコンピューターで描いたものである；V の大きさが鉛直方向に描かれている。V の大きさは r ゼロに近づくと増大することに注目しよう。式 (25-26) より，$r=0$ で V は無限大になるが，図 25-8 では滑らかな曲線で有限の値に描かれている。式 (25-26) はまた，球対称な電荷分布の外部あるいは表面の電位を与える。これは，22-4 節または 24-9 節の球殻定理を使って証明することができる；実際には球状に分布している電荷の代わりに，同じ電荷量の点電荷を中心におけばよい。実際の電荷分布の内部の点を考えるのでなければ，式 (25-26) が導かれる。

PROBLEM-SOLVING TACTICS

Tactic 3：電位差を求める
孤立した点電荷がつくる電場の中の任意の 2 点間の電位差 ΔV を求めるためには，それぞれの点の電位を式 (25-26) から求めて引き算すればよい。ΔV の値は，基準電位の選び方にはよらない；引き算することによって相殺される。

25-6 複数の点電荷による電位

複数の点電荷によってある点に生成される正味の電位は，重ね合わせの原理を用いて求めることができる。それぞれの電荷が生成する電位は，式 (25-26) を使って求められる（電荷の符号も考慮すること）。次に，それぞれの電位を足し合わせる。n 個の電荷による正味の電位は，

$$V = \sum_{i=1}^{n} V_i = \frac{1}{4\pi\varepsilon_0}\sum_{i=1}^{n}\frac{q_i}{r_i} \quad (n \text{ 個の点電荷}) \qquad (25\text{-}27)$$

q_i は i 番目の電荷の値で，r_i は与えられた点から i 番目の電荷までの距離である．式 (25-27) における和は代数和 (algebraic sum) であって，電場を計算するときのようなベクトル和ではない．これが電場計算に比べて電位計算が有利な点である：スカラー量の足し算は，方向と成分を考慮しなければならないベクトルの足し算に比べてはるかに簡単である．

> ✓ **CHECKPOINT 4：** 図は 2 個の陽子の配置を 3 通り示している．陽子によって点 P に生成される正味の電位の大きい順に並べよ．

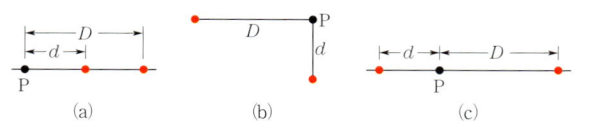

例題 25-3

図 25-9a のような正方形に配置された点電荷による中心（点 P）での電位はいくらか？ 距離 d は 1.3 m，各電荷は以下の通りである．

$$q_1 = +12\,\text{nC}, \quad q_2 = -24\,\text{nC},$$
$$q_3 = +31\,\text{nC}, \quad q_4 = +17\,\text{nC}$$

解法： **Key Idea：** 点 P での電位は 4 つの点電荷による電位の代数和である．（電位はスカラー量なので点電荷の方向には無関係である．）したがって，式 (25-27) より，

$$V = \sum_{i=1}^{4} V_i = \frac{1}{4\pi\varepsilon_0}\left(\frac{q_1}{r} + \frac{q_2}{r} + \frac{q_3}{r} + \frac{q_4}{r}\right)$$

距離 r が $d/\sqrt{2} = 0.919$ m で，全電荷量は，

$$q_1 + q_2 + q_3 + q_4 = (12 - 24 + 31 + 17) \times 10^{-9}\,\text{C}$$
$$= 36 \times 10^{-9}\,\text{C}$$

これより，

$$V = \frac{(8.99 \times 10^9\,\text{N}\cdot\text{m}^2/\text{C}^2)(36 \times 10^{-9}\,\text{C})}{0.919\,\text{m}} \approx 350\,\text{V} \quad (\text{答})$$

点 P が図 25-9a の 3 つの正電荷のどれかに近づけば，電

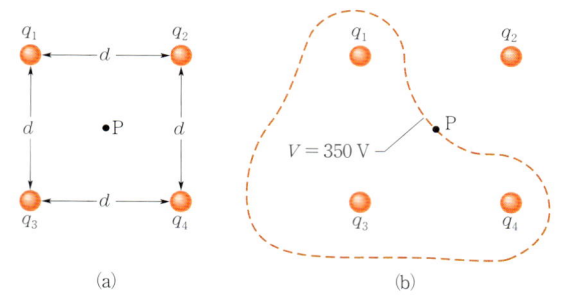

図 25-9 例題 25-3．(a) 4 つの点電荷が正方形の角におかれている．(b) 閉曲線は点 P を含む等電位面の紙面内の断面である．（曲線はおおざっぱに描かれている．）

位は正の大きな値になり，負電荷に近づけば負の大きな値になる．したがって，正方形の中に点 P と同じ電位をもつ点があるに違いない．図 25-9b に示した曲線は点 P を含む等電位面の断面をを表す．曲線上のどの点も点 P と同じ電位をである．

例題 25-4

(a) 12 個の電子（電荷 $-e$）が半径 R の円周上に等間隔におかれている（図 25-10a）．無限遠の電位を $V = 0$ とするとき，円の中心 C の電位と電場はいくらか？

解法： **Key Idea：** 点 C の電位 V は，すべての電子による電位の代数和である．（電位はスカラー量なので電子がどの向きにあるかは関係ない．）電子はすべて同じ負電荷 $-e$ をもち，C からの距離 R が等しいので，式 (25-27) より，

$$V = -12\frac{1}{4\pi\varepsilon_0}\frac{e}{R} \quad (\text{答}) \quad (25\text{-}28)$$

次に C での電場を求めよう．**Key Idea：** 電場はベクトル量であるから，電子の方向が重要である．図 25-10a の電子は対称的に配置されているので，ある電子が C につ

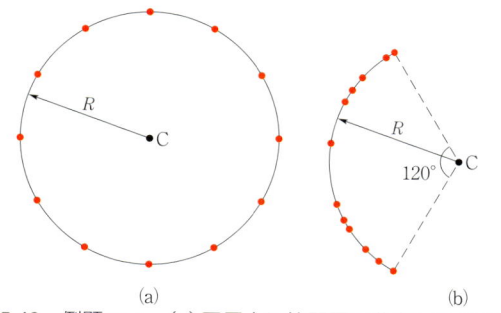

図 25-10 例題 25-4．(a) 円周上に等間隔に分布した 12 個の電子．(b) 同じ半径の円弧上に電子が不規則に分布している．

くる電場ベクトルは，反対側にある電子による電場ベク

トルによって相殺される．よってCにおける電場は，
$$\vec{E} = 0 \quad \text{(答)}$$
(b) 電子が円周上を移動して，120°の円弧状に不規則に並んだとき（図25-10b），Cの電位はいくらか？ Cの電場はどのように変化するか？

解法： この場合も，電位は式(25-28)で表される；点Cから各電子までの距離は変わらないし，向きには関係しない．しかし，電場はもはやゼロではない；電子の配置は対称ではなく，正味の電場は電荷分布の方向を向く．

25-7 電気双極子による電位

本節では，図25-11aの電気双極子に式(25-27)を適用して，任意の点Pの電位を求めよう．Pにおいて，距離$r_{(+)}$にある正の点電荷は$V_{(+)}$の電位を与え，距離$r_{(-)}$にある負の点電荷は$V_{(-)}$の電位を与える．したがって，Pにおける正味の電位は，式(25-27)より，

$$V = \sum_{i=1}^{2} V_i = V_{(+)} + V_{(-)}$$

$$= \frac{1}{4\pi\varepsilon_0}\left(\frac{q}{r_{(+)}} + \frac{-q}{r_{(-)}}\right) = \frac{q}{4\pi\varepsilon_0} \frac{r_{(-)} - r_{(+)}}{r_{(+)}r_{(-)}} \quad (25\text{-}29)$$

自然界に存在する電気双極子——たとえば多くの分子がもっている双極子——は非常に小さいので，通常，電気双極子からの距離rが電荷間の間隔dに比べて十分に離れている（$r \gg d$）場合に関心がある．そのような条件では，図25-11bに示されたような近似をする：

$$r_{(-)} - r_{(+)} \approx d\cos\theta \quad \text{および} \quad r_{(+)}r_{(-)} \approx r^2$$

これを式(25-29)に代入すると，Vは次式で近似される：

$$V = \frac{q}{4\pi\varepsilon_0}\frac{d\cos\theta}{r^2}$$

図25-11aに示すように，θは電気双極子軸からの角である．この式は次のように書くこともできる：

$$V = \frac{1}{4\pi\varepsilon_0}\frac{p\cos\theta}{r^2} \quad (25\text{-}30)$$

ここで，$p(=qd)$は23-5節で定義した電気双極子モーメント$\vec{p}$の大きさである．ベクトル$\vec{p}$の向きは，双極子に沿って負電荷から正電荷へ向かう．（したがって，θは$\vec{p}$からの角である）．

✓ **CHECKPOINT 5:** 図25-11の電気双極子の中心からrの距離にある3点を考える：点aは正電荷の上方の双極子軸上，点bは負電荷の下方の双極子軸上，点cは2つの電荷の垂直2等分線上にある．双極子による電位の大きい順に並べよ．

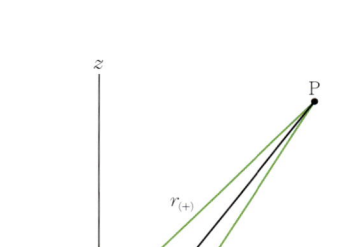

誘導双極子モーメント

水などの多くの分子は，永久電気双極子モーメントをもつ．非極性分子（nonpolar molecule）と呼ばれる他の分子や孤立した原子では，正電荷と負電荷の中心は一致している（図25-12a）．したがって，電気双極子はつくられない．しかしながら，原子や非極性分子を外部電場の中におくと，電

図25-11 (a)点Pは双極子の中点Oからrの距離にある．線分OPは双極子軸とθの角をなす．(b)Pが双極子から十分に遠いところにあれば，長さが$r_{(+)}$および$r_{(-)}$の線は近似的にrに平行になる．図中の破線は近似的に長さ$r_{(-)}$の線に垂直である．

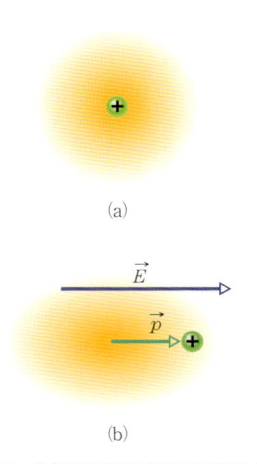

図 25-12 (a)正電荷の原子核(緑)と負電荷の電子(金色の影)からなる原子。正電荷と負電荷の中心は一致している。(b)原子が外部電場 $\vec{E}$ の中におかれると，電子軌道が歪む。正電荷と負電荷の中心がずれると電気双極子 $\vec{p}$ が誘導される。歪みは誇張して描かれている。

場が電子軌道を歪めて，正電荷と負電荷の中心が分離する(図 25-12b)。電子は負電荷をもつので電場と反対向きに移動する。この移動により，電場と同じ向きの双極子モーメント $\vec{p}$ が生成される。このような(誘導)双極子モーメントは，電場によって誘導された(induced)と言われ，原子または分子は，電場によって分極した(polarized)と言われる(正電荷側と負電荷側に分離する)。電場が取り除かれると誘導双極子モーメントや分極も消える。

25-8 連続的な電荷分布による電位

一様に帯電した細い棒や薄い板のような連続的な電荷分布 q の場合は，点 P の電位 V を求めるのに式 (25-27) の和を使うことはできない。その代わりに，微小電荷 dq を考え，dq が P につける電位 dV を求め，それを電荷分布全体にわたって積分する。

再び無限遠の電位をゼロとしよう。微小電荷 dq を点電荷とみなすと，dq が点 P につける電位 dV は，式 (25-26) より，

$$dV = \frac{1}{4\pi\varepsilon_0}\frac{dq}{r} \quad \text{(正または負の電荷 }dq\text{)} \tag{25-31}$$

r は点 P から dq までの距離である。点 P の全電位を求めるためには，すべての微小電荷について電位を積分する：

$$V = \int dV = \frac{1}{4\pi\varepsilon_0}\int \frac{dq}{r} \tag{25-32}$$

積分は電荷分布全体にわたって行われなければならない。注意：電位はスカラー量なので，式 (25-32) においてベクトルの成分は考慮しなくてよい。ここで 2 例の連続的電荷分布(線電荷と帯電円板)について調べよう。

線 電 荷

長さ L の細い絶縁体の棒が，線密度 λ の一様な正電荷をもっている(図 25-13a)。棒の左端から垂直に d だけ離れた点 P の電位 V を求めよう。

棒の微小要素 dx を考える(図 25-13b)。この微小要素が(他の微小要素も同様に)もつ微小電荷は，

$$dq = \lambda\, dx \tag{25-33}$$

この微小電荷は，そこから距離 $r = (x^2 + d^2)^{1/2}$ だけ離れた点 P に電位 dV を生成する。微小電荷を点電荷とみなし，式 (25-31) を使って dV を求める：

$$dV = \frac{1}{4\pi\varepsilon_0}\frac{dq}{r} = \frac{1}{4\pi\varepsilon_0}\frac{\lambda\, dx}{(x^2 + d^2)^{1/2}} \tag{25-34}$$

棒上の電荷は正であり，無限遠で $V = 0$ としたので，25-5 節より，式 (25-34) の dV は正である。

棒上の電荷が点 P につくる電位の和 V を求めるために，棒に沿って式 (25-34) を $x = 0$ から $x = L$ まで積分する(付録 C の積分 17 参照)：

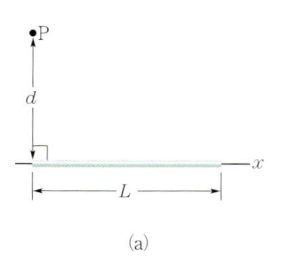

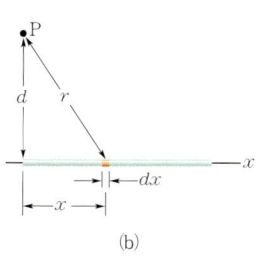

図 25-13 (a)一様に帯電した細い棒が点 P に電位 V をつくる。(b)電荷の微小要素が点 P に微小電位 dV をつくる。

$$V = \int dV = \int_0^L \frac{1}{4\pi\varepsilon_0} \frac{\lambda\, dx}{(x^2+d^2)^{1/2}}$$

$$= \frac{\lambda}{4\pi\varepsilon_0} \int_0^L \frac{dx}{(x^2+d^2)^{1/2}}$$

$$= \frac{\lambda}{4\pi\varepsilon_0} \left[\ln(x + (x^2+d^2)^{1/2}) \right]_0^L$$

$$= \frac{\lambda}{4\pi\varepsilon_0} \left[\ln(L + (L^2+d^2)^{1/2}) - \ln d \right]$$

この結果は，一般的な関係式 $\ln A - \ln B = \ln(A/B)$ を使って簡単化できる：

$$V = \frac{\lambda}{4\pi\varepsilon_0} \ln\left[\frac{L + (L^2+d^2)^{1/2}}{d} \right] \quad (25\text{-}35)$$

正の量 dV の和である V は正になるはずだが，式 (25-35) は本当に正になっているだろうか？ 対数 $\ln$ の変数（[ ] 内の量）は 1 より大きいので，対数の値（したがって V も）確かに正になっている。

帯 電 円 板

23-7 節では，片面に面密度 σ の電荷が一様に分布している半径 R のプラスチック円板を考え，その中心軸上の点における電場の大きさを計算した。ここでは，中心軸上の任意の点における電位 $V(z)$ を導く。

円板上に，半径 R'，半径方向の幅 dR' のリングを考える（図 25-14）。このリングのもつ電荷は，

$$dq = \sigma(2\pi R')(dR')$$

$(2\pi R')(dR')$ はリング上面の面積である。このリング上の微小要素は中心軸上の点 P から等距離 r にあるので，このリングが点 P につくる電位は，式 (25-31) より（図 25-14 参照），

$$dV = \frac{1}{4\pi\varepsilon_0} \frac{dq}{r} = \frac{1}{4\pi\varepsilon_0} \frac{\sigma(2\pi R')(dR')}{\sqrt{z^2+R'^2}} \quad (25\text{-}36)$$

P における正味の電位を求めるために，$R'=0$ から $R'=R$ までのすべてのリングからの寄与を足し合わせる（積分する）：

$$V = \int dV = \frac{\sigma}{2\varepsilon_0} \int_0^R \frac{R'\, dR'}{\sqrt{z^2+R'^2}} = \frac{\sigma}{2\varepsilon_0}\left(\sqrt{z^2+R^2} - z\right) \quad (25\text{-}37)$$

注意：式 (25-37) の積分変数は z ではなく R' である。（円板について積分するとき z は一定である。）また，積分の計算において $z \geq 0$ を仮定している。

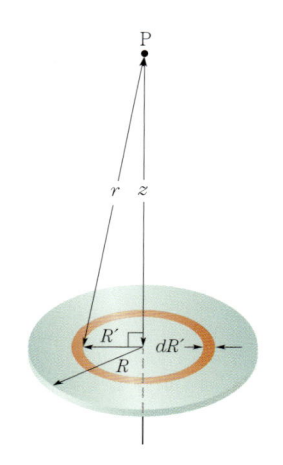

図 25-14 半径 R のプラスチック円板：一様な電荷密度 σ で表面が帯電している。円板の中心軸上の点 P における電位 V を求めたい。

PROBLEM-SOLVING TACTICS

Tactic 4：*電位の符号*

線電荷または他の連続的な電荷分布による点 P の電位 V を計算するとき，符号がしばしば問題になる。ここでは一般的な指針を与えよう。

電荷が負の場合，記号 dq と λ は負の量を表すべきか，それとも $-dq$ または $-\lambda$ のように負符号をつけて表すべきか？ どちらにしても，記号が何を意味しているのかを忘れなければ，最後には正しい V の符号が得られる。

電荷分布の中に同じ極性の電荷（正電荷のみ，または

負電荷のみ）しかない場合には，記号 dq と λ が大きさ（絶対値）を表すとしてよい．計算結果は P における V の大きさを与える．その上で，電荷の符号に対応した符号をつける．（無限遠の電位をゼロとすれば，正の電荷は正の電位を，負の電荷は負の電位を与える）．

電位を計算するとき，積分範囲を逆転すると逆符号の V が得られるだろう．この場合，大きさは正しいので負符号だけを取り除く．そして電荷の符号を考慮して，V の正しい符号を決める．式 (25-35) で，もし積分範囲を逆にすれば（0 から L ではなく L から 0 にすると），積分結果にはマイナスがつく．しかし，正の電荷が形成する電位は正であるから，そのマイナスを除いて正しい結果を得る．

25-9　電位から電場を計算する

25-4 節では，基準点から点 f までの経路に沿った既知の電場から点 f の電位を求める方法を学んだ．本節ではその逆，すなわち，既知の電位から電場を求めよう．図 25-3 のような作図によって解くのは容易である：電荷のまわりのあらゆる点で電位 V がわかっていれば，等電位面を描くことができる．その等電位面に垂直に引いた電気力線が $\vec{E}$ のようすを表す．しかし，ここで必要なのは，作図的手法と等価な数学的手法である．

図 25-15 は等電位面の断面を示す：隣り合う面の間の電位差は dV である．図に示されているように，点 P の電場 $\vec{E}$ は，常に P を通る等電位面に垂直である．

正の試験電荷 q_0 が，ある等電位面から隣の面に $d\vec{s}$ だけ移動する間に，電場が試験電荷にする仕事は $-q_0 dV$ である（式 25-7）．電場による仕事は，スカラー積 $(q_0 \vec{E}) \cdot d\vec{s}$ または $q_0 E (\cos \theta) ds$ で表すこともできる（式 (25-16) および図 25-15）．これらの 2 式を等しいとおくと，

$$-q_0 dV = q_0 E (\cos \theta) ds \tag{25-38}$$

または，

$$E (\cos \theta) = -\frac{dV}{ds} \tag{25-39}$$

$E \cos \theta$ は $\vec{E}$ の $d\vec{s}$ 方向の成分だから，式 (25-39) を書き換えて：

$$E_s = -\frac{\partial V}{\partial s} \tag{25-40}$$

E に添字 s をつけて，微分を偏微分に変えた：式 (25-40) は，特別な軸（ここでは s 軸）に沿った V の変化とその軸方向の $\vec{E}$ の成分を関係づけている．式 (25-40)（本質的には式 (25-18) の逆であるが）を言葉で表すと，

▶ $\vec{E}$ の任意の方向の成分は，その向きに電位が変化する割合にマイナス符号をつけたものである．

s 軸を，順番に x, y, z に置き換えると，$\vec{E}$ の x, y, z 成分が求められる：

$$E_x = -\frac{\partial V}{\partial x}, \quad E_y = -\frac{\partial V}{\partial y}, \quad E_z = -\frac{\partial V}{\partial z} \tag{25-41}$$

このように，電荷分布のまわりのあらゆる点で V の値がわかれば——すなわち，関数 $V(x, y, z)$ がわかれば——その偏微分を求めることで，あらゆる点での $\vec{E}$ のすべての成分，すなわち $\vec{E}$ そのもの，を知ることができる．

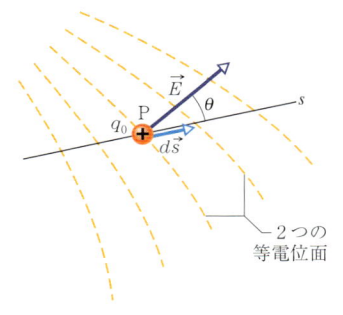

図 25-15　試験電荷 q_0 がある等電位面から別の等電位面に $d\vec{s}$ だけ移動する．（等電位面の間隔は見やすいように拡大してある）．変位 $d\vec{s}$ は電場 $\vec{E}$ の向きと θ の角をなす．

一様な電場 $\vec{E}$ に対しては，式(25-40)は次のようになる：

$$E = -\frac{\Delta V}{\Delta s} \qquad (25\text{-}42)$$

s は等電位面に垂直である．等電位面に平行な電場成分はゼロである．

✓ **CHECKPOINT 6:** 図は，同じ距離だけ離れた平行板3組と，それぞれの電位を示している．板の間の電場は一様で板に垂直である．(a) これらの組を板の間の電場の大きさの順に並べよ．(b) 電場が右を向いているのはどの組か？ (c) (3)の板の中間点で電子が放たれたとする．電子はそこに止まり続けるか？ 右向きに等速運動するか？ 左向きに等速運動するか？ 右向きに加速度運動するか？ 左向きに加速度運動するか？

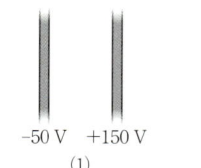

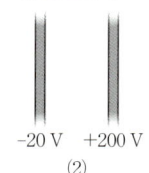

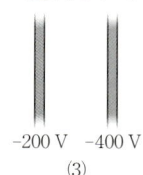

$-50\text{ V}\quad +150\text{ V}$　　$-20\text{ V}\quad +200\text{ V}$　　$-200\text{ V}\quad -400\text{ V}$
　　(1)　　　　　　　(2)　　　　　　　(3)

例題 25-5

一様に帯電した円板の中心軸上の点の電位は，式(25-37)で与えられる：

$$V = \frac{\sigma}{2\varepsilon_0}\left(\sqrt{z^2+R^2} - z\right)$$

この式から出発して，円板の中心軸上の任意の点における電場を求めよ．

解法：電場 $\vec{E}$ を円板からの距離 z の関数として求めたい．円板は軸対称だから，z のいかなる所でも，$\vec{E}$ の向きは中心軸に沿っている．したがって，$\vec{E}$ の z 成分 E_z を求めればよい．**Key Idea**：E_z は，距離 z に対する電位の変化の割合にマイナス符号をつけたものである．式(25-41)より，

$$\begin{aligned}E_z &= -\frac{\partial V}{\partial z} = -\frac{\sigma}{2\varepsilon_0}\frac{d}{dz}\left(\sqrt{z^2+R^2} - z\right)\\ &= \frac{\sigma}{2\varepsilon_0}\left(1 - \frac{z}{\sqrt{z^2+R^2}}\right) \qquad (答)\end{aligned}$$

これは，23-7節において，クーロンの法則を使い，積分によって求めた式と同じである．

25-10　点電荷系の電気ポテンシャルエネルギー

25-1節では，荷電粒子に静電気力が作用するときの電気ポテンシャルエネルギーについて議論した．そこでは，力を及ぼす電荷は空間に固定されており，力は(それに対応する電場も)試験電荷の存在によって影響されないと仮定した．本節ではもっと一般的に，電荷系の電荷がつくる電場による電荷系の電気ポテンシャルエネルギーを考えよう．

簡単な例として，同じ極性の電荷をもつ2つの物体を近づけるとしよう．あなたがする仕事は(物体の運動エネルギーが変化しないとすれば)2体系の電気ポテンシャルエネルギーとして蓄えられる．その後，電荷を放せば，蓄えたエネルギーの全部または一部は，帯電した物体が互いに遠ざかる運動エネルギーに移動する．

外力によって固定されている点電荷系の電気ポテンシャルエネルギーを次のように定義する：

▶ 固定された点電荷系の電気ポテンシャルエネルギーは，個々の電荷を無限遠から移動させてその系を形成するために外力がする仕事に等しい．

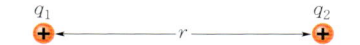

図 25-16 2個の電荷が距離 r 隔てて固定されている。

電荷は無限遠にある初期状態でも，集まって最終配置になったときも静止していると仮定する。

2個の点電荷 q_1 と q_2 が距離 r だけ離れているような点電荷系（図25-16）の電気ポテンシャルエネルギーを求めるために，まず2個の電荷が無限に離れて静止している状態を考える。q_1 を無限遠から近くに運んでくるときには，q_1 に働く静電気力がないのでわれわれは仕事をしない。しかし次に q_2 を無限遠から運んでくるときには，q_1 が q_2 に静電気力を及ぼすのでわれわれは仕事をしなければならない。

式(25-8)を使ってその仕事を求めることができる：ただし，電場がする仕事でなく，われわれがする仕事を求めたいので，マイナス符号を取り除き，一般的な電荷 q の代わりに q_2 を代入する。q_1 が q_2 の位置につくる電位を V とすると，われわれの仕事は q_2V に等しい。電位 V は，式(25-26)より，

$$V = \frac{1}{4\pi\varepsilon_0}\frac{q_1}{r}$$

図25-16の点電荷対の電気ポテンシャルエネルギーは，定義により，

$$U = W = q_2 V = \frac{1}{4\pi\varepsilon_0}\frac{q_1 q_2}{r} \tag{25-43}$$

電荷が同符号ならば，互いの反発力に抗して近づけるためには正の仕事をしなければならない。したがって，式(25-43)が示すように，系のポテンシャルエネルギーは正である。電荷が異符号ならば，互いの引力に抗して（ゆっくりと）近づけるためには負の仕事をしなければならない。したがって，系のポテンシャルエネルギーは負である。例題25-6は，もっと多くの電荷について手順を拡張する方法を示している。

例題 25-6

3個の点電荷が外力（図には示されていない）によって固定されている（図25-17）。この電荷系の電気ポテンシャルエネルギー U はいくらか？ $d = 12\,\text{cm}$ とし，各電荷は次の値をもつとする（ただし $q = 150\,\text{nC}$）：

$$q_1 = +q, \quad q_2 = -4q, \quad q_3 = +2q$$

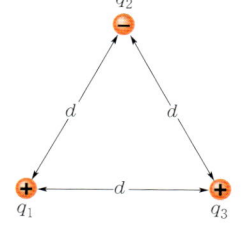

図 25-17 例題 25-6。3個の電荷が正三角形の頂点におかれている。系の電気ポテンシャルエネルギーはいくらか？

解法： **Key Idea**：系のポテンシャルエネルギーは，個々の電荷を無限遠から運んできて，系の配置をつくるのに必要な仕事に等しい。そこで，図25-17の系を形成するために，まず最初に点電荷のひとつ（q_1 とする）が定位置にあって，他の電荷は無限遠にあるとしよう。次に電荷 q_2 を無限遠から移動させる。式(25-43)の r に d を代入すると，q_1 と q_2 の点電荷対のポテンシャルエネルギー U_{12} は，

$$U_{12} = \frac{1}{4\pi\varepsilon_0}\frac{q_1 q_2}{d}$$

さらに点電荷 q_3 を無限遠から運んでくる。この最後の段階にわれわれがしなければならない仕事は，q_1 の近くに q_3 を運んでくる仕事と，q_2 の近くに q_3 を運んでくる仕事の和である。式(25-43)の r に d を代入して，仕事の和は次のようになる。

$$W_{13} + W_{23} = U_{13} + U_{23} = \frac{1}{4\pi\varepsilon_0}\frac{q_1 q_3}{d} + \frac{1}{4\pi\varepsilon_0}\frac{q_2 q_3}{d}$$

3電荷系のポテンシャルエネルギー U は，3対の電荷のポテンシャルエネルギーの和である。この和は（電荷を移動する順番には無関係である），

$$U = U_{12} + U_{13} + U_{23}$$
$$= \frac{1}{4\pi\varepsilon_0}\left(\frac{(+q)(-4q)}{d} + \frac{(+q)(+2q)}{d} + \frac{(-4q)(+2q)}{d}\right)$$

$$= -\frac{10q^2}{4\pi\varepsilon_0 d}$$
$$= -\frac{(8.99\times 10^9\,\text{N}\cdot\text{m}^2/\text{C}^2)(10)(150\times 10^{-9}\,\text{C})^2}{0.12\,\text{m}}$$
$$= -1.7\times 10^{-2}\,\text{J} = -17\,\text{mJ} \qquad (答)$$

ポテンシャルエネルギーが負になるということは，無限遠で静止している3個の電荷からこの配置を構成するためには，負の仕事が必要である．別の言い方をすれば，この配置を完全にバラバラにして，3個の電荷を互いに無限に離れている状態に戻すには17mJの仕事をしなければならない．

25-11　孤立した帯電導体の電位

24-6節では，孤立した導体内部のすべての点で$\vec{E}=0$であると結論し，次ぎに，ガウスの法則を使って，孤立した導体の余剰電荷はすべて表面に分布することを証明した．(これは導体内部に空洞がある場合でも正しい)．前者の事実(導体内で$\vec{E}=0$)を使って，後者(余剰電荷は表面に分布)の拡張を証明しよう．

▶ 孤立した導体の余剰電荷は，導体のあらゆる点が——表面でも内部の点でも——同じ電位になるように導体表面に分布する．これは導体内部に空洞がある場合でも，空洞の中に正味の電荷があるときにも成り立つ．

証明は式(25-18)から直接導かれる：

$$V_f - V_i = -\int_i^f \vec{E}\cdot d\vec{s}$$

導体内部のすべての点で$\vec{E}=0$であるから，導体内部のあらゆる点の組み合わせ(点iとf)に対して$V_f=V_i$となる．

図25-18aは，孤立した球殻のまわりの電位を中心からの距離rの関数として示したものである：球殻の半径は1.0mで，電荷$1.0\,\mu$Cをもっている．球殻の外側の点では，電荷qが球殻の中心に集中しているとみなせるので，式(25-26)を使って$V(r)$を計算することができる．この式は球殻の表面に達するまで成り立つ．次に，——球殻に小さな穴が空いていると仮定して——小さな試験電荷を球殻の中心に向かって押し込んでいく．試験電荷がいったん球殻の中に入ると，正味の静電気力が作用しないので，仕事は必要ない．したがって，球殻内部のあらゆる点の電位は表面の電位と等しい(図25-8a)．

図25-18bは，同じ球殻について電場の変化を，中心からの距離に対して示したものである．球殻の内部ではどこでも$E=0$である．図25-18aの曲線をrについて微分すると，図25-18bの曲線が得られる(式25-40)：定数の微分はゼロである．図25-18bの曲線をrについて積分すると，図25-18aの曲線が得られる(式25-19)．

球対称でない導体では，表面電荷は導体表面に一様には分布しない．尖った先端や鋭い角では，表面電荷密度は——それに比例する外部の電場も——非常に大きな値になる．そのような尖った場所のまわりの空気は電離してコロナ放電を起こす．コロナ放電は，雷が落ちそうなときに，ゴルファーや登山家が，茂みやゴルフクラブやハンマーの先端で見ることがある．そのようなコロナ放電は，逆立った髪と同じように，しばしば落雷の前兆

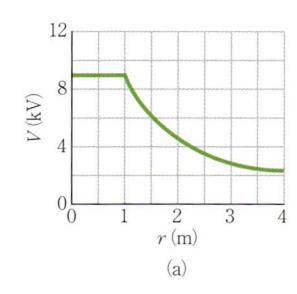

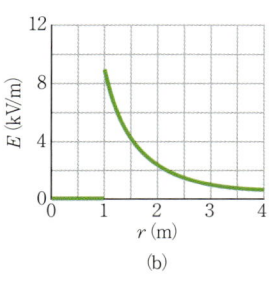

図25-18 (a)半径1.0mの帯電した導体球殻の内側と外側の電位$V(r)$のグラフ，(b)同じ球殻に対する$E(r)$のグラフ．

図 25-19 大きな火花が車体に飛んで，車の中にいる人には危害を加えることなく，左前の絶縁体のタイヤ（そこの光に注目）を通して出ていく。

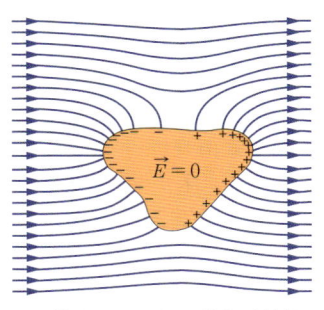

図 25-20 帯電していない導体が外部電場の中におかれる。導体内の自由電子は図のように表面に分布し，導体内部の正味の電場をゼロにして，表面電場は面に垂直になる。

となる。落雷の危険が迫ったら，導体の殻の中に逃げ込むのが賢い：導体殻内では電場がゼロになることが保証される。自動車は（オープンカーやプラスチック製の車体でなければ）ほぼ理想的な導体殻である（図 25-19）。

孤立した導体が外部電場の中におかれた場合でも（図 25-20），導体に余剰電荷があるかどうかにかかわらず，導体のすべての点は同じ電位になる。自由に動ける伝導電子は，表面に分布して外部電場をうち消すような電場をつくる。このとき，表面電場は表面に垂直になっている。図 25-20 の表面電荷をその場に固定して，導体だけを取り除いたとしても，電場のパターンは，導体の内部も外部でも全く変化しない。

まとめ

電気ポテンシャルエネルギー 点電荷が電場の中を初期位置 i から最終位置 f まで移動したときの電気ポテンシャルエネルギー U の変化 ΔU は

$$\Delta U = U_f - U_i = -W \quad (25\text{-}1)$$

W は点電荷が i から f まで移動する間に，（電場による）静電気力が点電荷にした仕事である。無限遠におけるポテンシャルエネルギーをゼロとすれば，任意の点での点電荷の**電気ポテンシャルエネルギー** U は，

$$U = -W_\infty \quad (25\text{-}2)$$

W_∞ は，点電荷が無限遠からその位置まで移動するときに，静電気力がした仕事である。

電位差と電位 電場中の 2 点 i と f の間の**電位差** ΔV を次のように定義する：

$$\Delta V = V_f - V_i = -\frac{W}{q} \quad (25\text{-}7)$$

q は電場によって仕事をされる粒子の電荷量である。ある位置での電位は，

$$V = -\frac{W_\infty}{q} \quad (25\text{-}8)$$

電位の SI 単位はボルトである：1 ボルト＝1 ジュール／クーロン。

電位と電位差はまた，電場中におかれた電荷 q の粒子の電気ポテンシャルエネルギーを使って表すこともできる：

$$V = \frac{U}{q} \quad (25\text{-}5)$$

$$\Delta V = V_f - V_i = \frac{U_f}{q} - \frac{U_i}{q} = \frac{\Delta U}{q} \quad (25\text{-}6)$$

等電位面 等電位面上の点はすべて同じ電位にある。試験電荷がひとつの等電位面から別の等電位面に移動するときになされる仕事は，等電位面内の初期位置や最終位置，および 2 点を結ぶ経路に依存しない。電場 $\vec{E}$ はいつも等電位面に垂直である。

$\vec{E}$ から V を求める 2 点 i と f の間の電位差は，

$$V_f - V_i = -\int_i^f \vec{E}\cdot d\vec{s} \qquad (25\text{-}18)$$

積分は2点を結ぶどのような経路でも同じである．$V_i = 0$ とすれば，任意の点の電位は，

$$V = -\int_i^f \vec{E}\cdot d\vec{s} \qquad (25\text{-}19)$$

点電荷による電位 ひとつの点電荷がつくる電位は，電荷から r の距離において，

$$V = \frac{1}{4\pi\varepsilon_0}\frac{q}{r} \qquad (25\text{-}26)$$

V は q と同じ符号をもつ．複数の点電荷による電位は，

$$V = \sum_{i=1}^{n} V_i = \frac{1}{4\pi\varepsilon_0}\sum_{i=1}^{n}\frac{q_i}{r_i} \qquad (25\text{-}27)$$

電気双極子による電位 双極子モーメント $p = qd$ の電気双極子から距離 r の点での電位は，

$$V = \frac{1}{4\pi\varepsilon_0}\frac{p\cos\theta}{r^2} \qquad (25\text{-}30)$$

ただし，$r \gg d$，θ は図 25-11 で定義されている．

連続的な電荷分布による電位 連続的な電荷分布に対しては，式 (25-27) は次のようになる：

$$V = \frac{1}{4\pi\varepsilon_0}\int\frac{dq}{r} \qquad (25\text{-}32)$$

積分は電荷が分布する全体の領域でなされる．

V から $\vec{E}$ を求める $\vec{E}$ の任意の方向の成分は，その向きに電位が変化する割合にマイナス符号をつけたものである：

$$E_s = -\frac{\partial V}{\partial s} \qquad (25\text{-}40)$$

したがって，$\vec{E}$ の x，y，z 成分は，

$$E_x = -\frac{\partial V}{\partial x},\ E_y = -\frac{\partial V}{\partial y},\ E_z = -\frac{\partial V}{\partial z} \qquad (25\text{-}41)$$

$\vec{E}$ が一様ならば，式 (25-40) は次のようになる：

$$E = -\frac{\Delta V}{\Delta s} \qquad (25\text{-}42)$$

s は等電位面に垂直である．等電位面に平行な向きの電場はゼロである．

点電荷系の電気ポテンシャルエネルギー 点電荷系の電気ポテンシャルエネルギーは，初め互いに無限遠に離れ静止していた電荷を，系の配置まで移動するのに必要な仕事に等しい．r だけ離れた2個の電荷に対しては，

$$U = W = \frac{1}{4\pi\varepsilon_0}\frac{q_1 q_2}{r} \qquad (25\text{-}43)$$

帯電した導体の電位 導体におかれた余剰電荷は，平衡状態では，すべて導体の表面に分布する．電荷は，導体全体（導体内部も含めて）が同じ電位になるように分布する．

問題

1. 図 25-21 は，正に帯電した球 A を，固定された正に帯電した球 B に近づける経路を3通り示す．(a) 球 A は電位は高くなるか，低くなるか？ (b) われわれの力がする仕事は正か，負か，ゼロか？ (c)（球 B がつくる）電場がした仕事は正か，負か，ゼロか？ (d) われわれのする仕事量の大きい順に経路を並べよ．

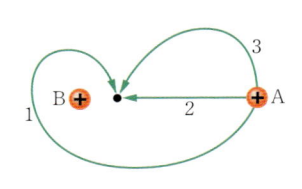

図 25-21 問題1

2. 図 25-22 は4対の荷電粒子を示す．無限遠において $V = 0$ とする．図に示した軸上で（無限遠以外に），(a) 2つの電荷の間，(b) 2つの電荷の右側，に電位がゼロの点をもつ対はどれか？ (c) 電位がゼロになる点で，電荷がつくる正味の電場 $\vec{E}$ はゼロになるか？ (d) 軸上以外に（無限遠は除いて）$V = 0$ となる点があるのはどの電荷対か？

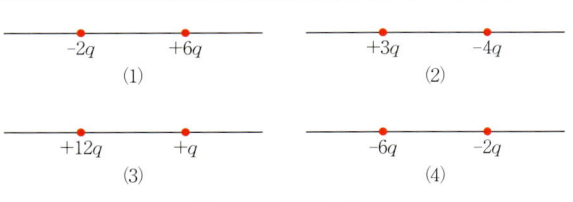

図 25-22 問題1と8

3. 図 25-23 は，隣り合う粒子間の距離を d として，荷電粒子を正方形に配置した様子を示す．無限遠の電位をゼロとして，正方形の中心点 P における電位はいくらか？

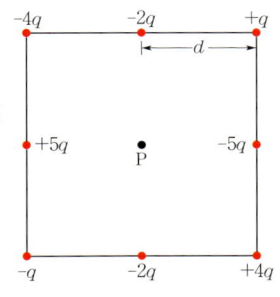

図 25-23 問題3

4. 図25-24は，原点から等距離にある荷電粒子の配置を4通り示す．原点における正味の電位が大きい順に並べよ．ただし，無限遠の電位をゼロとする．

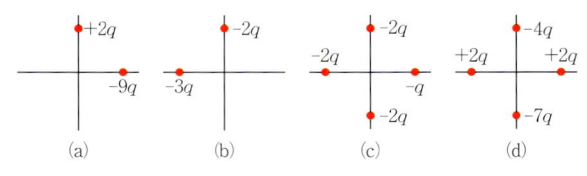

図25-24 問題4

5. (a) 図25-25aの電荷Qから距離Rの点Pでの電位はいくらか？（無限遠において$V=0$とする．）(b) 図25-25bでは，同じ電荷Qが中心角40°，半径Rの円弧状に一様に広がっている．円弧の中心Pでの電位はいくらか？ (c) 図25-25cでは，同じ電荷Qが半径Rの円周上に広がっている．円の中心Pでの電位はいくらか？ (d) 3つの状況を，点Pでの電場の大きさの順に並べよ．

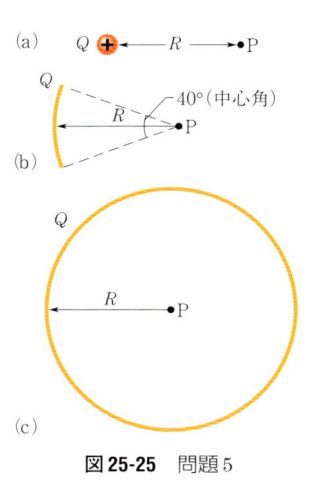

図25-25 問題5

6. 図25-26は，等電位面の断面の組を3通り示す；3組とも同じ大きさの領域を覆っている．(a) 等電位面の組を領域内の電場の大きさの順に並べよ．(b) どれが電場が下向きか？

図25-26 問題6

7. 図25-27は，電位Vをxを関数として示している．(a) 5つの領域を，電場のx成分の大きさの順に並べよ．電場のx成分の向きは，(b) 領域2で，(c) 領域4で，どちら向きか？

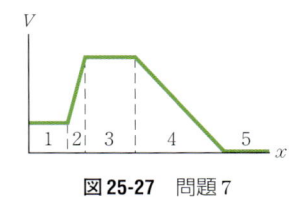

図25-27 問題7

8. 図25-22は，等間隔におかれた電荷対を4通り示す．(a) 電荷対を電気ポテンシャルエネルギーの大きい順に並べよ．(b) 各電荷対で電荷の間隔が大きくなったとき，ポテンシャルエネルギーは増えるか，減るか？

9. 図25-28は，3個の荷電粒子からなる系を示す．電荷$+q$の粒子を，点Aから点Dへ移動したとき，以下の量は正か，負か，ゼロか？ (a) 3粒子系の電気ポテンシャルエネルギーの変化，(b) 静電気力が移動した粒子にした仕事，(c) あなたの力がする仕事，(d) 粒子を（点Aから点Dまでではなく）点Bから点Cまで移動させたとすると，上の(a)，(b)，(c)はどうなるか？

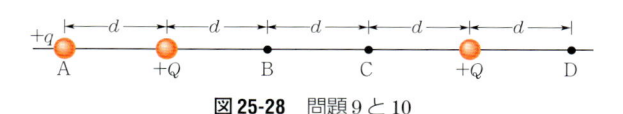

図25-28 問題9と10

10. 問題9の状況で，以下のような移動の場合の，あなたがする仕事は正か，負か，ゼロか？ (a) AからBに移動した場合，(b) AからCに移動した場合，(c) BからDに移動した場合．(d) あなたの力がする仕事の大きさ（絶対値）の順に並べよ．

26 電気容量

心臓発作の典型である心室細動が起きている間は，筋繊維が無秩序に伸びたり縮んだりするために，心室がうまく血液を送り出せない。心臓発作の犠牲者を救うためには，心臓の筋肉が通常のリズムを取り戻すように刺激を与えなければならない。そのためには，胸腔を通して20Aの電流を流し，約2.0msの間に200Jの電気的エネルギーを送り込まなくてはならない。これに必要な約100kWという大きな電力は，病院では容易に得ることができるが，現場に駆けつける救急車の電気系統ではそう簡単なことではない。

病院から遠く離れた救急車では，細動除去に必要な電力をどうやって供給しているのか？

答えは本章で明らかになる。

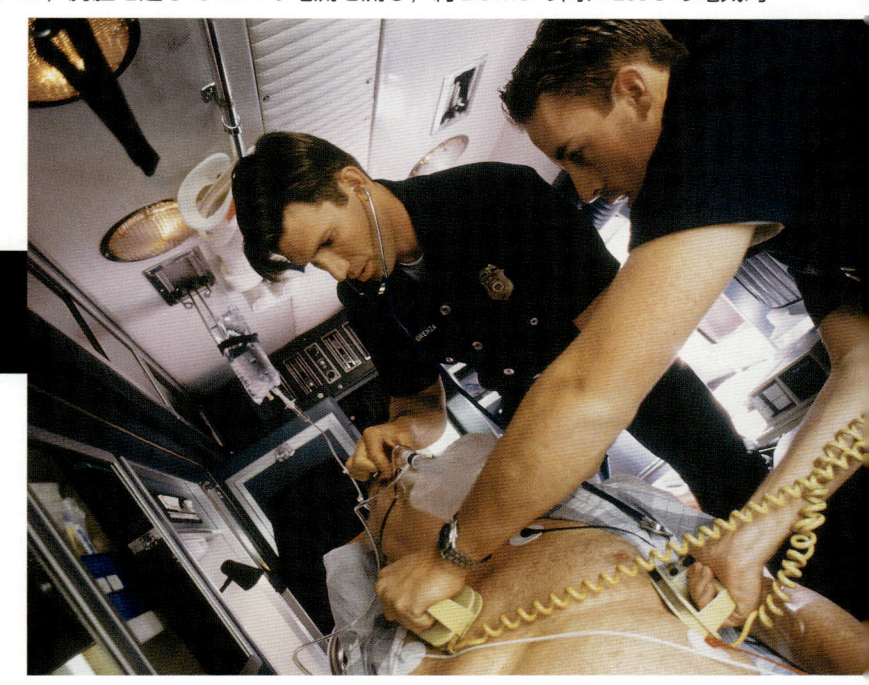

26-1 キャパシターの利用

弓を引っ張ったり，ばねを引き伸ばしたり，ガスを圧縮したり，本を持ち上げたりして，ポテンシャルエネルギーとしてエネルギーを蓄えることができる。同様に，電場の中にもポテンシャルエネルギーとしてエネルギーを蓄えることができる；**キャパシター**＊（capacitor）はまさにこのための素子（装置）である。

たとえば，バッテリー駆動のフラッシュにはキャパシターが使われている。フラッシュをたくまでの充電期間中に，キャパシターにはゆっくりと電荷が蓄えられ電場が強くなる。キャパシターが保持する電場とそれに付随するエネルギーは，フラッシュをたくと同時に急激に放出される。

エレクトロニクスまたはマイクロエレクトロニクスの時代である現代では，キャパシターは単にポテンシャルエネルギーを蓄えるだけでなく，いろいろな用途に使われている。ラジオやテレビのチューナーに不可欠の部

＊訳注：日本では普通コンデンサーと呼ばれるが，英語でcondenserが使われることは少ない。本書では一貫して"キャパシター"を用いる。

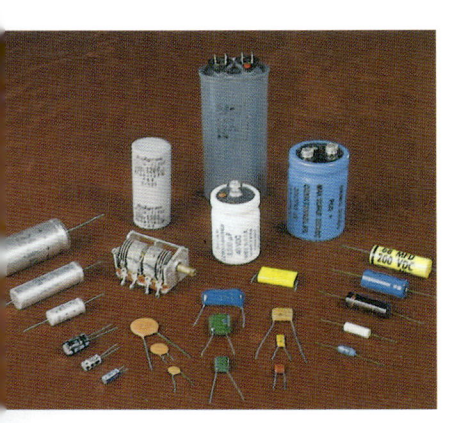

図 26-1 いろいろなキャパシター

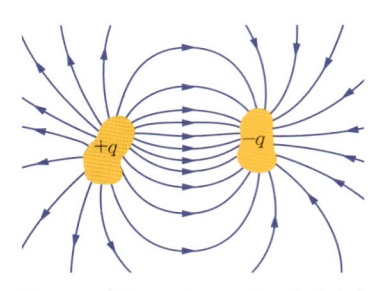

図 26-2 （互いにそして周りからも）電気的に孤立した2つの導体はキャパシターを構成する。キャパシターを充電すると，導体（電極板）には同じ大きさ q で符号が逆の電荷がたまる。

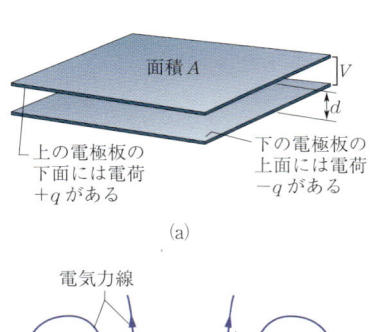

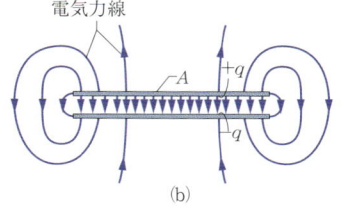

品であるし，微小なキャパシターはコンピューターのメモリーを構成している。これらの小さな素子では，蓄えたエネルギーそのものではなく，電場があるかないかのオン-オフ情報が重要なのである。

26-2 電気容量

図 26-1 の写真には，いろいろな形と大きさのキャパシターが写っている。図 26-2 には，キャパシターに共通の基本要素——任意の形の2つの孤立した導体——が示されている。形が平面的であるかどうかにかかわらず，この導体を**電極板**(plate)と呼ぶことにする。

図 26-3a は，一般的ではないが慣例でしばしば登場する，平行極板キャパシター(parallel-plate capacitor)の配置を示す；これは距離 d だけ離れた面積 A の2枚の平行導体電極板で構成されている。キャパシターを表す記号（⊣⊢）は，平行極板キャパシターの構造を元にしているが，あらゆる形のキャパシターに対して用いられる。当面，電極板の間にはガラスやプラスチックなどの物質はないと仮定するが，26-6 節でこの制限ははずされる。

キャパシターが充電されると(charged)，2つの電極板には同じ大きさで逆符号の電荷 $+q$ と $-q$ が蓄えられる。しかし，キャパシターの電荷は q（電極板にある電荷の絶対値）であるという。（注意：q はキャパシターの正味の電荷ではない。正味の電荷はゼロである。）

電極板は導体だから等電位面になっている；電極板のすべて点は同じ電位にある。また，2枚の電極板間には電位差がある。歴史的理由で，この電位差の絶対値を，以前用いた ΔV ではなく，V と記す。

キャパシターの電荷 q は，電位差 V に比例する：

$$q = CV \tag{26-1}$$

比例定数 C はキャパシターの**電気容量**(capacitance)と呼ばれる（訳注：キャパシタンスまたは単に容量とも呼ばれる）。電気容量は電極板の幾何学的な構造だけで決まり，電荷量や電位差には関係しない。電気容量は，電極板間に電位差を生みだすためにどれだけの電荷を蓄えなければならないかの目安である：電気容量が大きければより多くの電荷が必要になる。

式(26-1)からわかるように，電気容量のSI単位はクーロン／ボルトである。この単位は頻繁に登場するので，特別な名前がつけられている：ファラッド(farad)と呼ばれ，Fと記す。

$$1 \text{ファラッド} = 1\text{F} = 1 \text{クーロン}/\text{ボルト} = 1 \text{C}/\text{V} \tag{26-2}$$

すぐにわかるように，ファラッドは非常に大きな単位である。実用上便利

図 26-3 (a) 平行極板キャパシター；面積 A の2枚の極板が d だけ離れている。電極板の向かい合う表面に，同じ大きさ q の逆符号の電荷がたまる。(b) 電気力線が示すように，充電された電極板の間につくられる電場は，電極板の中央部では一様であるが，電極板の端では（電場は房飾り "fringe" のような形になり）一様ではない。

な単位として，マイクロファラッド($1\mu F = 10^{-6}F$)やピコファラッド($1pF = 10^{-12}F$)などがよく用いられる。

キャパシターの充電

キャパシターを充電する方法のひとつは，電池を組み込んだ電気回路につなぐことである。電気回路(electric circuit)とは，電荷が流れる経路のことである。電池(battery)とは，電荷の出入り口である端子(terminal, 電極ともいう)の間に電位差を発生させる装置のことある；電池内部では電気化学的反応によって静電気力が電荷を移動させている。

図26-4aの回路を構成しているのは，電池B，スイッチS，充電していないキャパシターC，それらを結ぶ導線である。図26-4bは，この回路の回路図である；電池，スイッチ，キャパシターは記号で示されている。電池は端子間の電位差Vを一定に保つ。電位が高い方の端子は＋記号で表示され，プラス電極と呼ばれる。電位が低い方の端子は－記号で表示され，マイナス電極と呼ばれる。

図26-4aとbに示される回路は，スイッチSが切れているので"不完全"である；スイッチ両端の導線が電気的につながっていない。スイッチが入ると，電気的につながって回路が完成し，スイッチや導線を通して電荷が流れる。第22章で議論したように，導線のような導体の中を流れる電荷は，電子のもつ電荷である。図26-4の回路が完成したとき，電池が導線の中に形成する電場によって，電子が導線の中を流れる。電場はキャパシターの電極板hから電池のプラス電極に電子を運ぶ；電極板hは電子を失って正に帯電する。電場は同量の電子を電池のマイナス電極からキャパシターの電極板lに電子を運ぶ；電極板lは電子を得て，電子を失った電極板hと同じ電荷量だけ負に帯電する。

最初，電極板が充電されていないとき，電極板間の電位差はゼロである。電極板に逆符号の電荷がたまるにつれて電極板間の電位差が増加し，最後には電池の端子間の電位差Vになる。電極板hと電池のプラス電極が同じ電位になると，その間を結ぶ導線中の電場はなくなる。同様に，電極板lと電池のマイナス電極が同じ電位になると，その間を結ぶ導線中の電場はなくなる。電場ゼロのもとでは電子は流れない。こうしてキャパシターの充電は完了し，電位差Vと電荷qは，式(26-1)によって関係づけられる値になる。

本書では，キャパシターの充電中または充電後に，電荷が電極板から電極板へギャップを通して流れることはないと仮定する。また，キャパシターは放電(discharge)可能な回路に取り付けられるまで，ずっと電荷を保持すると仮定する。

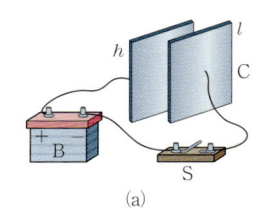

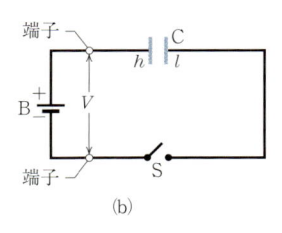

図 26-4 (a)電池B，スイッチS，キャパシターCのhとlの電極板が回路を構成している。(b)それぞれの回路要素を記号で表した回路図。

✓ CHECKPOINT 1: (a)電荷qが2倍になったとき，(b)電位差が3倍になったとき，キャパシターの電気容量Cは増えるかか，減るか，変わらないか？。

PROBLEM-SOLVING TACTICS

Tactic 1: 記号Vと電位差

前章では，記号Vはある点のあるいは等電位面の電位を表した．しかしながら，電気回路を扱う場合には，Vが2点間または2つの等電位面間の電位差を表すことがしばしばある．式(26-1)は，このような記号の使用例である．26-3節では，Vの両方の意味が混在しているのに気がつくだろう．次節および後の章では，この記号の意味について注意する必要がある．

あなたは本書だけでなく他の本でも，電位差についてのいろいろな表現にお目にかかるだろう．装置にかけられるのは，電位差だけでなく，"電位"だったり"電圧(voltage)"だったりする．キャパシターの充電では，"キャパシターが12Vに充電された"と言われるし，"12Vの電池"というように，電池は端子間の電位差によって特徴づけられる．このような表現が何を意味しているのか注意しなければならない：回路上に2点間や，電池のような装置の端子間にあるのは電位差である．

26-3　電気容量の計算

本節の課題は，形状のわかったキャパシターの容量を計算することである．いくつかの異なった形を考えるので，最初にまず一般的な方針をはっきりさせておこう．われわれの方針は：(1)電極板に電荷qを与える；(2)ガウスの法則を使って，この電荷が電極板間につくる電場$\vec{E}$を計算する；(3)$\vec{E}$が求められたら，式(25-18)を使って，電極板間の電位差Vを計算する；(4)最後に，式(26-1)を使って，容量Cを計算する．

電場の計算

キャパシターの電極板間の電場$\vec{E}$と各電極板上の電荷qは，ガウスの法則によって関係づけられる：

$$\varepsilon_0 \oint \vec{E} \cdot d\vec{A} = q \qquad (26\text{-}3)$$

qはガウス面に囲まれた電荷であり，$\oint \vec{E} \cdot d\vec{A}$は面を貫く正味の電場束である．これから考えるガウス面はすべて次の性質をもつものとする：電場束がガウス面を貫いているときは，常に電場$\vec{E}$の大きさEは一様で，ベクトル$\vec{E}$と$d\vec{A}$は平行である．したがって，式(26-3)は，次のように簡単になる：

$$q = \varepsilon_0 EA \qquad \text{(式26-3の特別な場合)} \qquad (26\text{-}4)$$

Aは電場束が貫くガウス面の面積である．便宜上，正の電極板の電荷を完全に取り囲むようにガウス面を描くことにする(図26-5)．

電位差の計算

第25章(式25-18)の記法を踏襲すると，キャパシター電極板間の電位差と電場$\vec{E}$は次式で関係づけられる：

$$V_f - V_i = -\int_i^f \vec{E} \cdot d\vec{s} \qquad (26\text{-}5)$$

一方の電極板からもう一方の電極板までの任意の経路を積分経路とすることができる．しかし，われわれは電気力線に沿った経路を選ぶことにす

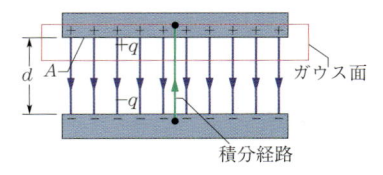

図 26-5 充電された平行極板キャパシター。ガウス面は正の電極板の電荷を囲む。式 (26-6) の積分は，負の電極板から正の電極板までの真っ直ぐな経路について行われる。

る：この経路は負の電極板から出発して正の電極板に至る。この経路ではベクトル $\vec{E}$ と $d\vec{s}$ は反対向きなので，スカラー積 $\vec{E} \cdot d\vec{s}$ は $-Eds$ に等しい。こうして，式 (26-5) の右辺は正になる。電位差 $V_f - V_i$ を V で表すと，式 (26-5) は次のように書き換えられる：

$$V = \int_-^+ E \cdot ds \quad (\text{式26-5の特別な場合}) \qquad (26\text{-}6)$$

積分範囲を示す $-$ と $+$ の符号は，負電極板から正電極板まで積分することを思い出させてくれる。

平行極板キャパシター

図 26-5 に示されるように，平行極板キャパシターの電極板はとても広く，かつ非常に接近しているので，電極板の端でのエッジ効果は無視できると仮定する。したがって，電極板間の全領域で $\vec{E}$ を一定とみなすことができる。

ガウス面を正電極板上の電荷を囲むように描く (図 26-5)。電極板の面積を A とすると，式 (26-4) より，

$$q = \varepsilon_0 EA \qquad (26\text{-}7)$$

式 (26-6) を計算すると，

$$V = \int_-^+ E\, ds = E \int_0^d ds = Ed \qquad (26\text{-}8)$$

式 (26-8) の計算において，E は一定なので積分の外に出した；2 番目の積分は電極板間の距離 d になる。

式 (26-7) の q と式 (26-8) の V を $q = CV$ (式 26-1) に代入すると，

$$C = \frac{\varepsilon_0 A}{d} \quad (\text{平行極板キャパシター}) \qquad (26\text{-}9)$$

電気容量は確かに幾何学的な要素——電極板の面積 A と電極板の間隔 d——だけに依存している。C は電極板の面積が増えるか電極板の間隔が狭くなると大きくなる。

ちょっと脇道にそれよう：式 (26-9) は，クーロンの法則に現れる静電定数を $1/4\pi\varepsilon_0$ と書いた理由のひとつを示唆している。静電定数に別の表現を用いると，式 (26-9)——この式は技術の分野ではクーロンの法則より頻繁に利用されている——はもっと複雑になってしまう。式 (26-9) はまた，(真空の) 誘電率 ε_0 の新たな単位を示唆している：この単位はキャパシターが関係する問題ではたいへん便利である；

$$\varepsilon_0 = 8.85 \times 10^{-12}\,\text{F/m} = 8.85\,\text{pF/m} \qquad (26\text{-}10)$$

以前はこの定数を次のように表現した。

$$\varepsilon_0 = 8.85 \times 10^{-12}\,\text{C}^2/\text{N}\cdot\text{m}^2 \qquad (26\text{-}11)$$

円筒キャパシター

図 26-6 は，半径 a と b の 2 つの同軸円筒で構成される長さ L の円筒キャパ

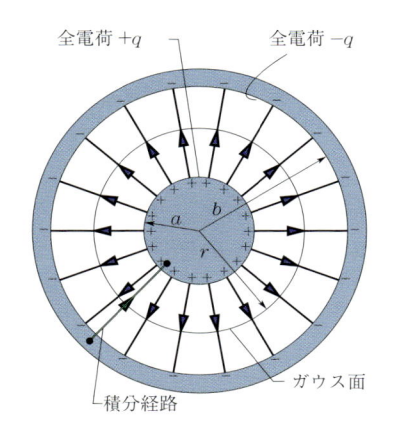

図 26-6 長い円筒キャパシターの断面。（正の電極板を囲む）半径 r の円筒のガウス面と式(26-6)で用いる半径方向の積分経路も示されている。この図はまた球状キャパシターの中心を通る断面も示す。

シターの断面を示す。$L \gg b$ と仮定するので，円筒の端のエッジ効果は無視できる。それぞれの電極板には大きさ q の電荷がある。

ガウス面として，長さ L，半径 r の円筒（両端はキャップでふさぐ）を考える（図26-6）。この場合，式(26-4)は，

$$q = \varepsilon_0 EA = \varepsilon_0 E(2\pi rL)$$

$2\pi rL$ はガウス面の一部である円筒側面の面積である。両端のキャップを貫く電場束はない。この式を E について解くと，

$$E = \frac{q}{2\pi\varepsilon_0 Lr} \quad (26\text{-}12)$$

これを式(26-6)に代入すると，

$$V = \int_-^+ E\,ds = -\frac{q}{2\pi\varepsilon_0 L}\int_b^a \frac{dr}{r} = \frac{q}{2\pi\varepsilon_0 L}\ln\left(\frac{b}{a}\right) \quad (26\text{-}13)$$

半径方向を内向きに積分するので，$ds = -dr$ とした。$C = q/V$ の関係から，

$$C = 2\pi\varepsilon_0 \frac{L}{\ln(b/a)} \quad \text{（円筒キャパシター）} \quad (26\text{-}14)$$

円筒キャパシターの電気容量は，平行極板キャパシターと同様に，L，b，a といった幾何学的要素のみで決まっている。

球形キャパシター

図26-6は，半径 a と b の2つの同心球殻で構成されるキャパシターの，中心を通る断面と見ることもできる。ガウス面として，2つの球殻と同心の半径 r の球面を考える；この場合，式(26-4)は，

$$q = \varepsilon_0 EA = \varepsilon_0 E(4\pi r^2)$$

$4\pi r^2$ はガウス球面の面積である。これを E について解くと，

$$E = \frac{1}{4\pi\varepsilon_0}\frac{q}{r^2} \quad (26\text{-}15)$$

これは一様な球状の電荷分布がつくる電場を表す式(24-15)と同じである。

これを式(26-6)に代入すると，

$$V = \int_-^+ E\,ds = -\frac{q}{4\pi\varepsilon_0}\int_b^a \frac{dr}{r^2} = \frac{q}{4\pi\varepsilon_0}\left(\frac{1}{a} - \frac{1}{b}\right)$$

$$= \frac{q}{4\pi\varepsilon_0}\frac{b-a}{ab} \quad (26\text{-}16)$$

ここでも ds を $-dr$ で置き換えた。式(26-16)を式(26-1)に代入して，C について解くと，

$$C = 4\pi\varepsilon_0 \frac{ab}{b-a} \quad \text{（球形キャパシター）} \quad (26\text{-}17)$$

孤立した球

孤立した導体球の電気容量を考えることもできる：半径無限大の導体球を"失われた電極板"と仮定する。正に帯電した孤立導体の表面から出る電気

力線は,結局どこかに到達する必要がある;実際には,導体が置かれている部屋の壁が無限遠の球に相当する。

孤立した導体の電気容量を求めるために,式(26-17)を次のように書き換える:

$$C = 4\pi\varepsilon_0 \frac{a}{1-a/b}$$

$b \to \infty$として,aに導体球の半径Rを代入すると,

$$C = 4\pi\varepsilon_0 R \quad (孤立した導体) \quad (26\text{-}18)$$

この式やこれまでに導いた他の電気容量の式(式(26-9),(26-14),(26-17))はすべて,定数ε_0に長さの次元をもつ量をかけたものであることに注目しよう。

✓ **CHECKPOINT 2:** 同じ電池で充電したキャパシターに蓄えられる電荷は,次のような状況で増えるか,減るか,変わらないか? (a)平行極板キャパシターの極板間隔を拡げる。(b)円筒キャパシターの内側の電極板の半径を大きくする。(c)球形キャパシターの外側の球殻の半径を大きくする。

例題 26-1

ランダムアクセスメモリー(RAM)のチップに乗っている記憶キャパシターの電気容量が55 fFであるとする。このキャパシターを5.3 Vで充電するとき,負の電極板にはどれだけの余剰電子があるか?

解法: **Key Idea 1**: 負電極板の余剰電荷量qがわかれば,余剰電子数nが求められる。eを個々の電子の電荷量とすれば,$n = q/e$である。**Key Idea 2**: 式(26-1)

($q = CV$)によってqは充電されたキャパシターの電位差Vに関係づけられる。これらを結びつけると,

$$n = \frac{q}{e} = \frac{CV}{e} = \frac{(55 \times 10^{-15}\,\text{F})(5.3\,\text{V})}{1.60 \times 10^{-19}\,\text{C}}$$
$$= 1.8 \times 10^6 \text{電子} \quad (答)$$

電子にとっては,これは非常に小さい数である。部屋の中に浮いているほこりですら10^{17}個程度の電子(そして同数の陽子)を含んでいる。

26-4 キャパシターの並列接続と直列接続

回路の中で複数のキャパシターが組み合わされているとき,これをひとつの**等価キャパシター**(equivalent capacitor)——実際のキャパシター群と同じ容量をもつ1個のキャパシター——で置き換えることができる。こうすると,回路が簡単になり回路の未知の量を容易に求めることができる。ここでは,2つの基本的な組み合わせについて学ぼう。

キャパシターの並列接続

図26-7aの回路では,3つのキャパシターが電池Bに*並列*に(in parallel)接続されている。この記述は,キャパシターの電極板が平行に描かれていることとは関係がない。むしろ,"並列に"が意味するのは,キャパシター群の一方の電極板どうしが互いに結線され,もう一方の電極板どうしも結線され,これら2つの電極板の間に電位差Vがかかっているということである。したがって,それぞれのキャパシターは同じ電位差Vをもち,それに

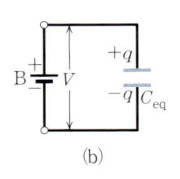

図 26-7 (a)電池 B に並列に接続された 3 つのキャパシター。端子間と個々のキャパシターには，電池によって同じ電位差 V がかけられる。(b)並列接続のキャパシターは，容量 C_{eq} の等価キャパシターで置き換えられる。

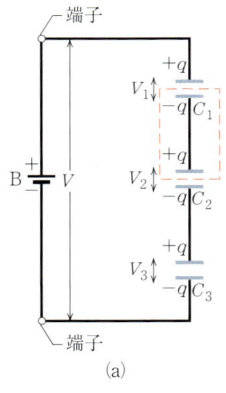

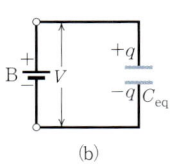

図 26-8 (a)電池 B に直列に接続された 3 つのキャパシター。接続されたキャパシターの一番上の電極板と一番下の電極板の間には，電池によって電位差 V がかけられる。(b)直列接続のキャパシターは，容量 C_{eq} の等価キャパシターで置き換えられる。

よって電極板に電荷が蓄えられる。(図 26-7a では電池が電位差 V を与えている)。一般的に，

▶ 並列に接続された複数のキャパシターに電位差 V をかけると，それぞれのキャパシターにかかる電位差も V になる。キャパシター群に蓄えられる全電荷量 q は，個々のキャパシターに蓄えられる電荷量の和になる。

並列に接続された複数のキャパシターを含む回路を解析するときは，頭の中で等価キャパシターに置き換えることにより回路を簡単にすることができる：

▶ 並列に接続されたキャパシター群を，実際のキャパシターがもつ全電荷量 q と等しい電荷をもち，個々のキャパシターと同じ電位差 V がかけられたひとつの等価キャパシターによって置き換えることができる。

(この結果を "par-V" (party に近い発音の無意味な言葉) と覚えておくとよい。訳注：par は同じという意味。) 図 26-7b は，図 26-7a の 3 つのキャパシター (個々の電気容量は C_1, C_2, C_3) を置き換えた等価キャパシター (等価な電気容量は C_{eq}) を示している。

図 26-7b の C_{eq} の表式を導くために，式 (26-1) を使ってそれぞれのキャパシターの電荷を求めよう：

$$q_1 = C_1 V, \quad q_2 = C_2 V, \quad q_3 = C_3 V$$

図 26-7a の並列接続されたキャパシターの全電荷量は，

$$q = q_1 + q_2 + q_3 = (C_1 + C_2 + C_3) V$$

したがって，同じ全電荷量，同じ電位差の等価キャパシターの等価電気容量 (equivalent capacitance) は，

$$C_{\text{eq}} = \frac{q}{V} = C_1 + C_2 + C_3$$

この結果は n 個のキャパシターにも簡単に拡張できる：

$$C_{\text{eq}} = \sum_{j=1}^{n} C_j \quad \text{(並列接続された } n \text{ 個のキャパシター)} \quad (26\text{-}19)$$

このように，並列に接続されたキャパシターに等価なキャパシターの電気容量を求めるには，単に個々の容量を足せばよい。

キャパシターの直列接続

図 26-8a の回路では 3 つのキャパシターが電池 B に*直列* (in series) に接続されている。この記述も，キャパシターがどのように描かれているかには関係ない。むしろ，"直列に" が意味するのは，キャパシターが順番につながれていて，一連のキャパシターの両端に電位差 V がかけられるということである。(図 26-8a でも電池 B が電位差 V を与えている)。直列に接続されたキャパシターに同じ電荷 q が誘起されるように，個々のキャパシターにかかる電位差が決まる。

▶ 直列に接続された複数のキャパシターの両端に電位差Vをかけると，個々のキャパシターには同じ電荷qが誘起される。すべてのキャパシターの電位差の和が全体の電位差Vに等しくなる。

個々のキャパシターが等しい電荷をもつ理由を，充電の"連鎖反応"によって説明しよう。1番下のキャパシター3から始めて，キャパシター1まで登っていくことにする。直列に接続されたキャパシター群に電池をつなぐと，キャパシター3の下側の電極板に電荷$-q$が送り込まれる。この負電荷はキャパシター3の上側の電極板から負電荷を追い出す（電荷$+q$が残る）。追い出された負電荷はキャパシター2の下側の電極板に移動する（電荷$-q$を与える）。キャパシター2の下側の電極板の負電荷は，今度はキャパシター2の上側の電極板から負電荷を追い出す（電荷$+q$が残る）。追い出された負電荷はキャパシター1の下側の電極板に移動する（電荷$-q$を与える）。最後にキャパシター1の下側の電極板の負電荷が，キャパシター1の上側の電極板から負電荷を追い出し電池に送り込む（電極板には$+q$の電荷が残る）。

直列接続のキャパシターに関する2つの重要な点は：

1. 直列接続されたキャパシター間を電荷が移動できる経路はひとつしかない（たとえば，図26-8aのキャパシター3から2へ）。もし別の経路があれば，それは直列接続ではない。そのような例を例題26-2で示す。

2. 電池が電荷を供給するのは，電池に直結されている2つの電極板（図26-8aのキャパシター3の下の電極板とキャパシター1の上の電極板）だけである。他の電極板に現れる電荷は，すでに存在していた電荷の移動によるものである。たとえば，図26-8の回路においては，破線で囲まれた回路の一部は電気的に孤立しているので，この部分の正味の電荷は電池の作用によって変化しない；電荷の分布が変わるだけである。

直列に接続された複数のキャパシターを含む回路を解析するときは，頭の中で等価キャパシターに置き換えることにより回路を簡単にすることができる：

▶ 直列に接続されたキャパシターを，個々のキャパシターと同じ電荷qをもち，全電位差Vがかけられたひとつの等価キャパシターで置き換えることができる。

（これを"seri-q"と覚えておくとよい）。図26-8bは，図26-8aの3つのキャパシター（個々の電気容量はC_1，C_2，C_3）を置き換えた等価キャパシター（等価な電気容量はC_{eq}）を示している。

図26-8bのC_{eq}の表式を導くために，式(26-1)を使ってそれぞれのキャパシターの電位差を求めよう：

$$V_1 = \frac{q}{C_1}, \quad V_2 = \frac{q}{C_2}, \quad V_3 = \frac{q}{C_3}$$

電池が与える全電位差Vは，3つのキャパシターにかかる電位差の和であ

る：

$$V = V_1 + V_2 + V_3 = q\left(\frac{1}{C_1} + \frac{1}{C_2} + \frac{1}{C_3}\right)$$

したがって，等価な電気容量は，

$$C_{\text{eq}} = \frac{q}{V} = \frac{1}{1/C_1 + 1/C_2 + 1/C_3}$$

または

$$\frac{1}{C_{\text{eq}}} = \frac{1}{C_1} + \frac{1}{C_2} + \frac{1}{C_3}$$

この結果は n 個のキャパシターにも簡単に拡張できる：

$$\frac{1}{C_{\text{eq}}} = \sum_{j=1}^{n} \frac{1}{C_j} \quad \text{(直列接続された} n \text{個のキャパシター)} \quad (26\text{-}20)$$

式 (26-20) より，直列接続の等価電気容量は，個々の電気容量の最小値よりもさらに小さいことがわかる。

> **CHECKPOINT 3:** 2つの同じキャパシターを，(a) 並列に，(b) 直列に，接続して，電池で電位差 V をかけて電荷 q を蓄えた。それぞれのキャパシターの電位差と電荷はいくらか？

例題 26-2

(a) 図 26-9a に示したキャパシターの組み合わせ（電位差 V がかけられている）に対する等価電気容量を求めよ。ただし，$C_1 = 12.0\,\mu\text{F}$，$C_2 = 5.30\,\mu\text{F}$，$C_3 = 4.50\,\mu\text{F}$ とする。

解法：**Key Idea**：直列接続されたどんなキャパシターも等価キャパシターで置き換えられるし，並列接続されたどんなキャパシターも等価キャパシターで置き換えられる。まず，図 26-9a のどのキャパシターが並列で，どれが直列かをチェックしよう。

キャパシター1と3はつながっているが，これは直列接続か？ 答はノー。キャパシター全体にかかる電位差 V はキャパシター3の下の電極板に電荷を供給する。この電荷は，キャパシター3の上の電極板から電荷を移動させるが，その電荷はキャパシター1と2の両方の下の電極板に移動できる。電荷が移動する経路がひとつ以上あるので，キャパシター3とキャパシター1は（キャパシター2とも）直列接続ではない。

キャパシター1と2は並列接続か？ 答はイエス。両方の上の電極板は結線され，下の電極板どうしも結線されており，電位差は上の電極板ペアと下の電極板ペアの間にかかっている。したがって，キャパシター1と2は並列に接続されていることがわかり，式 (26-19) を使って等価な電気容量を計算することができる：

$$C_{12} = C_1 + C_2 = 12.0\,\mu\text{F} + 5.30\,\mu\text{F} = 17.3\,\mu\text{F}$$

図 26-9b では，キャパシター1と2を等価キャパシター（キャパシター12と呼ぶ）で置き換えた。（点Aと点Bは，

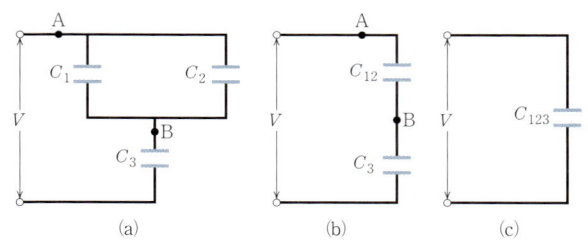

図 26-9 例題 26-2。(a) 3つのキャパシター。(b) 並列接続のキャパシター C_1 と C_2 が C_{12} で置き換えられる。(c) 直列接続の C_{12} と C_3 が等価キャパシター C_{123} で置き換えられる。

図 26-9a と b において全く同等である。）

キャパシター12とキャパシター3と直列だろうか？ 再び直列接続のテストをしてみよう；キャパシター3の上の電極板から移動した電荷は，すべてキャパシター12の下の電極板へ行くしかない。したがって，キャパシター12とキャパシター3は直列に接続されており，図 26-9c に示すように，等価キャパシター C_{123} で置き換えることができる。式 (26-20) より，

$$\frac{1}{C_{123}} = \frac{1}{C_{12}} + \frac{1}{C_3} = \frac{1}{17.3\,\mu\text{F}} + \frac{1}{4.50\,\mu\text{F}} = 0.280\,\mu\text{F}^{-1}$$

これより，

$$C_{123} = \frac{1}{0.280\,\mu\text{F}^{-1}} = 3.57\,\mu\text{F} \quad \text{(答)}$$

(b) 図 26-9a において，入力端子にかけられた電位差は 12.5 V であった。C_1 の電荷はいくらか？

26-4 キャパシターの並列接続と直列接続   83

解法: **Key Idea 1**: キャパシター1の電荷 q_1 を求めるためには，等価電気容量 C_{123} から出発して，逆にたどらなければならない．実際の3つのキャパシター（図26-9a）にかかっている電位差 $V(=12.5\text{V})$ は，等価キャパシター123（図26-9c）にもかかっている．式 (26-1) ($q=CV$) より，

$$q_{123} = C_{123}V = (3.57\,\mu\text{F})(12.5\,\text{V}) = 44.6\,\mu\text{C}$$

Key Idea 2: 直列接続されたキャパシター12と3（図26-9b）は，等価キャパシター123と同じ電荷をもつ（"seri-q" を思い出そう）．したがって，キャパシター12は $q_{12} = q_{123} = 44.6\,\mu\text{C}$ をもつ．キャパシター12の電位差は，式 (26-1) より，

$$V_{12} = \frac{q_{12}}{C_{12}} = \frac{44.6\,\mu\text{C}}{17.3\,\mu\text{F}} = 2.58\,\text{V}$$

Key Idea 3: 並列接続のキャパシター1と2にかかる電位差は等価キャパシター12と同じである（"par-V"を思い出そう）．したがって，キャパシター1の電位差は $V_1 = V_2 = 2.58\,\text{V}$ である．キャパシター1の電荷は，式 (26-1) より，

$$q_1 = C_1V_1 = (12.0\,\mu\text{F})(2.58\,\text{V}) = 31.0\,\mu\text{C} \quad \text{(答)}$$

例題 26-3

電気容量 $C_1 = 3.55\,\mu\text{F}$ のキャパシター1が，6.30Vの電池を使って電位差 $V_0 = 6.30\,\text{V}$ で充電された．その後，電池は取り外され，充電されていない電気容量 $C_2 = 8.95\,\mu\text{F}$ のキャパシター2と接続された（図26-10）．スイッチSを閉じると，電荷が移動して両方のキャパシターの電位差 V が同じになった．V はいくらか？

解法: この状況は前の例題とは異なる：キャパシター群の両端にかかる電位差は電池から与えられてはいるわけではない．スイッチSが閉じられた直後，キャパシター2にかかる電位差はキャパシター1によるもので，しかも電位差は時間と共に減少する．図26-10のキャパシターは端と端がつながれてはいるが，直列接続ではないし，並列に描かれているが，並列接続でもない．

最終的な（系が平衡に達して電流が流れなくなったときの）電位をもとめるための **Key Idea**: スイッチが閉じられた後，最初にキャパシター1にあった電荷 q_0 は，キャパシター1と2に再配分（共有）される．平衡状態になったとき，最初の電荷 q_0 は終状態の電荷 q_1 および q_2 に関係づけられる：

$$q_0 = q_1 + q_2$$

$q = CV$ の関係をこの式の各項に当てはめると，

$$C_1V_0 = C_1V + C_2V$$

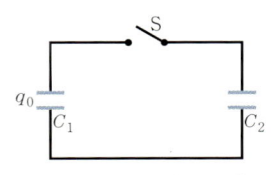

図 26-10 例題26-3．電位差 V_0 がキャパシター C_1 にかけられたあと電池が取り除かれた．次に，スイッチSが閉じられ，キャパシター1の電荷はキャパシター2にも分配される．

これより，

$$V = V_0\frac{C_1}{C_1+C_2} = \frac{(6.30\,\text{V})(3.55\,\mu\text{F})}{3.55\,\mu\text{F}+8.95\,\mu\text{F}} = 1.79\,\text{V} \quad \text{(答)}$$

キャパシターがこの電位差に達したとき，電荷の流れが止まる．

✓ **CHECKPOINT 4**: この例題において，直列接続されたキャパシター3と4でキャパシター2を置き換える．(a) スイッチが閉じられ，電荷の流れが止まったとき，最初の電荷 q_0，キャパシター1の電荷 q_1，等価キャパシター34の電荷 q_{34} の関係はどうなるか？ (b) $C_3 > C_4$ のとき，キャパシター3の電荷 q_3 はキャパシター4の電荷 q_4 より多いか，少ないか，同じか？

PROBLEM-SOLVING TACTICS

Tactic 2: 複数のキャパシターを含む回路

例題26-2の解法の手順を復習しよう．複数のキャパシターに1個の電池がつながれているとき，与えられたキャパシターの配置を次々に等価キャパシターで置き換えて単純化していった．その過程で，並列接続の場合には式 (26-19) を，直列接続の場合には式 (26-20) を用いた．最後に，式 (26-1) と電池の電位差 V を使って，等価キャパシターに蓄えられる電荷を求めた．

この結果から，実際のキャパシター群に蓄えられる正味の電荷を求めることができた．しかし，個々のキャパシターの電荷や電位差を求めるためには，単純化の逆過程をたどる必要がある．逆過程の各段階で以下の2つのルールを適用する：キャパシターが並列接続の場合，個々のキャパシターの電位差は等価キャパシターの電位差と同じで，個々のキャパシターの電荷は式 (26-1) を使って求められる；直列接続の場合，個々のキャパシターの電荷は等価キャパシターの電荷と同じで，個々のキャパシターの電位差は式 (26-1) を使って求められる．

Tactic 3: 電池とキャパシター

電池は端子に一定の電位差を与える．例題26-3のキャパシター1が6.30Vの電池に接続されると，キャパシターと電池の間に電荷が流れて，キャパシターの電位差は電池の電位差と等しくなる．

キャパシターが電池と違うのは，キャパシターでは，内部の原子や分子から荷電粒子（電子）を解放するのに欠かせない電気化学反応が起こらないということである．したがって，例題26-3のキャパシター1が電池から切り離され，充電されていないキャパシター2に接続されてスイッチSが入ると，キャパシター1の電位差は保持されない．保持されるのは，2キャパシター系の電荷 q_0 である；電荷は保存則に従うが，電位差は保存されない．

26-5 電場に蓄えられるエネルギー

キャパシターを充電するためには外部から仕事をしなければならない．"魔法のピンセット"を使って，充電されていないキャパシターの電極板の電子をひとつずつつまんで，もうひとつの電極板に移動させたとしよう．極板間に形成される電場は，電荷の移動を妨げる向きである．したがって，電極板に電荷がたまっていくと，電荷の移動にはより大きな仕事が必要となる．実際には，この仕事は"魔法のピンセット"ではなく，電池が蓄えている化学的エネルギーを消費することによってなされる．

キャパシターを充電するのに必要な仕事は，**電気ポテンシャルエネルギー** U の形で電極板間の電場に蓄えられるとみなすことができる．引っ張られた弓に蓄えられたポテンシャルエネルギーが，矢を放つことによって，放たれた矢の運動エネルギーとして取り戻すことができるのと同じように，この電気ポテンシャルエネルギーは，回路のキャパシターを放電させることによって取り戻すことができる．

ある瞬間に電荷 q' がキャパシターの一方の電極板からもう一方の電極板に移されていたとしよう．この瞬間の電極板間の電位差 V' は q'/C である．さらに電荷 dq' を移動させるときに必要な仕事は，式(25-7)より，

$$dW = V'dq' = \frac{q'}{C}dq'$$

最終的にキャパシターの全電荷量を q にするために必要な仕事は，

$$W = \int dW = \frac{1}{C}\int_0^q q'dq' = \frac{q^2}{2C}$$

この仕事がポテンシャルエネルギーとしてキャパシターに蓄えられる：

$$U = \frac{q^2}{2C} \quad \text{(ポテンシャルエネルギー)} \quad (26\text{-}21)$$

式(26-1)を使って書き換えると，

$$U = \frac{1}{2}CV^2 \quad \text{(ポテンシャルエネルギー)} \quad (26\text{-}22)$$

式(26-21)と(26-22)の関係はキャパシターの構造には無関係である．

エネルギー貯蔵を物理的に洞察するために，2つの平行極板キャパシターを考えよう．キャパシター1は電極板間隔がキャパシター2の2倍であることを除けばキャパシター2と同じであるとする．キャパシター1は電極板間の容積が2倍あり，式(26-9)より，電気容量はキャパシター2の半

分である．両方のキャパシターが同じ電荷 q をもっているならば，式(26-4)より，電極板間の電場は等しい．式(26-21)によれば，キャパシター1はキャパシター2の2倍のポテンシャルエネルギーを蓄えることができる．このように，同じ電荷と同じ電場をもつ2つのキャパシターでも，電極板間の容積が2倍になれば，2倍のポテンシャルエネルギーを蓄えられる．これは，前に述べた仮定を裏付けるものである：

▶ 充電されたキャパシターのポテンシャルエネルギーは，電極板間の電場に蓄えられているとみなすことができる．

細動除去装置

心臓発作を起こした患者の心室細動を止めるために救急医療チームが使う細動除去装置の基本は，キャパシターがポテンシャルエネルギーを蓄えられるということにある．携帯用細動除去装置では，キャパシターが電池によって大きな電位差まで充電され，1分以内に大量のエネルギーを蓄える．実は，電池そのものの電位差は大したものではない；特別な電気回路が電池の電位差を繰り返し利用して大きな電位差を生み出している．充電の過程での電力（あるいはエネルギー移動率）もたいした大きさではない．

本章冒頭の写真では，電極板（"paddle"）が患者の胸におかれている．スイッチを閉じると，キャパシターに蓄えられたエネルギーの一部が患者を通して電極板から電極板へ流れる．たとえば，細動除去装置の $70\,\mu\mathrm{F}$ のキャパシターが $5000\,\mathrm{V}$ で充電されると，キャパシターに蓄えられたエネルギーは，式(26-22)より，

$$U = \frac{1}{2}CV^2 = \frac{1}{2}(70\times 10^{-6}\,\mathrm{F})(5000\,\mathrm{V})^2 = 875\,\mathrm{J}$$

このうち約 $200\,\mathrm{J}$ のエネルギーが，幅 $2.0\,\mathrm{ms}$ のパルスで患者に送られる．パルスの電力は，

$$P = \frac{U}{t} = \frac{200\,\mathrm{J}}{2.0\times 10^{-3}\,\mathrm{s}} = 100\,\mathrm{kW}$$

この値は電池そのものの電力よりもはるかに大きい．これと同じように，キャパシターを電池でゆっくり充電して大きな電力で放電させる技術は，写真撮影のフラッシュやストロボなどで広く利用されている（図26-11）．

エネルギー密度

平行極板キャパシターの電極板間の電場は，エッジ効果を無視すれば，どこでも同じ値になっている．したがって，**エネルギー密度**(energy density) u ——電極板間の単位体積あたりのポテンシャルエネルギー——もまた一様であろう．u を求めるには，全ポテンシャルエネルギーを電極板間の体積 Ad で割ればよい：式(26-22)より，

$$u = \frac{U}{Ad} = \frac{CV^2}{2Ad}$$

式(26-9) ($C = \varepsilon_0 A/d$) を使って書き換えると，

図26-11 ストロボの発明者である Harold Edgerton は，バナナから飛び出す弾丸を写真に撮るために，キャパシターを使って電気エネルギーをストロボランプに供給した．ランプはバナナをわずか $0.3\,\mu\mathrm{s}$ だけ明るく照らした．

$$u = \frac{1}{2}\varepsilon_0\left(\frac{V}{d}\right)^2$$

しかし，式 (25-42) より，V/d は電場の大きさに E に等しいので，

$$u = \frac{1}{2}\varepsilon_0 E^2 \quad \text{(エネルギー密度)} \tag{26-23}$$

ここでは平行極板キャパシターという特別な場合について導いたが，この結果は，電場の起源が何であれ，一般に成立する．空間の1点に電場 $\vec{E}$ が存在すれば，その点には，密度が式 (26-23) で与えられる電気ポテンシャルエネルギーが存在すると考えてよい．

例題 26-4

半径 $R = 6.85\,\text{cm}$ の孤立した導体球が電荷 $q = 1.25\,\text{nC}$ をもっている．

(a) この帯電した導体がつくる電場に蓄えられたポテンシャルエネルギーはいくらか？

解法： **Key Idea**：キャパシターに蓄えられるエネルギー U は，キャパシターの電荷 q と電気容量 C で決まる (式 26-21)．式 (26-21) の C に式 (26-18) を代入すると，

$$U = \frac{q^2}{2C} = \frac{q^2}{8\pi\varepsilon_0 R}$$
$$= \frac{(1.25 \times 10^{-9}\,\text{C})^2}{(8\pi)(8.85 \times 10^{-12}\,\text{F/m})(0.0685\,\text{m})}$$
$$= 1.03 \times 10^{-7}\,\text{J} = 103\,\text{nJ} \qquad \text{(答)}$$

(b) 球の表面でのエネルギー密度はいくらか？

解法： **Key Idea**：電場に蓄えられるエネルギーの密度 u は，電場の大きさ E で決まるので (式 (26-23)，$u = (1/2)\varepsilon_0 E^2$)，まず球の表面での電場の大きさ E を求めよう：式 (24-15) より，

$$E = \frac{1}{4\pi\varepsilon_0}\frac{q}{R^2}$$

これより，エネルギー密度は，

$$u = \frac{1}{2}\varepsilon_0 E^2 = \frac{q^2}{32\pi^2\varepsilon_0 R^4}$$
$$= \frac{(1.25 \times 10^{-9}\,\text{C})^2}{(32\pi^2)(8.85 \times 10^{-12}\,\text{C}^2/\text{N}\cdot\text{m}^2)(0.0685\,\text{m})^4}$$
$$= 2.54 \times 10^{-5}\,\text{J/m}^3 = 25.4\,\mu\text{J/m}^3 \qquad \text{(答)}$$

26-6　誘電体を含むキャパシター

キャパシターの電極板の間を，誘電体 (dielectric) ——鉱油 (ミネラルオイル) やプラスチックのような絶縁物質——で満たすと電気容量はどうなるだろうか？　この問題を最初に調べたのはファラデー (Michael Faraday) である——電気容量の概念はファラデーに負うところが大きく，電気容量のSI単位には彼の名前がつけられている．図26-12の写真のような簡単な道具を使って，1837年にファラデーは電気容量が増えることを見いだした；増加の割合は絶縁物質の**比誘電率** (dielectric constant) と呼ばれる係数 κ で表される．表26-1にいくつかの誘電物質 (dielectric material) とその比誘電率を示す．定義により，真空の比誘電率は1である．空気はほとんど空なので，その比誘電率は1よりわずかに大きいだけである．

キャパシターの電極板間に誘電体を挿入すると，電極板間にかけることのできる電位差に制限がつけられる；**降伏電圧** (breakdown potential) と呼ばれるある値 $V_{\max}$ を大きく超えると，誘電物質は電気的に破壊され，電極板間に伝導経路ができる．どのような誘電体でも，ある大きさ以上の電場の中では絶縁破壊を生じる；この最大値は誘電破壊強さ (dielectric

26-6 誘電体を含むキャパシター　87

図 26-12 ファラデーが使った簡単な静電気実験用の器具。真鍮の球と同心状の真鍮の球殻を組み合わせた球形のキャパシター（左から2つ目）。ファラデーはボールと球殻の間を誘電物質でうめた。

表 26-1 誘電体の性質[a]

物質	比誘電率 κ	誘電破壊強さ (kV/mm)
空気（1気圧）	1.00054	3
ポリスチレン	2.6	24
紙	3.5	16
変圧器の油	4.5	
耐熱ガラス	4.7	14
マイカ（雲母）	5.4	
磁器	6.5	
シリコン	12	
ゲルマニウム	16	
エタノール	25	
水（20℃）	80.4	
水（25℃）	78.5	
チタニア・セラミックス	130	
チタン酸ストロンチウム	310	8

真空では $\kappa = 1$

[a] 水以外は室温での測定値

strength）と呼ばれ，誘電物質に固有の性質である．いくつかの値が表26-1に示されている．

式(26-18)と関連づけて議論したように，キャパシターの電気容量は次のように書くことができる：

$$C = \varepsilon_0 \mathcal{L} \tag{26-24}$$

$\mathcal{L}$は長さの次元をもっている．たとえば，平行極板キャパシターに対しては$\mathcal{L} = A/d$である．電極板間を誘電体で完全に満たせば，式(26-24)は次のように表される，ということをファラデーは発見した：

$$C = \kappa \varepsilon_0 \mathcal{L} = \kappa C_{\text{air}} \tag{26-25}$$

C_{air}は電極板間に空気だけがあるときの電気容量の値である．

図26-13を見てファラデーの実験を想像して欲しい．電池は電極板間の電位差Vを一定に保っている（図26-13a）．誘電体の板が電極板間に差し込まれると，電極板の電荷qはκ倍に増加する；余分な電荷が電池からキャパシターに供給される．図26-13bでは，電池が接続されていないので，誘電体の板が差し込まれても電荷qは一定に保たれる；このとき電極板間の電位差Vは$1/\kappa$に減少する．これらの現象は，$q = CV$という関係を思い出せば，誘電体によって電気容量が増加するということと辻褄が合っている．

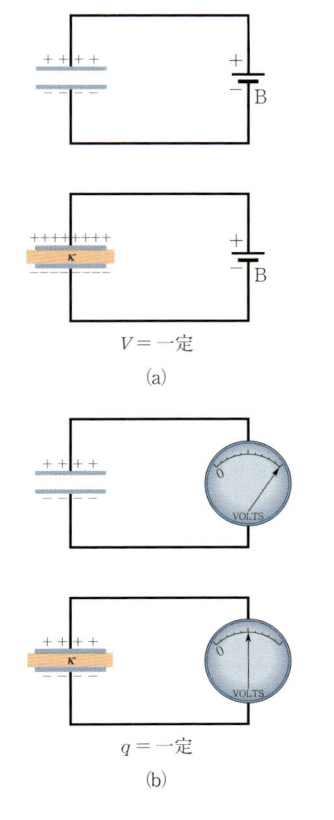

図 26-13 (a) 電池がキャパシター電極板間の電位差を一定に保っていれば，誘電体は電極板の電荷を増加させる．(b) キャパシター電極板の電荷が一定に保たれていれば，誘電体は電極板間の電位差を減少させる．電位差はポテンショメーター（potentiometer，電位差計）の目盛りで示されている．キャパシターはポテンショメーターを通して放電することはできない．

式(26-24)と(26-25)の比較から，誘電体の効果はもっと一般的に次のようにまとめられる：

> ▶ 比誘電率 κ の誘電体で完全に満たされた空間では，静電気学の式を修正して，真空の誘電率 ε_0 をすべて $\kappa\varepsilon_0$ で置き換えなくてはならない．

したがって，誘電体中の点電荷がつくる電場の大きさは，クーロンの法則により，

$$E = \frac{1}{4\pi\kappa\varepsilon_0}\frac{q}{r^2} \tag{26-26}$$

また，誘電体中に孤立した導体表面での電場(式24-11)は，

$$E = \frac{\sigma}{\kappa\varepsilon_0} \tag{26-27}$$

これら2つの式が示しているのは，固定された電荷分布に対して，誘電体は，誘電体が存在しないときの電場を弱める働きをする，ということである．

例題 26-5

電気容量 C が 13.5 pF の平行極板キャパシターを電位差 $V = 12.5$ V の電池で充電した後，電池を取り外して，板状の磁器($\kappa = 6.50$)を電極板間に差し込んだ．磁器の板を差し込む前後でのキャパシターのポテンシャルエネルギーはいくらか？

解法： **Key Idea**：キャパシターのポテンシャルエネルギー U は，容量 C と電位差 V(式26-22)または電荷 q(式26-21)に関係づけられる：

$$U_i = \frac{1}{2}CV^2 = \frac{q^2}{2C}$$

ここでは初期電位差 $V(= 12.5\,\text{V})$ が与えられているので，式(26-22)を使って最初に蓄積されたエネルギーを求める：

$$U_i = \frac{1}{2}CV^2 = \frac{1}{2}(13.5\times 10^{-12}\,\text{F})(12.5\,\text{V})^2$$

$$= 1.055\times 10^{-9}\,\text{J} = 1055\,\text{pJ} \approx 1100\,\text{pJ} \quad \text{(答)}$$

最終的なポテンシャルエネルギー U_f(誘電体板が挿入された後)を求めるための **Key Idea**：電池が取り外されているので，誘電体を挿入しても，キャパシターの電荷は変化しない．しかしながら，電位差は変化するので，最終的なポテンシャルエネルギー U_f を求めるためには(電荷 q に基づく)式(26-21)を用いなければならない．ただし，キャパシターに誘電体が挿入されているので，電気容量は κC である．これより，

$$U_f = \frac{q^2}{2\kappa C} = \frac{U_i}{\kappa} = \frac{1055\,\text{pJ}}{6.50}$$

$$= 162\,\text{pJ} \approx 160\,\text{pJ} \quad \text{(答)}$$

誘電体を挿入すると，ポテンシャルエネルギーは $1/\kappa$ に減少する．

誘電体を挿入した人はおそらく"失われた"エネルギーを感じ取ることができたであろう．キャパシターが誘電体板をわずかに引っ張り，板に対して仕事をする；その量は，

$$W = U_f - U_i = (1055 - 162)\,\text{pJ} = 893\,\text{pJ}$$

拘束力も摩擦もない状態で板が電極板間に滑り込むならば，板は電極板間を出たり入ったり振動する．このときの力学的エネルギーは一定値 893 pJ であり，振動する板の運動エネルギーと電場に蓄えられるポテンシャルエネルギーの間で行ったり来たりする．

> ✓ **CHECKPOINT 5**： この例題で，もし電池がつながれたままだと，誘電体板が挿入されたとき，以下の量は増加するか，減少するか，変化しないか？(a) キャパシターの電極板間の電位差，(b) 電気容量，(c) キャパシターの電荷，(d) 系のポテンシャルエネルギー，(e) 電極板間の電場．((e)のヒント：電荷が一定でないことに注意せよ．)

26-7 誘電体：原子的考察

誘電体を電場中に入れたとき，原子や分子には何が起きているのだろうか？ 分子の性質によって2つの可能性がある：

1. *極性誘電体*(polar dielectrics)。水のようなある種の誘電物質の分子は，永久電気双極子モーメントをもっている。(極性誘電体)と呼ばれるこのような物質が外部電場の中に置かれると，双極子モーメントは同じ向きを向くようになる(図26-14)。分子は，不規則な熱運動によって絶え間なくぶつかり合っているため，完全にそろうわけではないが，外部電場が強くなるほど(または温度が下がって不規則運動が減少するほど)より整列するようになる。電気双極子が整列すると電場が現れるが，この電場は外部電場と反対向きで，その大きさは外部電場よりは小さい。

2. *非極性誘電体*(nonpolar dielectrics)。永久電気双極子モーメントをもっているかどうかにかかわらず，分子が外部電場の中に置かれると双極子モーメントが誘起される。外部電場が分子を"引き伸ばして"，正と負の電荷の中心がわずかにずれるということを25-7節で学んだ(図25-12を見よ)。

図26-15aは，外部電場がないときの非極性誘電体板を示す。図26-15bでは，充電されたキャパシターによって誘電体板に電場$\vec{E}_0$がかけられている。結果として，誘電体板中の正の電荷分布と負の電荷分布の中心がわずかに分離して，板の右側に正電荷が現れ(双極子のプラス側が右端にある)，左側に負電荷が現れる(双極子のマイナス側が左端にある)。板全体としては電気的に中性のままであり，板中のどの体積要素をとっても余剰電荷は存在しない。

図26-15cは，誘電体表面に誘起された表面電荷が，外部電場$\vec{E}_0$と反対向きの電場$\vec{E}'$をつくる様子を示している。その結果，誘電体の中に生じる合成電場$\vec{E}$($\vec{E}_0$と$\vec{E}'$のベクトル和)は$\vec{E}_0$の向きをもつが，大きさは小さくなる。

表面電荷がつくる電場$\vec{E}'$(図26-15c)と永久電気双極子がつくる電場(図26-14)は，どちらも外部電場$\vec{E}_0$と逆向きである。したがって，極性誘電

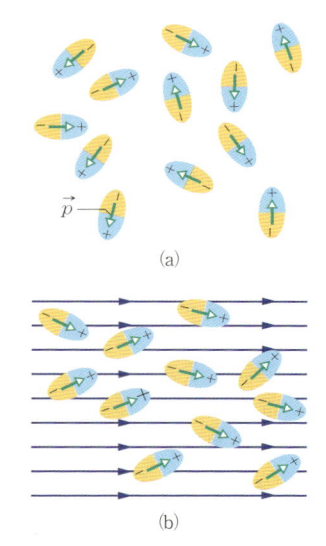

図 26-14 (a) 外部電場がなければ，永久電気双極子モーメントをもつ分子の向きはランダムである。(b) 電場がかけられると，双極子はある程度同じ方向を向くが，熱運動のために完全に整列することはない。

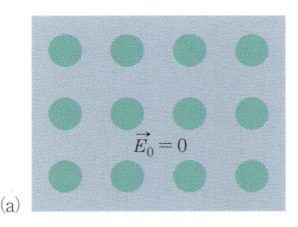

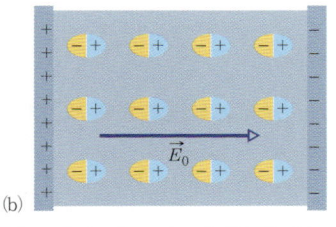

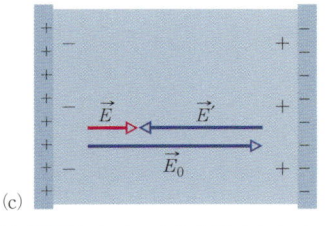

図 26-15 (a) 非極性誘電体の板。緑色の円は，板の中にある電気的に中性な原子を表す。(b) 充電されたキャパシターの電極板によって電場がかけられる；電場は原子をわずかに引き伸ばし，正電荷の中心と負電荷の中心を分離させる。(c) この分離によって板の表面に表面電荷が現れる。この電荷は，外部電場$\vec{E}_0$と逆向きの電場$\vec{E}'$をつくる。誘電体内につくられる合成電場$\vec{E}$($\vec{E}_0$と$\vec{E}'$のベクトル和)は，$\vec{E}_0$と同じ向きを向くが大きさは小さくなる。

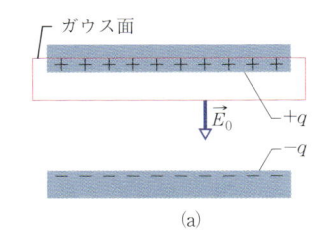

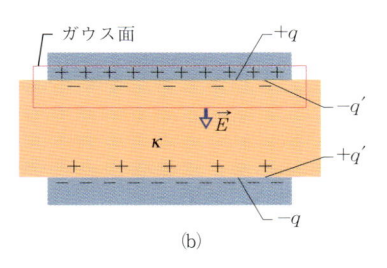

図 26-16 平行極板キャパシター。(a) 誘電体がない場合。(b) 誘電体が挿入されている場合。どちらの場合も電極板の電荷 q は同じであるとした。

体と非極性誘電体はどちらも（キャパシター電極板がつくる）外部電場を弱める働きをする。

これで，例題 26-5 の磁器板がキャパシターの中に引き込まれる理由がわかった：磁器板がキャパシターの電極板の間に入ると，磁器板の表面には近くのキャパシター電極板の電荷と反対符号の表面電荷が現れ，磁器板と電極板とは引き合うのである。

26-8 誘電体とガウスの法則

第24章でガウスの法則の議論を学んだとき，電荷は真空中に存在すると仮定した。ここでは表 26-1 に示したような誘電体が存在するときに，ガウスの法則がどのように修正または一般化されるか調べよう。図 26-16 は，面積 A の平行極板キャパシターで，誘電物質がない場合とある場合を示している。両方の電極板の電荷 q は等しいと仮定する。26-7節で述べたいずれかの性質により，電極板間の電場は誘電体の表面に電荷を誘起する。

誘電体が存在しない場合は（図 26-16a），電極板間の電場 $\vec{E_0}$ を図 26-5 と同じように求めることができる：上側の電極板の電荷 $+q$ をガウス面で囲んでガウスの法則を適用する。電場の大きさを E_0 とすると

$$\varepsilon_0 \oint \vec{E_0} \cdot d\vec{A_0} = \varepsilon_0 E_0 A = q \tag{26-28}$$

または

$$E_0 = \frac{q}{\varepsilon_0 A} \tag{26-29}$$

誘電体が存在する場合も（図 26-16b），電極板間の電場（すなわち誘電体内部の電場）は同じガウス面を用いて求められる。しかし，今度は2種類の電荷を囲むことになる：上側の電極板上の電荷 $+q$ と誘電体の上面に誘起された電荷 $-q'$ である。導体電極板上の電荷は自由電荷（free charge）と呼ばれる：電極板の電位を変えれば動かすことができる；しかし誘電体表面に誘起された電荷は自由電荷ではない：表面から動くことができない。図 26-16b のガウス面で囲まれる正味の電荷は $q - q'$ である。したがって，ガウスの法則は，

$$\varepsilon_0 \oint \vec{E_0} \cdot d\vec{A_0} = \varepsilon_0 E A = q - q' \tag{26-30}$$

または

$$E = \frac{q - q'}{\varepsilon_0 A} \tag{26-31}$$

誘電体は元の電場 E_0 を係数 κ だけ弱めるので，次のように書くこともできる：

$$E = \frac{E_0}{\kappa} = \frac{q}{\kappa \varepsilon_0 A} \tag{26-32}$$

式 (26-31) と (26-32) を比べると次の関係が得られる：

$$q - q' = \frac{q}{\kappa} \tag{26-33}$$

式(26-33)は，誘起された表面電荷q'は自由電荷qよりは少なく，誘電体が存在しなければ（式(26-33)の$\kappa=1$だから）$q'=0$であることを示している．

式(26-33)の$q-q'$を式(26-30)に代入して，ガウスの法則を書き換えると，

$$\varepsilon_0 \oint \kappa \vec{E} \cdot d\vec{A} = q \quad \text{（誘電体があるときのガウスの法則）} \quad (26\text{-}34)$$

この重要な式を，ここでは平行極板キャパシターについて導いたが，この式は一般的に成り立つもので，ガウスの法則の最も一般的な表式である．次のことに注意しよう：

1. 電場束の積分は，$\vec{E}$ではなく$\kappa\vec{E}$について行う．（$\varepsilon_0\kappa\vec{E}$は電束密度(electric displacement)$\vec{D}$と呼ばれ，式(26-34)は$\oint \vec{D} \cdot d\vec{A} = q$のように表されることがある．）
2. ガウス面で囲まれる電荷qとして考えるのは自由電荷だけである．式(26-34)の右辺において表面の誘起電荷は意図的に無視されている．誘起電荷の効果は左辺の比誘電率κを導入することで考慮されている．
3. 式(26-34)と式(24-7)（ガウスの法則の原型）の違いは，後者のε_0が$\varepsilon_0\kappa$に置き換えられた点だけである．κがガウス面全体で一様ではない場合も考えて，κを式(26-34)の積分の中に残している．

例題 26-6

図26-17は，面積Aで電極板間隔dの平行極板キャパシターを示す．電位差V_0が電極板間にかけられている．その後，電池を取り外し，比誘電率κで厚さbの誘電体板を電極板の間に挿入した．ただし，

$A = 115\,\text{cm}^2$, $d = 1.24\,\text{cm}$, $V_0 = 85.5\,\text{V}$,
$b = 0.780\,\text{cm}$, $\kappa = 2.61$

(a) 誘電体を挿入する前の容量C_0はいくらか？

解法：式(26-9)より，

$$C_0 = \frac{\varepsilon_0 A}{d} = \frac{(8.85 \times 10^{-12}\,\text{F/m})(115 \times 10^{-4}\,\text{m}^2)}{1.24 \times 10^{-2}\,\text{m}}$$
$$= 8.21 \times 10^{-12}\,\text{F} = 8.21\,\text{pF} \quad \text{（答）}$$

(b) 電極板に現れる自由電荷はいくらか？

解法：式(26-1)より，

$$q = C_0 V_0 = (8.21 \times 10^{-12}\,\text{F})(85.5\,\text{V})$$
$$= 7.02 \times 10^{-10}\,\text{C} = 702\,\text{pC} \quad \text{（答）}$$

板を挿入する前に，電池が取り外されているので，板を挿入しても自由電荷は変化しない．

(c) 電極板と誘電体板の間のギャップ空間の電場E_0はいくらか？

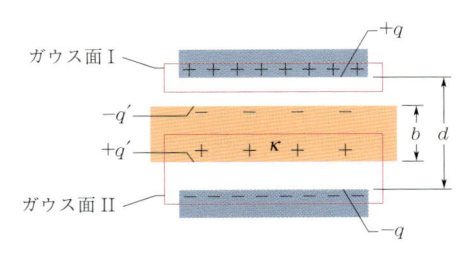

図26-17 例題26-6．平行極板キャパシター．電極板間の一部だけが誘電体になっている．

解法：**Key Idea**：図26-17のガウス面Iに式(26-34)の形のガウスの法則を適用する——このガウス面はギャップを通るので，キャパシターの上の電極板の自由電荷だけを囲んでいる．面積ベクトル$d\vec{A}$と電場ベクトル$\vec{E}_0$はどちらも下向きなので，式(26-34)のスカラー積は，

$$\vec{E}_0 \cdot d\vec{A} = E_0 dA \cos 0° = E_0 dA$$

これより，式(26-34)は，

$$\varepsilon_0 \kappa E_0 \oint dA = q$$

積分は単に電極板表面の面積Aを与えるものとなるので，

$$\varepsilon_0 \kappa E_0 A = q$$

または

$$E_0 = \frac{q}{\varepsilon_0 \kappa A}$$

E_0 を求めるための **Key Idea**: ガウス面Ｉは誘電物質を通らないので $\kappa=1$ である。これより，

$$E_0 = \frac{q}{\varepsilon_0 \kappa A} = \frac{7.02 \times 10^{-10}\,\text{C}}{(8.85 \times 10^{-12}\,\text{F/m})(1)(115 \times 10^{-4}\,\text{m}^2)}$$
$$= 6900\,\text{V/m} = 6.90\,\text{kV/m} \qquad (答)$$

E_0 の値は誘電体が挿入されても変わらない：なぜなら図26-17のガウス面Ｉが囲む電荷量が変わらないから。

(d) 誘電体板の中の電場 E_1 はいくらか？

解法: **Key Idea**: 図26-17のガウス面IIに式(26-34)を適用する。ガウス面は自由電荷 $-q$ と誘起電荷 $+q'$ を囲んでいるが，式(26-34)を使うときは誘起電荷は無視する。これより，

$$\varepsilon_0 \oint \kappa \vec{E}_1 \cdot d\vec{A} = -\varepsilon_0 \kappa E_1 A = -q \quad (26\text{-}35)$$

(最初の $-$ 符号はスカラー積 $\vec{E}_1 \cdot d\vec{A}$ の結果である：電場ベクトル $\vec{E}_1$ は下向き，面積ベクトル $d\vec{A}$ は上向きである。）式(26-35)から次の結果が得られる：

$$E_1 = \frac{q}{\varepsilon_0 \kappa A} = \frac{E_0}{\kappa} = \frac{6.90\,\text{kV/m}}{2.61} = 2.64\,\text{kV/m} \qquad (答)$$

(e) 誘電板を挿入した後の極板間の電位差 V はいくらか？

解法: **Key Idea**: 下の電極板から上の電極板まで最短経路に沿って電場を積分して V を求める。誘電体内部では，経路長は b，電場は E_1 である。誘電体の上下の2カ所のギャップでは，経路長は $d-b$，電場は E_0 である。したがって，式(26-6)より，

$$V = \int_-^+ E\,ds = E_0(d-b) + E_1 b \quad (26\text{-}25)$$
$$= (6900\,\text{V/m})(0.0124\,\text{m} - 0.00780\,\text{m})$$
$$\quad + (2460\,\text{V/m})(0.00780\,\text{m})$$
$$= 52.3\,\text{V} \qquad (答)$$

これは最初の電位差 85.5 V より小さい。

(f) 誘電板が入った状態での電気容量はいくらか？

解法: **Key Idea**: 電気容量は，誘電体がないときと同じように，自由電荷 q と電位差 V に関係している（式26-1）。(b) で求めた q の値と (e) で求めた V の値から，

$$C = \frac{q}{V} = \frac{7.02 \times 10^{-10}\,\text{C}}{52.3\,\text{V}} = 1.34 \times 10^{-11}\,\text{F}$$
$$= 13.4\,\text{pF} \qquad (答)$$

これは元の電気容量 8.21 pF より大きい。

✓ **CHECKPOINT 6**: この例題で，誘電体板の厚さ b が増加すると，次の量は増えるか，減るか，変わらないか？ (a) 電場 E_1，(b) 電極板間の電位差，(c) キャパシターの電気容量。

まとめ

キャパシターと電気容量 キャパシターは，それぞれ同じ大きさで符号の異なる電荷（ $+q$ と $-q$ ）をもつ2つの絶縁された導体（極板）で構成される。キャパシターの電気容量 C は次式で定義される：

$$q = CV \quad (26\text{-}1)$$

V は電極板間の電位差である。電気容量のSI単位はファラッドである（1ファラッド＝1F＝1クーロン/ボルト）。

電気容量の決定 任意の形のキャパシターの電気容量を一般に次の手順で求めることができる：(1) 極板におかれた電荷 q を仮定する，(2) 電荷による電場 $\vec{E}$ を求める，(3) 電位差 V を計算する，(4) 式(26-1)を使って C を計算する。いくつかの特別な場合を以下に示す：

平行極板キャパシター（面積 A，間隔 d の平行平板）の電気容量は，

$$C = \frac{\varepsilon_0 A}{d} \quad (26\text{-}9)$$

円筒キャパシター（長さ L，半径 a および b の同軸円筒）の電気容量は，

$$C = 2\pi\varepsilon_0 \frac{L}{\ln(b/a)} \quad (26\text{-}14)$$

球形キャパシター（半径 a および b の同心球）の電気容量は，

$$C = 4\pi\varepsilon_0 \frac{ab}{b-a} \quad (26\text{-}17)$$

式(26-17)で，$b \to \infty$，$a = R$ とおくと，半径 R の孤立した導体球の電気容量が得られる：

$$C = 4\pi\varepsilon_0 R \quad (26\text{-}18)$$

キャパシターの並列接続と直列接続 複数のキャパシターを**並列**または**直列**に接続したものと等価なキャパシターの**等価電気容量** C_{eq} は，

$$C_{eq} = \sum_{j=1}^{n} C_j \quad (n\text{個のキャパシターの並列接続}) \quad (26\text{-}19)$$

および，

$$\frac{1}{C_{eq}} = \sum_{j=1}^{n} \frac{1}{C_j} \quad (n\text{個のキャパシターの直列接続}) \quad (26\text{-}20)$$

等価キャパシターは，直列と並列が複雑に組み合わされたキャパシターの電気容量を計算するのに利用できる。

ポテンシャルエネルギーとエネルギー密度 充電されたキャパシターの**電気ポテンシャルエネルギー** U は，

$$U = \frac{q^2}{2C} = \frac{1}{2}CV^2 \quad (26\text{-}21, 26\text{-}22)$$

これは充電するのに要した仕事に等しい。このエネルギーはキャパシターの電場 $\vec{E}$ に関連づけられる。これを拡張して，電場に蓄えられたエネルギーを電場に関連づけることができる。真空中では，大きさ E の電場の中の**エネルギー密度** u（単位体積あたりのポテンシャルエネルギー）は，

$$u = \frac{1}{2}\varepsilon_0 E^2 \quad (26\text{-}23)$$

誘電体を含むキャパシターの電気容量 キャパシターの電極板間が誘電物質で完全に満たされていれば，電気容量 C は κ 倍になる。κ は比誘電率と呼ばれ，物質固有の量である。誘電体で満たされた空間では，静電気学の式に現れるすべての ε_0 を $\kappa\varepsilon_0$ に置き換えなければならない。

誘電体の効果は，物理的には，誘電体中の永久電気双極子または誘起電気双極子に働く電場の作用として理解できる。誘電体表面に誘起された電荷が，電極板上の自由電荷が誘電体中につくる電場を弱める。

誘電体を含むガウスの法則 誘電体が存在するとき，ガウスの法則は次のように一般化される：

$$\varepsilon_0 \oint \kappa \vec{E} \cdot d\vec{A} = q \quad (26\text{-}34)$$

q は自由電荷である；誘起表面電荷の効果は積分の中の誘電率 κ に含まれている。

問題

1. 図26-18は3つの平行極板キャパシターに対する電位差と電荷の関係を示す。電極板の面積と間隔は表に示されている。どのグラフがどのキャパシターに相当するか？

キャパシター	面積	間隔
1	A	d
2	$2A$	d
3	A	$2d$

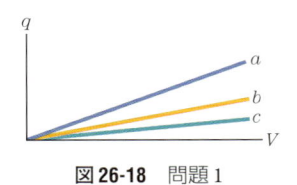

図26-18 問題1

2. 図26-19は，開いたスイッチ，電位差 V の電池，電流計 A，充電されていない電気容量 C の3つのキャパシターを示す。スイッチを閉じて，回路が定常状態になったとき，(a) それぞれのキャパシターの電位差はいくらか？(b) それぞれのキャパシターの左側の電極板の電荷はいくらか？(c) 充電の過程で，電流計を流れる正味の電荷量はいくらか？

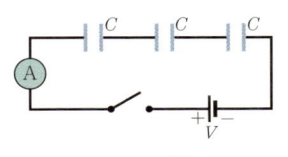

図26-19 問題2

3. 図26-20のそれぞれの回路で，キャパシターは直列接続か，並列接続か，どちらでもないか？

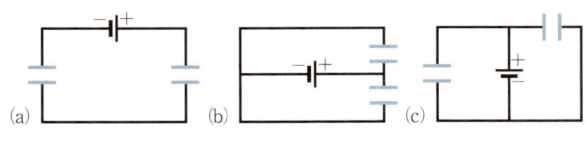

図26-20 問題3

4. (a) 図26-21aのキャパシター C_1 と C_3 は直列か？(b) 同じ図26-21aのキャパシター C_1 と C_2 は並列か？(c) 図26-21の4つの回路を等価電気容量の大きい順に並べよ。

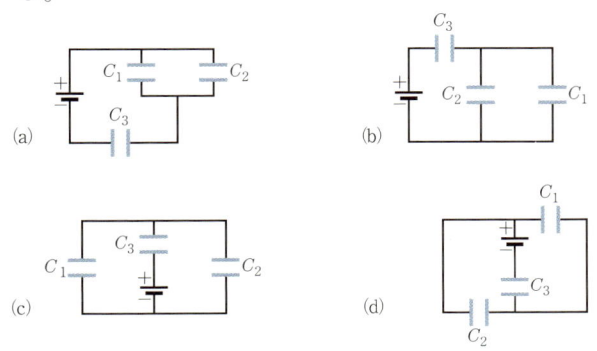

図26-21 問題4

5. 同じ電気容量 C をもつ3つのキャパシターが電池に接続されている。(a) 直列に接続された場合，(b) 並列

に接続された場合，の等価電気容量はいくらか？。(c) 等価キャパシターの電荷が多いのはどちらの場合か？

6. キャパシター C_1 と C_2 を $(C_1 > C_2)$ を電池に接続する。まず別々につなげ，次に直列接続で，最後に並列接続でつなげた。これらの4通りの接続を蓄えられる電荷の多い順に並べよ。

7. まずキャパシター C_1 ひとつを電池に接続し，次にキャパシター C_2 を並列に加えた。(a) C_1 の電位差と，(b) C_1 の電荷 q_1 は，増えるか，減るか，変わらないか？ (c) 等価電気容量 C_{12} は C_1 より大きいか，小さいか，同じか？ (d) C_1 と C_2 に蓄えられる電荷量の和は，初めに C_1 に蓄えられた電荷量よりも多いか，少ないか，同じか？

8. 問題7の C_2 を直列に加えた場合について，同じ問に答えよ。

9. 図26-22は3つの回路を示す，それぞれスイッチと2つのキャパシターで構成され，初め図に示すように充電されている。スイッチを閉じたとき，左側のキャパシターの電荷が，(a) 増加する，(b) 減少する，(c) 変化しない，のはどの回路か？

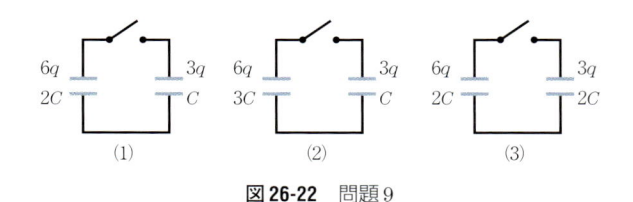

図 26-22 問題9

10. 2つの孤立した金属球AとBの半径はそれぞれ R と $2R$ で，同じ電荷をもっている。金属球Aの以下の量は金属球Bの同じ量より大きいか，小さいか，同じか？(a) 容量，(b) 金属球表面のすぐ外側のエネルギー密度，(c) 金属球の中心から $3R$ の位置でのエネルギー密度，(d) 電場の全エネルギー。

11. 図26-23の2つの同じキャパシターの一方の電極板間に誘電体を差し込んだとき，誘電体を入れたキャパシターの (a) 容量，(b) 電荷，(c) 電位差，(d) ポテンシャルエネルギーは，増えるか，減るか，変わらないか？ (e) もう一方のキャパシターではどうなるか？

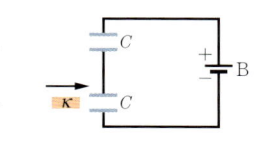

図 26-23 問題11

27 電流と抵抗

ドイツの誇りであり，当時は驚異的なものであったツェッペリン飛行船ヒンデンブルグ号——フットボール競技場3個分の長さがあった——は，史上最大の飛翔体であった。可燃性の高い水素が詰められた16個の気室によって浮かんでいたにもかかわらず，事故もなく大西洋横断飛行を繰り返していた。実際，水素を用いたドイツの飛行船は，それまで水素が原因となる事故を起こしたことはなかった。しかし，1937年5月6日午後7時21分，ニュージャージー州Lakehustにあるアメリカ海軍の飛行場に着陸しようとしたとき，ヒンデンブルグ号は爆発し炎に包まれた。雷雨がおさまるのを待っていた乗組員が，操作用のロープを海軍の地上作業員に降ろそうとしたまさにそのとき，船尾から約3分の1のところで外皮に皺が認められ，数秒後，その部分から炎が噴出し，赤い閃光が船内を照らした。炎上した飛行船はそれから32秒後に地上に墜落した。

水素で浮かぶツェッペリン飛行船はそれまで何度も飛行に成功していたのに，なぜ爆発炎上したのだろうか。

答えは本章で明らかになる。

27-1 電荷の移動と電流

第22章から第26章までは主に静電気学を学んだ；電荷は静止していた。本章からは，**電流**(electric current)について学ぶ；電荷は動いている。

落雷にともなう大電流から筋肉の動きを制御する神経の微小電流にいたるまで，身のまわりにはさまざまな電流が流れている。家庭内の配線，電球，家電製品を流れる電流は誰にとってもなじみ深いものであろう。ビーム状の電子——これも電流である——は，テレビのブラウン管内の真空中を運動している。蛍光灯の電離した気体の中，ラジオの電池の中，車のバッテリーの中を，正負の荷電粒子が流れている。電流は，電卓に使われている半導体，電子レンジや電気食器洗い機を制御する集積回路の中にも流れている。

地球のスケールでは，ヴァンアレン帯に捕らえられた荷電粒子が，大気のはるか上で，地球の磁北極と磁南極の間を行ったり来たりしている。太陽系のスケールでは，陽子や電子やイオンが太陽風(solar wind)として太

陽から放射状に外向き飛んでいて，大きな電流をつくっている。銀河のスケールでは，主に高エネルギーの陽子である宇宙線がわれわれの銀河を飛び回っていて，その一部が地球に到達している。

電流は移動する電荷の流れであるが，移動する電荷のすべてが電流になるわけではない。ある面を通って電流が流れているとき，その面を横切る正味の電荷の流れがあるはずだ。この意味を明らかにするため，2つの例をあげてみよう。

1. 孤立した銅線の中の自由電子(伝導電子)は不規則な運動をしており，その速さは10^6 m/s 程度である。その銅線内に仮想的な断面を考えると，伝導電子はその断面を毎秒数十億回も双方向に通過する——しかし，正味の電荷の移動はないので，銅線に電流は流れない。一方，銅線の両端に電池をつなぐと，電荷の流れが少しだけ一方向に片寄り，その結果として正味の電荷の移動が生じて，銅線に電流が流れる。

2. 庭の散水用ホースの中の水の流れは正電荷(水分子中の陽子)の流れを表している；その割合はおそらく毎秒数百万クーロンくらいだろう。しかし，同時に負電荷(水分子中の電子)の流れがあり，その量がまったく同じで向きもまったく同じなので正味の電荷の移動はない。

本章では，主として——古典物理学の枠組みの中で——銅線のような金属導体の中を移動する*伝導電子*による*定常電流*に話題を絞ることにする。

27-2 電　流

図27-1aを見て思い出して欲しい；孤立した導体のループは——余剰の電荷があろうとなかろうと——どこでも同じ電位である。伝導電子は存在するが，その電子に正味の電気力が働かないので電流は生じない。

図27-1bのように電池を挿入すると，この導体ループの電位はもはや一定ではない。ループを構成する物質中の電場が伝導電子に力を及ぼして電子を動かすので電流が流れる。ごく短い時間で電子の流れは一定値に達し，定常状態となる(時間変化しない)。

図27-2は，電流が流れている導体ループの一部を示したものである。電荷dqが，ある仮想的な断面(たとえばaa′)を時間dtの間に通過すると，この断面を通過する電流は次のように定義される：

$$i = \frac{dq}{dt} \quad \text{(電流の定義)} \tag{27-1}$$

時刻0からtまでの時間にこの断面を通過する電荷量は，次の積分で求めることができる：

$$q = \int dq = \int_0^t i\,dt \tag{27-2}$$

この式で，電流iは時間とともに変化してもよい。

定常状態という条件の元では，電流は断面aa′, bb′, cc′で等しく，断

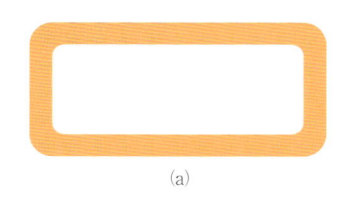

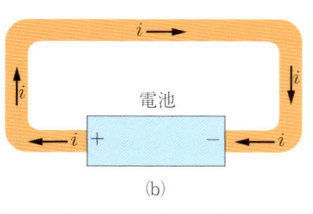

図 27-1 (a)静電気的平衡状態にある銅のループ。ループ全体が等電位で，銅の中のあらゆる点で電場はゼロである。(b)ループに電池をつなぐと，電池の端子に接続されたループの両端の間に電位差ができる。電池はループ内の端子と端子の間に電場をつくり，その電場によって電荷がループに沿って移動する。この電荷の流れが電流iである。

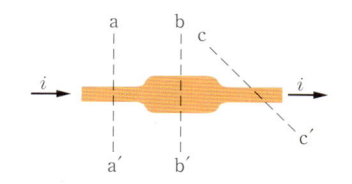

図 27-2 導体を通過する電流 i は，断面 aa′，bb′，cc′ で同じ値である。

面が導体を完全に横切っていれば，その位置や向きがどうであろうと，すべての断面で電流は一定である。これは電荷が保存されるという事実に基づいている。ここで仮定した定常状態という条件では，断面 cc′ を通過する個々の電子に対応して，電子がひとつずつ断面 aa′ を通過しなくてはならない。同様に，庭のホースを流れる定常的な水の流れがあれば，ホースの一端に流れ込む水の1滴に対応して，ノズルから水1滴が出てくる。ホースの中の水の総量は保存量である。

SI単位系では電流の単位はクーロン/秒であり，アンペア(ampere)Aで表す：

$$1\text{アンペア} = 1\text{A} = 1\text{クーロン}/\text{秒} = 1\text{C/s}$$

アンペアはSI単位系の基本単位である；第22章で議論したように，クーロンはアンペアを使って定義される。アンペアの正式な定義については第30章で議論する。

電荷も時間もスカラー量であるから，式(27-1)で定義される電流はスカラー量である。それでも，図27-1bのように，電荷の移動する向きを示すために電流を矢印で表すことがよくある。しかし，そのような矢印はベクトルではなく，ベクトルとして足す必要もない。図27-3aは，電流 i_0 が分岐点 a でふたまたに分岐するような導体を示している。電荷は保存されるので，2つの分岐に流れる電流の大きさの和は，元の導体に流れる電流の大きさに一致しなければならない：

$$i_0 = i_1 + i_2 \tag{27-3}$$

図27-3bからわかるように，導線が曲がりくねっていても式(27-3)は成り立つ。電流の矢印は導体に沿った流れの向きを表すだけで，空間的な向きを示すものではない。

電流の向き

図27-1bの電流の矢印は，正電荷の粒子が電場によってループの中を動くであろう向きを示している。そのような正の電荷キャリア(charge carrier，よくこのように呼ばれる)は，電池の正極から負極に向かって移動するであろう。実際には，図27-1bの銅ループの電荷キャリアは電子であり，負電荷をもっている。電場は，電子を電流の矢印とは反対の向きに——電池の負極から正極に向かって——移動させる。しかし，歴史的な理由によって，次のような慣習にしたがう：

▶ 電流の矢印は，正の電荷キャリアが移動するであろう向きに描く；実際の電荷キャリアは負電荷で反対向きに移動する。

ほとんどの場合，正電荷キャリアの(見せかけの)運動は，負電荷キャリアの反対向きへの(実際の)運動と同じ効果をもっているので，この慣習を使うことができる。(両者の効果が異なるときは，もちろんこの慣習をやめて実際の運動を記述する。)

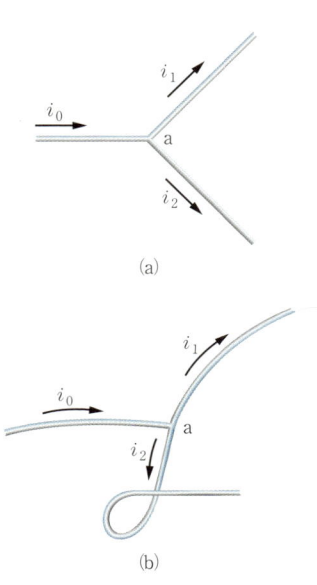

図 27-3 分岐点 a における $i_0 = i_1 + i_2$ という関係は，3本の導線が空間的配置に関係なく成り立つ。電流はスカラー量であり，ベクトル量ではない。

> ✓ **CHECKPOINT 1:** 図は回路の一部を示したものである。右下の導線を流れる電流 i の大きさと向きを求めなさい。

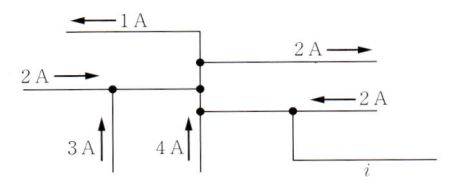

例題 27-1

庭のホースを体積流量率 $dV/dt = 450\,\mathrm{cm^3/s}$ で水が流れている。負電荷の流量を求めなさい。

解法: 負電荷の流量はホースを流れる水分子中の電子よるものである。流量は，ホースの完全な断面における負電荷の通過率である。**Key Idea**: 流量は，断面を1秒あたり通過する分子の数で表すことができる：

$$i = \left(\frac{\text{電荷量}}{\text{電子}}\right)\left(\frac{\text{電子数}}{\text{分子}}\right)\left(\frac{\text{分子数}}{\text{秒}}\right)$$

または

$$i = (e)(10)\frac{dN}{dt}$$

水 (H_2O) は酸素原子が8個の電子，2つの水素原子がそれぞれひとつずつ電子をもっているので，分子あたりの電子数は10である。

流量 dN/dt は与えられた体積流量率 dV/dt を使って表すことができる：

$$\left(\frac{\text{分子数}}{\text{秒}}\right) = \left(\frac{\text{分子数}}{\text{モル}}\right)\left(\frac{\text{モル数}}{\text{単位質量}}\right)\left(\frac{\text{質量}}{\text{単位体積}}\right)\left(\frac{\text{体積}}{\text{秒}}\right)$$

"分子数/モル" はアボガドロ数 N_A である。"モル数/単位質量" は1モルあたりの質量，すなわち水のモル質量 M，の逆数である。"質量/単位体積" は水の（質量）密度 ρ_{mass} である。"体積/秒" は体積流量率 dV/dt である。これらをまとめると，

$$\frac{dN}{dt} = N_A\left(\frac{1}{M}\right)\rho_{\mathrm{mass}}\left(\frac{dV}{dt}\right) = \frac{N_A\,\rho_{\mathrm{mass}}}{M}\frac{dV}{dt}$$

この結果を i の式に代入すると，

$$i = 10\,e\,N_A\,M^{-1}\,\rho_{\mathrm{mass}}\,\frac{dV}{dt}$$

N_A は 6.02×10^{23} 分子/モル，または $6.02 \times 10^{23}\,\mathrm{mol^{-1}}$，$\rho_{\mathrm{mass}}$ は $1000\,\mathrm{kg/m^3}$ である。水のモル質量は付録Dのリストから求められる：酸素のモル質量 ($16\,\mathrm{g/mol}$) に水素のモル質量 ($1\,\mathrm{g/mol}$) の2倍を足して，$18\,\mathrm{g/mol} = 0.018\,\mathrm{kg/mol}$ となる。これより，

$$\begin{aligned}i &= (10)(1.6\times 10^{-19}\,\mathrm{C})(6.02\times 10^{23}\,\mathrm{mol^{-1}})\\ &\quad \times (0.018\,\mathrm{kg/mol})^{-1}(1000\,\mathrm{kg/m^3})(450\times 10^{-6}\,\mathrm{m^3/s})\\ &= 2.41\times 10^7\,\mathrm{C/s} = 2.41\times 10^7\,\mathrm{A} = 24.1\,\mathrm{MA} \quad\text{(答)}\end{aligned}$$

この負電荷の流れは，水分子を構成する3つの原子核の正電荷の流れによって完全に打ち消される。したがって，ホースを流れる正味の電荷の流れはない。

27-3 電流密度

特定の導体を流れる電流 i を問題にするのではなく，局所的な見方をして，その導体のある特定の点における電荷の流れを調べることがある。この流れを記述するためには，**電流密度** (current density) $\vec{J}$ が用いられる。$\vec{J}$ は，移動する電荷が正の場合は電荷の速度と同じ向きであり，電荷が負であれば逆向きである。導体の断面の各面積要素における電流密度の大きさ J は，その面積要素を流れる単位面積あたりの電流に等しい。面積要素の面積ベクトル（面積要素に対して垂直）を $d\vec{A}$ とすると，その面積要素を流れる電流は $\vec{J}\cdot d\vec{A}$ と書くことができる。このとき，断面全体を通じて流れる全電流は，

$$i = \int \vec{J}\cdot d\vec{A} \tag{27-4}$$

この断面の中で電流が一様で，しかも $d\vec{A}$ に平行であるなら，$\vec{J}$ も一様で

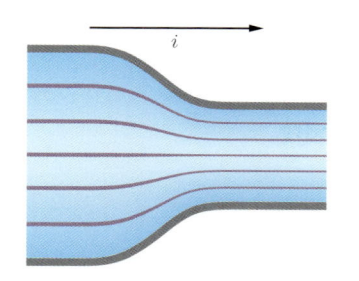

図 27-4 細くなっていく導体に電荷が流れているときの電流密度を表す流線。

$d\vec{A}$ に平行である。このとき式 (27-4) は次のようになる：

$$i = \int J\, dA = J \int dA = JA$$

これより，

$$J = \frac{i}{A} \tag{27-5}$$

A はこの断面の全面積である。式 (27-4) または (27-5) より，電流密度の SI 単位はアンペア毎メートル 2 乗 ($\mathrm{A/m^2}$) であることがわかる。

第 23 章では，電場を電気力線で表すことができるということを学んだ。電流密度も同じような線の組を用いて表すことができる (図 27-4)。このような線の組を**流線** (streamline) と呼ぶ。図 27-4 で右向きに流れる電流は，左側のより太い導体から右側のより細い導体に移っていく。このとき，電荷は保存されるので，電荷の総量，そして電流の総量は変わらない。しかし，電流密度は変化する；電流密度は細い導体中で大きくなる。流線の間隔が電流密度の増加を示唆している；流線が密のとき電流密度が大きい。

ドリフト速度

導体に電流が流れていないときは，伝導電子はランダムな運動をするだけで，どの方向にも正味の運動は生じない。導体に電流が流れているときも，電子はやはりランダムな運動をするが，こんどは電流を生じさせる電場と逆向きに，**ドリフト速度**＊ (drift speed) v_d でドリフトする。ドリフト速度は電子のランダム運動の速さに比べるととても小さい。たとえば，家庭の電気配線に使われる銅線の中では，電子のドリフト速度は 10^{-5} から 10^{-4} m/s 程度であり，ランダム運動の速さは 10^6 m/s 程度である。

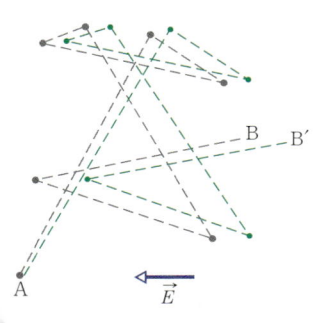

導線を流れる伝導電子のドリフト速度 v_d は，導線の電流密度の大きさ J と関係づけられる (図 27-5)。便宜上，図 27-5 では，正電荷キャリアが電場 $\vec{E}$ の向きに等価なドリフトをするようすを描いている。この電荷キャリアはすべて同じ速さ v_d で動き，電流密度 J は導線の断面積 A の中で一様であると仮定する。単位体積あたりの電荷キャリアの数を n とすると，長さ L の導線中の電荷キャリアの数は nAL である。各電荷キャリアは電荷 e をもつので，長さ L の中の電荷キャリアの全電荷量は，

$$q = (nAL)e$$

キャリアはすべて導線に沿って速さ v_d で動くので，この全電荷が導線の断面を通過する時間は，

$$t = \frac{L}{v_d}$$

電流 i は断面を通過する電荷の割合だから (式 27-1)，

$$i = \frac{q}{t} = \frac{nALe}{L/v_d} = nAev_d \tag{27-6}$$

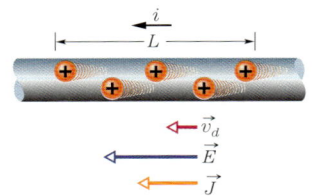

27-12 灰色の線は，電子が A から B へ移動する途中で 6 回衝突している様子を示している。緑の線は電場 $\vec{E}$ がある場合の電子の軌跡を示している。少しずつ $-\vec{E}$ の向きにドリフトしていくことに注目。(実際には，電子の軌跡はカーブを描く；電子は衝突の間に電場で加速されて放物線を描く。)

図 27-5 正電荷キャリアは電場 $\vec{E}$ の向きに速さ v_d でドリフトする。慣習により，電流密度 $\vec{J}$ と電流の向きを表す矢印は $\vec{E}$ の向きに描く。

＊訳注：厳密には "ドリフト速さ" と訳すべきであるが，ここでは一般によく使われる "ドリフト速度" とする。

この式を v_d について解いて，式 (27-5) ($J = i/A$) を用いると，

$$v_d = \frac{i}{nAe} = \frac{J}{ne}$$

あるいは，ベクトルを使って表すと，

$$\vec{J} = (ne)\vec{v}_d \tag{27-7}$$

積 ne は電荷キャリア密度で，その SI 単位は クーロン毎メートル 3 乗 (C/m^3) である。正電荷キャリアに対しては ne が正だから，式 (27-7) は $\vec{J}$ と $\vec{v}_d$ が同じ向きであることを示している。負電荷のキャリアでは ne が負であり，$\vec{J}$ と $\vec{v}_d$ の向きは逆になる。

✓ **CHECKPOINT 2**: 図では伝導電子が導線を左向きに移動している。(a) 電流 i，(b) 電流密度 $\vec{J}$，(c) 電線中の電場 $\vec{E}$，は左向きか，右向きか。

例題 27-2

(a) 半径 $R = 2.0$ mm の円筒状の導線がある。電流密度は断面のいたるところ一様で，$J = 2.0 \times 10^5$ A/m^2 である。断面の外側の半径 $R/2$ と R の間を流れる電流を求めなさい（図 27-6a）。

解法: **Key Idea**: 電流密度は断面内で一様なので，電流密度 J，電流 i，断面積 A は，式 (27-5) ($J = i/A$) で関係づけられる。しかし，ここでは（断面全体ではなく）導線断面の一部 (A') に流れる電流を求めなくてはならない。A' の値は，

$$A' = \pi R^2 - \pi \left(\frac{R}{2}\right)^2 = \pi \left(\frac{3R^2}{4}\right)$$

$$= \frac{3\pi}{4}(0.002 \text{ m})^2 = 9.424 \times 10^{-6} \text{ m}^2 \quad \text{(答)}$$

式 (27-5) を次のように書きなおす：

$$i = JA'$$

数値を代入すると，

$$i = (2.0 \times 10^5 \text{ A/m}^2)(9.424 \times 10^{-6} \text{ m}^2) = 1.9 \text{ A} \quad \text{(答)}$$

(b) 次に，電流密度が断面で半径 r によって $J = ar^2$ のように変化するとしよう。ただし，$a = 3.0 \times 10^{11}$ A/m^4 である。このとき，導線断面の (a) と同じ部分に流れる電流を求めなさい。

解法: **Key Idea**: 電流密度は断面で一様でないので，式 (27-4) ($i = \int \vec{J} \cdot d\vec{A}$) を使い，導線の半径 $r = R/2$ から $r = R$ の部分について電流密度を積分しなくてはならない。（導線の長さに沿った）電流密度ベクトル $\vec{J}$ と微

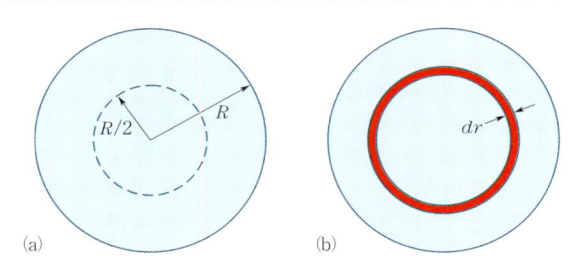

図 26-6 例題 27-2。(a) 半径 R の導線の断面。(b) 周長 $2\pi r$，幅 dr の細いリングの微小面積は $dA = 2\pi r \, dr$ である。

小面積ベクトル $d\vec{A}$（導線の断面に垂直）は同じ向きであるから，

$$\vec{J} \cdot d\vec{A} = J \, dA \cos\theta = J \, dA$$

$r = R/2$ から $r = R$ の範囲で積分をするために，微小面積 dA を置き換える必要がある。（J が r の関数として与えられているので）図 27-6b の細いリングの面積を周長 $2\pi r$ と幅 dr の積 $2\pi r \, dr$ とするのが最も簡単である。そうすることで，r を積分変数として積分することができる。式 (27-4) より，

$$i = \int \vec{J} \cdot d\vec{A} = \int J \, dA$$

$$= \int_{R/2}^{R} ar^2 \, 2\pi r \, dr = 2\pi a \int_{R/2}^{R} r^3 \, dr$$

$$= 2\pi a \left[\frac{r^4}{4}\right]_{R/2}^{R} = \frac{\pi a}{2}\left[R^4 - \frac{R^4}{16}\right] = \frac{15}{32}\pi a R^4$$

$$= \frac{15}{32}\pi (3.0 \times 10^{11} \text{ A/m}^4)(0.002 \text{ m})^4 = 7.1 \text{ A} \quad \text{(答)}$$

例題 27-3

半径 $r = 900\,\mu$m の銅線に定電流 $i = 17$ mA が流れているときの伝導電子のドリフト速度を求めなさい。銅原子1個あたり伝導電子1個が電流に寄与していて，銅線の断面で電流密度は一様であると仮定する。

解法: **Key Idea 1**: ドリフト速度 v_d は，電流密度 $\vec{J}$ および単位体積あたりの伝導電子数 n と式 (27-7) で関係づけられる。ベクトルの大きさの間の関係は $J = nev_d$ となる。

Key Idea 2: 電流密度は一様なので，その大きさ J は，与えられた電流 i および銅線の半径と式 (27-5) で関係づけられる (A を銅線の断面積とすると $J = i/A$)。

Key Idea 3: 原子1個あたり伝導電子1個を仮定しているので，単位体積あたりの伝導電子の数は単位体積あたりの原子の数と同じである。

まず Key Idea 3：を用いて次のように書く：

$$n = \left(\frac{原子数}{単位体積}\right)$$

$$= \left(\frac{原子数}{モル}\right)\left(\frac{モル数}{単位質量}\right)\left(\frac{質量}{単位体積}\right)$$

1モルあたりの原子数はアボガドロ数 ($= 6.02 \times 10^{23}$ mol^{-1}) である。単位質量あたりのモル数は1モルあたりの質量の逆数であり，それはここでは銅のモル質量 M に等しい。単位体積あたりの質量は銅の(質量)密度 ρ_{mass} である。したがって，

$$n = N_A\left(\frac{1}{M}\right)\rho_{\text{mass}} = \frac{N_A \rho_{\text{mass}}}{M}$$

銅のモル質量 M と密度 ρ_{mass} を付録 D からとり，単位の変換を行うと，

$$n = \frac{(6.02 \times 10^{23}\,\text{mol}^{-1})\,(8.96 \times 10^3\,\text{kg/m}^3)}{63.54 \times 10^{-3}\,\text{kg/mol}}$$

$$= 8.49 \times 10^{28}\,\text{電子/m}^3$$

または，

$$n = 8.49 \times 10^{28}\,\text{m}^{-3}$$

次に，Key Idea 1 と 2 を結びつけて，

$$\frac{i}{A} = nev_d$$

A を πr^2 ($= 2.54 \times 10^{-6}$ m^2) で置き換え，v_d について解くと，

$$v_d = \frac{i}{ne(\pi r^2)}$$

$$= \frac{17 \times 10^{-3}\,\text{A}}{(8.49 \times 10^{28}\,\text{m}^{-3})(1.6 \times 10^{-19}\,\text{C})(2.56 \times 10^{-6}\,\text{m})}$$

$$= 4.9 \times 10^{-7}\,\text{m/s} \qquad\qquad (答)$$

この速さはたったの 1.8 mm/h であり，のろのろしたカタツムリよりも遅い。

こんな疑問を抱くかも知れない："電子の流れがこんなに遅いのに，なぜスイッチを入れたとたんに部屋の照明はつくのだろう？"このような混乱が生じるのは，電子が移動する速さと銅線内の電場の変化が伝わる速さを区別できていないことによる。電場の変化は光速に近い速さで伝わる；銅線の伝導電子は電球の中も含めてすべて，ほとんどいっせいに動き出すのだ。同様に，庭のホースに水が充満した状態で栓を開くと，圧力波は水中の音速でホースの沿って進む。ホースの中を水自身が動く速さ——染料を使って測れるだろう——は，それに比べるとかなり遅い。

27-4 抵抗と抵抗率

幾何学的に同じ形をした銅の棒とガラスの棒の両端に同じ電位差を与えても，流れる電流は全く異なる。これに関係する導体の特性が**電気抵抗** (electrical resistance，または単に抵抗という) である。導体の2点間の抵抗は，その間に電位差 V を与えたときに生じる電流を測って決めることができる。抵抗 R は次のように定義される：

$$R = \frac{V}{i} \qquad (R の定義) \qquad (27\text{-}8)$$

抵抗の SI 単位は，式 (27-8) より，ボルト/アンペアになる。この組み合わせはよく出てくるので，特別な名前がつけられている；**オーム** (ohm，記号 Ω)。

$$1\,\text{オーム} = 1\,\Omega = 1\,\text{ボルト/アンペア} = 1\,\text{V/A} \qquad (27\text{-}9)$$

図 27-7 いろいろな抵抗器。帯は抵抗値を識別するための色コードである。

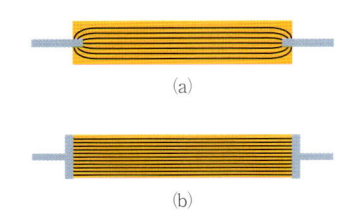

図27-8 棒状の導体に電位差を与える2通りの方法。濃い灰色で表したコネクタの抵抗は無視できるとする。(a)の接続方法は，(b)の接続方法よりも抵抗が大きい。

回路の中で，ある特定の抵抗を与える導体を**抵抗器**(resistor，訳注：これも単に抵抗と言うことが多い)という(図27-7)。回路図では抵抗器や抵抗を記号(─W─)で表す。式(27-8)を

$$i = \frac{V}{R}$$

のように書くと，"抵抗"と呼ぶ理由がよくわかる。一定の電位差に対して，(電流に対する)抵抗が大きければ，電流は小さくなる。

導体の抵抗は，導体にどのように電位差を与えるかに依存する。図27-8は，異なるやり方で，同じ導体に同じ電位差を与える例を示している。電流密度の流線が示唆するように，この2つの場合の電流は──測定される抵抗も──異なるだろう。特に断らない限り，電位差は図27-8bのように加えられると仮定する。

特定の物体に依存しない一般的な見方をするために，以前に何度もやったように，物質そのものに注目しよう。ここでは，特定の抵抗に与えられる電位差Vの代わりに抵抗物質のある点における電場$\vec{E}$，抵抗を流れる電流iの代わりにその点の電流密度$\vec{J}$，そして物体の抵抗Rの代わりに物質の**抵抗率**(resistivity)ρに注目する：

$$\rho = \frac{E}{J} \quad (\rho \text{の定義}) \qquad (27\text{-}10)$$

(式(27-8)と比較しなさい)。

式(27-10)に従ってEとJのSI単位を結びつければ，ρの単位がオーム・メートル($\Omega \cdot$m)であることがわかる：

$$\frac{E}{J} = \frac{\text{V/m}}{\text{A/m}^2} = \frac{\text{V}}{\text{A}}\,\text{m} = \Omega \cdot \text{m}$$

(抵抗率の単位であるオーム・メートルと，抵抗を測る装置オームメータを混同してはいけない。)表27-1にいくつかの物質の抵抗率をまとめた。

式(27-10)はベクトルの形で書くことができる：

$$\vec{E} = \rho \vec{J} \qquad (27\text{-}11)$$

式(27-10)と(27-11)は，等方的(isotropic)な物質──電気的な性質がどの向きに対しても同じ物質──の場合だけに成り立つ。

物質の**伝導率**(conductivity)σを使うこともよくある。これは，単に抵抗率の逆数である：

$$\sigma = \frac{1}{\rho} \quad (\sigma \text{の定義}) \qquad (27\text{-}12)$$

伝導率のSI単位はオーム・メートルの逆数$(\Omega \cdot \text{m})^{-1}$である。mho/meterという単位が用いられることもある(mhoはohmの逆)。σの定義より，式(27-11)を別の形に書くことができる：

$$\vec{J} = \sigma \vec{E} \qquad (27\text{-}13)$$

抵抗率から抵抗を計算する

抵抗と抵抗率の違いに注意しよう：

表 27-1 室温(20℃)での物質の抵抗率

物質	抵抗率 ρ ($\Omega \cdot m$)	抵抗率の温度係数 α (K^{-1})
典型的な金属		
銀	1.62×10^{-8}	4.1×10^{-3}
銅	1.69×10^{-8}	4.3×10^{-3}
アルミニウム	2.75×10^{-8}	4.4×10^{-3}
タングステン	5.25×10^{-8}	4.5×10^{-3}
鉄	9.68×10^{-8}	6.5×10^{-3}
プラチナ	10.6×10^{-8}	3.9×10^{-3}
マンガニン[a]	4.82×10^{-8}	0.002×10^{-3}
典型的な半導体		
シリコン(純粋)	2.5×10^{3}	-70×10^{-3}
シリコン(n型)[b]	8.7×10^{-4}	
シリコン(p型)[c]	2.8×10^{-3}	
典型的な絶縁体		
ガラス	$10^{10}-10^{14}$	
石英	$\sim 10^{16}$	

a: α が小さくなるように作られた合金
b: 不純物としてリンを添加したシリコン, 電荷キャリア密度は $10^{23} m^{-3}$
c: 不純物としてアルミニウムを添加したシリコン, 電荷キャリア密度は $10^{23} m^{-3}$

▶ 抵抗は物体(object)の特性であり, 抵抗率は物質(material)の特性である。

物質の抵抗率がわかれば, その物質で作られた導線の抵抗を計算することができる。導線の断面積を A, 長さを L, その両端に電位差 V がかかっているとする(図27-9)。電流密度を表す流線が導線の中で一様であれば, 電場と電流密度は導線内のあらゆる点で一定であり, 式(25-42)と(27-5)より,

$$E = V/L \quad \text{および} \quad J = i/A \quad (27\text{-}14)$$

次に, 式(27-10)と(27-14)を組み合わせると,

$$\rho = \frac{E}{J} = \frac{V/L}{i/A} \quad (27\text{-}15)$$

しかし, V/i は抵抗 R であるから, 式(27-15)は,

$$R = \rho \frac{L}{A} \quad (27\text{-}16)$$

式(27-16)は, 一様で等方的な導体で, 断面が一定, そして電位差が図27-8bのように与えられたときにだけ成り立つ。

巨視的な量 V, i, R は, ある特定の導体について電気的な測定を行うときに重要である。これらの量は測定器を用いて直接測ることができる。しかし, 物質の基本的な電気的性質に興味があるときは, 微視的な量 E, J, ρ を考える。

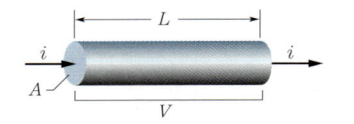

図 27-9 長さ L, 断面積 A の導線の両端に電位差 V がかけられている。

> ✓ **CHECKPOINT 3:** 3つの図は，銅の円筒とそれらの断面と長さを示している。長さ方向に同じ電位差Vをかけたとき，電流が大きい順に導体をならべなさい。

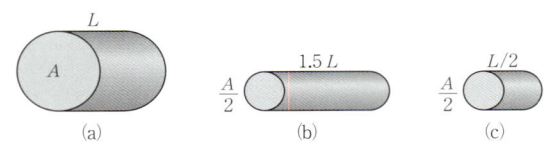

温度による変化

ほとんどの物理的性質は温度によって変化するが，抵抗率も例外ではない。一例として，広い温度範囲での銅の抵抗率の変化が図27-10に示されている。銅——そして金属全般——の温度と抵抗率の関係は，広い温度範囲で線形である。このような線形関係にあるときは，次のような経験式で近似して実用上ほとんど問題ない。

$$\rho - \rho_0 = \rho_0 \alpha (T - T_0) \quad (27\text{-}17)$$

T_0は基準として選んだ温度であり，ρ_0はその温度での抵抗率である。通常$T_0 = 293\,\mathrm{K}$(室温)とする。このとき銅の抵抗率は$\rho_0 = 1.69 \times 10^{-8}\,\Omega\cdot\mathrm{m}$である。

式(27-17)には温度差しか出てこないので，セルシウス温度を使おうが，ケルビン温度を使おうがかまわない；1度の大きさは等しい。式(27-17)の量 α は*抵抗の温度係数*(temperature coefficient of resistivity)と呼ばれ，考えている温度範囲で実験とよく合うように決定される。いくつかの金属にたいする α の値を表27-1にまとめた。

ヒンデンブルグ号

飛行船ヒンデンブルグ号が着陸体勢にはいったとき，地上作業員に降ろされた操作用ロープは，雨に濡れて電流が流れるようになっていた。このとき，飛行船の金属の骨組みは繋がれたロープによって"接地された"；濡れたロープが骨組と地面の間を結ぶ伝導経路となり，骨組みと地面は同じ電位になった。飛行船の外皮も同様に接地されるべきであった。しかし，ヒンデンブルグ号は，大きな抵抗率の防水剤で塗装された外皮をもつ最初の飛行船であった。したがって，外皮は約43 mの高さの大気の電位のままであった。暴風雨のために，その電位は地上の電位よりも高かった。

ロープの操作ミスで水素気室のひとつが破裂し，気室と外皮のあいだに水素が漏れ出し，報告にあるような外皮の皺ができたようである。これはとても危険な状況である：外皮は伝導性のある雨水によって濡れ，飛行船の骨組みと大きく異なる電位にあった。おそらく，濡れた外皮にそって電荷が流れ，漏れた水素の中でスパークを起こして飛行船の金属の骨組みに達したと考えられる。その過程で水素に引火した。この炎は直ちに飛行船の水素気室に引火し，飛行船を墜落させることになった。もしヒンデンブルグ号の外皮に塗られた防水剤の抵抗率が(それ以前，そ

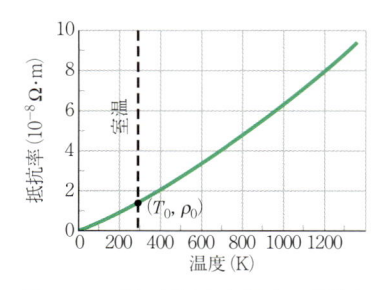

図 27-10 銅の抵抗率を温度の関数として示した。曲線上の黒点を基準点とする：基準点の温度は$T_0 = 293\,\mathrm{K}$，抵抗率は$\rho_0 = 1.69 \times 10^{-8}\,\Omega\cdot\mathrm{m}$である。

例題 27-4

直方体の鉄のブロックがあり，その大きさは 1.2 cm × 1.2 cm × 15 cm である．平行な面の間に電位差をかけ，図 27-8b のように，向かい合う面がそれぞれ等電位面になっているとする．(1) 正方形の面 (1.2 cm × 1.2 cm)，(2) 長方形の面 (1.2 cm × 1.2 cm × 15 cm) に電位差を与えたとき，ブロックの抵抗はそれぞれいくらか？

解法：　**Key Idea**：物体の抵抗 R は，電位差の与え方に依存する．電位差を与える面の表面積を A，向かい合う面の間の距離を L とすると，式 (27-16) ($R = \rho L/A$) より，抵抗は L/A によって決まる．(1) の配置では，$L = 15\,\text{cm} = 0.15\,\text{m}$，$A = (1.2\,\text{cm})^2 = 1.44 \times 10^{-4}\,\text{m}^2$ である．この値と表 27-1 の抵抗率 ρ を式 (27-16) に代入して，

$$R = \frac{\rho L}{A} = \frac{(9.68 \times 10^{-8}\,\Omega\cdot\text{m})(0.15\,\text{m})}{1.44 \times 10^{-4}\,\text{m}^2}$$
$$= 1.0 \times 10^{-4}\,\Omega = 100\,\mu\Omega \quad\quad\text{(答)}$$

同様に，(2) の配置では，$L = 1.2\,\text{cm}$，$A = (1.2\,\text{cm}) \times (15\,\text{cm})$ だから，

$$R = \frac{\rho L}{A} = \frac{(9.68 \times 10^{-8}\,\Omega\cdot\text{m})(1.2 \times 10^{-2}\,\text{m})}{1.80 \times 10^{-3}\,\text{m}^2}$$
$$= 6.5 \times 10^{-7}\,\Omega = 0.65\,\mu\Omega \quad\quad\text{(答)}$$

27-5　オームの法則

27-4 節で議論したように，抵抗器は，ある抵抗値をもった導体であり，かける電位差の大きさや向き（極性）に関係なく同じ抵抗値をもつ．しかし，他の伝導素子の抵抗値は電位差によって変化するかも知れない．

図 27-11a はそのような素子の見分け方を示している．調べたい素子に電位差 V をかけて，その電位差の大きさや極性を変えながら，その素子を流れる電流を測定する．V の極性は，どちらでもよいのだが，左端子の電位が右端子の電位よりも高いときを正にとることにする．その結果（左から右へ）流れる電流の向きを正とする．逆の極性にあるとき（右側が高い電位のとき），V は負になる；このときの電流に負符号をつける．

図 27-11b は，ある素子について i vs. V をプロットしたものである．このプロットは原点を通る直線であり，比 i/V（直線の傾き）は V の値に関係なく一定である．これは，この素子の抵抗値 $R = V/i$ が，電位差の大きさや極性によらず一定であることを意味している．

図 27-11c は，別の伝導素子についてのプロットである．この素子に電

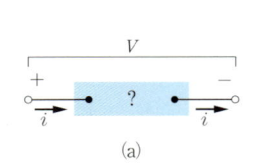

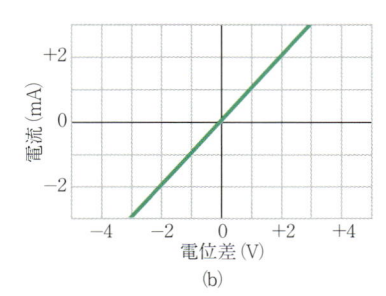

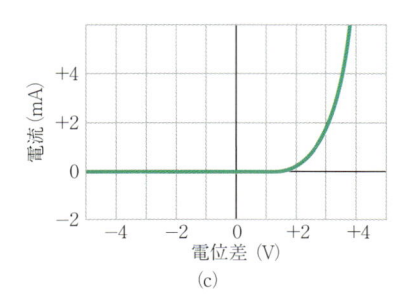

図 27-11　(a) 素子の端子間に電位差 V が与えられて電流 i が流れる．(b) 電位差 V に対する電流 i のプロット：素子の抵抗は $1000\,\Omega$ である．(c) 素子が pn 接合の半導体ダイオードである場合のプロット．

流が流れるのは，Vの極性が正で，電位差の大きさが約1.5Vよりも大きい場合だけである．電流が流れるとき，iとVの関係は線形ではない；与える電位差Vの値に依存する．

これらの2つのタイプの素子を，オームの法則にしたがうか否かということで区別する．

▶ **オームの法則**(Ohm's law)とは，ある素子を流れる電流は，その素子に与えられた電位差に常に比例するという主張である．

(この主張は，どんな場合でも正しいわけではない；しかし，歴史的な理由から，"法則"という言葉が使われる．) 図27-11bの素子——1000 Ωの抵抗——は，オームの法則に従っている．図27-11 cの素子——いわゆるpn接合のダイオード——は，オームの法則に従わない．

▶ 伝導素子の抵抗値が，与えられる電位差の大きさや極性に依存しないとき，その素子はオームの法則に従うという．

現代のマイクロエレクトロニクス工学——そして現在の技術文明——のほとんどはオームの法則に従わない素子に依存している．たとえば，あなたの電卓にはそのような素子が詰まっている．

$V = iR$がオームの法則を表しているという主張にしばしば出会うが，それは正しくない！ この式は抵抗を定義する式であり，伝導素子がオームの法則に従おうと従うまいと，すべての素子に対して適用される．どんな素子，pn接合のダイオードでも，その素子に与えられる電位差Vとそこに流れる電流iを測定すれば，その電位差Vにおけるその素子の抵抗値が$R = V/i$である．オームの法則の本質は，i vs. Vのプロットが直線であることにある；すなわち，RはVによらない．

伝導素子でなく，伝導物質に焦点をあてると，オームの法則をより一般的に表現することができる．その関係式は式(27-11)($\vec{E} = \rho \vec{J}$)であり，$V = iR$に対応している．

▶ ある伝導物質の抵抗率が，与えられる電場の大きさや向きによらないとき，その物質はオームの法則に従うという．

すべての均質な物質は，銅のような導体であっても，純粋なシリコンあるいは特定の不純物を含むシリコンのような半導体であっても，ある電場の値の範囲でオームの法則に従う．しかし，電場が強くなりすぎると，どんな場合でもオームの法則から外れていく．

✓ **CHECKPOINT 4:** 表は2つの素子にいくつかの電位差V(ボルト単位)を与えた場合の電流i(アンペア単位)を示している．このデータから，どちらの素子がオームの法則に従わないか，決めなさい．

素子1		素子2	
V	i	V	i
2.00	4.50	2.00	1.50
3.00	6.75	3.00	2.20
4.00	9.00	4.00	2.80

27-6 微視的に見たオームの法則

ある物質がなぜオームの法則に従うのか理解するためには，原子レベルでの伝導過程の詳細を見ていかなくてはならない．ここでは，銅のような金属の中での伝導だけを考えて，*自由電子模型*に基づいて話をすすめよう．この模型では，金属内の伝導電子は，閉じた容器内の気体分子のように，自由に運動すると考える．また，電子は金属原子だけと衝突すると仮定して，電子どうしの衝突は考えない．

古典物理学によれば，電子は気体中の分子と同じように，マックスウェルの速度分布をもつはずである．そのような分布（20-17節を見よ）では，電子の平均速度は絶対温度の平方根に比例するだろう．しかしながら，電子の運動は，古典物理学の法則ではなく，量子物理学の法則に支配されている．そして，金属中の伝導電子は，すべて同じ実効速度 v_{eff} で運動すると仮定する方が，実際の量子の世界をよく表している．この速さは温度にほとんど依存しない．銅の場合，$v_{\text{eff}} \approx 1.6 \times 10^6$ m/s である．

金属試料に電場をかけると，電子のランダムな動きが少し変わり，とてもゆっくりと——電場と反対の向きに——平均ドリフト速度 v_d で移動する．例題 27-3 で見たように，典型的な金属伝導体中のドリフト速度は約 5×10^{-7} m/s であり，実効速度（1.6×10^6 m/s）より何桁も小さい．図 27-12 は，ドリフト速度と実効速度の関係を示している．灰色の線は電場がない場合の電子のランダムな軌跡を示している；電子はAからBへ進む間に6回衝突している．緑の線は電場 $\vec{E}$ がかかっている場合に，同じ事象がどのようになるかを示している．電子が少しずつと右側にずれていき，BではなくB′に到着する．図 27-12 は $v_d \sim 0.02 v_{\text{eff}}$ という仮定に基づいて描かれている．しかし，実際の値は $v_d \sim (10^{-13}) v_{\text{eff}}$ であり，図に示されたずれは大幅に誇張されたものである．

このように，電場 $\vec{E}$ の中での伝導電子の運動は，ランダムな衝突による運動と電場 $\vec{E}$ による運動の組み合わせになっている．すべての自由電子を考えると，ランダム運動の平均はゼロになり，ドリフト速度には寄与しない．ドリフト速度は電場が電子に与える影響だけによる．

質量 m の電子が大きさ E の電場の中におかれたとき，ニュートンの第2法則によって電子は加速される：

$$a = \frac{F}{m} = \frac{eE}{m} \tag{27-18}$$

伝導電子の衝突は，衝突のたびに衝突前の記憶——ドリフト速度——を完全に失ってしまうようなものである．電子は衝突のたびに，ランダムな向きに新たなスタートを切る．衝突と衝突の間の平均時間 τ の間に，平均的な電子はドリフト速度 $v_d = a\tau$ を得る．ある瞬間のすべての電子のドリフト速度を測ることができれば，それらの平均ドリフト速度も $a\tau$ になるだろう．したがって，どの瞬間においても，電子の平均ドリフト速度は $v_d = a\tau$ になる．式 (27-18) より，

$$v_d = a\tau = \frac{eE\tau}{m} \tag{27-19}$$

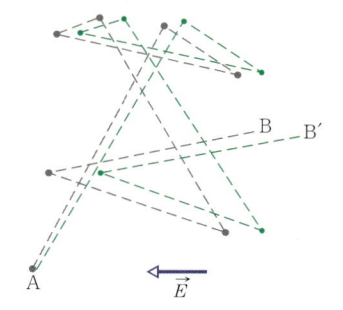

図 27-12 灰色の線は，電子がAからBへ移動する途中で6回衝突している様子を示している．緑の線は電場 $\vec{E}$ がある場合の電子の軌跡を示している．少しずつ $-\vec{E}$ の向きにドリフトしていくことに注目．（実際には，電子の軌跡はカーブを描く：電子は衝突の間に電場で加速されて放物線を描く．）

この結果と式(27-7)($\vec{J} = ne\vec{v}_d$)より，

$$v_d = \frac{J}{ne} = \frac{eE\tau}{m}$$

この式を書き直すと，

$$E = \left(\frac{m}{e^2 n \tau}\right) J$$

この結果を式(27-11)($\vec{E} = \rho\vec{J}$)と比べてみると，

$$\rho = \frac{m}{e^2 n \tau} \tag{27-20}$$

式(27-20)で表される金属の抵抗率が電場$\vec{E}$の強さによらない，ということを示すことができれば，金属はオームの法則に従うといってよい。n, m, eは定数だから，衝突の平均時間間隔τ(あるいは平均自由時間，mean free time)が外部電場の強さによらない定数であることを示せばよい。実際，τは定数とみなすことができる。なぜなら，電場によるドリフト速度v_dは実効速度v_{eff}に比べてとても小さいので，電子の速さは——そしてτも——電場の影響をほとんど受けない。

例題 27-5

(a) 銅の中での電子の衝突間の平均自由時間 τ はいくらか？

解法：　**Key Idea**：銅の平均自由時間 τ はほぼ一定であり，銅の試料にかける電場の強さにはよらない。したがって，電場の値を考える必要はない。しかし，電場をかけたときに銅に現われる抵抗率 ρ は τ によるので，式(27-20)($\rho = m/e^2 n \tau$)から平均自由時間 τ を求めることができる：

$$\tau = \frac{m}{ne^2 \rho}$$

例題27-3で求めたnの値，すなわち銅の単位体積あたりの伝導電子の数を使う。ρの値は表27-1からとる。これより，分母の値は，

$(8.49 \times 10^{28}\,\text{m}^{-3})(1.6 \times 10^{-19}\,\text{C})^2(1.69 \times 10^{-8}\,\Omega\cdot\text{m})$
$= 3.67 \times 10^{-17}\,\text{C}^2\cdot\Omega/\text{m}^2 = 3.67 \times 10^{-17}\,\text{kg/s}$

ここで，単位を次のように変換した：

$$\frac{\text{C}^2\cdot\Omega}{\text{m}^2} = \frac{\text{C}^2\cdot\text{V}}{\text{m}^2\cdot\text{A}} = \frac{\text{C}^2\cdot\text{J/C}}{\text{m}^2\cdot\text{C/s}} = \frac{\text{kg}\cdot\text{m}^2/\text{s}^2}{\text{m}^2\cdot\text{s}} = \frac{\text{kg}}{\text{s}}$$

この結果と電子の質量mの値を代入すると，

$$\tau = \frac{9.1 \times 10^{-31}\,\text{kg}}{3.67 \times 10^{-17}\,\text{kg/s}} = 2.5 \times 10^{-14}\,\text{s} \quad (\text{答})$$

(b) 導体中の伝導電子の平均自由行程 λ は，電子が衝突と衝突の間に移動する平均距離である。(この定義は，20-6節で行った気体分子の平均自由行程の定義と同じである。)銅の中での電子の平均自由行程 λ を求めなさい。電子の実効速度v_{eff}は$1.6 \times 10^6\,\text{m/s}$とする。

解法：　**Key Idea**：どんな粒子であっても，ある時間tの間に一定の速さvで進むときの距離dは$d = vt$である。これを銅の中の電子に適用すると，

$\lambda = v_{\text{eff}} \tau = (1.6 \times 10^6\,\text{m/s})(2.5 \times 10^{-14}\,\text{s})$
$= 4.0 \times 10^{-8}\,\text{m} = 40\,\text{nm} \quad (\text{答})$

これは，隣り合う銅原子の間の距離の約150倍である。したがって，平均的には，伝導電子は原子と衝突するまでに，多くの原子をすり抜けていくということになる。

27-7　回路の電力

図27-13の回路では，ある伝導素子が，抵抗値を無視できる導線で電池に接続されている。伝導素子は，抵抗，蓄電池(充電可能な電池)，モーター，あるいは他の電気素子でもかまわない。電池の端子間の電位差はVに保たれており，その結果(導線によって)伝導素子の端子間にも電位差Vがか

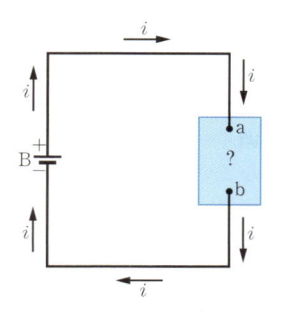

図27-13 伝導素子が接続された回路に電池Bが電流 i を流す。

トースターの中のコイルの導線は大きな抵抗をもっている。コイルに電流が流れると電気エネルギーが熱エネルギーに変わり，コイルの温度が上昇する。コイルは赤外線と可視光を放射してパンを焼く(焦がす)。

けられている；高電位側をa，低電位側をbとする。

電池の端子の外側に電流の通り道があり，電池によって電位差が保たれているので，端子aからbに向かって定常電流 i が流れる。時間 dt の間に端子間を移動する電荷量 dq は idt に等しい。この電荷 dq は，電位が V だけ小さくなるところを移動する。このときの電気ポテンシャルエネルギーの減少量は，

$$dU = dq\,V = i\,dt\,V$$

エネルギーの保存則によれば，aからbで電気ポテンシャルエネルギーが減少するということは，エネルギーが別の形態に移るということを意味している。このときの電力 (power，訳注：力学では仕事率と呼ばれる) P はエネルギー移動率 dU/dt であり，次式で表される：

$$P = iV \quad \text{(電気エネルギーの移動率)} \tag{27-21}$$

この電力 P は，電池から伝導素子へのエネルギー移動率でもある。伝導素子が機械的な負荷に接続されたモーターであれば，エネルギーはその負荷になされる仕事によって負荷へ移動する。充電可能な蓄電池であれば，エネルギーは化学エネルギーとして蓄電池の中に蓄えられる。この伝導素子が抵抗であれば，エネルギーは内部の熱エネルギーへ移り，抵抗の温度が上昇する。

電力の単位は，式(27-21)より，ボルト・アンペア (V·A) であり，次のように書くことができる：

$$1\,\text{V·A} = \left(1\,\frac{\text{J}}{\text{C}}\right)\left(1\,\frac{\text{C}}{\text{s}}\right) = 1\,\frac{\text{J}}{\text{s}} = 1\,\text{W}$$

電子が一定のドリフト速度で抵抗を通過する過程は，石が一定の終端速度で水中を落下していく過程とよく似ている。電子の運動エネルギーは一定で，失われた電気ポテンシャルエネルギーは，抵抗や周囲の熱エネルギーとして現われる。微視的に見ると，このエネルギー移動は，電子と抵抗の分子との衝突によるものである。この衝突によって抵抗の中の格子の温度が上昇する。このようにして熱エネルギーになった力学的エネルギーは，その逆が起こらないため，散逸する (dissipated) または失われるといわれる。

抵抗値 R をもつ抵抗，またはその他の素子における電気エネルギーの損失率 (散逸率) は，式(27-8) ($R = V/i$) と式(27-21) を組み合わせると，次のどちらかで表すことができる：

$$P = i^2 R \quad \text{(抵抗による散逸)} \tag{27-22}$$

または

$$P = \frac{V^2}{R} \quad \text{(抵抗による散逸)} \tag{27-23}$$

注意：これら2つ式と式(27-21)を注意深く区別しなくてはならない：$P = iV$ はあらゆる種類の電気エネルギーの移動に適用される；$P = i^2 R$ と $P = V^2/R$ は抵抗をもつ伝導素子で電気ポテンシャルエネルギーが熱エネ

> ✓ **CHECKPOINT 5:** 抵抗値Rの素子に電位差Vがかけられて電流iが流れている。次の4通りの変化を，電気エネルギーから熱エネルギーへのエネルギー移動率の変化が大きい順に並べなさい。(a)Rを変えずにVを倍にする，(b)iを倍にしてRを変えない，(c)Rを倍にしてVを変えない，(d)Rを倍にしてiを変えない。

例題 27-6

ニッケル-クロム-鉄の合金（ニクロム）でできた一様な電熱線がある；抵抗値Rは$72\,\Omega$である。以下の場合のエネルギー散逸率を求めなさい。(1) この電熱線の全長に対して電位差$120\,\mathrm{V}$がかけられた場合，(2) 電熱線を半分に切り，それぞれの電熱線に$120\,\mathrm{V}$の電位差をかけた場合。

解法： **Key Idea**：抵抗をもつ物質に流れる電流が，力学的エネルギーから熱エネルギーへのエネルギー移動を引き起こす；移動（散逸）率は式(27-21)から(27-23)で与えられる。電位Vと抵抗値Rがわかっているから，式(27-23)を使って，(1)の答が得られる：

$$P = \frac{V^2}{R} = \frac{(120\,\mathrm{V})^2}{72\,\Omega} = 200\,\mathrm{W} \qquad (答)$$

(2)の場合，半分になった電熱線の抵抗値は$(72\,\Omega)/2$ $(=36\,\Omega)$だから，それぞれの電熱線の散逸率は，

$$P' = \frac{(120\,\mathrm{V})^2}{36\,\Omega} = 400\,\mathrm{W}$$

電熱線は2本あるので，

$$P = 2P' = 800\,\mathrm{W} \qquad (答)$$

これは，もとの電熱線の散逸率の4倍である。したがって，電熱器を買ってきてその電熱線を半分に切り，それをつなぎ直せば4倍の熱量を得ることができる，という結論に達するかもしれない。しかし，これはあまり賢い考えではない。なぜだろう？（電熱器に流れる電流の総量はどうなるか？）

27-8 半導体

半導体素子は情報化時代のさきがけとなったマイクロエレクトロニクス革命の心臓部である。表27-2は，シリコン——典型的な半導体——と銅——典型的な金属導体——を比較したものである。シリコンは，電荷キャリア数が少なく，抵抗率が大きく，抵抗率の温度係数が負で，その絶対値が大きい。温度を上げると，銅の抵抗率は増えるが，純粋なシリコンの抵抗率は減少する。

　純粋なシリコンは，抵抗率が大きいので実質的には絶縁体に近く，電子回路に直接役に立つことはあまりない。しかし，特定の"不純物(impurity)"原子をごく微量加えると——この工程をドーピング(doping)と呼ぶ——抵抗率を大幅に小さな値に調整することができる。表27-1には，2種類の不純物を加える前後のシリコンの抵抗率の典型的な値を示した。

　半導体，絶縁体，金属導体の抵抗率（または伝導率）の違いは，電子のエネルギーという観点から説明することができる。（詳しい説明には量子物理学が必要になる）。銅線のような金属導体では，ほとんどの電子は分子に強く捕捉されている；このような電子を束縛から解放して，電流に寄与できるようにするためには，大きなエネルギーが必要になる。一方，分子への捕捉が弱く，少しのエネルギーで束縛から解放できる電子もいくらか存在する。熱エネルギーや導体に加えられる電場が，そのエネルギーを

表 27-2　銅とシリコンの電気的性質 [a]

性質	銅	シリコン
物質の種類	金属	半導体
電荷キャリア密度	9×10^{28}	1×10^{16}
抵抗率	2×10^{-8}	3×10^{3}
抵抗率の温度係数	$+4\times10^{-3}$	-70×10^{-3}

[a] 比較しやすいように有効数字1桁にまるめた。

供給することができる．電場は，電子を自由にするだけでなく，電子を導線に沿って動かす；こうして電場が導体中に電流を引き起こす．

絶縁体では，電子が物質中を自由に移動できるようにするには，かなり大きなエネルギーが必要である．熱エネルギーは十分なエネルギーを与えることができないし，絶縁体に電場をかけても，通常そのようなエネルギーを与えることはできない．したがって，絶縁体中を移動することのできる電子がないので，電場をかけても電流は生じない．

半導体は，絶縁体とほぼ同じであるが，電子を自由にするために必要なエネルギーがそれほど大きくないという点が異なる．しかし，もっと重要なことは，不純物を加えることで，物質への結合がとても弱いために容易に移動することのできる電子または正電荷のキャリアを供給することができるということだ．さらに，半導体に加える不純物を調整することで，電流に寄与する電荷キャリアの密度を調整し，それによって電気的性質のいくつかを調整することができる．トランジスタやダイオードのような半導体素子は，シリコンの異なる領域に異なる種類の不純物原子を加えることで作られる．

ここでもう一度，導体の抵抗率の式 (27-20) を見てみよう：

$$\rho = \frac{m}{e^2 n \tau} \qquad (27\text{-}24)$$

n は単位体積あたりの電荷キャリア数，τ は電荷キャリアの衝突の平均時間間隔である．(この式は導体について導出したが，半導体にも適用できる．) n と τ が温度上昇とともにどのように変化するか考えてみよう．

導体では n は大きいが，温度変化があってもほとんど変わらない．温度上昇によって金属の抵抗率が大きくなるのは (図27-10)，電荷キャリアの衝突頻度の増加によるものである；式 (27-24) の τ，すなわち，衝突の平均時間間隔が小さくなる．

半導体の n は小さいが，温度が上昇すると急激に増加する；熱運動によって多くの電荷キャリアが得られるからである．このため抵抗率が減少する；表27-2に示されるようにシリコンの抵抗率の温度係数は負の値となる．金属と同じように半導体でも衝突頻度は増加するが，その効果は電荷キャリア数の急激な増加に圧倒されている．

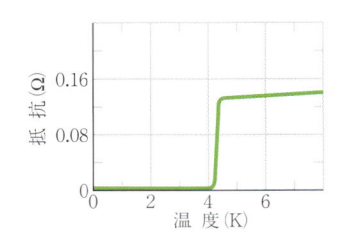

図 27-14 水銀の抵抗は絶対温度がおよそ 4K でゼロになる。

液体窒素で冷却された超伝導物質の上に円盤状の磁石が浮かんでいる。金魚も形だけ実験に参加している。

27-9 超伝導体

1911 年，オランダの物理学者 Kamerlingh Onnes は，約 4K 以下の温度で水銀の抵抗率が完全になくなることを発見した（図 27-14）。この**超伝導**（superconductivity）という現象がもつ技術的な重要性は計り知れない；電荷は，熱的なエネルギー損失なしに超伝導体中を流れることができるのだ。たとえば，超伝導体のリングを流れる電流は何年も流れ続ける；最初に電流を発生させるときに力とエネルギー源を必要とするが，それ以後は何も必要としない。

超伝導の技術的発展は，1986 年以前は，超伝導に必要な極低温をつくるためのコストによって制限されてきた。しかし，1986 年に新しいセラミックス（高温超伝導物質）が発見されたため，かなり高い温度で（より安価に）超伝導状態をつくることができるようになった。室温で使える実用的な超伝導装置もいつかは実現されるだろう。

超伝導と通常の電気伝導は全く異なった現象である。銀や銅のような（普通の意味で）最良の導体は，どんなに温度を下げても超伝導状態にはならず，新しいセラミックス超伝導体は，超伝導状態になるような十分に低い温度でなければ，とてもよい絶縁体である。

超伝導の説明のひとつは，電流の元になる電子が対をなしているというものである。電子対の片方の電子の運動により，超伝導体物質の分子構造が電気的に歪められ，短い時間だけ正電荷が集中する。もう一方の電子はこの正電荷に引きつけられる。この理論によれば，電子対がつくられると物質中の分子との衝突が妨げられるため，電気抵抗がなくなる。この理論は，1986 年以前の極低温での超伝導をよく説明することができるが，新しい高温超伝導には新しい理論が必要であるようだ。

まとめ

電流 導体を流れる**電流**は次式で定義される：

$$i = \frac{dq}{dt} \quad (27\text{-}1)$$

dq は，時間 dt の間に仮想的な断面を通過する（正の）電荷量である。便宜上，正電荷キャリアが移動するであろう向きを電流の向きとする。電流の SI 単位は**アンペア**（A）である：$1\text{A} = 1\text{C/s}$。

電流密度 電流（スカラー量）と**電流密度** $\vec{J}$（ベクトル量）の関係は，

$$i = \int \vec{J} \cdot d\vec{A} \quad (27\text{-}4)$$

$d\vec{A}$ は面積 dA の面積要素に垂直なベクトルである。積分は導体を横切る任意の断面について行う。$\vec{E}$ の向きは，正電荷の場合は電荷の速度と同じ向き，負電荷の場合は逆向きになる。

ドリフト速度と電荷キャリア 導体の中に電場 $\vec{E}$ がつくられると，電荷キャリア（正と仮定する）は $\vec{E}$ の向きにドリフト速度 v_d を得る；ドリフト速度 $\vec{v}_d$ と電流密度の関係は，

$$\vec{J} = (ne)\vec{v}_d \quad (27\text{-}7)$$

ne はキャリアの電荷密度である。

導体の抵抗 導体の**抵抗**は次式で定義される：

$$R = \frac{V}{i} \quad (R \text{ の定義}) \quad (27\text{-}8)$$

V は導体の両端間の電位差，i は電流である。抵抗の SI 単位はオーム（Ω）である：$1\,\Omega = 1\text{V/A}$。同じような関係式により，物質の抵抗率 ρ と伝導率 σ が定義される：

$$\rho = \frac{1}{\sigma} = \frac{E}{J} \quad (\rho \text{ と } \sigma \text{ の定義}) \quad (27\text{-}12,\ 27\text{-}10)$$

E は電場の大きさである．抵抗率の SI 単位はオーム・メートル ($\Omega \cdot$m) である．式 (27-10) に対応するベクトル式は，

$$\vec{E} = \rho \vec{J} \quad (27\text{-}11)$$

長さ L，断面積 A の一様な断面をもつ導体の抵抗 R は，

$$R = \rho \frac{L}{A} \quad (27\text{-}16)$$

抵抗率の温度変化　ほとんどの物質の抵抗率 ρ は温度とともに変化する．金属等の多くの物質では，温度 T と抵抗率 ρ の関係は，次式で近似される：

$$\rho - \rho_0 = \rho_0 \alpha (T - T_0) \quad (27\text{-}17)$$

T_0 は基準となる温度，ρ_0 は T_0 での抵抗率，α はその物質の抵抗率の温度係数である．

オームの法則　ある素子（導体，抵抗器，その他の電気素子）の抵抗 R ($= V/i$，式 (27-8) で定義される) が，電位差 V によらなければ，その素子はオームの法則に従うという．物質の抵抗率 (式 (27-10) で定義される) が電場 $\vec{E}$ の大きさと向きによらなければ，その物質はオームの法則に従うという．

金属の抵抗率　気体分子のように，金属中の伝導電子が自由に動けると仮定すると，金属の抵抗率を導くことができる：

$$\rho = \frac{m}{e^2 n \tau} \quad (27\text{-}20)$$

n は単位体積あたりの自由電子の数，τ は電子と金属原子の衝突の平均時間間隔である．τ が電場の大きさ E によらないということから，金属がオームの法則に従うことを理解できる．

電力　電位差 V が与えられた電気素子における電力 P（またはエネルギー移動率）は，

$$P = iV \quad \text{（電気エネルギーの移動率）} \quad (27\text{-}21)$$

抵抗によるエネルギー散逸　素子が抵抗の場合は，式 (27-21) は次のようになる：

$$P = i^2 R = \frac{V^2}{R} \quad \text{（抵抗によるエネルギー散逸）}$$
$$(27\text{-}22,\ 27\text{-}23)$$

抵抗の中では，電荷キャリアと原子の間の衝突により，電気ポテンシャルエネルギーが内部の熱エネルギーに変換される．

半導体　半導体は，伝導電子の数は少ないが，不純物の添加により自由電子の数が増えて導体になるような物質である．

超伝導体　超伝導体は低温で電気抵抗がなくなるような物質である．最近の研究によれば，驚くほど高い温度で超伝導になるような物質が見つかっている．

問　題

1. 図 27-15 は，導線の断面を流れる電流 i を 4 つの時間帯に分けてプロットしたものである．それぞれの時間帯に断面を通過する正味の電荷が大きいものから順に並べなさい．

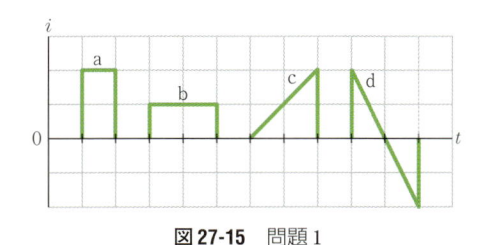

図 27-15 問題 1

2. 図 27-16 は，正と負の電荷が，ある領域を水平方向に移動する様子を 4 通り示したもので，電荷の移動率が与えられている．この領域を流れる正味の電流が大きいものから順に並べなさい．

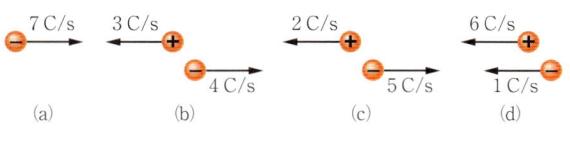

図 27-16 問題 2

3. 図 27-17 は，同じ物質でできた同じ長さの 3 本の導線の断面を描いたもので，各辺の長さがミリメートル単位で示されている．（導線の長さ方向の両端の間の）抵抗の大きいものから順に並べなさい．

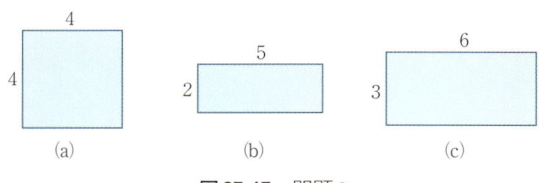

図 27-17 問題 3

4. 円筒状の導線を円筒形を保ったまま引き延ばすと，

（長さ方向の両端の間で測った）抵抗は大きくなるか，小さくなるか，変わらないか．

5. 図27-18は，同じ物質でできた同じ長さの3つ導体の断面を描いたもので，辺の長さが示されている．導体Bは導体Aにぴったりはまり，導体Cは導体Bにぴったりはまるようになっている．次にあげる導体を，両端間の抵抗が大きいものから順に並べなさい：それぞれの導体，A＋B，B＋C，A＋B＋Cの組み合わせ．

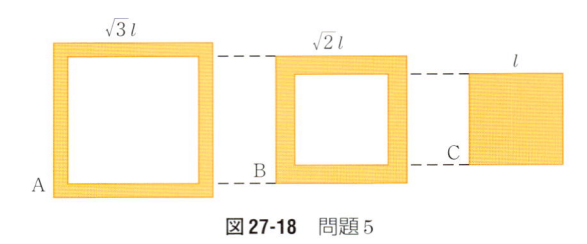

図27-18 問題5

6. 図27-19は，辺の長さがL，$2L$，$3L$の直方体の導体を示している．図28-8bのように，ある電位差Vがこの導体の向かい合う面（上下，左右，前後）の間にかけられる．これらの面の組み合わせを，次の量が大きなものから順に並べなさい：(a)導体中の電場の大きさ，(b)導体中の電流密度，(c)導体を流れる電流，(d)導体を流れる電子のドリフト速度．

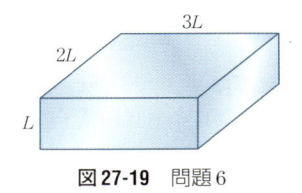

図27-19 問題6

7. 次の表は，銅の丸棒の長さ，半径，両端の電位差を示している．これらの丸棒を次の量が大きいものから順に並べなさい：(a)導体中の電場の大きさ，(b)導体中の電流密度，(c)導体を流れる電子のドリフト速度．

棒	長さ	直径	電位差
1	L	$3d$	V
2	$2L$	d	$2V$
3	$3L$	$2d$	$2V$

8. 次の表に，物質A，B，C，Dの伝導率と伝導電子数密度が与えられている．これらの物質を，伝導電子の衝突の平均時間間隔が大きいものから順に並べなさい．

	A	B	C	D
伝導率	σ	2σ	2σ	σ
電子	n	$2n$	n	$2n$

9. 同じ半径の3本の導線を，ある一定の電位差に保たれた2点間に，順番につないでいく．導線の抵抗率と長さは，それぞれρとL（導線A），1.2ρと$1.2L$（導線B），0.9ρとL（導線C）である．導線中での（熱エネルギーへの）エネルギー移動率の大きいものから順に並べなさい．

10. 図27-20は，4つの物質の抵抗率を温度の関数として示したものである．(a)どの物質が導体で，どの物質が半導体か．どの物質中で温度上昇が(b)単位体積あたりの伝導電子の増加となり，(c)伝導電子の衝突頻度の増加になるだろうか．

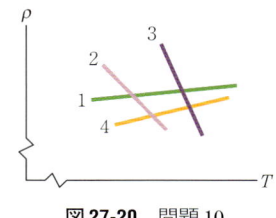

図27-20 問題10

28 回　　路

南米の川に潜む電気ウナギ(Electrophorus)は，電流パルスで獲物の魚を捕らえる．自分の体長ほどの間隔に数百ボルトの電位差を発生させるので，頭から尾へ向かって水の中を流れる電流は1アンペアにもなる．あなたが水泳中にこのウナギに振れたら(突然の痛みにびっくりしたあとで)不思議に思うことだろう．

自分自身がショックを受けずに，この生き物はどうやってそんなに大きな電流を発生できるのか？

答えは本章で明らかになる．

28-1 電荷ポンプ

抵抗に電荷キャリアを流したければ，抵抗の両端に電位差が必要である．電位差を与える方法のひとつは，抵抗の両端に充電されたキャパシターの電極を接続することである．しかし，この方法の問題点は，電流によってキャパシターが放電し，電極の両端がすぐに同じ電位になってしまうことである．そうなると抵抗内部の電場はなくなり電流は流れなくなる．

　定常的な電荷の流れを作り出すためには，端子間の電位差を一定に保つための電荷ポンプ"charge pump"——電荷キャリアに対して仕事をする装置——が必要である．このような装置は，**起電力発生装置**(emf device)と呼ばれ，電荷キャリアに対して仕事をする；このことを，**起電力**(emf) $\mathcal{E}$ を供給するという．emfという言葉は，今ではあまり使われなくなったが，起電力発生装置の機能が良く理解される前に使われていた *electromotive force*（起電力）に由来している．

　第27章では，回路に生じた電場——電荷キャリアを移動させる力を生

116　第28章　回　路

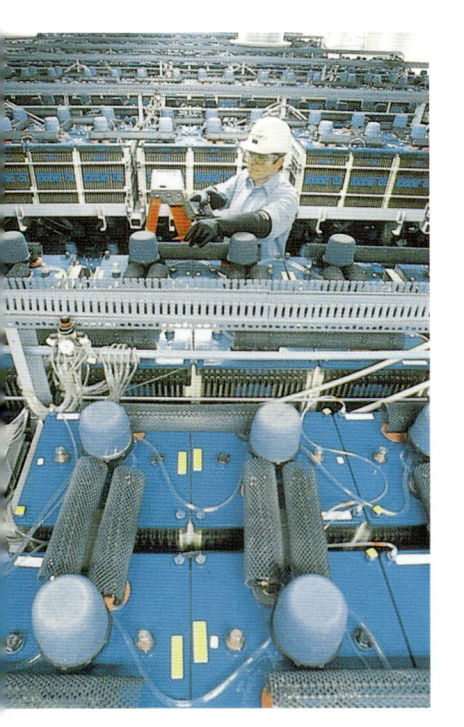

Southern California Edison 社が，ピーク時の電力需要を満たすために Chino (カリフォルニア州) に設置した世界最大の電池は，10 MW の電力を供給する．電池は電荷に対して仕事をするので，起電力発生装置である．

じる場——という観点から，回路を流れる電荷キャリアの運動について議論した．本章では別のアプローチをする：すなわち，電荷キャリアの運動に必要なエネルギーという観点で議論する——起電力発生装置が仕事をして電荷キャリアの運動に必要なエネルギーを供給する．

　電池は身近な起電力発生装置である；腕時計から潜水艦に至るまで様々な機械の動力に使われている．しかし，私たちの日常生活に最も関わりの深い起電力発生装置は発電機(electric generator)であろう；発電所からの電線を通して家庭や職場に電位差を作り出している．太陽電池(solar cell)として知られている起電力発生装置は，宇宙船に取り付けられた羽根のようなパネルだけでなく，家庭用の装置として郊外に点在している．あまりなじみがないかも知れないが，スペースシャトルに搭載されている燃料電池(fuel cell)や，宇宙船や南極大陸その他の人里離れた基地の電力を供給しているサーモパイル(thermopile，訳注：直列接続された熱電対)もまた起電力発生装置である．起電力発生装置は必ずしも機械である必要はない——電気ウナギや人間から植物に至るまで，いろいろな生命系も生理学的起電力発生装置をもっている．

　ここに挙げた装置の動作原理は様々であるが，すべて同じ基本的な機能を果たす——電荷キャリアに対して仕事をして，端子間に電位差を発生する．

28-2　仕事，エネルギー，起電力

　図28-1の簡単な回路では，起電力発生装置(電池だとしよう)が抵抗R(抵抗や抵抗器は ─W─ 記号で表される)に接続されている．起電力発生装置は，一方の電極(正極と呼ばれ，＋記号で表される)を，もう一方の電極(負極と呼ばれ，－記号で表される)より高い電位に保っている．装置の起電力を負極から正極に向かう矢印で表そう(図28-1)．矢印の始点の小さな丸印は，電流の向きを示す矢印と区別するためである．

　起電力発生装置が回路に接続されていないときは，内部の化学反応は電荷キャリアの流れを引き起こさない．しかし，回路に接続されると(図28-1)，内部の化学反応は，起電力の矢印の向きに負極から正極へ正電荷キャリアの流れを引き起こす．この流れは，回路を同じ向きに(図28-1では時計まわりに)流れる電流の一部となっている．

　起電力発生装置の内部では，電位の低い領域——電気ポテンシャルエネルギーの低い領域(負極)——から電位の高い——電気ポテンシャルエネルギーの高い領域(正極)——に正電荷キャリアが移動している．この移動の向きは，電極間の電場(正極から負極に向いている)が引き起こすであろう電荷移動の向きとは逆である．

　したがって，この装置の中にはエネルギー源があって，電荷に力を及ぼして仕事をしているに違いない．エネルギー源は(電池や燃料電池のように)化学的なものかも知れないし，(発電機のように)機械的な力かも知れない．あるいは，(サーモパイルのように)温度差や，(太陽電池のように)太陽がエネルギーを供給しているのかも知れない．

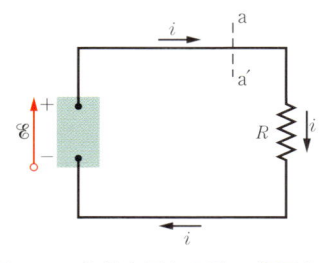

図 28-1　簡単な電気回路；起電力 $\mathcal{E}$ が電荷キャリアに仕事をして，抵抗値 R の抵抗に一定の電流 i を流す．

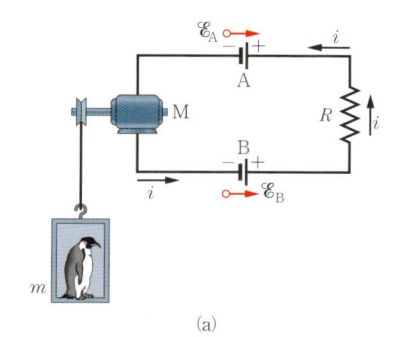

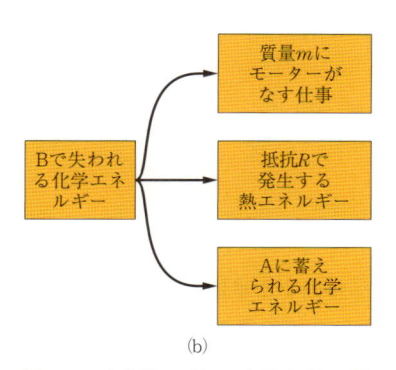

仕事およびエネルギー移動の観点から図28-1の回路について考察しよう。時間dtの間に，回路の任意の断面（たとえばaa'）を電荷dqが通過したとする。これと同じ電荷量が起電力発生装置の低電位側に流れ込み，高電位側から流れ出すに違いない。起電力発生装置は電荷dqを移動させるためにdWの仕事をしなければならない。起電力発生装置の起電力は，この仕事によって定義される：

$$\mathscr{E} = \frac{dW}{dq} \quad (\mathscr{E}の定義) \qquad (28\text{-}1)$$

言葉で表すと，起電力発生装置の起電力とは，その装置の低電位側から高電位側へ単位電荷を移動させるのに装置がする仕事である。起電力のSI単位はジュール/クーロンである；第25章では，この単位をボルトと定義した。

理想的な起電力発生装置では，内部の電荷が負極から正極まで移動するときに抵抗が働かない。理想的な起電力発生装置の電極間の電位差は装置の起電力に等しい。たとえば，起電力12.0 Vをもつ理想的電池の電極間の電位差は12.0 Vである。

これに対して，現実の電池のような**現実の起電力発生装置**では，内部の電荷移動に対して内部抵抗がある。現実の起電力発生装置が回路につながれていないときは，電流が流れないので，電極間の電位差は起電力に等しい。しかし，回路につながれて電流が流れると，電極間の電位差は起電力と異なる。そのような現実の電池については28-4節で議論する。

起電力発生装置が回路に接続されると，この装置は回路を流れる電荷キャリアにエネルギーを与える。このエネルギーは，電荷から他の装置——たとえば電球の光など——に移動することができる。図28-2aの回路は，2つの充電可能な理想的電池AとB，抵抗R，電動モーターMで構成されている；モーターは回路の電荷キャリアから受け取ったエネルギーを使って物体を持ち上げることができる。2個の電池は，電荷が回路を反対向きに流れるように接続されている。回路に流れる電流の実際の向きは，より大きな起電力をもつ電池（電池Bだとする）によって決まる。電池Bの化学エネルギーは，回路を流れる電荷にエネルギーが移動するために減少する。しかし，電池Aの中では電流が正極から負極の向きに流れるので化学エネルギーは増加する。このようにして電池Bは電池Aを充電する。また，電池BはモーターMにエネルギーを供給し，抵抗Rで散逸するエネルギーを供給する。図28-2bは，電池Bから移動するエネルギーを3通り示している；これらは皆，電池Bの化学エネルギーを減少させる。

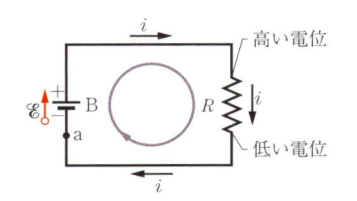

図28-2 (a) $\mathscr{E}_B > \mathscr{E}_A$ であるから，電池Bが電流の向きを決定する。(b) 回路の中のエネルギー移動。モーターの内部でのエネルギー散逸はないとする。

28-3 単ループ回路の電流

図28-3のような簡単な単ループ回路 (single-loop circuit) を流れる電流を，2つの等価な方法で計算してみよう；ひとつはエネルギー保存則，もうひとつは電位に基づくものである。回路は，起電力$\mathscr{E}$の理想的な電池B，抵抗値Rの抵抗，2本の導線で構成されている。（特に断らない限り導線の抵抗は無視する；導線は単に電荷の移動経路を提供するだけである。）

図28-3 単ループ回路：抵抗Rが起電力$\mathscr{E}$の理想的電池Bに接続されている。電流iは回路のどこでも同じである。

エネルギー法

式(27-22)($P=i^2R$)は,時間dtの間に$i^2R\,dt$のエネルギーが,熱エネルギーとして図28-3の抵抗に現れることを示している.(導線の抵抗は無視できるので,導線で熱エネルギーは発生しない.)同じ時間に$dq=i\,dt$の電荷が電池Bを通過するので,電池が電荷に対してする仕事は,式(28-1)より,

$$dW = \mathcal{E}\,dq = \mathcal{E}\,i\,dt$$

理想的な電池がした仕事は,エネルギー保存則から,抵抗で発生した熱エネルギーに等しい:

$$\mathcal{E}\,i\,dt = i^2R\,dt$$

これより,

$$\mathcal{E} = iR$$

起電力$\mathcal{E}$は,電池から運動している電荷へ移動する単位電荷あたりのエネルギーである.iRは運動している電荷から抵抗の熱エネルギーへ移動する単位電荷あたりのエネルギーである.したがって,この式は,電荷へ移動する単位電荷あたりのエネルギーが,電荷から移動する単位電荷あたりのエネルギーに等しいことを示している.この式を解いて,

$$i = \frac{\mathcal{E}}{R} \tag{28-2}$$

電 位 法

図28-3の回路の任意の点から出発して,電位差を代数的に足しながら,どちらかの方向に回路を一周してみよう.出発点に戻ったとき,その電位は出発点の電位に等しくなるはずだ.実際に計算してみる前に,この考え方をきちんと述べておこう.この方法は,図28-3のような単ループ回路だけでなく,28-6節で議論するような多重ループ回路(multiloop circuit)の中の任意の閉ループについても成り立つ:

▶ **閉回路の法則**(loop rule):閉ループ回路を一周するとき,電位変化の代数和は常にゼロである.

これは,ドイツの物理学者Gusutav Robert Kirchhoffにちなんでキルヒホッフの閉回路法則(Kirchhoff's loop rule),またはキルヒホッフの電圧法則(Kirchhoff's voltage law)と呼ばれている.この法則は,たとえば,ある地点の高さが標高(海面からの高さ)というひとつの物差しで測られるのと同等である.ある地点から出発し,山を歩き回った後で出発点に戻ると,高低の変化の和はゼロでなければならない.

図28-3で電位V_aの点aから出発して,電位変化を勘定しながら,回路を時計まわりに回って点aに戻る場合を考えよう.出発点は電池の低電位側電極である.電池は理想的なので電極間の電位差は$\mathcal{E}$である.したがっ

て電池の中を高電位側電極に移動するときの電位変化は$+\mathcal{E}$である。

上側の導線を通って抵抗の上端まで行く間，導線の抵抗は無視できるので電位変化はない；すなわち，上側の導線，したがって抵抗の上端も，電池の高電位側電極の電位に等しい。しかし，抵抗を横切ると電位は変化する；式(27-8)により$V = iR$。ここでは抵抗の高電位側から低電位側へ通り抜けるので，電位は低くなり，電位変化は$-iR$となる。

下側の導線を通って点aまで戻る。導線の抵抗は無視できるので電位変化はない。点aに戻ると電位は再びV_aである。電位は経路の途中で変化するが，完全に一周したので，最初の電位は最後の電位に等しくなくてはならない：

$$V_a + \mathcal{E} - iR = V_a$$

両辺のV_aを消去して，

$$\mathcal{E} - iR = 0$$

これをiについて解くと，エネルギー法(式(28-2))で得られたものと同じ結果，$i = \mathcal{E}/R$，が得られる。

回路の反時計まわりに回る場合に閉回路法則を適用すると，

$$-\mathcal{E} + iR = 0$$

これより，時計まわりのときと同じ結果$i = \mathcal{E}/R$が得られる。このように，閉回路法則はどの向きに適用してもかまわない。

図28-3よりもっと複雑な回路を扱う準備として，電位差に関する2つの規則を確認しておこう：

▶ **抵抗の規則**：電流と同じ向きに抵抗を横切るとき電位差は$-iR$，逆向きに横切るときは$+iR$である。

▶ **起電力の規則**：理想的起電力発生装置を起電力の矢印の向きに横切るとき電位差は$+\mathcal{E}$，逆向きでは$-\mathcal{E}$である。

✓ **CHECKPOINT 1:** 図は，電池Bと抵抗Rから構成される単ループ回路を流れる電流iを示す(導線の抵抗は無視できるとする)。(a)電池Bの起電力の矢印は左向きか，右向きか？ 点a，b，cにおいて，(b)電流の大きさ，(c)電位，(d)電荷のポテンシャルエネルギー，を大きい順に並べよ。

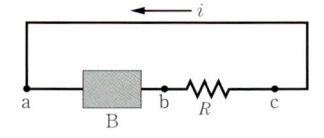

28-4 単ループ回路の発展形

ここでは図28-3の簡単な回路を2通りの方法で発展させる。

内部抵抗

図28-4 a は，導線で抵抗値 R の抵抗に接続された，内部抵抗 r をもつ実在の電池を示す．電池の内部抵抗は，電池内の導電性物質の抵抗なので取り除くことができない．しかし図28-4aでは，起電力 $\mathcal{E}$ の理想的電池と抵抗値 r の抵抗とに分離して描いてある．それぞれの部品を表す記号の順序は関係ない．

閉回路法則を点aから出発して時計まわりに適用すると，電位変化は，

$$\mathcal{E} - ir - iR = 0 \tag{28-3}$$

電流について解くと，

$$i = \frac{\mathcal{E}}{R+r} \tag{28-4}$$

電池が理想的(すなわち $r=0$)であるならば，この式は式(28-2)になることに注意せよ．

図28-4bは，回路を一周するときの電位の変化を図示したものである．(図28-4bを図28-4aの閉回路と結びつけるには，左側の点aと右側の点aが重ねるように丸めてみればよい．)回路を一周することは，山を歩き回って同じ高さの出発点に戻るようなものである．

本書では，現実の電池という記述がなければ，また特に内部抵抗が示されていなければ，電池は理想的であると仮定する；しかし，現実の世界では実在する電池はすべて内部抵抗をもっている．

直列接続の抵抗

図28-5aでは，起電力 $\mathcal{E}$ の理想的電池に3つの抵抗が**直列に**(in series)接続されている．この表現は，抵抗がどのように描かれているかには関係がない．"直列に"は，抵抗が導線で連結されて，その両端に電位差 V がある

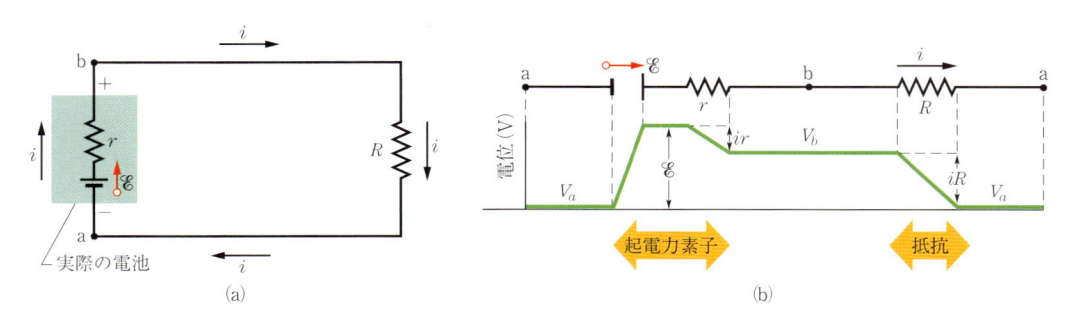

図28-4 (a)内部抵抗 r と起電力 $\mathcal{E}$ をもつ実際の電池を含む単ループ回路．(b)直線状に引き伸ばされた回路．点aから時計まわりに回るときの電位が示されている．電位 V_a の値は任意なので，これをゼロとし，回路の他の電位は V_a に対して相対的に描かれている．

28-4 単ループ回路の発展形

ということを意味している。図28-5aでは、3つの抵抗がaとbの間に連結されて、電池によってaとbの間に電位差が保たれている。それぞれの抵抗にかかる電位差によってそれぞれの抵抗に流れる電流iはすべて等しい。一般的には、

▶ 電位差Vが直列に接続された抵抗にかかると、個々の抵抗には同じ電流iが流れる。個々の抵抗の両端の電位差の和は全体にかけられた電位差Vに等しい。

直列に接続された抵抗を流れる電荷の経路はひとつだけしかない。もし別の経路があると、それぞれの抵抗を流れる電流は異なり、抵抗が直列に接続されているとは言えない。

▶ 直列に接続された抵抗は、等価抵抗R_{eq}で置き換えることができる；等価抵抗に流れる電流は個々の抵抗に流れる電流iに等しく、等価抵抗にかかる電位差は全体の電位差Vである。

等価抵抗R_{eq}と直列接続された個々の抵抗に同じ電流が流れていることを、"ser-i"というナンセンスな言葉で覚えておくとよい。図28-5bは、図28-5aの3つの抵抗を置き換えた等価なひとつの抵抗R_{eq}を示す。

図28-5bのR_{eq}を求めるために、両方の回路に閉回路の法則を適用しよう。図28-5aの点aから出発して時計まわりに回ると、

$$\mathcal{E} - iR_1 - iR_2 - iR_3 = 0$$

または、

$$i = \frac{\mathcal{E}}{R_1 + R_2 + R_3} \qquad (28\text{-}5)$$

図28-5bでは3つの抵抗がひとつの等価抵抗で置き換えられているので、

$$\mathcal{E} - iR_{eq} = 0$$

または、

$$i = \frac{\mathcal{E}}{R_{ep}} \qquad (28\text{-}6)$$

式(28-5)と式(28-6)より、

$$R_{eq} = R_1 + R_2 + R_3$$

n個の直列に接続された抵抗に対しては、

$$R_{eq} = \sum_{j=1}^{n} R_j \quad \text{(直列に接続されたn個の抵抗)} \qquad (28\text{-}7)$$

抵抗が直列に接続されているときは、等価な抵抗値は個々のどの抵抗値よりも大きいことに注意しよう。

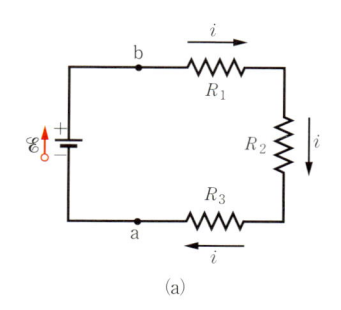

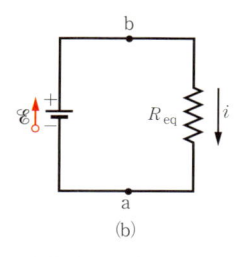

図28-5 (a) 点aと点bの間に3個の抵抗が直列に接続されている。(b) 3個の抵抗がひとつの等価抵抗R_{eq}で置き換えられた等価回路。

✓ **CHECKPOINT 2:** 図28-5aにおいて、$R_1 > R_2 > R_3$のとき、これらの抵抗を(a)それらを流れる電流、(b)個々の抵抗の電位差、の大きい順に並べよ。

28-5 電位差

回路上の任意の2点間の電位差を知りたいことがしばしばある。たとえば，図28-4aの点bと点aの間の電位差はいくらか？ これを求めるために，点bから抵抗 R を通って点aまで時計まわりに回ってみよう。V_a と V_b をそれぞれ点bと点aの電位とする。電流と同じ向きに抵抗を通過するとき（抵抗の規則によって）電位は下がるので，

$$V_b - iR = V_a$$

これを書き換えると，

$$V_b - V_a = +iR \tag{28-8}$$

これは点bの電位が点aの電位より高いことを示している。式(28-8)と(28-4)を合わせると，

$$V_b - V_a = \mathscr{E}\frac{R}{R+r} \tag{28-9}$$

r は起電力発生装置の内部抵抗である。

▶ 回路上の任意の2点間の電位差を求めるためには，出発点から終点まで，個々の電位変化を回路に沿って代数的に足し合わせればよい。

もう一度 $V_b - V_a$ を求めよう；点bから出発して点aまで，今度は反時計まわりに電池を通る。

$$V_b + ir - \mathscr{E} = V_a$$

または，

$$V_b - V_a = \mathscr{E} - ir \tag{28-10}$$

式(28-4)と合わせると，再び式(28-9)が得られる。

図28-4における $V_b - V_a$ は，電池の両端の電位差である。以前指摘したように，$V_b - V_a$ は電池の内部抵抗を無視できるとき（式(28-9)で $r=0$)，または回路が接続されていないとき（式(28-10)で $i=0$)，電池の起電力 $\mathscr{E}$ に等しい。

図28-4において，$\mathscr{E} = 12\,\mathrm{V}$, $R = 10\,\Omega$, $r = 2\,\Omega$ とする。電池の両端の電位差は，式(28-9)より，

$$V_b - V_a = (12\,\mathrm{V})\frac{10\,\Omega}{10\,\Omega + 2.0\,\Omega} = 10\,\mathrm{V}$$

電荷を"汲み上げる(pumping)"ために，電池は単位電荷当たり $\mathscr{E} = 12\,\mathrm{J/C}$，または12Vの仕事をする。しかし電池の内部抵抗のために，電極間には10J/C，または10Vの電位差しか生じない。

電力，電位，起電力

電池または他の種類の起電力発生装置が電荷キャリアにする仕事によって電流が流れるとき，エネルギーは（電池内の化学物質のような）エネルギ

一源から電荷キャリアへ移動する. 実在の起電力発生装置には内部抵抗 r があるので, 27-7 節で学んだように, 起電力発生装置のエネルギーは抵抗で散逸して内部の熱エネルギーへ移動する. このエネルギー移動の関係を見てみよう.

起電力発生装置から電荷キャリアへのエネルギー移動率 P は, 式(27-21)により,

$$P = iV \tag{28-11}$$

V は起電力発生装置両端の電位差である. 式(28-10)より, $V = \mathcal{E} - ir$ を式(28-11)に代入すると,

$$P = i(\mathcal{E} - ir) = i\mathcal{E} - i^2 r \tag{28-12}$$

式(28-12)の $i^2 r$ は, 起電力発生装置内部の熱エネルギーへのエネルギー移動の割合 P_r を表している:

$$P_r = i^2 r \quad (\text{内部の散逸率}) \tag{28-13}$$

したがって, 式(28-12)の $i\mathcal{E}$ は, 起電力発生装置が電荷キャリアと内部熱エネルギーの両方に与えるエネルギーの総和にちがいない:

$$P_{\text{emf}} = i\mathcal{E} \quad (\text{起電力発生装置の電力}) \tag{28-14}$$

"間違った向き"に電流を流して電池が充電されると, エネルギーは電荷キャリアから電池——電池の化学エネルギーと内部抵抗 r で散逸するエネルギー——へ移動する. このとき, 化学エネルギーの変化率は式(28-14), 内部抵抗でのエネルギー散逸率は式(28-13), 電荷キャリアのエネルギー供給率は式(28-11)で与えられる.

例題 28-1

図 28-6 における起電力と抵抗の値は,

$\mathcal{E}_1 = 4.4\,\text{V}$, $\quad \mathcal{E}_2 = 2.1\,\text{V}$,
$r_1 = 2.3\,\Omega$, $\quad r_2 = 1.8\,\Omega$, $\quad R = 5.5\,\Omega$

(a) 回路に流れる電流 i はいくらか?

解法: **Key Idea**: 閉回路の法則を適用して, この単ループ回路に流れる電流 i に対する表式を求める. 電流 i の向きを知る必要はないが, 2つの電池の起電力から容易に知ることができる. $\mathcal{E}_1$ の方が $\mathcal{E}_2$ よりも大きいので, 電池 1 が電流 i の向きを決める; すなわち, 時計まわり

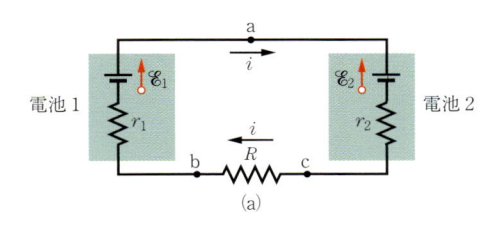

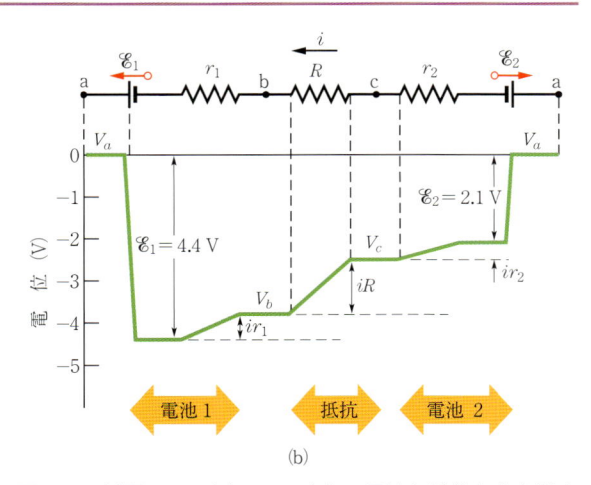

図 28-6 例題 28-1. (a) 2 つの実在の電池と抵抗を含む単ループ回路. 電池は向き合っており, 互いに反対向きに電流を流そうとする. (b) 電位のグラフ: 点 a の電位をゼロとして, 点 a から反時計まわりに回る. (グラフを回路と結びつけるには, 回路を点 a で切断して, 回路の左側を左に, 回路の右側を右に広げるとよい.)

124 第28章 回　路

である．点aから出発して，電流と反対向きに反時計まわりに回って閉回路法則を適用しよう：
$$-\mathcal{E}_1 + ir_1 + iR + ir_2 + \mathcal{E}_2 = 0$$
この式は，時計まわりに回っても，出発点をa以外にとっても成り立つことに注意しよう．また，この式の各項を，図28-6bの電位変化の図と照らし合わせてみよう（図では点aの電位をゼロとしている）．

上の単ループ回路の式をiについて解くと，
$$i = \frac{\mathcal{E}_1 - \mathcal{E}_2}{R + r_1 + r_2} = \frac{4.4\,\text{V} - 2.1\,\text{V}}{5.5\,\Omega + 2.3\,\Omega + 1.8\,\Omega} \quad \text{(答)}$$
$$= 0.2396\,\text{A} \approx 240\,\text{mA}$$

(b) 図28-6aの電池1の電極両端の電位差はいくらか？

解法：　**Key Idea**：点aと点bの間の電位差を足し合わせればよい．点b（実質的には電池1の負極）から出発して，電池1を通り，電位変化に注目しながら点a（実質的には電池1の正極）に向かって時計まわりに回ろう．
$$V_b - ir_1 + \mathcal{E}_1 = V_a$$
これより，
$$V_a - V_b = -ir_1 + \mathcal{E}_1$$
$$= -(0.2396\,\text{A})(2.3\,\Omega) + 4.4\,\text{V}$$
$$= +3.84\,\text{V} \approx 3.8\,\text{V} \quad \text{(答)}$$
この値は電池の起電力よりも小さい．図28-6aの点bから出発して反時計まわりに点aに向かっても同じ結果を得ることができる．

✓ **CHECKPOINT 3**：　電池の起電力が12V，内部抵抗が2Ωであるとする．電流が電池の中を（a）負極から正極に向かって，（b）正極から負極に向かって，流れる場合，または（c）流れない場合，電池電極間の電位差は12Vより大きいか，小さいか，それとも同じか？

PROBLEM-SOLVING TACTICS

Tactic 1：　電流の向きを仮定する
回路の問題を解くときは，予め電流の向きを知る必要はない．そのかわり，多少勇気がいるかも知れないが，適当な向きを仮定すればよい．たとえば，図28-6aの電流の向きを矢印と逆の反時計まわりだと仮定してみよう．点aから反時計まわりに閉回路法則を適用すると，
$$-\mathcal{E}_1 - ir_1 - iR - ir_2 + \mathcal{E}_2 = 0$$

または，
$$i = -\frac{\mathcal{E}_1 - \mathcal{E}_2}{R + r_1 + r_2}$$
例題28-1の数値を代入すれば，$i = -240\,\text{mA}$となる．負符号は，電流の向きが，最初に仮定したのと逆向きであることを意味している．

28-6　多重ループ回路

図28-7は2つ以上のループを含む回路を示す．簡単のために，電池は理想的だとする．この回路には，aとbの2つの分岐点（junction）があり，この分岐点につながる3つの分岐回路（branch）がある；左分岐（bad），右分岐（bcd），中央分岐（bd）の3回路である．3つの分岐回路を流れる電流はそれぞれいくらだろう？

それぞれの分岐回路に異なった添字をつけて区別しよう．電流i_1は分岐回路badのどこでも同じ値であり，i_2は分岐回路bcdのどこでも同じ値である．i_3は分岐回路bdを流れる電流である．電流の向きは任意にとってよい．

まず分岐点dについて考える：この分岐点に流れ込む電流i_1とi_3によって電荷が入り込み，分岐点から流れ出す電流i_2によって電荷が流れ出す．分岐点での電荷量は変化しないので，流れ込む電流の総量は，流れ出す電流の総量に等しくなくてはならない：

$$i_1 + i_3 = i_2 \quad (28\text{-}15)$$

この条件を分岐点bに適用すれば，容易に同じ式が得られる．式(28-15)

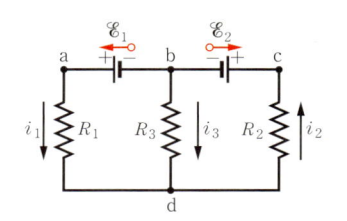

図 28-7 3つの分岐回路をもつ多重ループ回路：左分岐は bad，右分岐は bcd，中央分岐は bd である．回路はまた3つのループから構成される：左ループ badb，右ループ bcdb，大ループ badcb である．

は，次の一般的原理を示唆している：

▶ **分岐点の法則**(junction rule)：分岐点に流れ込む電流の和は，その分岐点から流れ出す電流の和に等しい．

この法則は，キルヒホッフの分岐点法則(Kirchhoff's junction rule)，またはキルヒホッフの電流法則(Kirchhoff's current law)と呼ばれている．これは電荷の定常的な流れに対する電荷の保存──分岐点では電荷の発生も消滅もない──を表している．このように，複雑な回路の問題を解くための道具は，(エネルギーの保存則に基づく)*閉回路の法則*と(電荷の保存則に基づく)*分岐点の法則*である．

式(28-15)は3個の未知数を含んでいる．回路を完全に解くためには(すなわち，3つの電流を知るためには)，これらの未知数を含むさらに2つの関係式が必要である．これは2つのループに閉回路の法則を適用して得られる．図28-7には3つのループがある：左ループ(badb)，右ループ(bcdb)，大ループ(badcb)．どれを選ぶかは問題ではない──ここでは左ループと右ループを選択しよう．

左ループを点bから出発して反時計まわりに回って閉回路法則を適用すると，

$$\mathcal{E}_1 - i_1 R_1 + i_3 R_3 = 0 \quad (28\text{-}16)$$

右ループを点bから出発して反時計まわりに回って閉回路法則を適用すると，

$$-i_3 R_3 - i_2 R_2 - \mathcal{E}_2 = 0 \quad (28\text{-}17)$$

これで3つの未知の電流を含む3つの式(式(28-15)，(28-16)，(28-17))が得られた．この連立方程式は様々な方法で解くことができる．

大ループを点bから出発して反時計まわりに回って閉回路法則を適用すると，

$$\mathcal{E}_1 - i_1 R_1 - i_2 R_2 - \mathcal{E}_2 = 0$$

この式は新たな情報を与えるように見えるが，実際は単に式(28-16)と(28-17)の和である．(しかし，式(28-16)と(28-17)のどちらかを，式(28-15)と組み合わせれば正しい結果が得られる．)

抵抗の並列接続

図28-8aでは，起電力$\mathcal{E}$の理想的な電池に3個の抵抗が*並列に*(in parallel)接続されている．"並列に"は，複数の抵抗の両端がそれぞれ起電力発生装置に直接つながれていて，電位差Vが両端の間にかかっていることを意味している．したがって，3個の抵抗すべてに同じ電位差Vがかかり，それぞれの電流が抵抗を流れる．一般的には，

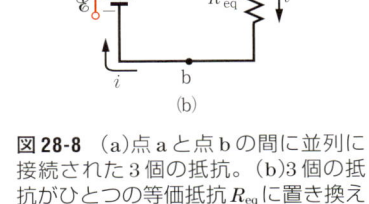

▶ 並列に接続された抵抗に電位差Vがかかるとき，すべての抵抗は同じ電位差Vをもつ．

図 28-8 (a)点aと点bの間に並列に接続された3個の抵抗．(b)3個の抵抗がひとつの等価抵抗R_{eq}に置き換えられた等価回路．

図28-8aでは，電位差Vは電池によって保持されている．図28-8bでは，3個の並列に接続された抵抗が，ひとつの等価な抵抗R_{eq}に置き換えられている．

> 並列に接続された抵抗は，等価抵抗R_{eq}で置き換えることができる；等価抵抗にかかる電位差は個々の抵抗にかかる電位差Vに等しく，等価抵抗に流れる電流は電流の総和iに等しい．

等価抵抗R_{eq}と並列接続された個々の抵抗が同じ電位差Vをもっていることを，"par-V"というナンセンスな言葉で覚えておくとよい．

図28-8bのR_{eq}を求めるために，まず図28-8aのそれぞれの抵抗に流れる電流を求めよう：

$$i_1 = \frac{V}{R_1}, \quad i_2 = \frac{V}{R_2}, \quad i_3 = \frac{V}{R_3}$$

Vは点aと点bの間の電位差である．図28-8aの点aに分岐点の法則を適用し，上の式を代入すると，

$$i = i_1 + i_2 + i_3 = V\left(\frac{1}{R_1} + \frac{1}{R_2} + \frac{1}{R_3}\right) \quad (28\text{-}18)$$

3個の並列接続の抵抗を等価抵抗R_{eq}（図28-8b）で置き換えると，

$$i = \frac{V}{R_{eq}} \quad (28\text{-}19)$$

式(28-18)と(28-19)を比べると，

$$\frac{1}{R_{eq}} = \frac{1}{R_1} + \frac{1}{R_2} + \frac{1}{R_3} \quad (28\text{-}20)$$

この結果をn個の抵抗の場合に拡張すると，

$$\frac{1}{R_{eq}} = \sum_{j=1}^{n} \frac{1}{R_j} \quad \text{（並列に接続されたn個の抵抗）} \quad (28\text{-}21)$$

2個の抵抗の場合には，その抵抗値の積を和で割ったものが等価な抵抗値になる：

$$R_{eq} = \frac{R_1 R_2}{R_1 + R_2} \quad (28\text{-}22)$$

間違って積で和を割ったものを等価な抵抗とすると，次元が正しくないことにすぐ気がつくであろう．

2個以上の抵抗を並列に接続すると，等価な抵抗は個々の抵抗よりも小さな値になることに注意しよう．抵抗あるいはキャパシターを，直列または並列に接続したときの等価な値を表28-1にまとめた．

表28-1 直列または並列に接続された抵抗とキャパシター

直列	並列	直列	並列
抵抗		キャパシター	
$R_{eq} = \sum_{j=1}^{n} R_j$ 式(28-7)	$\dfrac{1}{R_{eq}} = \sum_{j=1}^{n} \dfrac{1}{R_j}$ 式(28-21)	$\dfrac{1}{C_{eq}} = \sum_{j=1}^{n} \dfrac{1}{C_j}$ 式(26-20)	$C_{eq} = \sum_{j=1}^{n} C_j$ 式(26-19)
すべての抵抗に同じ電流	すべての抵抗に同じ電位差	すべてのキャパシターに同じ電荷	すべてのキャパシターに同じ電位差

> **CHECKPOINT 4:** 電位差 V の電池が抵抗値の同じ2個の抵抗に接続され，電流 i が流れている．抵抗が，(a) 直列，(b) 並列，に接続された場合，それぞれの抵抗にかかる電位差とそれぞれの抵抗に流れる電流はいくらか？

例題 28-2

図 28-9a は，理想的な電池と4つの抵抗を含む多重ループ回路を示す．電池の起電力と抵抗の値は，

$R_1 = 20\,\Omega$, $\quad R_2 = 20\,\Omega$, $\quad \mathcal{E} = 12\,\text{V}$,
$R_3 = 30\,\Omega$, $\quad R_4 = 8.0\,\Omega$

(a) 電池を流れる電流はいくらか？

解法： まず，電池を流れる電流は，R_1 を流れる電流に等しいことに注目する．**Key Idea 1**：R_1 を含むループに閉回路法則を適用する；なぜなら，R_1 を流れる電流が，R_1 の両端の電位差を表す式の中に含まれているからである．左側のループか大きなループのどちらを選んでもよい．起電力の矢印が上向きなので，電池が供給する電流は時計まわりに流れる．そこで，点 a から左側のループを時計まわりに回って閉回路法則を適用しよう．電池を流れる電流を i とすると，

$$+\mathcal{E} - iR_1 - iR_2 - iR_4 = 0 \quad (\text{誤り})$$

しかし，この式では R_1, R_2, R_4 に同じ電流 i が流れると仮定しているので間違いである．R_1 と R_4 には同じ電流が流れる；R_4 を流れる電流は電池を通って R_1 にも流れるので電流値は変わらない．しかし，電流は点 b で分岐する——電流の一部だけが R_2 に流れ，残りは R_3 に流れる．

回路に流れる電流を区別するために，図 28-9b のように，個々の電流に添字をつける．点 a から出発して時計まわりに左側のループを回って閉回路法則を適用すると，

$$+\mathcal{E} - i_1 R_1 - i_2 R_2 - i_1 R_4 = 0$$

残念ながら，この式には2つの未知数 (i_1 と i_2) がある；少なくとも式がもうひとつ必要である．

Key Idea 2：等価な抵抗を見つけることによって，図 28-9b の回路を簡単化する．R_1 と R_2 は直列ではないので等価な抵抗では置き換えられない．しかし R_2 と R_3 は並列なので，式 (28-21) または (28-22) を使って等価な抵抗 R_{23} に置き換えることができる．式 (28-22) より，

$$R_{23} = \frac{R_2 R_3}{R_2 + R_3} = \frac{(20\,\Omega)(30\,\Omega)}{50\,\Omega} = 12\,\Omega$$

ここで回路を図 28-9c のように描き直すことができる；R_1 と R_4 を流れる電荷は必ず R_{23} を通るので，R_{23} を流れる電流は i_1 になることに注目せよ．この単ループ回路に対して，閉回路法則を (点 a から時計まわりに) 適用すると，

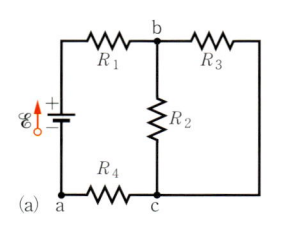

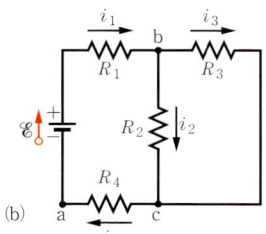

図 28-9 例題 28-2．(a) 理想的な起電力 $\mathcal{E}$ の電池と4つの抵抗を含む多重ループ回路．(b) 抵抗に流れる電流を仮定する．(c) 回路の簡単化：抵抗 R_2 と R_3 が等価な抵抗 R_{23} で置き換えられた．R_{23} を流れる電流は R_1 と R_4 に流れる電流に等しい．

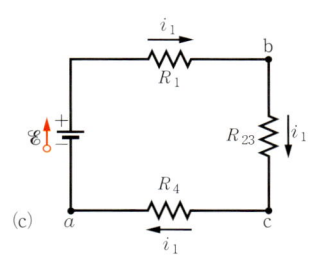

$$+\mathcal{E} - i_1 R_1 - i_1 R_{23} - i_1 R_4 = 0$$

与えられた数値を代入すると，

$$12\,\text{V} - i_1(20\,\Omega) - i_1(12\,\Omega) - i_1(8.0\,\Omega) = 0$$

これより，

$$i_1 = 12\,\text{V}/40\,\Omega = 0.30\,\text{A} \quad (\text{答})$$

(b) R_2 を流れる電流 i_2 はいくらか？

解法： **Key Idea 1**：図 28-9c の等価回路から元に戻る；R_{23} は並列接続の R_2 と R_3 を置き換えたものである．**Key Idea 2**：R_2 と R_3 は並列なので，それぞれの抵抗にかかっている電位差は R_{23} の両端の電位差と同じである．R_{23} を流れる電流は 0.30 A であることがわかっている．したがって，R_{23} の両端の電位差 V_{23} は，式 (27-8) ($R = V/i$) を使って求めることができる：

$$V_{23} = i_1 R_{23} = (0.30\,\text{A})(12\,\Omega) = 3.6\,\text{V}$$

R_2 の両端の電位差は 3.6 V であるから，R_2 を流れる電流 i_2 は，式 (27-8) より，

$$i_2 = V_2/R_2 = 3.6\,\text{V}/20\,\Omega = 0.18\,\text{A} \quad (\text{答})$$

(c) R_3 を流れる電流 i_3 はいくらか？

解法： (b) と同じ考え方で求めることができるが，また，次の **Key Idea** を使ってもよい：分岐点の法則により，

図28-9bの点bにおいて，流れ込む電流i_1と流れ出す電流i_2およびi_3の間には，次の関係がある：
$$i_1 = i_2 + i_3$$

これより，
$$i_3 = i_1 - i_2 = 0.30\,\text{A} - 0.18\,\text{A} = 0.12\,\text{A} \quad \text{(答)}$$

例題 28-3

図28-10の回路を構成する要素は以下の値をもっている：
$$\mathcal{E}_1 = 3.0\,\text{V}, \quad \mathcal{E}_2 = 6.0\,\text{V},$$
$$R_1 = 2.0\,\Omega, \quad R_2 = 4.0\,\Omega$$
3つの電池は理想的な電池である。3つの分岐回路に流れる電流の大きさと向きを求めよ。

解法：この回路を簡単化しようとしても無駄である；どこにも並列接続の抵抗はない。(右側の分岐回路と左側の分岐回路にある)直列接続の抵抗は問題ではない。

Key Idea：分岐点法則と閉回路法則を適用する。

電流の向きを任意にとって(図28-10)，点aに分岐点法則を適用すると，
$$i_3 = i_1 + i_2 \quad (28\text{-}23)$$
点bに分岐点法則を適用しても同じ結果が得られる。次に，回路の3つのループのうちの2つに閉回路法則を適用する。まず左側のループの点aから出発して反時計まわりに回ると，
$$-i_1 R_1 - \mathcal{E}_1 - i_1 R_1 + \mathcal{E}_2 + i_2 R_2 = 0$$
与えられた数値を代入して整理すると，
$$i_1(4.0\,\Omega) - i_2(4.0\,\Omega) = 3.0\,\text{V} \quad (28\text{-}24)$$
2つ目のループとして右側のループをとり，点aから時計まわりに回って閉回路法則を適用すると，
$$+i_3 R_1 - \mathcal{E}_2 + i_3 R_1 + \mathcal{E}_2 + i_2 R_2 = 0$$
これに数値を代入すると，
$$i_2(4.0\,\Omega) + i_3(4.0\,\Omega) = 0 \quad (28\text{-}25)$$
式(28-25)からi_3を消すために式(28-23)を使うと，

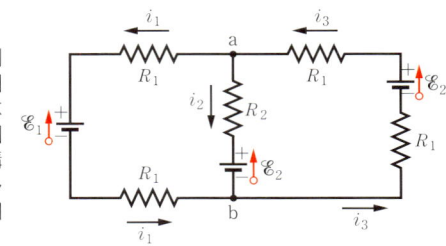

図 **28-10** 例題28-3。3個の理想的な電池と5個の抵抗で構成される多重ループ回路。

$$i_1(4.0\,\Omega) + i_2(8.0\,\Omega) = 0 \quad (28\text{-}26)$$
2つの未知数(i_1とi_2)に対して2つの関係式(式(28-24)と(28-26))が得られた。これは手計算で簡単に解けるし，数学の公式を使って解くこともできる。(ひとつの方法はAppendix CにあるCramerの公式を用いることである。) この結果，
$$i_2 = -0.25\,\text{A}$$
(負符号は，図28-10で任意に選んだ電流i_2の向きが逆であることを示している；$\mathcal{E}_2$とR_2を流れるi_2は上向きである。) $i_2 = -0.25\,\text{A}$を式(28-26)に代入してi_1について解くと，
$$i_1 = 0.50\,\text{A} \quad \text{(答)}$$
したがって，式(28-23)より，
$$i_3 = i_1 + i_2 = 0.25\,\text{A} \quad \text{(答)}$$
i_1とi_3が正の値になったので，任意に選んだ電流の向きは正しかった。i_2の向きを正しくとれば，i_2の大きさは，
$$i_2 = 0.25\,\text{A} \quad \text{(答)}$$

例題 28-4

電気魚は発電細胞(electroplaque)と呼ばれる生物学的電池によって電流を流すことができる。本章冒頭の写真で紹介した南アメリカの電気ウナギの場合には，発電細胞が140本の列(row)をつくり，各列には5000個の発電細胞が体長に沿って並んでいる。図28-11aは発電細胞の配列を示している；個々の発電細胞の起電力$\mathcal{E}$は0.15V，内部抵抗は0.25Ωである。ウナギのまわりの水によって，発電細胞列の両端(一方がウナギの頭，もう一方が尾の近く)を結ぶ回路が閉じる。

(a) ウナギのまわりの水の抵抗が$R_w = 800\,\Omega$だとすると，ウナギは水中にどれだけの電流を流すことができるか？

解法：**Key Idea**：図28-11aの起電力と内部抵抗の組み合わせを，等価な起電力と抵抗で置き換えて簡単化する。まずひとつの列について考える。5000個の発電細胞から構成される1列の総起電力$\mathcal{E}_{\text{row}}$は，個々の起電力の和である：
$$\mathcal{E}_{\text{row}} = 5000\mathcal{E} = (5000)(0.15\,\text{V}) = 750\,\text{V}$$
1列の抵抗R_{row}は5000個の発電細胞の内部抵抗の和である：
$$R_{\text{row}} = 5000r = (5000)(0.25\,\Omega) = 1250\,\Omega$$
したがって，140本の各列を，起電力$\mathcal{E}_{\text{row}}$と抵抗R_{row}で表すことができる(図28-11b)。

図28-11bの点aと点bの間の起電力は，どの列でも$\mathcal{E}_{\text{row}} = 750\,\text{V}$である。すべての列は同等で，図28-11bのように左側でつながれているので，すべての列の点bは同じ電位になる。したがって，これらの点は接続され

たひとつの点bとみなすことができる．点aと点bの間の起電力は$\mathscr{E}_{row} = 750$ Vとなり，回路は図28-11cのように描くことができる．

図28-11cの点bと点cの間には140個の抵抗R_{row}が並列に並んでいる．これに等価な抵抗R_{eq}は，式(28-21)より，

$$\frac{1}{R_{eq}} = \sum_{j=1}^{140} \frac{1}{R_j} = 140 \frac{1}{R_{row}}$$

または，

$$R_{eq} = \frac{R_{row}}{140} = \frac{1250\ \Omega}{140} = 8.93\ \Omega$$

並列接続された抵抗をR_{eq}で置き換えると，図28-11dのような簡単化された回路が得られる．点bを出発点としてこの回路を反時計まわりに回って閉回路法則を適用すると，

$$\mathscr{E}_{row} - iR_w - iR_{eq} = 0$$

電流iについて解いて，与えられている数値を代入すると，

$$i = \frac{\mathscr{E}_{row}}{R_w + R_{eq}} = \frac{750\ \text{V}}{800\ \Omega + 8.93\ \Omega}$$
$$= 0.927\ \text{A} \approx 0.93\ \text{A} \qquad \text{(答)}$$

魚がウナギの頭や尾が近くにいれば，この電流の一部は魚を流れ，気絶させたり殺したりする可能性がある．

(b) 図28-11aの各列に流れる電流i_{row}はいくらか？

解法： **Key Idea**：すべての列は同等なので，ウナギに流れ込む，またはウナギから流れ出す電流は列に等しく分配される：

$$i_{row} = \frac{i}{140} = \frac{0.927\ \text{A}}{140} = 6.6 \times 10^{-3}\ \text{A} \qquad \text{(答)}$$

それぞれの列を流れる電流は，水中を流れる電流より2桁ほど小さい．電流はウナギの体全体に拡がっているので，魚を気絶させたり殺したりしても，自分が気絶したり死んだりすることはない．

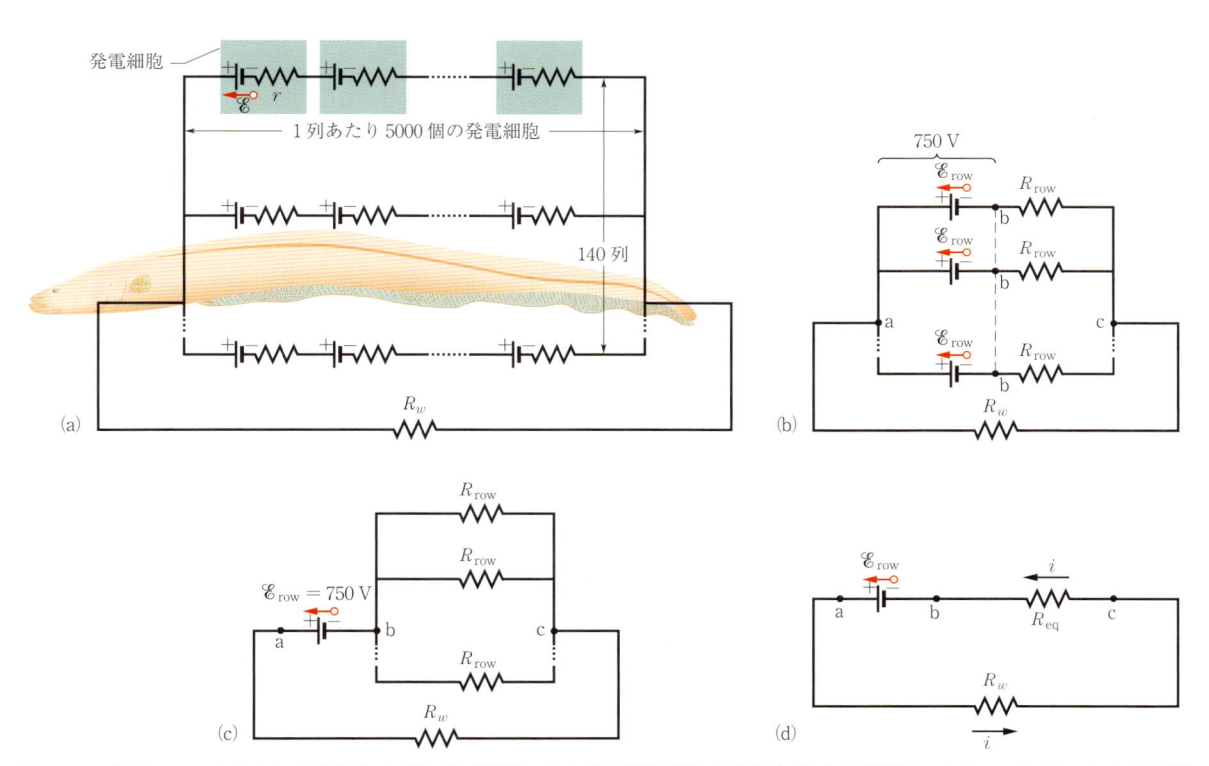

図 28-11 例題28-4．(a) 水中の電気ウナギを表す回路．ウナギの発電細胞は起電力$\mathscr{E}$と内部抵抗rをもっている．ウナギの頭から尾まで伸びる140本の列それぞれに5000個の発電細胞が並んでいる．まわりの水の抵抗はR_wである．(b) 各列の起電力$\mathscr{E}_{row}$と内部抵抗R_{row}．(c) 点aと点bの間の起電力は，$\mathscr{E}_{row}$である．点bと点cの間には140個の抵抗R_{row}が並列に接続されている．(d) 並列抵抗をR_{eq}で置き換えて簡単化された回路．

PROBLEM-SOLVING TACTICS

Tactic 2: 電池と抵抗で構成された回路を解く
未知の電流または電位差がある回路の問題を解くのに2つの一般的な方法がある。

1. 直列または並列につながれた抵抗を等価抵抗で置き換えて回路を簡単にできるなら，まずそうしなさい。回路を単ループにできるなら，例題28-2aでやったように，電池とループに流れる電流を求めることができる。特定の抵抗に流れる電流や電位差を求めるためには，例題28-2bでやったように，抵抗の簡単化を逆にたどればよい。

2. 回路が単ループに簡単化できなければ，例題28-3でやったように，分岐点法則と閉回路法則を使って連立方程式をたてなさい。未知数と同じ数だけの独立な関係式が必要である。特定の抵抗に流れる電流または電位差を求めたいときは，少なくともひとつのループはその抵抗を通らなければならない。

Tactic 3: 回路の問題を解くときに任意に選べること
例題28-3において，いくつかのことを任意に選んだ。(1)図28-10の電流の向きを任意に仮定した。(2)連立方程式をたてるのに3つの可能なループから任意に2つを選択した。(3)それぞれのループをどの向きに回るか任意に選んだ。(4)出発点と終点を任意に選んだ。

初心者にはこのような任意性が気になるかもしれないが，経験者は何の問題もないことを知っている。2つの規則をしっかりと心に留めておけばよい。まずは，選択したループを完全に一周すること。次に，ひとたび電流の向きを決めたら，すべての電流値が得られるまでそれを堅持することである。選択した電流の向きが間違っていても，数値の負符号がそれを知らせてくれるから，負符号を消して回路図の電流の矢印を逆向きに書き換えれば容易に訂正することができる。しかしながら，例題28-3で見たように，この訂正は回路を解くためのすべての計算が終わるまでやってはいけない。

28-7 電流計と電圧計

電流の測定に用いる測定器を*電流計*（ammeter）と呼ぶ。導線に流れる電流を測定するために，導線を切断して電流計を挿入するのが普通である；測定すべき電流は電流計を流れる。（図28-12では，電流計Aで電流iを測定する。）

電流計の抵抗R_Aは，回路の中の他の抵抗よりずっと小さいことが重要である。そうでなければ，電流計の存在が測定すべき電流を変化させてしまう。

電位差を測定するメーターを*電圧計*（voltmeter）と呼ぶ。回路の任意の2点間の電位差を測るために，回路を切断することなしに電圧計の両端をその点に接続する。（図28-12では，電圧計VでR_1の両端の電位差を測定する。）

電圧計の抵抗R_Vは，並列に接続される回路素子の抵抗よりも非常に大きいことが重要である。そうでなければ，電圧計そのものが主要な回路素子になって，測定すべき電位差を変化させてしまう。

電流計と電圧計はひとつの測定器にまとめられていることが多く，スイッチを切り替えることによって使い分けることができる。このような測定器は，たいてい*抵抗計*（ohmmeter）——端子に接続された素子の抵抗を測定する装置——の機能を備えている。そのような多目的測定器はマルチメーターと呼ばれる。

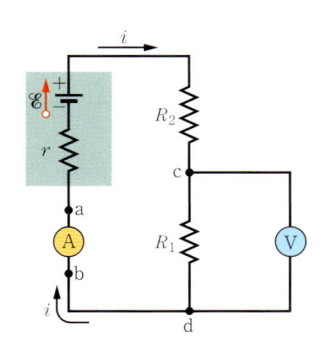

図28-12 電流計(A)と電圧計(V)の接続方法を示す単ループ回路。

28-8　RC 回 路

前節までは，電流が時間的に変化しない回路だけを扱った．本節では電流の時間変化について考えよう．

キャパシターの充電

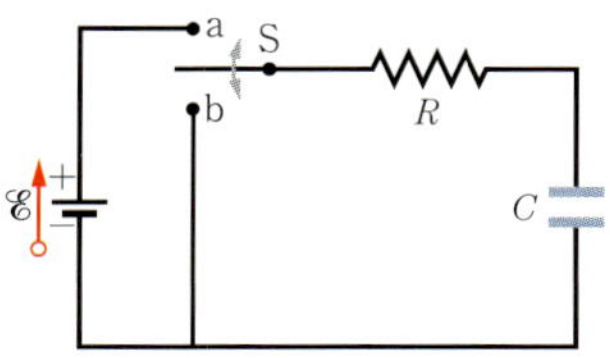

図 28-13 のキャパシター(電気容量 C) は，初めは充電されていない．充電するためにスイッチ S を a につなぐと，キャパシター，起電力 $\mathscr{E}$ の理想的電池，抵抗 R で構成される RC 回路が完成する(閉じる)．

回路が閉じると，26-2 節より，すぐにキャパシターのそれぞれの電極板と電池の間を電荷が流れ始める(電流が生じる)．電流は，電極板上の電荷 q と電極間の電位差 V_C ($=q/C$) を増大させる．電極間の電位差が電池の電位差(ここでは電池の起電力 $\mathscr{E}$)と等しくなったとき，電流はゼロになる．完全に充電されたキャパシターの平衡状態での(最終の)電荷量は，式 (26-1) ($q=CV$) より，$C\mathscr{E}$ となる．

ここで，充電の過程を調べてみよう．特に，キャパシター電極板上の電荷 $q(t)$，キャパシターの電位差 $V_C(t)$，回路を流れる電流 $i(t)$ が，充電の過程でどのように変化するかに注目する．まず，電池の負極から出発して回路を時計まわりに回って閉回路法則を適用しよう：

$$\mathscr{E} - iR - \frac{q}{C} = 0 \tag{28-27}$$

左辺の第 3 項は，キャパシターの電位差を表す．電池の正極に接続されているキャパシターの上極板は下極板より高い電位にあるので，この項は負である．したがって，キャパシターを上から下に通過すると電位が低下する．

式 (28-27) は 2 つの変数 (i と q) を含むので，すぐには解くことができない．しかし，2 つの変数は独立ではなく次のような関係がある：

$$i = \frac{dq}{dt} \tag{28-28}$$

この i を式 (28-27) に代入して並べ替えると，

$$R\frac{dq}{dt} + \frac{q}{C} = \mathscr{E} \quad (\text{充電の式}) \tag{28-29}$$

この微分方程式は，図 28-13 のキャパシターの電荷 q の時間変化を表している．これを解くためには，この方程式を満たし，初めは充電されていないという条件 ($t=0$ のとき $q=0$) を満たす関数 $q(t)$ を見つけなければならない．

後で導出するが，式 (28-29) の解は次のようになる：

$$q = C\mathscr{E}(1 - e^{-t/RC}) \quad (\text{キャパシターの充電}) \tag{28-30}$$

(e は指数関数の底，2.718...，であり，素電荷ではない．) 式 (28-30) は確かに初期条件を満たしている；$t=0$ のとき $e^{-t/RC}$ は 1 だから $q=0$ になる．また，$t=\infty$ では(充分に時間が経過したとき) $e^{-t/RC}$ がゼロになるから，この式はキャパシターが完全に充電したときの(平衡状態の)電荷量，す

図 28-13 スイッチ S を a につなぐと，抵抗を通してキャパシターは充電される．スイッチを b に入れると，キャパシターは抵抗を通して放電される．

なわち $q = C\mathcal{E}$，を正しく与えていることにも注目しよう．充電中の電荷 $q(t)$ のようすを図 28-14a に示す．

電荷 $q(t)$ の微分がキャパシターを充電する電流 $i(t)$ であるから，

$$i = \frac{dq}{dt} = \left(\frac{\mathcal{E}}{R}\right)e^{-t/RC} \quad \text{(キャパシターの充電)} \quad (28\text{-}31)$$

充電中の電流の時間変化 $i(t)$ を図 28-14b に示す．電流の初期値は $\mathcal{E}/R$ で，キャパシターが充電されるにつれて減り，最後にはゼロになる．

▶ 電流にとって，充電中のキャパシターは，最初は接続された導線のように，充分時間が経過した後では切れた導線のようにふるまう．

式 (26-1) ($q = CV$) と式 (28-30) より，充電中のキャパシターの電位差は，

$$V_C = \frac{q}{C} = \mathcal{E}(1 - e^{-t/RC}) \quad \text{(キャパシターの充電)} \quad (28\text{-}32)$$

この式は，$t = 0$ のとき $V_C = 0$，完全に充電されたとき ($t \to \infty$) $V_C = \mathcal{E}$ であることを示している．

時定数

式 (28-30)，(28-31)，(28-32) に現れる積 RC の次元は時間である（指数関数の変数は無次元でなければならないし，実際，$1.0\,\Omega \times 1.0\,\text{F} = 1.0\,\text{s}$ である）．RC は回路の（容量性）**時定数** (capacitive time constant) と呼ばれ，τ と記される：

$$\tau = RC \quad \text{(時定数)} \quad (28\text{-}33)$$

最初充電されていない図 23-13 のキャパシターの時刻 $t = \tau$ ($= RC$) における電荷量は，式 (28-30) より，

$$q = C\mathcal{E}(1 - e^{-1}) = 0.63\,C\mathcal{E} \quad (28\text{-}34)$$

言葉で表現すると，最初の時定数 τ の間に，電荷はゼロから最終的な電荷量 $C\mathcal{E}$ の 63% まで増加する．図 28-14 の小さな三角印は，キャパシター充電の時定数の間隔で時間軸に表示されている．RC 回路の充電時間はしばしば τ で表される；τ が大きくなるほど，充電に要する時間は長くなる．

キャパシターの放電

ここでは，図 28-13 のキャパシターは完全に充電され，電位差 V_0 は電池の起電力 $\mathcal{E}$ と等しいとする．スイッチ S を a から b に切り替えると（この時刻を新たに $t = 0$ とする），キャパシターは抵抗 R を通して放電する．キャパシターの電荷 $q(t)$ とキャパシターと抵抗の放電ループを通して流れる電流 $i(t)$ は，どのような時間変化をするだろうか？

$q(t)$ に関する微分方程式は，式 (28-29) と似ているが，放電ループに電池がないので $\mathcal{E} = 0$ である：

$$R\frac{dq}{dt} + \frac{q}{C} = 0 \quad \text{(放電の式)} \quad (28\text{-}35)$$

この微分方程式の解は，キャパシターの初期電荷量を q_0 ($= CV_0$) とする

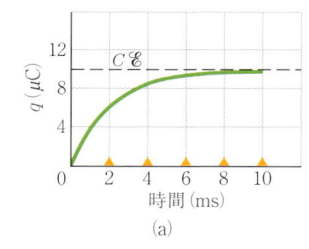

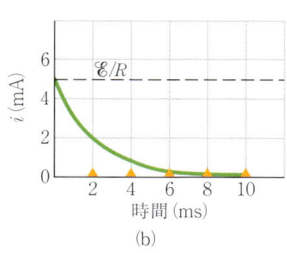

図 28-14 (a) 式 (28-30) の曲線：図 28-13 のキャパシターに電荷が溜まっていく様子を示す．(b) 式 (28-31) の曲線：図 28-13 の回路を流れる電流が減る様子を示す．このグラフは，$R = 2000\,\Omega$，$C = 1\,\mu\text{F}$，$\mathcal{E} = 10\,\text{V}$ に対するプロットである；小さな三角印は時定数 τ の間隔で描かれている．

と，

$$q = q_0 e^{-t/RC} \quad \text{（キャパシターの放電）} \tag{28-36}$$

式(28-36)を(28-35)に代入して，解が正しいことを確かめよう．

式(28-36)は，q が時定数 $\tau = RC$ で決まる割合で指数関数的に減少することを示している．時刻 $t = \tau$ では，キャパシターの電荷は $q_0 e^{-1}$，すなわち初期値の37％まで減少する．τ が大きくなるほど放電に要する時間は長くなる．

式(28-36)を微分すると電流 $i(t)$ が得られる：

$$i = \frac{dq}{dt} = -\left(\frac{q_0}{RC}\right) e^{-t/RC} \quad \text{（キャパシターの放電）} \tag{28-37}$$

この式は，電流もまた τ で決まる割合で指数関数的に減少することを示している．電流の初期値 i_0 は q_0/RC に等しい．これは，$t = 0$ で回路に閉回路法則を適用して求めることができる；$t = 0$ ではキャパシターの初期電位差 V_0 がそのまま抵抗 R にかかるので，電流は $i_0 = V_0/R = (q_0/C)/R = q_0/RC$ である．式(28-37)の負符号は無視してもよい；この符号は単にキャパシターの電荷が減少することを示しているにすぎない．

式(28-30)の導出

式(28-29)を解くために，まず式を書き換える：

$$\frac{dq}{dt} + \frac{q}{RC} = \frac{\mathcal{E}}{R} \tag{28-38}$$

この微分方程式の一般解(general solution)は次式で表される：

$$q = q_p + Ke^{-at} \tag{28-39}$$

q_p は微分方程式の特殊解(particular solution)，K は初期条件から決められる定数，$a = 1/RC$ は式(28-38)に現れる q の係数である．q_p を求めるために，式(28-38)で $dq/dt = 0$（充電が完了した終状態に対応する）として，$q = q_p$ とおくと，

$$q_p = C\mathcal{E} \tag{28-40}$$

K を求めるために，式(28-40)を(28-39)に代入すると，

$$q = C\mathcal{E} + Ke^{-at}$$

初期条件（$t = 0$ のとき $q = 0$）を代入すると，

$$0 = C\mathcal{E} + K \quad \text{または} \quad K = -C\mathcal{E}$$

q_p, a, K の値を代入すると，式(28-39)より，

$$q = C\mathcal{E} - C\mathcal{E} e^{-t/RC}$$

これは，式(28-30)と同じである．

✓ **CHECKPOINT 5:** 表に図28-13の回路部品を4組示す。これらの組を（a）（スイッチをaに入れたときの）初期電流，（b）電流が初期値の半分になるまでの時間，の大きい順に並べよ。

	1	2	3	4
$\mathcal{E}$ (V)	12	12	10	10
R (Ω)	2	3	10	5
C (μF)	3	2	0.5	2

例題 28-5

電気容量Cのキャパシターが抵抗値Rの抵抗を通して放電する。

(a) キャパシターの電荷が初期値の半分になる時間を時定数$\tau = RC$で表しなさい。

解法： **Key Idea**：キャパシターの電荷は式(28-36)に従って変化する：

$$q = q_0 e^{-t/RC} \quad (27\text{-}22)$$

q_0は電荷量の初期値である。$q = \frac{1}{2} q_0$となる時間tを求めるので，

$$\frac{1}{2} q_0 = q_0 e^{-t/RC} \quad (28\text{-}41)$$

q_0を消去した後，式(28-41)の指数関数の中に"埋もれた"tを求めるために，両辺の自然対数を取る（自然対数は，指数関数の逆関数である。）：

$$\ln \frac{1}{2} = \ln(e^{-t/RC}) = -\frac{t}{RC}$$

これより，

$$t = \left(-\ln \frac{1}{2}\right) RC = 0.69 RC = 0.69 \tau \quad (答)$$

(b) キャパシターに蓄えられたエネルギーが初期値の半分になるのはいつか？

解法： **Key Idea 1**：キャパシターに蓄えられるエネルギーUは，式(26-21)($U = Q^2/2C$)より，キャパシターの電荷qと関係づけられる。**Key Idea 2**：電荷は式(28-36)に従って減少している。2つのKey Ideasを組み合わせると，

$$U = \frac{q^2}{2C} = \frac{q_0^2}{2C} e^{-2t/RC} = U_0 e^{-2t/RC}$$

U_0は蓄えられたエネルギーの初期値である。$U = \frac{1}{2} U_0$となる時間tを求めたいので，

$$\frac{1}{2} U_0 = U_0 e^{-2t/RC}$$

U_0を消去して両辺の自然対数を取ると，

$$\ln \frac{1}{2} = -\frac{2t}{RC}$$

これより，

$$t = -RC \frac{(\ln \frac{1}{2})}{2} = 0.35 RC = 0.35 \tau \quad (答)$$

電荷が初期値の半分に減少するには，エネルギーが初期値の半分になる(0.35τ)より長い時間(0.69τ)がかかる。驚くべきことではないか？

まとめ

起電力 **起電力発生装置**は電荷に対して仕事をして出力端子間の電位差を維持する。装置が正電荷dqを負極から正極に移動するときにする仕事をdWとすると，装置の**起電力**（単位電荷当たりの仕事）は，

$$\mathcal{E} = \frac{dW}{dq} \quad (\mathcal{E} の定義) \quad (28\text{-}1)$$

電位差と同様に起電力のSI単位はボルトである。**理想的な起電力発生装置**には内部抵抗がない。**現実の起電力発生装置**には内部抵抗があり，出力端子間の電位差は，装置に電流が流れないときだけ起電力に等しい。

回路の解析 電流の向きに抵抗を通過するとき，電位の変化は$-iR$，反対向きのときは$+iR$である。理想的な起電力発生装置を起電力の矢印の向きに通過するとき，電位の変化は$+\mathcal{E}$，反対向きのときは$-\mathcal{E}$である。エネルギーの保存則より，以下の閉回路の法則が導かれる：

閉回路の法則 閉ループ回路を一周するとき，電位の変化の代数和は常にゼロである。

電荷の保存則より以下の分岐点の法則が導かれる：

分岐点の法則 分岐点に流れ込む電流の和は，その分岐点から流れ出す電流の和に等しい．

単ループ回路 抵抗 R と起電力 $\mathscr{E}$，内部抵抗 r の起電力発生装置で構成される単ループ回路を流れる電流は，

$$i = \frac{\mathscr{E}}{R+r} \quad (28\text{-}4)$$

内部抵抗がなければ ($r = 0$)，理想的な起電力発生装置の場合 ($i = \mathscr{E}/R$) と同じになる．

電力 起電力 $\mathscr{E}$，内部抵抗 r をもつ現実の電池が，電池を流れる電流 i 中の電荷キャリアに仕事をするとき，電荷キャリアへのエネルギー移動率 P は，

$$P = iV \quad (28\text{-}11)$$

V は電池の端子間の電位差である．電池内での熱エネルギーへのエネルギー移動率 P_r は，

$$P_r = i^2 r \quad (28\text{-}13)$$

電池内での化学エネルギーの変化率 P_{emf} は，

$$P_{\text{emf}} = i\mathscr{E} \quad (28\text{-}14)$$

抵抗の直列接続 抵抗が直列に接続されると，それぞれの抵抗には同じ電流が流れる．直列接続の抵抗を置き換えることのできる等価な抵抗は，

$$R_{\text{eq}} = \sum_{j=1}^{n} R_j \quad (\text{直列に接続された }n\text{ 個の抵抗}) \quad (28\text{-}7)$$

抵抗の並列接続 抵抗が並列に接続されると，それぞれの抵抗にかかる電位差は等しい．並列接続の抵抗を置き換えることのできる等価な抵抗は，

$$\frac{1}{R_{\text{eq}}} = \sum_{j=1}^{n} \frac{1}{R_j} \quad (\text{並列に接続された }n\text{ 個の抵抗}) \quad (28\text{-}21)$$

RC 回路 図 28-13 のスイッチを a 側に入れて，起電力 $\mathscr{E}$ が直列に接続された抵抗 R とキャパシタンス C にかかると，キャパシターの電荷は次式に従って増加する：

$$q = C\mathscr{E}(1 - e^{-t/RC}) \quad (\text{キャパシターの充電}) \quad (28\text{-}30)$$

$C\mathscr{E} = q_0$ は平衡状態での (最終的な) 電荷，$RC = \tau$ は回路の (容量性) **時定数**である．充電中の電流は，

$$i = \frac{dq}{dt} = \left(\frac{\mathscr{E}}{R}\right)e^{-t/RC} \quad (\text{キャパシターの充電}) \quad (28\text{-}31)$$

キャパシターが抵抗 R を通して放電するときは，キャパシターの電荷は次の式に従って減少する：

$$q = q_0 e^{-t/RC} \quad (\text{キャパシターの放電}) \quad (28\text{-}36)$$

放電中の電流は，

$$i = \frac{dq}{dt} = -\left(\frac{q_0}{RC}\right)e^{-t/RC} \quad (\text{キャパシターの放電}) \quad (28\text{-}37)$$

問題

1. 図 28-15 は電池を流れる電流 i を表している．表に，電流 i，起電力 $\mathscr{E}$，内部抵抗 r を 4 組示す；さらに電池の極性 (電極の配置) も示している．電池と電荷キャリアの間のエネルギー移動率を，電荷へ移動する量の大きい順に並べよ．

	$\mathscr{E}$	r	i	極性
(1)	$15\mathscr{E}_1$	0	i_1	左が +
(2)	$10\mathscr{E}_1$	0	$2i_1$	左が +
(3)	$10\mathscr{E}_1$	0	$2i_1$	左が −
(4)	$10\mathscr{E}_1$	r_1	$2i_1$	左が −

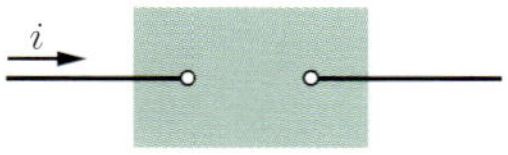

図 28-15 問題 1

2. 図 28-16 のそれぞれの回路において，抵抗は直列接続か，並列接続か，どちらでもないか？

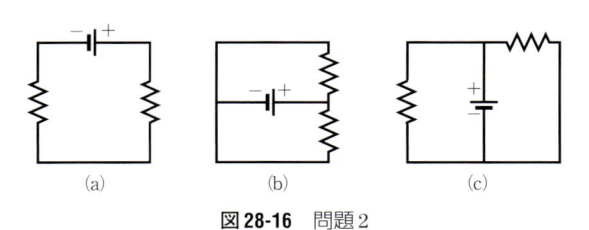

図 28-16 問題 2

3. 図 28-17a において，(a) 抵抗 R_1 と R_3 は直列接続か？ (b) 抵抗 R_1 と R_2 は並列接続か？ (c) 図 28-17 の 4 回路を等価抵抗を大きい順に並べよ．

4. (a) 図 28-17a において $R_1 > R_2$ とすると，R_2 の電位差は R_1 の電位差より大きいか，小さいか，同じか？

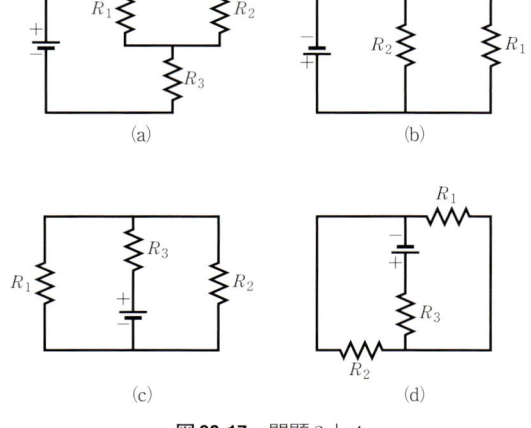

図 28-17 問題 3 と 4

(b) 抵抗 R_2 を流れる電流は，R_1 を流れる電流より，大きいか，小さいか，同じか？

5. 抵抗 R_1 と R_2 ($R_1 > R_2$) を，最初は個別に，次に直列に，そして最後に並列にして電池に接続する。これらの方法を，電池を流れる電流の大きい順に並べよ。

6. *抵抗の巨大迷路*（Res-monster maze）。図 28-18 のすべての抵抗は 4.0 Ω，すべての（理想的な）電池の起電力は 4.0 V である。抵抗 R を流れる電流はいくらか？（この迷路の中に適当なループを見いだせれば，数秒の暗算で答えられるだろう。）

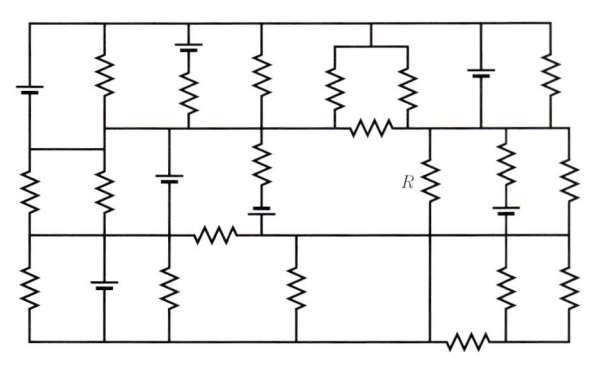

図 28-18 問題 6

7. まず初めに抵抗 R_1 を電池に接続する。次に抵抗 R_2 を並列に接続する。(a) R_1 にかかる電位差と，(b) R_1 を流れる電流 i_1 は，最初に比べて，大きいか，小さいか，同じか？ (c) R_1 と R_2 に等価な抵抗の抵抗値 R_{12} は R_1 より大きいか，小さいか，同じか？ (d) R_1 と R_2 に流れる全電流は最初に R_1 に流れていた電流より大きいか，小さいか，同じか？

8. *キャパシタンスの巨大迷路*（Cap-monster maze）。図 28-19 のすべてのキャパシターの容量は 6.0 μF，すべての電池の起電力は 10 V である。キャパシター C の電荷はいくらか？（この迷路の中に適当なループを見いだせれば，数秒の暗算で答えられるだろう。）

9. まず初めに抵抗 R_1 を電池に接続する。次に抵抗 R_2 を直列に接続する。(a) R_1 にかかる電位差と，(b) R_1 を

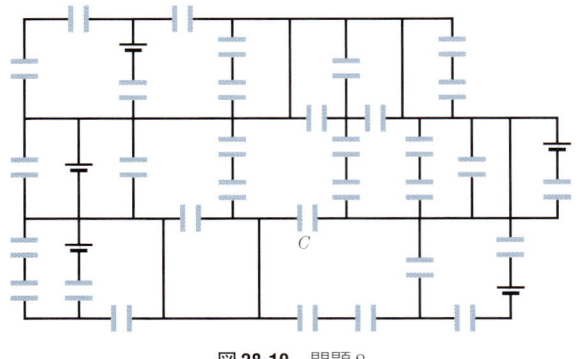

図 28-19 問題 8

流れる電流 i_1 は，最初に比べて，大きいか，小さいか，同じか？ (c) R_1 と R_2 に等価な抵抗の抵抗値 R_{12} は R_1 より大きいか，小さいか，同じか？

10. 図 28-20 の回路は，図 28-13 のようなスイッチによって同じ電池に順番に接続される。抵抗とキャパシターはすべて同じである。これらの回路を，(a) キャパシターの最終的な（平衡状態での）電荷が大きい順に並べよ。(b) キャパシターの電荷が最終状態の 50% になるまでに必要な時間の長い順に並べよ。

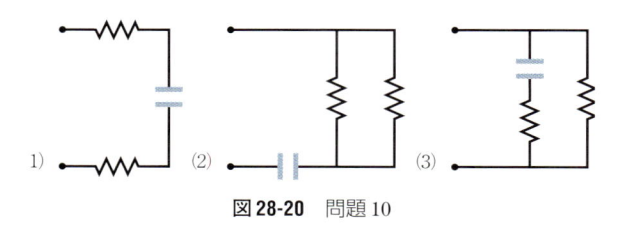

図 28-20 問題 10

11. 図 28-21 は，同じ抵抗を通して（別々に）放電される 3 つのキャパシターの $V(t)$ 曲線を示す。キャパシターの容量の大きい順に並べよ。

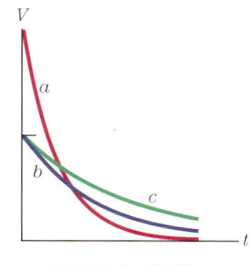

図 28-21 問題 11

29 磁　　　場

高緯度地方では，夜空を見上げると，オーロラ——天空から吊された淡い光の"カーテン"——が見えることがある。このカーテンは局所的なものではない；地球をとりまくような円弧状に広がっていて，高さ数百キロメートル，幅は数千キロメートルにもおよぶ。しかし，厚さは1キロメートルにも満たない。

どうしてこのような光景を目にすることができるのか，またどうしてこんなにも薄いのだろうか？

答えは本章で明らかになる。

29-1 磁　　　場

帯電したプラスチック棒のまわりの至る所にベクトル場——電場 $\vec{E}$——がつくられるということは既に学んだ。同じように，磁石のまわりの至る所にもベクトル場——**磁場**(magnetic field) $\vec{B}$——がつくられる。冷蔵庫のドアに小さな磁石でメモを貼り付けたり，フロッピーディスクを誤って磁石の近くに置いてしまったときに，あなたも磁場の存在に気づくだろう。磁石は磁場を通してドアやディスクに影響を及ぼしている。

鉄心に導線を巻いてコイルに電流を流すと磁石になることは良く知られている；磁場の強さは電流の大きさで決まる。このような**電磁石**(electromagnet)は，産業界ではくず鉄の選別などに使われているが(図29-1)，あなたにとっては，冷蔵庫のドアに貼り付けるような，電流を流す必要のない**永久磁石**(permanent magnet)の方がなじみ深いかも知れない。

第23章では，**電荷**(electric charge)が電場をつくり，その電場が他の

電荷に作用するということを学んだ．したがって，*磁荷*(magnetic charge)が磁場をつくり，その磁場が他の磁荷に作用すると考えるのは自然である．このような磁荷——*磁気単極子*(magnetic monopole)と呼ばれる——の存在を予言する理論もあるが，実験的には検証されていない．

それではどのようにして磁場はつくられるのだろうか．方法は2つある．(1) 導線中の電流のように荷電粒子が運動すると磁場がつくられる．(2) 電子のような素粒子まわりには*固有の磁場*がつくられている；この磁場は，粒子の質量や電荷と同じように，粒子のもつ基本的な性質のひとつである．第32章で議論するが，ある種の物質中では，電子の磁場が足し合わされて，その物質のもつ正味の磁場となって現れる．このような現象は永久磁石の中で起きている（おかげで冷蔵庫のドアにメモを貼り付けることができる）．また，別の物質では，電子のもつ磁場は打ち消し合って正味の磁場が発生しない．このような現象はあなたの体の中で起きている（おかげで冷蔵庫のそばを通るたびにあなたがドアに引っ付いてしまうことがない）．

実験をすると確かめられるが，磁場の中を運動する荷電粒子は（粒子単独でも電流の一部としてでも）磁場から力を受ける．本章ではこの力と磁場の関係に焦点を絞る．

図 29-1　製鉄所では電磁石を使ってくず鉄を集めたり運んだりする．

29-2　$\vec{B}$ の定義

ある点に置かれた試験電荷 q に働く力 $\vec{F}_E$ を測ると，そこでの電場 $\vec{E}$ を決めることができた．このとき，電場 $\vec{E}$ は次のように定義された：

$$\vec{E} = \frac{\vec{F}_E}{q} \tag{29-1}$$

磁気単極子が手にはいるなら，同じような方法で $\vec{B}$ を定義することができる．しかし，そのような粒子は見つかっていないので，別の方法を考えなければならない．われわれは，運動する荷電粒子に働く力 $\vec{F}_B$ を使って $\vec{B}$ を定義する．

原理的には，$\vec{B}$ を定義したい点に向かって，いろいろな向きにいろいろな速さで荷電粒子を打ち込んで，その点でその粒子に働く力を決めればよい．このような実験を何度も繰り返すと，粒子の速度 $\vec{v}$ が特定の軸に沿っているときは，力 $\vec{F}_B$ がゼロになることがわかる．他のすべての方向では，$\vec{F}_B$ の大きさは常に $v \sin\phi$ になっている：ϕ は $\vec{v}$ の向きと力がゼロになる向きの間の角である．また，$\vec{F}_B$ の向きは常に $\vec{v}$ の向きに垂直であることもわかる．（この結果は，ベクトル積が関係していることを示唆している．)

この結果を踏まえて，磁場 $\vec{B}$ の方向は，力がゼロになる軸に沿っていると定める．次に，$\vec{v}$ と $\vec{B}$ が垂直のときに働く力 $\vec{F}_B$ の大きさを測定し，$\vec{B}$ の大きさを次のように定義する：

$$B = \frac{F_B}{|q|v}$$

q は粒子の電荷である．

これらの結果は，次のベクトル式にまとめることができる：

$$\vec{F}_B = q\vec{v} \times \vec{B} \tag{29-2}$$

粒子に働く力$\vec{F}_B$は，電荷qに速度$\vec{v}$と磁場$\vec{B}$のベクトル積をかけたものに等しい。ただし，すべてを同じ基準系で測ること。ベクトル積に関する式(3-20)を使って，$\vec{F}_B$の大きさを表すと，

$$F_B = |q|vB\sin\phi \tag{29-3}$$

ϕは，速度$\vec{v}$と磁場$\vec{B}$の間の角である。

粒子に働く磁気力

磁場中の粒子に働く力$\vec{F}_B$は，式(29-3)より，電荷qと速さvに比例している。したがって，電荷がゼロであったり，粒子が静止していれば力は働かない。また，$\vec{v}$と$\vec{B}$が平行（$\phi = 0°$）または反平行（$\phi = 180°$）であれば力はゼロで，$\vec{v}$と$\vec{B}$が直交するときに力は最大となる。

式(29-2)は$\vec{F}_B$の向きも決めている。3-7節で学んだように，式(29-2)のベクトル積$\vec{v} \times \vec{B}$は，$\vec{v}$にも$\vec{B}$にも垂直なベクトルである。右手ルールによれば（図29-2a），右手の指で$\vec{v}$から$\vec{B}$に掃いたときの親指の向きが$\vec{v} \times \vec{B}$の向きとなる。qが正であるなら，式(29-2)より，$\vec{F}_B$と$\vec{v} \times \vec{B}$の符号は等しいので同じ向きを向く；$\vec{F}_B$は親指の向きを向く（図29-2b）。qが負であるなら，$\vec{F}_B$と$\vec{v} \times \vec{B}$の符号は反対だから逆向きとなる；$\vec{F}_B$は親指と反対向きになる（図29-2c）。

電荷の符号とは無関係に，

▶ 磁場$\vec{B}$の中を速度$\vec{v}$で運動する荷電粒子に働く力$\vec{F}_B$（訳注：ローレンツ力という）は，常に$\vec{v}$とも$\vec{B}$とも直交する。

このように，$\vec{F}_B$は$\vec{v}$に平行な成分をもたない。すなわち，$\vec{F}_B$は粒子の速さvを変えることができない；運動エネルギーは変化しない。この力は，粒子の速度$\vec{v}$の向き（すなわち，運動方向）を変えるだけである；向きを変えるという意味で，$\vec{F}_B$は粒子を加速する。

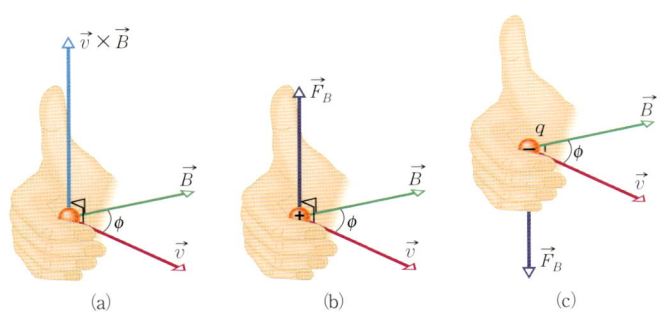

図29-2 (a) 右手ルールにより，($\vec{v}$から$\vec{B}$へ小さい方の角ϕを通って掃くと) 親指の向きが$\vec{v} \times \vec{B}$の向きとなる。(b) qが正のとき，$\vec{F}_B = q\vec{v} \times \vec{B}$の向きは$\vec{v} \times \vec{B}$の向きに一致する。(c) qが負のとき，$\vec{F}_B$の向きは$\vec{v} \times \vec{B}$と逆向きになる。

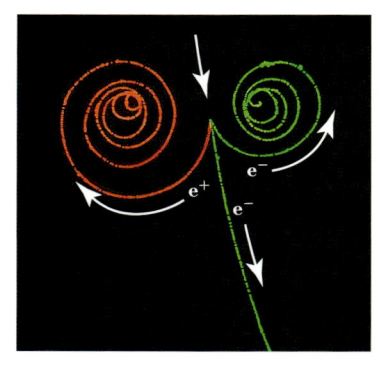

図29-3 一様な磁場の中に置かれた泡箱が捉えた2つの電子(e^-)と1つの陽電子(e^+)の飛跡。磁場は紙面から手前向きにかけられている。

図29-3を見て式(29-2)を実感して欲しい。この図は，Lawrence Berkeley研究所の*泡箱*(bubble chamber)で捉えられた高速荷電粒子の飛跡である。液体水素の詰められた泡箱は，一様で強い磁場の中に置かれている。磁場は紙面から手前向きにかけられている。図の上から入射したガンマ線——電荷をもっていないので飛跡を残さない——が電子(e^-と記された渦巻き)と陽電子(e^+と記された渦巻き)に転換され，その陽電子が原子の中から電子(e^-と記された長い飛跡)をたたき出した。式(29-2)と図29-2を見ながら，2つの負電荷粒子と1つの正電荷粒子が正しい向きに曲がっていることを確かめよう。

$\vec{B}$ のSI単位は，式(29-2)と(29-3)より，ニュートン/(クーロン・メートル/秒)である。便宜上，この単位を**テスラ**(tesla) T と呼ぶ：

$$1 \text{テスラ} = 1\text{T} = 1 \frac{\text{ニュートン}}{\text{クーロン}\cdot(\text{メートル/秒})}$$

クーロン/秒がアンペアであることを思い出すと，

$$1\text{T} = 1 \frac{\text{ニュートン}}{(\text{クーロン/秒})\cdot\text{メートル}} = 1 \frac{\text{N}}{\text{A}\cdot\text{m}} \quad (29\text{-}4)$$

$\vec{B}$ の単位として，以前は非SI単位であるガウス(gauss) G が用いられていた(今でもしばしば使われている)：

$$1 \text{ tesla} = 10^4 \text{ gauss} \quad (29\text{-}5)$$

いろいろな状況の磁場の大きさを表29-1にまとめた。地球表面での磁場の大きさは約 10^{-4} T($= 100\mu$T または 1 gauss)である。

表29-1 いろいろな磁場

中性子星の表面	10^8 T
強力な電磁石の近く	1.5 T
小さな棒磁石の近く	10^{-2} T
地球の表面	10^{-4} T
星間空間	10^{-10} T
磁気シールドされた部屋	10^{-14} T

✓ **CHECKPOINT 1:** 図は速度 $\vec{v}$ の荷電粒子が一様な磁場 $\vec{B}$ の中を運動しているようすを3通り示している。磁気力 $\vec{F}_B$ はどちらの向きを向いているか？

磁力線

電気力線と同じように，磁力線によって磁場を表すことができる。この場合も電気力線と同じルールが適用される；(1) ある点における磁力線の接線が，その点での磁場 $\vec{B}$ の向きを表し，(2) 磁力線の間隔が $\vec{B}$ の大きさを表す；磁力線が密集しているところでは磁場が強い。

図29-4aは，*棒磁石*(bar magnet, 棒状の永久磁石)のまわりの磁場の様子を描いたものである。すべての磁力線は磁石の中を通り(この図では閉じていない線も)閉じたループを描く。磁石の外側で磁場の影響が最も大きいのは，磁力線が最も密集している端部である。図29-4bのヤスリくずは，主に棒磁石の両端に集められている。

(閉じた)磁力線は，磁石の一端から磁石に入り他端から出ていく。磁力

図 29-4 (a) 棒磁石の磁力線。(b) "カウマグ(cow magnet)"と呼ばれる棒磁石――牛の胃の中に入れて，牛が飲み込んだ鉄くずが腸まで行かないようにする。鉄のヤスリくずが磁力線を表している。

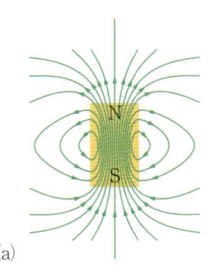

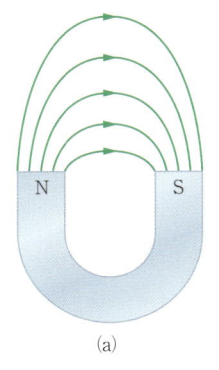

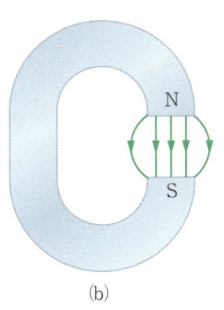

図 29-5 (a) 馬蹄形磁石。(b) C型磁石。(外部の磁力線の一部が描かれている。)

線が出る端を磁石の*N極*(north pole)と呼び，磁力線が入り込む端を*S極*(south pole)と呼ぶ。冷蔵庫にメモを貼り付ける磁石は短い棒磁石である。その他のよくお目にかかる形状の磁石を図29-5に示した：*馬蹄形磁石*(horseshoe magnet)および*磁極面*(pole face)が向き合っているC型に曲げられた磁石である。(C型磁石では，磁極面の間にほぼ一様な磁場がつくられる。) 磁石の形には関係なく，2つの磁石を近づけると，

▶ 異種の磁極は引き合い，同種の磁極は反発し合う。

地球磁場は地球の中心核でつくられるが，そのメカニズムは未だによくわかっていない。地球表面の磁場は，コンパス――細い棒磁石が摩擦の小さな支点の上に乗ったもの――を使って検出することができる。この棒磁石(または磁針)のN極は地球の北極地方(Arctic)に引きつけられるので，地球磁場のS極が北極にあることになる。論理的には，北極を南極と呼ぶべきであろう。しかしながら，この向きを昔から北と呼んでいるので，北極地方にあるのが地球の*磁北極*(geomagnetic north pole)である。

注意深く測定すると，北半球では，北極に向かう磁力線は，地球に入り込むようにやや下を向いていることがわかる。南半球では，*南極*(Antarctic)から遠ざかる，すなわち*磁南極*(geomagnetic south pole)から遠ざかる向きの磁力線は，地球からやや飛び出すように上を向いている。

例題 29-1

実験室の容器の中に，大きさ1.2 mTで鉛直上向きの一様な磁場 $\vec{B}$ がつくられている。運動エネルギー5.3 MeVをもつ陽子が，南から北へ向かって水平に容器に入射した。容器に入った陽子を偏向させる磁気力はいくらか？ 陽子の質量は 1.67×10^{-27} kg である。地磁気は無視してよい。

解法：電荷をもった陽子が磁場の中を運動するので，磁気力 $\vec{F}_B$ が働く。**Key Idea**：陽子の初速度は磁場の向きに平行ではないので，$\vec{F}_B$ はゼロではない。陽子の速

v がわかれば，式 (29-3) より，$\vec{F}_B$ の大きさを求めることができる。$K = (1/2)mv^2$ であるから，v は与えられた運動エネルギーから求められる。v について解くと，

$$v = \sqrt{\frac{2K}{m}} = \sqrt{\frac{(2)(5.3\,\text{MeV})(1.60 \times 10^{-13}\,\text{J/MeV})}{1.67 \times 10^{-27}\,\text{kg}}}$$
$$= 3.2 \times 10^7\,\text{m/s}$$

式 (29-3) より，
$$F_B = |q|vB \sin\phi$$
$$= (1.60 \times 10^{-19}\,\text{C})(3.2 \times 10^7\,\text{m/s})(1.2 \times 10^{-3}\,\text{T})(\sin 90°)$$
$$= 6.1 \times 10^{-15}\,\text{N}$$

これはとても小さな力にみえるかも知れないが，とても小さな質量の粒子に作用するので，大きな加速度が生じる；

$$a = \frac{F_B}{m} = \frac{6.1 \times 10^{-15}\,\text{N}}{1.67 \times 10^{-27}\,\text{kg}} = 3.7 \times 10^{12}\,\text{m/s}^2$$

Key Idea：$\vec{F}_B$ の向きは，ベクトル積 $q\vec{v} \times \vec{B}$ の向きである。q は正だから，$\vec{F}_B$ と $\vec{v} \times \vec{B}$ は同じ向きで，ベクト

図 29-6 例題 29-1。容器の中を南から北へ速度 $\vec{v}$ で運動する陽子を上から見た図。磁場は鉛直上向きにかけられている(図中の点の列で示されている)。陽子は東へ偏向する。

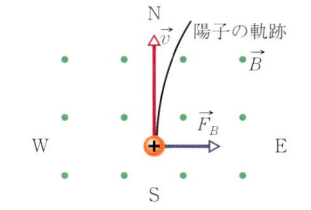

ル積の右手ルールで決められる(図 29-2b を見よ)。$\vec{v}$ は水平に南から北へ向かい，$\vec{B}$ は鉛直上向きだから，右手ルールに従えば，陽子を偏向させる力は，水平に西から東へ向かう(図 29-6)。(図中にならんだ点は，磁場の向きが紙面から手前に向かっていることを示している。磁場が×印で表されていたら，その磁場は紙面の向こう側を向いている。)

粒子の電荷が負の場合は，粒子を偏向させる磁気力の向きは逆向きになる；水平方向で東から西へ向かう。このことは，式 (29-2) の q に負の値を代入すれば自動的に導かれる。

29-3 直交電磁場：電子の発見

電場 $\vec{E}$ も磁場 $\vec{B}$ も荷電粒子に力を及ぼす。電場と磁場が直交しているとき，これを*直交電磁場*(crossed fields)と呼ぶ。直交電磁場の中を通る荷電粒子(ここでは電子)はどのような運動をするのだろうか。例として，Cambridge 大学のトムソン(J. J. Thomson)による電子の発見(1897年)につながった実験を取り上げよう。

図 29-7 は，Thomson の実験装置——*陰極管*(cathode ray tube)，テレビのブラウン管に似たもの——を現代風に簡単化したものである。真空管の左端にある熱せられたフィラメントから荷電粒子(いまでは電子とわかっている)が飛び出して電位差 V によって加速される。遮蔽板 C に開けられた小さな穴を通過した粒子は，細いビームとなって直交電磁場 $\vec{E}$ と $\vec{B}$ の

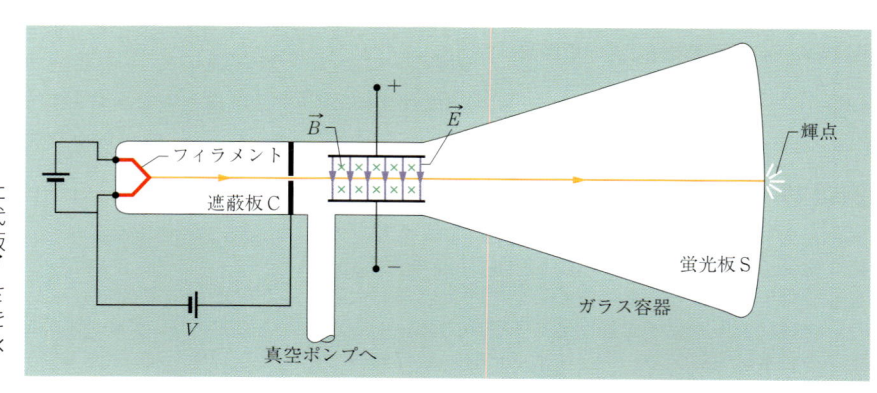

図 29-7 電子の m/q を測定した J. J. Thomson の実験装置を現代風にアレンジしたもの。偏向板の電極に電池を接続して電場 $\vec{E}$ をつくり，コイル(図には示されていない)を使って磁場 $\vec{B}$ をつくる。磁場は向こう向きで，× の列で表されている。

かけられた領域を通り抜けて，蛍光板S上に輝点をつくる（テレビの画像は画面上の輝点で構成されている）。荷電粒子は直交電磁場から受ける力で曲げられるので，輝点が必ずしも蛍光板の中心にくるとは限らない。Thomsonは輝点が蛍光板の中心にくるように電磁場の大きさと向きを調整した。負電荷をもつ電子は，電場の向きと反対向きに力を受けることを思い出そう。図29-7のように電磁場をかけると，電子は，電場 $\vec{E}$ によって上向きに，磁場 $\vec{B}$ によって下向きに力を受ける；力は互いに*反対向き*である。Thomsonは次のような手順で実験を行った：

1. $E=0$ かつ $B=0$ として，蛍光板S上の輝点の位置を記録する。
2. 電場 $\vec{E}$ をかけてビームの偏向を測定する。
3. 電場 $\vec{E}$ をそのままにして磁場 $\vec{B}$ をかけ，輝点が初めの（無偏向の）位置にくるように磁場を調整する。

2枚の電極間にかけられた電場 $\vec{E}$ の中を運動する荷電粒子が受ける偏向（上の手順2）については，例題23-4で議論した。粒子の速さを v，質量を m，電荷を q，電極の長さを L とすると，電極の出口での偏向は次式で与えられる：

$$y = \frac{qEL^2}{2mv^2} \tag{29-6}$$

この式は図29-7の電子ビームにも適用することができる；蛍光板S上での偏向の測定から，逆に電極出口での偏向を計算することもできる。（偏向の向きは粒子の電荷の符号によるので，Thomsonは，蛍光板の中心より上に達した粒子の電荷が負であると結論することができた。）

図29-7の電場と磁場による力が打ち消し合うように調整されると（手順3），式(29-1)と(29-3)より，

$$|q|E = |q|vB\sin(90°) = |q|vB$$

または，

$$v = \frac{E}{B} \tag{29-7}$$

したがって，直交電磁場を使って通過粒子の速さを測定することができる。式(29-7)の v を式(29-6)に代入すると，

$$\frac{m}{q} = \frac{B^2L^2}{2yE} \tag{29-8}$$

右辺の量はすべて測定可能な量である。したがって，直交電磁場を使うと，Thomsonの装置の中を通る粒子の質量と電荷の比 m/q を測定することができる。

Thomsonは，この粒子はすべての物質の中に存在し，その質量はそれまでに知られていた最も質量の小さな原子（水素）の1/1000以下である，と主張した。（後に精度のよい値1836.15が得られている。）彼による比 m/q の測定は，大胆な主張とがあいまって，"電子の発見"とされている。

✓ **CHECKPOINT 2:** 図は，速度 $\vec{v}$ をもつ正電荷の粒子が，一様な電場 $\vec{E}$（紙面から手前向き，⊙ で表されている）と一様な磁場 $\vec{B}$ の中を運動している様子を4通り示している。(a) 向き1, 2, 3を，粒子に働く正味の力の大きさの順に並べなさい。(b) 4方向のうち，正味の力がゼロとなりうるのはどの向きか？

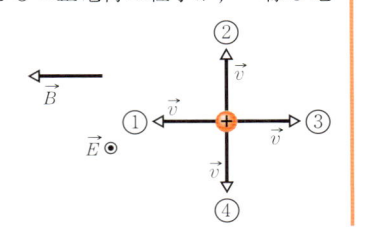

29-4 直交電磁場：ホール効果

たったいま議論したように，真空中の電子ビームは磁場によって偏向を受ける。それでは，銅の中をドリフトする伝導電子も曲げられるのだろうか？ 1879年，当時24才でJohns Hopkins大学の大学院生だったホール(Edwin H. Hall)は，伝導電子も確かに偏向を受けることを示した。この**ホール効果**(Hall effect)を使うと，導体中の電荷キャリアが正であるか負であるかを決めることができる。さらに，導体の単位体積中にある電荷キャリアの数を測定することもできるのである。

図29-8aは，幅 d の銅片の中を電流 i が上から下へ流れている様子を描いている。電荷キャリアである電子は，ドリフト速度 v_d で反対向きに（下から上へ）ドリフトする。図29-8aに示された瞬間に，外部磁場 $\vec{B}$ を紙面へ向かう向きにかけると，式(29-2)より，磁気力 $\vec{F}_B$ が電子に作用して電子を銅片の右端に押しつける。

時間がたつと，右へ移動した電子が銅片の右側に溜まってくる。正の電荷は動かないので，電子が減った左側には相殺されなくなった正電荷が現れる。正負の電荷が分離すると，銅片内に左から右へ向かう電場がつくられる（図29-8b）。この電場は電子に電気力 $\vec{F}_E$ を及ぼし，電子を左向きに押し戻そうとする。

瞬く間に平衡状態に達して，電子に働く電気力は磁気力を打ち消す。このとき，$\vec{B}$ による力と $\vec{E}$ による力はつり合っている。右側に溜まった電子はこれ以上増えることなく，したがって電場 $\vec{E}$ もこれ以上大きくなることはない。電子は銅片に沿ってドリフト速度 v_d で下から上へ運動する。

銅片の両端に現れる電位差を**ホール電圧**(Hall potential difference)という。ホール電圧の大きさは，式(25-42)より，

$$V = Ed \quad (29\text{-}9)$$

銅片をはさむように電圧計を接続すれば，左右両辺の間に発生する電位差を測定することができる。同時に，どちらが高い電位にあるかを知ることができる。図29-8aでは，左側が高い電位になるので，電荷キャリアが負

図29-8 磁場 $\vec{B}$ の中に置かれた銅片に電流 i が流れている。(a) 磁場をかけた直後。曲線は電子の経路を表す。(b) すぐに平衡状態に達する。負電荷が銅片の右側に溜まり，相殺されなくなった正電荷が左側に現れる。したがって，左側の電位が右側より高くなる。(c) 電荷キャリアが正電荷の場合は，同じ電流の向きに対して，正電荷が右側に溜まり，右側の電位が高くなる。

の電荷をもつという仮定と矛盾しない。

逆の仮定，すなわち電流 i を生じる電荷キャリアが正の電荷をもつと仮定するとどうなるだろうか．電荷キャリアは上から下向きに流れ，$\vec{F}_B$ によって銅片の右側に押しつけられるので，右側の電位が高くなる．これは電圧計の読みと矛盾する．したがって，電荷キャリアは負の電荷をもたなければならない．

ここからは定量的な議論をしよう．電気力と磁気力がつり合っているとき，式(29-1)と(29-3)より，

$$eE = ev_dB \tag{29-10}$$

ドリフト速度 v_d は，式(27-7)より，

$$v_d = \frac{J}{ne} = \frac{i}{neA} \tag{29-11}$$

$J(=i/A)$ は銅片の中の電流密度，A は銅片の断面積，n は電荷キャリアの数密度(number density，単位体積あたりの数)である．

式(29-9)の E と式(29-11)の v_d を式(29-10)に代入すると，

$$n = \frac{Bi}{Vle} \tag{29-12}$$

$l(=A/d)$ は銅片の厚さである．この式を使うと，測定量から n を求めることができる．

ホール効果を使って電荷キャリアのドリフト速度を直接測定する方法がある．（ドリフト速度が毎時1cmのオーダーであることを思い出して欲しい．）この巧みな方法では，金属片を電荷キャリアのドリフトとは逆向きに動かして，ホール電圧がゼロになるように，この動きの速さを調節する．ホール効果が現れない状況では，電荷キャリアの実験室基準系に対する速度はゼロでなければならない．したがって，金属片の速度は，負電荷キャリアの速度の大きさに等しく，向きが逆になる．

例題 29-2

1辺の長さ $d = 1.5\,\text{cm}$ の金属の立方体が，z の正の向きにかけられた 0.050T の一様な磁場 $\vec{B}$ の中を，y の正の向きに速度 $\vec{v}$（速さ $v = 4.0\,\text{m/s}$）で動いている．

(a) 磁場中を運動することによって，どの面の電位が高くなりどの面の電位が低くなるか．

解法： **Key Idea 1**： 立方体は磁場 $\vec{B}$ の中を運動しているので，伝導電子のような荷電粒子は磁気力 $\vec{F}_B$ を受ける．**Key Idea 2**： なぜ $\vec{F}_B$ によって立方体の面の間に電位差が生じるのかを考える．立方体が磁場の中を動き始めると，電子も動き始める．電子は電荷 q をもっているので，電子が磁場の中を速度 $\vec{v}$ で運動すると，電子には磁気力 $\vec{F}_B$ が作用する；$\vec{F}_B$ は式(29-2)で与えられる．q は負であるから，$\vec{F}_B$ と $\vec{v} \times \vec{B}$ は反対向きである．$\vec{v} \times \vec{B}$ は x 軸の正の向きだから（図29-9），$\vec{F}_B$ は立方体の左面（図29-9では隠れて見えない）に向かって x の負の向き

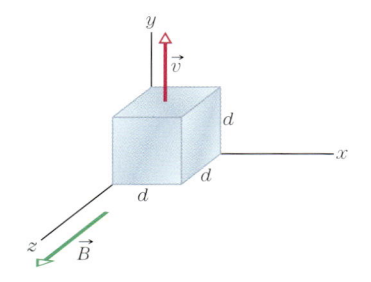

図 29-9 例題 29-2．1辺の長さが d の金属の立方体が，一様な磁場 $\vec{B}$ の中を速度 $\vec{v}$ で運動している．

に働く．

ほとんどの電子は分子の中に固定されているが，この立方体は金属でできているので，自由に動くことのできる伝導電子をもっている．伝導電子は $\vec{F}_B$ によって左面に片寄り，左面を負に，右面を正に帯電させる．電荷の分離により，正の電荷をもつ右面から負の電荷をもつ左

面に向かう電場 $\vec{E}$ がつくられる．したがって，左面は低い電位，右面は高い電位になる．

(b) 高い電位の面と低い電位の面の間の電位差はいくらか？

解法： **Key Idea 1**：電荷が分離すると電場 $\vec{E}$ がつくられ，電子には電気力 $\vec{F}_E = q\vec{E}$ が働く．q は負だから，この力は電場 $\vec{E}$ と逆向き（すなわち，右向き）である．したがって，個々の電子に対して $\vec{F}_E$ は右向き，$\vec{F}_B$ は左向きとなる．

Key Idea 2：立方体が磁場の中を動き出すと，電荷の分離が始まり，電場 $\vec{E}$ の大きさがゼロから徐々に増えていく．$\vec{F}_E$ の大きさもゼロから徐々に増えていくので，最初は $\vec{F}_B$ の大きさよりも小さい．このとき電子に働く正味の力はほとんど $\vec{F}_B$ に支配されていて，電子は次々に左面に片寄っていって分離が促進される．

Key Idea 3：電荷の分離が進むと，やがて F_E は F_B と等しくなる．電子に働く正味の力がゼロになり，電子が左面に片寄る動きは止まる．$\vec{F}_E$ の大きさは一定になり，電子は平衡に達する．

われわれが知りたいのは，（瞬く間に）平衡状態になった後の，立方体の左右の面の間の電位差 V である．平衡状態での電場の大きさ E がわかれば，式 (29-9) ($V = Ed$) から V を求めることができる．電場の大きさは，力のつり合い ($F_E = F_B$) から求めよう．

F_E を $|q|E$ で，式 (29-3) の F_B を $|q|vB\sin\phi$ で置き換える．図 29-9 を見ると，$\vec{v}$ と $\vec{B}$ の間の角 ϕ は $90°$ ($\sin\phi = 1$) であることがわかる．$F_E = F_B$ より，
$$|q|E = |q|vB\sin 90° = |q|vB$$
これより，$E = vB$ が得られ，式 (29-9) ($V = Ed$) は次式のようになる：
$$V = vBd \tag{29-13}$$
与えられた数値を代入すると，
$$V = (4.0\,\text{m/s})(0.050\,\text{T})(0.015\,\text{m}) = 0.0030\,\text{V}$$
$$= 3.0\,\text{mV} \tag{答}$$

✓ **CHECKPOINT 3**： 図は，直方体（各辺の長さは d の倍数）の金属が，一様な磁場 $\vec{B}$ の中を一定の速さ v で動き始めるところを示している．この物体の運動方向には 6 つの選択肢がある：x, y, z 軸に沿った 3 方向それぞれについて正と負の向きを選べる．(a) 6 つの選択肢を，向かい合う面の間に生じる電位差が大きい順に並べなさい．(b) 前面が低い電位となるのはどの向きの運動か？

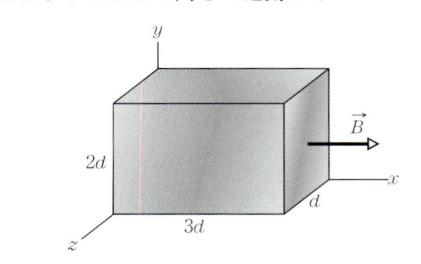

29-5 荷電粒子の円運動

粒子が等速円運動をしているとき，粒子に働く正味の力は，大きさが一定で円の中心を向いている；この向きは粒子の速度に対して常に垂直である．紐に結ばれて水平面上をぐるぐる回る石や，円軌道を描いて地球を周回する人工衛星を考えればよい．ぐるぐる回る石では紐の張力が，人工衛星では地球の重力が，向心力と向心加速度の原因となっている．

図 29-10 は別の例を示している：電子ビームが電子銃 (electron gun) G から容器の中に打ち出される．電子は，紙面から手前向きの一様な磁場 $\vec{B}$ の中を，紙面に平行に速さ v で運動する．磁気力 $\vec{F}_B = q\vec{v} \times \vec{B}$ が連続的に電子の軌道を曲げる．$\vec{v}$ と $\vec{B}$ が垂直なので軌道は円を描く．この写真で円軌道が目に見えるのは，円運動をしている電子の一部が容器内の気体原子と衝突して原子が発光するためである．

電子の円運動を特徴づけるパラメーターを決めよう．ここでは，電子だけでなく一般に電荷の大きさ q，質量 m の粒子が，一様な磁場 $\vec{B}$ の中を速さ v で磁場に垂直に運動する場合を考える．粒子に働く力の大きさは，式 (29-3) より，qvB である．ニュートンの第 2 法則 ($\vec{F} = m\vec{a}$) を等速円運

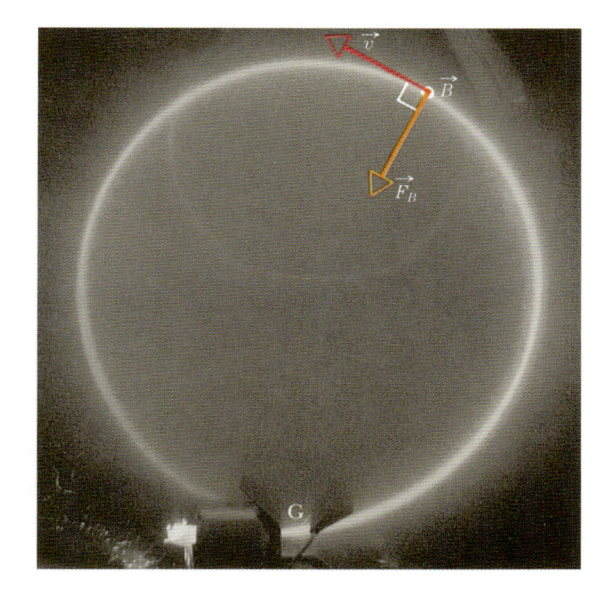

図 29-10 低圧ガスが封入された容器の中を円運動する電子(円軌道が光っている)。一様な磁場 $\vec{B}$ は紙面から手前向きである。$\vec{F}_B$ は半径方向であることに注目しよう:円運動するためには,$\vec{F}_B$ は円の中心を向いていなければならない。ベクトル積の右手ルールを使って $\vec{F}_B = q\vec{v}\times\vec{B}$ が正しい向きを与えることを確かめよう(q の符号に注意せよ)。

動に適用すると,式(6-18)より,

$$F = m\frac{v^2}{r} \tag{29-14}$$

これより,

$$qvB = \frac{mv^2}{r} \tag{29-15}$$

r について解くと,円軌道の半径が求められる:

$$r = \frac{mv}{qB} \quad (半径) \tag{29-16}$$

周期 T(1回転にかかる時間)は,周長を速さで割ったものである:

$$T = \frac{2\pi r}{v} = \frac{2\pi}{v}\frac{mv}{qB} = \frac{2\pi m}{qB} \quad (周期) \tag{29-17}$$

振動数 f(単位時間の回転数)は,

$$f = \frac{1}{T} = \frac{qB}{2\pi m} \quad (振動数) \tag{29-18}$$

角振動数 ω は,

$$\omega = 2\pi f = \frac{qB}{m} \quad (角振動数) \tag{29-19}$$

T, f, ω は(粒子の速さが光速より十分に小さいときは)粒子の速さによらない。高速粒子は大きな円を描き,低速粒子は小さな円を描く。しかし,同じ比電荷 q/m をもつ粒子は,同じ時間 T(周期)で一周する。磁場と同じ向きでこの軌道を眺めると,正電荷の粒子はいつも反時計まわりに回り,負電荷の粒子は時計まわりに回る。

螺 旋 軌 道

荷電粒子の速度が(一様な)磁場に平行な成分をもつと,粒子は,磁場ベクトルのまわりに螺旋運動をする。図 29-11a では,速度ベクトル $\vec{v}$ を磁

場 $\vec{B}$ に平行な成分と垂直な成分に分解している:

$$v_{\parallel} = v\cos\phi \quad \text{および} \quad v_{\perp} = v\sin\phi \quad (29\text{-}20)$$

平行成分は螺旋のピッチ p（隣り合う旋回の間の距離）を決める（図29-11b）。垂直成分は螺旋の半径を決める；式(29-16) の v を $v_{\perp}$ で置き換えればよい。

　図29-11c は，一様でない磁場の中を渦巻き状に運動している荷電粒子を示している。磁力線が左端と右端で密になっていることから，両端の磁場が強いことがわかる。端の磁場が十分に強ければ，粒子は端部で"反射される"。両端で反射されるとき，この粒子は"磁気ボトル(magnetic bottle)"に捕らえられているという。

　このようにして，電子や陽子が地球磁場に捕らえられている；粒子は，大気のはるか上空で，磁北極と磁南極の間に捕捉され，地球をとりまくようにヴァンアレン帯(Van Allen radiation belt)を形成している。これらの粒子は磁気ボトルの端と端の間を行ったり来たりしているが，端から端までの移動には数秒間しかかからない。

　大きな太陽フレアが起こって，新たに高エネルギーの電子や陽子がヴァンアレン帯に入射すると，粒子が通常反射される場所に電場がつくられる。この電場が，反射を弱め，電子をさらに大気に押し込む働きをする。電子は大気中で空気分子や原子と衝突するために空気が発光する。この光がオーロラ——高度約100 km から吊された光のカーテン——である。緑の光が酸素原子から，ピンクの光が窒素分子から出されるが，光が弱いためぼーっと白く見えるだけの場合が多い。

　オーロラは円弧状に地球上空に拡がり，オーロラオーバル(auroral oval)と呼ばれる地域に発生する（図29-12 と宇宙から見た図29-13）。オーロラ

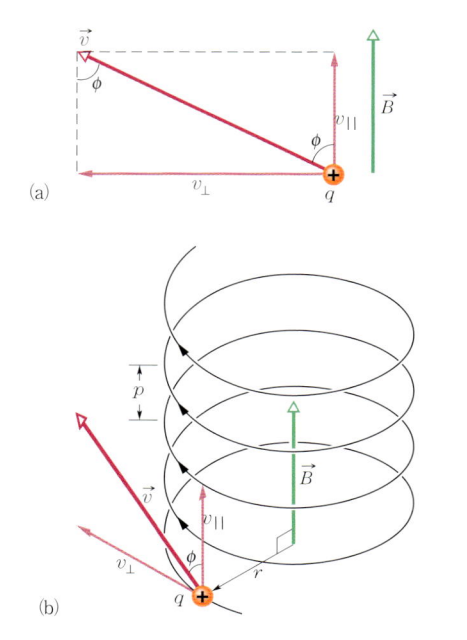

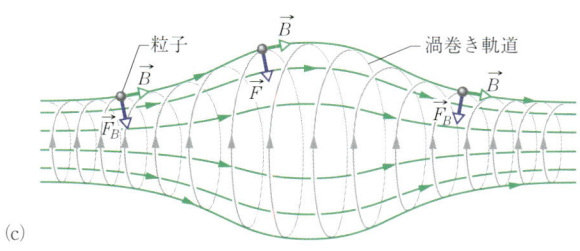

図29-11 (a) 一様な磁場 $\vec{B}$ のなかを運動する荷電粒子；粒子の速度 $\vec{v}$ と磁場の向きのなす角は ϕ である。(b) 粒子は，半径 r，ピッチ p の螺旋軌道を描く。(c) 一様でない磁場の中で渦巻き運動をする荷電粒子。（粒子は，両端の磁場の強い領域の間を行ったり来たりして，閉じこめられる。）両端での磁場ベクトルは中央を向く成分をもっている。

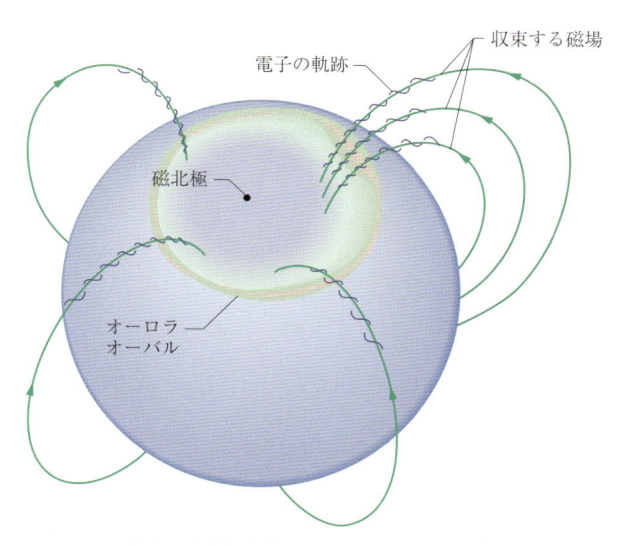

図 29-12 地球の磁北極(グリーンランドの北西部)のまわりを取り囲むオーロラオーバル。磁力線は磁極に向かって収束している。地球へ向かう電子は，この磁力線に"捕らえられて"渦巻き運動をし，高緯度のオーロラオーバルで大気に入った電子によりオーロラが発生する。

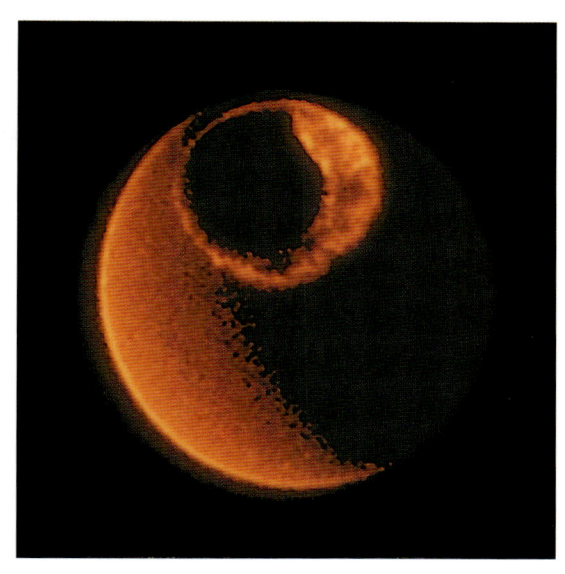

図 29-13 衛星 Dynamic Explorer が北のオーロラオーバル領域で観測したオーロラの疑似カラー画像(fakse-color image)。酸素が発する紫外線を使って観測した。太陽に照らされた部分が三日月状に見える。

の長さは長いが，その厚さは(南北方向に)1 km もない；なぜなら，オーロラを発生させる電子は，磁力線が密になるにつれて渦巻き状に収束していくからである(図29-12)。

> ✓ **CHECKPOINT 4：** 図に示された円軌道は，同じ速さの2つの粒子(陽子と電子)による一様な磁場 $\vec{B}$ (紙面の向こう向き)中の円運動を表している。(電子の質量は陽子よりも小さい。) (a) 小さい円軌道を描くのはどちらの粒子か？ (b) その粒子の運動は時計まわりか，反時計まわりか？

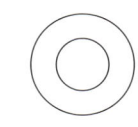

例題 29-3

図29-14は**質量分析器**(mass spectrometer)の原理を示している。この装置は，イオンの質量を測定するのに用いられる。イオンの質量は m (これを測定する)で，電荷 q はイオン源で与えられる。最初静止しているイオンは，電位差 V でつくられる電場によって加速される。S を飛び出したイオンは，磁場 $\vec{B}$ が粒子の軌道に垂直にかけられた領域に入る。磁場によってイオンは半円形の軌道を描き，入射位置から x の距離で写真乾板に当たる。$B = 80.000$ mT，$V = 1000.0$ V，イオンの電荷が $q = +1.6022 \times 10^{-19}$ C のとき，$x = 1.6254$ m であった。このとき，イオンの質量 m はいくらか，原子質量単位($1\,\mathrm{u} = 1.6605 \times 10^{-27}$ kg)で答えなさい。

解法： **Key Idea**：(荷電)イオンは(一様な)磁場によって円軌道を描くので，イオンの質量 m と軌道半径 r は式(29-16) ($r = mv/qB$) によって関係づけられる。図29-

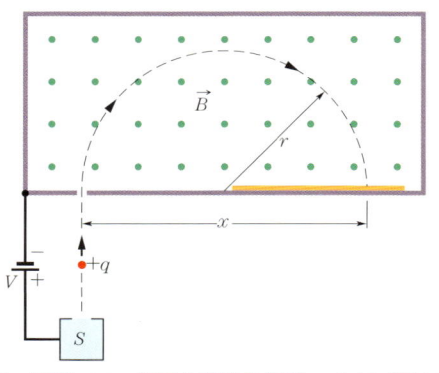

図 29-14 例題 29-3。質量分析器の原理。イオン源からでた正イオンは電位差 V によって加速され，一様な磁場 $\vec{B}$ がかかった箱に入射される。イオンは半径 r の円周上を半周して入射位置から距離 x で写真乾板に当たる。

14 より $r = x/2$，磁場の大きさ B は与えられている。し

150　第29章　磁　　場

かし，電位差 V で加速された後の，磁場中でのイオンの速さ v がわからない．

　v と V を関係づけよう．**Key Idea**：加速の間，力学的エネルギー ($E_{\text{mec}} = K + U$) は保存される．イオンの初速はほぼゼロ，加速後のイオンの運動エネルギーは $(1/2)mv^2$ である．一方，加速の間に正イオンの電位は $-V$ だけ変化する．イオンは正の電荷をもっているから，正イオンのポテンシャルエネルギーは $-qV$ だけ変化する．力学的エネルギーの保存則を書き表すと，

$$\Delta K + \Delta U = 0$$

これより，

$$\frac{1}{2}mv^2 - qV = 0$$

または，

$$v = \sqrt{\frac{2qV}{m}}$$

これを式 (29-16) に代入すると，

$$r = \frac{mv}{qB} = \frac{m}{qB}\sqrt{\frac{2qV}{m}} = \frac{1}{B}\sqrt{\frac{2mV}{q}}$$

これより，

$$x = 2r = \frac{2}{B}\sqrt{\frac{2mV}{q}}$$

これを m について解いて，数値を代入すると，

$$\begin{aligned}
m &= \frac{B^2 q x^2}{8V} \\
&= \frac{(0.080000\,\text{T})^2\,(1.6022 \times 10^{-19}\,\text{C})\,(1.6254\,\text{m})^2}{8\,(1000.0\,\text{V})} \\
&= 3.3863 \times 10^{-25}\,\text{kg} = 203.93\,\text{u} \quad\quad (答)
\end{aligned}$$

例題 29-4

運動エネルギー 22.5 eV をもつ電子が，一様な磁場 $\vec{B}$ (磁場の大きさが 4.55×10^{-4} T) の領域に入射した．$\vec{B}$ の向きと電子の速度 $\vec{v}$ の間の角度は 65.5° である．電子の描く螺旋軌道のピッチはいくらか？

解法：　**Key Idea 1**：ピッチ p は電子が一周する間に磁場 $\vec{B}$ の方向に進む距離である．**Key Idea 2**：周期 T は，$\vec{v}$ と $\vec{B}$ の向きに関係なく，式 (29-17) で与えられる (ただし，角度がゼロでない場合に限る．角度がゼロだとそもそも螺旋運動をしない)．式 (29-20) と (29-17) より，

$$p = v_{\parallel} T = (v \cos \phi)\frac{2\pi m}{qB} \quad\quad (29\text{-}22)$$

電子の速さは，例題 29-1 と同じように，運動エネルギーから求めることができる；$v = 2.81 \times 10^6$ m/s．この結果とわかっている数値を式 (29-22) に代入すると，

$$\begin{aligned}
p &= (2.81 \times 10^6\,\text{m/s})(\cos 65.5°) \\
&\quad \times \frac{2\pi\,(9.11 \times 10^{-31}\,\text{kg})}{(1.60 \times 10^{-19}\,\text{C})(4.55 \times 10^{-4}\,\text{T})} \\
&= 9.16\,\text{cm} \quad\quad (答)
\end{aligned}$$

29-6　サイクロトロンとシンクロトロン

物質の究極の構造はどうなっているのだろうか？　この疑問は常に物理学者の好奇心を駆り立ててきた．この疑問に答えるためのひとつの手段は，高いエネルギーをもつ荷電粒子 (たとえば陽子) を標的にぶつけることである．もっと効率的なのは，エネルギーの高い陽子どうしを正面衝突させることである．衝突の"破片"を詳しく解析して素粒子の性質を解明するのである．1976 年と 1984 年のノーベル物理学賞はこのような研究に対して与えられた．

　このような実験に必要な十分に高い運動エネルギーを，どのようにしたら陽子に与えることができるのだろうか？　直接的な方法は，陽子を電位差 V の中で"落とす"ことである；陽子は運動エネルギー eV を得る．しかし，より高いエネルギーを得ようとすると，高い電位差をつくるのが非常に難しくなる．

　もっと賢い方法は，陽子を磁場の中で円運動させて，一周するたびに少しずつ電気的な"キック"を与えることである．たとえば，陽子が磁場の中を 100 回まわり，一周毎に 100 keV のエネルギーを受け取るとすると，

サイクロトロン

図 29-15 は，サイクロトロン (cyclotron) の中を運動する粒子（たとえば陽子）の軌道を上から見たものである．銅板でつくられた 2 つの D 型の空洞（直線部が空いている）は"ディー"と呼ばれ，電気的な振動子の一部となっている．D の間のギャップにかかる電位差の符号が変化すると，ギャップ間につくられる電場の向きが変わる；左の D から右の D へ，そして右の D から左の D へと交互に変わる．2 つの D は巨大な電磁石がつくる磁場の中に置かれている（図では紙面から手前向きである）．

サイクロトロン中央のイオン源 S から，陽子が，負に帯電した左側の D へ向かって打ち出されたとしよう（図 29-15）．陽子は左へ向かって加速されて D の中に入る．いったん D の中に入ると，D の壁によって電場から遮蔽される；電場は D の中に入り込めない．しかし，非磁性体の銅でつくられた D は磁場を遮蔽しない．したがって，陽子は円軌道を描き，その半径は陽子の速さによって決まる；式 (29-16) ($r = mv/qB$)．

陽子が左の D から中央のギャップに出てくるとき，D の間の電位差が逆転していると，陽子は再び負に帯電した D に向かうことになり，再び加速される．このような過程が繰り返され，陽子は D の電位の振動に歩調を合わせてぐるぐる回り続け，渦巻き状の軌道を描いて D の外縁に達する．最後に偏向板が陽子を出口から外に送り出す．

サイクロトロンの動作の鍵は，陽子が磁場中を周回運動する振動数 f（これは陽子の速さにはよらない）が，電気振動の固定振動数 f_{osc} と一致していることである：

$$f = f_{\text{osc}} \quad (\text{共鳴条件}) \tag{29-23}$$

この共鳴条件 (resonance condition) によれば，周回運動をする陽子のエネルギーを増やすには，磁場中を周回する陽子の固有振動数 f と同じ振動数 f_{osc} でエネルギーを供給しなければならない．

式 (29-18) と (29-23) を組み合わせて，共鳴条件を書き直すと，

$$qB = 2\pi m f_{\text{osc}} \tag{29-24}$$

陽子に対して q と m は決まっている．ここでは発振器の振動数は固定されていると仮定している．したがって，式 (29-24) の条件が満たされるように，サイクロトロンの磁場の大きさ B を調整すれば，たくさんの陽子が磁場中をまわり，ビームとして取り出すことができるようになる．

陽子シンクロトロン

陽子のエネルギーが 50 MeV 以上になると，普通のサイクロトロンでは加速できなくなる；設計の前提——磁場中を周回運動する荷電粒子の振動数が粒子の速さによらない——は光速より十分に遅いときにだけ成り立つ．陽子の速さが光速のおよそ 10% を超えると，相対論的な取り扱いが必要

最後には $(100)(100\,\text{keV}) = 10\,\text{MeV}$ の運動エネルギーが得られる．2 種類のとても有用な加速器がこの原理に基づいている．

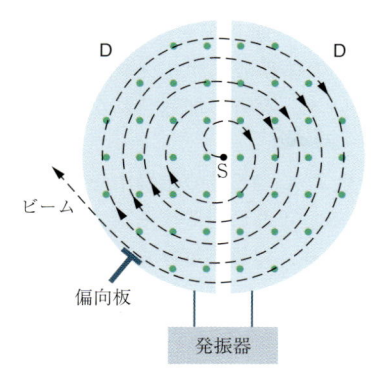

図 29-15 サイクロトロンの構成要素：粒子源 S と D が示されている．一様な磁場が紙面から手前に向かってかけられている．周回する陽子は，D の間のギャップを通過するたびに少しずつエネルギーを増して，徐々に D の外側へ向かう．

となる。相対性理論によれば，周回する陽子の速さが光速に近づくと，周回の振動数は少しずつ減っていく。陽子の振動数はサイクロトロンの振動子の(固定)振動数から徐々にずれていき，次第に加速されなくなってしまう。

エネルギーが高くなると別の問題も発生する。1.5 T の磁場中をまわる 500 GeV の陽子の軌道半径は 1.1 km にもなる。これに対応する通常のサイクロトロンの磁極面の面積は $4 \times 10^6\,\mathrm{m}^2$ であり，建設不可能な磁石の大きさになってしまう。

これら2つの問題を解決するために陽子シンクロトロン(proton synchrotron)が開発された。通常のサイクロトロンでは固定されていた磁場の大きさ B と発振器の振動数 f_{osc} は，加速の間に変えることができる。正しく調整すれば，(1)陽子の周回振動数は常に発振器の振動数に一致し，(2)陽子は常に円軌道──渦巻き軌道ではなく──を描く。したがって，磁場は，$4 \times 10^6\,\mathrm{m}^2$ のような大面積ではなく，円軌道上だけにあればよい。それでも，高いエネルギーを得たければ，円軌道はとても大きなものになる。イリノイ州にある Fermi 国立加速器研究所(Fermilab)の陽子シンクロトロンでは，周長 6.3 km の加速器で陽子を 1 TeV にまで加速することができる。

例題 29-5

半径 $R = 53\,\mathrm{cm}$ の D をもつサイクロトロンが振動数 12 MHz で運転されているとする。

(a) 重陽子(deuteron)を加速するために必要な磁場の大きさはいくらか？ 重陽子は重水素(deuterium)の原子核で水素の同位体である。重陽子は陽子1個と中性子1個からなり，陽子と同じ電荷をもち，その質量は $m = 3.34 \times 10^{-27}\,\mathrm{kg}$ である。

解法: **Key Idea**: サイクロトロンで加速するために必要な磁場の大きさ B は，振動数 f_{osc} が与えられている場合，式(29-24)より，質量と電荷の比 m/q によって決まる。重陽子の値と $f_{osc} = 12\,\mathrm{MHz}$ を代入すると，

$$B = \frac{2\pi m f_{osc}}{q} = \frac{(2\pi)(3.34 \times 10^{-27}\,\mathrm{kg})(12 \times 10^6\,\mathrm{s}^{-1})}{1.60 \times 10^{-19}\,\mathrm{C}}$$
$$= 1.57\,\mathrm{T} \approx 1.6\,\mathrm{T} \qquad (\text{答})$$

陽子を加速する場合は，振動子の振動数を 12 MHz のままにするならば，半分の磁場でよい。

(b) サイクロトロンから取り出される重陽子の運動エネルギーはいくらか？

解法: **Key Idea 1**: サイクロトロンから取り出される重陽子の運動エネルギー $((1/2) m v^2)$ は，サイクロトロンから出る直前の運動エネルギー，すなわちサイクロトロンの D の半径 R にほぼ等しい半径の円軌道を描く重陽子の運動エネルギーである。**Key Idea 2**: 円軌道を描く重陽子の速さは式(29-16) ($r = mv/qB$) で与えられる。これを v について解いて，r を R で置き換えて，数値を代入すると，

$$v = \frac{RqB}{m} = \frac{(0.53\,\mathrm{m})(1.60 \times 10^{-19}\,\mathrm{C})(1.57\,\mathrm{T})}{3.34 \times 10^{-27}\,\mathrm{kg}}$$
$$= 3.99 \times 10^7\,\mathrm{m/s} \qquad (\text{答})$$

これより，

$$K = \frac{1}{2} m v^2 = \frac{1}{2}(3.34 \times 10^{-27}\,\mathrm{kg})(3.99 \times 10^7\,\mathrm{m/s})^2$$
$$= 2.7 \times 10^{-12}\,\mathrm{J} \qquad (\text{答})$$

または約 17 MeV である。

29-7 電流に働く磁気力

導線を流れる電子が磁場から横向きの力を受けることは(ホール効果に関連して)既に学んだ。伝導電子は導線から横に飛び出すことはできないの

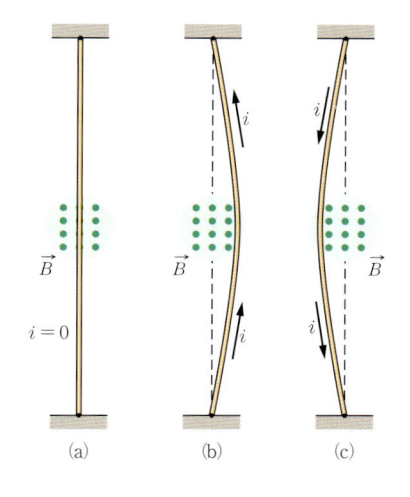

図 29-16 導線が磁極面の間（向こう側の磁極面だけが描かれている）に置かれている。(a) 電流を流さないとき導線はまっすぐになっている。(b) 上向きの電流を流すと導線は右に振れる。(c) 下向きの電流を流すと導線は左に振れる。この図では，電流を流すための装置や端子は描かれていない。

で，この力は導線に伝わる。

図 29-16a の鉛直に張られた導線は，両端を固定されていて，電流は流れていない。この導線は鉛直の磁極面の間に置かれている。磁極間の磁場は紙面から手前向きである。図 29-16b では，上向きに電流が流れている；導線は右に振れている。図 29-16c では，電流の向きが逆転し，導線は左に振れている。

図 29-17 は，図 29-16 の導線の内部の様子を示している。伝導電子のひとつが，ドリフト速度 v_d で下向きにドリフトしている。式 (29-3) の ϕ は $90°$ だから，それぞれの電子に働く力 $\vec{F}_B$ の大きさは ev_dB となる。この力は，式 (29-2) より，右向きである。したがって，導線も，図 29-16b のように，右向きの力を受けると期待される。

図 29-17 において磁場の向きまたは電流の向きを反転させると，力の向きも逆になって左向きとなる。このとき，負電荷が下向きにドリフトするか（こちらが正しい），正電荷が上向きにドリフトするかは関係ないことに注意しよう。導線を振らす力の向きはどちらも同じである。したがって，正電荷による電流を考えてもかまわない。

長さ L の導線の一部を考えよう。この部分にあるすべての伝導電子は，時間 $t = L/v_d$ の間に断面 xx を通過する（図 29-17）。このような電子の電荷量は，

$$q = it = i\frac{L}{v_d}$$

これを式 (29-3) に代入すると，

$$F_B = qv_dB \sin\phi = \frac{iL}{v_d} v_dB \sin 90°$$

または，

$$F_B = iLB \qquad (29\text{-}25)$$

この式は，電流 i が流れている長さ L の導線が，導線に垂直な磁場 $\vec{B}$ の中に置かれているときに受ける力を表している。

図 29-18 のように，磁場が導線に垂直でないときは，力の大きさは式 (29-25) を一般化した次式で表される：

$$\vec{F}_B = i\vec{L} \times \vec{B} \qquad \text{（電流に働く力）} \qquad (29\text{-}26)$$

$\vec{L}$ は長さベクトルで，その大きさは L，向きは導線に沿って（普通の意味で）電流が流れる向きである。ϕ を $\vec{L}$ と $\vec{B}$ の間の角とすると，力の大きさは，

$$F_B = iLB \sin\phi \qquad (29\text{-}27)$$

電流 i は常に正にとるので，$\vec{F}_B$ の向きはベクトル積 $\vec{L} \times \vec{B}$ の向きに一致す

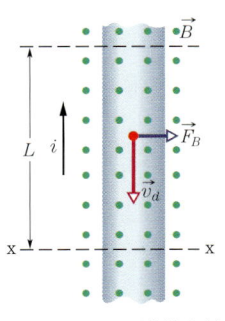

図 29-17 図 29-16b の導線を拡大したもの。電流が上向きなので電子が下向きに運動している。紙面から手前に向かう磁場のために電子そして導線は右に振れる。

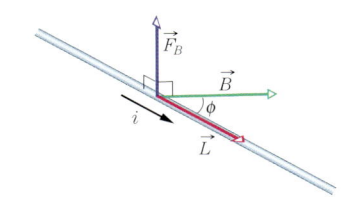

図 29-18 電流の流れている導線と磁場 $\vec{B}$ の間の角が ϕ である場合。磁場の中の導線の長さは L，長さベクトルは $\vec{L}$ である（電流の向きを向いている）。

る。$\vec{F}_B$ は，式 (29-26) より，$\vec{L}$ と $\vec{B}$ で決められる面に常に垂直である。

式 (29-26) は，式 (29-2) と同様に，$\vec{B}$ を定義する式と考えることもできる。実際，式 (29-26) によって $\vec{B}$ を定義することにしよう。個々の電荷に働く力を測るより，導線に働く磁気力を測定する方がはるかに簡単である。

導線がまっすぐでなかったり，磁場が一様でない場合は，導線を短い線分に分割して式 (29-26) を適用する。このとき，導線全体に働く力は，個々の線分に働く力のベクトル和である。線分の長さをゼロに近づける極限では，

$$d\vec{F}_B = i \, d\vec{L} \times \vec{B} \tag{29-28}$$

与えられた形状の導線に働く合力を求めるには，式 (29-28) を導線に沿って積分すればよい。

式 (29-28) を使うとき，電流が流れる長さ dL の孤立した線分は実際には存在しないことに注意しよう。必ず線分の端から電流が流れ込み，もう一方の端から電流は流れだしている。

✓ **CHECKPOINT 5：** 図には，一様な磁場 $\vec{B}$ の中に置かれた導線，その中を流れる電流 i，導線が受ける力 $\vec{F}_B$ が示されている。磁場は，力が最大になる方向にかけられている。磁場はどちらを向いているか？

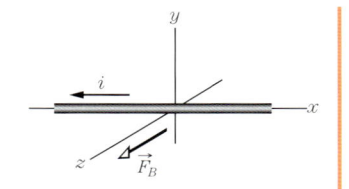

例題 29-6

水平に置かれたまっすぐな銅の導線に電流 $i = 28\,\mathrm{A}$ が流れている。この導線に磁場をかけて，空中に浮かせる——重力と磁気力をつり合わせる——ために必要な最小の磁場 $\vec{B}$ の大きさはいくらか？導線の線密度（単位長さあたりの質量）は $46.6\,\mathrm{g/m}$ である。

解法： **Key Idea 1：** 導線に電流が流れているので，磁場の中に置かれると磁気力 $\vec{F}_B$ を受ける。下向きの重力 $\vec{F}_g$ とつり合わせるためには，上向きの $\vec{F}_B$ が必要である（図 29-19）。

Key Idea 2： $\vec{F}_B$ の向きは，式 (29-26) より，$\vec{B}$ と導線の長さベクトル $\vec{L}$ の向きによって決まる。$\vec{L}$ は水平で，電流の向きを正にとるので，$\vec{F}_B$ を上向きにするためには，式 (29-26) とベクトル積の右手ルールより，$\vec{B}$ は水平で右向きでなければならない（図 29-19）。

$\vec{F}_B$ の大きさは式 (29-27)（$F_B = iLB \sin\phi$）で与えられる。$\vec{F}_B$ と $\vec{F}_g$ がつり合うためには，

$$iLB \sin\phi = mg \tag{29-29}$$

mg は $\vec{F}_g$ の大きさで，m は導線の質量である。$\vec{F}_B$ と $\vec{F}_g$ がつり合うのに必要な最小の磁場の大きさ B を求めたいのだから，式 (29-29) の $\sin\phi$ を最大にすればよい。し

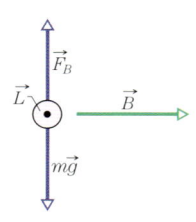

図 29-19 例題 29-6。電流の流れている導線（図に断面が描かれている）が磁場の中に浮かんでいる。電流は紙面から手前に向かう向き，磁場は右向きである。

たがって，$\sin\phi = 90°$，すなわち磁場を導線に垂直にすればよい。式 (29-29) で $\sin\phi = 1$ とおけば，

$$B = \frac{mg}{iL \sin\phi} = \frac{(m/L)g}{i} \tag{29-30}$$

線密度 m/L がわかっているので，最後の式をこのように表した。わかっている数値を代入すると，

$$B = \frac{(46.6 \times 10^{-3}\,\mathrm{kg/m})(9.8\,\mathrm{m/s^2})}{28\,\mathrm{A}}$$
$$= 1.6 \times 10^{-2}\,\mathrm{T} \tag{答}$$

この値は地磁気の約 160 倍である。

29-8 電流ループに働くトルク

世の中の多くの仕事は電動モーターによってなされている;この仕事の裏には前節で学んだ磁気力が存在する——電流が流れている導線に磁場が及ぼす力である。

図 29-20 は簡単なモーターを表している:電流が流れている単ループが磁場 $\vec{B}$ の中に置かれている。2つの磁気力 $\vec{F}$ と $-\vec{F}$ がループにトルクを発生させ,中心軸のまわりにループを回転させる。この図では,細部の重要な点が省略されてはいるが,磁場がどのように電流ループに作用して回転運動を生み出すかが示されている。この運動を詳しく見てみよう。

図 29-21a では,一様な磁場 $\vec{B}$ の中に置かれた長方形のループ(辺の長さが a と b)に電流 i が流れている。長方形の長い辺(辺1と3)が磁場(紙面に入る向き)に垂直になっているが,短い辺(辺2と4)は垂直ではない。ループに電流を流し込むリード線とループから電流を流し出すリード線が必要であるが,簡単のために,この図では省略されている。

磁場中のループの向きを定義するために,ループ面に垂直な法線ベクトル (normal vector) $\vec{n}$ を用いる。図 29-21b に示した右手ルールによって $\vec{n}$ の向きを決める。電流の向きに右手の指(親指以外)を巻きつけたときに親指の指す向きが $\vec{n}$ の向きである。

ループの法線ベクトルと磁場 $\vec{B}$ のなす角 θ は任意である(図 29-21c)。このときにループに働く正味の力とトルクを求めよう。

ループに働く正味の力は,4辺に働く力のベクトル和である。辺2については,式(29-26)のベクトル $\vec{L}$ は電流の向きを向いていて,その大きさは b,辺2の $\vec{L}$ と $\vec{B}$ のなす角は $90°-\theta$ である。したがって,辺2に働く力の大きさは,

$$F_2 = i_b B \sin(90° - \theta) = i_b B \cos\theta \tag{29-31}$$

辺4に働く力 $\vec{F}_4$ の大きさは $\vec{F}_2$ と同じで,逆向きになることがすぐにわかるだろう。これらの合力はゼロであり,どちらの作用線もループの中心を

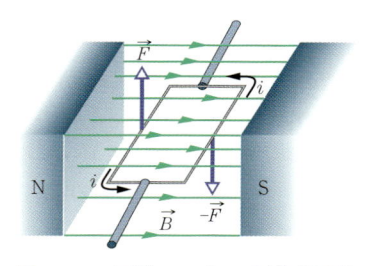

図 29-20 電動モーターの構成要素。電流が流れている長方形の導線ループが磁場の中に置かれ,固定軸のまわりに自由に回転することができる。磁気力がトルクを生み出してループを回転させる。整流子(この図には描かれていない)によって半周毎に電流の向きが反転し,トルクが常に同じ向きに働くようになっている。

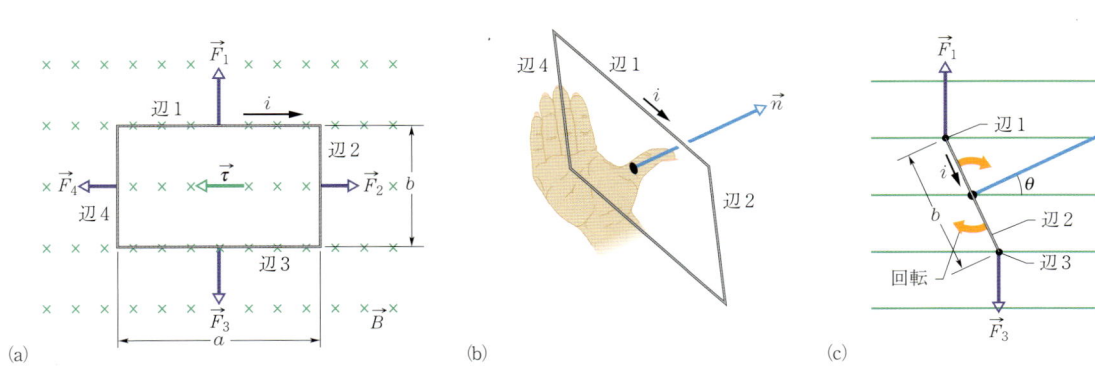

図 29-21 一様な磁場の中に置かれた長さ a,幅 b のループに電流 i が流れている。法線ベクトル $\vec{n}$ が磁場の向きにそろうようにトルク $\vec{\tau}$ が働く。(a) 磁場の向きに沿ってループを見た図。(b) 右手ルールによって $\vec{n}$ の向きが決められる:$\vec{n}$ はループ面に垂直である。(c) ループを横から見た図。図のようにループは回転する。

通るので，正味のトルクもゼロである．

辺1と3では状況が異なる；$\vec{L}$ と $\vec{B}$ は垂直だから，$\vec{F}_1$ と $\vec{F}_3$ の大きさはどちらも iaB である．これらの力は逆向きだからループを上下に動かすような力にはならない．しかし，力の作用線が一致していないので正味のトルクが発生し，法線ベクトル $\vec{n}$ が磁場 $\vec{B}$ の向きを向くように，ループを回転させる．このトルクの中心軸のまわりのモーメントの腕は $(b/2)\sin\theta$ である．$\vec{F}_1$ と $\vec{F}_3$ によるトルク τ' の大きさは，図29-21cより，

$$\tau' = \left(iaB\frac{b}{2}\sin\theta\right) + \left(iaB\frac{b}{2}\sin\theta\right) = iabB\sin\theta \quad (29\text{-}32)$$

単ループの電流を N ループ (N 回巻き) のコイルに置き換える；巻き線は堅く巻かれていて，すべて同じ大きさで同一平面上にあると考える．巻き線は平らなコイルを形づくり，それぞれの巻き線に式(29-32)で与えられる大きさのトルク τ' が働く．コイルに作用する全トルクの大きさは，

$$\tau = N\tau' = NiabB\sin\theta = (NiA)B\sin\theta \quad (29\text{-}33)$$

$A(=ab)$ はコイルの面積である．コイルの性質を表す量 (NiA) ——コイルの巻き数，コイルの面積，コイルに流れる電流——を括弧の中にまとめた．式(29-33)は，一様な磁場の中に置かれたすべての平らなコイルに適用できる；コイルの形にはよらない．

コイルの運動ではなく，コイル面に垂直な法線ベクトル $\vec{n}$ の動きに注目する方が簡単である．式(29-33)より，磁場中の平らなコイルに電流を流すと，$\vec{n}$ が磁場の向きを向くようにコイルは回転する．

モーターの内部では，$\vec{n}$ が磁場の向きにそろう瞬間に電流の向きが逆転するので，コイルは回転し続ける．この自動的な電流反転は整流子の働きによる；整流子は回転するコイルと導線につながっている固定端子を電気的に接続するものである．

例題 29-7

アナログ電圧計とアナログ電流計は，磁場がコイルに流れる電流に及ぼすトルクによって動作する．測定値は目盛りの上を動く針によって示される．図29-22は検流計 (galvanometer) の原理を示している；アナログ電圧計とアナログ電流計は検流計の原理に基づいている．コイルは高さ2.1 cm，幅1.2 cmで，250回巻かれており，軸は紙面に垂直で，一様な半径方向の磁場 (0.23 T) の中に置かれているとする．コイルの任意の向きに対して，巻き線を貫く正味の磁場は常にコイルの法線ベクトルに垂直 (すなわちコイル面に平行) である．ばねSpによるトルクと磁場によるトルクがつり合うので，定常電流 i に対してコイルの振れ角 ϕ は一定になる．電流が大きくなると振れ角も大きくなり，ばねの復元力も大きくなる．電流が $100\,\mu\text{A}$ のとき振れ角が $28°$ になるとすると，ばねのねじれ係数 κ はいくらか？ κ は式(16-22)($\tau = -\kappa\phi$)で与えられる．

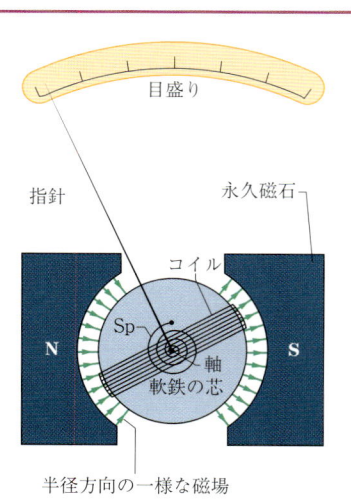

図29-22 例題29-7．検流計の構成要素．回路への接続方法により電圧計としても電流計としても機能する．

解法： **Key Idea**：定常電流が流れるので，磁場によるトルク（式29-33）はばねによるトルクとつり合う．したがって，これらのトルクの大きさは等しい：

$$NiAB \sin \theta = \kappa\phi \qquad (29\text{-}34)$$

ϕ はコイルと針の振れ角，$A (= 2.52 \times 10^{-4} \text{m}^2)$ はコイルの面積である．巻き線を通る正味の磁場は，常にコイルの法線ベクトルに垂直なので，コイルのどんな向きに対しても $\theta = 90°$ である．

式(29-34)を κ について解くと，

$$\kappa = \frac{NiAB \sin \theta}{\phi}$$
$$= (250)(100 \times 10^{-6} \text{A})(2.52 \times 10^{-4} \text{m}^2)$$
$$\times \frac{(0.23 \text{T})(\sin 90°)}{28°}$$
$$= 5.2 \times 10^{-8} \text{N·m/度} \qquad （答）$$

最近では，ほとんどの電圧計や電流計はデジタルになっていて，コイルは使われていない．

29-9 磁気双極子モーメント

前節の（電流が流れている）コイルを，ひとつのベクトル——**磁気双極子モーメント**（magnetic dipole moment）$\vec{\mu}$ ——で表すことができる．$\vec{\mu}$ の向きはコイル面の法線ベクトル $\vec{n}$ の向きとする（図29-21c）．$\vec{\mu}$ の大きさは，次式で定義される：

$$\mu = NiA \quad （磁気モーメント） \qquad (29\text{-}35)$$

N はコイルの巻き数，i はコイルに流れる電流，A はコイルの面積である．（$\vec{\mu}$ の単位は，式(29-35)より，Am^2 である．）磁場がコイルに及ぼすトルク（式29-33）を，$\vec{\mu}$ 用いて表すと，

$$\tau = \mu B \sin \theta \qquad (29\text{-}36)$$

θ は $\vec{\mu}$ と $\vec{B}$ の間の角である．

この関係をベクトルで表すと，

$$\vec{\tau} = \vec{\mu} \times \vec{B} \qquad (29\text{-}37)$$

この式を見ると，電場が電気双極子に及ぼすトルク——式(23-34)の $\vec{\tau} = \vec{p} \times \vec{E}$ ——を思い出すだろう．どちらの場合も，場——電場または磁場——によるトルクは，対応する双極子モーメントと場のベクトルとのベクトル積になっている．

外部磁場の中に置かれた磁気双極子モーメントは，（双極子の向きによって決まる）**磁気ポテンシャルエネルギー**（magnetic potential energy）をもっている．電気双極子の電気ポテンシャルエネルギー（$U(\theta) = -\vec{p} \cdot \vec{E}$）から類推されるように，磁気双極子の磁気ポテンシャルエネルギーは次式で与えられる：

$$U(\theta) = -\vec{\mu} \cdot \vec{B} \qquad (29\text{-}38)$$

磁気双極子と磁場の向きがそろっているとき（図29-23），磁気双極子のもつエネルギー（$= -\mu B \cos 0 = -\mu B$）は最も低い．$\vec{\mu}$ が磁場と反対向きのとき，そのエネルギー（$= -\mu B \cos 180° = +\mu B$）は最も高い．

磁気双極子が角 θ_i から θ_f まで回転するとき，磁場が双極子にする仕事 W は，

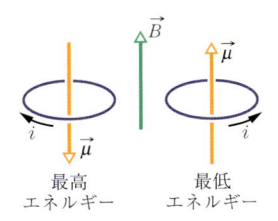

図29-23 外部磁場 $\vec{B}$ の中に置かれた磁気双極子（ここでは電流ループ）が最も高いエネルギーをもつ場合と，最も低いエネルギーをもつ場合．図29-21bの法線ベクトルと同じように，電流 i の向きから右手ルールによって磁気双極子 $\vec{\mu}$ の向きが決められる．

158 第29章 磁　場

表29-2　磁気双極子モーメントの例

小さな棒磁石	5 J/T
地球	8.0×10^{22} J/T
陽子	1.4×10^{-26} J/T
電子	9.3×10^{-24} J/T

$$W = -\Delta U = -(U_f - U_i) \tag{29-39}$$

U_i と U_f は，式(29-38)によって計算される．外部から双極子にトルクが働いて双極子の向きが変化するときは，外部トルクが双極子に対して仕事 W_a をする．回転の前後で双極子が止まっているならば，W_a は，磁場がする仕事の符号を変えたものになる：

$$W_a = -W = U_f - U_i \tag{29-40}$$

ここまでは磁気双極子として電流が流れているコイルだけを考えたが，棒磁石や回転する帯電球も磁気双極子である．地球もまた（近似的に）磁気双極子になっている．電子，陽子，中性子等の多くの素粒子も磁気双極子モーメントをもっている．第32章でみるように，これらの磁気双極子は電流ループとみなすことができる．表29-2は磁気双極子モーメントの例を示している．

✓ **CHECKPOINT 6**:　図は，磁場中に置かれた磁気双極子 $\vec{\mu}$ の4通りの向き（大きさはいずれも θ）を示している．4つの向きを（a）双極子に働くトルク，（b）双極子のポテンシャルエネルギー，の大きい順に並べなさい．

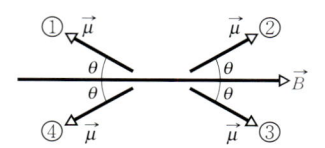

例題 29-8

図29-24に示した250回巻きの円形コイル（面積 $A = 2.52 \times 10^{-4}$ m²）に 100μA の電流が流れている．このコイルは $B = 0.85$ T の一様な磁場の中に静止している．磁気双極子 $\vec{\mu}$ は，初め磁場 $\vec{B}$ の向きを向いている．

図29-24　例題29-8．電流の流れているコイルを横から見た図．磁気双極子モーメント $\vec{\mu}$ は磁場 $\vec{B}$ の向きを向いている．

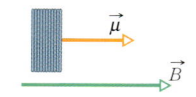

（a）図29-24で，電流はコイルの中をどの向きに流れているか？

解法：　**Key Idea**：右手ルールを用いる：伸ばした親指が $\vec{\mu}$ の向きを向くようにコイルを握る．このときコイルに巻きつけた（親指以外の）指の向きに電流が流れている．したがって，紙面手前側の導線（図29-24で見えている部分）には下向きに電流が流れる．

（b）外力を加えて，コイルを初期状態から90°まわして $\vec{\mu}$ と $\vec{B}$ を垂直にする．このとき外部トルクがする仕事はいくらか．ただし，終状態のコイルは静止している．

解法：　**Key Idea**：外部トルクのする仕事 W_a は，コイルの回転にともなうポテンシャルエネルギーの変化に等しい．式(29-40)（$W_a = U_f - U_i$）より，

$$W_a = U(90°) - U(0°)$$
$$= -\mu B \cos 90° - (-\mu B \cos 0°) = 0 + \mu B$$
$$= \mu B$$

式(29-35)（$\mu = NiA$）を代入すると，

$$W_a = (NiA)B = (250)(100 \times 10^{-6} \text{A})(2.52 \times 10^{-4} \text{m}^2)(0.85 \text{T})$$
$$= 5.356 \times 10^{-6} \text{J} \approx 5.4 \, \mu\text{J} \tag{答}$$

まとめ

磁場 $\vec{B}$　磁場 $\vec{B}$ は，速度 $\vec{v}$ で運動する電荷 q の荷電粒子が受ける力 $\vec{F}_B$ によって定義される:
$$\vec{F}_B = q\vec{v} \times \vec{B} \tag{29-2}$$
$\vec{B}$ のSI単位はテスラ (T) で，$1\,\mathrm{T} = 1\,\mathrm{N/(Am)} = 10^4$ gauss である．

ホール効果　一様な磁場 $\vec{B}$ の中に置かれた厚さ l の導体片に電流 i が流れると，電荷キャリア (電荷 e) が導体の側辺に集まり，導体片の側辺の間に電位差 V が生じる．側辺の極性が電荷キャリアの符号を決める；電荷キャリアの数密度 n は，次式で計算できる:
$$n = \frac{Bi}{Vle} \tag{29-12}$$

磁場中の荷電粒子の円運動　質量 m，電荷の大きさ q の荷電粒子が一様な磁場 $\vec{B}$ の中を運動している．粒子の速度 $\vec{v}$ が磁場に垂直であるとき，粒子は円軌道を描く．この円運動にニュートンの第2法則を適用すると，
$$qvB = \frac{mv^2}{r} \tag{29-15}$$
これより円軌道の半径が得られる:
$$r = \frac{mv}{qB} \tag{29-16}$$
回転の振動数，角振動数，周期は次式で与えられる:
$$f = \frac{\omega}{2\pi} = \frac{1}{T} = \frac{qB}{2\pi m} \quad (29\text{-}19,\; 29\text{-}18,\; 29\text{-}17)$$

サイクロトロンとシンクロトロン　サイクロトロンは加速器の一種である．磁場により荷電粒子は円軌道上を周回するが，その軌道は徐々に大きくなる．小さな加速電位を何回も通過することにより，粒子は高いエネルギーに加速される．粒子の速さが光速に近づくと，発振器の振動数との同期がとれなくなるために，サイクロトロンの加速エネルギーには限界がある．これを解決するのがシンクロトロンである．粒子を単に加速するだけでなく，同じ軌道上にとどめるように磁場 B と発振振動数 f_{osc} を調整する．

電流が流れる導線に働く磁気力　電流が流れているまっすぐな導線が一様な磁場の中に置かれた場合に受ける横向きの力は，
$$\vec{F}_B = i\vec{L} \times \vec{B} \tag{29-26}$$
磁場中の電流要素 $i\,d\vec{L}$ に働く力は，
$$d\vec{F}_B = i\,d\vec{L} \times \vec{B} \tag{29-28}$$
$\vec{L}$ と $d\vec{L}$ の向きは電流の向きである．

電流が流れるコイルに働くトルク　一様な磁場 $\vec{B}$ の中に置かれた面積 A で N 回巻きのコイルに電流 i が流れると，コイルに働くトルク $\vec{\tau}$ は，
$$\vec{\tau} = \vec{\mu} \times \vec{B} \tag{29-37}$$
$\vec{\mu}$ はコイルの**磁気双極子モーメント**で，その大きさは $\mu = NiA$，向きは右手ルールで与えられる．

磁気双極子のポテンシャルエネルギー　磁気双極子のもつ磁気ポテンシャルエネルギーは，
$$U(\theta) = -\vec{\mu} \cdot \vec{B} \tag{29-38}$$
磁気双極子が向き θ_i から θ_f まで回転するとき，磁場が双極子にする仕事 W は，
$$W = -\Delta U = -(U_f - U_i) \tag{29-39}$$

問題

1. 図29-25は，正電荷の粒子が速度 $\vec{v}$ で一様な磁場 $\vec{B}$ の中を運動して力 $\vec{F}_B$ を受けている様子を3通り示している．ベクトルの向きが正しいのはどれか？

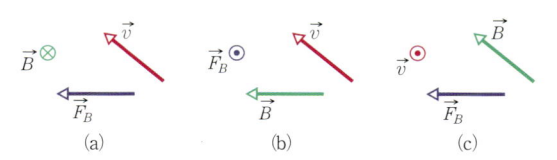

図 **29-25**　問題 1

2. 一様な磁場 $\vec{B}$ の中を運動している陽子の速度 $\vec{v}$ と磁場 $\vec{B}$ が4通り与えられている:
(a) $\vec{v} = 2\hat{i} - 3\hat{j}$, $\vec{B} = 4\hat{k}$
(b) $\vec{v} = 3\hat{i} + 2\hat{j}$, $\vec{B} = -4\hat{k}$
(c) $\vec{v} = 3\hat{j} - 2\hat{k}$, $\vec{B} = 4\hat{i}$
(d) $\vec{v} = 20\hat{i}$, $\vec{B} = -4\hat{i}$
これらを，筆算をしないで，陽子に働く磁気力の大きさの順に並べなさい．

3. 29-3節では，直交電磁場の中で荷電粒子が受ける力 $\vec{F}_E$ と $\vec{F}_B$ が反対向きになることを学んだ．粒子の速さが式 (29-7) ($v = E/B$) で与えられるとき，電気力と磁気力はつり合って粒子は直進する．(a) $v < E/B$，(b) $v > E/B$ のときはどちらの力が強くなるか？

4. 図29-26は，一様な直交電磁場 $\vec{E}$, $\vec{B}$ と，ある瞬間の粒子の速度ベクトルを，表29-3にあげた10種類の粒子に対して示している．(ここではベクトルの長さは問

題ではない。)表には粒子の電荷の符号と粒子の速さが E/B より大きいか小さいかで示されている(問題3を参照)。図29-26の状態の直後にどの粒子が紙面から手前向きに運動するか？

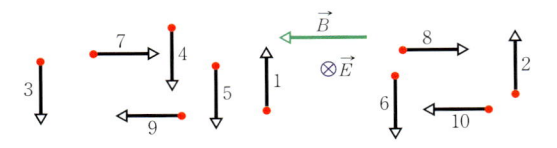

図 29-26 問題 4

表 29-3 問題 4

粒子	電荷	速さ	粒子	電荷	速さ
1	+	小さい	6	−	大きい
2	+	大きい	7	+	小さい
3	+	小さい	8	+	大きい
4	+	大きい	9	−	小さい
5	−	小さい	10	−	大きい

5. 図29-27は，荷電粒子が速さ v_0 で一様な磁場 $\vec{B}$ の中に入り，時間 T_0 で半周した後に磁場から抜け出た様子を示している。(a)電荷は正か，負か？ (b)磁場から出た粒子の速さは v_0 より大きいか，小さいか，同じか？初速が $0.5v_0$ であったなら，(c)粒子が磁場の中にとどまる時間は T_0 より長いか，短いか，同じか？ (d)粒子が描く軌跡は半円より大きいか，小さいか，同じか？

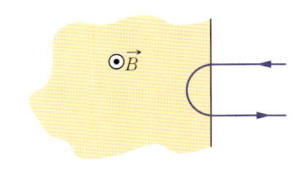

図 29-27 問題 5

6. 図29-28は，磁場のかかった6つの領域を通過する粒子の軌跡を示している：磁場中の軌跡は半円または4分円である。最後の磁場を通過した後，粒子は帯電した平行板の間に入り，電位の高い電極の方へ曲がった。6つの領域の磁場の向きを答えなさい。

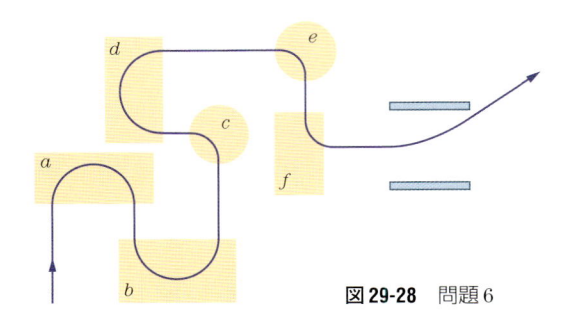

図 29-28 問題 6

7. 図29-29は，一様な磁場がかけられた2つの領域(磁場の大きさは B_1 と B_2)を通過する電子の軌跡を示している。磁場中の軌跡はいずれも半円である。(a)どちらの磁場が強いか？ (b)それぞれの磁場の向きは？ (c) $\vec{B_1}$ を通過するのにかかる時間は $\vec{B_2}$ を通過するのにかかる時間より長いか，短いか，同じか？

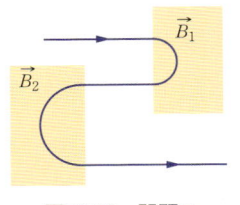

図 29-29 問題 7

8. 図29-30は，一様な磁場中の粒子の軌跡を11通り示している。軌跡のひとつは直線であるが，残りはすべて半円である。表29-4は，11通りの軌跡に対応する11個の粒子の質量，電荷，速さを与えている。軌跡と粒子を対応づけなさい。

図 29-30 問題 8

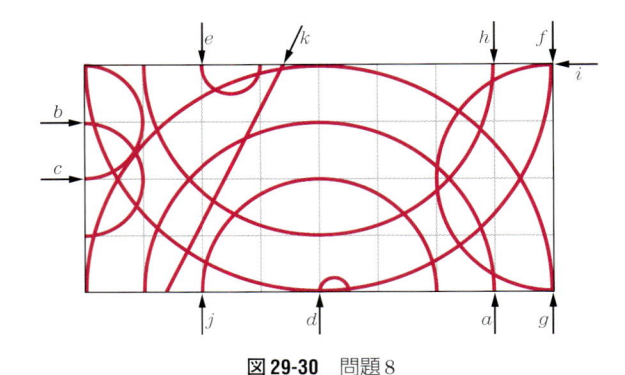

表 29-4 問題 8

粒子	質量	電荷	速さ
1	$2m$	q	v
2	m	$2q$	v
3	$m/2$	q	$2v$
4	$3m$	$3q$	$3v$
5	$2m$	q	$2v$
6	m	$-q$	$2v$
7	m	$-4q$	v
8	m	$-q$	v
9	$2m$	$-2q$	$8v$
10	m	$-2q$	$8v$
11	$3m$	0	$3v$

9. 図29-31は，磁場中に置かれた8本の導線(すべて同じ電流が流れている)を示している。磁場は紙面の向こうを向いている。それぞれの導線は直線部(長さ L で x または y 軸に平行である)と曲線部(曲率半径 R)をもっている。電流の向きは矢印で示されている。(a)それぞれの導線に働く正味の磁気力はどちらを向いているか？ (x 軸から反時計回りに測った角度で答えなさい) (b)導線1から4を導線に働く正味の磁気力の大きさの順に

並べなさい．(c) 同様に，導線 5 から 8 を導線に働く正味の磁気力の大きさの順に並べなさい．

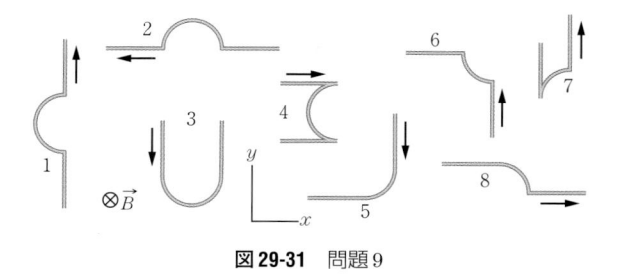

図 29-31　問題 9

10. (a) Checkpoint 6 において，磁気モーメントが μ が向き 1 から 2 へ回転するとき，磁場が磁気モーメントにする仕事は正か，負か，ゼロか？ (b) 磁気モーメントが向き 1 から (1) 向き 2 へ，(2) 向き 3 へ，(3) 向き 4 へ，回転するとき，これらを磁場が磁気モーメントにする仕事の大きさの順に並べなさい．

30 電流がつくる磁場

この写真は，現在われわれが宇宙へ物を打ち上げるための手段を示している。しかし，通常のロケット燃料の原料がない月や小惑星の開発をめざすなら，もっと効率の良い方法が必要である。電磁発射装置は可能性のひとつであろう。レールガンと呼ばれる小型の試作機は，静止した発射体を 1 ms の間に 10 km/s (36,000 km/h) まで加速することができる。

なぜ，このような急加速が可能なのだろうか。

答えは本章で明らかになる。

30-1 電流がつくる磁場

29-1 節で述べたように，磁場をつくる方法のひとつは電荷の運動，すなわち電流を利用することである。本章では，与えられた電流分布がつくる磁場を計算しよう。そのための基本な手順は，第 23 章で学んだ手順（与えられた電荷分布から電場を計算する手順）と同じである。

基本手順を復習しよう。まず最初に，（頭の中で）任意形状の電荷分布を電荷要素 dq に分割する（図 30-1a）。次に，電荷要素が点 P につくる電場 $d\vec{E}$ を計算する。別の要素がつくる電場は重ね合わせることができるので，点 P での正味の電場はすべての要素からの寄与 $d\vec{E}$ を積分して足しあげればよい。

電荷要素 dq から点 P までの距離を r とすると，電荷要素がつくる電場 $d\vec{E}$ の大きさは，

$$dE = \frac{1}{4\pi\varepsilon_0}\frac{dq}{r^2} \tag{30-1}$$

正の電荷要素に対して $d\vec{E}$ の向きは $\vec{r}$ の向きに等しく，電荷要素 dq から点Pへ向かう．位置ベクトル $\vec{r}$ を用いて式(30-1)を書き直すと，

$$d\vec{E} = \frac{1}{4\pi\varepsilon_0}\frac{dq}{r^3}\vec{r} \tag{30-2}$$

この式は，正電荷がつくる $d\vec{E}$ が $\vec{r}$ の向きを向いていることを示している．分母に r の3乗が現れたのは，分子に大きさ r の因子をかけたためで，この式は逆2乗の法則（$d\vec{E}$ が r^2 に反比例する）を表している．

 この基本手順を踏襲して，電流がつくる磁場を計算しよう．図30-1bでは，任意形状の導線に電流が流れている．導線近傍の点Pにおける磁場 $\vec{B}$ を求めたい．まず最初に，（頭の中で）導線を微小要素 ds に分割し，それぞれの要素に対して長さベクトル $d\vec{s}$ を定義する；$d\vec{s}$ の大きさは ds，向きは ds を流れる電流の向きである．次に，電流–長さ要素(cuurent-length element)を $i\,d\vec{s}$ で定義して，任意の電流–長さ要素が点Pにつくる磁場 $d\vec{B}$ を計算しよう．電場と同様に，磁場についても重ね合わせによって正味の場を求めることができる，ということが実験でわかっている．したがって，点Pでの正味の磁場 $\vec{B}$ を求めるには，すべての電流–長さ要素からの寄与 $d\vec{B}$ を積分して足しあげればよい．しかし，電場に比べて積分はとても複雑で難しい；この難しさは，電場をつくる電荷要素 dq がスカラー量であったのに対して，磁場をつくる電流-長さ要素 $i\,d\vec{s}$ がスカラー量とベクトル量の積であることに起因している．

 電流-長さ要素 $i\,d\vec{s}$ が点Pにつくる磁場 $d\vec{B}$ の大きさは，次式で表されることがわかっている；

$$dB = \frac{\mu_0}{4\pi}\frac{i\,ds\,\sin\theta}{r^2} \tag{30-3}$$

θ は $d\vec{s}$ と ds から点Pへ伸びるベクトル $\vec{r}$ のなす角である．記号 μ_0 は透磁率(permeability constant)と呼ばれる定数で，その値は，

$$\mu_0 = 4\pi \times 10^{-7}\,\text{T·m/A} \approx 1.26 \times 10^{-6}\,\text{T·m/A} \tag{30-4}$$

$d\vec{B}$ の向きはベクトル積 $d\vec{s} \times \vec{r}$ の向きで，図30-1bでは"紙面に入る"と書かれている．このことから，式(30-4)を次のようなベクトル式で表すことができる：

$$d\vec{B} = \frac{\mu_0}{4\pi}\frac{i\,d\vec{s}\times\vec{r}}{r^3} \quad \text{（ビオ・サバールの法則）} \tag{30-5}$$

このベクトル式と式(30-3)のスカラー式はどちらも，**ビオ・サバールの法則**(law of Biot and Savart)として知られている．実験的に得られたこの法則もまた逆2乗の法則である（分母の3乗は分子の $\vec{r}$ に起因している）．この式は，さまざまな電流分布が任意の点につくる磁場を計算するのに用いられる．

長くてまっすぐな導線に流れる電流がつくる磁場

十分に（無限に）長いまっすぐな導線を流れる電流 i が，導線からの垂直距

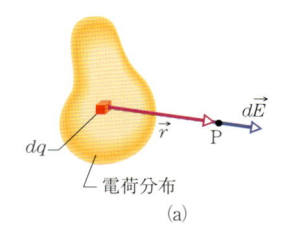

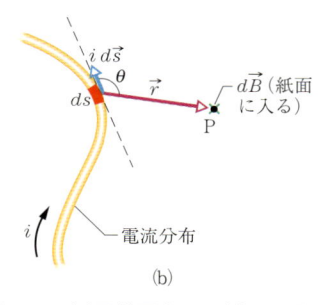

図30-1 (a)電荷要素 dq が点Pに微小電場 $d\vec{E}$ をつくる．(b)電流–長さ要素 $i\,d\vec{s}$ が点Pに微小磁場 $d\vec{B}$ をつくる．点Pにつけた緑色の×(矢の尾部を表す)は $d\vec{B}$ が紙面に入る向きであることを示している．

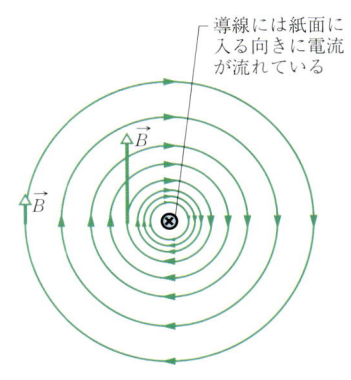

図 30-2 直線電流がつくる磁場を表す磁力線は，導線のまわりに同心円を描く。この図では電流は紙面に入る向きで，×印で示されている。

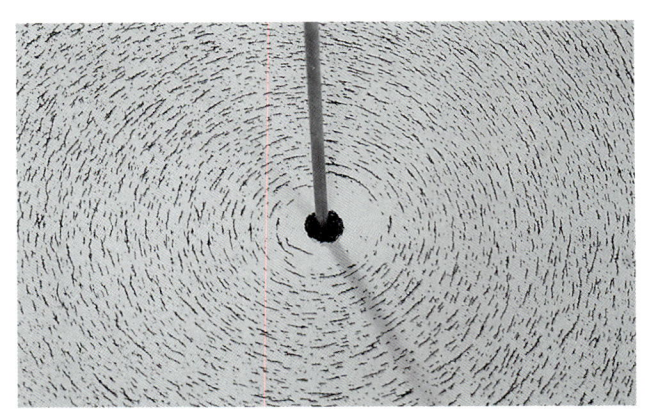

図 30-3 厚紙の上にばらまかれたヤスリくずは，導線に電流を流すと同心円上に集まる。電流によって磁場が生じたため，磁力線に沿って並ぶ。

離 R の位置につくる磁場の大きさは，次式で与えられる（あとでビオ・サバールの法則を使って証明する）：

$$B = \frac{\mu_0 i}{2\pi R} \quad \text{(長くてまっすぐな導線)} \tag{30-6}$$

磁場の大きさ B は，電流と導線からの距離 R だけに依存する。磁場 $\vec{B}$ の磁力線は，図 30-2 に示され，また図 30-3 のヤスリくずが示唆するように，導線のまわりに同心円を描く（後で証明する）。図 30-2 の磁力線の間隔が外側ほど広くなっているのは，磁場 $\vec{B}$ の大きさが $1/R$ に比例して減る（式 30-6）ためであり，図中の 2 つの磁場ベクトル $\vec{B}$ の長さもまた $1/R$ に従って減少するように描かれている。

（長い導線の一部である）電流-長さ要素がつくる磁場の向きを知るための右手ルールがある：

▶ **右手ルール**：伸ばした親指が電流の向きを向くように右手で電流-長さ要素を握ったとき，巻き付けた指の向きが磁場の向きである。

図 30-2 のまっすぐな導線を流れる電流にこの右手ルール適用すると，図 30-4a のような結果が得られる。任意の点 P において，電流がつくる磁場 $\vec{B}$ の向きを決めるためには，（頭の中で）導線を右手で握り，伸ばした親指が電流の向きを向くようにする。そして（親指以外の）指先が点 P を通るようにしたとき，指先の向きが点 P での磁場の向きになる。図 30-2 では，$\vec{B}$ はどの点においても磁力線に接している；図 30-4 では，その点と電流を結ぶ半径方向（破線）に垂直である。

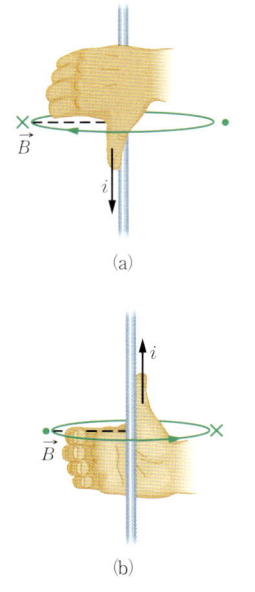

図 30-4 導線に流れる電流によってつくられる磁場の向きは右手ルールで与えられる。(a)図 30-2 を横から見たところ。磁場 $\vec{B}$ は，半径方向（破線）に垂直で，導線の左側では紙面に入る向きである；×印で示された指先の向き。(b)電流の向きが逆になると，導線の左側の磁場は相変わらず半径方向に垂直ではあるが，・印で示されるように紙面から出る向きである。

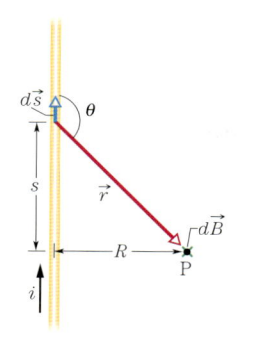

図 30-5 直線電流 i がつくる電流の計算。電流-長さ要素 $i\,d\vec{s}$ が P につくる $d\vec{B}$ は紙面に入る向きである。

式 (30-6) の証明

図 30-5 は，導線がまっすぐで無限に長い点を除いて図 30-1b と同じであり，これから証明しようとする状況を描いたものである；導線から垂直距離 R にある点 P での磁場 $\vec{B}$ を求めよう。電流-長さ要素 $i\,d\vec{s}$ が点 P につくる微小磁場は，式 (30-3) で与えられる：

$$dB = \frac{\mu_0}{4\pi}\frac{i\,ds\,\sin\theta}{r^2}$$

図 30-5 の $d\vec{B}$ の向きは $d\vec{s}\times\vec{r}$ の向き，すなわち紙面に入る向きである。

 点 P における $d\vec{B}$ の向きが，すべての電流-長さ要素に対して同じであることに注意しよう。したがって，無限に長い導線の上半分の電流-長さ要素が点 P につくる磁場の大きさは，式 (30-3) の dB を 0 から ∞ まで積分して求められる。

 次に，導線の下半分にある電流-長さ要素について考えよう；上半分にある $d\vec{s}$ と点 P をはさんで対称の位置にある $d\vec{s}$ を考える。下半分にある電流-長さ要素が点 P につくる磁場の大きさと向きは，式 (30-5) より，図 30-5 の $i\,d\vec{s}$ の場合と同じである。さらに，導線の下半分がつくる磁場は上半分がつくる磁場と等しい。点 P での全磁場 $\vec{B}$ の大きさは，先程の積分の 2 倍になる：

$$B = 2\int_0^\infty dB = \frac{\mu_0 i}{2\pi}\int_0^\infty \frac{\sin\theta\,ds}{r^2} \tag{30-7}$$

式に現れる θ，s，r は独立な変数ではなく，次のように関係づけられる（図 30-5）：

$$r = \sqrt{s^2 + R^2}$$

および

$$\sin\theta = \sin(\pi - \theta) = \frac{R}{\sqrt{s^2 + R^2}}$$

変数を置き換えて，付録の積分公式 19 を使うと，式 (30-7) は次のように計算される：

$$\begin{aligned}B &= \frac{\mu_0 i}{2\pi}\int_0^\infty \frac{R\,ds}{(s^2+R^2)^{3/2}} \\ &= \frac{\mu_0 i}{2\pi R}\left[\frac{s}{(s^2+R^2)^{1/2}}\right]_0^\infty = \frac{\mu_0 i}{2\pi R}\end{aligned} \tag{30-8}$$

これが証明したかった式である。無限に長い導線の上半分または下半分が点 P につくる磁場の大きさは，この半分の値である；

$$B = \frac{\mu_0 i}{4\pi R} \quad (\text{半無限のまっすぐな導線}) \tag{30-9}$$

円弧状の導線に流れる電流がつくる磁場

曲がった導線がつくる磁場を求めるには，まず，式 (30-3) を使って，電流-長さ要素がつくる磁場を計算し，次に，積分によって，すべての 電流-長さ要素 がつくる正味の磁場を求める。導線の形状にもよるが，この積

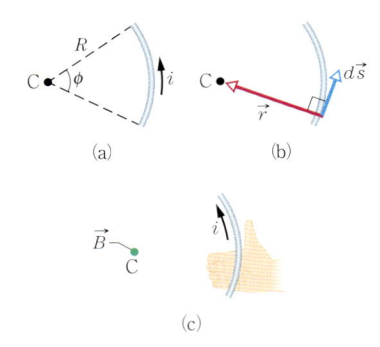

図30-6 (a)円弧状の導線(中心はC)に電流iが流れる。(b)導線上のどこでも$d\vec{s}$と$\vec{r}$のなす角は90°である。(c)導線に流れる電流が中心Cにつくる磁場の向きを決める；Cの緑色の点で示されるように，紙面から出る向き(指先の向き)である。

分は一般にはとても難しくなる；しかし，導線が円弧状で，点Pが曲率円の中心にあるときは，簡単に計算できる。

図30-6aは，そのような円弧状の導線を示している；Cを中心とする半径R，中心角ϕの円弧に電流iが流れている。導線の電流-長さ要素$i d\vec{s}$が，それぞれCにつくる磁場の大きさdBは式(30-3)で与えられる。図30-6bに示されるように，要素の位置によらず$d\vec{s}$と$\vec{r}$のなす角θは常に90°であり，また$r=R$である。式(30-3)のrをRで置き換え，θに90°を代入すると，

$$dB = \frac{\mu_0}{4\pi} \frac{i\,ds\,\sin 90°}{R^2} = \frac{\mu_0}{4\pi}\frac{i\,ds}{R^2} \quad (30\text{-}10)$$

円弧上の電流-長さ要素がCにつくる磁場の大きさは，すべてこの式で計算される。

図30-6cのように，導線に沿って右手ルールを適用すると，すべての微小磁場$d\vec{B}$はCで同じ向き，すなわち紙面から出る向きであることがわかる。したがって，Cでの正味の磁場は，すべての微小磁場$d\vec{B}$を(積分により)単純に足しあげれば求められる。$ds = R\,d\phi$という関係を用いて積分変数をdsから$d\phi$に換えると，式(30-10)より，

$$B = \int dB = \int_0^\phi \frac{\mu_0}{4\pi}\frac{iR\,d\phi}{R^2} = \frac{\mu_0 i}{4\pi R}\int_0^\phi d\phi$$

積分すると，

$$B = \frac{\mu_0 i \phi}{4\pi R} \quad \text{(円弧の中心)} \quad (30\text{-}11)$$

この式は，円弧状電流が曲率円の中心につくる磁場を与えるが，中心以外の場所では成り立たないことに注意しよう。また，この式に値を代入するとき，ϕの単位は度ではなくラジアンでなければならない。完全な円の場合，中心での磁場の大きさは，式(30-11)のϕに2πを代入して，

$$B = \frac{\mu_0 i (2\pi)}{4\pi R} = \frac{\mu_0 i}{2R} \quad \text{(円の中心)} \quad (30\text{-}12)$$

例題 30-1

図30-7aの導線に電流iが流れている。この導線は半径R，中心角$\pi/2$ radの円弧と，交点が円弧の中心Cになるような2つの直線部からなっている。電流がCにつくる磁場$\vec{B}$を求めなさい。

解法： **Key Idea 1**：ビオ・サバールの法則(式30-5)を用いて点Cの磁場$\vec{B}$を求める。**Key Idea 2**：導線を3つの区間に分けて，別々に磁場を計算すると簡単になる；すなわち，(1)左側の直線部，(2)右側の直線部，(3)円弧部。

直線部：区間1では，すべての電流-長さ要素に対して$d\vec{s}$と$\vec{r}$のなす角θはゼロである(図30-7b)。したがって，式(30-3)より，

$$dB_1 = \frac{\mu_0}{4\pi}\frac{i\,ds\,\sin\theta}{r^2} = \frac{\mu_0}{4\pi}\frac{i\,ds\,\sin 0}{r^2} = 0$$

これより，区間1(左側の直線部)に流れる電流は点Cに磁場をつくらない：

$$B_1 = 0$$

区間2についても同様である。ここでは，すべての電流-長さ要素に対して$d\vec{s}$と$\vec{r}$のなす角θは180°であるから，

$$B_2 = 0$$

円弧部：**Key Idea**：ビオ・サバールの法則を適用して円弧中心での磁場を求めると式(30-11)($B=\mu_0 i\phi/4\pi R$)が得られる。ここでは，中心角ϕは$\pi/2$ radである。円弧中心Cでの磁場$\vec{B}_3$の大きさは，式(30-11)より，

$$B_3 = \frac{\mu_0 i(\pi/2)}{4\pi R} = \frac{\mu_0 i}{8R}$$

$\vec{B}_3$の向きを求めるために右手ルール(図30-4)を用いる。(頭の中で)親指が電流の向きを向くように円弧を右手

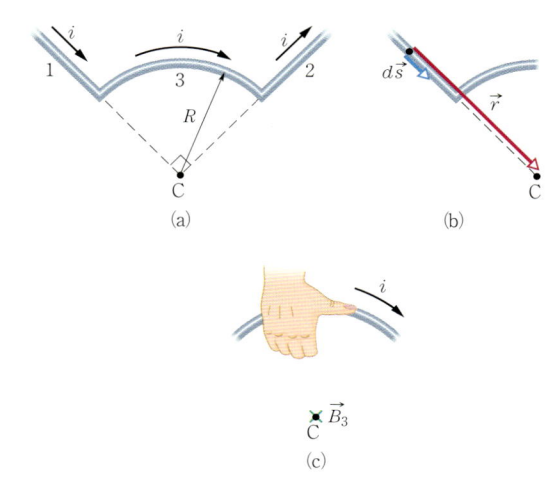

図 30-7 例題 30-1。(a)導線は，2 つの直線区間 (1 と 2) とひとつの円弧区間 (3) からなる。(b)区間 1 の電流–長さ要素に対して $d\vec{s}$ と $\vec{r}$ のなす角はゼロである。(c)円弧区間が C につくる磁場 $\vec{B}_3$ の向きを決める；磁場は紙面に入る向きである。

でつかむ（図 30-7c）。丸めた指の差す向きが，導線のまわりの磁力線の向きを示す。点 C の近傍（円弧の内側）では，指先は紙面に入り込むようになっているので，$\vec{B}_3$ も紙面に入る向きである。

正味の場：一般に，複数の磁場を重ね合わせて正味の磁場を求めるためには，単に大きさを足すのではなく，ベクトル的に足さなければならない。しかし，ここでは円弧部だけが点 C に磁場をつくるので，磁場の大きさの和をとって正味の磁場 $\vec{B}$ の大きさを得ることができる：

$$B = B_1 + B_2 + B_3 = 0 + 0 + \frac{\mu_0 i}{8R} = \frac{\mu_0 i}{8R} \quad \text{(答)}$$

磁場 $\vec{B}$ の向きは $\vec{B}_3$ の向きである；すなわち図 30-7 の紙面に入る向きである。

> ✓ **CHECKPOINT 1:** 図は，同心円の一部である円弧と，半径方向の直線部からなっている回路を 3 通り示している。円弧は半円または 4 分円で，半径は r, $2r$, $3r$ のいずれかである。回路に流れる電流はみな等しい。3 つの回路を，円の中心（図の黒点）での磁場の大きさの順に並べなさい。

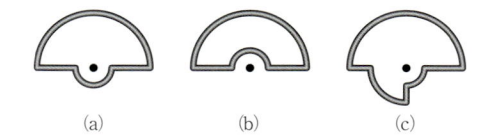

例題 30-2

図 30-8a の平行な 2 本の長くてまっすぐな導線には，反対向きの電流 i_1 と i_2 が流れている。点 P における正味の磁場の大きさと向きを求めなさい。ただし，$i_1 = 15$ A，$i_2 = 32$ A，$d = 5.3$ cm とする。

解法：**Key Idea 1**：点 P での正味の磁場は，2 本の導線を流れる電流がつくる磁場のベクトル和である。**Key Idea 2**：ビオ・サバールの法則を使えば，どんな電流による磁場でも求めることができる。電流が流れる導線の近傍においては，ビオ・サバールの法則から式 (30-6) が導かれた。

図 30-8a では，点 P は両方の電流 i_1 と i_2 から等距離 R にある。したがって，これらの電流が点 P につくる磁場 $\vec{B}_1$ と $\vec{B}_2$ の大きさは，

$$B_1 = \frac{\mu_0 i_1}{2\pi R} \quad \text{および} \quad B_2 = \frac{\mu_0 i_2}{2\pi R}$$

図 30-8a の直角三角形において，底角（辺 R と d の間の角）はどちらも 45° である。$\cos 45° = R/d$ だから，R を $d \cos 45°$ で置き換えると，

$$B_1 = \frac{\mu_0 i_1}{2\pi d \cos 45°} \quad \text{および} \quad B_2 = \frac{\mu_0 i_2}{2\pi d \cos 45°}$$

点 P での正味の磁場 $\vec{B}$ である $\vec{B}_1$ と $\vec{B}_2$ のベクトル和を求めたい。$\vec{B}_1$ と $\vec{B}_2$ の向きを求めるために，図 30-8a のそれぞれの電流に対して，図 30-4 の右手ルールを適用する。導線 1 では電流は紙面から出る向きなので，導線

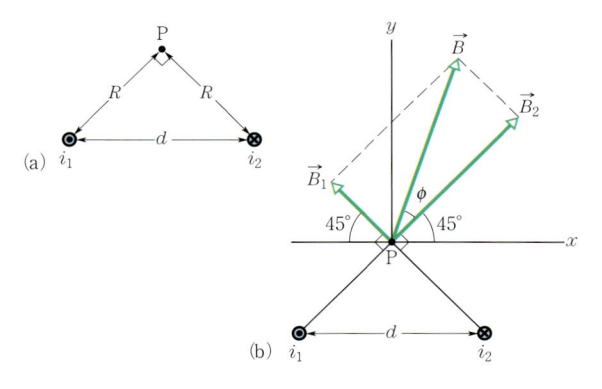

図 30-8 例題 30-2。(a)2 本の導線に電流 i_1 と i_2 が反対向き（紙面に入る向きと出る向き）に流れている。P の角は直角であることに注意。(b)2 つのベクトル ($\vec{B}_1$ と $\vec{B}_2$) をベクトル的に足して，正味の磁場 $\vec{B}$ が得られる。

を握って親指が紙面から手前を向くようにすると，丸めた指は磁力線が反時計まわりであることを示す；点 P では左上を向いている。電流が流れている長い導線の近傍では，磁場の向きは半径方向に垂直であることを思い出そう。したがって，$\vec{B}_1$ は図 30-8b に描かれたように左上を向く。（点 P と導線 1 を結ぶ線が $\vec{B}_1$ と直交していることに注意せよ。）

同じことを導線 2 について行うと，$\vec{B}_2$ は図 30-8b に描かれたように右上を向くことがわかる。（点 P と導線 2

を結ぶ線が $\vec{B}_1$ と直交していることに注意せよ。）

$\vec{B}_1$ と $\vec{B}_2$ をベクトル的に足して $\vec{B}$ を求めるには，ベクトル演算機能付き電卓を使ってもよいし，ベクトルを成分に分解して計算してもよい。しかし，第3の方法もある（図30-8b）：$\vec{B}_1$ と $\vec{B}_2$ が直交しているので，これらは直角三角形の2辺となり，$\vec{B}$ が斜辺となる。ピタゴラスの定理より，

$$B = \sqrt{B_1^2 + B_2^2} = \frac{\mu_0}{2\pi d(\cos 45°)}\sqrt{i_1^2 + i_2^2}$$

$$= \frac{(4\pi \times 10^{-7}\,\mathrm{T \cdot m/A})\sqrt{(15\,\mathrm{A})^2 + (32\,\mathrm{A})^2}}{(2\pi)(5.3 \times 10^{-2}\,\mathrm{m})(\cos 45°)}$$

$$= 1.89 \times 10^{-4}\,\mathrm{T} \approx 190\,\mu\mathrm{T} \qquad \text{(答)}$$

$\vec{B}$ と $\vec{B}_2$ のなす角 ϕ は，図30-8bより，

$$\phi = \tan^{-1}\frac{B_1}{B_2}$$

上で得られた結果と与えられた数値を代入すると，

$$\phi = \tan^{-1}\frac{i_1}{i_2} = \tan^{-1}\frac{15\,\mathrm{A}}{32\,\mathrm{A}} = 25°$$

図30-8bの x 軸と $\vec{B}$ の間の角度は，

$$\phi + 45° = 25° + 45° = 70° \qquad \text{(答)}$$

PROBLEM-SOLVING TACTICS

Tactic 1：*2つの右手ルール*
これまでに出てきた右手ルール（およびこれから登場するもの）を整理するために，ここで復習しておこう。（訳注：英語でfingerは親指を除く4本の指，thumbは親指を表す。本書で単に"指"とある場合は，fingerを訳したものと理解してほしい。）

ベクトル積の右手ルール。ベクトル積の向きを決めるために3-7節に登場した。右手の指で第1のベクトルから第2のベクトルに向かって小さい方の角を通って掃いたとき，伸ばした親指の向きがベクトル積の結果得られるベクトルの向きを示している。第12章では，トルクや角運動量ベクトルの向きを決めるのに用いた；第29章では電流が流れる導線に働く力の向きを決めるのに用いた。

磁場に関する右手ルール。磁場が関係するさまざまな状況で，"巻かれた（curled）"要素と"まっすぐな（straight）"要素を関係づける必要が出てくる。たとえば，（巻かれた）指と（まっすぐな）親指である。29-8節に現れた例では，ループに流れる電流（巻かれた要素）と法線ベクトル $\vec{n}$（まっすぐな要素）を関係づけた：右手の指をループに流れる電流に沿って巻き付けたとき，伸ばした親指が $\vec{n}$ の向きを示している。この向きはまた，このループの磁気双極子モーメント $\vec{\mu}$ の向きでもある。

本節では，第2の例が登場した。電流-長さ要素のまわりの磁力線の向きを決めるのに，電流の向きに右手の親指を伸ばしたとき，電流-長さ要素に巻かれた指が磁力線の向きを表している。

30-2 平行な2本の導線の間に働く力

平行な2本の長い導線に電流が流れると，互いに力を及ぼし合う。図30-9には，距離 d だけ離れた2本の導線に電流 i_a と i_b が流れている。これらの導線に働く力を解析しよう。

まず，図30-9の導線aの電流が導線bに及ぼす力を求めよう。この電流は磁場 $\vec{B}_a$ をつくり，この磁場が導線bに力を及ぼす。この力を求めるためには，導線bにおける磁場の大きさと向きを知る必要がある。導線b上の磁場 $\vec{B}_a$ の大きさは，式(30-6)より，

$$B_a = \frac{\mu_0 i_a}{2\pi d} \qquad (30\text{-}13)$$

磁場に関する右手ルールによれば，導線bでの $\vec{B}_a$ は下向きである（図30-9）。

磁場がわかったので，力を求めることができる。導線bの長さ L の部分が外部磁場 $\vec{B}_a$ から受ける力 $\vec{F}_{ba}$ は，$\vec{L}$ を長さベクトルとすると，式(29-27)より，

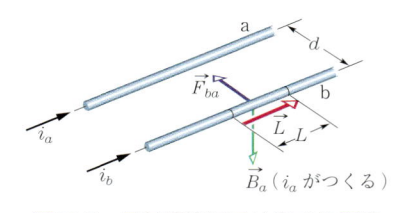

図30-9 平行導線に同じ向きに電流が流れると互いに引き合う。$\vec{B}_a$ は導線aに流れる電流が導線bの位置につくる磁場である。$\vec{B}_a$ の中に置かれた導線bには電流が流れているので力を受ける：$\vec{F}_{ba}$ は導線bに働く合力である。

$$\vec{F}_{ba} = i_b \vec{L} \times \vec{B}_a \tag{30-14}$$

図30-9のように，ベクトル $\vec{L}$ と $\vec{B}$ は直交しているので，式(30-13)より，

$$F_{ba} = i_b L B_a \sin 90° = \frac{\mu_0 L i_a i_b}{2\pi d} \tag{30-15}$$

$\vec{F}_{ba}$ の向きは，ベクトル積 $\vec{L} \times \vec{B}_a$ の向きである．ベクトル積の右手ルールを適用すると，$\vec{F}_{ba}$ は導線aの向きを向くことがわかる．

電流が流れている導線に働く力を求める方法は，一般に，

▶ 電流が流れている導線1が，電流が流れている導線2から受ける力を求めるには，まず導線2が導線1の場所につくる磁場を求めてから，この磁場によって導線1が受ける力を求めればよい．

この方法により，今度は導線bの電流が導線aに及ぼす力を計算することができる．この力は，導線bの方を向くであろう；したがって，2本の平行な導線に同じ向きに電流が流れると互いに引き合う．同様に，2本の平行な導線に逆向きに電流が流れると互いに反発し合う．したがって，

▶ 平行電流は引き合い，反平行電流は反発する．

電流が流れる平行導線の間に働く力は，アンペア(7つのSI基本単位のひとつ)の基礎となっている．1946年に採用された定義によれば：断面積が無限小で無限に長い2つのまっすぐな導体を真空中に1mの距離を隔てて平行に置き，両方の導体に1Aの電流を流すと，それぞれの導体に働く力の大きさは長さ1mあたり 2×10^{-7} N である．

レールガン

レールガンは，磁気力により物体を短時間で加速する装置である．レールガンの原理を図30-10aに示す．平行なレール(導体)の片方に大電流を流すと，電流はレールの間に置かれた導体の"フューズ"(たとえば小さな銅片)を通り，反対側のレールを通って電源に戻る．加速したい物体をレールに緩く挟まるようにフューズの外側に置く．電流が流れた直後，フューズは融けて蒸発し，フューズがあった場所には導電性のガスが残る．

図30-4の磁場の右手ルールによれば，図30-10aのレールに流れる電流がつくる磁場は，レールの間では下向きになる．ガスを流れる電流 i によって，正味の磁場 $\vec{B}$ がガスに力 $\vec{F}$ を及ぼす (図30-10b)．式(30-14)とベクトル積の右手ルールにより，$\vec{F}$ はレールに沿って外向きになる．ガスがレールに沿って外向きに押し出されるので，発射体もまた加速される．最大 5×10^6 g 程度の物体が 1 ms の間に 10 km/s の速さまで加速される．

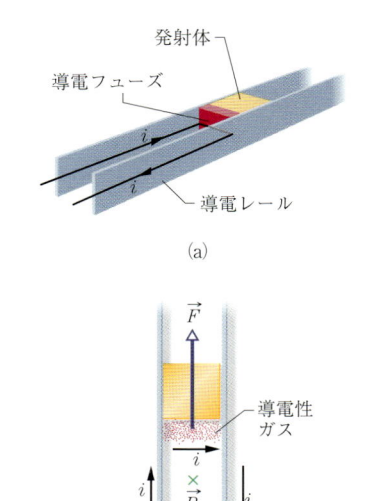

図30-10 (a)レールガンに電流 i が流れる．電流は導電フューズをすぐに蒸発させる．(b)電流は2本のレールの間に磁場 $\vec{B}$ をつくる．この磁場による力 $\vec{F}$ が導電性ガス(回路の一部を構成)に働く．このガスが物体をレールに沿って加速して発射する．

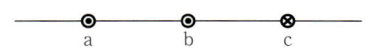

✓ **CHECKPOINT 2:** 図では，3本の長くてまっすぐな導線が平行かつ等間隔に置かれ，同じ大きさの電流が流れている．電流の向きは紙面に入る向きまたは紙面から出る向きである．導線を，他の導線に流れる電流から受ける力の大きさの順に並べなさい．

30-3 アンペールの法則

微小電場 $d\vec{E}$ に対する逆2乗の法則（式30-2）を使うと，任意の電荷分布がつくる電場を求めることができるが，分布が複雑な場合はコンピューターの助けを借りなくてはならないだろう．しかし，分布が平面対称，円筒対称，球対称などの対称性をもつ場合は，ガウスの法則を使って，正味の電場を簡単に求めることができた．

同じように，微小磁場 $d\vec{B}$ に対する逆2乗の法則（式30-5）を使うと，任意の電流分布がつくる正味の磁場を求めることができるが，この場合も，分布が複雑な場合はコンピューターの助けを借りなくてはならない．しかし，分布がなんらかの対称性をもっているときは，**アンペールの法則**（Ampere's law）を使って，正味の磁場を簡単に求めることができる．ビオ・サバールの法則から導かれるこの法則は，伝統的に（電流のSI単位にもなった）Andre Marie Ampere (1775-1836) の功績とされているが，実は，イギリスの物理学者 James Clerk Maxwell が提案したものである．

アンペールの法則は，次のように表される：

$$\oint \vec{B} \cdot d\vec{s} = \mu_0 i_{\text{enc}} \quad \text{（アンペールの法則）} \tag{30-16}$$

積分記号の真ん中にある〇は，スカラー積 $\vec{B} \cdot d\vec{s}$ を閉ループ（アンペール・ループと呼ぶ）に沿って積分することを意味している．右辺の電流 i_{enc} は，このループに囲まれた (encircled) 正味の電流を表す．

スカラー積 $\vec{B} \cdot d\vec{s}$ とその積分の意味するところを理解するために，図30-11の一般的な状況に適用してみよう．この図には3本の導線の断面が描かれており，それぞれに i_1, i_2, i_3 の電流が紙面に入る向きまたは紙面から出る向きに流れている．アンペール・ループを3本のうち2本の導線を囲むようにとってみる．反時計まわりに描かれた矢印が，勝手に決めた積分（式30-16）の向きを示している．

アンペールの法則を適用するときは，（頭の中で）ループを微小ベクトル要素 $d\vec{s}$ に分割する；$d\vec{s}$ はループに接し，積分方向を向いている．3つの電流が微小要素 $d\vec{s}$ の位置につくる正味の磁場を $\vec{B}$ とする（図30-11）．導線は紙面に垂直なので，それぞれの電流が $d\vec{s}$ につくる磁場は，図30-11の紙面に平行である；したがって，正味の磁場も紙面に平行である．しかし，紙面内での $\vec{B}$ の向きはわからない．図30-11では，$\vec{B}$ は $d\vec{s}$ から θ の向きに勝手に描かれている．

式 (30-16) の左辺のスカラー積 $\vec{B} \cdot d\vec{s}$ は，$B \cos \theta \, ds$ に等しい．したがって，アンペールの法則より，

$$\oint \vec{B} \cdot d\vec{s} = \oint B \cos \theta \, ds = \mu_0 i_{\text{enc}} \tag{30-17}$$

このように書き換えると，スカラー積 $\vec{B} \cdot d\vec{s}$ は，ループ上の長さ ds と，ループに射影した磁場の成分 $B \cos \theta$ の積に等しいことがわかる．積分はループ1周にわたってこの積を足しあげたものになる．

実際に積分する前に磁場の向きを知っておく必要はない．その代わり，図30-11のように，磁場 $\vec{B}$ が積分の向きを向いていると仮定して構わない．

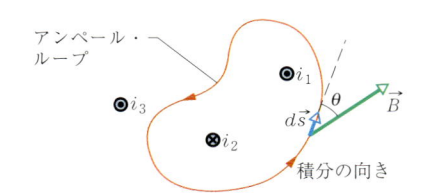

図 30-11 任意のアンペール・ループ（2本の導線を囲んでいるが，第3の導線ははずれている）にアンペールの法則を適用する．電流の向きに注意．

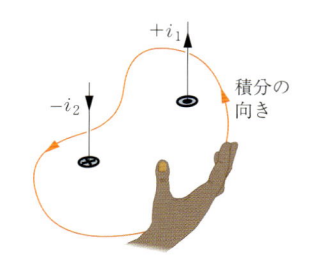

図 30-12 アンペール・ループに囲まれた電流の符号は，アンペールの法則に対する右手ルールによって決められる．図 30-11 の場合を示す．

そして，次に述べる磁場に関する右手ルールを適用して，それぞれの電流に正負の符号をつける；それらの和が，正味の囲まれた電流 i_{enc} となる：

> ▶ 指が積分の向きを向くように右手をアンペール・ループに巻きつけて，伸ばした親指の向きに流れる電流をプラス，反対向きに流れる電流をマイナスとする．

最後に式 (30-17) を解いて，$\vec{B}$ の大きさを求める．B が正なら最初に仮定した $\vec{B}$ の向きは正しかったし，負ならマイナスを取り去って $\vec{B}$ を反対向きに描き直せばよい．

図 30-12 は，図 30-11 に右手ルールを適用したものである．積分方向を反時計まわりとしたので，ループに囲まれた正味の電流は，

$$i_{\mathrm{enc}} = i_1 - i_2$$

(電流 i_3 はループに囲まれていない．) 式 (30-17) を書き直すと，

$$\oint B \cos \theta \, ds = \mu_0 (i_1 - i_2) \qquad (30\text{-}18)$$

電流 i_3 は左辺の磁場の大きさには寄与しているはずなのに，なぜ右辺では無視してかまわないのだろう，と疑問に思うかも知れない．磁場に対する電流 i_3 の寄与は，式 (30-18) の積分をループに沿って 1 周するとキャンセルしてゼロになってしまう，というのが答である．一方，囲まれた電流の磁場に対する寄与はキャンセルしない．

式 (30-18) を磁場の大きさ B について解くことはできない：なぜなら，図 30-11 だけでは情報不足で，積分を簡単にして解くことができない．しかし，積分して得られるものが何であるかはわかった：積分結果は，ループを貫く正味の電流 $\mu_0 (i_1 - i_2)$ に等しい．

次に，アンペールの法則を 2 つの状況に適用してみよう．ここでは，対称性により，積分を簡単にして解くことが可能になるので，磁場を求めることができる．

長くてまっすぐな導線のまわりの磁場

図 30-13 では，長くてまっすぐな導線に，紙面から出る向きに電流 i が流れている．式 (30-6) によれば，電流が導線から距離 r の位置につくる磁場 $\vec{B}$ の大きさはどこでも同じである；磁場 $\vec{B}$ は導線に関して円筒対称である．この対称性を利用して，図 30-13 のように導線を導線と同心状の円筒で囲むと，アンペールの法則の積分（式 (30-16) と (30-17)）を簡単にすることができる．このとき，磁場 $\vec{B}$ の大きさ B はループ上のすべての点で等しい．積分の向きを反時計まわりにすると，$d\vec{s}$ は図 30-13 のようになる．

ループ上のどの点においても $\vec{B}$ がループに接していることに注意すると，さらに式 (30-17) の $B \cos \theta$ を簡単にすることができる．$\vec{B}$ と $d\vec{s}$ は平行または反平行だから，とりあえず，平行であるとしよう．すると，すべての点において $d\vec{s}$ と $\vec{B}$ のなす角 θ は 0° で，$\cos \theta = \cos 0° = 1$ となる．したがって，式 (30-17) は，

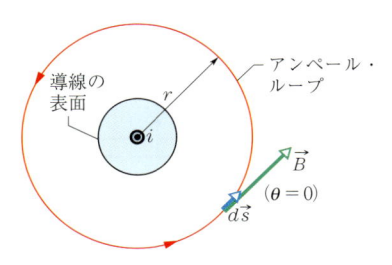

図 30-13 アンペールの法則を使って，直線導線を流れる電流 i がつくる磁場を求める．導線外部の同心円をアンペール・ループとする．

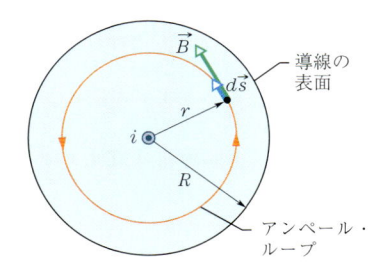

図 30-14 アンペールの法則を使って，直線導線を流れる電流 i が導線内部につくる磁場を求める。電流は導線の断面にわたり一様で，紙面から出る向きである。アンペール・ループは導線の中に描かれている。

$$\oint \vec{B} \cdot d\vec{s} = \oint B \cos\theta\, ds = B \oint ds = B(2\pi r)$$

$\oint ds$ は，長さ ds の微小要素すべてを円周に沿って足しあげることを意味する；すなわち，円周 $2\pi r$ に等しい。

図 30-13 の電流は，右手ルールにより正になるので，アンペールの法則の右辺は $+\mu_0 i$ となる。したがって，

$$B(2\pi r) = \mu_0 i$$

または，

$$B = \frac{\mu_0 i}{2\pi r} \tag{30-19}$$

記号を変えれば，これは前にビオ・サバールの法則を使って求めた式 (30-6)——導くのにもっと手間がかかった——と同じである。磁場の大きさ B が正なので，初めに仮定した $\vec{B}$ の向き（図 30-13）は正しかったことになる。

長くてまっすぐな導線の中の磁場

図 30-14 は，長くてまっすぐな半径 R の導線の断面を示している。導線には電流が一様に紙面から出る向きに流れている。電流が導線の断面全体に一様に分布しているので，電流がつくる磁場 $\vec{B}$ は円筒対称であろう。したがって，導線内部の磁場を求めるのに半径 $r\,(r<R)$ のアンペール・ループを用いることができる（図 30-14）。対称性から，$\vec{B}$ はループに接していると予想される。これより，アンペールの法則の左辺は，

$$\oint \vec{B} \cdot d\vec{s} = B \oint ds = B(2\pi r) \tag{30-20}$$

アンペールの法則の右辺を計算しよう。電流が一様に分布しているので，ループが囲む電流 i_enc は，ループの面積に比例する。すなわち，

$$i_\text{enc} = i\,\frac{\pi r^2}{\pi R^2} \tag{30-21}$$

右手ルールにより，i_enc はプラスである。したがって，アンペールの法則より，

$$B(2\pi r) = \mu_0 i\,\frac{\pi r^2}{\pi R^2} \quad \text{または} \quad B = \left(\frac{\mu_0 i}{2\pi R^2}\right)r \tag{30-22}$$

導線内部では，磁場の大きさ B は r に比例する；中心ではゼロ，表面（$r = R$）で最大となる。式 (30-19) と (30-22) は $r = R$ で同じ B の値をとる；導線外部の磁場と内部の磁場は表面で同じ値となる。

✓ **CHECKPOINT 3:** 図は，3 本の同じ電流（2 本は平行，1 本は反平行）と 4 つのアンペール・ループを示している。4 つのループを $\oint \vec{B} \cdot d\vec{s}$ の大きさの順に並べなさい。

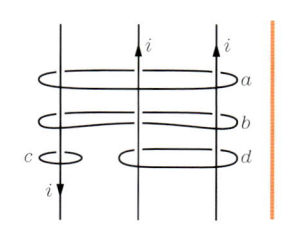

例題 30-3

図30-15aは，内径 $a = 2.0\,\text{cm}$，外径 $b = 4.0\,\text{cm}$ の長い導体円筒の断面を示している．円筒には紙面から出る向きに電流が流れており，電流密度は $J = cr^2$ ($c = 3.0 \times 10^6\,\text{A/m}^4$) である（$r$ はメートル単位で表す）．円筒の中心軸から $3.0\,\text{cm}$ の位置での磁場 $\vec{B}$ の大きさはいくらか．

解法：磁場を求めたい位置は，導体円筒の内側で，内径と外径の間である．電流密度は円筒対称である（同じ半径の位置では同じ値をとる）．**Key Idea**：対称性があるのでアンペールの法則を使うことができる．半径 $r = 3.0\,\text{cm}$ での $\vec{B}$ を求めたいのだから，図30-15bのように，円筒と同心状にアンペール・ループを描く．

次に，ループに囲まれた電流 i_{enc} を計算する．**Key Idea**：電流は一様に分布しているわけではないので，式 (30-21) のような比例関係を使うことはできない．その代わり，例題27-2bのように，電流密度を円筒の内径 a からループの半径 r まで積分する；

$$i_{\text{enc}} = \int J\,dA = \int_a^r cr^2\,(2\pi r\,dr)$$
$$= 2\pi c \int_a^r r^3\,dr = 2\pi c \left[\frac{r^4}{4}\right]_a^r$$
$$= \frac{\pi c\,(r^4 - a^4)}{2}$$

積分の向きは任意に選べるが，とりあえず，時計まわりとする（図30-15b）．このループにアンペールの法則を適用すると，電流の向きは紙面から出る向きなのに，親指は向こうを向いてしまう；したがって，電流はマイナスである．

次に，アンペールの法則の左辺を計算しよう．図30-14でやったのと同じようにすると，式 (30-20) が得られる；すなわち，

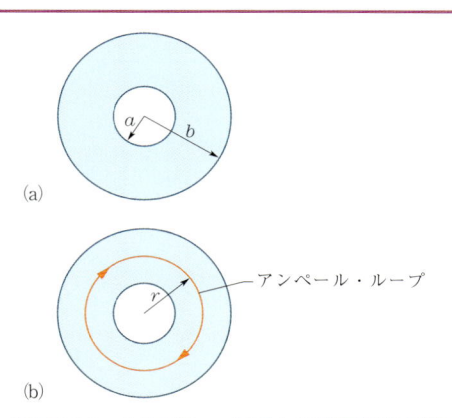

図 30-15 例題 30-3。(a) 内径 a，外径 b の導電円筒の断面。(b) 中心軸からの距離 r での磁場を計算したいので，半径 r のアンペール・ループを描き足した。

$$\oint \vec{B} \cdot d\vec{s} = \mu_0 i_{\text{enc}}$$

これより，

$$B(2\pi r) = -\frac{\mu_0 \pi c}{2}\,(r^4 - a^4)$$

B について解いて，値を代入すると，

$$B = -\frac{\mu_0 c}{4r}\,(r^4 - a^4)$$
$$= -\frac{(4\pi \times 10^{-7}\,\text{T}\cdot\text{m/A})(3.0 \times 10^6\,\text{A/m}^4)}{4\,(0.030\,\text{m})}$$
$$\times [(0.030\,\text{m})^4 - (0.020\,\text{m})^4]$$
$$= -2.0 \times 10^{-5}\,\text{T}$$

中心軸から $3.0\,\text{cm}$ の位置での磁場 $\vec{B}$ の大きさは，

$$B = 2.0 \times 10^{-5}\,\text{T} \qquad (\text{答})$$

磁力線の向きは積分の向きと逆になるので，図30-15bでは反時計まわりとなる．

30-4 ソレノイドとトロイド

ソレノイドがつくる磁場

アンペールの法則が威力を発揮する例をもうひとつあげよう．螺旋状に隙間なく巻かれた長い導線に流れる電流がつくる磁場である．このようなコイルは**ソレノイド**（solenoid）と呼ばれる（図30-16）．ソレノイドの長さは半径に比べて十分に長いと仮定する．

図30-17は，"引き延ばされた"ソレノイドの断面である．ソレノイドがつくる磁場は，ソレノイドを構成する個々の巻き線がつくる磁場のベクトル和である．それぞれの巻き線の近傍では，導線はまっすぐとみなせるので，磁力線は同心円を描く．図30-17から想像されるように，隣り合う巻き線の間では磁場は打ち消し合い，導線から十分に離れたソレノイドの内

図 30-16 電流 i が流れるソレノイド．

図 30-17 "引き延ばされた"ソレノイドの中心を通る断面を横から見た図．巻き線 5 周分の手前側と，ソレノイドを流れる電流による磁力線が描かれている．磁力線は，導線の近くでは同心円状になっているが，ソレノイド軸の近くでは，それぞれの巻き線がつくる磁場がつながって正味の磁力線は軸に沿うようになる．軸上で磁力線が密になっているのは磁場が強いためである．ソレノイドの外側では，磁力線の間隔は広い；磁場は弱い．

側では，磁場$\vec{B}$はソレノイドの中心軸に平行になる．*理想的なソレノイド*——無限に長く，四角い断面の導線が隙間なく並んでいる——という極限では，コイル内部の磁場は一様でソレノイドの軸に平行である．

ソレノイドの外側では（たとえば図30-17の点P），それぞれの巻き線の上側の部分（⊙印）がつくる磁場は左を向き，下側の部分（⊗印）がつくる磁場（右向き，図には描かれていない）により弱められる．理想的ソレノイドの極限では，ソレノイド外部の磁場はゼロになる．ソレノイドの長さが半径に比べて十分に長く，点Pが端から十分に離れていれば，実際のソレノイドに対しても外部の磁場がゼロになると仮定してかまわない．ソレノイドの軸に沿った磁場の向きは右手ルールで与えられる：指が電流の向きになるように右手でソレノイドを握ったとき，伸ばした親指の向きが軸方向の磁場の向きである．

図30-18は，実際のソレノイドの磁力線を示す．磁力線の間隔を見ると，ソレノイド内部では磁場が強く，また断面にわたって一様であることがわかる．一方，外部の磁場は相対的に弱い．

アンペールの法則を理想的ソレノイド（図30-19）に適用しよう：

$$\oint \vec{B} \cdot d\vec{s} = \mu_0 i_{\text{enc}} \tag{30-23}$$

$\vec{B}$はソレノイド内部で一様，外部でゼロとし，長方形のアンペール・ループ$abcda$を考える．このループを4つの部分に分けて，$\oint \vec{B} \cdot d\vec{s}$を4つの積分の和として表す：

$$\oint \vec{B} \cdot d\vec{s} = \int_a^b \vec{B} \cdot d\vec{s} + \int_b^c \vec{B} \cdot d\vec{s}$$
$$+ \int_c^d \vec{B} \cdot d\vec{s} + \int_d^a \vec{B} \cdot d\vec{s} \tag{30-24}$$

ソレノイド内部の一様な磁場$\vec{B}$の大きさをB，（任意にとった）aからbまでの区間の長さをhとすると，式(30-24)の左辺の最初の積分はBhである．2番目と4番目の積分はゼロになる；$\vec{B}$はゼロ（ソレノイド外部）または微

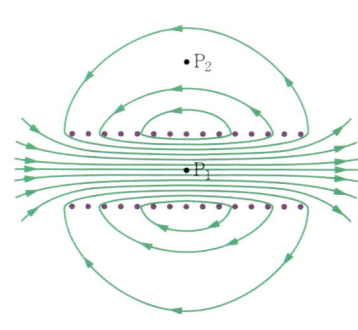

図 30-18 有限長の現実のソレノイドがつくる磁力線．磁場は内部の点P_1では一様で強いが，外部の点P_2では弱い．

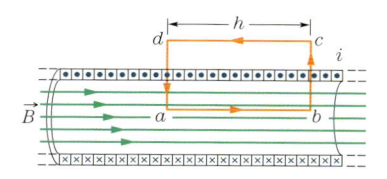

図30-19 電流iが流れている無限に長い理想的ソレノイドの一部分にアンペールの法則を適用する。長方形$abcd$がアンペール・ループである。

小要素$d\vec{s}$に垂直（ソレノイド内部）であるから，スカラー積$\vec{B}\cdot d\vec{s}$は常にゼロになる。3番目の積分は，$B=0$であるソレノイド外部の区間で積分するのでゼロになる。したがって，四角いループを1周すると$\oint \vec{B}\cdot d\vec{s}$は$Bh$となる。

図30-19のアンペール・ループに囲まれた電流i_{enc}は，ソレノイドに流れる電流iと同じではない。コイルはこのアンペール・ループを何回も通過している。単位長さあたりの巻き数をnとすると，アンペール・ループはnh本の電流を囲む：

$$i_{\text{enc}} = i(nh)$$

アンペールの法則より，

$$Bh = \mu_0 i n h$$

または，

$$B = \mu_0 i n \quad \text{(理想的ソレノイド)} \tag{30-25}$$

無限に長い理想的ソレノイドに対して式(30-25)を導いたが，実際のソレノイドについても，ソレノイド内部に限り，しかも端から十分に離れていれば，この式を使うことができる。式(30-25)は，磁場の大きさBがソレノイドの直径や長さによらずソレノイドの断面全体で一様である，という実験事実と合っている。このような性質から，ソレノイドは決められた値をもつ一様な磁場を発生する装置として有用である。平行極板キャパシターが，決められた値をもつ一様な電場をつくる実用的な方法であったのと同じである。

トロイドがつくる磁場

図30-20aには**トロイド**（troid）が描かれている。トロイドは，ソレノイドを曲げて，中味が空のドーナツ状にしたものである。ドーナツ内部の中空では磁場$\vec{B}$はどのようになっているのだろうか？

対称性を考えると，$\vec{B}$の磁力線はトロイド内部で同心円を描き，図30-20bに示す向きになることがわかる。この同心円のうち半径rの円をアンペール・ループとして，このループを時計まわりに回ることにしよう。トロイドの巻き線に流れる電流をi（アンペール・ループに囲まれた電流の向きが正），総巻き数をNとすると，アンペールの法則より，

$$(B)(2\pi r) = \mu_0 i N$$

これより，

$$B = \frac{\mu_0 i N}{2\pi}\frac{1}{r} \quad \text{(トロイド)} \tag{30-26}$$

図30-20 (a)電流iが流れているトロイド。(b)トロイドの断面を上から見た図。内部（ドーナツ型の中空部）の磁場は，図示されたアンペール・ループにアンペールの法則を適用して求められる。

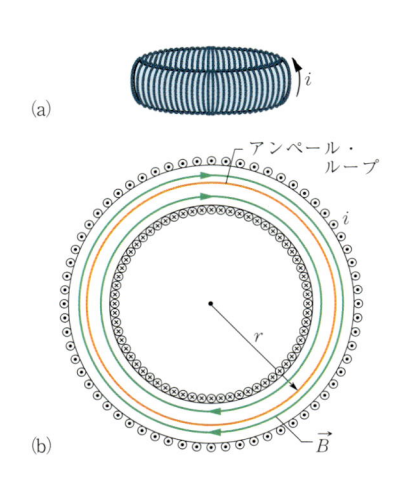

ソレノイドと違い，トロイドの場合は，Bは断面全体で一様ではない。(理想的ソレノイドを曲げてつくられた) 理想的トロイドの外部では，アンペールの法則より，$B=0$となる。

トロイド内部の磁場の向きも右手ルールに従う；指が電流の向きを向くようにトロイドを握ったとき，伸ばした親指の向きが磁場の向きである。

例題 30-4

長さ $L=1.23\,\mathrm{m}$，内径 $d=3.55\,\mathrm{cm}$ のソレノイドに電流 $i=5.57\,\mathrm{A}$ が流れている。このソレノイドは隙間なく巻かれた5層のコイルからできていて，それぞれのコイルは，長さ L の間に850回巻かれている。中心での B を求めなさい。

解法： **Key Idea 1**: ソレノイド中心での磁場の大きさ B は，式(30-25)より，電流 i と単位長さあたりの巻き数 n に関係づけられる。**Key Idea 2**: B はコイルの直径には関係しないので，同一の5層のコイルを考えれば良く，n の値は，各層の値の5倍となる。式(30-25)より，

$$B = \mu_0 i n$$
$$= (4\pi \times 10^{-7}\,\mathrm{T\cdot m/A})(5.57\,\mathrm{A})\frac{5 \times 850}{1.23\,\mathrm{m}}$$
$$= 2.42 \times 10^{-2}\,\mathrm{T} = 24.2\,\mathrm{mT} \qquad \text{(答)}$$

30-5 磁気双極子としてのコイル

前節までで，直線，ソレノイド，トロイドに流れる電流がつくる磁場を求めた。本節では，電流が流れるコイルがつくる磁場について調べよう。29-9節では，このようなコイルを外部磁場 $\vec{B}$ の中に置くと，磁気双極子のように振る舞うことを学んだ。このとき，コイルに働くトルクは，

$$\vec{\tau} = \vec{\mu} \times \vec{B} \qquad (30\text{-}27)$$

$\vec{\mu}$ はコイルの磁気双極子モーメントで，その大きさは NiA である；巻き数（巻き線の数）を N，それぞれの巻き線に流れる電流を i，巻き線に囲まれる面積を A とする。

$\vec{\mu}$ の向きは右手ルールで与えられる；指が電流の向きを向くようにコイルを握ったとき，伸ばした親指の向きが双極子モーメントの向きである。

コイルがつくる磁場

ここでは，電流が流れているコイルを磁気双極子とみなす。コイルが周囲につくる磁場はどんなものだろうか？ アンペールの法則を使うには対称性が不十分なので，ビオ・サバールの法則に戻ることにしよう。簡単のため，単ループのコイルを考え，軸上（z軸とする）の磁場に話を限ることにする。ループの半径を R，ループ中心からの距離を z とすると，軸上での磁場の大きさは，

$$B(z) = \frac{\mu_0 i R^2}{2(R^2+z^2)^{3/2}} \qquad (30\text{-}28)$$

磁場 $\vec{B}$ の向きは，ループの磁気双極子モーメント $\vec{\mu}$ の向きと等しい。

ループから十分に離れた位置では，$z \gg R$ という近似をすると，式(30-28)は，

30-5 磁気双極子としてのコイル

$$B(z) \approx \frac{\mu_0 iR^2}{2z^3}$$

πR^2 がループの面積であることを思い出し，N 回巻きのコイルに拡張すると，

$$B(z) = \frac{\mu_0}{2\pi} \frac{NiA}{z^3}$$

$\vec{B}$ と $\vec{\mu}$ は同じ向きだから，この式をベクトル式で表すことができる．$\mu = NiA$ で置き換えると，

$$\vec{B}(z) = \frac{\mu_0}{2\pi} \frac{\vec{\mu}}{z^3} \qquad \text{（電流が流れるコイル）} \qquad (30\text{-}29)$$

こうして，2通りの方法で，電流が流れるコイルを磁気双極子とみなせることがわかった：(1) コイルが外部磁場の中に置かれたときにトルクを受ける；(2) コイル自身が，軸上の点に，式(30-29)で与えられる磁場をつくる．図30-21は電流ループのつくる磁場を示している；図に薄く描かれているように，ループの片側はN極（$\vec{\mu}$ の向き），反対側はS極となる．

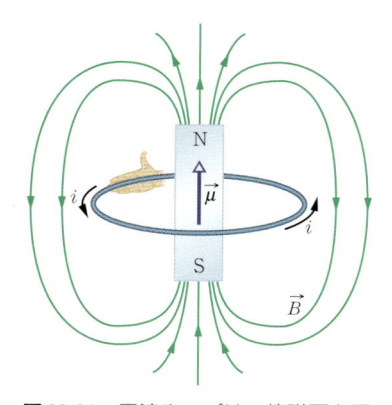

図30-21 電流ループは，棒磁石と同じような磁場をつくり，N極とS極をもつ．ループの磁気双極子モーメント $\vec{\mu}$ は，右手ルールにより，S極からN極へ向かい，ループの内側の磁場 $\vec{B}$ の向きを向いている．

✓ **CHECKPOINT 4:** 図は，同じ中心軸（鉛直軸でループに垂直）をもつ半径 r または $2r$ の円形ループに同じ電流が流れている様子を4通り示している．これらを，黒点で示した中心軸上の中間点における正味の磁場の大きい順に並べなさい．

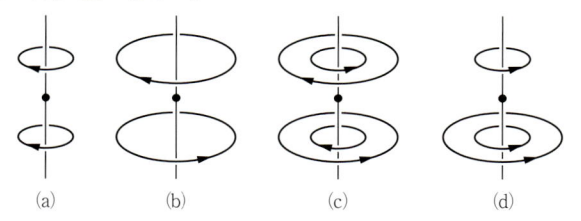

(a) (b) (c) (d)

式(30-28)の証明

図30-22は，電流 i が流れている半径 R の円形ループの手前側半分を示している．ループ軸上でループ面から z の位置にある点Pについて考える．ループの左側にある微小要素 ds についてビオ・サバールの法則を適用しよう．この微小要素の長さベクトル $d\vec{s}$ は手前を向いている．$d\vec{s}$ と図30-22の $\vec{r}$ のなす角 θ は 90° である；これら2つのベクトルがつくる面は紙面に垂直で，$\vec{r}$ と $d\vec{s}$ はこの面内にある．この微小要素に流れる電流が点Pにつくる微小磁場 $d\vec{B}$ は，ビオ・サバールの法則と右手ルールにより，この面に垂直，すなわち，$\vec{r}$ に垂直である（図30-22）．

$d\vec{B}$ を2つの成分に分解しよう：ループ軸に沿った $dB_\parallel$ と，この軸に垂直な $dB_\perp$ である．ループ上のすべての微小要素 ds について垂直成分 $dB_\perp$ のベクトル和をとると，対称性によりゼロになる．軸方向の成分 $dB_\parallel$ だけが残るので，

$$B = \int dB_\parallel$$

図30-2に示された微小要素 $d\vec{s}$ から距離 r での磁場の大きさは，ビオ・サ

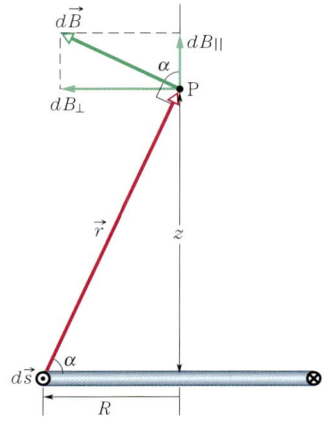

図30-22 半径 R の電流ループ．ループ面は紙面に垂直である（図にはループの手前半分だけが描かれている）．ビオ・サバールの法則を使ってループ軸上の点Pでの磁場を求める．

バールの法則（式30-3）より，

$$dB = \frac{\mu_0}{4\pi} \frac{i\,ds\,\sin 90°}{r^2}$$

軸に平行な成分は，

$$dB_\parallel = dB \cos \alpha$$

これら2式を組み合わせて，

$$dB_\parallel = \frac{\mu_0 i \cos \alpha \, ds}{4\pi r^2} \tag{30-30}$$

図30-22を見ると，r と α は独立ではなく，互いに関係していることがわかる。それぞれを変数 z（点Pとループ中心の間の距離）で表そう：

$$r = \sqrt{R^2 + z^2} \tag{30-31}$$

および

$$\cos \alpha = \frac{R}{r} = \frac{R}{\sqrt{R^2 + z^2}} \tag{30-32}$$

式 (30-31) と (30-32) を (30-30) に代入すると，

$$dB_\parallel = \frac{\mu_0 i R}{4\pi (R^2 + z^2)^{3/2}} ds$$

ループ上のすべての ds に対して，i と R と z は同じ値をとるので，積分は簡単になり，

$$B = \int dB_\parallel = \frac{\mu_0 i R}{4\pi (R^2 + z^2)^{3/2}} \int ds$$

$\int ds$ はループの周長 $2\pi R$ だから，

$$B(z) = \frac{\mu_0 i R^2}{2(R^2 + z^2)^{3/2}}$$

これで，証明したかった式 (30-28) が得られた。

まとめ

ビオ・サバールの法則　電流が流れている導体がつくる磁場は，ビオ・サバールの法則で与えられる。この法則によれば，電流-長さ要素 ids が，電流要素から距離 r 離れた点Pにつくる微小磁場 dB は，

$$d\vec{B} = \frac{\mu_0}{4\pi} \frac{i\,d\vec{s} \times \vec{r}}{r^3} \quad \text{（ビオ・サバールの法則）} \tag{30-5}$$

$\vec{r}$ は電流要素から点Pへ向かうベクトルである。μ_0 は透磁率と呼ばれ，その値は，

$$\mu_0 = 4\pi \times 10^{-7}\,\text{T·m/A} \approx 1.26 \times 10^{-6}\,\text{T·m/A}$$

長くてまっすぐな導線がつくる磁場　長くてまっすぐな導線に電流 i が流れると，導線からの垂直距離 R での磁場は，ビオ・サバールの法則より，

$$B = \frac{\mu_0 i}{2\pi R} \quad \text{（長くてまっすぐな導線）} \tag{30-6}$$

円弧状の導線がつくる磁場　半径 R，中心角 ϕ（ラジアンで測る）の円弧に電流 i が流れると，中心での磁場の大きさは，

$$B = \frac{\mu_0 i \phi}{4\pi R} \quad \text{（円弧の中心）} \tag{30-11}$$

平行な導線の間に働く力　平行な導線に電流が流れると，電流が同じ向きの場合は引き合い，反対向きの場合は反発する。導線の長さ L の部分に働く力の大きさは，d を導線間の距離，i_a と i_b を導線を流れる電流と

すると，
$$F_{ba} = i_b L B_a \sin 90° = \frac{\mu_0 L i_a i_b}{2\pi d} \quad (30\text{-}15)$$

アンペールの法則　アンペールの法則は次式で表される：
$$\oint \vec{B} \cdot d\vec{s} = \mu_0 i_{\text{enc}} \quad (\text{アンペールの法則}) \quad (30\text{-}16)$$

この方程式に現れる線積分は，アンペール・ループと呼ばれる閉ループに沿って計算される．電流 i は，アンペール・ループによって囲まれる正味の電流である．特定の電流分布に対しては，式(30-16)を使って電流による磁場を計算する方が，式(30-5)を使うより簡単である．

ソレノイドとトロイドの磁場　長いソレノイドに電流 i が流れると，ソレノイド内部の端から遠い点での磁場の大きさ B は，n を単位長さあたりの巻き数とすると，
$$B = \mu_0 i n \quad (\text{理想的ソレノイド}) \quad (30\text{-}25)$$
トロイド内部の磁場の大きさ B は，トロイド中心からの距離を r をすると，
$$B = \frac{\mu_0 i N}{2\pi} \frac{1}{r} \quad (\text{トロイド}) \quad (30\text{-}26)$$

磁気双極子がつくる磁場　コイルに電流が流れると，コイルは磁気双極子とみなすことができる．コイルから距離 z の中心軸上の点につくられる磁場は軸に平行で，次式で与えられる：
$$\vec{B}(z) = \frac{\mu_0}{2\pi} \frac{\vec{\mu}}{z^3} \quad (30\text{-}29)$$
$\vec{\mu}$ はコイルの双極子モーメントである．この式は，z がコイルの大きさより十分に大きい場合に成り立つ．

問題

1. 図30-23は，同じ大きさの正方形の頂点を通り，平行に走る長くてまっすぐな4本の導線を示している．4本の導線には，同じ大きさの電流が紙面に入る向きまたは出る向きに流れている．4本の導線を，正方形の中心での正味の磁場の大きさの順に並べなさい．

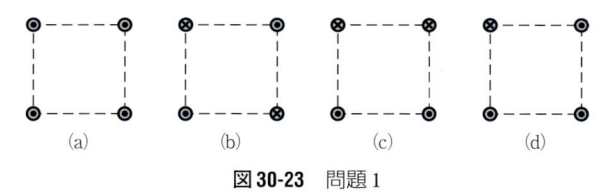

図 30-23　問題 1

2. 図30-24は，長くてまっすぐな2本の導線を示している；左の導線には電流 i_1 が紙面から出る向きに流れている．2本の電流が点Pにつくる正味の磁場がゼロであるとき，(a) 右の導線に流れる電流 i_2 は紙面に入る向きか，出る向きか？ (b) i_2 は i_1 より大きいか，小さいか，同じか？

図 30-24　問題 2

3. 図30-25は，それぞれ2つの同心円弧(ひとつは半径 r，もうひとつの半径は r より大きな R) と2つの直線区間からなっている3回路を3通り示している．回路に流れる電流はみな等しく，2つの直線区間の間の角も等しい．3つの回路を，中心での正味の磁場の大きさの順に並べなさい．

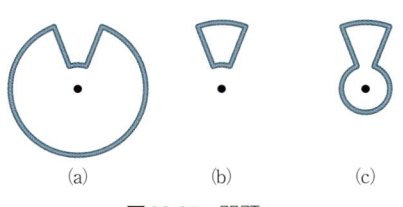

図 30-25　問題 3

4. 図30-26は，等間隔に並んだ長くて平行な導線の配置を4通り示している；導線には同じ大きさの電流が紙面に入る向きまたは出る向きに流れている．真ん中の導線は，他の導線に流れる電流によって力を受ける．4つの配置を真ん中の導線に働く合力の大きさの順に並べなさい．

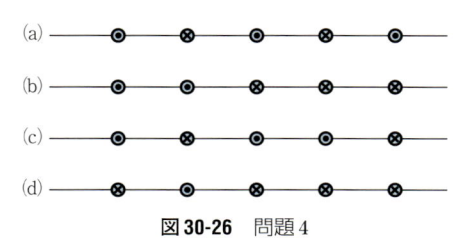

図 30-26　問題 4

5. 図30-27は，長くてまっすぐな3本の導線の配置を3通り示している；導線には同じ大きさの電流が紙面に入る向きまたは出る向きに流れている．(a) 紙面から出る向きの電流が流れている導線に，他の導線に流れる

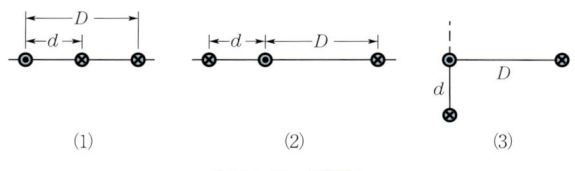

図 30-27　問題 5

電流が及ぼす合力の大きさの順に3つの配置を並べなさい。(b) 配置3において，紙面から出る向きの電流が流れている導線に働く合力と破線のなす角は，45°より大きいか，小さいか，同じか。

6. 図30-28は，一様な磁場$\vec{B}$と同じ長さの4つのまっすぐな経路が示されている。これらの経路を，経路に沿って計算した$\int \vec{B}\cdot d\vec{s}$の大きさの順に並べなさい。

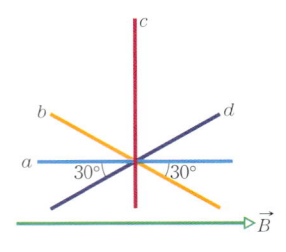

図 30-28　問題6

7. 図30-29aは，導線と同心円状の4つのアンペール・ループを示している；導線には紙面から出る向きに，導線の断面内を一様に電流が流れている。4つのループを$\oint \vec{B}\cdot d\vec{s}$の大きさの順に並べなさい。

8. 図30-29bは，同心円状の4つのアンペール・ループ（赤色）と4つの長い円筒導体の断面（青色）を示している。3つの導体は中空円筒で，中央の円筒は棒状である。円筒を流れる電流は，内側から，4Aで紙面から出る向き，9Aで紙面に入る向き，5Aで紙面から出る向き，3Aで紙面に入る向きである。4つのループを$\oint \vec{B}\cdot d\vec{s}$の大きさの順に並べなさい。

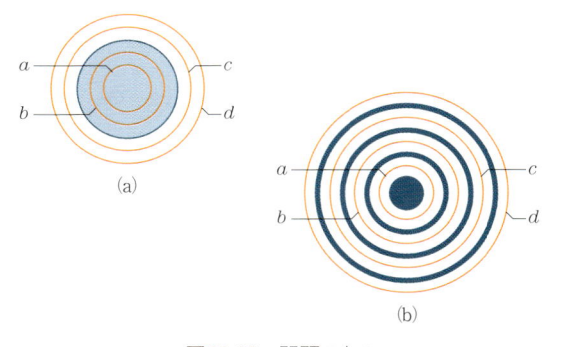

図 30-29　問題7と8

9. 図30-30は，4つの等しい電流と，それらを囲む5つのアンペール経路を示している；図示された向きに積分する。5つの経路を，$\oint \vec{B}\cdot d\vec{s}$の大きさの順に並べなさい。

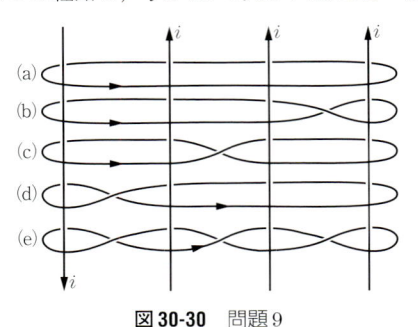

図 30-30　問題9

10. 表は，半径の異なる6つの理想的ソレノイドについて，単位長さあたりの巻き数nと電流値iを示している。いくつかのソレノイドを同心状に組み合わせて，中心軸上での正味の磁場がゼロになるようにしたい。(a) 2つの組み合わせで可能か？ (b) 3つの組み合わせで可能か？ (c) 4つの組み合わせで可能か？ (d) 5つの組み合わせで可能か？　可能なら，組み合わせるソレノイドと電流の向きを示しなさい。

ソレノイド	1	2	3	4	5	6
n:	5	4	3	2	10	8
i:	5	3	7	6	2	3

31 誘導とインダクタンス

1950年代の半ばにロックミュージックが誕生してまもなく，多くのギタリストはアコースティックギターをエレクトリックギターに切り替えたが，エレクトリックギターを電子機器として最初に認識したのはJimi Hendrixであった。1960年代に登場した彼は，ピックで弦をこすったり，フィードバックをかけるためにギターとともにスピーカーの前に立ち，フィードバックが頂点に達したところでギターを引き降ろす奏法を編み出した。彼の活動は，ロックミュージックをBuddy Hollyのメロディーから1960年代末のサイケデリックへ，そして1970年代のLed Zeppelinのヘビーメタルや Joy Divisionのニューウェーヴへ発展させる原動力になったが，彼のアイデアは今日まで影響を与え続けている。

アコースティックギターとエレクトリックギターの違いは何か？ またHendrixがこの電子機器の使用方法を発展させることができた理由は何か？

答えは本章で明らかになる。

31-1 対称的な状況

磁場の中に置かれた導電性の閉ループに電流を流すと，29-8節で学んだように，磁場によるトルクがループを回転させる：

$$\text{電流ループ}+\text{磁場} \Rightarrow \text{トルク} \qquad (31\text{-}1)$$

反対に，電流が流れていない状態で，ループを手で回転させたらどうなるか。式(31-1)と逆のことが起こるだろうか？ すなわち，ループに電流が発生するだろうか：

$$\text{トルク}+\text{磁場} \Rightarrow \text{電流？} \qquad (31\text{-}2)$$

答はイエス，電流は発生する。式(31-1)と(31-2)の状況は対称的である。式(31-2)が従う物理法則は**ファラデーの電磁誘導の法則**（Faraday's law of induction）と呼ばれる。式(31-1)が電動モーターの基礎であるのに対して，

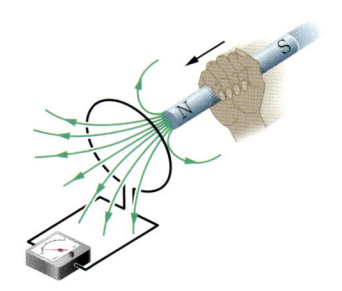

図 31-1 磁石を導線ループに対して動かすと，電流計はループに電流が流れたことを示す。

式 (31-2) とファラデーの法則は発電機の基礎である。本章ではこの法則とその応用について学ぶ。

31-2　2つの実験

ファラデーの法則を議論する準備として，2つの簡単な実験を考えてみよう。

第1の実験　図 31-1 は感度の良い電流計に接続された導電ループを描いている。電池や他の起電力発生装置がないので，回路には電流が流れない。しかし，棒磁石をループに近づけると突然電流が流れ，磁石を止めると電流は消滅する。次に，棒磁石を遠ざけると再び電流が流れるが，電流の向きは反対になる。何回か実験すると次のようなことがわかるだろう：

1. ループと磁石の相対的な運動（一方が他方に対して移動する）があるときだけ電流が発生する；相対運動がなくなると電流は消滅する。
2. 速く動かすほど大きな電流が流れる。
3. 磁石のN極をループに近づけたときに時計まわりの電流が流れたとすると，N極を遠ざけるときは反時計まわりの電流が流れる。磁石のS極を近づけたり遠ざけたりしても電流は流れるが，電流の向きはN極の場合と逆である。

ループに発生する電流は**誘導電流**（induced current）と呼ばれる；電流を発生させる（電流を構成している伝導電子を動かす）ために単位電荷になされる仕事は，**誘導起電力**（induced emf）と呼ばれる；電流や起電力を発生させる過程を**誘導**（induction）と呼ぶ。

第2の実験　この実験では図 31-2 の装置を用いる；2つの導電ループが接触しない程度に接近している。スイッチSを入れて右側のループに電流を流すと，電流計は左側のループに瞬間的に電流——誘導電流——が流れたことを示す。スイッチを切ると，再び左側のループに瞬間的に電流が流れるが，今度は反対向きである。誘導電流（そして誘導起電力）が生じるのは，右側のループに流れる電流が変化するとき（スイッチを入れたり切ったりするとき）だけで，電流が一定の状態では（どんなに大きな電流でも）発生しない。

これらの実験における誘導起電力や誘導電流は，何かが変化するとき発生する——しかし，その"何か"とは何か？　ファラデーは知っていた。

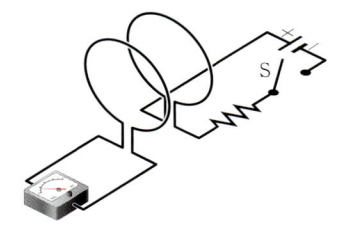

図 31-2　スイッチSを入れて右側のループに電流を流すとき，またはスイッチを切って電流を止めるとき，電流計は，左側のループに電流が流れたことを示す。コイルの運動は関係していない。

31-3　ファラデーの電磁誘導の法則

ファラデーは，前節の2つの実験で見たような起電力や電流がループに誘導されるのは，ループを貫く磁場の量が変化するときである，ということを見いだした。さらにファラデーは，"磁場の量"はループを貫く磁力線として視覚化できるということも見いだした。**ファラデーの電磁誘導の法則**を，実験に則して表現すると：

▶ 図 31-1 と図 31-2 の左側のループを貫く磁力線の数が変化すると，ループには誘導起電力が発生する。

ループを貫く磁力線の数そのものは問題ではない；誘導起電力と誘導電流の値は，磁力線の数の変化率によって決まる。

第1の実験（図31-1）では，磁力線は磁石のN極から広がっている。したがって，N極をループに近づけると，ループを貫く磁力線の数は増大する。この増加がループ内の伝導電子を動かし（誘導電流），運動エネルギーを供給する（誘導起電力）。磁石の動きが止まると，ループを貫く磁束は変化せず，誘導電流と誘導起電力は消える。

第2の実験（図31-2）では，スイッチが開いているとき（電流は流れないので）磁力線はない。しかし，右側のループに電流を流し始めると，電流はループのまわり，そして左側のループにも磁場をつくる。磁場が大きくなるにつれて，左側のループを貫く磁力線の数も増加する。最初の実験と同様に，ループを貫く磁力線の増加は誘導電流と誘導起電力を発生する。右側のループの電流が定常状態に達すると，左側のループを貫く磁力線の数は変化しないので，誘導電流と誘導起電力は消滅する。

ファラデーの法則は，両方の実験でなぜ電流や起電力が誘導されるのかを説明するものではない；むしろわれわれが誘導現象を視覚化するのを助けるものである。

定量的議論

ファラデーの法則を使うためには，ループを貫く磁力線の数を計算する方法が必要である。第24章では，似たような状況で電場束 $\Phi_E = \int \vec{E} \cdot d\vec{A}$ を定義し，表面を貫く電場の量を計算した。ここでは磁束（magnetic flux）を定義する。磁場 $\vec{B}$ の中に置かれた面積 A を囲む閉ループを貫く磁束は，

$$\Phi_B = \int \vec{B} \cdot d\vec{A} \quad \text{(面積 A を貫く磁束)} \tag{31-3}$$

第24章と同じように，$d\vec{A}$ は微小面積 dA に垂直な大きさ dA のベクトルである。

式 (31-3) の特別な場合を考えよう；ループが平面内にあり，磁場がこの面に垂直であるとき，式 (31-3) のスカラー積は $B \, dA \cos 0° = B \, dA$ となる。さらに，磁場が一様であるならば，B は積分の外に出すことができる。残った $\int dA$ は単にループの面積を表す。したがって，式 (31-3) は，

$$\Phi_B = BA \quad (\vec{B} \perp \text{面積} A, \vec{B} \text{は一様}) \tag{31-4}$$

式 (31-3) と (31-4) より，磁束の SI 単位はテスラ・平方メートルであることがわかる；この単位はウエーバーと呼ばれる（Wb と記す）。

$$1 \text{ ウエーバー} = 1 \text{ Wb} = 1 \text{ T} \cdot \text{m}^2 \tag{31-5}$$

磁束の概念を用いると，ファラデーの法則を定量的かつ使いやすい形にまとめられる：

▶ 導電ループに誘導される起電力 $\mathcal{E}$ の大きさは，ループを貫く磁束 Φ_B の時間変化率に等しい。

次節でわかるように，誘導起電力 $\mathcal{E}$ は磁束の変化に逆らうように発生する

184 第31章 誘導とインダクタンス

ので，ファラデーの法則は次のように定式化される：

$$\mathcal{E} = -\frac{d\Phi_B}{dt} \quad \text{(ファラデーの法則)} \tag{31-6}$$

負符号は誘導起電力が磁束変化に逆らうことを表している．誘導起電力の大きさだけを問題にするときには，式(31-6)の負符号を無視してもよい．

N 回巻きのコイルを貫く磁束が変化すると，誘導起電力は1巻きごとに発生するので，コイルに誘導される全起電力は，個々の誘導起電力の和になる．したがって，隙間なく巻かれたコイルで，同じ磁束 Φ_B がすべての巻き線を貫くとみなせる場合，コイルの全起電力は，

$$\mathcal{E} = -N\frac{d\Phi_B}{dt} \quad (N\text{回巻きのコイル}) \tag{31-7}$$

コイルを貫く磁束を変化させる一般的方法を挙げておこう：

1. コイル内の磁場の大きさ B そのものを変える．
2. コイルの面積または磁場の中に置かれる部分の面積を変える；たとえば，磁場中でコイルを引き伸ばしたり動かしたりする．
3. 磁場 $\vec{B}$ の向きとコイルの面の角度を変える；たとえば，コイルを回転させると，最初コイル面に垂直であった磁場 $\vec{B}$ がコイル面に平行になる．

✓ **CHECKPOINT 1:** グラフは，導電ループをループ面に垂直に貫く一様な磁場 $B(t)$ の変化を示す．グラフの5つの領域を，ループに誘導される起電力の大きさの順に並べよ．

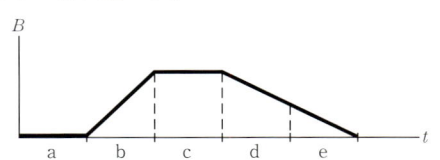

例題 31-1

図31-3は，長いソレノイドSの断面を示す；Sは直径 $D = 3.2\,\text{cm}$，220回巻き/cmで，$i = 1.5\,\text{A}$ の電流が流れている．中心部に直径 $d = 2.1\,\text{cm}$ で，密に130回巻かれたコイルCを置く．ソレノイドの電流を25msの間に一定の割合でゼロにする．ソレノイドに流れる電流が変化するとき，コイルCに誘導される起電力の大きさはいくらか？

解法 Key Ideas は次の通り：

1. コイルCはソレノイドの内部に置かれているので，ソレノイドに流れる電流 i がつくる磁場の中にある；したがって，コイルCを貫く磁束 Φ_B が存在する．
2. 電流 i が減少するので，磁束 Φ_B も減少する．
3. 磁束 Φ_B が減少するにつれて，ファラデーの法則に従ってコイルCに起電力 $\mathcal{E}$ が誘導される．

コイルCの巻き数は1より大きいので，式(31-7)($\mathcal{E} = -Nd\Phi_B/dt$)のファラデーの法則を適用する．ここでは巻き数 N は130回で，$d\Phi_B/dt$ は1巻きを貫く磁束の

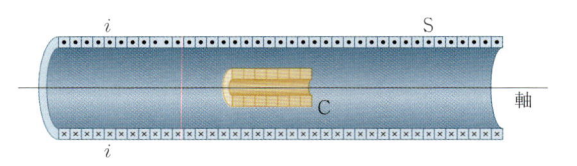

図31-3 例題31-1．電流 i が流れているソレノイドSの内部にコイルCが置かれている．

変化率である．

ソレノイドの電流は一定の割合で減少するので，磁束 Φ_B も一定の割合で減少する．したがって，$d\Phi_B/dt$ は $\Delta\Phi_B/\Delta t$ と書くことができる．$\Delta\Phi_B$ を見積もるためには，最初と最後の磁束が必要である．ソレノイドの最後の電流がゼロなので，最後の磁束 $\Phi_{B,f}$ はゼロである．最初の磁束 $\Phi_{B,i}$ を求めるために，さらに2つの **Key Ideas** が必要である．

4. コイルCの各ループを貫く磁束は，ループの断面積 A とソレノイドの磁場 $\vec{B}$ に対するループ面の向きで

決まる。$\vec{B}$は一様でループ面に垂直なので，磁束は式 (31-4) ($\Phi_B = BA$) で与えられる。

5. ソレノイド内部の磁場の大きさ B は，式 (30-25) ($B = \mu_0 in$) より，ソレノイド電流 i と単位長さあたりの巻き数 n に比例する。

図 31-3 では，A は $(1/4)\pi d^2 (= 3.46 \times 10^{-4}\,\mathrm{m}^2)$，$n$ は 220 回/cm または 22,000 回/m である。式 (30-25) を (31-4) に代入すると，

$$\begin{aligned}
\Phi_{B,i} &= BA = (\mu_0 in) A \\
&= (4\pi \times 10^{-7}\,\mathrm{T\cdot m/A})(1.5\,\mathrm{A})(22{,}000\,\text{回}/\mathrm{m}) \\
&\quad \times (3.46 \times 10^{-4}\,\mathrm{m}^2) \\
&= 1.44 \times 10^{-5}\,\mathrm{Wb}
\end{aligned}$$

したがって，

$$\begin{aligned}
\frac{d\Phi_B}{dt} &= \frac{\Delta \Phi_B}{\Delta t} = \frac{\Phi_{B,f} - \Phi_{B,i}}{\Delta t} \\
&= \frac{(0 - 1.44 \times 10^{-5}\,\mathrm{Wb})}{25 \times 10^{-3}\,\mathrm{s}} \\
&= -5.76 \times 10^{-4}\,\mathrm{Wb/s} = -5.76 \times 10^{-4}\,\mathrm{V}
\end{aligned}$$

起電力の大きさだけに関心があるので，負符号を無視すると，式 (31-7) より，

$$\begin{aligned}
\mathcal{E} &= N \frac{d\Phi_B}{dt} = (130)(5.76 \times 10^{-4}\,\mathrm{V}) \\
&= 7.5 \times 10^{-2}\,\mathrm{V} = 75\,\mathrm{mV} \quad\quad\quad\text{(答)}
\end{aligned}$$

31-4　レンツの法則

ファラデーが電磁誘導の法則を提案した直後，レンツ (Heinrich Friedrich Lenz) はループに誘導される電流の向きを決定する規則——**レンツの法則** (Lenz's law)——を考え出した：

▶ 誘導電流は，それによって生じる磁場が磁束の変化を妨げるような向きに流れる。

誘導起電力の向きは誘導電流と同じ向きである。レンツの法則になじむために，2 つの異なる，しかし等価な方法でこの法則を図 31-4 に適用してみよう。ここでは，磁石の N 極が導電ループに向かって近づいている。

1. **磁石の動きに逆らう**　図 31-4 の磁石の N 極がループに近づくと，ループを貫く磁束が増えてループに電流が誘導される。ループは S 極と N 極をもつ磁気双極子のように振る舞い (図 30-21)，その磁気双極子モーメント $\vec{\mu}$ の向きは S 極から N 極へ向かう。磁石の接近による磁束の増加に逆らうためには，ループの N 極は (したがって $\vec{\mu}$ は) 接近する磁石の N 極に反発する向きでなければならない (図 31-4)。$\vec{\mu}$ に対する磁場の右手ルールより (図 30-21)，ループに誘導される電流は反時計まわりでなければならない。

次に，磁石をループから遠ざけると，再びループに電流が誘導される。しかし今度は，磁石の後退に逆らうように，ループの S 極が磁石の N 極に向かい合う。したがって，電流の向きは時計まわりである。

2. **磁束の変化に逆らう**　図 31-4 の磁石が最初遠くにあり，ループを貫く磁束はないとする。磁石の N 極が左向きの磁場 $\vec{B}$ とともにループに近づく

図 31-4　レンツの法則を使う。磁石がループに近づくと，ループに電流が誘導され，誘導された電流は磁場をつくり，磁気双極子モーメント $\vec{\mu}$ が生じる。磁気双極子の向きは磁石の動きに逆らうような向きになる。したがって，誘導電流は図のように反時計まわりでなければならない。

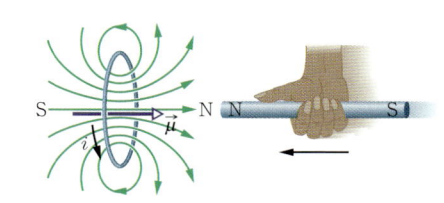

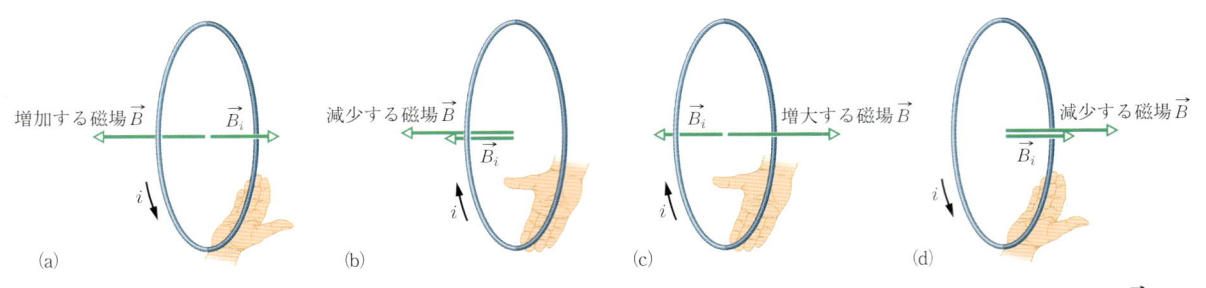

図31-5 ループに誘導される電流 i の向きは，誘導電流 i を生じさせる磁場 $\vec{B}$ の変化に逆らうような磁場 $\vec{B}_i$ をつくる向きである．磁場 $\vec{B}_i$ は増加する磁場 $\vec{B}$ と逆向き（a, c）または減少する磁場 $\vec{B}$ と同じ向きを（b, d）向いている．誘導電流の向きは，右手ルールを使って，誘導される磁場の向きから求めることができる．

と，ループを貫く磁束が増加する．この磁束の増加に逆らって誘導電流 i が流れ，ループの内側に右向きの磁場 $\vec{B}_i$ を生じる（図31-5a）；すなわち，右向きの磁場 $\vec{B}_i$ の磁束は，増えつつある左向きの磁場 $\vec{B}$ の磁束と逆向きである．図30-21の右手ルールより，電流 i は反時計まわりでなければならない．

$\vec{B}_i$ の磁束は $\vec{B}$ の磁束の変化を妨げるのであって，常に $\vec{B}_i$ が $\vec{B}$ と逆向きであることを意味するのではない．たとえば，磁石をループから遠ざけるとき，磁石の磁束 Φ_B は相変わらず左向きにループを貫いているが，その大きさは減少する．このとき $\vec{B}_i$ の磁束は（ループの内側では）左向きで（図31-5b），Φ_B の減少を妨げている．このとき $\vec{B}_i$ と $\vec{B}$ は同じ向きを向いている．

図31-5cとdはそれぞれ，磁石のS極がループに近づいたり遠ざかったりするときの様子を示す．

エレクトリックギター

図31-6はFender社のStratocasterである；Jimi Hendrix他多くの演奏家が使ったエレクトリックギターである．アコースティックギターが，弦の振動を楽器の中空ボディーで音響的に共鳴させるのに対して，エレクトリックギターには中空ボディーがなく，楽器本体で共鳴することはない．そのかわり，金属弦の振動が電気的な"ピックアップ"によって電気的な信号として検出され，アンプやスピーカーに伝えられる．

ピックアップの原理が図31-7に示されている．この装置とアンプをつなぐ導線が，小さな磁石にコイル状に巻かれている．磁石の磁場が，すぐ上にある金属弦の一部にN極とS極をつくり，弦のこの部分がそれ自身の磁場をつくる．弦がはじかれて振動すると，コイルに対する弦の相対的な動きがコイルを貫く磁束を変化させ，コイルに誘導電流が流れる．弦がコイルに近づいたり遠ざかったりするごとに，誘導電流の向きは弦の振動と同じ振動数で変化し，弦の振動の振動数をアンプやスピーカーに伝える．

Stratocasterでは，弦の端（ボディーの広い部分）近くに3組のピックアップが並んでいる．最も端に近いものは，弦の高い振動数に感度が高く；端から最も遠いものは低い振動数に感度が高い．ギターについているスイ

図31-6 Fender Stratocasterには，（ボディーの広い部分に）6つのピックアップが3組ある．（ギターの一番下にある）切り替えスイッチによって，演奏家はどの組のピックアップ信号をアンプやスピーカーに送るか決めることができる．

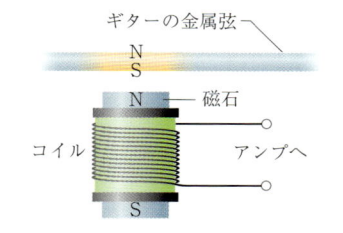

図31-7 エレクトリックギターのピックアップを横から見た図。(磁石として働く)金属弦が振動すると，磁束が変化してコイルに電流を誘導する。

ッチを切り替えることによって，演奏家はどの組を使うか，またはいくつかの組の組み合わせを選択してアンプやスピーカーに信号を送ることができる。

Hendrixは，既製品の音に満足せず，自分のギターのピックアップコイルを巻き直して巻き数を変えた。こうすると，コイルに誘導される起電力の大きさが変わり，弦の振動に対する相対的感度が変化する。そこまでしなくても，エレクトリックギターの方がアコースティックギターに比べていろいろと音を調整できることは明らかだろう。

✓ **CHECKPOINT 2:** 図では，3つの同じ大きさの円形導電ループが一様な磁場の中に置かれている。磁場の大きさは同じ割合で増加(Inc)または減少(Dec)している。破線は直径を表す。3つのループをループに誘導される電流の大きさの順に並べよ。

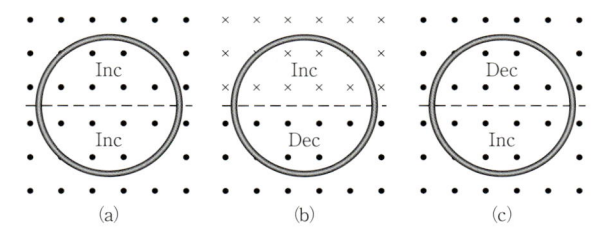

例題 31-2

図31-8は，半径 $r = 0.20$ m の半円と3つの直線部からなる導電ループを示す。半円は一様な磁場 $\vec{B}$（紙面から出る向き）の中に置かれている；磁場の大きさは，$B = 4.0t^2 + 2.0t + 3.0$（B はテスラ，t は秒で測る）で表される。起電力 $\mathcal{E}_{bat} = 2.0$ V の理想的な電池が回路に接続されている。ループの抵抗は $2.0\ \Omega$ である。

(a) $t = 10$ s に磁場 $\vec{B}$ によってループに誘導される起電力 $\mathcal{E}_{ind}$ の大きさと向きを求めよ。

解法: **Key Idea 1**: 起電力 $\mathcal{E}_{ind}$ の大きさは，ファラデーの法則により，ループを貫く磁束の変化率 $d\Phi_B/dt$ に等しい。**Key Idea 2**: ループを貫く磁束は，ループの面積 A と磁場 $\vec{B}$ の向きで決まる。$\vec{B}$ は一様でループ面に垂直手前向きだから，磁束は式(31-4)（$\Phi_B = BA$）で与えられる。この式を使い，時間変化するのが磁場の大きさ B だけであることに注意して（面積 A は変化しない），ファラデーの法則(式31-6)を書き換えると，

$$\mathcal{E}_{ind} = \frac{d\Phi_B}{dt} = \frac{d(BA)}{dt} = A\frac{dB}{dt}$$

Key Idea 3: 磁束はループの半円部分だけを貫いているから，面積 A は $(1/2)\pi r^2$ である。これと磁場 B の式を代入すると，

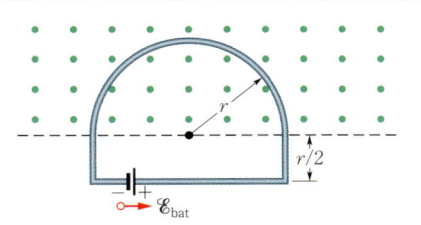

図31-8 例題31-2。一様な磁場の中に置かれた半径 r の半円を含む導電ループに電池が接続されている。磁場は紙面から出る向きで，大きさは変化する。

$$\mathcal{E}_{ind} = A\frac{dB}{dt} = \frac{\pi r^2}{2}\frac{d}{dt}(4.0t^2 + 2.0t + 3.0)$$

$$= \frac{\pi r^2}{2}(8.0t + 2.0)$$

$t = 10$ s では，

$$\mathcal{E}_{ind} = \frac{\pi (0.20\,\text{m})^2}{2}[8.0(10) + 2.0]$$

$$= 5.152\,\text{V} \approx 5.2\,\text{V} \qquad (答)$$

$\mathcal{E}_{ind}$ の向きを決めるために注意すべきことは，図31-8のループを貫く磁束が紙面に垂直手前向きで，増加していることである。**Key Idea**:（誘導電流による）誘導磁場 $\vec{B}_i$ は，磁場の増加を妨げるので，紙面に入る向きである。右手ルール(図30-7c)を使うと，誘導電流は時計まわり，

したがって，誘導起電力も時計まわりでなければならない。

(b) $t = 10\,\text{s}$ におけるループの電流はいくらか？

解法： **Key Idea**：2つの起電力が電荷を動かそうとしている。誘導起電力 $\mathcal{E}_{\text{ind}}$ は時計まわりに電流を流そうす る；電池の起電力 $\mathcal{E}_{\text{bat}}$ は反時計まわりに流そうとす

る。$\mathcal{E}_{\text{ind}}$ の方が $\mathcal{E}_{\text{bat}}$ より大きいので，正味の起電力 $\mathcal{E}_{\text{net}}$ は時計まわりで，電流も同じ向きである。$t = 10\,\text{s}$ での電流は，式 (28-2) $(i = \mathcal{E}/R)$ より，

$$i = \frac{\mathcal{E}_{\text{net}}}{R} = \frac{\mathcal{E}_{\text{ind}} - \mathcal{E}_{\text{bat}}}{R}$$

$$= \frac{5.152\,\text{V} - 2.0\,\text{V}}{2.0\,\Omega} = 1.58\,\text{A} \approx 1.6\,\text{A} \quad \text{(答)}$$

例題 31-3

図 31-9 は，一様でない磁場 $\vec{B}$ の中に置かれた長方形のループ（幅は $W = 3.0\,\text{m}$，高さは $H = 2.0\,\text{m}$）を示す。磁場は紙面に垂直に入る向きで，時間的に変化する。磁場の大きさは $B = 4t^2x^2$ で表される（B はテスラ，t は秒，x はメートルで測る）。$t = 0.10\,\text{s}$ にループに誘導される起電力 $\mathcal{E}$ の大きさと向きを求めよ。

解法： **Key Idea 1**：磁場 $\vec{B}$ の大きさは時間とともに変化するので，ループを貫く磁束 Φ_B も変化する。**Key Idea 2**：磁束が変化すると，ファラデーの法則 $(\mathcal{E} = d\Phi_B/dt)$ より，ループに起電力 $\mathcal{E}$ が誘導される。

ファラデーの法則を使うためには，任意の時刻 t における磁束 Φ_B の表式が必要である。**Key Idea 3**：ループに囲まれた領域の B は一様ではないので，式 (31-4) $(\Phi_B = BA)$ は使えない；代わりに式 (31-3) $(\Phi_B = \int \vec{B} \cdot d\vec{A})$ を使う。

図 31-9 では，$\vec{B}$ はループ面に垂直（したがって微小面積ベクトル $d\vec{A}$ に平行）だから，式 (31-3) のスカラー積は $B\,dA$ となる。磁場は x 軸に沿って変化するが，y 軸に沿っては変化しないので，微小面積 dA を高さ H と幅 dx の細長い小片としよう（図 31-9）。すると，$dA = H\,dx$ となり，ループを貫く磁束は，

$$\Phi_B = \int \vec{B} \cdot d\vec{A} = \int B \cdot dA = \int BH\,dx = \int 4t^2x^2 H\,dx$$

この積分では t を定数と考える。$H = 2.0\,\text{m}$ と積分範囲の $x = 0$ と $x = 3.0\,\text{m}$ を代入すると，

$$\Phi_B = 4t^2 H \int_0^{3.0} x^2\,dx = 4t^2 H \left[\frac{x^3}{3}\right]_0^{3.0} = 72t^2$$

Φ_B はウェーバー単位である。任意の時刻 t における $\mathcal{E}$ の大きさは，ファラデーの法則より，

$$\mathcal{E} = \frac{d\Phi_B}{dt} = \frac{d(72t^2)}{dt} = 144t$$

$\mathcal{E}$ はボルト単位である。$t = 0.10\,\text{s}$ では，

$$\mathcal{E} = (144\,\text{V/s})(0.10\,\text{s}) \approx 14\,\text{V} \quad \text{(答)}$$

図 31-9 のループを貫く $\vec{B}$ の磁束は紙面に入る向きで，B の大きさが増えているので磁束も増加する。レンツの法則によれば，誘導電流による磁場 B_i は，磁束の増加に逆らうので紙面から垂直に出る向きである。図 31-5 の右手ルールより，誘導電流は反時計まわりで，誘導起電力 $\mathcal{E}$ も同じ向きであることがわかる。

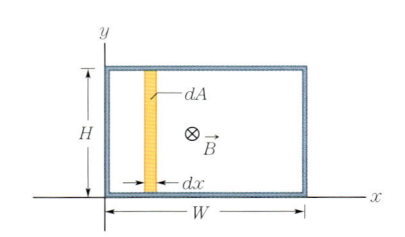

図 31-9 例題 31-3。幅 W と高さ H の導電ループが，紙面に入る向きの，一様でない，時間的に変化する磁場の中に置かれている。ファラデーの法則を適用するために，高さ H で幅 dx，面積 dA の細長い小片を考える。

31-5 誘導とエネルギー移動

レンツの法則によれば，図 31-1 のループに磁石を近づけるときも遠ざけるときも，磁気力が運動を妨げるので，あなたが加えた力は正の仕事をしなければならない。同時に，運動によって誘導される電流に対して，ループをつくっている物質の電気抵抗が働くので，ループに熱エネルギーが発生する。あなたが加えた力によって，閉じたループ－磁石系へ移動したエネルギーが，この熱エネルギーになる。（ここでは，誘導中にループから電磁波として放射されるエネルギーは無視する。）磁石を速く動かせば，加

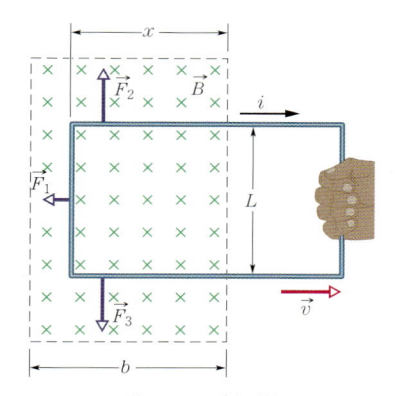

図31-10 導電ループを磁場から引き出すように一定の速さで引っ張る。磁場中をループが運動すると，時計まわりの電流 i がループに誘導され，磁場の中にある部分は力 $\vec{F}_1$, $\vec{F}_2$, $\vec{F}_3$ を受ける。

えた力は短時間で仕事をし，エネルギーがループの熱エネルギーに移動する時間的割合も大きくなる；すなわち，エネルギー移動率（仕事率）が大きくなる。

ループにどのように電流が誘導されるかに関わらず，ループがもつ電気抵抗のために（超伝導でなければ）エネルギーはいつも熱エネルギーへ移動する。たとえば図31-2において，スイッチSが閉じられて短時間左側のループに電流が誘導されると，エネルギーは電池から左側のループの熱エネルギーへ移動する。

図31-10は，電流が誘導される別の状況を示す。幅 L の長方形のループの左端が，一様な外部磁場の中に置かれている；磁場はループ面に対して垂直で，紙面に入る向きである。この磁場は，たとえば大きな電磁石によってつくられているとしよう。図31-10の破線が磁場領域の境界を示している；端におけるエッジ効果は無視する。このループを一定の速度 $\vec{v}$ で右へ動かしてみる。

図31-10の状況は，図31-1の状況と本質的に同じである。どちらも磁場と導電ループは相対的に運動している；どちらもループを貫く磁束は時間とともに変化している。図31-1では $\vec{B}$ が変化するので磁束が変化，図31-10では磁場の中にある面積が変化するので磁束が変化しているが，この違いは重要ではない。重要な違いは，図31-10の方が計算が楽だということである。図31-10のループを一定速度で引っ張るときの力学的仕事の仕事率を計算してみよう。

後でわかるように，ループを一定の速度 $\vec{v}$ で引っ張るためには，磁気力と反対向きの一定の力 $\vec{F}$ を加えなければならない。仕事率は式(7-48)より，

$$P = Fv \tag{31-8}$$

F は力の大きさである。P を磁場の大きさ B とループの特性——抵抗 R と長さ L——の関数として求めたい。

図31-10のループを右へ動かすと，磁場の中にある領域は減少する。したがって，ループを貫く磁束が減少し，レンツの法則により，ループに電流が誘導される。この電流が，引っ張る力に逆らう力の原因である。

電流を求めるために，まずファラデーの法則を適用しよう。x を磁場の中にあるループの長さとすると，磁場の中にある面積は Lx である。ループを貫く磁束は，式(31-4)より，

$$\Phi_B = BA = BLx \tag{31-9}$$

x が減ると磁束も減る。磁束が減ると，ファラデーの法則より，ループに起電力が誘導される。この起電力の大きさは，式(31-6)の負符号を無視して式(31-9)を使うと，

$$\mathcal{E} = \frac{d\Phi_B}{dt} = \frac{d}{dt}BLx = BL\frac{dx}{dt} = BLv \tag{31-10}$$

dx/dt をループの速さ v で置き換えた。

図31-11は，ループを回路として示したものである；誘導起電力 $\mathcal{E}$ が左側に，ループの全抵抗 R が右側に示されている。誘導電流 i の向きは，右

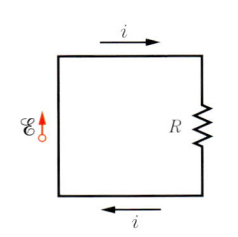

図 31-11 図31-10のループの回路図：ループは運動している。

手ルールで決められる（図31-5b）；$\mathcal{E}$ も同じ向きである。

　誘導電流の大きさを求めるために，回路の電位差に関する閉回路の法則を適用することはできない；31-6節で示されるように，誘導起電力に対しては電位差を定義することができない。しかしながら，例題31-2でやったように，$i = \mathcal{E}/R$ の式を使うことはできる。式(31-10)を代入すると，

$$i = \frac{BLv}{R} \quad (31\text{-}11)$$

図31-10のループでは，3つの区間で電流が磁場中を流れているので，横向きの力が各区間に作用する。式(29-26)より，横向きの力は一般的に，

$$\vec{F}_d = i\vec{L} \times \vec{B} \quad (31\text{-}12)$$

図31-10には，ループの各区間に働く横向きの力が $\vec{F}_1$, $\vec{F}_2$, $\vec{F}_3$ で示されている。$\vec{F}_2$ と $\vec{F}_3$ は，対称性により，大きさが等しく打ち消し合う。この結果，残った $\vec{F}_1$ はループを引っ張る力 $\vec{F}$ と反対向きで，あなたが加える力に逆らっている。したがって，$\vec{F} = -\vec{F}_1$ である。

　$\vec{F}_1$ の大きさは，$\vec{B}$ と長さベクトル $\vec{L}$ の間の角度が90°であることに注意すると，式(31-12)より，

$$F = F_1 = iLB \sin 90° = iLB \quad (31\text{-}13)$$

式(31-13)の i に式(31-11)を代入すると，

$$F = \frac{B^2 L^2 v}{R} \quad (31\text{-}14)$$

B, L, R は定数だから，ループに加えた力の大きさ F が一定ならば，ループの速さ v は一定である。

　式(31-14)を(31-8)に代入すると，磁場からループを一定の速さで引き出すためにループにする仕事の仕事率が求められる：

$$P = Fv = \frac{B^2 L^2 v^2}{R} \quad \text{(仕事率)} \quad (31\text{-}15)$$

解析を完結するために，一定の速さでループを引っ張るときに回路に発生する熱エネルギーの発生率を求めよう；式(27-22)から計算できる：

$$P = i^2 R \quad (31\text{-}16)$$

式(31-11)の i を代入すると，

$$P = \left(\frac{BLv}{R}\right)^2 R = \frac{B^2 L^2 v^2}{R} \quad \text{(熱エネルギーの発生率)} \quad (31\text{-}17)$$

これはループを引っ張る仕事率（式31-15）に正確に等しい。このように，磁場中でループを引っ張るのに要した仕事は，ループの中で熱エネルギーとして現れる。

渦電流

図31-10の導電ループを導電性の板に置き換えるとどうなるか。ループのときと同じように，磁場から板を引っぱり出すと（図31-12a），磁場と導電板の間の相対運動により，導電板に電流が誘導される。この誘導電流のた

31-6 誘導電場

めに，ここでも動きに逆らう力が生じるので，あなたは仕事をしなければならない。しかしながら，ループの場合と異なって，板では誘導電流の流れる経路はひとつではない。代わりに，電子は板のいたるところで渦を巻くように（水の渦に巻き込まれたように）運動する。このような電流は*渦電流*（eddy current）と呼ばれる。図31-12aでは，渦電流があたかもひとつの経路を流れるように描かれている。

図31-10の導電ループのときと同じように，板に誘導された電流がもつ力学的エネルギーは，熱エネルギーとして散逸する。エネルギーの散逸は，図31-12bのような実験をやると明らかである；支点のまわりに自由に回転できる導電板が，磁場を横切って振り子のように振動する。板が磁場の中に入ったり出たりするたびに，力学的エネルギーの一部は熱エネルギーへ変化する。数回振動した後に，力学的エネルギーは消滅し，暖まった板が支点からぶら下がるだけになる。

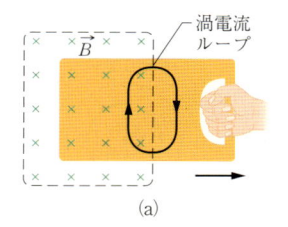

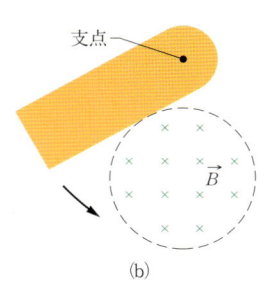

図31-12 (a)導電性の板を磁場の外に引っぱり出すとき，板に*渦電流*が誘導される。典型的な渦電流の経路が示されている。(b)導電板が支点のまわりに振り子のように回転して磁場の領域に入る。磁場に入ったり出たりするごとに，板に渦電流が流れる。

> ✓ **CHECKPOINT 3:** 図は，辺の長さがLまたは$2L$の4つのループを示す。4つのループが一様な磁場$\vec{B}$（紙から出る向き）の領域を一定速度で通過する。4つのループを，磁場を通過するときに誘導される起電力$\mathcal{E}$の大きい順に並べよ。

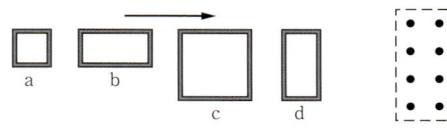

31-6 誘導電場

半径rの銅リングを一様な磁場の中に置いたとしよう（図31-13a）。磁場は——エッジ効果を無視して——半径Rの円の内側にある。適当な方法で（たとえば，磁場を発生する電磁石の電流を増やして）磁場の強さを一定の割合で増やすと，銅リングを貫く磁束が一定の割合で増加し——ファラデーの法則により——誘導起電力や誘導電流がリングに生じるだろう。図31-13aの誘導電流の向きは，レンツの法則から，反時計まわりになる。

銅リングに電流が流れるならば，リングに沿って電場が存在するに違いない；伝導電子を動かす仕事をするためには電場が必要である。この電場は，磁束の変化によって生じたに違いない。この**誘導電場**（induced electric field）$\vec{E}$は，静電荷によって生じる電場と同じように実在するものである；どちらの電場も，電荷q_0の粒子に対して$q_0\vec{E}$の力を及ぼす。

このような論法により，ファラデーの電磁誘導の法則を，便利で有用な表現に置き換えることができる：

▶ 磁場の変化は電場を誘導する。

この表現の驚くべきところは，たとえ銅のリングがなくても電場が誘導されることである。

この推論を確かめるために，図31-13aの銅リングを半径rの仮想的な円

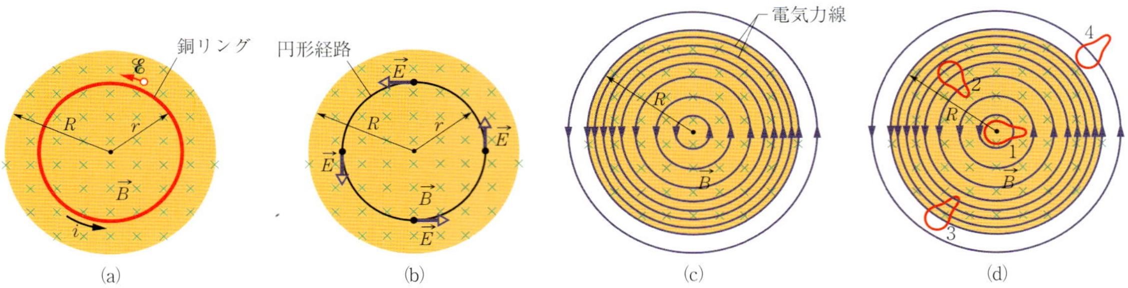

図31-13 (a)磁場が一定の割合で増加すると，半径rの銅リングには一定の誘導電流が発生する。(b)誘導電場はリングを取り除いても存在する；4ヶ所の電場が示されている。(c)誘導電場の全体像が電気力線で示されている。(d)同じ面積を囲む4つの類似の閉経路。変化する磁場の中にある経路1および2には同じ起電力が誘導される。一部が磁場の中にある経路3には小さな起電力が誘導される。磁場の外にある経路4には起電力は誘導されない。

で置き換えてみよう（図31-13b）。前と同じように，磁場$\vec{B}$の大きさが一定の割合dB/dtで増加すると仮定する。円形の経路上のあらゆる所で誘導される電場は——対称性から——円に接しているはずである（図31-13b）*。したがって，円形の経路が電気力線になる。半径rの円周は特別な経路ではないので，磁場の変化によって生じる電気力線は，同心円状に存在するにちがいない（図31-13c）。

磁場が時間とともに増加する間は，図31-13cの電気力線で表される電場が存在している。磁場が一定になると，誘導電場も電気力線も消滅する。磁場が（一定の割合で）減少すると，電気力線は図31-13cと同じように同心円状になるが，向きは逆になる。これらのことは，"磁場の変化は電場を誘導する"と言うときに覚えておくべきことである。

ファラデーの法則の再定式化

電荷q_0の粒子が図31-13bの円軌道上を運動しているとしよう。粒子が一周する間に誘導電場がする仕事Wは$\mathcal{E}q_0$である。$\mathcal{E}$は誘導起電力で，試験電荷が経路を運動するときになされる単位電荷あたりの仕事である。別の角度から見ると，この仕事は次のように表される：

$$\int \vec{F} \cdot d\vec{s} = (q_0 E)(2\pi r) \tag{31-18}$$

$q_0 E$は試験電荷に働く力の大きさで，$2\pi r$は力が作用している距離である。仕事Wに対する2つの表式を等しいとおいてq_0を消去すると，

$$\mathcal{E} = 2\pi r E \tag{31-19}$$

もっと一般的には，式(31-18)を任意の閉経路に沿って運動する電荷q_0の粒子になされる仕事に拡張することができる：

$$W = \oint \vec{F} \cdot d\vec{s} = q_0 \oint \vec{E} \cdot d\vec{s} \tag{31-20}$$

（積分記号の○印は閉経路について積分するという意味である。）Wを$\mathcal{E}q_0$で置き換えると，

---

*対称性の議論だけからは，円形の経路の電場$\vec{E}$による電気力線は，接線方向ではなく放射状であってもよい。しかし，そのような放射状の電気力線は，軸対称に分布した自由電荷が存在し，そこが電気力線が始点や終点になるということを意味している；実際にはそのような電荷は存在しない。

$$\mathscr{E} = \oint \vec{E} \cdot d\vec{s} \tag{31-21}$$

この積分は，図31-13bのような特別の場合には，式(31-19)になることがすぐにわかる。

式(31-21)を使って誘導起電力の意味を拡張することができる。これまでは，誘導起電力は磁束の変化による電流を持続するために単位電荷になされる仕事，あるいは変化する磁束の中を閉経路に沿って運動する電荷に作用する単位電荷あたりの仕事を意味していた。しかしながら，図31-13bおよび式(31-21)より，誘導電場は電流や電荷なしでも存在する：誘導起電力は，閉経路に沿った$\vec{E} \cdot d\vec{s}$の和——積分——である。$\vec{E}$は磁束の変化によって誘導される電場，$d\vec{s}$は閉経路に沿った微小長さベクトルである。

式(31-21)と式(31-6)のファラデーの法則（$\mathscr{E} = -d\Phi_B/dt$）を組み合わせると，ファラデーの法則は次のように書き換えられる：

$$\oint \vec{E} \cdot d\vec{s} = -\frac{d\Phi_B}{dt} \quad \text{(ファラデーの法則)} \tag{31-22}$$

この式は，単に，磁場の変化は電場を誘導するということを表している。磁場の変化は右辺に，電場は左辺に現れている。

式(31-22)で表したファラデーの法則は，変化する磁場中の任意の閉経路に適用できる。図31-13dは，同じ形と面積をもち，変化する磁場中の異なった場所に位置する4つの閉経路を示している。経路1と2では，経路が完全に磁場の中にあり，$d\Phi_B/dt$が同じ値をとるので，誘導起電力$\mathscr{E}$（$= \int \vec{E} \cdot d\vec{s}$）は等しい。これは，図中の電気力線で示されるように，経路上の任意の点における電場ベクトルが異なっていても成り立つ。経路3では，囲まれる磁束Φ_B（したがって$d\Phi_B/dt$）が小さいので，誘導起電力は小さい。経路4では，経路のあらゆる点で電場がゼロというわけではないが，誘導起電力はゼロである。

電位に対する新しい見方

誘導電場は静電荷によって生じるのではなく，磁束の変化によって生じる。どちらの場合も荷電粒子に力を及ぼす電場が形成されるが，2つの間には大きな違いがある。この違いの最も簡単な証拠は，図31-13cに示されるように，誘導電場による電気力線は閉ループを形成することである。静電荷による電気力線は閉ループを形成せず，正電荷から出発して負電荷に至る。

誘導による電場と静電荷による電場の相違は次のように述べることができる：

▶ 電位は静電荷によって生じる電場に対してのみ意味がある；誘導によって生じる電場に対しては電位は意味をもたない。

この表現を定性的に理解するには，図31-13bのような円形経路を一周する荷電粒子に何が起こるかを考えればよい。ある点を出発して同じ点に戻ったとき，たとえば5Vの起電力$\mathscr{E}$があったとする；このとき5J/Cの仕事が粒子になされたことになる。そして粒子は5V高い電位の点にいるは

194 第31章　誘導とインダクタンス

ずである。しかしそれはあり得ない；粒子は元の位置に戻ったのだから，2つの異なった電位の値をもつことはできない。変化する磁場によってつくられた電場に対しては，電位は意味がないと結論せねばならない。

電場 $\mathcal{E}$ の中の2点（i と f）の間の電位差を定義する式(25-18)を思い出そう：

$$V_f - V_i = \int_i^f \vec{E} \cdot d\vec{s} \qquad (31\text{-}23)$$

第25章では，ファラデーの電磁誘導の法則はまだ考慮していなかった。したがって，式(25-18)の導出に含まれる電場は静電荷によるものだけであった。式(31-23)の点 i と f が同じ点ならば，それを結びつける経路は閉ループであり，V_i と V_f は同じになるので，式(31-23)は，

$$\oint \vec{E} \cdot d\vec{s} = 0 \qquad (31\text{-}24)$$

しかしながら，磁束が変化するときこの積分はゼロではなく，式(31-22)に示すように $-d\Phi_B/dt$ である。電位を誘導電場に関係づけることは矛盾を生じる。したがって，電位は誘導電場に対しては意味がないと結論せねばならない。

✓ **CHECKPOINT 4:** 図は，内部で一様な磁場をもつ a から e までの5つの領域を示す；磁場の向きは，紙面から出る向き（たとえば領域 a）または入る向きである。5つの領域で磁場は同じ一定の割合で増加している；領域の面積はすべて等しい。また，1から4の経路に対して $\oint \vec{E} \cdot d\vec{s}$ は下に示すような値（mag 単位）をもつ。b から e までの領域の磁場は紙面から出る向きか，入る向きか？

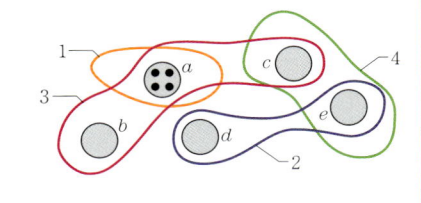

経路：	1	2	3	4
$\oint \vec{E} \cdot d\vec{s}$	mag	2 (mag)	3 (mag)	0

例題 31-4

図31-13b で，$R = 8.5$ cm，$dB/dt = 0.13$ T/s とする。

(a) 磁場中（中心から半径 r の点）での誘導電場の大きさ E を表す式を導き，$r = 5.2$ cm での値を求めよ。

解法：　Key Idea：ファラデーの法則に従って，磁場の変化によって電場が誘導される。電場の大きさ E を計算するために，式(31-22)のファラデーの法則を適用する。磁場中の点での E を求めたいので，積分経路は半径 $r < R$ の円とする。対称性から，図31-13b の E は常に円形経路に接していると仮定する。経路上のベクトル $d\vec{s}$ も円に接するので，式(31-22)のスカラー積 $\vec{E} \cdot d\vec{s}$ は経路のどの点でも $E ds$ の大きさをもつ。E は，対称性から，経路のどの点でも同じ値をもつ。したがって，式(31-22)の左辺は，

$$\oint \vec{E} \cdot d\vec{s} = \oint E \cdot ds = E \oint ds = E(2\pi r) \qquad (31\text{-}25)$$

（積分 $\oint ds$ は円形の経路の円周である。）

次に，式(31-22)の右辺を計算する。積分経路によって囲まれる面積 A の中では，磁場 $\vec{B}$ が一定で，面に垂直なので，磁束は式(31-4)で与えられる：

$$\Phi_B = BA = B(\pi r^2) \qquad (31\text{-}26)$$

この式と式(31-25)を(31-22)に代入して，負符号を無視すれば，

$$E(2\pi r) = (\pi r^2)\frac{dB}{dt}$$

または、
$$E = \frac{r}{2}\frac{dB}{dt} \quad \text{(答)} \quad (31\text{-}27)$$

式 (31-27) は，$r<R$ の任意の点（すなわち，磁場の内部）での電場の大きさを与える．与えられた値を代入すると，$r=5.2\,\text{cm}$ での $\vec{E}$ の値は，

$$E = \frac{(5.2 \times 10^{-2}\,\text{m})}{2}(0.13\,\text{T/s})$$
$$= 0.0034\,\text{V/m} = 3.4\,\text{mV/m} \quad \text{(答)}$$

(b) 磁場の外側（半径 r の点）での誘導電場の大きさ E の表式を導き，$r=12.5\,\text{cm}$ での値を求めよ．

解法： (a) の **Key Idea** を適用する；ただし，磁場の外側での E を求めたいので，積分経路を $r>R$ の円とする．(a) と同じようにして，再び式 (31-25) が得られる．しかし，積分経路が磁場の外にあるので式 (31-26) は使えない．**Key Idea**：新しい経路によって囲まれる磁束は，磁場領域の πR^2 の中だけにある．

$$\Phi_B = BA = B(\pi R^2) \quad (31\text{-}28)$$

この式と式 (31-25) を (31-22) に代入して（負符号は無視する），E について解くと，

$$E = \frac{R^2}{2r}\frac{dB}{dt} \quad \text{(答)} \quad (31\text{-}29)$$

E がゼロではないので，変化する磁場の外側でも電場が誘導されることがわかる．これは変圧器の基礎となる重要な結果である (33-11 節参照)．与えられた値を使うと，$r=12.5\,\text{cm}$ での E の値は，

$$E = \frac{(8.5 \times 10^{-2}\,\text{m})^2}{(2)(12.5 \times 10^{-2}\,\text{m})}(0.13\,\text{T/s})$$
$$= 3.8 \times 10^{-3}\,\text{V/m} = 3.8\,\text{mV/m} \quad \text{(答)}$$

式 (31-27) と (31-29) は $r=R$ では同じ結果になる．図 31-14 は，2 つの式を合わせた $E(r)$ をグラフにしたものである．

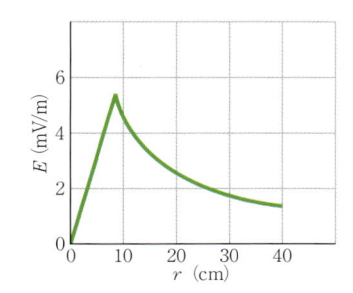

図 31-14 例題 31-4 の条件における誘導電場 $E(r)$．

31-7 インダクターとインダクタンス

第 26 章では，任意の電場を作り出すのにキャパシターが利用できるということを学んだ．キャパシターの基本形は平行極板キャパシターであった．同じように，**インダクター**（inductor；〰〰〰 と記す）は任意の磁場をつくるのに利用することができる．インダクターの基本型は，長いソレノイド（特に，長いソレノイドの中央付近の短い領域）である．

インダクター（ソレノイド）の巻き線に電流 i が流れると，インダクターの中央付近を貫く磁束 Φ_B が発生する．インダクターの**インダクタンス** (inductance) は，N を巻き数とすると，次式で定義される：

$$L = \frac{N\Phi_B}{i} \quad \text{（インダクタンスの定義）} \quad (31\text{-}30)$$

インダクターの巻き線は，共有する磁束によって結合されていると言われ，$N\Phi_B$ は**磁束の結合** (magnetic flux linkage) と呼ばれる．したがって，インダクタンス L は，インダクターによって生じる単位電流あたりの磁束の結合の大きさを表す量である．

磁束の SI 単位はテスラ・平方メートルなので，インダクタンスの SI 単位はテスラ・平方メートル/アンペア ($\text{T}\cdot\text{m}^2/\text{A}$) である．この単位を，ファラデーと同時代のアメリカの物理学者 Joseph Henry（ファラデーとほぼ同時に電磁誘導の法則を発見した）にちなんで**ヘンリー** (henry; H と記す) と呼ぶ：

$$1\,\text{ヘンリー}\,(\text{H}) = 1\,\text{T}\cdot\text{m}^2/\text{A} \qquad (31\text{-}31)$$

本章では，（幾何学的形状によらず）すべてのインダクターの近くには，鉄などの磁性物質は存在しないと仮定する。そのような磁性物質はインダクターの磁場を歪める。

ソレノイドのインダクタンス

断面積 A の長いソレノイドについて考えよう。中央付近の単位長さあたりのインダクタンスはいくらになるか？

インダクタンスの定義式（式31-30）を用いるためには，ソレノイドの巻き線を流れる電流がつくる磁束の結合を求めなければならない。ソレノイド中央付近の長さ l について考えると，ソレノイドの磁束の結合は，

$$N\Phi_B = (nl)(BA)$$

n はソレノイドの単位長さあたりの巻き数，B はソレノイド内部の磁場の大きさである。

磁場の大きさ B は，式(30-25)で与えらる：

$$B = \mu_0 i n$$

式(31-30)より，

$$L = \frac{N\Phi_B}{i} = \frac{(nl)(BA)}{i} = \frac{(nl)(\mu_0 i n)(A)}{i} = \mu_0 n^2 l A \qquad (31\text{-}32)$$

長いソレノイドの中央付近の単位長さあたりのインダクタンスは，

$$\frac{L}{l} = \mu_0 n^2 A \qquad (\text{ソレノイド}) \qquad (31\text{-}33)$$

インダクタンスは——キャパシタンスと同じように——素子の幾何学的形状だけに依存する。単位長さあたりの巻き数の2乗に比例するということは，次のことから予想できる。もし n を3倍にすると，巻き数(N)が3倍になるだけでなく，各巻き線を貫く磁束も3倍になる（$\Phi_B = BA = \mu_0 i n A$）ので，その積である磁束の結合 $N\Phi_B$ と，それに比例するインダクタンス L は9倍になる。

ソレノイドの長さが半径よりも十分に長ければ，式(31-32)はインダクタンスの良い近似値を与える。この近似は，ちょうど平行極板キャパシターの式 ($C = \varepsilon_0 A/d$) において極板端部での電気力線のエッジ効果を無視したのと同じように，ソレノイド端部での磁力線の広がりを無視している。

n は単位長さあたりの巻き数であるから，式(31-32)より，インダクタンスは透磁率 μ_0 と長さの次元をもった量の積で表されることがわかる。このことは，μ_0 がヘンリー/メートルで表されることを意味する：

$$\begin{aligned}\mu_0 &= 4\pi \times 10^{-7}\,\text{T}\cdot\text{m/A} \\ &= 4\pi \times 10^{-7}\,\text{H/m}\end{aligned} \qquad (31\text{-}34)$$

ファラデーが電磁誘導の法則を発見したインダクターの原型。当時は絶縁された導線などという便利なものは売られていなかった。ファラデーは妻のペチコートから切り取った細長い布を巻いて導線を絶縁したと言われている。

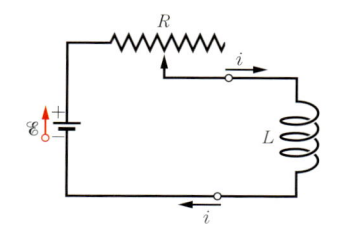

図 31-15 可変抵抗器の接点を変えてコイルの電流を変化させると，電流変化による自己誘導起電力 $\mathcal{E}_L$ がコイルに発生する。

31-8 自己誘導

2個のコイル——今やこれをインダクターと呼ぶことができる——が互いに近くに置かれていると，一方のコイルの電流 i が，第2のコイルを貫く磁束 Φ_B を生成する。第1のコイルの電流が変化すると，この磁束も変化して，ファラデーの法則により，第2のコイルに誘導起電力が発生することをすでに学んだ。誘導起電力は第1のコイルにも同じように発生する：

▶ 誘導起電力 $\mathcal{E}_L$ は，電流が変化するいかなるコイルにも発生する。

この現象を**自己誘導**（self-induction），発生する起電力を**自己誘導起電力**（self-induced emf）と呼ぶ（図31-15）。第2のコイルに起電力が誘導されるのと同じように，これもファラデーの電磁誘導の法則に従う。

どんなインダクターに対しても，式（31-30）より，

$$N\Phi_B = Li \tag{31-35}$$

一方，ファラデーの法則より，

$$\mathcal{E}_L = -\frac{d(N\Phi_B)}{dt} \tag{31-36}$$

式（31-35）と（31-36）を組み合わせると，

$$\mathcal{E}_L = -L\frac{di}{dt} \quad\text{（自己誘導起電力）} \tag{31-37}$$

したがって，どのようなインダクター（コイル，ソレノイド，toroid）でも，電流の時間変化によって自己誘導起電力が発生する。電流の大きさは誘導起電力の大きさには無関係である：電流の時間変化率だけが関係する。

自己誘導起電力の*向き*は，レンツの法則から知ることができる。式（31-37）の負符号は——レンツの法則が示すように——電流 i の変化に逆らうような向きに自己誘導起電力 $\mathcal{E}_L$ が発生することを示している。$\mathcal{E}_L$ の大きさだけを求めたい場合には負符号を無視することができる。

コイルに流れる電流 i が，di/dt の割合で増加している場合を考えよう（図31-16a）。レンツの法則によれば，自己誘導はこの電流増加に逆らう向きになる。逆向きの電流が誘導されるためには，自己誘導起電力が——図に示されたように——コイルに生じなければならない。電流が時間とともに減少するときは（図31-16b），自己誘導起電力は電流の減少に逆らうような向きになる。

31-6節では，磁束の変化によって誘導される電場（および起電力）に対して電位は定義できない，ということを学んだ。これは，図31-15のインダクターに自己誘導起電力が発生したとき，磁束が変化しているインダクターの内部では電位を定義できない，ということを意味している。しかし，インダクター外部の回路上の点——電場が電荷分布とそれに関係する電位によって決まる場所——では電位を定義することができる。

さらに，自己誘導によるインダクター両端間の電位差 V_L は定義することができる；端子は変化する磁束の外にあると仮定する。インダクターが

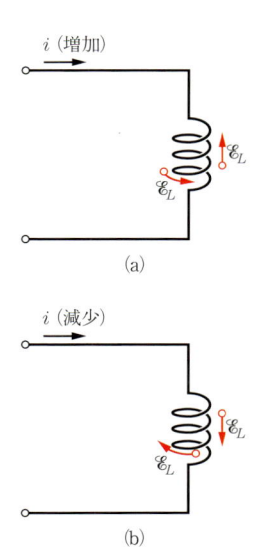

図 31-16 (a) 電流 i が増加して，電流の増加を妨げる向きに，自己誘導起電力 $\mathcal{E}_L$ がコイルに発生する。$\mathcal{E}_L$ を示す矢印は，コイルの巻き線に沿っても描いてもよいし，コイルの軸に沿って描いてもよい。(b) 電流 i が減少して，電流の減少を妨げる向きに自己誘導起電力が発生する。

理想的インダクター (ideal inductor) であるならば，(すなわち，巻き線の抵抗が無視できるならば)，V_L の大きさは自己誘導起電力 $\mathscr{E}_L$ の大きさに等しい．

インダクターの巻き線が抵抗 r をもつならば，インダクターを仮想的に，抵抗 r (変化する磁束の外部に出す) と，自己誘導起電力 $\mathscr{E}_L$ の理想的インダクターとに切り離して考える．現実のインダクターの端子間の電位差は，理想的起電力 $\mathscr{E}_L$ と内部抵抗 r をもつ現実の電池と同じように，誘導起電力と同じではない．ここでは，特に断らなければ，インダクターは理想的であるとする．

✓ **CHECKPOINT 5：** 図はコイルに誘導された起電力 $\mathscr{E}_L$ を示す．コイルに流れる電流について，次のどれが当てはまるか？ (a) 一定で右向き，(b) 一定で左向き，(c) 増加しつつ右向き，(d) 減少しつつ右向き，(e) 増加しつつ左向き，(f) 減少しつつ左向き，である．

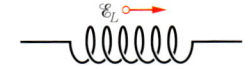

31-9　*RL* 回路

28-8節では，抵抗 R とキャパシター C を含む単ループ回路に起電力 $\mathscr{E}$ を突然与えると，キャパシターの電荷はすぐに最終的な定常状態の値 $C\mathscr{E}$ になるのではなく，指数関数的に近づいていくことを学んだ：

$$q = C\mathscr{E}(1 - e^{-t/\tau_C}) \tag{31-38}$$

電荷が蓄積される割合は，式 (28-33) で定義される (容量性) 時定数 τ_C によって決定される：

$$\tau_C = RC \tag{31-39}$$

同じ回路から突然起電力が取り除かれるときも，電荷は急にゼロになるのではなく，指数関数的にゼロに近づく：

$$q = q_0 e^{-t/\tau_C} \tag{31-40}$$

時定数 τ_C は電荷の増加と同じように減少の様子も表す．

電流がゆっくり増加 (減少) する現象は，抵抗 R とインダクター L で構成される単ループ回路に起電力 $\mathscr{E}$ を投入 (除去) する場合にも起こる．たとえば，図31-17のスイッチ S を a に入れると抵抗に電流が流れ始める．インダクターがないときは，電流はすぐに定常値 $\mathscr{E}/R$ になる．しかし，インダクターがあると回路に自己誘導起電力 $\mathscr{E}_L$ が発生する；レンツの法則から，この起電力は電流の増加を妨げる向きで，電池の起電力 $\mathscr{E}$ と反対向きである．このように，抵抗を流れる電流は，電池による一定の起電力 $\mathscr{E}$ と，自己誘導による変化する $\mathscr{E}_L (= -L\, di/dt)$ の2つの起電力の差に応じて変化する．$\mathscr{E}_L$ が存在する間は，抵抗を流れる電流は $\mathscr{E}/R$ より小さい．

時間が経つにつれて，電流が増加する割合は小さくなり，di/dt に比例

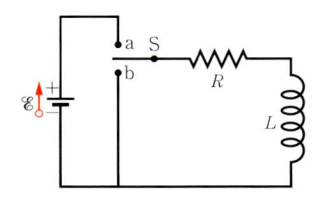

図 31-17 *RL* 回路．スイッチ S が a に入ると，電流が流れ始め，定常値 $\mathscr{E}/R$ に近づいていく．

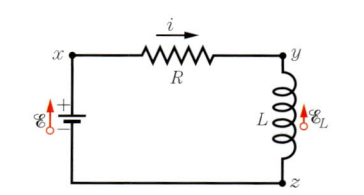

図 31-18 図 31-17 のスイッチ S を a に入れた回路。x から出発して時計まわりに閉回路の法則を適用する。

する自己誘導起電力の大きさは小さくなる。このようにして，回路を流れる電流は $\mathcal{E}/R$ に漸近的に近づく。

この結果は一般的に次のように述べられる：

▶ インダクターは，最初は電流の変化を妨げるように働く。充分時間が経つと，単なる導線のように振る舞う。

次に，定量的に考察しよう。図 31-17 のスイッチ S を a に入れると，回路は図 31-18 で表される。この図の点 x から出発して，電流 i に沿って時計まわりに閉回路の法則を適用しよう。

1. **抵抗**：電流の向きに抵抗を通過するので，電位は iR だけ低くなる。したがって，点 x から点 y に進むと，$-iR$ の電位変化がある。
2. **インダクター**：電流 i が変化しているので，インダクターに自己誘導起電力 $\mathcal{E}_L$ が発生する。$\mathcal{E}_L$ の大きさは，式 (31-37) より，$L\,di/dt$ である。電流 i はインダクターを下向きに流れ，しかも増加しているので，$\mathcal{E}_L$ の向きは上向きである（図 31-18）。したがって，点 y から $\mathcal{E}_L$ の向きと反対に点 z に進むと，$-L\,di/dt$ の電位変化がある。
3. **電池**：点 z から出発点 x に戻ると，電池の起電力による $+\mathcal{E}$ の電位変化がある。

これらの電位変化から，閉回路の法則より，

$$-iR - L\frac{di}{dt} + \mathcal{E} = 0$$

または，

$$L\frac{di}{dt} + Ri = \mathcal{E} \quad \text{（RL 回路）} \tag{31-41}$$

式 (31-41) は，変数 i とその 1 次導関数 di/dt を含む微分方程式である。これを解くために，次の性質をもつ関数 $i(t)$ を探そう：$i(t)$ と 1 次導関数 di/dt を式 (31-41) に代入すると方程式が成り立ち，かつ初期条件 $i(0)=0$ が満たされる。

式 (31-41) と初期条件は，RC 回路に対する式 (28-29) と全く同じ形である；q を i で，R を L で，そして $1/C$ を R で置き換えればよい。式 (31-41) の解は，同じ置き換えをすれば，式 (28-30) と同じ形であるに違いない：

$$i = \frac{\mathcal{E}}{R}\left(1 - e^{-Rt/L}\right) \tag{31-42}$$

(誘導性)**時定数** (inductive time constant) τ_L を使って書き換えると，

$$i = \frac{\mathcal{E}}{R}\left(1 - e^{-t/\tau_L}\right) \quad \text{（電流の増加）} \tag{31-43}$$

τ_L は次式で与えられる：

$$\tau_L = \frac{L}{R} \quad \text{（時定数）} \tag{31-44}$$

スイッチが閉じられたときと $(t=0)$，スイッチが入ってから充分時間が経過したときの $(t=\infty)$ 式 (31-43) の値を確かめてみよう。式 (31-43) で $t=0$ とおくと，指数項は $e^{-0}=1$ となるので，予想どおり，最初は $i=0$ である。次に，t が ∞ になると，指数項は $e^{-\infty}=0$ となるので，電流は定

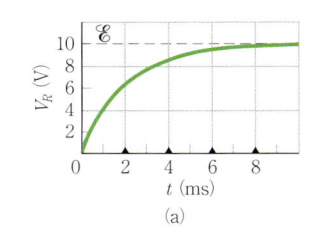

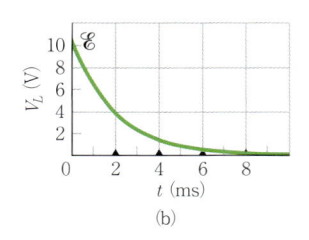

図31-19 図31-18の回路において，(a)抵抗両端の電位差 V_R の時間変化と，(b)インダクター両端の電位差 V_L の時間変化．小さな三角印はインダクターの時定数 $\tau_L = L/R$ 単位で表された時間間隔．図は，$R = 2000\,\Omega$，$L = 4.0\,\text{H}$，$\mathscr{E} = 10\,\text{V}$ に対してプロットした．

常値 $\mathscr{E}/R$ になる．

回路の電位差も調べてみよう．図31-19は，抵抗両端の電位差 $V_R (= iR)$ とインダクター両端の電位差 $V_L (= L\, di/dt)$ が，特定の $\mathscr{E}$, L, R の値に対して，時間とともにどのように変化するかを示したものである．この図を RC 回路の対応する図（図28-14）と注意深く比較してみよう．

$\tau_L (= L/R)$ が時間の次元をもっていることを示すために，ヘンリー/オームを変形してみよう：

$$1\,\frac{\text{H}}{\Omega} = 1\,\frac{\text{H}}{\Omega}\left(\frac{1\,\text{V}\cdot\text{s}}{1\,\text{H}\cdot\text{A}}\right)\left(\frac{1\,\Omega\cdot\text{A}}{1\,\text{V}}\right) = 1\,\text{s}$$

最初の括弧の変換係数は式 (31-37) から，2番目は $V = iR$ から得られる．

時定数の物理的意味は，式 (31-43) から理解することができる；$t = \tau_L = L/R$ とおくと，

$$i = \frac{\mathscr{E}}{R}(1 - e^{-1}) = 0.63\,\frac{\mathscr{E}}{R} \tag{31-45}$$

このように，時定数 τ_L は，電流が最終的な定常値 $\mathscr{E}/R$ の63％に到達するまで時間である．抵抗両端の電位差 V_R は電流 i に比例するので，増加する電流 vs. 時間のグラフは，図31-19a の V_R の変化と同じ形になる．

図31-17のスイッチSをaに入れてから充分に時間が経過して定常電流 $\mathscr{E}/R$ になった後，スイッチをbに入れると，回路から電池が取り除かれる．（bへの接続は，実際にはaへの接続が切断される直前に行われなければならない．そのようなスイッチは make-before-break スイッチと呼ばれる．）

電池がなくなると，抵抗を流れる電流は減少し始める．しかし，瞬時にゼロになるわけではなく，電流は時間をかけて減少していく．この減衰過程を支配する微分方程式は，式 (31-41) で $\mathscr{E} = 0$ とおいて，

$$L\frac{di}{dt} + Ri = 0 \tag{31-46}$$

式 (28-35) および (28-36) との類似性から，初期条件 $i(0) = i_0 = \mathscr{E}/R$ を満たすこの方程式の解は，

$$i = \frac{\mathscr{E}}{R}e^{-t/\tau_L} = i_0 e^{-t/\tau_L} \quad \text{（電流の減衰）} \tag{31-47}$$

RL 回路における電流の増加（式 31-43）および減少（式 31-47）は，同じ誘導性時定数 τ_L に支配されることがわかる．

式 (31-47) の i_0 は，時刻 $t = 0$ における電流を表す．ここでは $\mathscr{E}/R$ であるが，他のどんな値であってもよい．

例題 31-5

図31-20a は，同じ抵抗値 $R = 9.0\,\Omega$ をもつ3個の抵抗と，同じインダクタンス $L = 2.0\,\text{mH}$ をもつ2個のインダクターと，起電力 $\mathscr{E} = 18\,\text{V}$ をもつ理想的電池で構成される回路を示す．

(a) スイッチ投入直後に電池を流れる電流はいくらか？

解法：**Key Idea**：スイッチ投入直後，インダクターは電流の変化を妨げるように働く．スイッチが入る前はインダクターに流れる電流がゼロなので，スイッチが入った直後もゼロである．したがって，スイッチ投入直後は，インダクターは切れた導線のように働く（図31-20b）．単ループ回路に対する閉回路の法則より，

$$\mathscr{E} - iR = 0$$

与えられた値を代入すると，

$$i = \frac{\mathscr{E}}{R} = \frac{18\,\mathrm{V}}{9.0\,\Omega} = 2.0\,\mathrm{A} \quad (答)$$

(b) スイッチが入ってから充分時間が経過した後に電池に流れる電流はいくらか？

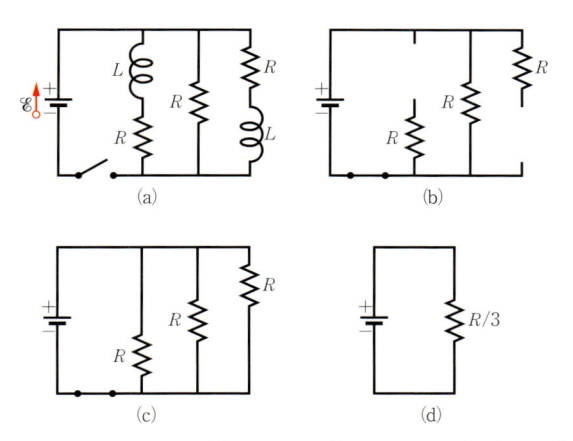

解法： **Key Idea**：スイッチが入ってから充分時間が経過した後では，電流は定常状態に達して，インダクターは単なる電線のように働くので（図31-20c），並列に接続された3個の抵抗だけの回路になる；式(28-20)より，等価な抵抗は，$R_{\mathrm{eq}} = R/3 = (9.0)/3 = 3.0\,\Omega$ である。図31-20d に示す等価回路に閉回路の法則を適用すると，$\mathscr{E} - iR_{\mathrm{eq}} = 0$ より，

$$i = \frac{\mathscr{E}}{R_{\mathrm{eq}}} = \frac{18\,\mathrm{V}}{3.0\,\Omega} = 6.0\,\mathrm{A} \quad (答)$$

✓ **CHECKPOINT 6**： 図は，同じ電池，同じインダクター，同じ抵抗で構成される3つの回路を示す。3つの回路を，(a) スイッチを入れた直後，(b) 充分時間が経過したあとでの，電池を流れる電流の大きい順に並べよ。

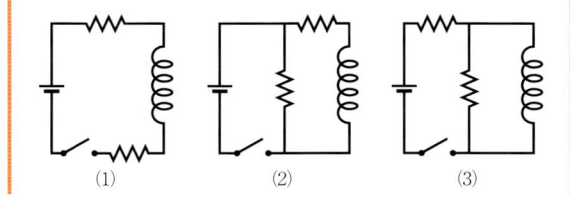

図 31-20 例題 31-5。(a) スイッチが切られている多重ループ RL 回路。(b) スイッチが入れられた直後の等価回路。(c) 充分時間が経過したあとの等価回路。(d) 回路(c)に等価な単ループ回路。

例題 31-6

インダクタンスが 53 mH，抵抗が 0.37 Ω のソレノイドが電池に接続されたとき，電流が最終的な定常状態の半分になるまでの時間を求めよ。

解法： **Key Idea 1**：ソレノイドを抵抗とインダクターに（頭の中で）分離して，これらが電池に直列に接続されていると考える（図31-18）。これに閉回路の法則を適用すると式(31-41)が得られ，回路の電流 i に対する解は式(31-43)で表される。

Key Idea 2：この解によれば，電流 i はゼロから最終的な定常値 $\mathscr{E}/R$ まで指数関数的に増加する。電流が定常値の半分に達するまでの時間を t_0 とすると，式(31-43)より，

$$\frac{1}{2}\frac{\mathscr{E}}{R} = \frac{\mathscr{E}}{R}(1 - e^{-t_0/\tau_L})$$

両辺の $\mathscr{E}/R$ を消去し，定数項をまとめ，両辺の自然対数をとると，

$$t_0 = \tau_L \ln 2 = \frac{L}{R}\ln 2 = \frac{53 \times 10^{-3}\,\mathrm{H}}{0.37\,\Omega}\ln 2 = 0.10\,\mathrm{s} \quad (答)$$

31-10 磁場に蓄えられるエネルギー

逆符号の電荷をもつ2個の荷電粒子を引き離すときに得られる電気ポテンシャルエネルギーは，粒子がつくる電場に蓄えられたと考えられる。荷電粒子を再び近づければ電場からエネルギーを取り戻すことができる。同じように，磁場に蓄えられるエネルギーを考えることができる。

このエネルギーを定量的に扱うために，図31-18について再び考えよう；起電力 $\mathscr{E}$ の起電力発生装置が抵抗 R とインダクター L に接続されている。式(31-41)は，回路を流れる電流の増加を表す微分方程式である：

$$\mathcal{E} = L\frac{di}{dt} + iR \qquad (31\text{-}48)$$

この式が閉回路の法則から導かれること，また閉回路の法則が単ループ回路に対するエネルギー保存則を表していることを思い出そう．式(31-48)の両辺に i をかけると，

$$\mathcal{E}i = Li\frac{di}{dt} + i^2R \qquad (31\text{-}49)$$

この式は，仕事とエネルギーについて次のような物理的意味をもつ：

1. 電荷 dq が起電力 $\mathcal{E}$ の電池を時間 dt で通過すると，電池は電荷に対して $\mathcal{E}dq$ の仕事をする(図31-18)．電池のする仕事率は $(\mathcal{E}dq)/dt$，または $\mathcal{E}i$ である．したがって，式(31-49)の左辺は，起電力発生装置が回路の他の部分にもたらすエネルギー移動率を表す．
2. 式(31-49)の右辺第2項は，抵抗での熱エネルギー発生率である．
3. 熱エネルギー以外の形で回路にもたらされるエネルギーは，エネルギー保存則より，インダクターの磁場に蓄えられているに違いない．式(31-49)は RL 回路に対するエネルギー保存則を表しているので，右辺第1項は磁場にエネルギーが蓄えられる割合 dU_B/dt を表していなければならない：

これらから

$$\frac{dU_B}{dt} = Li\frac{di}{dt} \qquad (31\text{-}50)$$

または，

$$dU_B = Li\,di$$

これを積分すると，

$$\int_0^{U_B} dU_B = \int_0^i Li\,di$$

または，

$$U_B = \frac{1}{2}Li^2 \quad \text{(磁気エネルギー)} \qquad (31\text{-}51)$$

これは電流 i が流れているインダクター L に蓄えられているエネルギーを表している．電荷 q をもつ電気容量 C のキャパシターに蓄えられるエネルギーとの類似性に注目しよう：

$$U_E = \frac{q^2}{2C} \qquad (31\text{-}52)$$

(変数 i^2 が q^2 に，定数 L が $1/C$ に対応する．)

例題 31-7

インダクタンスが 53 mH，抵抗が 0.35 Ω のコイルがある．

(a) コイルに 12 V の起電力がかけられて電流が定常値に達したとき，磁場に蓄えられるエネルギーはいくらか？

解法： **Key Idea**：式(31-51) ($U_B = (1/2)Li^2$) によれば，ある時刻にコイルの磁場に蓄えられるエネルギーは，その時刻にコイルに流れている電流によって決まる．したがって，定常状態で蓄えられているエネルギー $U_{B\infty}$ を求めるためには，定常電流を求めなければならない．定常

電流は，式 (31-43) より，
$$i_\infty = \frac{\mathscr{E}}{R} = \frac{12\,\text{V}}{0.35\,\Omega} = 34.3\,\text{A} \qquad (31\text{-}53)$$
これを代入すると，
$$U_B = \tfrac{1}{2} L i_\infty^2 = \left(\tfrac{1}{2}\right)(53 \times 10^{-3}\,\text{H})(34.3\,\text{A})^2 = 31\,\text{J}$$
(答)

(b) 定常状態のエネルギーの半分が磁場に蓄えられるまでにかかる時間を時定数単位で求めよ？

解法: **Key Idea**: (a) と同じ．ここでは，次の関係がいつ成り立つかが問われている：
$$U_B = \tfrac{1}{2} U_{B\infty}$$
式 (31-51) を 2 回用いてエネルギーに対する条件を書き換えられると，
$$\tfrac{1}{2} L i^2 = \left(\tfrac{1}{2}\right) \tfrac{1}{2} L i_\infty^2$$

これより，
$$i = \left(\frac{1}{\sqrt{2}}\right) i_\infty \qquad (31\text{-}54)$$
i は式 (31-43) で与えられ，i_∞ は $\mathscr{E}/R$ である (式 31-53)．したがって，
$$\frac{\mathscr{E}}{R}(1 - e^{-t/\tau_L}) = \frac{\mathscr{E}}{\sqrt{2}\,R}$$
両辺の $\mathscr{E}/R$ を消去して並べ替えると，
$$e^{-t/\tau_L} = 1 - \frac{1}{\sqrt{2}} = 0.293$$
したがって，
$$\frac{t}{\tau_L} = -\ln 0.293 = 1.23$$
すなわち，
$$t \approx 1.2\,\tau_L \qquad (答)$$
起電力がかけられてから時定数の 1.2 倍の時間で，蓄えられるエネルギーは定常状態の半分になる．

31-11 磁場のエネルギー密度

電流 i が流れている断面積 A の長いソレノイドの中央付近に長さ l の区間を考えよう；この部分の体積は Al である．ソレノイドの外側の磁場はほぼゼロなので，ソレノイドの長さ l に蓄えられているエネルギー U_B はすべてこの体積の中にあるに違いない．さらに，ソレノイドの中では磁場は（近似的に）どこでも一様だと考えられるので，蓄えられたエネルギーも一様に分布しているに違いない．

したがって，単位体積中に蓄えられる磁場のエネルギーは，
$$u_B = \frac{U_B}{Al}$$
または，$U_B = (1/2) L i^2$ より，
$$u_B = \frac{L i^2}{2Al} = \frac{L}{l} \frac{i^2}{2A}$$
L はソレノイドの長さ l の部分がもつインダクタンスである．
L/l に式 (31-33) を代入すると，
$$u_B = \tfrac{1}{2} \mu_0 n^2 i^2 \qquad (31\text{-}55)$$
n は単位長さあたりの巻き数である．式 (30-25) ($B = \mu_0 i n$) より，エネルギー密度は次のように表される：
$$u_B = \frac{B^2}{2\mu_0} \quad (\text{磁気エネルギー密度}) \qquad (31\text{-}56)$$
この式は，磁場が B であるような任意の点に蓄えられるエネルギー密度を表している．式 (31-56) はソレノイドという特別な場合について導かれた

が，磁場がどのように生成されたかには関係なく，どのような磁場に対しても成立する．この式を，電場がEであるような任意の（真空中の）点でのエネルギー密度と比較して欲しい：

$$u_E = \frac{1}{2}\varepsilon_0 E^2 \tag{31-57}$$

u_Bとu_Eはどちらも場の大きさ（BまたはE）の2乗に比例することに注目しよう．

✓ **CHECKPOINT 7:** 表は，3つのソレノイドの，単位長さあたりの巻き数，電流，断面積を示す．ソレノイドを，内部の磁気エネルギー密度の大きい順に並べよ．

ソレノイド	単位長さあたりの巻き数	電流	断面積
a	$2n_1$	i_1	$2A_1$
b	n_1	$2i_1$	A_1
c	n_1	i_1	$6A_1$

例題 31-8

同軸ケーブル（図31-21）は，2つの同心状（半径aとb）の薄い導電性円筒で作られている．内側円筒には定常電流iが流れており，外側円筒は電流の復路になっている．電流によって2つの円筒の間に磁場が生成される．

(a) ケーブルの長さlの部分の磁場に蓄えられるエネルギーを求めよ？

解法: この難しい問題の **Key Ideas** は：
1. 磁場に蓄えられる（全）エネルギーU_Bは，磁場のエネルギー密度u_Bから計算できる．
2. 式(31-56)（$u_B = B^2/2\mu_0$）によれば，エネルギー密度は磁場の大きさBで決まる．
3. ケーブルは軸対称なので，与えられた電流iに対するBは，アンペールの法則から求められる．

Bを求める：これらの **Key Ideas** を用いるために，半径$r(a<r<b)$の円形積分経路（図31-21の2つの円筒の間の破線で表わされる）に対してアンペールの法則を適用する．この経路によって囲まれる電流は，内円筒を流れる電流iだけである．アンペールの法則より，

$$\oint \vec{B} \cdot d\vec{s} = \mu_0 i \tag{31-58}$$

積分する：円筒対称であるから，円形経路に沿うすべての点で，$\vec{B}$の向きは経路の接線方向であり，同じ大きさBをもつ．積分経路の向きを磁場と同じ向きにとると，$\vec{B}\cdot d\vec{s}$は$Bds\cos 0 = Bds$で置き換えられ，Bを積分の外に出すことができる．残った積分$\oint ds$は経路の円周$2\pi r$になる．したがって，式(31-58)は，

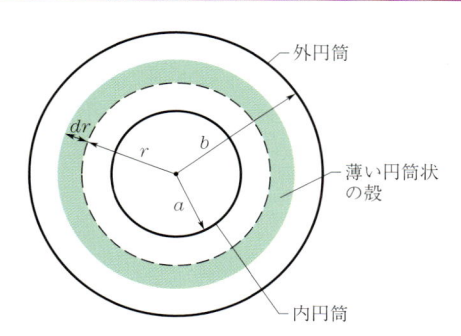

図31-21 例題31-8．内半径a，外半径bの2つの薄い導電円筒で構成される長い同軸ケーブルの断面．

$$B(2\pi r) = \mu_0 i \quad \text{または，} \quad B = \frac{\mu_0 i}{2\pi r} \tag{31-59}$$

u_Bを求める：エネルギー密度を求めるために，式(31-59)を(31-56)に代入すると，

$$u_B = \frac{B^2}{2\mu_0} = \frac{\mu_0 i^2}{8\pi^2 r^2} \tag{31-60}$$

U_Bを求める：2つの円筒の間の空間でu_Bは一様ではなく，半径方向の距離rに依存する．したがって，円筒の間に蓄えられる全エネルギーU_Bを求めるためには，該当する体積内のu_Bを積分しなければならない．

円筒の間の空間は，ケーブルの中心軸に対して円筒対称なので，微小体積dVをもつ円筒状の殻を考える；殻は内径r，外径$r+dr$（図31-21），長さはlである．殻の断面は円周$2\pi r$と殻の厚さdrの積になるので，殻の体積は，$dV = (2\pi r)(dr)(l) = 2\pi r l dr$．

殻の内部の点は，ほぼ同じ距離 r にあるので，同じエネルギー密度 u_B をもつ．したがって，体積 dV の殻に蓄えられている全エネルギー dU_B は，

エネルギー＝（単位体積あたりのエネルギー）×（体積）

または，
$$dU_B = u_B \, dV$$

u_B に式 (31-60) を，dV に $2\pi r l \, dr$ を代入すると，

$$dU_B = \frac{\mu_0 i^2}{8\pi^2 r^2}(2\pi r l) \, dr = \frac{\mu_0 i^2 l}{4\pi}\frac{dr}{r}$$

2つの円筒間に蓄えられた全エネルギーは，この式を2つの円筒の間の空間で積分して求められる：

$$U_B = \int dU_B = \frac{\mu_0 i^2 l}{4\pi}\int_a^b \frac{dr}{r}$$
$$= \frac{\mu_0 i^2 l}{4\pi}\ln\frac{b}{a} \qquad \text{(答)} \quad (31\text{-}61)$$

アンペールの法則からわかるように，外円筒の外側や内円筒の内側では磁場がゼロだから，これらの領域にはエネルギーは蓄えられていない．

(b) $a = 1.2\,\text{mm}$，$b = 3.5\,\text{mm}$，$i = 2.7\,\text{A}$ とすると，ケーブルの単位長さあたりに蓄えられるエネルギーはいくらか？

解法：式 (31-61) より，

$$\frac{U_B}{l} = \frac{\mu_0 i^2}{4\pi}\ln\frac{b}{a}$$
$$= \frac{(4\pi\times 10^{-7}\,\text{H/m})(2.7\,\text{A})^2}{4\pi}\ln\frac{3.5\,\text{mm}}{1.2\,\text{mm}}$$
$$= 7.8\times 10^{-7}\,\text{J/m} = 780\,\text{nJ/m} \qquad \text{(答)}$$

31-12 相互インダクタンス

本節では，31-2節で議論した相互作用する2つのコイルを形式的に取り扱う．図31-2のように2つのコイルが接近して置かれていると，一方の定常電流 i がもう一方のコイルを貫く磁束 Φ を生成する（2つのコイルは結合されている）．電流 i が時間とともに変化すると，ファラデーの法則によって，第2のコイルに起電力 $\mathcal{E}$ が発生する；この過程を誘導と呼んだ．より正確には，2つのコイルの相互的な作用であり，ひとつのコイルだけで起こる自己誘導と区別するために，**相互誘導** (mutual induction) と呼ぶべきであろう．

相互誘導をもう少し定量的に見てみよう．図31-22aでは，中心軸が一致している円形の2つのコイルが接近して置かれている．コイル1には外部の電池による定常電流 i_1 が流れている．この電流は図の B_1 で示される磁場を生成する．コイル2には敏感な電流計が接続されているが，電池は接続されてない；磁束 Φ_{21}（コイル1の電流がつくるコイル2を貫く磁束）が N_2 回巻きのコイルを結合している．

ここで，コイル1に対するコイル2の相互インダクタンス M_{21} を次のように定義する：

$$M_{21} = \frac{N_2 \Phi_{21}}{i_1} \qquad (31\text{-}62)$$

これは自己誘導の定義である式 (31-30) ($L = N\Phi/i$) と同じ形をしている．式 (31-62) を書き直すと，

$$M_{21}\, i_1 = N_2 \Phi_{21}$$

外的要因によって電流 i を時間的に変化させると，

$$M_{21}\frac{di_1}{dt} = N_2 \frac{d\Phi_{21}}{dt}$$

右辺は，ファラデーの法則より，コイル1の電流変化によってコイル2に

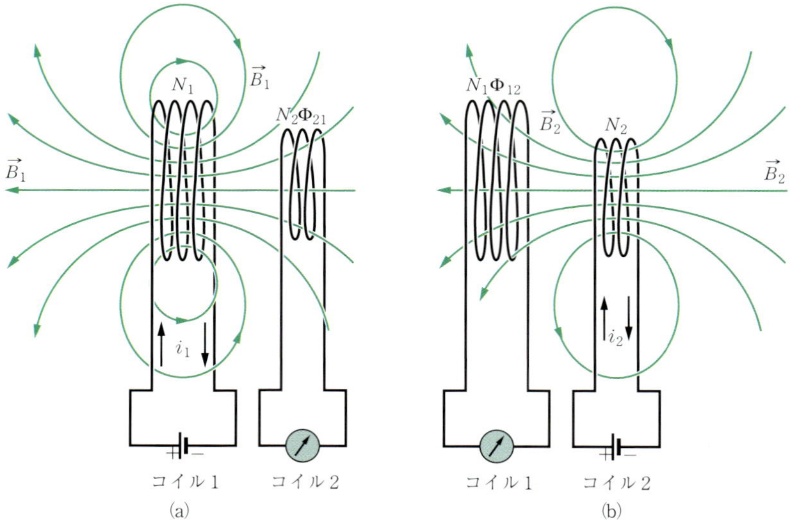

図 31-22 相互誘導。(a) コイル1の電流が変化すると，コイル2に起電力が誘導される。(b) コイル2の電流が変化すると，コイル1に起電力が誘導される。

誘導される起電力の大きさ $\mathcal{E}_2$ である。向きを示す負符号を追加して，

$$\mathcal{E}_2 = -M_{21}\frac{di_1}{dt} \tag{31-63}$$

この式を，自己誘導に対する式 (31-37) ($\mathcal{E} = L\, di/dt$) と比較してみよう。

次に，コイル1と2の役割を入れ替える (図31-22b)；すなわち，電池によってコイル2に電流 i_2 を流し，これがコイル1に結合する磁束 Φ_{12} を生成する。i_2 を時間変化させると，上に述べた議論から，

$$\mathcal{E}_1 = -M_{12}\frac{di_2}{dt} \tag{31-64}$$

このように，それぞれのコイルに誘導される起電力は，もう一方のコイルの電流変化率に比例する。比例係数の M_{21} と M_{12} は違うように見えるが，実は同じ値をとるので添字は必要ではない（証明は省く）:

$$M_{21} = M_{12} = M \tag{31-65}$$

この結論は真実だが自明と言うわけではない。

これより，式 (31-63) と (31-64) を次のように書き直すことができる:

$$\mathcal{E}_2 = -M\frac{di_1}{dt} \tag{31-66}$$

$$\mathcal{E}_1 = -M\frac{di_2}{dt} \tag{31-67}$$

誘導は確かに相互的である。相互インダクタンス M の SI 単位は，（自己誘導インダクタンス L と同じように）ヘンリーである。

例題 31-9

図31-23は，同じ面内にある2つの円形コイルを示す；小さいコイル（半径 R_2 で巻き数 N_2）の軸と大きいコイル（半径 R_1 で巻き数 N_1）の軸は一致している。

(a) 2つのコイルをこのように配置したとき，$R_1 \gg R_2$ として，相互インダクタンス M の表式を求めよ。

解法: **Key Idea 1**: これらのコイルに対する相互イン

ダクタンスMは，一方のコイルを貫く磁束の結合$(N\Phi)$と（磁束の結合を生じさせる）もう一方のコイルに流れる電流iの比である。したがって，両方のコイルには電流が流れていると仮定し，一方のコイルを貫く磁束の結合を計算する必要がある。

小コイルがつくる磁場は大コイルを貫くが，大きさも向きも一様ではなく，磁束もまた一様ではないので計算するのが難しい。しかし，小コイルは充分に小さいので，大コイルがつくる小コイルを貫く磁場を近似的に一様だと考えることができる。したがって，磁束もまた近似的に一様である。そこでMを求めるために，大コイルの電流をi_1，小コイルの磁束の結合を$N_2\Phi_{21}$とすると，

$$M = \frac{N_2\Phi_{21}}{i_1} \qquad (31\text{-}68)$$

Key Idea 2: 小コイル1巻きを貫く磁束Φ_{21}は，式(31-4)より，

$$\Phi_{21} = B_1 A_2$$

B_1は大コイルが小コイルの中につくる磁場の大きさ，$A_2(=\pi R_2^2)$は巻き線によって囲まれる面積である。これより，(N_2回巻きの）小コイルの磁束の結合は，

$$N_2\Phi_{21} = N_2 B_1 A_2 \qquad (31\text{-}69)$$

Key Idea 3: 小コイル内のB_1を求めるために式(30-28)を用いる；小コイルは大コイルと同じ面内にあるので$z=0$とおく。大コイルの1巻きが，小コイル内につくる磁場の大きさは$\mu_0 i_1/2R_1$であるから，(N_1回巻きの）大コイルが，小コイル内につくる磁場の大きさは，

$$B_1 = N_1 \frac{\mu_0 i_1}{2R_1} \qquad (31\text{-}70)$$

式(31-69)のB_1に式(31-70)，A_2にπR_2^2を代入すると，

$$N_2\Phi_{21} = \frac{\pi\mu_0 N_1 N_2 R_2^2 i_1}{2R_1}$$

これを式(31-68)に代入すると，

$$M = \frac{N_2\Phi_{21}}{i_1} = \frac{\pi\mu_0 N_1 N_2 R_2^2}{2R_1} \qquad (答) \quad (31\text{-}71)$$

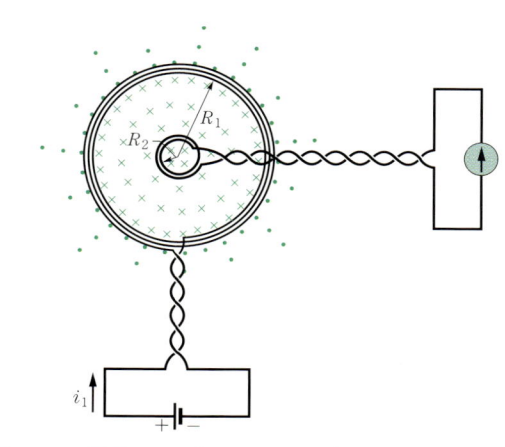

図 31-23 例題31-9。小さいコイルが大きなコイルの中心にある。コイルの相互インダクタンスは，大きなコイルに電流i_1を流すことによって決定できる。

(b) $N_1 = N_2 = 1200$回巻き，$R_2 = 1.1\,\text{cm}$，$R_1 = 15\,\text{cm}$であるとき，Mはいくらか？

解法： 式(31-71)より，

$$M = \frac{(\pi)(4\pi\times 10^{-7}\,\text{H/m})(1200)(1200)(0.011\,\text{m})^2}{(2)(0.15\,\text{m})}$$

$$= 2.29\times 10^{-3}\,\text{H} \approx 2.3\,\text{mH} \qquad (答)$$

2つのコイルの役割を入れ替えたらどうなるか考えよう——すなわち，小コイルに電流i_2を流して式(31-62)からMを計算すると，

$$M = \frac{N_1\Phi_{12}}{i_2}$$

Φ_{12}（小コイルがつくる一様でない磁場による大コイルで囲まれる磁束）の計算は簡単ではない。計算機を使って数値的に計算すると，Mが上と同じ2.3 mHであることがわかるだろう。計算の難しさは，式(31-65)$(M_{21}=M_{12}=M)$が必ずしも自明ではないことを示している。

まとめ

磁束 磁場$\vec{B}$の中にある面積Aを貫く磁束Φ_Bを次式で定義する：

$$\Phi_B = \int \vec{B}\cdot d\vec{A} \qquad (31\text{-}3)$$

ただし，面積全体で積分する。磁束のSI単位はウエーバーで，$1\,\text{Wb} = 1\,\text{T}\cdot\text{m}^2$である。$\vec{B}$が面に垂直で一様であるならば，式(31-3)は，

$$\Phi_B = BA \qquad (\vec{B}\perp\text{面積}A,\ \vec{B}\text{は一様}) \quad (31\text{-}4)$$

ファラデーの電磁誘導の法則 閉じた導電ループで囲まれた領域を貫く磁束Φ_Bが時間変化すると，電流と起電力がループに誘導される。誘導起電力は，

$$\mathcal{E} = -\frac{d\Phi_B}{dt} \qquad (ファラデーの法則) \quad (31\text{-}6)$$

このループをN回巻きのコイルに置き換えると，誘導起電力は，

$$\mathcal{E} = -N\frac{d\Phi_B}{dt} \qquad (31\text{-}7)$$

レンツの法則 誘導電流は電流による磁束変化を妨げる向きに流れる。誘導起電力は誘導電流と同じ向きである。

起電力と誘導電場　磁束が変化しているループが物理的に実在する導体でなく，仮想的なループであっても，磁束変化によって起電力が誘導される．磁束変化はそのループ上のあらゆる所で電場 $\vec{E}$ を誘導する；誘導起電力は電場 $\vec{E}$ に関係づけられる：

$$\mathcal{E} = \oint \vec{E} \cdot d\vec{s} \qquad (31\text{-}21)$$

積分はループを1周する．式(31-21)より，ファラデーの法則を一般的な形で表すと，

$$\oint \vec{E} \cdot d\vec{s} = -\frac{d\Phi_B}{dt} \quad (\text{ファラデーの法則}) \qquad (31\text{-}22)$$

この法則の大事な点は，磁場の変化が電場 $\vec{E}$ を誘導するということである．

インダクター　インダクターは特定の領域に所定の磁場を生みだすことができる．インダクターの N 回の巻き線それぞれに電流 i が流れると，磁束 Φ_B が巻き線を結合する．インダクターの**インダクタンス** L は，

$$L = \frac{N\Phi_B}{i} \quad (\text{インダクタンスの定義}) \qquad (31\text{-}30)$$

インダクタンスのSI単位はヘンリーで，

$$1 \text{ヘンリー} = 1\,\text{H} = 1\,\text{T}\cdot\text{m}^2/\text{A} \qquad (31\text{-}31)$$

断面積 A，単位長さあたり n 回巻きの，長いソレノイドの中央付近の，単位長さあたりのインダクタンスは，

$$\frac{L}{l} = \mu_0 n^2 A \quad (\text{ソレノイド}) \qquad (31\text{-}33)$$

自己誘導　コイルの電流 i が時間変化すると，コイルに起電力が誘導される．この自己誘導起電力は，

$$\mathcal{E}_L = -L\frac{di}{dt} \qquad (31\text{-}37)$$

$\mathcal{E}_L$ の向きは，レンツの法則によって決まる：自己誘導起電力は電流の変化を妨げる向きである．

RL 回路　一定の起電力 $\mathcal{E}$ が抵抗 R とインダクタンス L で構成される単ループ回路に誘導されると，電流は次式に従って定常値 $\mathcal{E}/R$ まで増加していく．

$$i = \frac{\mathcal{E}}{R}(1 - e^{-t/\tau_L}) \quad (\text{電流の増加}) \qquad (31\text{-}43)$$

$\tau_L (= L/R)$ は電流の増加の割合を支配する回路の**誘導的時定数**と呼ばれる．起電力が取り除かれると，電流は i_0 から次式に従って減少する：

$$i = i_0 e^{-t/\tau_L} \quad (\text{電流の減衰}) \qquad (31\text{-}47)$$

磁気エネルギー　インダクタンス L に電流 i が流れているとき，インダクターの磁場に蓄えられるエネルギーは，

$$U_B = \frac{1}{2}Li^2 \quad (\text{磁気エネルギー}) \qquad (31\text{-}51)$$

任意の場所（インダクター内部等）での磁場の大きさを B とすると，その場所での磁気エネルギーの密度は，

$$u_B = \frac{B^2}{2\mu_0} \quad (\text{磁気エネルギー密度}) \qquad (31\text{-}56)$$

相互誘導　2つのコイル（コイル1とコイル2）が近くに置かれていると，一方のコイルの電流変化が他方に起電力を誘導する．この相互誘導は以下のように記述される：

$$\mathcal{E}_2 = -M\frac{di_1}{dt} \qquad (31\text{-}66)$$

$$\mathcal{E}_1 = -M\frac{di_2}{dt} \qquad (31\text{-}67)$$

M は（単位ヘンリーで）そのコイルの配置に対する相互インダクタンスである．

問　題

1. 図31-24では，電流 i が流れている長いまっすぐな導線が，辺の長さ L，$1.5L$，$2L$ の，3つの長方形ループの横を（接触しないで）通っている．ループは互いに十分離れている（したがって互いに影響を与えない）．ループ1と3はいずれもまっすぐな導線に対して対称である．(a)電流が一定のとき，(b)増加しているとき，3つの長方形ループを，ループに誘導される電流の大きい順に並べよ．

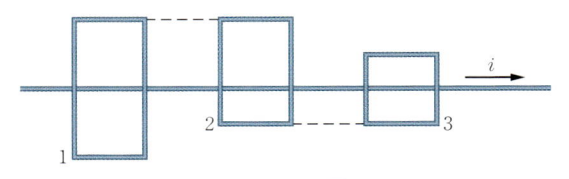

図31-24 問題1

2. 図31-25の円形の導体が一様な磁場の中で熱膨張して，時計まわりに電流が誘導された．磁場は紙面に入る向きか，紙面から出る向きか？

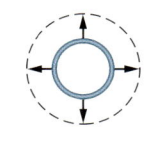

図31-25 問題2

3. 図31-26の2つの回路では，同じ強さの磁場中に置かれた導体の棒が，同じ速さ v で U 字型の線の上をすべっている．平行な線の間隔は，回路1では $2L$，回路2では L である．回路1に誘導される電流の向きは反時計まわりである．(a)磁場の向きは，紙面に入る向きか，

紙面から出る向きか？（b）回路2に誘導される電流の向きは時計まわりか，反時計まわりか？（c）回路1に誘導される起電力は，回路2に誘導される起電力より大きいか，小さいか，同じか？

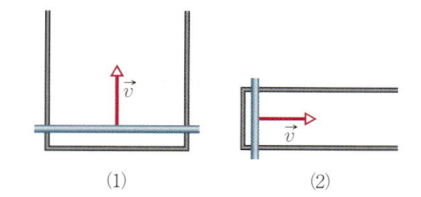

図 31-26 問題 3

4. 図31-27は，絶縁体の棒に巻かれた2つのコイルを示す。コイルXは電池と可変抵抗につながれている。(a) コイルYがコイルXの方へ近づくとき，(b) コイルの相対的な位置は変えないでコイルXの電流が減少するとき，コイルYに接続された電流計に流れる誘導電流はどちら向きか？

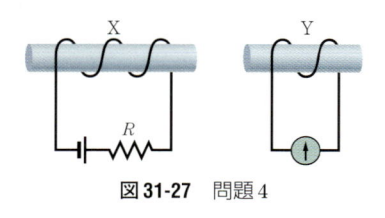

図 31-27 問題 4

5. 図31-28aでは，円形の領域に，紙面から出る向きの一様な磁場がかけられ，かつ増加している。また，$\oint \vec{E} \cdot d\vec{s}$を計算したい同心円状の経路が描かれている。表は，最初の磁場の大きさ，磁場の大きさの増加，増加に要する時間が3通り示されている。3つの状況を，経路に沿って誘導される電場の強さを大きい順に並べよ。

状況	最初の磁場	磁場の増分	時間
a	B_1	ΔB_1	Δt_1
b	$2B_1$	$\Delta B_1/2$	Δt_1
c	$B_1/4$	ΔB_1	$\Delta t_1/2$

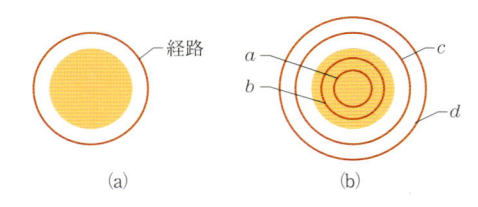

図 31-28 問題 5 と 6

6. 図31-28bでは，円形の領域に，紙面から出る向きの一様な磁場がかけられ，かつ減少している。また，4つの同心円状の経路が描かれている。経路に沿う$\oint \vec{E} \cdot d\vec{s}$の大きい順に並べよ。

7. 図31-29は，図31-18の回路に示された抵抗両端の電位差V_Rの時間変化を3通り示す。回路には同じ抵抗Rと起電力$\mathcal{E}$が接続されているが，インダクタンスLは異なっている。3つの回路をLの値の大きい順に並べよ。

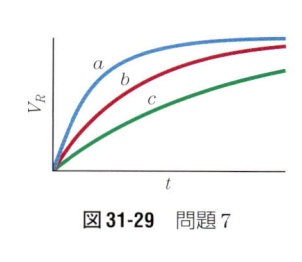

図 31-29 問題 7

8. 図31-30は，同じ電池と抵抗で構成される3つの回路を示す。スイッチを入れた後，電流が定常値の50％に到達するまでの時間の長い順に並べよ。

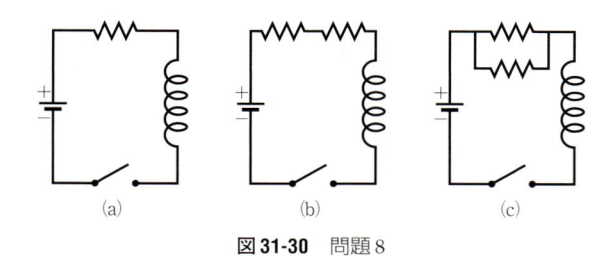

図 31-30 問題 8

9. 図31-31は，同じ抵抗値の2つの抵抗と理想的なインダクターで構成される回路を示す。中央の抵抗に流れる電流は，(a) スイッチSを閉じた直後，(b) Sを閉じてから十分に時間が経ったとき，(c) Sを再び開いたとき，(d) Sを再び開いてから十分に時間が経ったとき，もう一方の抵抗を流れる電流より，大きいか，小さいか，同じか？

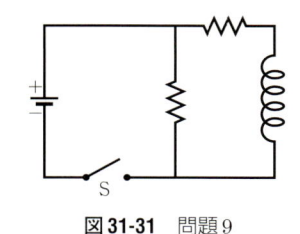

図 31-31 問題 9

10. 図31-17のスイッチをaに入れて十分に時間が経ってからbに切り替えた。図31-32は，このときインダクターに流れる電流を，4通りの抵抗RとインダクタンスLに対して示す：(1) R_0とL_0，(2) $2R_0$とL_0，(3) R_0と$2L_0$，(4) $2R_0$と$2L_0$。どの組がどの曲線に対応するか？

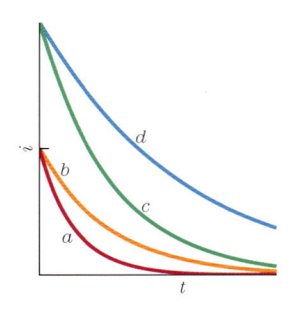

図 31-32 問題 10

32 物質の磁性：
マクスウェル方程式

この写真は，カエルの下に置かれたソレノイドがつくる鉛直方向の磁場により，カエルが空中に浮き上がっている様子を真上から撮ったものである。ソレノイドによる上向きの磁気力が下向きの重力とつり合っている。(カエルは決して不快ではない；水面に浮いているのと同じ感覚なので，むしろ快適であろう。)しかし，カエルは磁性体ではない(冷蔵庫のドアに張り付いたりはしない)。

それではなぜ磁気力がカエルに作用するのだろうか？

答えは本章で明らかになる。

32-1 磁 石

人類が最初に出会った磁石は*磁鉄鉱*(lodestone)——自然に*磁化*した(magnetized)鉱石——である。この珍しい石を発見した古代のギリシャ人や中国人は，魔法のように近くの金属を引き付けるこの石に興味をもった。ずっと後の時代になってから，彼らは磁鉄鉱(および人工的に磁化させた鉄)を方位磁石として利用することを学んだ。

今日では，磁石や磁性物質は至る所にある；たとえば，ビデオデッキ，カセットテープ，銀行のATM，クレジットカード，ヘッドフォン，紙幣のインク等々に使われている。"鉄分増強"と記された朝食用シリアルには，少しだけ磁性物質が添加されている(シリアルを水で溶いたものから磁石を使って集めることができる)。もっと重要なことは，われわれもよく知

32-2 磁場に関するガウスの法則

っている（音楽や情報関連の分野を含む）現代の電子産業が，磁性物質なしでは成り立たないということである。

物質の磁気的性質の起源は原子と電子にさかのぼる。しかし，ここでは，図32-1の棒磁石の話からはじめることにしよう。これまでに学んだように，磁石のまわりにまかれた鉄のヤスリくずは，磁石の磁力線に沿って整列し，そのパターンが磁力線を表している。磁力線が集中している磁石の両端は，一方が磁力線の*沸き出し口*，もう一方が磁力線の*吸い込み口*であることを示唆している。慣例により，沸き出し側を*N極*，吸い込み側を*S極*と呼び，2つの磁極をもつ棒磁石は**磁気双極子**(magnetic dipole)であるという。

チョークを折るように棒磁石を折れば（図32-2），磁気単極子(monopole)を取り出すことができると考えるかもしれない。しかし，たとえ磁石を原子まで砕いて，さらにその原子を原子核と電子に分割したとしても，磁気単極子を取り出すことはできない。結局，どのように分割してもそれぞれの断片はN極とS極をもっている：

▶ 存在しうる最も単純な磁気構造は磁気双極子である。磁気単極子は（われわれの知る限り）存在しない。

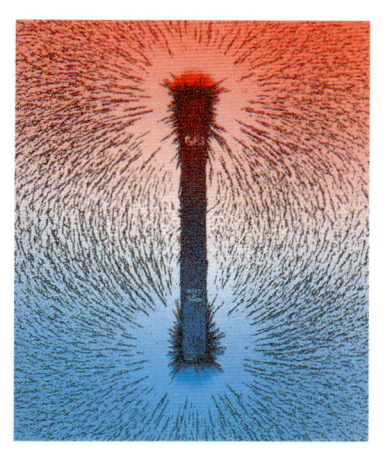

図32-1 棒磁石は磁気双極子である。鉄のヤスリくずをまくと磁力線を視覚化することができる（背景は色付ライトで照らしたものである）。

32-2 磁場に関するガウスの法則

磁場に関するガウスの法則は，磁気単極子が存在しないということを形式的に述べたものである。この法則によれば，任意の閉じたガウス面を貫く正味の磁束Φ_Bはゼロである：

$$\Phi_B = \oint \vec{B} \cdot d\vec{A} = 0 \quad \text{（磁場に関するガウスの法則）} \quad (32\text{-}1)$$

これを電場に関するガウスの法則と比べてみよう：

$$\Phi_E = \oint \vec{E} \cdot d\vec{A} = \frac{q_{\text{enc}}}{\varepsilon_0} \quad \text{（磁場に関するガウスの法則）}$$

どちらの方程式でも，積分は閉じたガウス面について行われる。電場に関するガウスの法則によれば，この積分（閉曲面を貫く正味の電場束*）は，閉曲面によって囲まれた正味の電荷量に比例している。磁場に関するガウスの法則によれば，閉曲面内に正味の"磁荷(magnetic charge)"が存在しないので，その閉曲面を貫く正味の磁束はない。存在し得る最も単純な磁気構造は，磁力線の"湧き出し口"と"吸い込み口"の両方をもつ磁気双極子である；ガウス面に囲まれるのは，この磁気双極子である。磁力線はガウス面に入るのと同じだけガウス面から出るので，正味の磁束は常にゼロでなければならない。

磁場に関するガウスの法則は，磁気双極子よりもっと複雑なものに対しても成り立っており，さらにガウス面がそのものを完全に囲んでいない場

図32-2 磁石を折ると，破片もまた，それ自身N極とS極をもつ棒磁石になる。

---

* 訳注：本書ではΦ_Eを電場束と呼んでいる（第24章参照）。一般に使われている電束はこれにε_0をかけたものである。

第32章　物質の磁性：マクスウェル方程式

合でさえ成り立つのである。図32-3の棒磁石の近くのガウス面IIは磁極を囲んではいないので，それを貫く正味の磁束がゼロであることは簡単にわかる。ガウス面Iについてはそう簡単ではない。ガウス面IはNと記されたN極のみを取り囲みSと記されたS極は取り囲んでいないように見える。しかし，磁力線が吸い込まれているガウス面下側の境界には，S極がなければならない。（このガウス面で囲まれた部分は，図32-2の折れた棒磁石の一片に似ている。）このように，ガウス面Iは磁気双極子を取り囲むことになり，この面を貫く正味の磁束はゼロになる。

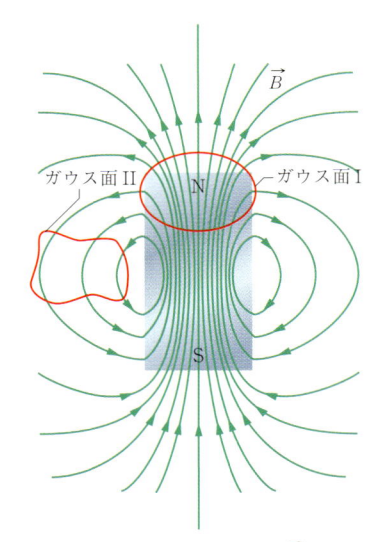

図 32-3 短い棒磁石の磁場 $\vec{B}$ による磁力線。赤い線は3次元ガウス閉曲面の断面を示す。

✓ **CHECKPOINT 1:** 図は，上面と底面が平面，側面が曲面であるような閉曲面を4通り示している。表には，その表面積 A とその表面を垂直に貫く一様な磁場の大きさ B を示している；A と B の単位は任意であるが矛盾はしないように決められている。4つの閉曲面を，曲がった側面から出て行く磁束の大きさの順に答えよ。

面	A_{top}	B_{top}	A_{bot}	B_{bot}
a	2	6, 外向き	4	3, 内向き
b	2	1, 内向き	4	2, 内向き
c	2	6, 内向き	2	8, 外向き
d	2	3, 外向き	3	2, 外向き

(a)　(b)　(c)　(d)

32-3　地磁気

地球は巨大な磁石である；地表面近くの磁場は，地球の中心部に置かれた巨大な棒磁石——磁気双極子——がつくる磁場で近似することができる。図32-4には，軸対称性をもつ理想的な双極子磁場の様子が描かれている；太陽からの荷電粒子の通過に伴う磁場の歪みはないものとする。

地磁気は磁気双極子によるものだから，磁気双極子モーメント $\vec{\mu}$ が関係してくる。図32-4の理想化された磁場では，$\vec{\mu}$ の大きさは 8.0×10^{22} J/T であり，その向きは地球の自転軸（RR）に対して11.5°の角をなしている。双極子軸（図32-4のMM）は $\vec{\mu}$ に平行であり，グリーンランド北東部の磁北極 (geomagnetic north pole) と南極大陸の磁南極 (geomagnetic south pole) において地表と交差する。磁場 $\vec{B}$ の磁力線は，おおむね南半球から出て北半球へ入り込む。したがって，北半球にある"磁北極"と呼ばれている方が，実は磁気双極子のS極なのである。

地表面での磁場の向きは，通常次の2つの角度を用いて表すことができる。**偏角** (field declination) は，地理学的北極（北緯90°）に対して地磁気の水平成分のなす角（左または右）である。**伏角** (field inclination) は，水平面と磁場の向きのなす角（上または下）である。

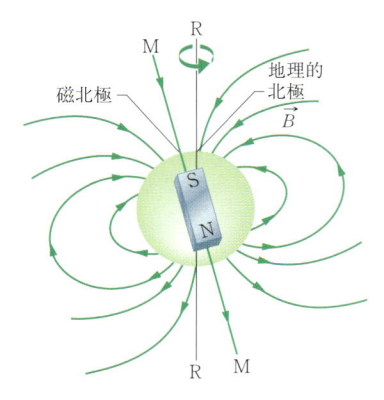

図 32-4 双極子場として表された地球磁場。双極子軸 MM と自転軸 RR のなす角は 11.5°である。双極子のS極は地球の北半球にある。

図32-5 大西洋中央海嶺の両側に広がる海洋底の磁気構造。海嶺から湧き出てプレート運動により広がっていく海洋底には，地球中心部の磁気の歴史が記録が示されている。中心核でつくられる磁場の向きは，およそ100万年に1回の割合で反転してきた。

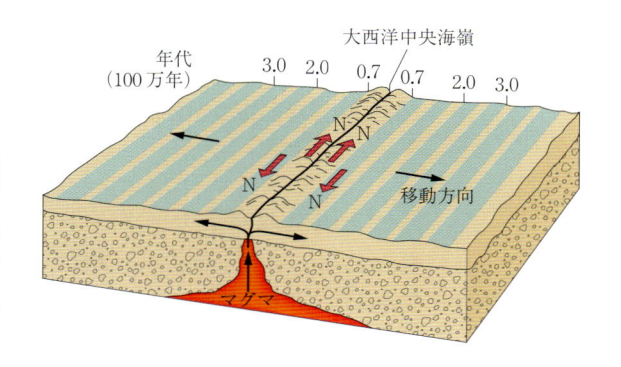

磁力計（magnetometer）を用いてこれらの角度を測定すると，高い精度で磁場を決定することができる。しかし，方位磁石（compass）と伏角計（dip meter）があれば，かなり良い精度で測定することができる。方位磁石は，鉛直軸のまわりに自由に回転できる針の形をした磁石（磁針）である。これを水平面に保つと，磁針のN極は磁北極（実は地球のS極）を指す。磁針と地理学的北極の間の角が偏角である。伏角計は，水平軸のまわりに自由に回転できる同様の磁石である。この回転面を方位磁石の磁針の向きに合わせたとき，磁針と水平面のなす角が伏角である。

地表面の任意の点において測定される磁場の大きさと向きは，どちらも図32-4に示される理想的磁気双極子の磁場とはかなり違っている。実際，磁場が地表面に垂直になるのは，期待されるようなグリーンランドの磁北極ではなく，*北磁極*（dip north pole）と呼ばれるグリーンランドからはるかに離れたカナダ北部のクイーンエリザベス諸島にある。

その上，地表面での地磁気は，数年間で測定可能なほど変化し，100年も経つとかなりの変化を示す。たとえば，1580年から1820年の間に，ロンドンでは方位磁石の指す方向が35°も変化した。

このような局所的変動にもかかわらず，100年程度の比較的短期間では，平均的な双極子磁場はゆっくりと変化するだけである。もっと長期間にわたる変動については，大西洋中央海嶺の両側に広がる海洋底の弱い磁場を測定することにより知ることができる（図32-5）。この海底は，地球内部から海嶺の割れ目を通って湧き出してくる溶けたマグマが固化して，プレートの運動により海嶺から年間数cmの速さで引き離されて形成されたものである。マグマが固化するとき，マグマはそのときの地磁気の向きに弱く磁化されるのである。海底を作る固化したマグマの研究によって，約100万年の周期で地磁気の極性（磁北極と磁南極の向き）が反転してきたことがわかった。この反転の理由は未だに謎である。実は，地磁気の発生機構についてはよくわかっていないのである。

32-4　磁気と電子

磁鉄鉱からビデオテープにいたるまで，磁性物質がもつ磁性は物質中の電子に起因している。電子が磁場をつくるひとつの方法を既に学んだ：導線に電子を流すと，電子の運動により導線のまわりに磁場が発生する。電子

が周辺の空間に磁場をつくる方法には他にも2通りあり，どちらも磁気双極子モーメントに関係している．しかし，その説明には本書の範囲を超えた量子物理学の知識が必要となるので，ここではその概略についてだけ述べることにする．

スピン磁気双極子モーメント

電子は固有の角運動量 $\vec{S}$ ──**スピン角運動量**(spin angular momentum)あるいは単に**スピン**(spin)と呼ばれる──をもっている；またこれに伴って固有の**スピン磁気双極子モーメント**(spin magnetic dipole moment) $\vec{\mu}_s$ をもっている．(ここで"固有の(intrinsic)"というのは，$\vec{S}$ と $\vec{\mu}_s$ が質量や電荷と同様に電子の基本的特性であることを意味している．) $\vec{S}$ と $\vec{\mu}_s$ の間には次の関係が成り立っている：

$$\vec{\mu}_s = -\frac{e}{m}\vec{S} \tag{32-2}$$

e は素電荷 (1.60×10^{-19} C)，m は電子の質量 (9.11×10^{-31} kg) である．負符号は $\vec{S}$ と $\vec{\mu}_s$ の向きが反対であることを示している．

スピン $\vec{S}$ は，第12章で学んだ角運動量とは2つの点で異なっている：

1. $\vec{S}$ 自身を測定することはできない．しかし，任意の軸に沿った成分を測ることはできる．
2. 測定された $\vec{S}$ の成分は量子化されている(quantized)；量子化とは，物理量のとり得る値がいくつかの値に限られていることを意味する一般的な用語である．ここでは，測定される $\vec{S}$ の成分は，符号が異なる2つの値しかとりえない．

座標系の z 軸に沿って $\vec{S}$ の成分が測定されるものとしよう．測定される S_z は次式で与えられる2つの値しかとることができない：

$$S_z = m_s \frac{h}{2\pi} \quad \left(m_s = \pm \frac{1}{2}\right) \tag{32-3}$$

m_s は**スピン磁気量子数**(spin magnetic quantum number)と呼ばれ，$h (= 6.63 \times 10^{-34}$ J·s) は量子物理学の随所に現れる**プランク定数**(Planck constant)である．式(32-3)に現れる符号は，z 軸に沿った S_z の向きを表している．S_z が z 軸と平行であれば $m_s = +1/2$ であり，"電子のスピンは上向き"であるという．反対に，S_z が z 軸と反平行であれば $m_s = -1/2$ であり，"電子のスピンは下向き"であるという．

電子のスピン磁気双極子モーメントもまた，それ自身を測定することはできないが，任意の軸に沿った成分は測定することができる．その値は同じ大きさで符号の異なる2つの値に量子化される．$\vec{\mu}_s$ の z 成分 $\mu_{s,z}$ は，式(32-2)の z 成分を使って，S_z と関係づけられる：

$$\mu_{s,z} = -\frac{e}{m}S_z$$

S_z に式(32-3)を代入すると，

$$\mu_{s,z} = \pm \frac{eh}{4\pi m} \tag{32-4}$$

正符号は $\mu_{s,z}$ と z 軸が平行，負符号は反平行に対応している．

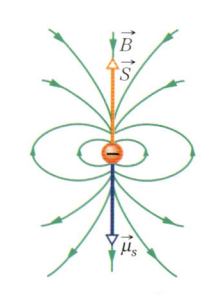

図 32-6 電子のスピン $\vec{S}$, スピン磁気双極子モーメント $\vec{\mu}_s$, 双極子磁場 $\vec{B}$; 電子は微小球で描かれている。

式 (32-4) の右辺の量は, ボーア磁子 (Bohr magneton) μ_B と呼ばれている:

$$\mu_B = \frac{eh}{4\pi m} = 9.27 \times 10^{-24} \text{J/T} \quad (\text{ボーア磁子}) \quad (32\text{-}5)$$

電子や他の素粒子のスピン磁気双極子モーメントは μ_B を単位として表すことができる。電子に対しては, 測定される $\vec{\mu}_s$ の z 成分は,

$$\mu_{s,z} = 1\,\mu_B \quad (32\text{-}6)$$

(電子を量子論的に取り扱う量子電磁気学 (quantum electrodynamics) または QED と呼ばれる理論によれば, $\mu_{s,z}$ は $1\,\mu_B$ よりわずかに大きいが, ここではこの事実は無視しておこう)。

外部磁場 $\vec{B}_{\text{ext}}$ の中にループ電流が置かれると, 磁気双極子モーメント $\vec{\mu}$ の向きによってポテンシャルエネルギーに違いが出た。同じように, 電子が $\vec{B}_{\text{ext}}$ の中に置かれると, 電子のスピン磁気双極子モーメント $\vec{\mu}_s$ の向きによってポテンシャルエネルギーに差が生じる。電子のポテンシャルエネルギーは, z 軸を $\vec{B}_{\text{ext}}$ の向きに選ぶと, 式 (29-38) より,

$$U = -\vec{\mu}_s \cdot \vec{B}_{\text{ext}} = -\mu_{s,z} B_{\text{ext}} \quad (32\text{-}7)$$

電子を(事実ではないが)微小な球だと考えると, スピン $\vec{S}$, スピン磁気双極子モーメント $\vec{\mu}_s$, それに伴う双極子磁場を, 図 32-6 のように描くことができる。ここでは, "スピン" という言葉を使っているが, 電子がコマのように回転しているわけではない。回転していないものがどうやって角運動量をもつことができるのであろうか？ この疑問に答えるためには量子物理学が必要になる。

陽子, 中性子もスピンと呼ばれる固有の角運動量と, それに伴う固有のスピン磁気双極子モーメントをもっている。陽子の場合はスピンとスピン磁気双極子モーメントの向きは同じであるが, 中性子の場合は反対である。しかし, これらの双極子モーメントは電子の磁気双極子モーメントの 1000 分の 1 程度しかないので原子の磁場に与える効果については考えないことにする。

✓ **CHECKPOINT 2:** 図は, 外部磁場 $\vec{B}_{\text{ext}}$ の中に置かれた 2 つの粒子のスピンの向きを示している。(a) 粒子が電子の場合, どちらの向きがポテンシャルエネルギーの低い状態か？ (b) 粒子が陽子の場合, どちらの向きがポテンシャルエネルギーの低い状態か？

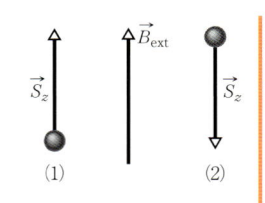

軌道磁気双極子モーメント

原子中の電子は, **軌道角運動量** (orbital angular momentum) $\vec{L}_{\text{orb}}$ とよばれる角運動量をもっている。また, この $\vec{L}_{\text{orb}}$ に伴って軌道磁気双極子モーメント (orbital magnetic dipole moment) $\vec{\mu}_{\text{orb}}$ をもち, 2 つの量は次式で関係づけられている:

$$\vec{\mu}_{\text{orb}} = -\frac{e}{2m}\vec{L}_{\text{orb}} \tag{32-8}$$

負符号は，$\vec{\mu}_{\text{orb}}$ と $\vec{L}_{\text{orb}}$ が反対向きであることを示している．

軌道角運動量 $\vec{L}_{\text{orb}}$ もまた測定することはできない；任意の軸に沿った成分のみが測定され，その値は量子化されている．たとえば，z 成分がとる値は次の値に限られる：

$$L_{\text{orb},z} = m_l \frac{h}{2\pi} \qquad m_l = 0, \pm 1, \pm 2, \cdots, \pm (\text{上限値}) \tag{32-9}$$

m_l は軌道磁気量子数（orbital magnetic quamtum number）と呼ばれ，"上限値" は m_l に対して許される最大の値である．式 (32-9) に現れる符号は，z 軸に沿った $L_{\text{orb},z}$ の向きを表している．

電子の軌道磁気双極子モーメント $\vec{\mu}_{\text{orb}}$ もまた，それ自身を測定することはできないが，任意の軸に沿った成分は測定することができ，その値は量子化されている．前と同じように式 (32-8) の z 成分をとり，$L_{\text{orb},z}$ に式 (32-9) を代入すると，軌道磁気双極子モーメントの z 成分は，

$$\mu_{\text{orb},z} = -m_l \frac{eh}{4\pi m} \tag{32-10}$$

さらに，ボーア磁子を用いて書き換えると，

$$\mu_{\text{orb},z} = -m_l \mu_B \tag{32-11}$$

原子が外部磁場 $\vec{B}_{\text{ext}}$ の中に置かれると，原子中のそれぞれの電子の軌道磁気双極子モーメントの向きによってポテンシャルエネルギー U に違いがでる：ポテンシャルエネルギーの値は，z 軸を $\vec{B}_{\text{ext}}$ の向きに選ぶと，

$$U = -\vec{\mu}_{\text{orb}} \cdot \vec{B}_{\text{ext}} = -\mu_{\text{orb},z} B_{\text{ext}} \tag{32-12}$$

ここでは，"軌道 (orbit)" という言葉を使っているが，電子は，惑星が太陽のまわりを軌道運動しているように原子核のまわりを回っているわけではない．電子は普通の意味での軌道運動をしていないのに，どうして軌道角運動量をもつことができるのか？ これもまた量子物理学によってのみ説明できるものである．

電子軌道のループ模型

量子物理学を用いないで式 (32-8) を導こう．電子は，原子よりはるかに大きな半径の円軌道上を回っていると仮定する；このために "ループ模型" と呼ばれるが，この模型を原子内の電子に適用することはできない（その場合は量子物理学が必要である）．

電子が，速さ v で円軌道上を反時計まわりに運動しているとしよう（図32-7）．負電荷をもつ電子の反時計まわりの運動は，（正電荷の）通常の電流が時計まわりに流れるのと同等である（図32-7）．このような電流ループによる軌道磁気双極子モーメントの大きさは，式 (29-35) より，$N = 1$ として，

$$\mu_{\text{orb}} = iA \tag{32-13}$$

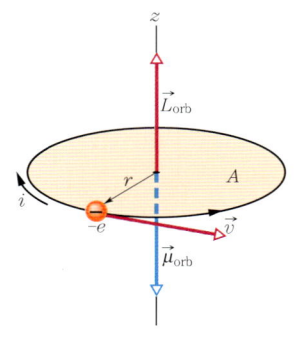

図 32-7 電子が速さ v，半径 r で等速円運動している；円軌道は面積 A を囲む．電子は軌道角運動量 $\vec{L}_{\text{orb}}$ とそれにともなう軌道磁気双極子モーメント $\vec{\mu}_{\text{orb}}$ をもつ．反時計まわりに回る負電荷電子の運動は，時計まわりの電流 i（正電荷）の運動に等価である．

A はループが囲む面積である。この磁気双極子モーメントの向きは，図 30-21 の右手ルールより，下向きとなる(図 32-7)。

式 (32-13) の値を計算するには電流 i が必要である。電流は，一般に，回路上の 1 点を 1 秒間に通過する電荷量である。大きさ e の電荷が円軌道を 1 周するのに必要な時間は，$T = 2\pi r/v$ で与えられるので，

$$i = \frac{電荷量}{時間} = \frac{e}{2\pi r/v} \quad (32\text{-}14)$$

この式とループの面積 $A = \pi r^2$ を式 (32-13) に代入すると，

$$\mu_{\text{orb}} = \frac{e}{2\pi r/v}\pi r^2 = \frac{evr}{2} \quad (32\text{-}15)$$

電子の軌道角運動量 $\vec{L}_{\text{orb}}$ を求めるためには，式 (12-18) ($\vec{l} = m(\vec{r} \times \vec{v})$) を用いる。$\vec{r}$ と $\vec{v}$ は直交しているので，$\vec{L}_{\text{orb}}$ の大きさは，

$$L_{\text{orb}} = mrv\sin 90° = mrv \quad (32\text{-}16)$$

$\vec{L}_{\text{orb}}$ の向きは上向きである(図 32-7 および図 12-11)。

式 (32-15) と (32-16) を結びつけ，さらにベクトルの形式に一般化し，ベクトルの向きが逆向きであることも考慮して負符号をつけると，

$$\vec{\mu}_{\text{orb}} = -\frac{e}{2m}\vec{L}_{\text{orb}}$$

これはまさに式 (32-8) である。このようにして"古典的"(量子物理学を用いない)方法で，大きさも向きも量子物理学と同じ結果が得られた。この導出法が原子中の電子についても正しい結果を与えるなら，なぜこの導出法が正しくないのかと不思議に思うかもしれない。この論法によって導かれる他の結論が実験と矛盾している，というのがこの疑問に対する答である。

非一様磁場中でのループ模型

引き続き，電子軌道を電流ループとみなす(図 32-7)。しかしここでは，非一様な磁場 $\vec{B}_{\text{ext}}$ の中に置かれたループを考える(図 32-8a)。(このような磁場は，たとえば図 32-3 の磁石の N 極の近傍につくられる。)このような状況を考えるのは，次節以降において，非一様磁場中で磁性物質が受ける力を議論するための準備である。このような力について考えるにあたって，物質中の電子軌道は，図 32-8a のような，小さな電流ループである仮定する。

また，電子軌道上のすべての点において，磁場の大きさは等しく，鉛直軸に対する角も等しいと仮定する(図 32-8 の b と d)。さらに，原子中のすべての電子の運動は，反時計まわり(図 32-8b) または時計まわり(図 32-8d) のどちらかであるとする。これにともなう電流 i と磁気双極子モーメント $\vec{\mu}_{\text{orb}}$ が，それぞれの運動方向に対して図示されている。

図 32-8 の c と e は，それぞれの電流 i と同じ向きにとった微小長さ $d\vec{L}$ を，ループ面に平行に手前から見たものである。この図には，外部磁場 $\vec{B}_{\text{ext}}$ と $d\vec{L}$ に働く磁気力 $d\vec{F}$ も示されている。外部磁場 $\vec{B}_{\text{ext}}$ 中に置かれた微小長さ $d\vec{L}$ を流れている電流に働く力 $d\vec{F}$ は，式 (29-28) を思い出すと，

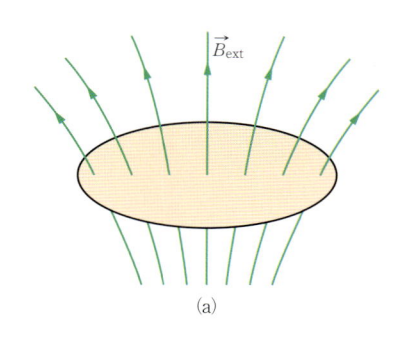

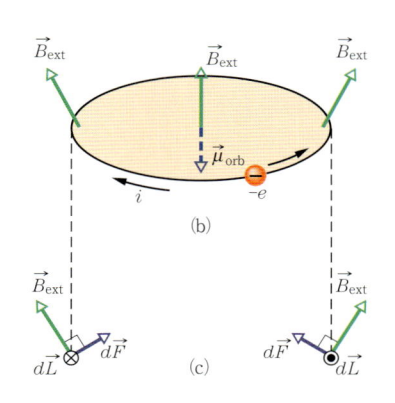

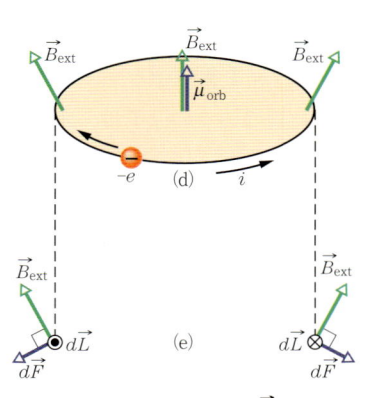

図 32-8 (a)非一様な磁場 $\vec{B}_{\text{ext}}$ の中に置かれた原子の軌道電子を表すループ模型。(b)電荷 $-e$ が反時計まわりに回ると，時計まわりの電流 i となる。(c)ループの左右に働く磁気力 $d\vec{F}$：ループ面に平行に見た図。ループに働く正味の力は上向きである。(d)電荷 $-e$ が時計まわりに回る。(e)ループに働く正味の力は下向きである。

$$d\vec{F} = i\,d\vec{L} \times \vec{B}_\text{ext} \qquad (32\text{-}17)$$

図32-8cの左側の力$d\vec{F}$は，式(32-17)より，右上を向く．右側では，力$d\vec{F}$は左上を向いている．鉛直軸に対する角度が等しいので，2つの力の水平成分は打ち消しあい，鉛直成分は足しあわされる．点対称の位置にあるループ上のすべての2点において同じことが成り立つので，図32-8bの電流ループに働く正味の力は上向きとなる．同様の考察から，図32-8dでは正味の力は鉛直下向きとなる．この2つの結果は，非一様磁場中に置かれた磁性物質の振る舞いを考えるときに利用される．

32-5 磁性体

原子中のそれぞれの電子は，軌道磁気双極子モーメントとスピン磁気双極子モーメントをもっている．これらはベクトル的に足しあわされて個々の電子の合成磁気双極子モーメントとなる．ひとつの原子の中にあるすべての電子の合成磁気双極子モーメントがベクトル的に足し合わされ，さらに，試料の中にあるすべての原子についてベクトル的に足し合わされる．これらすべての磁気双極子モーメントの和が正味の磁場を生じるなら，その物質は磁性をもつという．磁性には一般に反磁性，常磁性，強磁性という3つの種類がある．

1. 反磁性(diamagnetism)は，ほとんどすべての物質がもっている性質であるが，その大きさが他の2つの種類の磁性に比べて弱いため，物質が他の2つのいずれかの磁性を同時に発現するとそれに隠されてしまう．反磁性は，物質が外部磁場$\vec{B}_\text{ext}$の中に置かれたとき，弱い磁気双極子モーメントが個々の原子に生じる性質である；誘起されたすべての磁気双極子モーメントの和が，全体として物質に微弱な正味の磁場を与える．この双極子モーメントと，それによる正味の磁場は，外部磁場$\vec{B}_\text{ext}$がなくなると消える．反磁性物質と呼ばれる物質は，反磁性のみを示す物質である．

2. 常磁性(paramagnetism)は，遷移元素，希土類元素，アクチナイド元素を含む物質が示す磁性である．このような物質の個々の原子は，永久磁気双極子モーメントをもっているが，物質中での向きがバラバラなので，物質全体としては正味の磁場が現れない．しかし，外部磁場$\vec{B}_\text{ext}$をかけると，個々の原子磁気双極子モーメントの向きがある程度そろって正味の磁場がつくられる．この整列した状態とそれによる磁場は，外部磁場$\vec{B}_\text{ext}$がなくなると消える．常磁性物質と呼ばれる物質は，主として常磁性を示す物質である．

3. 強磁性(feromagnetism)は，鉄やニッケルなどの元素（これらの化合物や合金も含む）が示す性質である．これらの物質では，一部の電子の磁気双極子モーメントが整列することによって，ある領域にわたって正味の強い磁気双極子が発生する．外部磁場$\vec{B}_\text{ext}$をかけると，個々の領域の磁気双極子モーメントが整列し，試料全体に強い磁場が発生する；この磁場は，外部磁場$\vec{B}_\text{ext}$がなくなった後もある程度残存する．強磁性物質（または単に磁性体）と呼ばれる物質は，主として強磁性を示す物質である．

以下の3つの節では，これら3種類の磁性それぞれについて詳しく見ていこう。

32-6 反磁性

ここでは，まだ反磁性について量子物理学的な説明をすることはできないが，図32-7と図32-8のループ模型を用いて古典的解釈をすることができる．まず始めに，反磁性物質中の電子は，図32-8dのように時計まわり，あるいは図32-8bのように反時計まわりの軌道運動をするものと仮定する．外部磁場$\vec{B}_{\text{ext}}$がなければ磁性もないということを説明するために，個々の原子は正味の磁気双極子モーメントをもっていないと仮定する．このことは，磁場がかけられるまでは，時計まわりの電子と反時計まわりの電子が同数存在していて，正味の上向きの磁気双極子モーメントと，正味の下向きの磁気双極子モーメントが同じ大きさであるということを意味している．

ここで，図32-8aのような，非一様な磁場$\vec{B}_{\text{ext}}$をかけよう；この磁場は上向きで，磁力線は上に行くほど広がっている．この状況は，電磁石の電流を増やしたり，棒磁石を電子軌道の下側から近づけることによって実現することができる．$\vec{B}_{\text{ext}}$の大きさがゼロから定常値まで増加するにつれて，ファラデーの電磁誘導の法則とレンツの法則により，時計まわりの電場が電子軌道に沿って発生する．この誘導電場が図32-8のbとdの電子軌道にどんな効果を与えるかを考えてみよう．

図32-8bでは，反時計まわりの電子は時計まわりの電場によって加速される．したがって，外部磁場$\vec{B}_{\text{ext}}$の大きさがゼロから定常値まで増加するにつれて，電子の速さもその最大値まで増加していく．これは，電流iと電流iによる下向きの磁気双極子モーメント$\vec{\mu}$が増加することを意味している．

図32-8dでは，時計まわりの電子は時計回りの電場によって減速される．したがって，電子の速さ，電流i，電流iによる上向きの磁気双極子モーメント$\vec{\mu}$が減少することを意味している．このように，磁場$\vec{B}_{\text{ext}}$をかけると，原子に正味の下向きの磁気双極子モーメントが発生する．このことは一様磁場についても同様である．

磁場$\vec{B}_{\text{ext}}$の非一様性もまた原子に影響を与える．図32-8bの電流iが増えると，電流ループに働く上向きの合力が増えるので，図32-8cの上向きの磁気力$d\vec{F}$も増える．図32-8dでは，電流iが減ると，電流ループに働く下向きの合力が減るので，図32-8eの下向きの磁気力$d\vec{F}$も減る．このように，非一様な磁場$\vec{B}_{\text{ext}}$をかけると，原子に対して正味の力が作用する；その力は磁場が弱くなる向きを向いている．

仮想的な電子軌道（電流ループ）を用いて議論を進めてきたが，反磁性物質に関する正確な結論に達した：図32-8のような磁場をかけると，下向きの磁気双極子モーメントが発生し，物質は上向きの力を受ける．磁場がなくなると磁気双極子もそれに作用する力も消える．外部磁場の向きは，図に示された向きでなくてもよい；どのような向きの$\vec{B}_{\text{ext}}$についても同じ

議論が成り立つ。一般に，

> 外部磁場 $\vec{B}_{\text{ext}}$ 中に置かれた反磁性物質には，$\vec{B}_{\text{ext}}$ と反対向きの磁気双極子モーメントが発生する。磁場が非一様であるときは，反磁性物質には磁場の強い領域から弱い領域へ向かう力が働く。

　本章冒頭のカエルは，（他のすべての動物がそうであるように）反磁性物質でできている。鉛直に置かれたソレノイドに電流を流して，磁場が広がっている上端部にカエルを置くと，カエルを構成するそれぞれの原子には，ソレノイドの上端部の強い磁場領域から遠ざかるように上向きに力が作用する。そのために，カエルは磁場の弱い方へ上向きに押し上げられ，重力とつり合う位置で空中に浮いている。もし十分に大きなソレノイドを作ることができたら，人間のもつ反磁性により，人間を空中に浮遊させることができるであろう。

> ✓ **CHECKPOINT 3：** 図は，棒磁石のS極の近くに置かれた2つの反磁性の球を示している。(a) 球に働く磁気力は棒磁石に向かう向きか，遠ざかる向きか？ (b) 磁気双極子モーメントは棒磁石に向かう向きか，遠ざかる向きか？ (c) 球1に働く磁気力は球2に働く力にくらべて大きいか，小さいか，同じか？

32-7　常磁性

　常磁性物質では，原子中の電子のスピン磁気双極子モーメントと軌道磁気双極子モーメントは打ち消されずにベクトル的に足し合わされ，個々の原子は正味の（永久）磁気双極子モーメント $\vec{\mu}$ をもっている。外部磁場がないときは，これらの原子の双極子モーメントの向きはバラバラで，正味の磁気双極子モーメントは物質全体ではゼロになっている。しかし，試料が外部磁場 $\vec{B}_{\text{ext}}$ の中に置かれると，磁気双極子モーメントは外部磁場の向きに整列して，試料には正味の磁気双極子モーメントが現れる。この外部磁場にそろう向きは，反磁性の場合と逆向きである。

> 外部磁場 $\vec{B}_{\text{ext}}$ 中に置かれた常磁性物質は，$\vec{B}_{\text{ext}}$ の向きに磁気双極子モーメントが現れる。外部磁場が非一様であれば，常磁性物質は，磁場の弱い領域から強い領域へ向かって引きつけられる。

　N 個の原子からなる常磁性物質は，原子の双極子が完全にそろえば，大きさ $N\mu$ の磁気双極子モーメントをもつはずである。しかし，原子の熱運動による原子間のランダムな衝突によって原子間でエネルギーが移動し，双極子の整列が乱されて試料の磁気双極子モーメントは減少する。
　熱運動による擾乱がいかに重要であるかは，2つのエネルギーを比べるとわかる。ひとつは，温度 T での原子の平均並進運動エネルギー $K(=\frac{3}{2}kT)$ である（式20-24）; k はボルツマン定数 $(1.38 \times 10^{-23}\text{J/K})$，$T$ はケルビンで測る（セルシウス温度ではない）。もうひとつは，原子の磁気双極

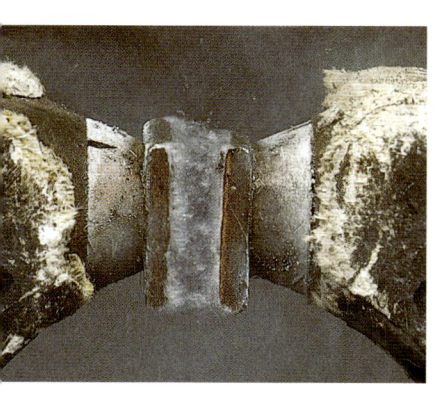

液体酸素が磁石の2つの磁極の間に保持されている。液体酸素は常磁性体だから磁石に引き寄せられる。

図 32-9 常磁性の塩である硫酸クロムカリウムの磁化曲線。縦軸は，磁化の最大値 M_max に対する磁化 M の比，横軸は，外部磁場 B_ext と温度 T の比である。キュリーの法則はグラフ左側のデータだけをフィットするが，量子論はすべてのデータをフィットする。(データ提供：W. E. Henry)

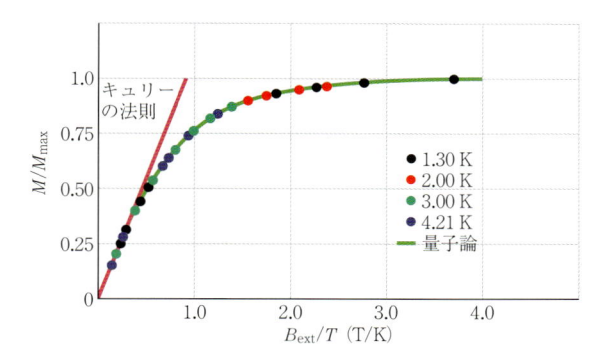

子モーメントと磁場の向きが平行か反平行かによるエネルギーの差 ΔU_B ($=2\mu B_\text{ext}$) である (式 29-38)。以下で示すように，通常の温度と磁場の大きさにおいては $K \gg U_B$ である。したがって，原子間の衝突によるエネルギー移動が磁気双極子モーメントの整列を乱し，試料全体の磁気双極子モーメントは $N\mu$ よりかなり小さな値となっている。

常磁性試料の磁化の程度を表す量として，磁気モーメントの大きさの体積 V に対する比を使う。このベクトル量，単位体積あたりの磁気双極子モーメント，は試料の**磁化** (magnetization) $\vec{M}$ と呼ばれ，その大きさは，

$$M = 測定された磁気モーメント/V \tag{32-18}$$

$\vec{M}$ の単位は A m^2/m^3，すなわち A/m である。原子の磁気双極子モーメントが完全に整列した場合――飽和 (saturation) しているという――磁化は最大値をとり $M_\text{max} = N\mu/V$ となる。

1895 年，ピエール キュリー (Pierre Curie) は，実験により，常磁性体の磁化は外部磁場 $\vec{B}_\text{ext}$ に比例し，絶対温度 T (ケルビン単位) に反比例していることを発見した：

$$M = C \frac{B_\text{ext}}{T} \tag{32-19}$$

式 (32-19) は**キュリーの法則** (Curie's law) として知られており，定数 C は**キュリー定数** (Curie constant) と呼ばれる。キュリーの法則は，$\vec{B}_\text{ext}$ を大きくすると原子磁気双極子モーメントの整列傾向が高まり，一方で T が上がると熱的擾乱によって整列が乱されて M が減少する，という傾向を自然に表現している。しかしながら，この法則は，B_ext/T の比がそれほど大きくないときに成り立つ近似式である。

図 32-9 は，硫酸クロムカリウム (potassium chromium sulfate) の M/M_max を B_ext/T の関数としてプロットしたものである。この物質ではクロム原子が常磁性物質である。このプロットは**磁化曲線** (magnetization curve) と呼ばれる。図中の左側の直線はキュリーの法則を表しており，B_ext/T が約 0.5 T/K 以下の範囲で実験値をフィットしたものである。すべてのデータ点に一致する曲線は量子論に基づくものである。図の右側にプロットされている飽和に近いデータを得るのはとても難しい；低温で実験するとしても，非常に強い磁場 (地磁気のおよそ 100,000 倍) が必要である。

> ✓ **CHECKPOINT 4:** 図は，棒磁石のS極の近くに置かれた2つの常磁性の球を示している。(a) 球に働く磁気力は棒磁石に向かう向きか，遠ざかる向きか？ (b) 磁気双極子モーメントは棒磁石に向かう向きか，遠ざかる向きか？ (c) 球1に働く磁気力は球2に働く力にくらべて大きいか，小さいか，同じか？

例題 32-1

常磁性の気体が，室温($T = 300$ K)で一様な大きさ $B = 1.5$ T の外部磁場の中にある；この気体原子は $\mu = 1.0\,\mu_B$ の磁気双極子モーメントをもっている。原子1個の平均並進運動エネルギーと，磁場に対して磁気双極子モーメントの向きが平行か反平行かによるエネルギーの差 ΔU_B を計算せよ。

解法: **Key Idea 1**: 原子1個の平均並進運動エネルギー K は気体の温度に依存する。式(20-24)より，

$$K = \frac{3}{2}kT = \frac{3}{2}(1.38 \times 10^{-23}\,\text{J/K})(300\,\text{K})$$
$$= 6.2 \times 10^{-21}\,\text{J} = 0.039\,\text{eV} \quad\quad (答)$$

Key Idea 2: 外部磁場 $\vec{B}$ の中に置かれた磁気双極子モーメント $\vec{\mu}$ のポテンシャルエネルギー U_B は $\vec{\mu}$ と $\vec{B}$ のなす角に依存する。式(29-38) ($U_B = -\vec{\mu}\cdot\vec{B}$) より，平行の場合($\theta = 0°$) と反平行の場合($\theta = 180°$) のエネルギーの差 ΔU_B は，

$$\Delta U_B = -\mu B \cos 180° - (-\mu B \cos 0°) = 2\mu B$$
$$= 2\mu_B B = 2(9.27 \times 10^{-24}\,\text{J/T})(1.5\,\text{T})$$
$$= 2.8 \times 10^{-23}\,\text{J} = 0.00017\,\text{eV} \quad (答)$$

K は U_B の約230倍もあるので，原子間の衝突によって交換されるエネルギーのために，外部磁場によっていったん磁気双極子モーメントが揃えられたとしても，その向きは簡単に変えられてしまう。常磁性気体が見せる磁気双極子モーメントは，原子の磁気双極子モーメントの束の間の部分的整列によるものである。

32-8 強磁性

普段われわれが磁性について話すとき，たいてい棒磁石か(冷蔵庫のドアに張り付いている) 丸い磁石——すなわち，強くて永久的な磁性をもつ強磁性物質——を頭に描いている；反磁性や常磁性のような弱くて一時的な磁性ではない。

鉄，コバルト，ニッケル，ガドリニウム，ジスプロシウムやこれらの元素を含む合金は，交換相互作用(exchange coupling) と呼ばれる量子論的効果——ある原子の電子スピンが隣の原子の電子スピンと相互作用する現象——によって強磁性を示す。その結果，原子間衝突によるランダム化の傾向にもかかわらず，原子の磁気双極子モーメントが一定の向きにそろう。この持続的整列が，強磁性体に永久的な磁性を与えている。

強磁性物質の温度が上がって臨界温度——キュリー温度(Curie temperature) と呼ばれる——を超えると，交換相互作用が有効に働かなくなる。そのような物質の多くは常磁性を示すだけになる；双極子は外部磁場の向きにそろう傾向はもつが，その大きさははるかに弱く，熱的擾乱により簡単に整列状態が乱される。鉄のキュリー温度は 1043 K ($= 770°$C) である。

鉄などの強磁性物質の磁化は，ローランドリング(Rowland ring) と呼ばれる装置を用いて調べることができる(図32-10)。試料を円形断面の細いドーナツ状にしてトロイドの芯をつくり，単位長さあたり n 回巻きの1次

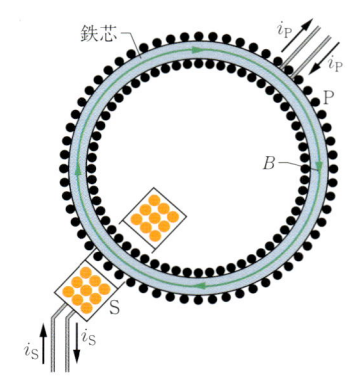

図 32-10 ローランドリング。1次コイル P に電流 i_P が流される。調べたい強磁性物質でつくられた芯(ここでは鉄)が電流によって磁化する(コイルの巻き線は図中の黒点で表されている)。芯の磁化の程度がコイル P の内側の磁場 $\vec{B}$ を決める。磁場 $\vec{B}$ は2次コイル S を使って測定する。

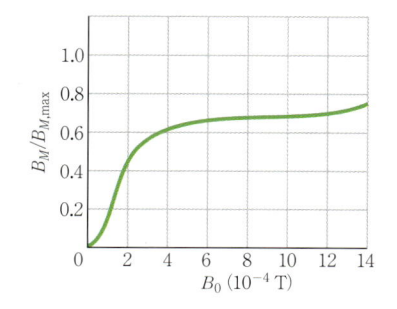

図32-11 図32-10のローランドリングを使って測定した強磁性物質の磁化曲線。縦軸の値1.0は，物質中の双極子が完全に整列したとき(飽和)に対応する。

コイルPを芯に巻いて電流i_Pを流す。(このコイルは，基本的には長いソレノイドを円形に曲げたものである。)鉄芯がなければ，コイル内部の磁場の大きさは，式30-25より，

$$B_0 = \mu_0 i_P n \tag{32-20}$$

鉄芯があるときは，コイルの中の磁場$\vec{B}$は，たいていの場合，$\vec{B_0}$よりかなり大きくなる。この磁場の大きさは，鉄芯の寄与をB_Mとすると，

$$B = B_0 + B_M \tag{32-21}$$

B_Mは，交換相互作用と外部磁場B_0によって鉄の磁気双極子モーメントがそろうために生じ，鉄の磁化Mに比例している。すなわち，B_Mは鉄の単位体積あたりの磁気双極子モーメントに比例している。B_Mを決めるために，2次コイルSを使ってBを測定し，式(32-20)によりB_0を計算し，式(32-21)の関係を用いて引き算すればよい。

図32-11は，ローランドリングの中の強磁性体に対する磁化曲線を示している：比$B_M/B_{M,\max}$が外部磁場B_0に対してプロットされている。$B_{M,\max}$は飽和磁化に対応するB_Mの最大値を表す。この曲線は，常磁性物質に対する図32-9と似ている：どちらも，外部磁場に対して物質の磁気双極子モーメントがどの程度整列するかを表している。

図32-11のプロットに用いた強磁性体の芯において，整列している磁気双極子モーメントの割合は$B_0 \approx 1 \times 10^{-3}$Tの磁場に対して，約70％である。もし$B_0$を1Tまで増加すれば，ほぼ完全に整列する(しかし，$B_0 = 1$Tの磁場，そして完全の飽和状態をつくるのはなかなか難しい)。

磁　区

キュリー温度以下の強磁性物質において，交換相互作用は，隣り合う原子の磁気双極子の向きをそろえる働きをする。それではなぜ，外部磁場B_0がかかっていないとき，強磁性体は自然に飽和状態とならないのであろうか？　たとえば，鉄製の釘が自然に強い磁石にならないのはなぜだろう？

これを理解するするために，単結晶状態の鉄のような強磁性物質の試料——原子が試料全体にわたって格子状に規則正しくならんだ状態；結晶格子——を考えてみよう。このような結晶は，通常，たくさんの**磁区** (magnetic domain)で構成されている。磁区は，原子の磁気双極子モーメントが完全に整列している領域を指す。しかし，すべての磁区が同じ向きに並んでいるわけではない。外部磁場がなければ，結晶全体では磁区の向きはほとんどが打ち消し合っている。

図32-12は，コロイド状にした鉄酸化物の微粒子を試料表面にふりまいて撮った単結晶のニッケルの磁区構造を拡大した写真である。隣り合う磁区の境界(磁壁)となっている狭い領域では，磁気双極子モーメントの向きがある磁区から別の磁区へと変化しており，そこには局所的かつ強い非一様磁場がつくられている。浮遊しているコロイド粒子が磁壁に引き付けられて写真では白い線となって見えている(図32-12では，すべての磁壁が見えているわけではない)。ひとつの磁区内にある原子の磁気双極子モ

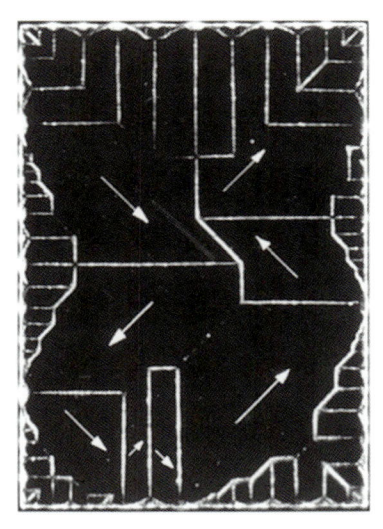

図32-12 ニッケル単結晶内部の磁区構造の写真；白線は磁区の境界線を示す。写真に重ね書きされた白い矢印は，磁区内の磁気双極子モーメントの向き，すなわち磁区内の正味の磁気双極子の向きを表す。正味の磁場(すべての磁区のベクトル和)がゼロの場合，結晶は全体としては磁化されていない。

ーメントは，矢印で示された方向にそろっているが，結晶全体としては小さな正味の磁気モーメントしかもっていない。

実際，普通に見る鉄片は単結晶ではなく，ランダムな向きをもつ小さな結晶の集まりである；これは多結晶固体(polycrystalline solid)と呼ばれる。しかし，個々の小さな結晶は，図32-12に示されたように，いろいろな向きをもった磁区から成り立っている。このような試料を，徐々に大きくなる外部磁場の中に置いて磁化させると2つの効果が現れる；その結果，図32-11に示されている磁化曲線が得られる。第1の効果は，外部磁場の向きにならんだ磁区の面積が増加して，ランダムな向きをもつ磁区の面積が減ることである。第2の効果は，磁区内の双極子の向きが磁場方向にそろっていくことである。

交換相互作用と磁区の変化は次のような結果を引き起こす：

> 外部磁場 $\vec{B}_{ext}$ の中に置かれた強磁性物質は，$\vec{B}_{ext}$ の向きに強い磁気双極子モーメントを生じる。磁場が非一様であれば，強磁性物質は磁場の弱いところから強いところへ向かって力を受ける。

磁区の変化によって発生する音を実際に聞くことができる：カセットデッキにカセットテープを入れない状態で演奏モードにして音量を最大にする。そして，強力な磁石を再生磁気ヘッド（これは強磁性体である）に近づける。この磁場により再生ヘッド内の磁区が変化する。ヘッドに巻かれたコイルに突然誘導される電流が増幅されてスピーカーへ送られ，パチパチという音が聞こえる。

例題 32-2

長さ $L = 3.0$ cm，幅 1.0 mm，厚さ 0.50 mm の純鉄（密度 7900 kg/m³）でできた磁針がある。1個の鉄原子がもつ磁気双極子モーメントの大きさは $\mu_{Fe} = 2.1 \times 10^{-23}$ J/T である。この磁針は磁化しており，磁針の中にある原子のうち10%が整列しているとする。このとき磁針の磁気双極子モーメント $\vec{\mu}$ の大きさはいくらか？

解法： **Key Idea 1**：磁針中の N 個の原子が整列していれば，その磁気双極子モーメント $\vec{\mu}$ の大きさは $N\mu_{Fe}$ となる。しかし，ここでは10%だけが整列している（残りはランダムな向きを向いているので，正味の磁化には寄与しない）。したがって，

$$\mu = 0.10 N \mu_{Fe} \qquad (32\text{-}22)$$

Key Idea 2：磁針の質量から原子数 N を求めることができる：

$$N = 磁針の質量/鉄原子1個の質量 \qquad (32\text{-}23)$$

鉄原子1個の質量は付録には記されていないが，モル質量 M は記載されているので，

$$鉄原子1個の質量 = \frac{鉄のモル質量 M}{アボガドロ数} \qquad (32\text{-}24)$$

これより，式(32-23)は，

$$N = \frac{mN_A}{M} \qquad (32\text{-}25)$$

磁針の質量 m は，密度と体積の積である。体積を計算すると 1.5×10^{-8} m³ となり，

$$\begin{aligned}
磁針の質量 m &= (磁針の密度)(磁針の体積) \\
&= (7900 \text{ kg/m}^3)(1.5 \times 10^{-8} \text{ m}^3) \\
&= 1.185 \times 10^{-4} \text{ kg}
\end{aligned}$$

式(32-25)の m にこの値を，M に 55.847 g/モル $(= 0.055847$ kg/モル$)$ を，N_A に 6.02×10^{23} を代入すると，

$$\begin{aligned}
N &= \frac{(1.185 \times 10^{-4} \text{ kg})(6.02 \times 10^{23})}{0.055847 \text{ kg/mole}} \\
&= 1.2774 \times 10^{21}
\end{aligned}$$

この値と μ_{Fe} の値を式(32-22)に代入すると，

$$\begin{aligned}
\mu &= (0.10)(1.2774 \times 10^{21})(2.1 \times 10^{-23} \text{ J/T}) \\
&= 2.682 \times 10^{-3} \text{ J/T} \approx 2.7 \times 10^{-3} \text{ J/T} \qquad (答)
\end{aligned}$$

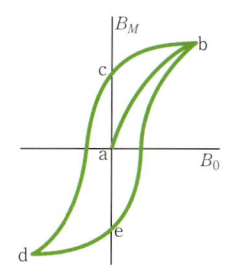

図32-13 強磁性材料の磁化曲線(ab)と，そのヒステリシス曲線(bcdeb)。

ヒステリシス

強磁性体の磁化曲線は，外部磁場B_0が増加したあと元に戻っても同じ曲線上はたどらない。図32-13は，ローランドリングを使った以下の実験で得られた測定データについて，B_MをB_0に対してプロットしたものである：(1) 鉄が磁化していない状態（点a）から始め，トロイドの電流をB_0 ($=\mu_0 in$)（点b）になるまで増やす；(2) トロイドの電流をゼロ（点c）に戻す；(3) トロイド電流を逆向きに流して，磁場の大きさB_0が点dになるまで増やす；(4) 再び電流をゼロに戻す（点e）；(5) 再び電流の向きを変えて点bまで電流を増やす。

図32-13に示されたような"同じ道筋をたどらない性質"はヒステリシス(hysteresis)，曲線bcdebはヒステリシス曲線(hysteresis loop)と呼ばれている。点cとeでは，トロイドに電流が流れていないのに鉄芯が磁化していることに注意しよう；これが永久磁石である。

ヒステリシスは磁区の概念によって理解することができる。磁壁の移動や磁区の向きの変化は，明らかに非可逆的である。外部磁場B_0が増加してから再び減少して元の値に戻っても，磁区は完全には元の配置に戻らず，外部磁場が大きくなったときの状態をいくらか"記憶"しているのである。このような磁性物質の"記憶能力"は，カセットテープやコンピューターの磁気ディスクにとって本質的に重要なことである。

このような磁区の整列の記憶は，自然にも起こりうるものである。落雷による電流が，多くの曲がりくねった経路を通って地面を流れるとき，この電流がつくる強い磁場により，近くの岩石の中にある強磁性物質が磁化することがある。ヒステリシスのために，落雷の後（電流が消えてから）も磁化はいくらか残った状態となる。その後，岩石は自然にさらされて脆くなり，崩れて残ったかけらが天然の磁石となる。

32-9 誘導磁場

第31章では，磁場の変化によって誘導電場が生じること，そしてファラデーの電磁誘導の法則として定式化されることを学んだ：

$$\oint \vec{E} \cdot d\vec{s} = -\frac{d\Phi_B}{dt} \quad \text{（ファラデーの誘導法則）} \quad (32\text{-}26)$$

$\vec{E}$は，閉ループを貫く磁束Φ_Bの時間変化により，ループに沿って誘導される電場である。物理学においては，対称性がしばしば威力を発揮するので，ここでも，逆の意味での誘導がないか考えてみよう；すなわち，電場束の変化によって磁場が誘導されないかということである。

"誘導される"が答である；さらに，誘導磁場を記述する式は，式(32-26)とほとんど対称な形をしている。この式は，James Clark Maxwellにちなんで，マクスウェルの誘導法則と呼ばれ，以下のように書かれる：

$$\oint \vec{B} \cdot d\vec{s} = \mu_0 \varepsilon_0 \frac{d\Phi_E}{dt} \quad \text{（マクスウェルの誘導法則）} \quad (32\text{-}27)$$

$\vec{B}$は，閉ループを貫く電場束Φ_Eの時間変化により，ループに沿って誘導

される磁場である。

このような誘導現象の一例として，円形の平行極板キャパシター（図32-14a）に電荷を蓄積することを考えよう．（当面この例について考察するが，電場束の変化は常に磁場の誘導をともなう．）キャパシターは定常電流 i によって一定の割合で充電されると仮定する．したがって，極板間の電場の大きさも一定の割合で増加していく．

図32-14bは，図32-14aの右側の極板を左からみたものである．電場は紙面に入る向きである．図32-14a, bの点1を通る円形ループを考えよう；このループは極板と同心円で，半径は極板の半径よりは小さい．このループを貫く電場が変化するので，ループを貫く電場束も変化する．電場束が変化すると，式(32-27)より，ループに沿って磁場が誘導されるはずである．

実際に，ループに沿って図に示された向きに磁場 $\vec{B}$ が誘導されることが，実験によって確かめられた．この磁場の大きさは，ループ上のすべての点で同じ値となり，キャパシター極板の中心のまわりに対称である．

次に，もっと大きなループを考えよう；このループは極板の外側にある点2を通る（図32-14a, b）．すると，このループにも磁場が誘導されるのである．このように，電場が変化しているあいだ，極板間の内部にも外部にも磁場が誘導される．電場の変化が止まるとこの誘導磁場も消えてしまう．

式(32-27)と(32-26)は良く似ているが，次の2点で異なっている．第1に，式(32-27)には2つの余分な記号 μ_0 と ε_0 が入っている；しかし，これは単にSI単位系を用いているためである．第2に，式(32-27)には，式(32-26)についていたマイナス符号がない；これは，似たような状況で発生する誘導電場 $\vec{E}$ と誘導磁場 $\vec{B}$ の向きが反対であることを意味している．反対向きであることを確かめてみよう；図32-15では，紙面に入る向きの磁場 $\vec{B}$ が増加して，電場 $\vec{E}$ が誘導されている．誘導電場 $\vec{E}$ の向きは反時計まわりで，図32-14bの誘導磁場 $\vec{B}$ とは逆向きとなっている．

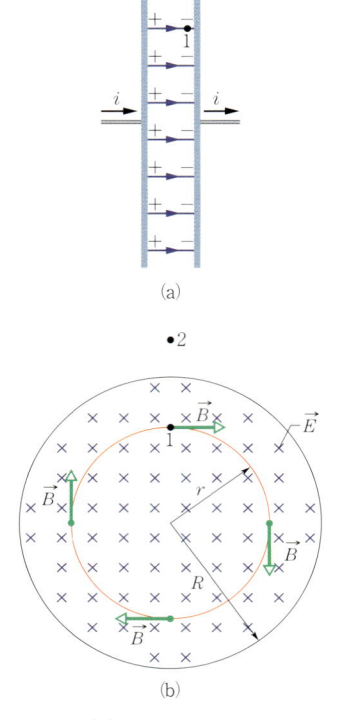

図32-14 (a)定電流 i で充電中の円形平行極板キャパシターを横から見た図．(b)キャパシターの内側から右側の極板を見た図．電場 $\vec{E}$ は一様で紙面に入る（極板に向かう）向き，その大きさはキャパシターが充電されるにつれて大きくなっていく．この変動電場が誘導する磁場 $\vec{B}$ が円周上の4点で示されている：円の半径 r は極板半径 R よりも小さい．

アンペール–マクスウェルの法則

さて，式(32-27)の左辺——閉ループに沿ったスカラー積 $\vec{B} \cdot d\vec{s}$ の積分——は，他の方程式，すなわち，アンペールの法則にも現れていたことを思い出そう：

$$\oint \vec{B} \cdot d\vec{s} = \mu_0 i_{\text{enc}} \quad \text{（アンペールの法則）} \quad (32\text{-}28)$$

i_{enc} は閉ループによって囲まれた電流である．このように，磁性物質以外の効果（すなわち電流と変化する電場）によってつくられる磁場 $\vec{B}$ は，2つの同じ形の方程式で記述される．そこで2式をひとつにまとめよう：

$$\oint \vec{B} \cdot d\vec{s} = \mu_0 \varepsilon_0 \frac{d\Phi_E}{dt} + \mu_0 i_{\text{enc}} \quad \text{（アンペール-マクスウェルの法則）} \quad (32\text{-}29)$$

電流は存在するが電場束が変化しないとき（導線に定常電流が流れている場合），式(32-29)の右辺の第1項はゼロとなり，式(32-29)は式(32-28)（アンペールの法則）に一致する．電場束は変化するが電流が流れていない

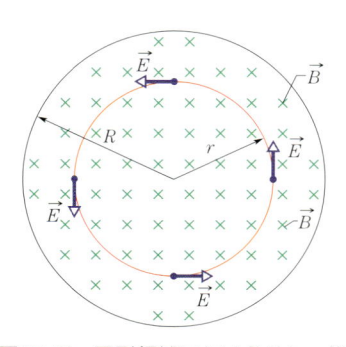

図32-15 円形領域にかけられた一様な磁場 $\vec{B}$ ．紙面に入る向きの磁場の大きさが増加している．この変動磁場が誘導する電場 $\vec{E}$ が円周上の4点で示されている：この円は円形領域の同心円状である．この状況を図32-14bと比べてみよ．

とき（充電中のキャパシター極板間の内部と外部），式(32-29)の右辺の第2項はゼロとなり，式(32-29)は式(32-27)（マクスウェルの誘導法則）に一致する．

例題 32-3

半径Rの円形平行極板キャパシターに電荷が充電される場合を考える（図32-14a）．

(a) 半径$r (r < R)$での磁場を与える式を導きなさい．

解法： **Key Idea**：磁場は電流と電場束の変化によって発生する；式(32-29)は両方の効果を含んでいる．図32-14の極板間には電流は存在しないが，電場束は変化している．したがって，式(32-29)は，

$$\oint \vec{B} \cdot d\vec{s} = \mu_0 \varepsilon_0 \frac{d\Phi_E}{dt} \quad (32\text{-}30)$$

この式の左辺と右辺を別々に評価してみよう．

式(32-30)の左辺：キャパシター内部（$r < R$）の磁場を知りたいので，図32-14に示されたように，$r < R$の円形のアンペール・ループを考える．磁場$\vec{B}$と経路要素$d\vec{s}$の向きは，ループ上のすべての点でループに接している．したがって，$\vec{B}$と$d\vec{s}$は平行か反平行である．簡単のために，ここでは平行であると仮定すると（得られる結果はこの仮定にはよらない），

$$\oint \vec{B} \cdot d\vec{s} = \oint B \, ds \cos 0° = \oint B \, ds$$

極板の対称性より，$\vec{B}$の大きさはループ上のすべての点で同じ値となるので，Bを上式の積分記号の外へ出すことができる．残った積分$\oint ds$は，単にループの周長$2\pi r$である．したがって，式(32-30)の左辺は，$(B)(2\pi r)$となる．

式(32-30)の右辺：キャパシター極板間の電場Eが一様かつ極板面に垂直であると仮定すると，アンペール・ループを貫く電場束Φ_EはEAである．Aは電場の中にあるループによって囲まれた面積である．したがって，式(32-30)の右辺は，$\mu_0 \varepsilon_0 d(EA)/dt$となる．

これらの結果を式(32-30)の右辺と左辺に代入すると

$$(B)(2\pi r) = \mu_0 \varepsilon_0 \frac{d(EA)}{dt}$$

Aは定数だから，$d(EA)$を$A\, dE$と書くと，

$$(B)(2\pi r) = \mu_0 \varepsilon_0 A \frac{dE}{dt} \quad (32\text{-}31)$$

Key Idea：電場の中にあるアンペール・ループの半径rは極板の半径Rより小さい（または等しい）ので，ループに囲まれた面積はπr^2となる．これを式(32-31)のAに代入してBについて解くと，$r < R$に対しては，

$$B = \frac{\mu_0 \varepsilon_0 r}{2} \frac{dE}{dt} \quad （答）(32\text{-}32)$$

この式より，キャパシター内部のBは，中心からの距離rに比例し，中心ではゼロ，極板の縁（$r = R$）で最大となることがわかる．

(b) $r = R/5 = 11.0$ mm, $dE/dt = 1.50 \times 10^{12}$ V/m·s のとき，磁場の大きさBを求めよ．

解法： (a)の答から，

$$\begin{aligned}B &= \frac{1}{2} \mu_0 \varepsilon_0 r \frac{dE}{dt} \\&= \frac{1}{2}(4\pi \times 10^{-7} \text{T·m/A})(8.85 \times 10^{-12} \text{C}^2/\text{N·m}^2) \\&\quad \times (11.0 \times 10^{-3} \text{m})(1.50 \times 10^{12} \text{V/m·s}) \\&= 9.18 \times 10^{-8} \text{T} \quad （答）\end{aligned}$$

(c) $r > R$での誘導磁場を与える式を導きなさい．

解法：解法は(a)の場合とほぼ同じである；ただし，キャパシター外部でのBの値を求めたいので，アンペール・ループの半径rは極板半径Rより大きくなる．式(32-30)の左辺と右辺を計算すると，再び式(32-31)が得られる．**Key Idea**：電場は極板間だけに存在し，その外側ではゼロである．したがって，アンペール・ループに囲まれて，しかも電場の中にある面積Aは，πr^2ではなく極板の面積πR^2である．

そこで，式(32-31)のAにπR^2を代入してBについて解くと，$r > R$に対しては，

$$B = \frac{\mu_0 \varepsilon_0 R^2}{2r} \frac{dE}{dt} \quad （答）(32\text{-}33)$$

この式より，キャパシター外部のBは，中心からの距離rとともに減少し，極板の縁（$r = R$）で最大となることがわかる．式(32-32)と(32-33)に$r = R$を代入すると，2つの結果は一致する；すなわち，極板の縁の磁場に対して同じ最大値を与える．

(b)で計算された誘導磁場の大きさはとても小さく，簡単な測定器で測ることは難しい．これは（ファラデーの法則による）誘導電場が容易に測定できることとは対照的である．実験上の違いのひとつは，起電力はコイルの巻き数を増加すれば簡単に増幅できるが，誘導磁場を簡単に増幅する技術は存在しないことである．とにかく，この例題で提案された実験は行われており，誘導磁場の存在は定量的に検証されている．

CHECKPOINT 5:
図は，電場の大きさ E の時間変化を4通り示している；電場は一様で図32-14bの領域に存在する．4つの電場を，領域の縁に誘導される磁場の大きさの順に並べなさい．

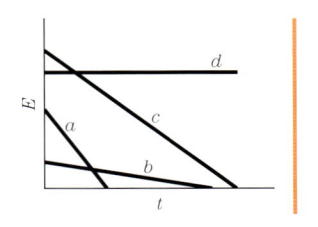

32-10 変位電流

式 (32-29) の右辺の2つの項を比較すると，積 $\varepsilon_0 (d\Phi_E/dt)$ は電流の次元をもつことがわかる．実際，この積は**変位電流** (displacement current) i_d と呼ばれる仮想的な電流として扱われてきた：

$$i_d = \varepsilon_0 \frac{d\Phi_E}{dt} \quad (\text{変位電流}) \qquad (32\text{-}34)$$

"変位"は適切な語法であるとは言い難いが——決して何かが変位するわけではない——この言葉がずっと使われてきた．いずれにせよ，式 (32-29) を次のように書き直す：

$$\oint \vec{B} \cdot d\vec{s} = \mu_0 i_{d,\text{enc}} + \mu_0 i_{\text{enc}} \quad (\text{アンペール-マクスウェルの法則}) \qquad (32\text{-}35)$$

$i_{d,\text{enc}}$ は積分経路のループで囲まれた変位電流である．

図32-16aの円形極板キャパシターを充電する問題に戻ろう．電極を充電する実在の電流 i によって，極板間の電場 $\vec{E}$ が変化する．極板間の仮想的な変位電流 i_d は，この変化する電場 $\vec{E}$ によるものである．これら2つの電流を関係づけよう．

任意の時刻における極板上の電荷 q は，その時刻における極板間の電場の大きさ E と関係づけられている．A を極板の面積とすると，式 (26-4) より，

$$q = \varepsilon_0 AE \qquad (32\text{-}36)$$

実在の電流 i を求めるために，式 (32-36) を時間で微分すると，

$$\frac{dq}{dt} = i = \varepsilon_0 A \frac{dE}{dt} \qquad (32\text{-}37)$$

変位電流 i_d を求めるために式 (32-34) を用いる．極板間の電場 $\vec{E}$ が一様であると仮定すると（エッジ効果を無視すると）Φ_E を AE で置き換えることができるので，式 (32-34) は，

$$i_d = \varepsilon_0 \frac{d\Phi_E}{dt} = \varepsilon_0 \frac{d(EA)}{dt} = \varepsilon_0 A \frac{dE}{dt} \qquad (32\text{-}38)$$

式 (32-37) と (32-38) を比較すると，キャパシターを充電している実在電流 i と，極板間の仮想的変位電流 i_d は同じ大きさであることがわかる：

$$i_d = i \quad (\text{キャパシターの変位電流}) \qquad (32\text{-}39)$$

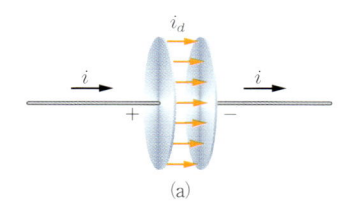

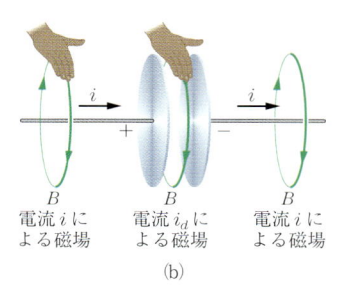

図32-16 (a) 変位電流 i_d；電流 i で充電中のキャパシターの極板間に流れる．(b) 実在電流のまわりの磁場の向きを与える右手ルールは，変位電流のまわりに発生する磁場の向きも与える．

このように，仮想的変位電流 i_d は，実在電流の延長として，一方の極板からキャパシターのギャップを通って反対側の極板に至る電流とみなすことができる．電場が極板間全体に一様に分布しているのと同様に，仮想的変位電流もまた，図 32-16a の矢印で示されているように，極板間に一様に広がっている．実際には電荷が極板間を移動するわけではないが，仮想的電流 i_d の考え方を用いると，誘導磁場の向きと大きさを計算するのに役に立つ．

誘導磁場の計算

第 30 章では，図 30-4 の右手ルールによって実在電流 i がつくる磁場の向きを知ることができた．同じルールを仮想的変位電流 i_d に対しても適用することができる（図 32-16b 中央）．

また，i_d を用いて半径 R の円形平行極板キャパシターを充電するときに誘導される磁場の大きさを求めることができる．そのためには，極板間の空間を，単に仮想電流 i_d が流れる半径 R の仮想円形導線とみなせばよい．そうすると，式 (30-22) より，キャパシターの内側にある半径 r の点での磁場の大きさは，

$$B = \left(\frac{\mu_0 i_d}{2\pi R^2}\right) r \quad \text{（円形平行極板キャパシターの内側）} \qquad (32\text{-}40)$$

同様に，式 (30-19) より，キャパシターの外側にある半径 r の点での磁場の大きさは，

$$B = \frac{\mu_0 i_d}{2\pi r} \quad \text{（円形平行極板キャパシターの外側）} \qquad (32\text{-}41)$$

例題 32-4

例題 32-3 の円形平行極板キャパシターが電流 i で充電されている．

(a) 極板間の中心から半径 $r = R/5$ の位置での $\oint \vec{B} \cdot d\vec{s}$ の値を μ_0 と i を用いて表せ．

解法： ここでも例題 32-3a の最初の **Key Idea** が有効であるが，ここでは式 (32-29) の積 $\varepsilon_0 d\Phi_E/dt$ を仮想的変位電流 i_d で置き換える．$\oint \vec{B} \cdot d\vec{s}$ は式 (32-35) で与えられるが，実在電流 i がキャパシターの極板間には存在しないので，

$$\oint \vec{B} \cdot d\vec{s} = \mu_0 i_{d,\text{enc}} \qquad (32\text{-}42)$$

$r = R/5$（キャパシターの内側）での $\oint \vec{B} \cdot d\vec{s}$ の値を求めたいので，積分ループは全変位電流 i_d の一部である $i_{d,\text{enc}}$ を囲む．**Key Idea**： i_d は極板全体に一様に分布していると仮定する．そうすると，ループに囲まれる変位電流はループの面積に比例する：

$$\frac{\begin{pmatrix}\text{ループに囲まれた}\\\text{変位電流 } i_{d,\text{enc}}\end{pmatrix}}{\text{全変位電流 } i_d} = \frac{\begin{pmatrix}\text{ループに囲まれた}\\\text{面積 } \pi r^2\end{pmatrix}}{\text{極板全体の面積 } \pi R^2}$$

これより，

$$i_{d,\text{enc}} = i_d \frac{\pi r^2}{\pi R^2}$$

これを式 (32-42) に代入すると，

$$\oint \vec{B} \cdot d\vec{s} = \mu_0 i_d \frac{\pi r^2}{\pi R^2} \qquad (32\text{-}43)$$

$i_d = i$（式 32-39）と $r = R/5$ を式 (32-43) に代入すると，

$$\oint \vec{B} \cdot d\vec{s} = \mu_0 i_d \frac{(R/5)^2}{R^2} = \frac{\mu_0 i}{25} \quad \text{（答）}$$

(b) キャパシター内側の位置 $r = R/5$ における磁場の大きさを最大誘導磁場を用いて表しなさい．

解法： **Key Idea**： キャパシターの電極は平行円板であるから，極板間の空間を，半径 R の仮想的変位電流 i_d が流れている導線とみなすことができる．したがって，式 (32-40) を用いてキャパシター内部の任意の点における

誘導磁場の大きさを計算できる．$r = R/5$ では，

$$B = \left(\frac{\mu_0 i_d}{2\pi R^2}\right) r = \frac{\mu_0 i_d (R/5)}{2\pi R^2} = \frac{\mu_0 i_d}{10\pi R} \quad (32\text{-}44)$$

キャパシター内部では $r = R$ のとき最大磁場 $B_{\max}$ となるので，

$$B_{\max} = \left(\frac{\mu_0 i_d}{2\pi R^2}\right) R = \frac{\mu_0 i_d}{2\pi R} \quad (32\text{-}45)$$

式 (32-44) を式 (32-45) で割って整理すると，

$$B = B_{\max}/5 \quad (答)$$

実はこの結果は，少し考えるだけで計算なしで得られる．キャパシター内部の磁場 B は，式 (32-40) より，r に比例して増加する．したがって，極板半径 R の $\frac{1}{5}$ の点では，磁場 B は $(1/5)B_{\max}$ となるはずである．

✓ **CHECKPOINT 6:**
図は，平行極板キャパシターの極板を内側から見たものである．破線は，4 通りの積分経路を示している（積分経路 b は極板の縁に沿っている）．
4 つの経路を，キャパシターが放電している間の $\oint \vec{B} \cdot d\vec{s}$ の大きさ順に並べよ．

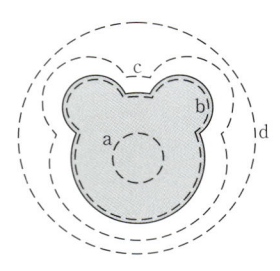

32-11　マクスウェルの方程式

式 (32-29) は，電磁気学における 4 つの基本方程式──マクスウェルの方程式 (Maxwell's equations) と呼ばれる（表 32-1 にまとめられている）──の最後のものである．これらの 4 つの方程式は，非常に広範な物理現象を説明することができる；たとえば，なぜ磁針が北を指すのか，なぜイグニッションキーを入れると自動車が発進するのか，という疑問に答えることができる．マクスウェルの方程式は，電動モーター，サイクロトロン，テレビ映像送信機，テレビ受像機，電話，ファクシミリ，レーダー，電子レンジなどの電磁機器の動作原理を与えるものである．

マクスウェルの方程式は，第 22 章から学んできた多くの方程式を導くことができる基礎的方程式であり，また，光学に関する多くの方程式の基礎になっている．

表 32-1　マクスウェルの方程式[a]

名称	方程式	
ガウスの法則（電気）	$\oint \vec{E} \cdot d\vec{A} = q_{\text{enc}}/\varepsilon_0$	正味の電場束とガウス面に囲まれた正味の電荷を関係づける
ガウスの法則（磁気）	$\oint \vec{B} \cdot d\vec{A} = 0$	正味の磁束とガウス面に囲まれた正味の磁荷を関係づける
ファラデーの法則	$\oint \vec{E} \cdot d\vec{s} = -\dfrac{d\Phi_B}{dt}$	誘導電場と磁束の変化を関係づける
アンペール–マクスウェルの法則	$\oint \vec{B} \cdot d\vec{s} = \mu_0 \varepsilon_0 \dfrac{d\Phi_E}{dt} + \mu_0 i_{\text{enc}}$	誘導磁場と電場束の変化および電流を関係づける

a：誘電体または磁性体は存在しないと仮定している．

まとめ

磁場に関するガウスの法則　もっとも単純な磁気構造は磁気双極子である。磁気単極子は（われわれの知るかぎり）存在しない。磁場に関する**ガウスの法則**によれば，任意の閉じたガウス面を貫く正味の磁束はゼロである：

$$\Phi_B = \oint \vec{B} \cdot d\vec{A} = 0 \quad (32\text{-}1)$$

これは磁気単極子が存在しないことを表している。

地磁気　地磁気は，磁気双極子のつくる磁場で近似することができる；磁気双極子モーメントは地球の自転軸と $11.5°$ の角度をなし，双極子のS極は地理学的な北極にある。地表面の任意の位置における磁場の向きは，偏角（地理学的北極からのずれ）と伏角（水平面からのずれ）で表される。

スピン磁気双極子モーメント　電子は固有の角運動量（スピン角運動量またはスピン）$\vec{S}$ をもち，それにともなって固有のスピン磁気双極子モーメント $\vec{\mu}_s$ をもっている：

$$\vec{\mu}_s = -\frac{e}{m}\vec{S} \quad (32\text{-}2)$$

スピン $\vec{S}$ 自身は測定できないが，その任意の方向成分は測定可能である。ある座標系において z 成分 S_z を測定すると，S_z は次の値しかとることができない：

$$S_z = m_s \frac{h}{2\pi} \quad \left(m_s = \pm\frac{1}{2}\right) \quad (32\text{-}3)$$

$h(=6.63\times 10^{-34}\,\mathrm{J\cdot s})$ はプランク定数である。同様に，電子のスピン磁気双極子モーメント $\vec{\mu}_s$ 自身は測定できないが，その成分は測定可能である。その z 成分は，

$$\mu_{s,z} = \pm\frac{eh}{4\pi m} = \pm\mu_B \quad (32\text{-}4,\ 32\text{-}6)$$

μ_B はボーア磁子である：

$$\mu_B = \frac{eh}{4\pi m} = 9.27 \times 10^{-24}\,\mathrm{J/T} \quad (32\text{-}5)$$

外部磁場 $\vec{B}_{\mathrm{ext}}$ の中に置かれたスピン磁気双極子モーメントの向きに関係したポテンシャルエネルギー U は，

$$U = -\vec{\mu}_s \cdot \vec{B}_{\mathrm{ext}} = -\mu_{s,z} B_{\mathrm{ext}} \quad (32\text{-}7)$$

軌道磁気双極子モーメント　原子の中にある電子は，軌道角運動量 $\vec{L}_{\mathrm{orb}}$ と呼ばれる角運動量をもち，これにともなって軌道磁気双極子モーメント $\vec{\mu}_{\mathrm{orb}}$ をもっている：

$$\vec{\mu}_{\mathrm{orb}} = -\frac{e}{2m}\vec{L}_{\mathrm{orb}} \quad (32\text{-}8)$$

軌道角運動量は量子化され，次式で表される値しかとることができない：

$$L_{\mathrm{orb},z} = m_l \frac{h}{2\pi} \quad (32\text{-}9)$$

$$m_l = 0, \pm 1, \pm 1, \cdots, \pm(\text{上限値})$$

したがって，軌道磁気双極子モーメントの大きさは，

$$\mu_{\mathrm{orb},z} = -m_l \frac{eh}{4\pi m} = -m_l \mu_B \quad (32\text{-}10,\ 32\text{-}11)$$

外部磁場 $\vec{B}_{\mathrm{ext}}$ の中に置かれた軌道磁気双極子モーメントの向きに関係したポテンシャルエネルギー U は，

$$U = -\vec{\mu}_{\mathrm{orb}} \cdot \vec{B}_{\mathrm{ext}} = -\mu_{\mathrm{orb},z} B_{\mathrm{ext}} \quad (32\text{-}12)$$

反磁性　反磁性物質は，外部磁場 $\vec{B}_{\mathrm{ext}}$ に置かれると磁性を示し，その磁気双極子モーメントは外部磁場 $\vec{B}_{\mathrm{ext}}$ と反対向きである。磁場が一様でない場合には，反磁性物質は磁場の強い領域から遠ざかるような力を受ける。このような性質を反磁性と呼ぶ。

常磁性　常磁性物質においては，個々の原子は永久的な磁気双極子モーメントをもっているが，外部磁場のない状態ではランダムな向きを向いているので，試料全体としては磁性を示さない。しかし，外部磁場 $\vec{B}_{\mathrm{ext}}$ がかけられると，原子の双極子モーメントの一部が整列して，外部磁場 $\vec{B}_{\mathrm{ext}}$ の向きに正味の磁気双極子モーメントを現れる。外部磁場 $\vec{B}_{\mathrm{ext}}$ が非一様であれば，物質は磁場の強い領域へ引きつけられる。このような性質を常磁性と呼ぶ。

原子の双極子モーメントが整列する度合いは，外部磁場 $\vec{B}_{\mathrm{ext}}$ が増加すると増加し，温度上昇に伴って減少する。体積 V の試料が磁化される度合いは，**磁化** $\vec{M}$ によって表され，その大きさは，

$$M = \text{測定された磁気モーメント}/V \quad (32\text{-}18)$$

試料の中の N 個の原子すべての磁気双極子が同じ向きにそろうと，試料は飽和したと言われ，そのときの磁化は最大値 $M_{\max} = N\mu/V$ となる。比 B_{ext}/T が小さいとき，次の近似式が成り立つ：

$$M = C\frac{B_{\mathrm{ext}}}{T} \quad (\text{キュリーの法則}) \quad (32\text{-}19)$$

C はキュリー定数と呼ばれる。

強磁性　強磁性物質の中にある一部の電子の磁気双極子モーメントは，外部磁場が存在しなくても，*交換相互作用*という量子物理学的効果によって整列し，強い磁気双極子モーメントをもつような領域（磁区）を物質中につくる。外部磁場 $\vec{B}_{\mathrm{ext}}$ によって磁区の磁気双極子モーメントの向きがそろい，物質全体で正味の強い磁気双極子モーメントをもつようになる。この正味の磁気双極子モーメントは，外部磁場 $\vec{B}_{\mathrm{ext}}$ がなくなった

232 第32章 物質の磁性：マクスウェル方程式

後もいくらか残る．外部磁場 $\vec{B}_{ext}$ が非一様であれば，強磁性物質は磁場の強い領域へ引きつけられる．このような性質を *強磁性* と呼ぶ．交換相互作用は，試料の温度がキュリー温度を超えると消滅して，試料は常磁性のみを示すようになる．

アンペール-マクスウェルの法則　電場束の変化は磁場 $\vec{B}$ を誘導する．マクスウェルの法則は，閉ループを貫く電場束 Φ_E の変化とそのループに沿って誘導される磁場を関係づける：

$$\oint \vec{B} \cdot d\vec{s} = \mu_0 \varepsilon_0 \frac{d\Phi_E}{dt} \quad (\text{マクスウェルの誘導法則}) \quad (32\text{-}27)$$

アンペールの法則 $\oint \vec{B} \cdot d\vec{s} = \mu_0 i_{enc}$（式32-28）は，閉ループに囲まれた電流 i_{enc} がつくる磁場を与える．マクスウェルの法則とアンペールの法則をひとつの式にまとめると，

$$\oint \vec{B} \cdot d\vec{s} = \mu_0 \varepsilon_0 \frac{d\Phi_E}{dt} + \mu_0 i_{enc}$$

（アンペール-マクスウェルの法則）　(32-29)

変位電流　変化する電場による仮想的な変位電流を次式で定義する：

$$i_d = \varepsilon_0 \frac{d\Phi_E}{dt} \quad (32\text{-}34)$$

これより式(32-29)は，

$$\oint \vec{B} \cdot d\vec{s} = \mu_0 i_{d,enc} + \mu_0 i_{enc}$$

（アンペール-マクスウェルの法則）　(32-35)

$i_{d,enc}$ は積分ループで囲まれた変位電流である．変位電流を用いると，キャパシターの中で電流が連続的に流れていると考えることができる．しかし，変位電流は決して電荷の移動を意味するわけではない．

マクスウェル方程式　表32-1にまとめられたマクスウェル方程式は，電磁気学を統一し，その基礎となるものである．

問　題

1. 外部磁場 $\vec{B}_{ext}$ の中に置かれた電子は，$\vec{B}_{ext}$ と反対向きのスピン角運動量 S_z をもっている．この電子のスピンが反転して $\vec{B}_{ext}$ と同じ向きになるとき，エネルギーを与えなければならないか，あるいはエネルギーは失われるか？

2. 図32-17aは，外部磁場 $\vec{B}_{ext}$ の中に置かれた電子のスピンの向きを2通り示している．図32-17bは，$\vec{B}_{ext}$ の大きさ変えたときのポテンシャルエネルギーについて3つの選択肢を示したグラフである．bとcは交差する2つの直線，aは平行線である．どれが正しいグラフか？

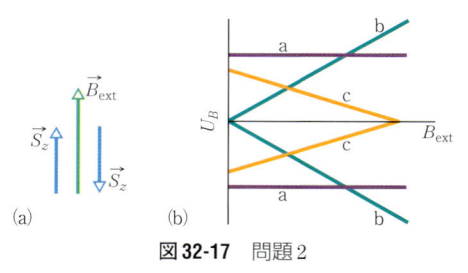

図32-17　問題2

3. 図32-18は，磁場中を反時計まわりに軌道運動している電子のループモデルである．モデル1と2の磁場は非一様，モデル3の磁場は一様である．それぞれのモデルにおいて，(a)ループによる磁気双極子モーメント，(b)ループに働く力は，上向きか，下向きか，ゼロか？

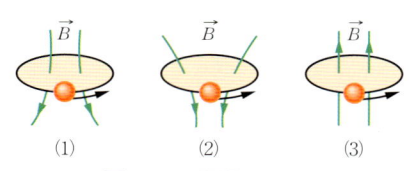

図32-18　問題3，5，6

4. 図32-8aとbのループに働く正味の力は，(a)$\vec{B}_{ext}$ の大きさを増やしたとき，(b)$\vec{B}_{ext}$ の広がり方を大きくしたとき，増えるか，減るか，変わらないか？

5. 問題3の電流ループ(図32-18)を反磁性球で置き換える．それぞれの磁場に対して，(a)球の磁気双極子モーメント，(b)球に働く磁気力は，上向きか，下向きか，ゼロか？

6. 問題3の電流ループ(図32-18)を常磁性球で置き換える．それぞれの磁場に対して，(a)球の磁気双極子モーメント，(b)球に働く磁気力は，上向きか，下向きか，ゼロか？

7. 図32-19は，反磁性物質中の磁気双極子配列を3通り描いている．(簡単のため，双極子モーメントは紙面内で上向きか下向きであるとする．)3つの配列に加えられた磁場の大きさは異なっている．(a)それぞれの場合，外部磁場は上向きか，下向きか？　3つの配列を，(b)

外部磁場の大きさの順に並べよ。(c) 物質の磁化の大きい順に並べよ。

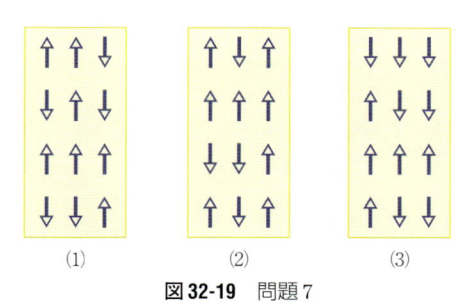

(1)　　　(2)　　　(3)

図 32-19　問題 7

8. 図 32-20 は，電場ベクトルと誘導磁力線を 2 通り示している。それぞれについて，$\vec{E}$ の大きさは，増えているか，減っているか？

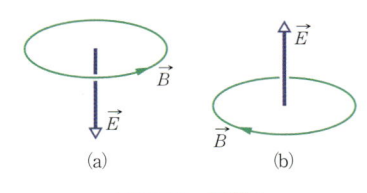

(a)　　　(b)

図 32-20　問題 8

9. 図 32-21 は，平行極板キャパシターとキャパシターに接続された導線に流れる電流を示している；キャパシターは放電中である。極板間の，(a) 電場 $\vec{E}$ の向きと，(b) 変位電流の向きは，右向きか，左向きか？ (c) 点 P での磁場の向きは紙面に入る向きか，紙面から出る向きか？

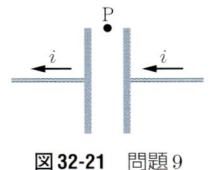

図 32-21　問題 9

10. 放電中の長方形の平行極板キャパシターの極板間中央に長方形のループが置かれている；ループの大きさは縦 L 横 $2L$，極板の大きさは縦 $2L$ 横 $4L$ である。ループによって囲まれる変位電流の割合はいくらか？ ただし，変位電流は一様に分布するとする。

11. 図 32-22a は，充電中の円形の平行極板キャパシターを示している。点 a (導線の近く) と点 b (キャパシターの極板間の内側) は中心軸から等距離にあり，点 c (導線から遠い) と点 d (極板の間だがギャップの外側) も中心軸から等距離にある。図 32-22b の曲線の一方は，導線内外の磁場の大きさを距離 r の関数として示している。もう一方の曲線は，極板間内外の磁場の大きさを距離 r の関数として示している。2 つの曲線の一部は重なっている。曲線上の 3 点 (1, 2, 3) は，図 32-22a の 4 点のどれに対応しているか？

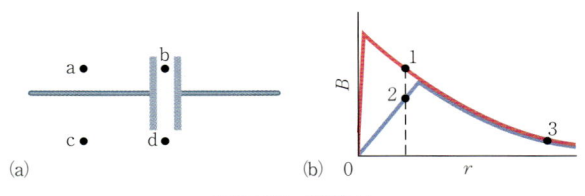

(a)　　　(b)

図 32-22　問題 11

33 電磁振動と交流

電力会社は，高圧送電線の修理が必要になっても，送電を止めて街中を真っ暗にしてしまうわけにはいかない。修理は送電線が"ホット"な状態で行われる。この写真は，ヘリコプターの外に出た作業員が，500 kV の送電線の間に取り付けられたスペーサー（電線間の間隔を保つ部品）を手で交換したところである。この作業には熟練が必要である。

作業員はなぜ感電しないでこのような修理をすることができるのであろうか？

答えは本章で明らかになる。

33-1 新しい物理と古い数学

本章では，インダクター L，キャパシター C，抵抗 R で構成される回路における電荷 q の時間変化について学ぶ。また別の視点から，エネルギーがどのようにインダクターの磁気エネルギーとキャパシターの電気エネルギーの間を往き来するか，そして抵抗の中で次第に熱エネルギーとして散逸するかについて議論する。

以前に別の状況で振動について議論した。第 16 章では，質量 m のブロック，ばね定数 k のばね，粘性や摩擦のある油，で構成される力学的振動系（図 16-15）における変位 x の時間変化について学んだ。また，エネルギーがどのように振動物体の運動エネルギーとばねの弾性エネルギーの間を往き来するか，そして次第に熱エネルギーとして散逸するかを学んだ。

これら 2 つの理想化された系は似ているが，実はこれらを支配している微分方程式は全く同じものである。その意味では学ぶべき新しい数学は何もない；数学的には単に記号を変えるだけなので，ここでは物理的考察に集中することができる。

33-2 LC振動：定性的議論

3つの回路素子——抵抗 R，キャパシター C，インダクター L——のうち，これまでに RC 直列回路（28-8節）と RL 直列回路（31-9節）について学んだ。これらの回路において，電荷，電流，電位差は指数関数的に増加あるいは減衰する；増加と減衰の時間スケールは，回路の時定数——誘導的または容量的——により決定される。

ここでは残ったもうひとつの組み合わせ，LC，について調べてみよう。この場合は，電荷，電流，電位差は指数関数的に増減するのではなく，正弦的に振動（周期 T，角振動数 ω）する。この結果おきるキャパシターの電場とインダクターの磁場の間の振動は**電磁振動**（electromagnetic oscillation）と呼ばれ，このような回路は振動するといわれる。

図 33-1 の (a) から (h) は，簡単な LC 回路における一連の電磁振動を示している。ある瞬間にキャパシターの電場に蓄えられているエネルギーは，そのときのキャパシターの電荷を q とすると，式 (26-21) より，

$$U_E = \frac{q^2}{2C} \qquad (33\text{-}1)$$

ある瞬間にインダクターの磁場に蓄えられているエネルギーは，そのときにインダクターに流れている電流を i とすると，式 (31-51) より，

$$U_B = \frac{Li^2}{2} \qquad (33\text{-}2)$$

今後，正弦的に振動している電気的な量の，ある瞬間の値を小文字（たとえば q）で表し，その振幅を大文字（たとえば Q）で表すことにする。この約束を念頭において，図 33-1 のキャパシターの電荷 q の初期状態は最大値

図 33-1 抵抗のない LC 回路の振動；1周期の中の8段階を示す。図の棒グラフは蓄積される磁気エネルギーと電気エネルギーを表す。インダクター中の磁力線とキャパシター中の電気力線が描かれている。(a) キャパシターの電荷は最大で電流はゼロ。(b) キャパシターが放電して電流が増加。(c) キャパシターが完全に放電して電流は最大。(d) キャパシターは充電中，ただし (a) と逆向き；電流は減少。(e) キャパシターの電荷は最大，ただし，極性は (a) と逆向き；電流はゼロ。(f) キャパシター放電中；電流は増加，ただし (b) と逆向き。(g) キャパシターは完全に放電して電流は最大。(h) キャパシターは充電中，電流は減少。

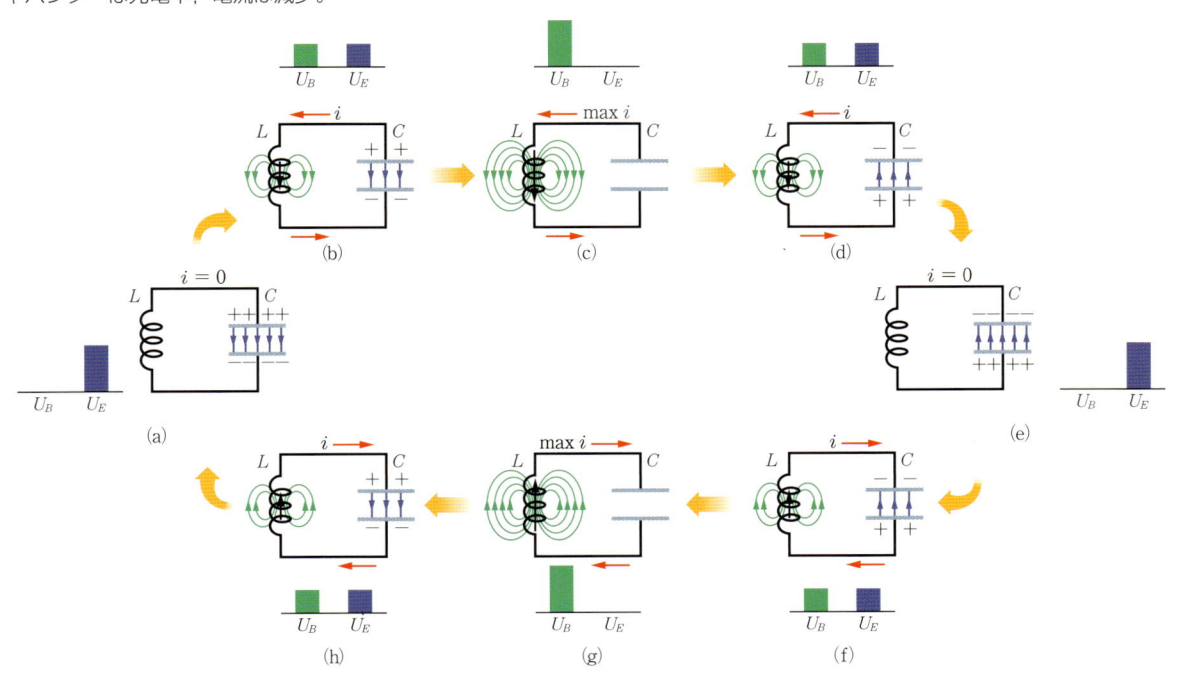

Q,インダクターを流れる電流 i の初期状態はゼロであると仮定する(図33-1a)。この図の棒グラフは,初期状態のエネルギーを表しており,インダクターの電流がゼロでキャパシターの電荷が最大,すなわち,磁場のエネルギー U_B がゼロ,電場のエネルギー U_E が最大値となっていることを表している。

図33-1bでは,キャパシターは放電を始め,正電荷キャリアが反時計まわりにインダクターに流れる。これは,dq/dt で与えられる電流 i がインダクターに下向きに流れこむことを意味する。キャパシターの電荷が減るとキャパシターの電場に蓄えられていたエネルギーも減る。このエネルギーは,インダクターに流れる電流 i がつくる磁場のエネルギーへ移動する。このように,電場が弱くなるにつれて磁場が強くなり,エネルギーが電場から磁場へ移動する。

やがてキャパシターからすべての電荷がなくなり(図33-1c),その結果,電場と電場に蓄えられていたエネルギーもなくなる。このエネルギーは,すべてインダクターの磁場へ移動した。そして磁場のエネルギーは最大値となり,インダクターの電流は最大値 I となる。

このときキャパシターの電荷はゼロであるが,インダクターがあるために電流が突然ゼロになることはない。したがって,反時計まわりの電流は流れ続け,正の電荷が上極板から下極板へ回路を通って運ばれる(図33-1d)。今度は,キャパシターの電場が再び強くなるにつれてエネルギーはインダクターからキャパシターへ戻る。このエネルギー移動の過程で,電流は徐々に減少する。最終的にエネルギーが完全にキャパシターへ戻ると(図33-1e),電流は(一瞬ではあるが)ゼロになる。図33-1eの状況は,キャパシターが逆向きに充電されていることを除いて,最初の状態と同じである。

キャパシターは再び放電を始め,電流は時計まわりに流れる(図33-1f)。前と同じ理由で,時計まわりの電流は最大値に達し(図33-1g),その後減少し(図33-1h),最終的には初期状態(図33-1a)に戻る。この過程はある振動数 f(角振動数 $\omega = 2\pi f$)で繰り返される。抵抗のない理想的 LC 回路におけるエネルギー移動は,キャパシターの電場エネルギーとインダクターの磁場エネルギーの間だけで起こる。エネルギー保存則によれば,この振動は永遠に続く。振動は,すべてのエネルギーが電場エネルギーである状態から始まる必要はない;初期状態は振動のどの段階でもよい。

キャパシターの電荷を時間の関数として表すために,キャパシター C の両端に電圧計を接続して電位差(電圧)v_C の時間変化を測ろう。式(26-1)より,

$$v_C = \left(\frac{1}{C}\right) q$$

この式から q を知ることができる。電流を測るためには,キャパシターとインダクターに直列に抵抗値 R の小さな抵抗をつなぎ,抵抗両端の電圧 v_R の時間変化を測定すればよい;v_R は電流 i に比例している:

$$v_R = iR$$

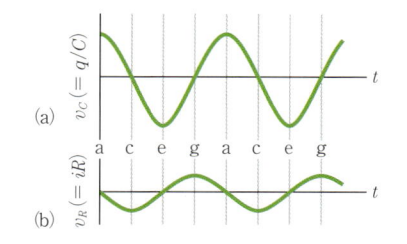

図 33-2 (a) 図 33-1 の回路におけるキャパシター両端の電位差の時間変化．これはキャパシターの電荷に比例している．(b) 図 33-1 の回路の電流に比例した電圧．a-g の記号は，図 33-1 における振動の各段階を示す．

R の値は十分に小さいので，回路に与える影響は無視できると仮定する．v_C と v_R の時間変化，すなわち，q と i の時間変化が図 33-2 に示されている．これら 4 つの量は，すべて正弦的に変動している．

実際の LC 回路においては，常にいくらかの抵抗があるために，この振動は無限には続かない；電場と磁場のエネルギーの一部が熱エネルギーとして散逸する（これにより回路が暖められる）．いったん始まった振動は減衰する（図 33-3）．この図を，ブロック-ばね系の減衰振動を表した図 16-16 と比べてみるとよい．

✓ **CHECKPOINT 1:** 時刻 $t = 0$ において，キャパシターとインダクターが直列に接続されている．(a) から (d) の量が次に最大値をとるのはいつか，振動の周期 T を単位にして答えよ：(a) キャパシターの電荷；(b) キャパシター両端の電位差（ただし初めと同じ極性）；(c) 電場に蓄えられるエネルギー；(d) 電流．

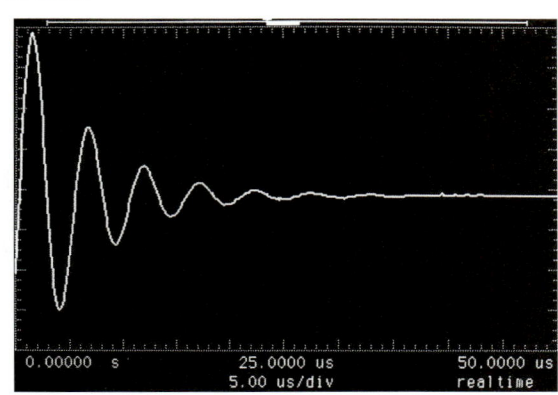

図 33-3 RLC 回路の振動を写したオシロスコープの画面；抵抗でエネルギーが散逸して熱エネルギーになるため，振動が減衰する．

例題 33-1

電気容量 $1.5\,\mu\mathrm{F}$ のキャパシターが 57 V で充電されている．充電に使った電池をはずし 12 mH のコイルを接続すると LC 振動が始まる．コイルを流れる最大電流はいくらか？　ただし，回路には抵抗はないものとする．

解法： **Key Ideas**：

1. 回路には抵抗がないので，エネルギーがキャパシターの電場とコイル（インダクター）の磁場の間を往き来するとき，電磁気的エネルギーは保存される．

2. 任意の時刻 t において，磁場のエネルギー U_B は，式 (33-2) ($U_B = Li^2/2$) によりコイルを流れる電流 $i(t)$ と関連づけられる．すべてのエネルギーが磁場エネルギーとして蓄えられているとき，電流はその最大値 I をとり，そのエネルギーは $U_{B,\mathrm{max}} = LI^2/2$ である．

3. 任意の時刻 t において，電場のエネルギー U_E は，式 (33-1) ($U_E = q^2/2C$) によりキャパシターの電荷 $q(t)$ と関連づけられる．すべてのエネルギーが電場エネルギーとして蓄えられているとき，電荷はその最大値 Q をとり，そのエネルギーは $U_{E,\mathrm{max}} = Q^2/2C$ である．

これらの Key Ideas をもとに，エネルギー保存則を用いると，

$$U_{B,\mathrm{max}} = U_{E,\mathrm{max}}$$

すなわち，

$$\frac{LI^2}{2} = \frac{Q^2}{2C}$$

この式を I について解くと，

$$I = \sqrt{\frac{Q^2}{LC}}$$

L と C の値は与えられているが Q の値がわからない．しかし，式 (26-1) ($q = CV$) により，Q を最大電位差 $V = 57\,\mathrm{V}$ に関係づけることができる．したがって，$Q = CV$ を代入して，

$$I = V\sqrt{\frac{C}{L}} = (57\,\mathrm{V})\sqrt{\frac{1.5 \times 10^{-6}\,\mathrm{F}}{12 \times 10^{-3}\,\mathrm{H}}}$$
$$= 0.637\,\mathrm{A} \approx 640\,\mathrm{mA} \qquad (答)$$

33-3 電気的振動と力学的振動の類似性

図33-1のLC振動系とブロック-ばね振動系の類似性について少し検討してみよう．2種類のエネルギーがブロック-ばね系に関係している．ひとつはばねの伸び縮みに伴う弾性エネルギーであり，もうひとつは運動しているブロックの運動エネルギーである．これら2つのおなじみのエネルギーについて表33-1の左側の欄にまとめた．

同じ表の右欄にはLC振動に関係するエネルギーがまとめられている．この表を見比べると，2対のエネルギー——ブロック-ばね系の力学的エネルギーとLC振動子の電磁エネルギー——の間の類似性に気がつくだろう．表の最下行に示されたvとiに関する方程式を見ると，この類似性の詳細がわかる；qはxに，iはvに対応している（どちらの方程式においても前者を微分すると後者が得られる）．エネルギーの表式を比べると，$1/C$はkに，Lはmに対応することが示唆される．これらをまとめると，

$$q \longleftrightarrow x, \quad 1/C \longleftrightarrow k, \quad i \longleftrightarrow v, \quad L \longleftrightarrow m$$

これらの対応関係から，数学的には，LC振動子のキャパシターはブロック-ばね系のばねに，インダクターはブロックに対応することがわかる．

16-3節で学んだように，ブロック-ばね系（摩擦のない場合）の角振動数は，

$$\omega = \sqrt{\frac{k}{m}} \quad \text{（ブロック-ばね系）} \tag{33-3}$$

上述の対応関係によれば，LC回路の角振動数は，kを$1/C$で，mをLで置き換えることにより，

$$\omega = \frac{1}{\sqrt{LC}} \quad \text{（LC回路）} \tag{33-4}$$

次節ではこの結果を導こう．

表 33-1 2つの振動系におけるエネルギー

ブロック-ばね系		LC振動子	
要素	エネルギー	要素	エネルギー
ばね	ポテンシャル $\frac{1}{2}kx^2$	キャパシター	電気 $\frac{1}{2}(1/C)q^2$
ブロック	運動エネルギー $\frac{1}{2}mv^2$	インダクター	磁気 $\frac{1}{2}Li^2$
$v = dx/dt$		$i = dq/dt$	

33-4 LC振動：定量的議論

本節では，LC振動子の角振動数が式(33-4)で与えられることを導こう．同時に，LC振動とブロック-ばね振動の類似性をもっと詳しく調べてみよう．まず，ブロック-ばね系の力学的振動をいくらか拡張する．

ブロック-ばね振動子

第16章では，エネルギー移動という観点からブロック-ばね系の振動を解析したが，時期尚早であったため，振動を支配している微分方程式を導くことはしなかった。ここではその導出から始める。

任意の時刻におけるブロック-ばね振動子の全エネルギーは，

$$U = U_b + U_s = \frac{1}{2}mv^2 + \frac{1}{2}kx^2 \tag{33-5}$$

U_b と U_s はそれぞれ，動いているブロックの運動エネルギー，伸び縮みしているばねの弾性エネルギーである。もし摩擦がない（と仮定する）場合，v と x はそれぞれ時間変化するが，全エネルギー U は変化しない。形式的な表現をすれば，$dU/dt = 0$ と書くことができる。これより，

$$\frac{dU}{dt} = \frac{d}{dt}\left(\frac{1}{2}mv^2 + \frac{1}{2}kx^2\right) = mv\frac{dv}{dt} + kx\frac{dx}{dt} = 0 \tag{33-6}$$

ところが，$v = dx/dt$，したがって $dv/dt = d^2x/dt^2$ であるから，これらを式(33-6)に代入すると，

$$m\frac{d^2x}{dt^2} + kx = 0 \quad （ブロック-ばね系の振動） \tag{33-7}$$

式(33-7)は，摩擦がない場合のブロック-ばね系の振動を支配する基本的な微分方程式である。

式(33-7)の一般解——すなわち，ブロック-ばね系の振動を記述する関数 $x(t)$——は，式(16-3)より，

$$x = X\cos(\omega t + \phi) \quad （変位） \tag{33-8}$$

X は力学的振動の振幅（第16章では x_m），ω は振動の角振動数，ϕ は位相定数である。

LC振動子

さて，ブロック-ばね振動子と同じように，抵抗のない LC 回路の振動を解析しよう。ある瞬間における LC 回路の全エネルギー U は，

$$U = U_B + U_E = \frac{Li^2}{2} + \frac{q^2}{2C} \tag{33-9}$$

U_B はインダクターの磁場に蓄えられたエネルギー，U_E はキャパシターの電場に蓄えられたエネルギーである。回路には抵抗がないと仮定したので，熱エネルギーへ移動するエネルギーはない。したがって，U は時間によらない一定値となる。形式的に表せば，$dU/dt = 0$。これより，

$$\frac{dU}{dt} = \frac{d}{dt}\left(\frac{Li^2}{2} + \frac{q^2}{2C}\right) = Li\frac{di}{dt} + \frac{q}{C}\frac{dq}{dt} = 0 \tag{33-10}$$

ところが，$i = dq/dt$，したがって $di/dt = d^2q/dt^2$ であるから，これらを式(33-10)代入すると，

$$L\frac{d^2q}{dt^2} + \frac{1}{C}q = 0 \quad （LC振動） \tag{33-11}$$

これは抵抗がない LC 回路の振動を記述する微分方程式である。式(33-11)

と(33-7)は，数学的に同じ形をしている。

電荷と電流の振動

微分方程式が数学的に同等であるなら，それらの解も数学的に同等でなければならない。q は x に対応するので，式(33-8)との類似により，式(33-11)の一般解は，

$$q = Q\cos(\omega t + \phi) \quad \text{(電荷)} \tag{33-12}$$

Q は電荷変動の振幅，ω は電磁振動の角振動数，ϕ は位相定数である。

式(33-12)を時間で微分すると，LC 振動子の電流が求められる：

$$i = \frac{dq}{dt} = -\omega Q \sin(\omega t + \phi) \quad \text{(電流)} \tag{33-13}$$

正弦的に変動する電流の振幅は，

$$I = \omega Q \tag{33-14}$$

これより，式(33-13)は，

$$i = -I\sin(\omega t + \phi) \tag{33-15}$$

角振動数

式(33-12)が確かに式(33-11)の解になっているかどうか確かめよう；式(33-12)と，この式の時間に関する2階の導関数を式(33-11)に代入すればよい。式(33-12)の1階の導関数は式(33-13)で与えられる。2階の導関数は，

$$\frac{d^2q}{dt^2} = -\omega^2 Q \cos(\omega t + \phi)$$

q と d^2q/dt^2 を式(33-11)に代入すると，

$$-L\omega^2 Q \cos(\omega t + \phi) + \frac{1}{C}Q\cos(\omega t + \phi) = 0$$

$Q\cos(\omega t + \phi)$ を消去して，式を変形すると，

$$\omega = \frac{1}{\sqrt{LC}}$$

このように，ω が $1/\sqrt{LC}$ であれば，式(33-12)は確かに式(33-11)の解になっている。ω の表式は，対応関係から得られた式(33-4)と一致している。

式(33-12)の位相定数 ϕ は，ある時刻(たとえば $t=0$)での条件によって決められる。たとえば，$t=0$ のとき $\phi=0$ という条件であれば，式(33-12)より $q=Q$，式(33-13)より $i=0$ となる；これらは図33-1aに示された初期条件である。

電磁エネルギーの振動

LC 回路に蓄えられている電気エネルギーは，任意の時刻 t において，式(33-1)と(33-12)より，

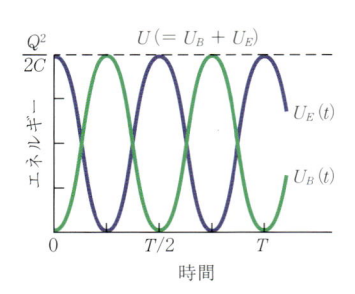

図33-4 図33-1の回路における磁気エネルギーと電気エネルギーの時間変化。2つの和は一定値となることに注意。T は振動の周期である。

$$U_E = \frac{q^2}{2C} = \frac{Q^2}{2C}\cos^2(\omega t + \phi) \tag{33-16}$$

磁気エネルギーは，式(33-2)と(33-13)より，

$$U_B = \frac{Li^2}{2} = \frac{1}{2}L\omega^2 Q^2 \sin^2(\omega t + \phi)$$

ωに式(33-4)を代入すると，

$$U_B = \frac{Q^2}{2C}\sin^2(\omega t + \phi) \tag{33-17}$$

図33-4は$U_E(t)$と$U_B(t)$のプロットである；ただし，$\phi=0$である．以下のことに注意しよう．

1. $U_E(t)$と$U_B(t)$の最大値は，ともに$Q^2/2C$である．
2. 任意の時刻において，$U_E(t)$と$U_B(t)$の和は一定で，その値は$Q^2/2C$である．
3. $U_E(t)$が最大のとき$U_B(t)$はゼロ，$U_B(t)$が最大のとき$U_E(t)$はゼロになる．

✓ **CHECKPOINT 2：** LC振動子のキャパシターにかかる最大電位差は17V，最大エネルギーは160μJとする．キャパシターの電位差が5Vでエネルギーが10μJのとき，(a) インダクターに誘導される起電力はいくらか？ (b) 磁場に蓄えられるエネルギーはいくらか？

例題 33-2

例題33-1の状況において，$t=0$で充電されたキャパシターにコイル（インダクター）を接続する．その結果，図33-1のLC回路と同様になる．

(a) インダクターの両端の電位差$v_L(t)$を時間の関数として求めよ．

解法： **Key Idea 1:** 回路の電流と電位差は正弦的に振動する．**Key Idea 2:** 閉回路の法則は振動回路にも適用できる；第28章では非振動回路に対して適用した．振動の任意の時刻tにおいて，閉回路の法則と図33-1より，

$$v_L(t) = v_C(t) \tag{33-18}$$

インダクター両端の電位差v_Lは，常にキャパシター両端の電位差v_Cに等しくなければならない；したがって，回路を1周したときの正味の電位差はゼロになる．このように，$v_C(t)$から$v_L(t)$がわかり，$v_C(t)$は，式(26-1)($q=CV$)より，$q(t)$から求められる．

時刻$t=0$に振動が始まったとき電位差v_Cは最大であるから，キャパシターの電荷qもそのとき最大になる．したがって，位相定数ϕはゼロでなければならない．式(33-12)より，

$$q = Q\cos\omega t \tag{33-19}$$

（コサイン関数は$t=0$において確かにqの最大値($=Q$)を与える．）電位差v_Cを求めるために，式(33-19)の両辺をCで割ると，

$$\frac{q}{C} = \frac{Q}{C}\cos\omega t$$

キャパシター両端の電位差の振動振幅をV_Cとすると，式(26-1)より，

$$v_C = V_C\cos\omega t \tag{33-20}$$

次に，式(33-18) ($v_C = v_L$) を代入すると，

$$v_L = V_C\cos\omega t \tag{33-21}$$

この式の右辺を計算しよう；振幅V_Cはキャパシター両端の最初（最大）の電圧57Vである．例題33-1で与えられたLとCの値を用いると，式(33-4)のωの値が求められる：

$$\omega = \frac{1}{\sqrt{LC}} = \frac{1}{[(0.012\,\text{H})(1.5\times 10^{-6}\,\text{F})]^{0.5}}$$
$$= 7454\,\text{rad/s} \approx 7500\,\text{rad/s}$$

これより，式(33-21)は，

$$v_L = (57\,\text{V})\cos(7500\,\text{rad/s})t \quad\text{（答）}$$

(b) 回路を流れる電流iの変化率の最大値$(di/dt)_{\max}$はいくらか？

解法： **Key Idea：** 電荷が式(33-12)に従って変化するとき，電流は式(33-13)で与えられる．$\phi=0$だから，

$$i = -\omega Q\sin\omega t$$

これより，

$$\frac{di}{dt} = \frac{d}{dt}(-\omega Q \sin \omega t) = -\omega^2 Q \cos \omega t$$

Q を CV_C で置き換え（Q ではなく C と V_C の値がわかっている），ω を式(33-4)（$\omega = 1/\sqrt{LC}$）で置き換えると，

$$\frac{di}{dt} = -\frac{1}{LC} CV_C \cos \omega t = -\frac{V_C}{L} \cos \omega t$$

この式は，電流の変化率も正弦的に変化しており，電流変化率の最大値は，

$$\frac{V_C}{L} = \frac{57\,\mathrm{V}}{0.012\,\mathrm{H}} = 4750\,\mathrm{A/s} \approx 4800\,\mathrm{A/s} \quad \text{(答)}$$

33-5　RLC 回路における減衰振動

抵抗とインダクタンスと電気容量をもつ回路は RLC 回路と呼ばれる。ここでは，図33-5に示された直列 RLC 回路についてだけ議論する。抵抗 R があると，回路の全電磁エネルギー U（電気エネルギーと磁気エネルギーの和）はもはや一定ではない；エネルギーは抵抗の熱エネルギーへ移動するので徐々に減衰する。このようにエネルギーが失われていくと，電荷，電流，電位差の振動振幅は連続的に小さくなり，振動は減衰するといわれる。この現象は，16-8節で学んだブロック-ばね系の減衰振動と全く同じものである。

この回路の振動を解析するために，ある瞬間における回路の全電磁エネルギー U についての方程式を書いてみよう。抵抗は電磁エネルギーを蓄えないので，式(33-9)より，

$$U = U_B + U_E = \frac{Li^2}{2} + \frac{q^2}{2C} \tag{33-22}$$

しかし，ここではエネルギーが熱エネルギーへ移動するので全電磁エネルギーは減少する。エネルギー移動率は，式(27-22)より，

$$\frac{dU}{dt} = -i^2 R \tag{33-23}$$

負符号は U が減少していくことを示している。式(33-22)を時間で微分して，式(33-23)の結果と等しいとおくと，

$$\frac{dU}{dt} = Li\frac{di}{dt} + \frac{q}{C}\frac{dq}{dt} = -i^2 R$$

i に dq/dt を，di/dt に d^2q/dt^2 を代入すると，

$$L\frac{d^2q}{dt^2} + R\frac{dq}{dt} + \frac{1}{C}q = 0 \quad (RLC\text{回路}) \tag{33-24}$$

これが RLC 回路の減衰振動を表す微分方程式である。

式(33-24)の解は次式で与えられる：

$$q = Qe^{-Rt/2L}\cos(\omega' t + \phi) \tag{33-25}$$

ただし，

$$\omega' = \sqrt{\omega^2 - (R/2L)^2} \tag{33-26}$$

$\omega = 1/\sqrt{LC}$ は減衰しない振動子の角振動数と同じである。式(33-25)は，RLC 回路中のキャパシターに蓄えられた電荷がどのように減衰振動するか

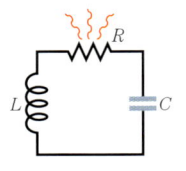

図33-5　直列 RLC 回路。回路の中の電荷が抵抗を往き来すると，電磁エネルギーが散逸して熱エネルギーとなり，振動は減衰する(振幅が小さくなる)。

を表している；この方程式は，減衰のあるブロック-ばね振動子の変位を与える式(16-40)の電磁気版といえる。

式(33-25)は正弦的振動(コサイン関数)を表し，その振幅 $Qe^{-Rt/2L}$ (コサインの前にかかる係数)は指数関数的に減衰する。減衰振動の角振動数 ω' は，減衰のない振動子の角振動数 ω より常に小さい；しかしここでは，R の値が十分に小さく ω' を ω で置き換えることができる場合だけを考える。

次に，全電磁エネルギー U を時間の関数として与える式を求めよう。ひとつのやり方は，キャパシターの電場によるエネルギー——式(33-1) ($U_E = q^2/2C$) で与えられる——に注目することである。式(33-1)に(33-25)を代入すると，

$$U_E = \frac{q^2}{2C} = \frac{[Qe^{-Rt/2L}\cos(\omega' t + \phi)]^2}{2C}$$

$$= \frac{Q^2}{2C} e^{-Rt/L} \cos^2(\omega' t + \phi) \quad (33\text{-}27)$$

このように，電気エネルギーはコサイン関数の2乗で振動し，その振幅は指数関数的に時間とともに減衰する。

例題 33-3

直列 RLC 回路があり，そのインダクタンスは $L = 12$ mH，電気容量は $C = 1.6\,\mu$F，抵抗は $R = 1.5\,\Omega$ である。

(a) 回路の電荷振動の振幅が初期値の50％となるまでの時間はいくらか？

解法: **Key Idea**: 電荷の振動は時間とともに指数関数的に減少する：任意の時刻 t における電荷振動の振幅は，式(33-25)より，Q を $t = 0$ での振幅として $Qe^{-Rt/2L}$ で表される。振幅が $0.50Q$ となる時刻は，
$$Qe^{-Rt/2L} = 0.50\,Q$$
Q を消去してから両辺の対数をとると，
$$-\frac{Rt}{2L} = \ln 0.50$$
これを t について解き，与えられた数値を代入すると，
$$t = -\frac{2L}{R}\ln 0.50 = -\frac{(2)(12\times 10^{-3}\text{H})(\ln 0.50)}{1.5\,\Omega}$$
$$= 0.0111\,\text{s} \approx 11\,\text{ms} \quad (\text{答})$$

(b) この時間内に何回振動するか？

Key Idea: 1回の振動に要する時間は周期 $T = 2\pi/\omega$，LC 振動の角振動数 ω は式(33-4) ($\omega = 1/\sqrt{LC}$) で与えられる。したがって，$\Delta t = 0.0111$ s の間の振動回数は，

$$\frac{\Delta t}{T} = \frac{\Delta t}{2\pi\sqrt{LC}}$$
$$= \frac{0.0111\,\text{s}}{2\pi[(12\times 10^{-3}\text{H})(1.6\times 10^{-6}\text{F})]^{1/2}} \approx 13$$
$$(\text{答})$$

このように，振幅が50％に減るまでに約13回振動する。この程度の減衰は，図33-3の減衰(1回の振動で半分程度に減衰している)と比べるとそれほど激しいものではない。

33-6 交　流

外部の起電力発生装置が RLC 回路に接続されていて，抵抗で散逸する熱エネルギーが補充されるならば，RLC 回路の振動は減衰しない。家庭，オフィス，工場にある数え切れないほどの RLC 回路は，各地域の電力会社

からそのようなエネルギーを——（ほとんどの国では）振動する起電力と電流によって——供給されている；このような電流は**交流**(alternating current；ac)と呼ばれる。(電池から供給されるような振動しない電流は**直流**(direct current；dc)と呼ばれる。) これらの振動起電力と電流は，正弦的に（北米では）1秒間に120回その向きを変えている；すなわち，振動数は $f = 60\,\mathrm{Hz}$ である。

一見，これは不思議な状況に見える。以前，家庭内配線を流れる伝導電子の典型的ドリフト速度は $4 \times 10^{-5}\,\mathrm{m/s}$ であることを学んだ。電子の向きが $1/120\,\mathrm{s}$ 毎に反転すると，半周期の間に電子が動く距離は約 $3 \times 10^{-7}\,\mathrm{m}$ である。このような周期では，個々の電子は，向きを変えるまでの間に，導線の中を原子10個程度の距離しか移動することができない。それではどうやって，電子はどこかへ行くことができるのであろうか？

これは厄介な問題のように思えるが，実は心配することはない。伝導電子は"どこへも行く必要がない"のである。導線を流れる電流が1 A であるというのは，導線の任意の断面を1秒間に1クーロンの電荷が通過することを意味している。電荷キャリアの速さは直接には関係がない；多数の電荷キャリアーがゆっくり動いてもよいし，少数がとても速く動いてもかまわない。一方，電子の向きを反転させる信号——電力会社の発電機が供給する交流起電力に起因する——は，光速に近い速さで導線を伝わる。したがって，すべての電子は，導線上のどこにいても，ほぼ同時に反転の指令を受け取るのである。結局のところ，電球やトースターのような多くの電気機器において，運動の向きは重要ではない；重要なのは，電子が運動していて，装置内の原子との衝突によって装置にエネルギーが移動することである。

交流の基本的な利点は，電流が変化すると導体のまわりの磁場も変化する，ということである。これによってファラデーの電磁誘導の法則を利用することができる。中でも重要なのは変圧器である；変圧器を使えば，後の節で学ぶように，交流電圧の大きさを上げたり下げたり自由に変えることができる。さらに，発電機やモーターのような回転する機械への応用において，交流は直流よりも簡単である。

図33-6 は交流発電機の原理を示したものである。導電ループを外部磁場 $\vec{B}$ の中で回転させると，正弦的に変化する起電力 $\mathcal{E}$ がループに発生する：

$$\mathcal{E} = \mathcal{E}_m \sin \omega_d t \tag{33-28}$$

起電力の角振動数 ω_d は，磁場中で回転している導体ループの角速度に等しい；起電力の位相は $\omega_d t$ である；起電力の振幅は $\mathcal{E}_m$ である（添え字 m は maximum の意味）。この回転ループが閉じた導体経路の一部であるならば，起電力は正弦的な電流（交流）を発生させる（駆動する；drive）；導体ループを流れる電流の角振動数も ω_d であり，**駆動角振動数**(driving angular frequency)と呼ばれる。駆動された電流は，振幅を I で表すと，

$$i = I \sin(\omega_d t - \phi) \tag{33-29}$$

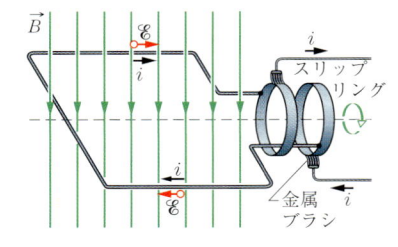

図33-6 交流発電機の基本原理：導体ループが外部磁場中を回転する。実際には，多数の巻線に発生する交流誘導起電力は回転ループに取り付けられた"スリップリング"を介して取り出される。各スリップリングは導体ループの一端に接続され，導体ループと一緒に回転する。また金属製のブラシを通して電気的に外部の回路に接続されている。

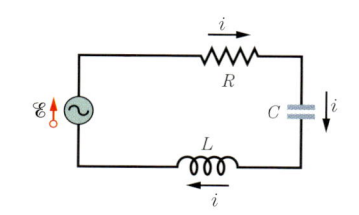

図33-7 抵抗，キャパシター，インダクターを含む単ループ回路．円の中に正弦波形が書かれたものが交流発電機であり，これにより交流起電力が発生し，交流電流が流れる：ある瞬間の起電力と電流の向きが矢印で示されている．

（慣例に従って，電流の位相 $\omega_d t - \phi$ には負符号をつける；$\omega_d t + \phi$ ではない．）電流 i と起電力 $\mathcal{E}$ の位相がずれている可能性があるので，式(33-29)に位相定数 ϕ を導入した．（後でみるように，この位相定数は発電機に接続される回路に依存する．）電流 i は，**駆動振動数**(driving frequency) f_d を用いて表すこともできる；式(33-29)の ω_d を $2\pi f_d$ で置き換えればよい．

33-7 強制振動

減衰のない LC 回路であろうが，減衰のある RLC 回路（R は十分小さい）であろうが，いったん振動が始まれば，電荷，電位差，電流は角振動数 $\omega = 1/\sqrt{LC}$ で振動する．このような外部起電力が働かない振動は*自由振動*(free oscillation)と呼ばれ，ω は回路の**固有角振動数**(natural angular frequency)といわれる．

これに対して，式(33-28)で与えられるような外部交流起電力が RLC 回路に接続されると，電荷，電位差，電流は，*強制振動*(forced oscillation)あるいは*駆動振動*(driven oscillation)をするといわれる．このような振動の駆動角振動数は常に ω_d である：

▶ 強制振動する回路の電荷，電位差，電流は，回路の固有振動数 ω には関係なく，常に駆動角振動数 ω_d で振動する．

しかし，33-9節で見るように，振動の振幅は，ω_d と ω がどれだけ近いかに大きく依存する．2つの振動数が一致するとき——この条件は**共鳴**(resonance)として知られている——回路の電流振幅 I は最大となる．

33-8 単純な3種類の回路

直列 RLC 回路に外部交流起電力を接続することは（図33-7）本章後半で学ぶ；そこでは，正弦的に振動する電流の振幅 I と位相定数 ϕ を，外部起電力の振幅 $\mathcal{E}$ と角振動数 ω_d を用いて表す．しかし，まず最初に，3つの単純な回路について考えよう；それぞれの回路には，外部起電力にひとつの回路素子（R，C，L のいずれか）だけが接続される．まず，抵抗（抵抗負荷；resistive load）から始めよう．

抵 抗 負 荷

図33-8aの回路は，抵抗値 R の抵抗素子と，式(33-28)の交流起電力を発生する交流発電機で構成される．閉回路の法則から，

$$\mathcal{E} - v_R = 0$$

式(33-28)を代入すると，

$$v_R = \mathcal{E}_m \sin \omega_d t$$

抵抗両端の交流電位差（交流電圧）の振幅 V_R は，交流起電力の振幅 $\mathcal{E}_m$ に等しいので，

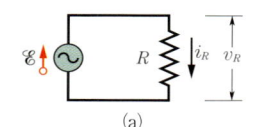

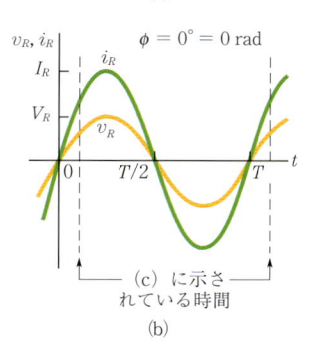

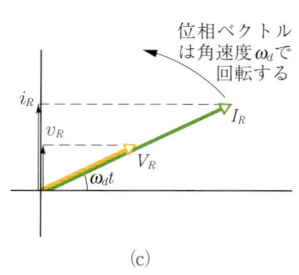

図33-8 (a)交流発電機の両端に接続された抵抗．(b)電流 i_R と抵抗両端の電位差 v_R の時間変化．これらは同位相で，1サイクルの時間は周期 T．(c) (b)の状況を表す位相ベクトル図．

$$v_R = V_R \sin \omega_d t \tag{33-30}$$

抵抗の定義 ($R = V/i$) より，抵抗を流れる電流 i_R は，

$$i_R = \frac{v_R}{R} = \frac{V_R}{R} \sin \omega_d t \tag{33-31}$$

一方，式 (33-29) を使ってこの電流を書き直すと，

$$i_R = I_R \sin(\omega_d t - \phi) \tag{33-32}$$

I_R は抵抗を流れる電流 i_R の振幅である．式 (33-31) と (33-32) を比べると，抵抗負荷に対しては位相定数 $\phi = 0°$ となることがわかる．また，電圧振幅と電流振幅の関係は，

$$V_R = I_R R \quad (抵抗) \tag{33-33}$$

この関係式は図 33-8a の回路について導かれたものであるが，この結果は，どのような交流回路の中のどのような抵抗素子についても成り立つ．

　式 (33-30) と (33-31) を比較すると，時間変化する v_R と i_R は，どちらも $\sin \omega_d t$ の関数で，$\phi = 0°$ であることがわかる．したがって，これら 2 つの量は同位相であり，同時刻に最大値 (または最小値) をとる．このことは図 33-8b ($v_R(t)$ と $i_R(t)$ のプロット) に描かれている．この振動は減衰しないことに注意しよう；抵抗で散逸するエネルギーを補うように，発電機が回路にエネルギーを供給している．

　時間変化する v_R と i_R は，位相ベクトルを使って幾何学的に表現することもできる．17-10 節を思い出すと，位相ベクトルは原点のまわりを回転するベクトルである．図 33-8c には，任意の時刻 t における，抵抗両端の電圧と抵抗に流れる電流の位相ベクトルが示されている．この位相ベクトルの特徴は：

角速度：どちらの位相ベクトルも，原点のまわりを反時計まわりに回転する；その角速度は，v_R と i_R の角振動数 ω_d と同じである．

長　さ：位相ベクトルの長さは，変化する量の振幅を与える：電圧については V_R，電流については I_R である．

射　影：位相ベクトルの縦軸への射影は，変化する量の時刻 t での値を表す：電圧については v_R，電流については i_R である．

回転角：位相ベクトルの回転角は，変化する量の時刻 t での位相角を表す．図 33-8c では，電圧と電流は同位相である．したがって，位相ベクトルは常に同じ位相角 $\omega_d t$，同じ回転角をもち，一緒に回転する．

　頭の中で回転を追ってみよう．位相ベクトルの回転角が $\omega_d t = 90°$ になったとき (ベクトルは真上を向いている)，どちらも最大値となる ($v_R = V_R$ かつ $i_R = I_R$) ことがわかるだろうか？　式 (33-30) と (33-32) は，位相ベクトルで考えたのと同じ結論を与える．

例題 33-4

純抵抗負荷。図33-8aにおいて，抵抗は$R = 200\,\Omega$，正弦的に振動する起電力の振幅は$\mathcal{E}_m = 36.0\,\text{V}$，振動数は$f_d = 60.0\,\text{Hz}$であるとする。

(a) 抵抗両端の電位差$v_R(t)$を時間の関数として求めよ。また，$v_R(t)$の振幅V_Rはいくらか？

解法：図33-8aの回路に閉回路の法則を適用する。
Key Idea：純抵抗負荷だけをもつ回路においては，抵抗両端の電位差$v_R(t)$と起電力発生装置両端の電位差$\mathcal{E}(t)$は常に等しい。したがって，$v_R(t) = \mathcal{E}(t)$かつ$V_R = \mathcal{E}_m$である。$\mathcal{E}_m$が与えられているので，

$$V_R = \mathcal{E}_m = 36.0\,\text{V} \quad (\text{答})$$

$v_R(t)$は，式(33-28)より，

$$v_R(t) = \mathcal{E}(t) = \mathcal{E}_m \sin \omega_d t \quad (33\text{-}34)$$

$\mathcal{E}_m = 36.0\,\text{V}$と，$\omega_d = 2\pi f_d = 2\pi(60\,\text{Hz}) = 120\pi$を代入して，

$$v_R = (36.0\,\text{V}) \sin(120\pi t) \quad (\text{答})$$

サインの引数は，$(377\,\text{rad/s})t$あるいは$(377\,\text{s}^{-1})t$のように書いてもよいが，このまま残しておく方が便利であろう。

(b) 抵抗を流れる電流$i_R(t)$と，その振幅I_Rを求めよ。

解法：**Key Idea**：純抵抗負荷の交流回路においては，抵抗に流れる電流$i_R(t)$と抵抗両端の電位差$v_R(t)$は同位相である；すなわち，電流の位相定数ϕはゼロである。したがって，式(33-29)より，

$$i_R = I_R \sin(\omega_d t - \phi) = I_R \sin \omega_d t \quad (33\text{-}35)$$

振幅I_Rは，式(33-33)より，

$$I_R = \frac{V_R}{R} = \frac{36.0\,\text{V}}{200\,\Omega} = 0.180\,\text{A} \quad (\text{答})$$

この式と$\omega_d = 2\pi f_d = 120\pi$を式(33-35)に代入すると，

$$i_R = (0.180\,\text{A}) \sin(120\pi t) \quad (\text{答})$$

✓ **CHECKPOINT 3**：純抵抗負荷の回路で駆動振動数を上げると，(a) 電位差の振幅V_R，(b) 電流の振幅I_R，は増えるか，減るか，変わらないか？

容量性負荷

図33-9aの回路は，キャパシターと式(33-28)の交流起電力を発生する発電機で構成される。閉回路の法則を使い，式(33-30)の導出過程をたどると，キャパシター両端の電位差は，

$$v_C = V_C \sin \omega_d t \quad (33\text{-}36)$$

V_Cはキャパシター両端の電圧振幅である。電気容量の定義より，キャパシターの電荷は，

$$q_C = C v_C = C V_C \sin \omega_d t \quad (33\text{-}37)$$

しかし，求めたいのは電荷ではなく電流であるから，式(33-37)を微分して，

$$i_C = \frac{dq_C}{dt} = \omega_d C V_C \cos \omega_d t \quad (33\text{-}38)$$

さてここで，式(33-38)を2通りのやり方で変形してみよう。まず最初に，記号の対称性を考慮して，**容量性リアクタンス**(capacitive reactance)と呼ばれる量X_Cを定義する：

$$X_C = \frac{1}{\omega_d C} \quad (\text{容量性リアクタンス}) \quad (33\text{-}39)$$

この値は，キャパシターの電気容量だけでなく電源の駆動角振動数ω_dにも依存する。CのSI単位は，容量性時定数($\tau = RC$)の定義より，秒/オームで表されることを知っている。これを式(33-39)に適用すると，X_Cの

単位は抵抗 R と同じオームになることがわかる。

次に，式 (33-38) のコサイン ($\cos\omega_d t$) を，位相をずらしたサインで置き換える：

$$\cos\omega_d t = \sin(\omega_d t + 90°)$$

この関係式は，サイン曲線を負の向きに 90°ずらすことによって確かめられる。

これら2つの変形を行うと，式 (33-38) は，

$$i_C = \left(\frac{V_C}{X_C}\right)\sin(\omega_d t + 90°) \qquad (33\text{-}40)$$

一方，C を流れる電流 i_C は，I_C を i_C の振幅とすると，式 (33-29) より，

$$i_C = I_C \sin(\omega_d t - \phi) \qquad (33\text{-}41)$$

式 (33-40) と (33-41) を比べると，純容量性負荷に対しては，電流の位相定数が $-90°$ になり，電圧振幅 V_C と電流振幅 I_C の間に次の関係があることもわかる：

$$V_C = I_C X_C \qquad (\text{キャパシター}) \qquad (33\text{-}42)$$

この関係式は図 33-9a の回路について導かれたものであるが，この結果は，どのような交流回路の中のどのようなキャパシターについても成り立つ。式 (33-36) と (33-40) を比べると，あるいは図 33-9b をよく見ると，v_C と i_C は 90°(すなわち 1/4 周期)だけ位相がずれていて，しかも i_C の方が v_C より進んでいることがわかる；すなわち，図 33-9a の回路について電流 i_C と電位差 v_C を測定すると，i_C が最大値に達するのは，v_C より 1/4 周期だけ先になる。

この i_C と v_C の関係が図 33-9c の位相ベクトル図に示されている。これら2つの量を表す位相ベクトルが反時計まわりに回転するとき，I_C と記された位相ベクトルは，V_C と記されたものより確かに 90°進んでいる；すなわち，位相ベクトル I_C が縦軸と重なるのは，V_C より 1/4 周期だけ前である。図 33-9c の位相ベクトル図による表現が式 (33-36) と (33-40) に合致していることを，自分でしっかりと確認しておこう。

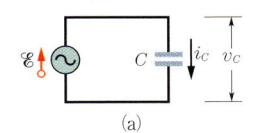

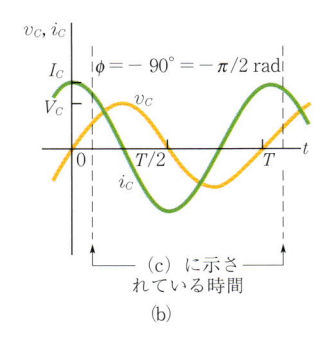

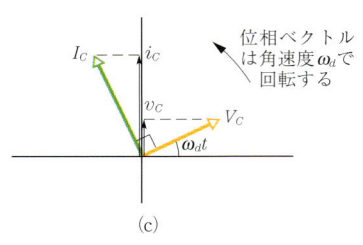

図 33-9 (a)交流発電機の両端に接続されたキャパシター。(b)キャパシターの電流は電圧に比べて位相が 90°($\pi/2$ rad) 進んでいる。(c)(b)の状況を表す位相ベクトル図。

✓ **CHECKPOINT 4:** 図(a)には，サイン曲線 $S(t) = \sin(\omega_d t)$ と，他の3つの $\sin(\omega_d t - \phi)$ の形で表される正弦曲線 $A(t)$，$B(t)$，$C(t)$ が示されている。(a)3つの曲線を位相定数 ϕ の大きい順に並べなさい。(b)どの曲線が図(b)のどの位相ベクトルに対応しているか。(c)どの曲線が最も進んでいるか？

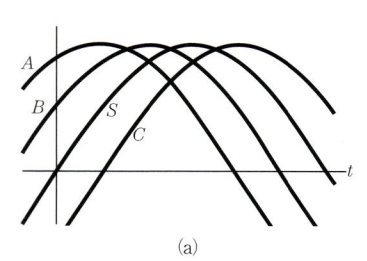

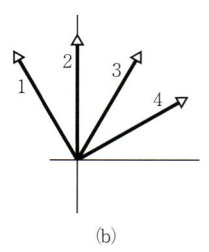

例題 33-5

純容量性負荷。図 33-9a において，電気容量は $C = 15.0$ μF，正弦的に振動する起電力の振幅は $\mathcal{E}_m = 36.0\,\text{V}$，振動数は $f_d = 60.0\,\text{Hz}$ であるとする。

(a) キャパシター両端の電位差 $v_R(t)$ と，$v_R(t)$ の振幅 V_R を求めよ。

解法：図 33-9a の回路に閉回路の法則を適用する。
Key Idea：純容量性負荷の回路においては，キャパシター両端の電位差 $v_C(t)$ と起電力発生装置両端の電位差 $\mathcal{E}(t)$ は常に等しい。したがって，$v_C(t) = \mathcal{E}(t)$ かつ $V_C = \mathcal{E}_m$ である。$\mathcal{E}_m$ が与えられているので，

$$V_C = \mathcal{E}_m = 36.0\,\text{V} \quad (\text{答})$$

$v_C(t)$ は，式 (33-28) より，

$$v_C(t) = \mathcal{E}(t) = \mathcal{E}_m \sin \omega_d t \quad (33\text{-}43)$$

$\mathcal{E}_m = 36.0\,\text{V}$ と，$\omega_d = 2\pi f_d = 2\pi(60\,\text{Hz}) = 120\pi$ を式 (33-43) に代入すると，

$$v_C = (36.0\,\text{V})\sin(120\pi t) \quad (\text{答})$$

(b) 回路を流れる電流 $i_C(t)$ を時間の関数として求めなさい。またその振幅 I_C はいくらか？

解法：**Key Idea**：純容量負荷の交流回路においては，キャパシターに流れる交流電流 $i_C(t)$ の位相は，両端の電位差 v_C より $90°$ だけ位相が進んでいる；すなわち，電流の位相定数は $\phi = -90°$ または $-\pi/2\,\text{rad}$ である。したがって，式 (33-29) より，

$$i_C = I_C \sin(\omega_d t - \phi) = I_C \sin(\omega_d t + \pi/2) \quad (33\text{-}44)$$

Key Idea：キャパシターの容量性リアクタンス X_C がわかれば，式 (33-42) ($V_C = I_C X_C$) から振幅 I_C を求めることができる。式 (33-39) ($X_C = 1/\omega_d C$) と $\omega_d = 2\pi f_d$ より，

$$X_C = \frac{1}{2\pi f_d C} = \frac{1}{(2\pi)(60.0\,\text{Hz})(15.0 \times 10^{-6}\,\text{F})} = 177\,\Omega$$

電流振幅は，式 (33-42) より，

$$I_C = \frac{V_C}{X_C} = \frac{36.0\,\text{V}}{177\,\Omega} = 0.203\,\text{A} \quad (\text{答})$$

この式と $\omega_d = 2\pi f_d = 120\pi$ を式 (33-44) に代入すると，

$$I_R = (0.203\,\text{A})\sin(120\pi t + \pi/2) \quad (\text{答})$$

> ✓ **CHECKPOINT 5**: 純容量性負荷の回路で駆動振動数を上げると，(a) 電位差の振幅 V_C，(b) 電流の振幅 I_C，は増えるか，減るか，変わらないか？

誘導性負荷

図 33-10a の回路は，インダクターと式 (33-28) の交流起電力を発生する発電機で構成される。閉回路の法則を使い，式 (33-30) の導出過程をたどると，インダクター両端の電圧は，

$$v_L = V_L \sin \omega_d t \quad (33\text{-}45)$$

V_L は v_L の振幅である。電流の変化率が di_L/dt であるインダクタンス L の両端の電位差は，式 (31-37) より，

$$v_L = L_L \frac{di_L}{dt} \quad (33\text{-}46)$$

式 (33-45) と (33-46) を等しいとおいて，

$$\frac{di_L}{dt} = \frac{V_L}{L} \sin \omega_d t \quad (33\text{-}47)$$

しかし，求めたいのは電流の導関数ではなく電流である。電流は，式 (33-47) を積分して，

$$i_L = \int di_L = \frac{V_L}{L} \int \sin \omega_d t \, dt = -\left(\frac{V_L}{\omega_d L}\right) \cos \omega_d t \quad (33\text{-}48)$$

さてここで，式 (33-48) を 2 通りのやり方で変形してみよう。まず最初に，記号の対称性を考慮して，**誘導性リアクタンス**（inductive reactance）と呼ばれる量 X_L を定義する：

$$X_L = \omega_d L \quad \text{(誘導性リアクタンス)} \quad (33\text{-}49)$$

X_Lの値は，駆動角振動数ω_dに依存する．誘導性時定数τ_Lの単位からX_LのSI単位は，RやX_Cと同様にオームであることがわかる．

次に，式(33-48)のコサイン($-\cos\omega_d t$)を，位相をずらしたサインで置き換える:

$$-\cos\omega_d t = \sin(\omega_d t - 90°)$$

この関係式は，サイン曲線を正の向きに90°ずらすことによって確かめられる．

これら2つの変形を行うと，式(33-48)は，

$$i_L = \left(\frac{V_L}{X_L}\right)\sin(\omega_d t - 90°) \quad (33\text{-}50)$$

一方，Lを流れる電流i_Lは，I_Lをi_Lの振幅とすると，式(33-29)より，

$$i_L = I_L \sin(\omega_d t - \phi) \quad (33\text{-}51)$$

式(33-50)と(33-51)を比べると，純誘導性負荷に対しては，電流の位相定数が$+90°$になり，電圧振幅V_Lと電流振幅I_Lの間に次の関係があることがわかる:

$$V_L = I_L X_L \quad \text{(インダクター)} \quad (33\text{-}52)$$

この関係式は図33-10aの回路について導かれたものであるが，この結果は，どのような交流回路の中のどのようなインダクターについても成り立つ．

式(33-45)と(33-50)を比べると，あるいは図33-10bをよく見ると，v_Lとi_Lは90°(すなわち1/4周期)だけ位相がずれていて，今度は，i_Lの方がv_Lより遅れていることがわかる；すなわち，図33-10aの回路について電流i_Lと電位差v_Lを測定すると，i_Lが最大値に達するのは，v_Lより1/4周期だけ後になる．

このi_Lとv_Lの関係も図33-10cの位相ベクトル図に示されている．これら2つの量を表す位相ベクトルが反時計まわりに回転するとき，I_Lと記された位相ベクトルは，V_Lと記されたものより確かに90°遅れている．図33-10cの位相ベクトル図による表現が式(33-36)と(33-40)に合致していることを，自分でしっかりと確認しておこう．

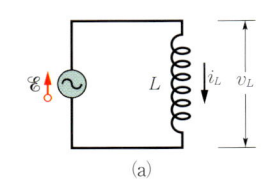

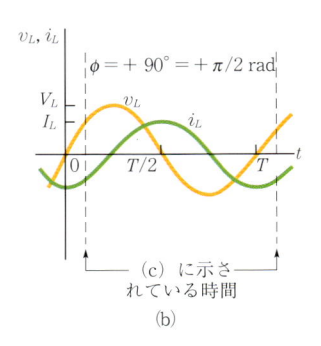

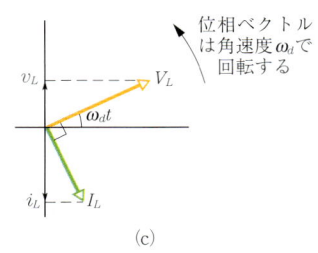

図33-10 (a)交流発電機の両端に接続されたインダクター．(b)インダクターの電流は電圧に比べて位相が90°($=\pi/2\,\text{rad}$)遅れている．(c)(b)の状況を表す位相ベクトル図．

PROBLEM-SOLVING TACTICS

Tactic 1: 交流回路における進みと遅れ

これまでに学んできた3種類の回路要素について，電流iと電圧vの関係を表33-2にまとめた．交流電圧をかけることよって流れる交流電流は，抵抗両端の電圧と同位相，キャパシター両端の電圧より進み，インダクター両端の電圧より遅れる．

これを"*ELI*は*ICE*マン"と覚えよう．*ELI*はインダクターを表すLを含み，電流Iは起電力Eより後にくる．*ICE*はキャパシターをあらわすCを含み，電流Iは起電力Eより先にくる．少し変形して，"*ELI*は確かに(positively) *ICE*マン"という言い回しも使える；この表現は，インダクターの位相定数ϕが正であることを表している．

X_Cが，$\omega_d C$だったか(間違い)，あるいは$1/\omega_d C$だったか(正しい)，わからなくなったときは，Cは "cellar" (地階；すなわち分母)にあることを思い出そう．

表 33-2　交流電流・電圧の位相と振幅

回路要素	記号	抵抗または リアクタンス	電流の位相	位相定数 （または位相角）ϕ	振幅の関係
抵抗	R	R	v_R と同位相	$0°\ (=0\ \text{rad})$	$V_R = I_R R$
キャパシタンス	C	$X_C = 1/\omega_d C$	v_C より 90°進む	$-90°\ (=-\pi/2\ \text{rad})$	$V_C = I_C X_C$
インダクター	L	$X_L = \omega_d L$	v_L より 90°遅れる	$+90°\ (=+\pi/2\ \text{rad})$	$V_L = I_L X_L$

例題 33-6

純誘導性負荷。図 33-10a でにおいて，インダクタンスは $L = 230\ \text{mH}$，正弦的に振動する起電力の振幅は $\mathcal{E}_m = 36.0\ \text{V}$，振動数は $f_d = 60.0\ \text{Hz}$ である。

(a) インダクター両端の電位差 $v_L(t)$ を求めよ。また，$v_L(t)$ の振幅 V_L はいくらか？

解法：　図 33-10a の回路に閉回路の法則を適用する。
Key Idea：純誘導性負荷の回路において，インダクター両端の電位差 $v_L(t)$ は起電力発生装置両端の電位差 $\mathcal{E}(t)$ に等しい。したがって，$v_L(t) = \mathcal{E}(t)$ かつ $V_L = \mathcal{E}_m$ である。$\mathcal{E}_m$ は与えられているので，

$$V_L = \mathcal{E}_m = 36.0\ \text{V} \quad\text{（答）}$$

$v_L(t)$ は，式 (33-28) より，

$$v_L(t) = \mathcal{E}(t) = \mathcal{E}_m \sin \omega_d t \quad (33\text{-}53)$$

$\mathcal{E}_m = 36.0\ \text{V}$ と $\omega_d = 2\pi f_d = 120\pi$ を式 (33-53) に代入すると，

$$v_L = (36.0\ \text{V}) \sin(120\pi t) \quad\text{（答）}$$

(b) 回路を流れる電流 $i_L(t)$ を時間の関数として求めよ。また $i_L(t)$ の振幅 I_L はいくらか？

解法：　**Key Idea 1**：純誘導負荷の交流回路において，交流電流 $i_L(t)$ の位相は交流電圧 $v_L(t)$ より 90°遅れる。(Tactic 1 の覚え方でいえば，この回路は "確かに ELI 回路" である；起電力 E の位相は電流 I より進んでいて，ϕ は正である。) すなわち，電流の位相定数は $\phi = +90°$ または $+\pi/2$ rad である。式 (33-29) を書き換えると，

$$i_L = I_L \sin(\omega_d t - \phi) = I_L \sin(\omega_d t - \pi/2) \quad (33\text{-}54)$$

Key Idea 2：誘導性リアクタンス X_L がわかれば，式 (33-52) $(V_L = I_L X_L)$ から振幅 I_L を求めることができる。式 (33-49) $(X_L = \omega_d L)$ と $\omega_d = 2\pi f_d$ より，

$$X_L = 2\pi f_d L = (2\pi)(60.0\ \text{Hz})(230 \times 10^{-3}\ \text{H}) = 86.7\ \Omega$$

電流振幅は，式 (33-52) より，

$$I_L = \frac{V_L}{X_L} = \frac{36.0\ \text{V}}{86.7\ \Omega} = 0.415\ \text{A} \quad\text{（答）}$$

これと $\omega_d = 2\pi f_d = 120\pi$ を式 (33-54) に代入すると，

$$i_L = (0.415\ \text{A}) \sin(120\pi t - \pi/2) \quad\text{（答）}$$

✓ **CHECKPOINT 6**：　純誘導性負荷の回路において駆動振動数を増すと，(a) 振幅 V_L，(b) 振幅 I_L は，増えるか，減るか，変わらないか？

33-9　*RLC* 直列回路

さて，図 33-7 の *RLC* 回路に交流起電力をかける準備が整った；式 (33-28) で与えられる交流起電力は，

$$\mathcal{E} = \mathcal{E}_m \sin \omega_d t \quad\text{（外部起電力）} \quad (33\text{-}55)$$

R, L, C は直列につながれているので，3 つの素子に流れる電流はみな同じで，

$$i = I \sin(\omega_d t - \phi) \quad (33\text{-}56)$$

電流振幅 I と位相角 ϕ を求めよう。位相ベクトル図を使うと答は簡単に得られる。

電 流 振 幅

まず，図 33-11a から始めよう；この図は，時刻 t での電流（式 33-56）を表す位相ベクトルを描いている．位相ベクトルの長さは電流振幅 I，このベクトルの縦軸への射影は時刻 t での電流 i，位相ベクトルの回転角は時刻 t での電流の位相 $\omega_d t - \phi$ を表している．

図 33-11b には，同時刻における R, L, C それぞれの両端の電圧を表す位相ベクトルが示されている．それぞれの位相ベクトルは，図 33-11a の電流位相ベクトル I の向きを基準に描かれている（表 33-2 を参照）．

抵抗：電流と電圧は同位相であるから，電圧位相ベクトル V_R は電流位相ベクトル I と同じ向きである．

キャパシター：電流は電圧より 90° 進んでいるから，電圧位相ベクトル V_C の回転角は電流位相ベクトル I より 90° 小さい．

インダクター：電流は電圧より 90° 遅れているから，電圧位相ベクトル V_L の回転角は電流位相ベクトル I より 90° 大きい．

図 33-11b には，R, L, C それぞれの両端にかかる時刻 t での電圧 v_R, v_C, v_L も示されている；これらの電圧は，それぞれの位相ベクトルを縦軸に射影したものである．

図 33-11c は，式 (33-55) の外部起電力を表す位相ベクトルを描いている．位相ベクトルの長さは起電力の振幅 $\mathcal{E}_m$，位相ベクトルの縦軸への射影は時刻 t での起電力 $\mathcal{E}$，位相ベクトルの回転角は時刻 t での起電力の位相 $\omega_d t$ である．

閉回路の法則より，電圧 v_R, v_C, v_L の和は常に外部起電力 $\mathcal{E}$ に等しい：

$$\mathcal{E} = v_R + v_C + v_L \tag{33-57}$$

したがって，時刻 t における図 33-11c の射影 $\mathcal{E}$ は，図 33-11b のそれぞれの射影 v_R, v_C, v_L の代数和に等しい．位相ベクトルは一緒に回転するので，この等式は常に成り立っている．すなわち，図 33-11c の位相ベクトル $\mathcal{E}_m$ は，図 33-11b の 3 つの位相ベクトル V_R, V_C, V_L のベクトル和でなければならない．

この条件が図 33-11d に示されている；位相ベクトル $\mathcal{E}_m$ が位相ベクトル V_R, V_C, V_L の和として描かれている．位相ベクトル V_C と V_L は逆向きだから，まず最初に V_C と V_L を足してひとつの位相ベクトル $V_L - V_C$ をつくると，ベクトルの足し算を簡単にできる．次に，$V_L - V_C$ と V_R を足して，正味の位相ベクトルを求める．この位相ベクトルは，図に示されているよう

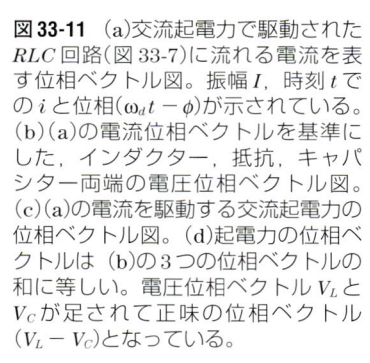

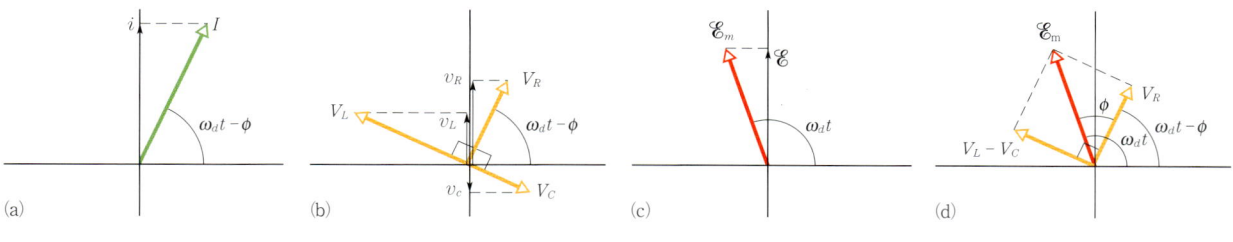

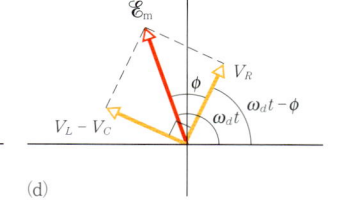

図 33-11 (a) 交流起電力で駆動された RLC 回路（図 33-7）に流れる電流を表す位相ベクトル図．振幅 I，時刻 t での i と位相 ($\omega_d t - \phi$) が示されている．(b) (a) の電流位相ベクトルを基準にした，インダクター，抵抗，キャパシター両端の電圧位相ベクトル図．(c) (a) の電流を駆動する交流起電力の位相ベクトル図．(d) 起電力の位相ベクトルは (b) の 3 つの位相ベクトルの和に等しい．電圧位相ベクトル V_L と V_C が足されて正味の位相ベクトル ($V_L - V_C$) となっている．

に，位相ベクトル$\mathcal{E}_m$と一致していなければならない。

図33-11dの2つの三角形はどちらも直角三角形であるから，ピタゴラスの定理より，

$$\mathcal{E}_m^2 = V_R^2 + (V_L - V_C)^2 \tag{33-58}$$

表33-2で示された振幅を使って書き換えると，

$$\mathcal{E}_m^2 = (IR)^2 + (IX_L - IX_C)^2 \tag{33-59}$$

これを変形して，

$$I = \frac{\mathcal{E}_m}{\sqrt{R^2 + (X_L - X_C)^2}} \tag{33-60}$$

式(33-60)の分母は，駆動角振動数ω_dにおける回路の**インピーダンス**(impedance) Zと呼ばれる。

$$Z = \sqrt{R^2 + (X_L - X_C)^2} \quad (インピーダンスの定義) \tag{33-61}$$

インピーダンスを使って式(33-60)を表すと，

$$I = \frac{\mathcal{E}_m}{Z} \tag{33-62}$$

X_CとX_Lをそれぞれ式(33-39)と(33-49)で置き換えると，式(33-60)は，

$$I = \frac{\mathcal{E}_m}{\sqrt{R^2 + (\omega_d L - 1/\omega_d C)^2}} \quad (電流振幅) \tag{33-63}$$

ここまでの議論でゴールの半分まで到達した：すなわち，電流振幅を，正弦的に振動する駆動起電力とRLC直列回路の回路素子で表すことができた。

Iの値は，$\omega_d L$と$1/\omega_d C$の差に依存(式33-63)，あるいはX_CとX_Lの差に依存(式33-60)している。どちらの式においても，差は2乗されるので，値の大小は関係ない。

本節で扱っている電流は，交流起電力がかけられてからある程度時間が経過した後の定常状態の電流である。起電力が最初に回路にかけられたとき，短い時間過渡的電流が流れる。その持続時間(定常状態に落ち着くまでの時間)は，誘導素子あるいは容量素子が"オン"になってからの時定数$\tau_L = L/R$あるいは$\tau_C = RC$で決まる。このとき大きな過渡電流が流れる可能性があり，回路が適切に設計されていないと，たとえばモーターの始動時にモーターを壊すことがある。

位相定数

図33-11dにおいて，位相ベクトルがつくる右側の三角形と表33-2から，

$$\tan\phi = \frac{V_L - V_C}{V_R} = \frac{IX_L - IX_C}{IR} \tag{33-64}$$

これより，

$$\tan\phi = \frac{X_L - X_C}{R} \quad (位相定数) \tag{33-65}$$

これがゴールの残り半分である：すなわち，正弦的に駆動されるRLC直

列回路の位相定数を表す式が得られた．位相定数は X_L と X_C の相対的大きさによって，3通りの異なった結果を与える：

$X_L > X_C$：回路は*誘導的*であるといわれる．このような回路では，式 (33-65) より，ϕ は正であり，位相ベクトル I は位相ベクトル $\mathcal{E}_m$ より遅れて回転する（図 33-12a）．$\mathcal{E}$ と i の時間変化の様子が図 33-12b に示されている．（図 33-11c と d では $X_L > X_C$ を仮定している．）

$X_C > X_L$：回路は*容量的*であるといわれる．このような回路では，式 (33-65) より，ϕ は負であり，位相ベクトル I は位相ベクトル $\mathcal{E}_m$ より進んで回転する（図 33-12c）．$\mathcal{E}$ と i の時間変化の様子が図 33-12d に示されている．

$X_C = X_L$：回路は共鳴しているといわれる（これについては次節で学ぶ）．このような回路では，式 (33-65) より，$\phi = 0°$ であり，位相ベクトル I と $\mathcal{E}_m$ は一緒に回転する（図 33-12e）．$\mathcal{E}$ と i の時間変化の様子が図 33-12f に示されている．

例として2つの極端な回路を考えてみよう：図 33-10a の純誘導性回路の場合，$X_L \neq 0$ かつ $X_C = R = 0$ である．したがって，式 (33-65) より，$\phi = +90°$（ϕ の最大値）となり，図 33-10c と一致する．図 33-9a の純容量性回路の場合，$X_C \neq 0$ かつ $X_L = R = 0$ である．したがって，式 (33-65) より，$\phi = -90°$（ϕ の最小値）となり，図 33-9c と一致する．

共　　鳴

RLC 回路の電流振幅 I は，式 (33-63) より，外部交流起電力の角振動数 ω_d の関数として与えられる．ある抵抗値 R に対して，振幅が最大となるのは，分母の $\omega_d L - 1/\omega_d C$ がゼロのときである：

$$\omega_d L = \frac{1}{\omega_d C}$$

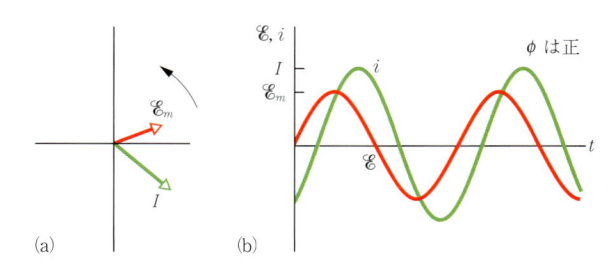

図 33-12 交流起電力で駆動された RLC 回路（図 33-7）の交流起電力 $\mathcal{E}$ と電流 i の位相ベクトル図と時間変化を表すグラフ．位相ベクトル図 (a) とグラフ (b) では，電流 i は駆動起電力 $\mathcal{E}$ より遅れていて，その位相定数 ϕ は正である．(c) と (d) では，電流 i は駆動起電力 $\mathcal{E}$ より進んでいて，電流の位相定数 ϕ は負である．(e) と (f) では，電流 i と駆動起電力 $\mathcal{E}$ は同位相で，電流の位相定数 ϕ はゼロである．

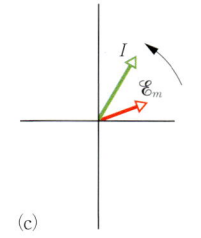

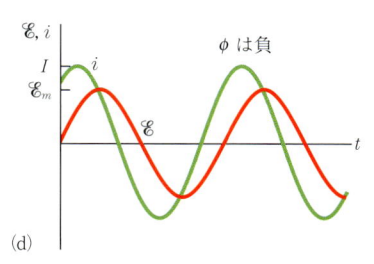

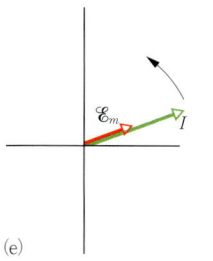

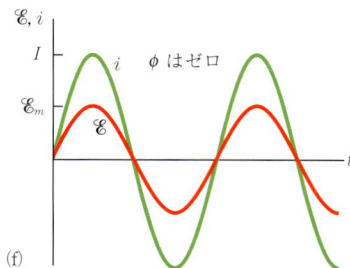

図 33-13 交流起電力で駆動された RLC 回路(図 33-7)の共鳴曲線：$L=100\,\mu\text{H}$, $C=100\,\text{pF}$, 3つの異なる R について描かれている。交流電流の振幅 I は，駆動角振動数 ω_d と固有角振動数 ω の近さに依存している。各曲線に示された水平矢印はピーク値の半分になる幅(共鳴の鋭さを表す目安)を示している。$\omega_d/\omega=1.00$ の左側では回路は主に容量性($X_C>X_L$)，右側では主に誘導性である（$X_L>X_C$）。

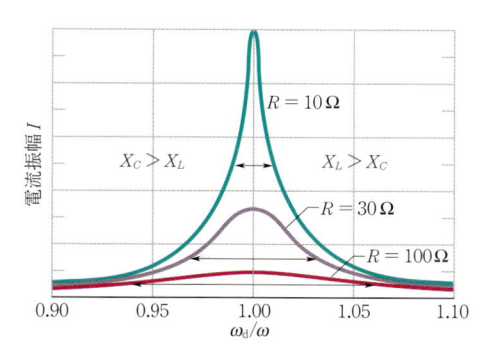

すなわち，

$$\omega_d = \frac{1}{\sqrt{LC}} \quad \text{(最大電流)} \tag{33-66}$$

RLC 回路の固有角振動数もまた $1/\sqrt{LC}$ であるから，I が最大となるのは駆動角振動数が固有角振動数に一致したときである；すなわち，共鳴するときである。このように，RLC 回路で共鳴がおきて電流振幅が最大となるのは，次の条件が満たされるときである：

$$\omega_d = \omega = \frac{1}{\sqrt{LC}} \quad \text{(共鳴)} \tag{33-67}$$

図 33-13 には，正弦的に駆動された直列 RLC 回路の共鳴曲線が描かれている；3つの曲線は，抵抗 R だけが異なる3つ回路に対応している。それぞれの曲線において，電流振幅は，比 ω_d/ω が 1.00 になるときに最大となるが，その最大値は，抵抗 R が大きいほど小さくなる（I の最大値は常に $\mathscr{E}_m/R$ である；式 (33-61) と (33-62) を結びつければわかる。）また，抵抗が大きくなると，曲線の幅(図 33-13 では I の値が最大値の半分となるところが矢印で示されている)も広がる。

図 33-13 の物理的意味を考えてみよう。駆動角振動数 ω_d を，固有角振動数 ω よりずっと低い角振動数から徐々に大きくしていくと，リアクタンス X_L と X_C はどのように変化するのだろうか。小さな ω_d に対しては，リアクタンス $X_L\,(=\omega_d L)$ は小さく，リアクタンス $X_C\,(=1/\omega_d C)$ は大きい。すなわち，回路は容量的で，インピーダンスは大きな X_C に支配されて電流が小さくなる。

ω_d が大きくなると，X_C が支配的であってもその値は小さくなり，逆に X_L が大きくなる。X_C が小さくなると，インピーダンスも小さくなり，電流は増加する(図 33-13 の共鳴曲線の左側)。X_L と X_C が同じ値になるとき ($\omega_d=\omega$) 電流は最大値となり，回路は共鳴状態となる。

さらに ω_d を大きくすると，増加するリアクタンス X_L の方が，減少するリアクタンス X_C よりも支配的になる。X_L が大きくなるのでインピーダンスは小さくなり，電流も減少する(図 33-13 の共鳴曲線の右側)。まとめると：共鳴曲線の低振動数側ではキャパシターのリアクタンスが支配的，高振動数側ではインダクターのリアクタンスが支配的であり，その中間において共鳴が起きる。

✓ **CHECKPOINT 7:** 正弦的に駆動される直列RLC回路が3つある。それぞれの容量性リアクタンスと誘導性リアクタンスは：(1) 50Ω, 100Ω；(2) 100Ω, 50Ω；(3) 50Ω, 50Ωである。(a) それぞれの場合，電流は外部起電力に比べて進むか，遅れるか，同位相か。(b) どの回路が共鳴状態か？

例題 33-7

図33-7において，$R = 200\,\Omega$，$C = 15.0\,\mu\text{F}$，$L = 230\,\text{mH}$，$f_d = 60.0\,\text{Hz}$，$\mathcal{E}_m = 36.0\,\text{V}$であるとする。(これらの値は，例題33-4, 33-5, 33-6で用いられたものである)

(a) 電流振幅Iはいくらか？

解法： **Key Idea：** 式(33-62)($I = \mathcal{E}_m/Z$)より，電流振幅は駆動起電力と回路のインピーダンスZに依存する。したがって，回路の抵抗R，容量性リアクタンスX_C，誘導性リアクタンスX_Lを用いてZを求める必要がある。回路の抵抗Rは与えられている。キャパシターによる容量性リアクタンスは，例題33-5より，$X_C = 177\,\Omega$である。インダクターによる誘導性リアクタンスは，例題33-6より，$X_L = 86.7\,\Omega$である。これらより，回路のインピーダンスは，

$$Z = \sqrt{R^2 + (X_L - X_C)^2}$$
$$= \sqrt{(200\,\Omega)^2 + (80.0\,\Omega - 150\,\Omega)^2} = 211.90\,\Omega$$

これより，

$$I = \frac{\mathcal{E}_m}{Z} = \frac{36.0\,\text{V}}{219\,\Omega} = 0.164\,\text{A} \quad \text{(答)}$$

(b) 回路を流れる電流の（駆動起電力に対する）位相定数ϕはいくらか？

解法： **Key Idea：** 式(33-65)より，位相定数は，回路の誘導性リアクタンス，容量性リアクタンス，抵抗に依存する。この式をϕについて解くと，

$$\phi = \tan^{-1}\frac{X_L - X_C}{R} = \tan^{-1}\frac{86.7\,\Omega - 177\,\Omega}{200\,\Omega}$$
$$= -24.3° = -0.424\,\text{rad} \quad \text{(答)}$$

位相定数が負となっているのは，負荷が容量性($X_C > X_L$)であることと合っている。Tactic 1で学んだ記憶法によれば，この回路はICE回路であり，電流は駆動起電力より進んでいる。

33-10 交流回路における電力

図33-7のRLC回路において，エネルギーの供給源は交流発電機である。そのエネルギーの一部はキャパシターの電場のエネルギーに蓄えられ，一部はインダクターの磁場のエネルギーに蓄えられ，一部は抵抗で熱エネルギーとして散逸する。定常状態では，キャパシターとインダクターに蓄えられるエネルギーの和の平均値は一定である。したがって，正味のエネルギー移動は発電機から抵抗へ向かい，電磁エネルギーは抵抗の中で熱エネルギーとして散逸する。

抵抗によるエネルギーの散逸率は，式(27-22)と(33-29)より，

$$P = i^2 R = [I\sin(\omega_d t - \phi)]^2 R = I^2 R \sin^2(\omega_d t - \phi) \quad (33\text{-}68)$$

抵抗での平均エネルギー散逸率は，式(33-68)を時間について平均したものである。$\sin\theta$は1周期にわたって平均すると0ゼロになるが(図33-14a)，$\sin^2\theta$の平均値は1/2である(図33-14b)。(図33-14bにおいて，+1/2と記された水平線の上側の影をつけた部分の面積は，水平線より下側の影をつけられていない部分の面積と丁度等しくなっていることに注意しよう)。したがって，式(33-68)より，

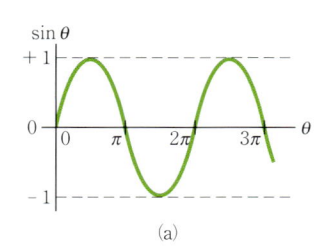

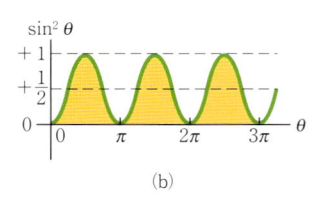

図33-14 (a) $\sin\theta$のグラフ。1周期の平均はゼロになる。(b) $\sin^2\theta$のグラフ。1周期の平均は1/2になる。

33-10 交流回路における電力

$$P_{\text{avg}} = \frac{I^2 R}{2} = \left(\frac{I}{\sqrt{2}}\right)^2 R \tag{33-69}$$

$I/\sqrt{2}$ は電流 i の rms (root-mean-square，あるいは実効値) と呼ばれる：

$$I_{\text{rms}} = \frac{I}{\sqrt{2}} \quad \text{(電流実効値)} \tag{33-70}$$

これを使って，式 (33-69) を書き換えると，

$$P_{\text{avg}} = I_{\text{rms}}^2 R \quad \text{(平均電力)} \tag{33-71}$$

式 (33-71) は式 (27-22) ($P = i^2 R$) とよく似ている；電流実効値を用いれば，交流回路における平均エネルギー散逸率も直流回路と同じように計算することができる。

同様に，交流回路の電圧や起電力の実効値を定義することができる：

$$V_{\text{rms}} = \frac{I}{\sqrt{2}} \quad \text{および} \quad \mathcal{E}_{\text{rms}} = \frac{\mathcal{E}_m}{\sqrt{2}} \quad \text{(電圧実効値；起電力実効値)} \tag{33-72}$$

交流電流計や交流電圧計は通常，I_{rms}，V_{rms}，$\mathcal{E}_{\text{rms}}$ の値を示すように較正されている。家庭のコンセントに交流電圧計を差し込むと 120 V を示すが，これは電圧実効値である。コンセントに出ている最大電圧は，$\sqrt{2} \times (120)$ V，すなわち 170 V である。(訳注：日本では実効電圧は 100 V，最大電圧は 140 V である。)

同じ比例係数 $1/\sqrt{2}$ が式 (33-70) と (33-72) の 3 変数に現れるので，式 (33-62) と (33-60) は次のように書くことができる：

$$I_{\text{rms}} = \frac{\mathcal{E}_{\text{rms}}}{Z} = \frac{\mathcal{E}_{\text{rms}}}{\sqrt{R^2 + (X_L - X_C)^2}} \tag{33-73}$$

多くの場合に用いられるのは，実はこの式である。

$I_{\text{rms}} = \mathcal{E}_{\text{rms}}/Z$ の関係式を用いて，式 (33-71) を実用的な形に書き換えることができる：

$$P_{\text{avg}} = \frac{\mathcal{E}_{\text{rms}}}{Z} I_{\text{rms}} R = \mathcal{E}_{\text{rms}} I_{\text{rms}} \frac{R}{Z} \tag{33-74}$$

さらに，図 33-11d，表 33-2，式 (33-62) より，R/Z は位相定数 ϕ のコサインになる：

$$\cos \phi = \frac{V_R}{\mathcal{E}_m} = \frac{IR}{IZ} = \frac{R}{Z} \tag{33-75}$$

これより，式 (33-74) は，

$$P_{\text{avg}} = \mathcal{E}_{\text{rms}} I_{\text{rms}} \cos \phi \quad \text{(平均電力)} \tag{33-76}$$

$\cos \phi$ は**力率** (power factor) と呼ばれる。$\cos \phi = \cos (-\phi)$ であるから，式 (33-76) は位相定数の符号にはよらない。

RLC 回路の抵抗に効率的に電力を供給するためには，力率 $\cos \phi$ をできるだけ 1 に近づける必要がある。これは式 (33-29) の位相定数 ϕ をできるだけゼロに近づけることと等価である。たとえば，回路の誘導性が大きすぎる場合は，直列にキャパシターをつないで，ϕ をできるだけゼロに近づける。(回路に直列にキャパシターを付け加えると，等価容量 C_{eq} は減少することを思い出そう。)このように等価容量 C_{eq} が小さくなると，位相定数

も小さくなり、式(33-76)の力率が大きくなる。電力会社は送電システムに直列にをキャパシターをつないでこのような結果を得るようにしている。

> ✓ **CHECKPOINT 8:** (a) 正弦的に駆動されている直列RLC回路において電流の位相が起電力より進んでいる場合、抵抗に供給される電力を増加するには電気容量を増やせばよいか、減らせばよいか？ (b) この変化により回路の共鳴角振動数は起電力の角振動数の値に近づくか、離れるか？

例題33-8

$R = 200\,\Omega$, $X_C = 150\,\Omega$, $X_L = 80.0\,\Omega$ からなる直列RLC回路が、振動数 $f_d = 60.0\,\text{Hz}$, $\mathcal{E}_\text{rms} = 120\,\text{V}$ で駆動されている。

(a) 回路の力率 $\cos\phi$ と位相定数 ϕ はいくらか？

解法: **Key Idea**: 式(33-75)より、力率 $\cos\phi$ は抵抗RとインピーダンスZから計算できる。Zを計算するには、式(33-61)より、

$$Z = \sqrt{R^2 + (X_L - X_C)^2}$$
$$= \sqrt{(200\,\Omega)^2 + (80.0\,\Omega - 150\,\Omega)^2} = 211.90\,\Omega$$

これより、式(33-75)は、

$$\cos\phi = \frac{R}{Z} = \frac{200\,\Omega}{211.90\,\Omega} = 0.9438 \approx 0.944 \quad \text{(答)}$$

コサインの逆関数を用いると、

$$\phi = \cos^{-1} 0.944 = \pm 19.3°$$

$+19.3°$ と $-19.3°$ のコサインはどちらも 0.944 である。正しい符号を決めるためには、電流が起電力に対して進んでいるか遅れているかを考えなければならない。ここでは $X_C > X_L$ であるから、この回路は容量的であり、電流は起電力より進んでいる。したがって、ϕは負でなければならない：

$$\phi = -19.3° \quad \text{(答)}$$

この方法の代わりに式(33-65)を用いて電卓で計算すると、ϕの負号も含めて正しい答が得られる。

(b) 抵抗での平均エネルギー散逸率 P_avg はいくらか？

解法: 第1の解法。**Key Idea**: 回路は定常状態にあると考えられるので、抵抗でのエネルギー散逸率は、回路へのエネルギー供給率(式33-76; $P_\text{avg} = \mathcal{E}_\text{rms} I_\text{rms} \cos\phi$)に等しい。

起電力の実効値$\mathcal{E}_\text{rms}$は与えられており、力率$\cos\phi$は(a)で求めた。**Key Idea**: I_rmsは、起電力の実効値$\mathcal{E}_\text{rms}$と(すでにわかっている)回路のインピーダンスZから計算できる。式(33-73)より、

$$I_\text{rms} = \frac{\mathcal{E}_\text{rms}}{Z}$$

これを式(33-76)に代入すると、

$$P_\text{avg} = \mathcal{E}_\text{rms} I_\text{rms} \cos\phi = \frac{\mathcal{E}_\text{rms}^2}{Z} \cos\phi$$
$$= \frac{(120\,\text{V})^2}{211.90\,\Omega} (0.9438) = 64.1\,\text{W} \quad \text{(答)}$$

第2の解法。**Key Idea**: 式(33-71)によれば、抵抗Rでのエネルギー散逸率は、抵抗を流れる電流実効値I_rmsの2乗に比例している。これより、

$$P_\text{avg} = I_\text{rms}^2 R = \frac{\mathcal{E}_\text{rms}^2}{Z^2} R$$
$$= \frac{(120\,\text{V})^2}{(211.90\,\Omega)^2} (200\,\Omega) = 64.1\,\text{W} \quad \text{(答)}$$

(c) P_avgを最大にするために必要な電気容量 C_new はいくらか？ ただし、回路の他のパラメーターは変えないとする。

解法: **Key Idea 1**: エネルギーの供給率であり、また散逸率でもある平均電力 P_avg は、回路が駆動起電力と共鳴状態となるときに最大となる。**Key Idea 2**: 共鳴は $X_C = X_L$ のときに起きる。与えられた数値からは $X_C > X_L$ であるので、共鳴条件を満たすためには X_C を減らさなければならない。式(33-39)($X_C = 1/\omega_d C$)より、これはのCの増加を意味する。

$X_C = X_L$ の条件は、式(33-39)より、

$$\frac{1}{\omega_d C_\text{new}} = X_L$$

ω_dに$2\pi f_d$を代入して(ω_dではなくf_dが与えられている)、C_newについて解くと、

$$C_\text{new} = \frac{1}{2\pi f_d X_L} = \frac{1}{(2\pi)(60\,\text{Hz})(80.0\,\Omega)}$$
$$= 3.32 \times 10^{-5}\,\text{F} = 33.2\,\mu\text{F} \quad \text{(答)}$$

(b)と同様の過程をたどると、新たな C_new に対する P_avg は、最大値の 72.0 W となることがわかる。

33-11 変圧器

エネルギー輸送からの要求

交流回路に抵抗負荷しかない場合は，式(33-76)の力率は $\cos 0° = 1$ となり，実効外部起電力 $\mathcal{E}_{\mathrm{rms}}$ は負荷抵抗両端の実効電圧 V_{rms} に等しい。したがって，負荷には実効電流 I_{rms} が流れて，平均エネルギー供給率と散逸率は，

$$P_{\mathrm{avg}} = \mathcal{E}I = IV \tag{33-77}$$

（式(33-77)およびこれ以降は，慣例に従って，実効値を表していたrmsの添字を削除する。技術者も科学者も，時間変動する電流や電圧はすべて実効値（すなわち，測定器の表示値）で表されると仮定している。）式(33-77)によれば，必要な電力を供給するためには，積 IV が要求を満たしている限り，いろいろな選択肢がある；大電流かつ低電圧でもよいし，あるいはその逆に小電流かつ高電圧でもよい。

電力供給システムにおいては，安全性と機器の効率的設計の観点から，供給側（発電所）でも消費側（家庭や工場）でも電圧は比較的低いことが望ましい。トースターや子供の模型機関車を10kVで動かしたいとは誰も思わない。一方で，発電所から消費者まで電力を輸送するという観点からは，送電線での I^2R によるエネルギー損失（しばしば，オーミック損失（ohmic loss）と呼ばれる）を減らすために，電流はできるだけ小さい方が望ましい；したがって，可能な限り高い電圧が望ましい。

一例として，ケベックのLa Grande第2水力発電所から735kVの送電線を通して1000km離れたモントリオールまで電力を輸送することを考えよう。電流は500A，力率はほぼ1であると仮定する。エネルギーの平均供給率は，式(33-77)より，

$$P_{\mathrm{avg}} = \mathcal{E}I = (7.35 \times 10^5 \,\mathrm{V})(500\,\mathrm{A}) = 368\,\mathrm{MW}$$

送電線の抵抗はおよそ $0.220\,\Omega/\mathrm{km}$ である；1000kmの長さでは $220\,\Omega$ となる。この抵抗による平均エネルギー散逸率は，

$$P_{\mathrm{avg}} = I^2R = (500\,\mathrm{A})^2(220\,\Omega) = 55.0\,\mathrm{MW}$$

これは電力供給の15％にもなる。

電流を2倍にして電圧を半分にしらどうなるだろうか。発電所からのエネルギー供給率は同じ368MWとする。このときエネルギーの散逸率は，

$$P_{\mathrm{avg}} = I^2R = (1000\,\mathrm{A})^2(220\,\Omega) = 220\,\mathrm{MW}$$

これは供給電力の60％にも達する。最大電圧で最小電流，これがエネルギー輸送の一般的な心得である。

理想的変圧器

効率的な高電圧送電という要請は，安全な低電圧での発電および消費とい

1965年11月9日午後5時17分，ナイアガラ瀑布近くにある電力送電システムのリレーの誤動作により，回路のブレーカーが遮断された。このため，自動的に別の送電線に切り替えられたが，過大な電流負荷によりその送電線のブレーカーも遮断された。数分の間に連鎖的に遮断が拡大し，ニューヨーク，ニューイングランド，オンタリオの広い地域にわたる大規模な停電が発生した。

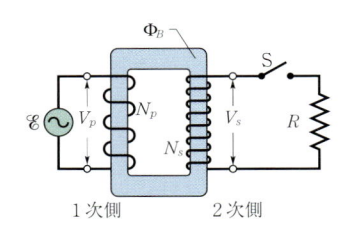

図 33-15 基本的な変圧器回路における理想的変圧器（2つのコイルがひとつの鉄芯に巻かれている）。交流発電機が左のコイル（1次側）に電流を流す。スイッチSが入ると，右のコイル（2次側）に負荷抵抗がつながる。

う要請と，基本的に相容れない。そこで，電流と電圧の積を一定に保ちながら，回路の交流電圧を（送電のために）上げる装置と（消費のために）下げる装置が必要となる。**変圧器**（または**トランス**；transformer）はまさにこのための機器である。変圧器には可動部分はなく，ファラデーの電磁誘導の法則に従って動作する；直流変圧器というものは存在しない。

図33-15の*理想的変圧器*は，鉄芯に巻かれた巻数の異なる2つのコイルで構成されている。（コイルと鉄芯は電気的に絶縁されている。）巻数 N_p の1次巻線は交流発電機側に接続される。時刻 t での起電力 $\mathcal{E}$ は次式で与えられる：

$$\mathcal{E} = \mathcal{E}_m \sin \omega t \qquad (33\text{-}78)$$

巻数 N_s の2次巻線は負荷抵抗 R に接続されるが，スイッチSが切れていると（今のところそう仮定しておく）回路は開いた状態である。したがって，2次側のコイルに電流は流れない。また，この理想的変圧器では，巻線の抵抗と，鉄芯の磁気的ヒステリシスによるエネルギー損失も無視できると仮定する。うまく設計された大電力用変圧器のエネルギー損失は1％程度であるから，これらは自然な仮定である。

これらの仮定のもとでは，1次巻線（*1次側*（primary）ともいう）は純粋なインダクターであり，1次側回路は図33-10aと同じものである。したがって（非常に小さい）*磁化電流*（magnetizing current）I_{mag} と呼ばれる1次側電流は，1次側電圧 V_p に対して90°遅れている；1次側回路の力率（式33-76の $\cos\phi$）はゼロで，発電機から変圧器へ電力は供給されない。

しかし，小さな1次側交流電流 I_{mag} は鉄芯中に交流磁束を誘導する。この鉄芯は2次巻線（*2次側*（secondary）ともいう）を貫いているので，誘導された磁束も2次巻線を貫く。ファラデーの電磁誘導の法則（式31-6）より，1巻あたりの誘導電圧 $\mathcal{E}_{\text{turn}}$ は，1次側でも2次側でも同じである。また，1次側の両端にかかる電圧 V_p は，1次側に誘導される起電力に等しく，2次側の両端にかかる電圧 V_s は2次側に誘導される起電力に等しい。したがって，

$$\mathcal{E}_{\text{turn}} = \frac{d\Phi_B}{dt} = \frac{V_p}{N_p} = \frac{V_s}{N_s}$$

これより，

$$V_s = V_p \frac{N_s}{N_p} \qquad \text{（電圧変換）} \qquad (33\text{-}79)$$

$N_s > N_p$ のとき，この変圧器は*昇圧トランス*（step-up transformer）と呼ばれる；1次側電圧 V_p より2次側電圧 V_s の方が高い。$N_s < N_p$ のときは*降圧トランス*（step-down transformer）と呼ばれる。

ここまではスイッチSが切れているので，発電機から回路の他の部分へのエネルギー移動はない。ここでSを入れて，2次側を負荷抵抗 R につないでみよう。（一般に，負荷はインダクタンスやキャパシタンスももっているが，ここでは抵抗 R だけを考える。）今度は，発電機からエネルギーが移動する。なぜかを見てみよう。

スイッチを入れるといくつかの現象が起きる。

1. 2次側回路に交流電流 I_s が流れ，負荷抵抗でのエネルギー散逸率は $I_s^2 R$ ($= V_s^2/R$) となる。
2. この電流自身も鉄芯中に交流磁束をつくり，この磁束は（ファラデーの法則とレンツの法則により）1次巻線側に反対向きの起電力を誘導する。
3. しかし，1次側の電圧 V_p は，反対向きの起電力によって変化することはない；発電機が供給する外部起電力 $\mathscr{E}$ と常に一致していなければならない；スイッチSを閉じてもこの事実を変えることはできない。
4. V_p を維持するために，発電機は（I_mag に加えて）1次側回路に交流電流 I_p を流す；I_p の大きさと位相は，I_p が誘導する起電力が，I_s による誘導起電力をちょうど打ち消すのに必要なものとなる。I_p の位相は，I_mag と違って 90° ではないので，この電流 I_p は1次側にエネルギーを移動することができる。

I_s と I_p の関係を求めよう。上述の複雑な過程を詳細に解析するのではなく，単純に，エネルギー保存則を適用してみよう。発電機から1次側へのエネルギー移動率は $I_p V_p$ である。（2つのコイルを結合する交流磁場による）1次側から2次側へのエネルギー移動率は $I_s V_s$ である。この過程でエネルギーの損失はないものと仮定しているので，エネルギー保存則より，

$$I_p V_p = I_s V_s$$

V_s を式(33-79)で置き換えると，

$$I_s = I_p \frac{N_p}{N_s} \quad \text{（電流変換）} \tag{33-80}$$

この式より，2次側に流れる電流 I_s は，巻線比 N_p/N_s に依存して，一般に I_p とは異なっていることがわかる。

1次側回路に流れる電流 I_p は，2次側回路の負荷抵抗 R によるものである。式(33-80)に $I_s = V_s/R$ を代入し，V_s を式(33-79)で置き換えると，

$$I_p = \frac{1}{R}\left(\frac{N_s}{N_p}\right)^2 V_p \tag{33-81}$$

この方程式は，等価抵抗 R_eq を使って $I_p = V_p/R_\text{eq}$ のように書くことができる；ただし，

$$R_\text{eq} = \left(\frac{N_p}{N_s}\right)^2 R \tag{33-82}$$

この R_eq は"発電機側からみた"負荷抵抗といえる；発電機はあたかも抵抗 R_eq の負荷がつながれたように電流 I_p と電圧 V_p を発生する。

インピーダンス整合

式(33-82)は変圧器のもうひとつの機能を示唆している。起電力発生装置から負荷抵抗に最大のエネルギーを移動させるためには，起電力発生装置の抵抗と負荷抵抗の値が一致しなければならない。抵抗をインピーダンスに置き換えれば，同じことは交流回路に対してもいえる；発電機のインピ

—ダンスと負荷のインピーダンスが一致しなければならない．多くの場合，この条件は満たされていない．たとえば，オーディオアンプのインピーダンスは高いがスピーカーのインピーダンスは低い．このような場合，トランスの巻線比 N_p/N_s を適当に選ぶことにより，この2つのインピーダンス整合させることができる．

> ✓ **CHECKPOINT 9**: 交流起電力発生装置の抵抗が負荷抵抗よりも小さいとする；この装置から負荷へのエネルギー移動を増やすために，両者の間に変圧器を挿入する．(a) N_s は N_p より大きくすべきか，小さくすべきか．(b) この変圧器は昇圧トランスか，降圧トランスか？

例題 33-9

電柱に取り付けられた変圧器は，1次側の $V_p = 8.5\,\mathrm{kV}$ を $V_s = 120\,\mathrm{V}$ に下げて近所の住宅に電気エネルギーを供給している．V_p と V_s はどちらも実効値である．変圧器は理想的な降圧トランス，負荷は純抵抗，力率は1と仮定する．

(a) 変圧器の巻線比 N_p/N_s はいくらか．

解法: **Key Idea**: 巻線比 N_p/N_s は，式 (33-79) により，1次側と2次側の実効電圧に関係づけられる：

$$\frac{V_s}{V_p} = \frac{N_s}{N_p}$$

(この式の右辺は巻線比の逆数であることに注意しよう．) 両辺の逆数をとって，

$$\frac{N_p}{N_s} = \frac{V_p}{V_s} = \frac{8.5 \times 10^3\,\mathrm{V}}{120\,\mathrm{V}} = 70.83 \approx 71 \quad (答)$$

(b) この変圧器を通して家庭で消費される（散逸する）エネルギーが 78 kW であるとき，変圧器の1次側と2次側を流れる実効電流値はいくらか？

解法: **Key Idea**: 純抵抗負荷に対して力率 $\cos\phi = 1$ である；したがって，エネルギーの供給率および散逸率は式 (33-77) で与えられる．$V_p = 8.5\,\mathrm{kV}$ の1次側回路では，式 (33-77) より，

$$I_p = \frac{P_\mathrm{avg}}{V_p} = \frac{78 \times 10^3\,\mathrm{W}}{8.5 \times 10^3\,\mathrm{V}} = 9.176\,\mathrm{A} \approx 9.2\,\mathrm{A} \quad (答)$$

同様に，2次側回路においては，

$$I_s = \frac{P_\mathrm{avg}}{V_s} = \frac{78 \times 10^3\,\mathrm{W}}{120\,\mathrm{V}} = 650\,\mathrm{A} \quad (答)$$

式 (33-80) の $I_s = I_p (N_p/N_s)$ が成り立っていることを確かめよう．

(c) 2次側回路における負荷抵抗 R_s はいくらか？ これに対応する1次側回路の負荷抵抗 R_p はいくらか？

解法: **Key Idea**: 両方の回路において，負荷抵抗は，$V = IR$ によって実効電圧と実効電流に関係づけられる．2次側回路に対しては，

$$R_s = \frac{V_s}{I_s} = \frac{120\,\mathrm{V}}{650\,\mathrm{A}} = 0.1846\,\Omega \approx 0.18\,\Omega \quad (答)$$

同様に，1次側回路に対しては，

$$R_p = \frac{V_p}{I_p} = \frac{8.5 \times 10^3\,\mathrm{V}}{9.176\,\mathrm{A}} = 926\,\Omega \approx 930\,\Omega \quad (答)$$

Key Idea: R_p は変圧器の1次側から見た等価抵抗である（式 33-82），ということを用いて R_p を求めることもできる．R_eq の代わりに R_p を，R の代わりに R_s を使って，

$$R_p = \left(\frac{N_p}{N_s}\right)^2 R_s = (70.83)^2 (0.1846\,\Omega)$$
$$= 926\,\Omega \approx 930\,\Omega \quad (答)$$

まとめ

LC 振動とエネルギー移動 振動している LC 回路では，キャパシターの電場とインダクターの磁場の間で周期的にエネルギーが移動する；ある時刻におけるそれぞれの値は，

$$U_E = \frac{q^2}{2C} \quad \text{および} \quad U_B = \frac{Li^2}{2} \quad (33\text{-}1, 33\text{-}2)$$

q はキャパシターの電荷，i はインダクターの電流である．全エネルギー ($= U_E + U_B$) は一定である．

LC 回路における電荷と電流の振動 エネルギー保存則より，LC 振動を表す微分方程式は，

$$L\frac{d^2 q}{dt^2} + \frac{1}{C}q = 0 \quad (LC 振動) \quad (33\text{-}11)$$

式 (33-11) の解は，Q は電荷振幅（キャパシターの電荷

の最大値)とすると,
$$q = Q\cos(\omega t + \phi) \quad (電荷) \quad (33\text{-}12)$$
角振動数 ω は,
$$\omega = \frac{1}{\sqrt{LC}} \quad (33\text{-}4)$$
式(33-12)の位相定数 ϕ は,系の初期条件($t=0$ での値)により決定される。

時刻 t における電流 i は,
$$i = -\omega Q \sin(\omega t + \phi) \quad (電流) \quad (33\text{-}13)$$
ωQ は電流振幅 I を表している。

減衰振動 回路中にエネルギーを散逸する抵抗が存在すると,LC 回路の振動は減衰する。RLC 回路の減衰振動を表す微分方程式は,
$$L\frac{d^2q}{dt^2} + R\frac{dq}{dt} + \frac{1}{C}q = 0 \quad (RLC\text{ 回路}) \quad (33\text{-}24)$$
この式の解は,
$$q = Qe^{-Rt/2L}\cos(\omega' t + \phi) \quad (33\text{-}25)$$
$$ただし,\ \omega' = \sqrt{\omega^2 - (R/2L)^2} \quad (33\text{-}26)$$
R が小さい場合,したがって減衰の小さい場合だけを考えているので,$\omega' \approx \omega$ である。

交流電流；強制振動 外部交流起電力発生装置により,直列 RLC 回路を駆動角振動数 ω_d で強制振動させる。このときの起電力は,
$$\mathcal{E} = \mathcal{E}_m \sin \omega_d t \quad (33\text{-}28)$$
この起電力によって回路中に流れる電流は,
$$i = I \sin(\omega_d t - \phi) \quad (33\text{-}29)$$
ϕ は電流の位相定数である。

共鳴 正弦的に駆動された直列 RLC 回路を流れる電流は,その駆動角振動数 ω_d が回路の固有角振動数 ω に一致するとき最大($I = \mathcal{E}_m/R$)となる；これを共鳴という。このとき $X_C = X_L$ かつ $\phi = 0$ であり,電流と起電力の位相は一致する。

単一回路素子 抵抗両端の電位差の振幅は $V_R = IR$；電流と電位差と同位相である。

キャパシターについては,$V_C = IX_C$；$X_C = 1/\omega_d C$ はキャパシターの**容量性リアクタンス**である；電流は電位差より位相が $90°$ だけ進んでいる($\phi = -90° = -\pi/2$ rad)。

インダクターについては,$V_L = IX_L$；$X_L = \omega_d L$ はインダクターの**誘導性リアクタンス**である；電流は電圧より位相が $90°$ だけ遅れている($\phi = +90° = +\pi/2$ rad)。

直列 RLC 回路 式(33-28)の外部起電力がかけられ,式(33-29)の電流が流れている直列 RLC 回路においては,
$$I = \frac{\mathcal{E}_m}{\sqrt{R^2 + (X_L - X_C)^2}}$$
$$= \frac{\mathcal{E}_m}{\sqrt{R^2 + (\omega_d L - 1/\omega_d C)^2}} \quad (電流振幅)$$
$$(33\text{-}60,\ 33\text{-}63)$$
および,
$$\tan \phi = \frac{X_L - X_C}{R} \quad (位相定数) \quad (33\text{-}65)$$
回路のインピーダンス Z を次式で定義する：
$$Z = \sqrt{R^2 + (X_L - X_C)^2} \quad (インピーダンス) \quad (33\text{-}61)$$
これを使って,式(33-60)を書き直すと,$I = \mathcal{E}_m/Z$。

電力 直列 RLC 回路において,発電機の**平均電力** P_avg は,抵抗での熱エネルギー発生率に等しい：
$$P_\text{avg} = I_\text{rms}^2 R = \mathcal{E}_\text{rms} I_\text{rms} \cos \phi \quad (33\text{-}71,\ 33\text{-}76)$$
rms は**実効値**を意味している；実効値と最大値との関係は,$I_\text{rms} = I/\sqrt{2}$,$V_\text{rms} = V_m/\sqrt{2}$,$\mathcal{E}_\text{rms} = \mathcal{E}_m/\sqrt{2}$,である。$\cos \phi$ は回路の**力率**と呼ばれる。

変圧器 (理想的な)変圧器は,鉄芯のまわりに1次側コイルが N_p 回,2次側コイルが N_s 回巻かれたものである。1次側コイルが交流発電機に接続されると,1次側と2次側の電圧の関係は,
$$V_s = V_p \frac{N_s}{N_p} \quad (電圧変換) \quad (33\text{-}79)$$
コイルを流れる電流の関係は,
$$I_s = I_p \frac{N_p}{N_s} \quad (電流変換) \quad (33\text{-}80)$$
発電機からみた2次側回路の等価抵抗は,
$$R_\text{eq} = \left(\frac{N_p}{N_s}\right)^2 R \quad (33\text{-}82)$$
R は2次側回路につながれた負荷抵抗である。比 N_p/N_s は変圧器の巻線比と呼ばれる。

問 題

1. 充電されたキャパシターとインダクターが時刻 $t=0$ に接続された。次の量が最初に最大値となる時刻を,周期 T を単位として答えよ。(a) U_B,(b) インダクターを貫く磁束,(c) di/dt,(d) インダクターの起電力。

2. 図33-1の(a),(c),(e),(g)の状況が $t=0$ で実現するためには,式(33-12)の位相定数 ϕ はどんな値をとらなくてはならないか。

3. 図33-16は，同じキャパシターと同じインダクターで構成される3種類のLC振動回路である．3つの回路を，キャパシターの電荷が完全に放電するまでの時間が長い順に並べよ．

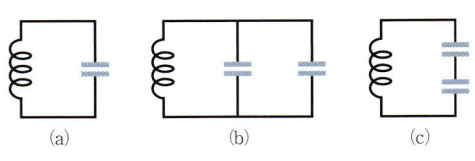

図33-16 問題3

4. 図33-17は，同じ電気容量と同じ最大電荷QのLC回路1と2のキャパシター両端の電圧v_Cの時間変化を示している．(a)回路1のインダクタンスLは，回路2に比べて，大きいか，小さいか，同じか．(b)回路1の最大電流値Iは，回路2に比べて，大きいか，小さいか，同じか．

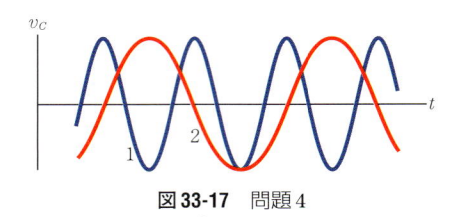

図33-17 問題4

5. LC振動回路の電荷が次の3通りの変化をする；(1) $q = 2\cos 4t$, (2) $q = 4\cos t$, (3) $q = 3\cos 4t$, (qはクーロン単位，tは秒単位)．これらを，(a)電流振幅，(b)周期，の大きい順に並べよ．

6. 最大電荷Qが与えられたLC振動回路において，インダクタンスLを大きくすると，(a)電流振幅I，(b)最大磁場エネルギーU_Bは，それぞれ，増えるか，減るか，変わらないか．

7. ある起電力振幅をもつ交流起電力発生装置を，抵抗，キャパシター，インダクターに順番に接続する．各素子に接続するたびに駆動振動数f_dを変化させて，素子に流れる電流振幅Iを測定し，図にプロットする．図33-18の3つのプロットは，それぞれどの素子に対応するか．

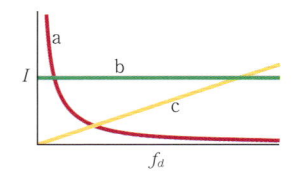

図33-18 問題7

8. 正弦的に駆動される4つの直列RLC回路の位相定数ϕは，(1) $-15°$, (2) $+35°$, (3) $\pi/3$ rad, (4) $-\pi/6$ rad，である．この中で(a)どの回路の負荷が主に容量的か．(b)電流が交流起電力より遅れるのはどの回路か．

9. 図33-19は，直列RLC回路における電流iと駆動起電力$\mathcal{E}$を示している．(a)電流は起電力より遅れているか？ (b)回路の負荷は主に容量的か誘導的か？ (c)起電力の角振動数ω_dは固有角振動数ωに比べて大きいか，小さいか．

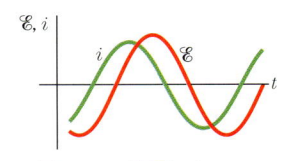

図33-19 問題9と11

10. 図33-20は，図33-12と同じように，3通りの状況を示している．それぞれの場合について，駆動角振動数は，回路の共鳴振動数に比べて，大きいか，小さいか，同じか？

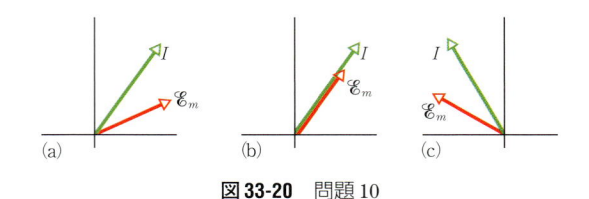

図33-20 問題10

11. 図33-19は，直列RLC回路の電流iと駆動起電力$\mathcal{E}$を示している．(a)L，(b)C，(c)ω_d，を少しだけ大きくすると，電流曲線は起電力曲線に対して，左へ移動するか，右へ移動するか，また，その振幅は増えるか，減るか？

12. 図33-21は，直列RLC回路の電流iと駆動起電力$\mathcal{E}$を示している．(a)位相定数は正か負か？ (b)負荷抵抗へのエネルギー移動率を増やすためには，Lを増やすべきか，減らすべきか？ (c)Cは増やすべきか，減らすべきか？

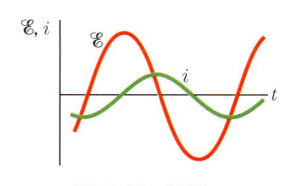

図33-21 問題12

34　電磁波

彗星が太陽に近づくと，表面の氷が蒸発して塵や荷電粒子を放出する。この荷電粒子は，（荷電粒子の流れである）"太陽風"から受ける力により，太陽と反対の向きにまっすぐな"尾"を引く。しかし，塵は太陽風の影響を受けず，彗星の軌道に沿って運動するはずである。

それではなぜ，塵は湾曲した尾（写真の下側の尾）を形作るのだろうか。

答えは本章で明らかになる。

34-1　マクスウェルの虹

James Clerk Maxwellの偉大な業績は，光線が電場と磁場の進行波——**電磁波**（electromagnetic wave）——であり，（可視光を扱う）光学が電磁気学の一部であることを示したことである。本章では，電磁気現象から出発して光学の基礎を学ぶ。

　マクスウェルの時代（1800年代半ば）に知られていた電磁波は，可視光，赤外線，紫外線だけであった。マクスウェルの仕事に触発されたヘルツ（Heinrich Hertz）は，今日電波と呼ばれているものを発見し，それが実験室内を可視光と同じ速さで進むことを確認した。

　現在われわれは，広いスペクトル（範囲）の電磁波を知っている（図34-1）；想像力豊かな作家は，これを"マクスウェルの虹"と呼んでいる*。広

---

*　訳注：Diana Syder著"Maxwell's Rainbow"という詩集が出版されている。

第34章　電磁波

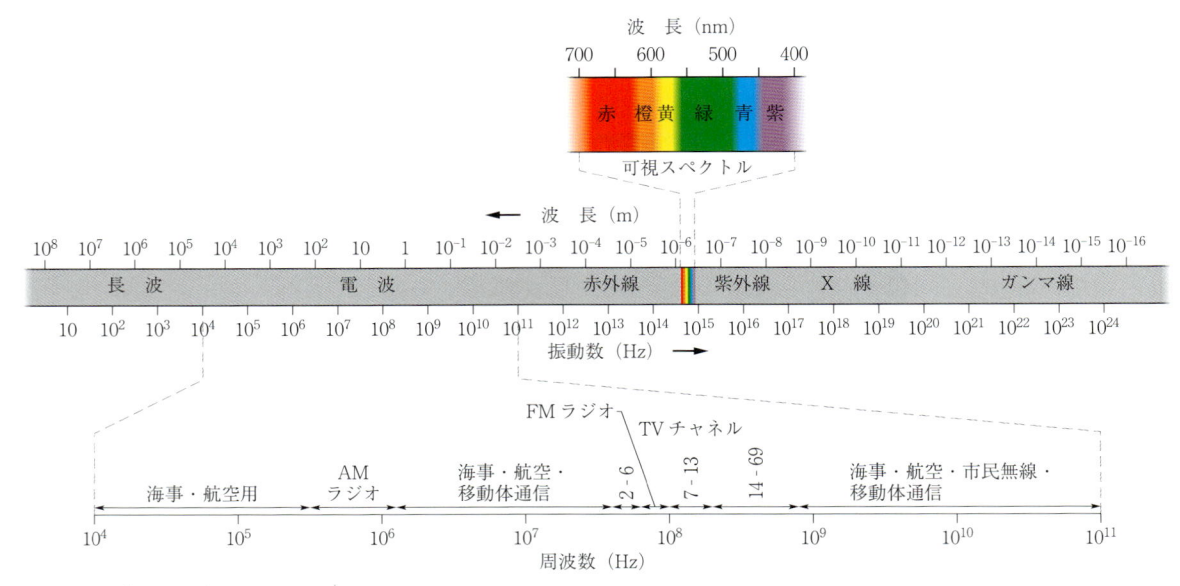

図34-1 電磁スペクトル

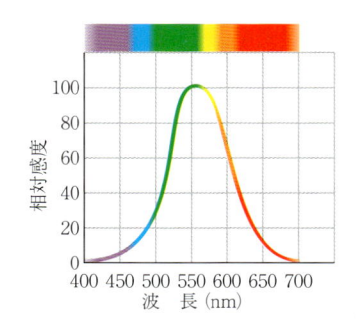

図34-2 さまざまな波長に対する人間の目の平均的な相対感度。電磁スペクトルの中で人間の目が感度をもつ範囲は可視光と呼ばれる。

範なスペクトルの電磁波を，われわれがどれほど浴びているのか考えてみよう。太陽は最大の電磁波源である；太陽からの輻射がつくる環境の中で人類は進化し，この環境に適応してきた。また，われわれのまわりにはラジオやテレビの電波が飛び交っている。レーダーや無線中継所からのマイクロ波もわれわれに届いているだろう。電磁波はさまざまな物体――電球，熱くなった車のエンジン，レントゲン撮影機，稲妻，放射性物質――から放射されている。これら以外にも電磁波は銀河系内の星やガス，また遠くの銀河からもやってくる。電磁波はまた反対向きにも進んでいる。1950年頃から発信されているテレビ信号は，われわれに関するニュースを載せて――"I love Lucy"（訳注：1950年代の大ヒット番組）のドラマとともに――太陽近傍にある400個余りの星を回る惑星に住んでいるかも知れない知的生命体へ向かって送り出されている。

　図34-1の波長（または対応する振動数）の目盛りは1桁毎に刻まれている。このものさしに端はない；電磁波の波長には上限値も下限値もない。

　図34-1に示された電磁スペクトルの中で，ある特定の範囲には，*X線*（x ray）や*電波*（radio wave）といったなじみのある名前がつけられている。これらの名前は，おおよその波長領域を示すもので，同じ名前をもつ電磁波については，同じ電磁波源や検出器が使われることが多い。図34-1で，TVチャネルとかAMラジオと記された範囲は，商用またはその他の目的のために法律で定められた波長領域を示している。電磁スペクトルにギャップはない。そしてすべての電磁波は，その波長に関係なく，*自由空間*（真空中）を光速cで進む。

　スペクトルの可視光部分は特にわれわれに関係が深い。図34-2は，さまざまな波長の光に対する人間の目の相対感度を示している。感度が最も高いのは555 nmで，黄緑色に対応する。

　可視限界は明確に決められるわけではない；目の感度曲線は，長波長側

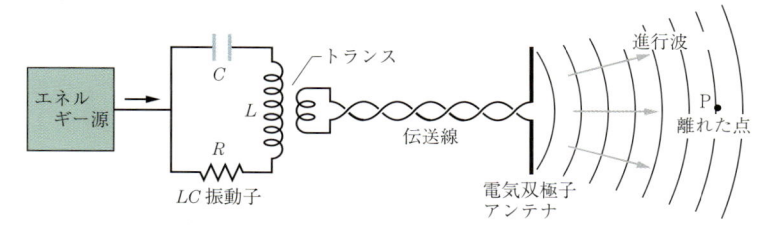

図 34-3 短波領域の進行電磁波を送り出す発振器の原理：アンテナの中で正弦的に変化する電流を LC 振動子がつくり，アンテナが波を送り出す．遠く離れた点 P で通過する波を検出する．

でも短波長側でも，徐々に下がってゼロに近づく．仮に，感度が最大感度の 1% になる波長を可視限界とすると，その値はおよそ 430 nm と 690 nm である；しかし，強度が十分に大きければ，この範囲外の波長でも見ることができる．

34-2 進行電磁波；定性的議論

X 線やガンマ線のような電磁波は，（量子物理学に支配される）原子や原子核サイズの源から放射（輻射）される．しかしここでは，もっと大きなスケールでの電磁波の発生について学ぼう．話を簡単にするために，波長領域を $\lambda \approx 1$ m に限り，輻射（radiation；放射された波）の源は目に見える大きさで簡単に扱えるものとする．

図 34-3 に，このような波の発生の概略を示す．この装置の心臓部は LC 振動子である；これによって角振動数 $\omega\ (= 1/\sqrt{LC}\ )$ が決められる．回路の電荷と電流は，この振動数で正弦的に変化する（図33-1）．回路での熱的なエネルギー損失や電磁放射が運ぶエネルギーを補うために，外部の信号源（たとえば交流発振器）はエネルギーを供給しなければならない．

図 34-3 の LC 振動子は，トランスと電送線を通してアンテナ（antenna）と結合されている．アンテナは 2 本の細くて堅い導体の棒である．この結合により，正弦的に変化する振動子の電流が，アンテナの電荷を正弦的に振動させる；このときの角振動数は，LC 振動子の角振動数 ω である．この電荷の移動によってアンテナに流れる電流は（その大きさも向きも）角振動数 ω で正弦的に振動する．アンテナは電気双極子と同じ働きをし，その電気双極子モーメントは（その大きさも向きも）アンテナに沿って正弦的に変化する．

電気双極子モーメントの大きさと向きが変化するので，双極子がつくる電場の大きさと向きも変化する．また，電流が変化するので，電流がつくる磁場の大きさと向きも変化する．しかし，電場と磁場の変化は，いたるところで同時に起きるわけではない；これらの変化はアンテナから外向きに光速 c で伝わる．電場と磁場の変化が一緒になって電磁波となり，アンテナから光速 c で伝わるのである．この波の角振動数は，LC 振動子の角振動数 ω と同じである．

図 34-4 は，図 34-3 の点 P を波が 1 波長分通過するときの電場 $\vec{E}$ と磁場 $\vec{B}$

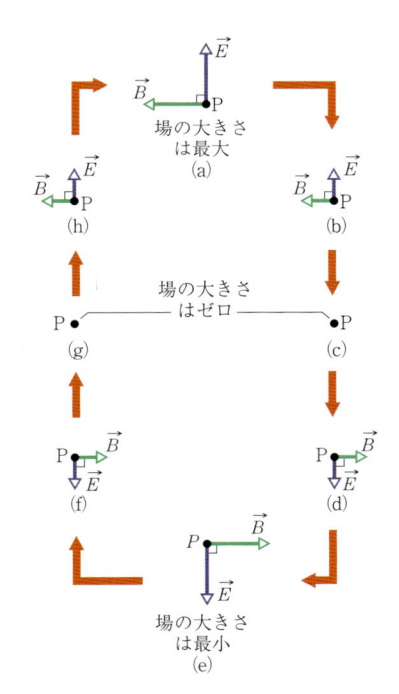

図 34-4 (a)–(h) 図 34-3 の離れた点 P を電磁波 1 波長が通過するときの電場 $\vec{E}$ と磁場 $\vec{B}$ の変化．波は紙面から出る向きに進んでいる．電場と磁場の大きさと向きは正弦的に変化する．両者は直交し，どちらも波の進行方向に垂直である．

の時間変化を描いている；それぞれの図において，波は紙面から手前に向かっている。(点Pを十分遠くにとり，図34-3に描かれたような波面の曲率は無視できるものとする。このような波は*平面波*(plane wave)と呼ばれ，波の議論は簡単になる。)図34-4の重要な点をまとめよう；これらは波がどのようにつくられたかには関係しない。

1. 電場 $\vec{E}$ と磁場 $\vec{B}$ は，波の進行方向に常に垂直である。したがって，この波は第17章で学んだ横波である。
2. 電場と磁場は常に垂直である。
3. 波の進む向きはベクトル積 $\vec{E} \times \vec{B}$ で与えられる。
4. 場は，第17章の横波と同じく，正弦的に変化する。電場と磁場は同じ振動数で変化し，互いに*同位相*である。

これらの特徴を踏まえると，次のように仮定することができる；波は点Pを x の正の向きに進む；電場は y 軸に平行に振動する；磁場は z 軸に平行に振動する(もちろん右手座標系を使う)。これより，電場と磁場は，次のように位置 x (波の進行方向)と時刻 t のサイン関数で表すことができる：

$$E = E_\mathrm{m} \sin(kx - \omega t) \qquad (34\text{-}1)$$
$$B = B_\mathrm{m} \sin(kx - \omega t) \qquad (34\text{-}2)$$

第17章と同様に，E_m と B_m は場の振幅，ω と k はそれぞれ波の角振動数と波数である。これらの式より，2つの場が電磁波をつくるだけでなく，それぞれの場がそれぞれの波をつくっていることがわかる。式(34-1)が電磁波の電場成分，式(34-2)が磁場成分を与える。これらの成分が独立に存在することはない。

波の速さは，式(17-12)より，ω/k となることを知っているが，ここでは電磁波を扱っているので，(真空中での)波の速さは v ではなく c と記される。c は次式で表される(次節で導く)：

$$c = \frac{1}{\sqrt{\mu_0 \varepsilon_0}} \qquad (\text{波の速さ}) \qquad (34\text{-}3)$$

c の値は，およそ 3.0×10^8 m/s である。言い換えると，

▶ 可視光を含むすべての電磁波は，真空中では同じ速さ c で伝わる。

また，次節では，光速 c は電場と磁場の振幅に関係づけられることがわかる：

$$\frac{E_\mathrm{m}}{B_\mathrm{m}} = c \qquad (\text{振幅の比}) \qquad (34\text{-}4)$$

式(34-1)を(34-2)で割って式(34-4)の関係を用いると，任意の時刻，任意の点における電場と磁場の大きさが次のように関係づけられる：

$$\frac{E}{B} = c \qquad (\text{大きさの比}) \qquad (34\text{-}5)$$

電磁波は，*光線*(ray；波の進む向きを示す)または*波面*(wavefront；電場の大きさが等しい仮想的な面)，または両方で表すことができる。図34-5aの2つの波面は，波の1波長 λ ($= 2\pi/k$) だけ隔たっている。(ほとんど同

図34-5 (a)電磁波を光線と波面で表した図；波面は1波長λだけ隔たっている。(b)同じ波の"スナップショット"；x軸上の各点における電場$\vec{E}$と磁場$\vec{B}$が示されている；波はx軸上を速さcで進んでいる。波が点Pを通過するとき，場は図34-4のように変化する。波の電場成分は電場だけで，磁場成分は磁場だけで構成される。点Pにある破線で描かれた長方形は図34-6で使う。

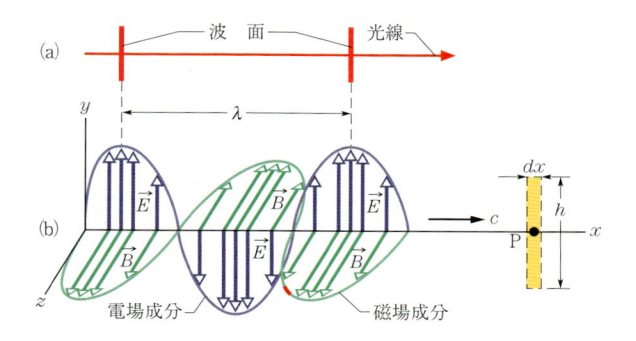

じ向きに進む多数の波はレーザー光線のようなビーム(beam)を構成する；これも光線で表すことができる。)

電磁波を図34-5bのように表すこともできる；ある瞬間における電場ベクトルと磁場ベクトルの"スナップショット"が描かれている。ベクトルの先を結んだ曲線は，式(34-1)と(34-2)で与えられる正弦振動を表している；波の成分である$\vec{E}$と$\vec{B}$は同位相で直交しており，波の進行方向に垂直である。

図34-5bの解釈には注意が必要である。ぴんと張られた弦の横波を表す同じような図では(第17章参照)，波の通過にともない弦の各部分が上下に変位した(実際に何かが移動した)。一方，図34-5bは抽象的なものである。図の時刻において，x軸上の各点の電場と磁場は，ある決まった大きさと向き(常にx軸に垂直)をもっている。ここでは，各点でのベクトル量を一対の矢印で描いているので，薔薇の棘のように，それぞれの点でx軸を始点とする長さの異なる矢印を描かなければならない。しかし，矢印が表しているのは，x軸上の点における場の大きさである。矢印もサイン曲線も，何かの横向きの運動を意味しているのではない；また矢印はx軸上の点と軸から離れた点を結ぶものでもない。

図34-5のような図は，実際にはとても込み入った状況を視覚化する助けになる。まず最初に磁場を考えよう。磁場が正弦的に変化するので，ファラデーの電磁誘導の法則により，磁場と直交する電場が誘導される。しかし，この電場もまた正弦的に変化するので，マクスウェルの誘導法則により，電場に直交する磁場が誘導される。この磁場も正弦的に変化する。このように，電場と磁場が連続的に互いに誘導しあい，結果として正弦的に変化する場が波——電磁波——として伝わる。この驚くべき結果がなければ，われわれは見ることもできないし，そもそも地球の気温を保っているのは太陽からの電磁波であるから，われわれは存在することすらできないであろう。

不思議な波

第17章と18章で学んだ波は，波が伝わる媒質(なんらかの物質)を必要とした。波は弦に沿って，または地球の中を，または空気中を進んだ。しかし，電磁波(光または光波と呼ぼう)は，不思議なことに伝わるための媒質を必要としない。もちろん空気やガラスのような物質中を進むことはで

きるが，星から地球までの真空の空間を進むこともできる。

アインシュタインが1905年に特殊相対性理論を発表してから，この理論が受け入れられるまでの長い間，光の速さは特別なものと考えられた。ひとつの理由は，光速がどのような基準系で測定しても同じ値になるためである。ある軸に沿って発射された光線の速さを，この軸上を異なる速さで運動している——光と同じ向きであろうが反対向きであろうが——複数の観測者が測定すると，すべて同じ値になるのである。これは驚くべきことであり，同じ観測者が他の種類の波の速さを測る場合とは全く異なる結果である；他の波については波と観測者の相対運動が測定に影響を与える。

1メートルは，光（どんな電磁波でもよい）が真空中を進む速さが，ちょうど $c = 299\,792\,458$ m/s となるように定義されている；光の速さは，長さの基準として用いられる。ある点から別の点まで光のパルスが進むのにかかる時間を測定すると，それは光の速さを測定しているのではなく，2点間の距離を測定していることになる。

34-3 進行電磁波；定量的議論

本節では式(34-3)と(34-4)を導き，より重要なことであるが，電場と磁場が互いに誘導し合って光が生じることを学ぶ。

誘導電場と式(34-4)

図34-6の破線で示された長方形（縦 h，横 dx）は，xy 平面内にあり，x 軸上の点Pに固定されている（図34-5bの右側にも描かれている）。電磁波が右向きに長方形を通過すると，この長方形を貫く磁束 Φ_B が変化して，ファラデーの誘導法則により，長方形の領域に誘導電場が発生する。長方形の左右の長辺に誘導される電場を $\vec{E}$ と $\vec{E}+d\vec{E}$ とする。この電場は，実は電磁波の電場成分になっている。

図34-6に描かれた瞬間は，図34-5bに赤く印された磁場成分が長方形を通過する時刻に対応しているとしよう。このとき長方形を貫く磁場は z 軸の正の向きで，その大きさは減りつつある（赤い印が通過する直前に最大値となった）。磁場が減少中なので，長方形を貫く磁束 Φ_B も減少中である。ファラデーの法則によれば，磁束の変化は誘導される電場によって妨げられるので，誘導電場がつくる磁場 $\vec{B}$ の向きは $+z$ の向きになる。

長方形の境界に仮想的な導体ループを考えると，レンツの法則により，反時計まわりの誘導電流が流れるはずである。もちろん導体ループなど存在しない；しかし，このように考えると，誘導電場ベクトルは確かに図34-6の向きになっていて，$\vec{E}+d\vec{E}$ の大きさが $\vec{E}$ の大きさより大きいことがわかる。そうでなければ，反時計まわりの正味の電場が生じない。

ここで，図34-6の長方形を反時計まわりに回るように，ファラデーの電磁誘導の法則を適用しよう：

$$\oint \vec{E} \cdot d\vec{s} = -\frac{d\Phi_B}{dt} \tag{34-6}$$

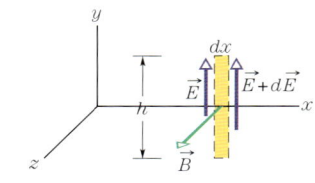

図34-6 電磁波が図34-5の点Pを右向きに通過するとき，点Pを中心とする長方形を貫く磁場 $\vec{B}$ が正弦的に変化し，長方形のまわりに電場が誘導される。図に示された瞬間では，$\vec{B}$ の大きさは減少しつつあり，誘導電場の大きさは，右側で大きく左側で小さい。

長方形の上下の辺では $\vec{E}$ と $d\vec{s}$ が直交しているので積分には寄与しない。積分を計算すると，

$$\oint \vec{E}\cdot d\vec{s} = (E+dE)h - Eh = h\,dE \qquad (34\text{-}7)$$

長方形を貫く磁束は，

$$\Phi_B = (B)(h\,dx) \qquad (34\text{-}8)$$

B は長方形内部の $\vec{B}$ の大きさ，hdx は長方形の面積である。式(34-8)を時間で微分すると，

$$\frac{d\Phi_B}{dt} = h\,dx\,\frac{dB}{dt} \qquad (34\text{-}9)$$

式(34-7)と(34-9)を式(34-6)に代入すると，

$$h\,dE = -h\,dx\,\frac{dB}{dt}$$

または，

$$\frac{dE}{dx} = -\frac{dB}{dt} \qquad (34\text{-}10)$$

式(34-1)と(34-2)が示すように，B と E はどちらも x と t の2変数の関数である。しかし，dE/dx を計算するときは，t は一定であると考える；図34-6は，ある瞬間の"スナップショット"である。同様に，dB/dt を計算するときは，x は一定であると考える；ある特定の位置(図34-5bの点P)における B の時間変化を考える。このような状況での微分は*偏微分*であり，次のように書かれる：

$$\frac{\partial E}{\partial x} = -\frac{\partial B}{\partial t} \qquad (34\text{-}11)$$

E は x とともに増加して，B は t とともに減少するので，マイナス符号がつく。

式(34-1)より，

$$\frac{\partial E}{\partial x} = kE_m\cos(kx-\omega t)$$

式(34-2)より，

$$\frac{\partial B}{\partial t} = -\omega B_m\cos(kx-\omega t)$$

これより，式(34-11)は，

$$kE_m\cos(kx-\omega t) = \omega B_m\cos(kx-\omega t) \qquad (34\text{-}12)$$

進行波における比 ω/k は波の速さを表し，ここでは c である。したがって，式(34-12)は，

$$\frac{E_m}{B_m} = c \qquad (振幅の比) \qquad (34\text{-}13)$$

これは，まさに式(34-4)である。

誘導磁場と式(34-3)

図34-7には，図34-5の点Pにある別の長方形が破線で描かれている；こ

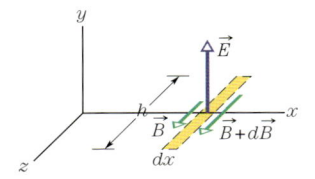

図34-7 図34-5の点Pにある長方形を貫く電場 $\vec{E}$ が正弦的に変化し，長方形のまわりに磁場が誘導される。図に示された瞬間は図34-6と同じである：$\vec{E}$ の大きさは減少しつつあり，誘導磁場の大きさは，右側で大きく左側で小さい。

の長方形は xz 平面内にある。電磁波が右向きにこの長方形を通過すると，この長方形を貫く電場束 Φ_E が変化して，マクスウェルの誘導法則により，長方形の領域に誘導磁場が発生する。この磁場は，実は電磁波の磁場成分になっている。

図 34-5 より，図 34-6 に示された瞬間に長方形を貫く電場は，図 34-7 に示された向きになる。このとき図 34-6 の磁場は減少中であることを思い出そう。電場と磁場は同位相だから，図 34-7 の電場もまた減少しつつあり，したがって長方形を貫く電場束 Φ_E も減少中である。図 34-6 での議論を繰り返すと，電場束 Φ_E の変化が磁場を誘導し，磁場ベクトル $\vec{B}$ と $\vec{B}+d\vec{B}$ の向きは図 34-7 に示されたようになる；このとき，$\vec{B}+d\vec{B}$ は $\vec{B}$ より大きい。

ここで，図 34-7 の破線で示された長方形を反時計まわりに回るように，マクスウェルの誘導法則を適用しよう：

$$\oint \vec{B} \cdot d\vec{s} = \mu_0 \varepsilon_0 \frac{d\Phi_E}{dt} \tag{34-14}$$

ここでも長方形の長辺だけが積分に寄与する。この積分を計算すると，

$$\oint \vec{B} \cdot d\vec{s} = -(B+dB)h + Bh = -h\,dB \tag{34-15}$$

長方形を貫く電場束 Φ_E は，

$$\Phi_E = (E)(h\,dx) \tag{34-16}$$

E は長方形内の $\vec{E}$ の大きさの平均である。式 (34-16) を時間で微分すると，

$$\frac{d\Phi_E}{dt} = h\,dx\,\frac{dE}{dt}$$

この式と式 (34-15) を (34-14) に代入すると，

$$-h\,dB = \mu_0 \varepsilon_0 \left(h\,dx\,\frac{dE}{dt} \right)$$

または，式 (34-11) のように偏微分記号を用いて，

$$-\frac{\partial B}{\partial x} = \mu_0 \varepsilon_0 \frac{\partial E}{\partial t} \tag{34-17}$$

図 34-7 の長方形の点 P では，B は x とともに増加して，E は t とともに減少するので，ここでもマイナス符号がつく。

式 (34-1) と (34-2) を使って式 (34-17) を計算すると，

$$-kB_m \cos(kx - \omega t) = -\mu_0 \varepsilon_0 \omega E_m \cos(kx - \omega t)$$

この式を変形して，

$$\frac{E_m}{B_m} = \frac{1}{\mu_0 \varepsilon_0 (\omega/k)} = \frac{1}{\mu_0 \varepsilon_0 c}$$

この式と式 (34-13) を組み合わせて，

$$c = \frac{1}{\sqrt{\mu_0 \varepsilon_0}} \tag{33-4}$$

これは，まさに式 (34-3) である。

✓ **CHECKPOINT 1:** 図(1)には，図34-6の長方形を貫く磁場 $\vec{B}$（先程とは別の瞬間）が示されている；$\vec{B}$ は xz 面内で z 軸に平行でその大きさは増えつつある。(a) 図(1)に誘導電場を描き入れなさい；図34-6のように向きと相対的な大きさがわかるように描くこと。(b) 同じ瞬間に電磁波の電場を図(2)に描き入れなさい；図34-7のように向きと相対的な大きさがわかるように描くこと。

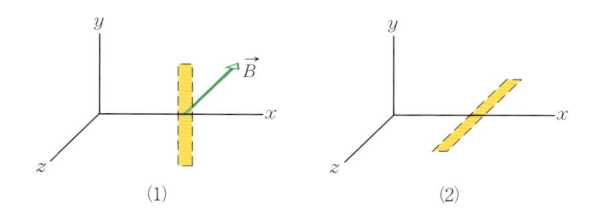

34-4 エネルギー輸送とポインティングベクトル

電磁波が体にエネルギーを運んでくることは，日光浴をする人なら誰でも知っている。このような波による単位面積あたりのエネルギー輸送率は，最初に言及した物理学者 John Henry Poynting (1852-1914) に因んで，**ポインティングベクトル** (Poynting vector) と呼ばれるベクトル $\vec{S}$ で表される。$\vec{S}$ は次式で定義される：

$$\vec{S} = \frac{1}{\mu_0} \vec{E} \times \vec{B} \qquad \text{(ポインティングベクトル)} \qquad (34\text{-}19)$$

この大きさ S は，波がある瞬間 (instant) に単位面積を横切って運ぶエネルギーの輸送率である：

$$S = \left(\frac{\text{エネルギー/時間}}{\text{面積}}\right)_{\text{inst}} = \left(\frac{\text{エネルギー輸送率}}{\text{面積}}\right)_{\text{inst}} \qquad (34\text{-}20)$$

この式より，$\vec{S}$ の SI 単位は W/m² であることがわかる。

▶ 任意の点における電磁波のポインティングベクトルの向きは，波の進行方向とエネルギーの輸送方向を与える。

電磁波では $\vec{E}$ と $\vec{B}$ は直交しているので，$\vec{E} \times \vec{B}$ の大きさは EB になる。したがって，$\vec{S}$ の大きさは，

$$S = \frac{1}{\mu_0} EB \qquad (34\text{-}21)$$

S，E，B はある瞬間の値である。E と B は密接に関連しているので，どちらかひとつだけを考えればよい。ここでは E を選ぶ；電磁波の検出器の多くは，磁場成分ではなく電場成分を測っている。式 (34-5) より $B = E/c$ であるから，式 (34-21) を書き直して，

$$S = \frac{1}{c\mu_0} E^2 \qquad \text{(エネルギー輸送率)} \qquad (34\text{-}22)$$

$E = E_m \sin(kx - \omega t)$ を式 (34-22) に代入すると，エネルギー輸送率を時間の関数として表すことができる。しかし，実用上便利なのは，ある時間に運ばれるエネルギーの平均値であろう；S の時間平均（S_{avg} と記す）は波の

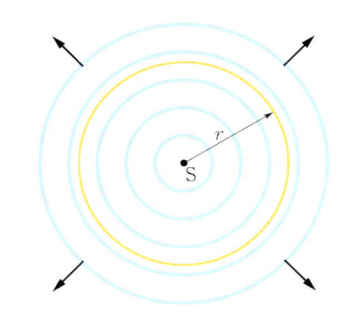

図 34-8 点光源 S から等方的に電磁波が送り出されている。球形の波面が, S を中心とする半径 r の仮想的な球面を通過する。

強度(intensity) I とも呼ばれ, 式(34-20)より,

$$I = S_{\mathrm{avg}} = \left(\frac{\text{エネルギー／時間}}{\text{面積}}\right)_{\mathrm{avg}} = \left(\frac{\text{エネルギー輸送率}}{\text{面積}}\right)_{\mathrm{avg}} \quad (34\text{-}23)$$

式(34-22)より,

$$I = S_{\mathrm{avg}} = \frac{1}{c\mu_0}[E^2]_{\mathrm{avg}} = \frac{1}{c\mu_0}[E_m^2 \sin^2(kx - \omega t)]_{\mathrm{avg}} \quad (34\text{-}24)$$

1周期での $\sin^2\theta$ の平均値は, θ がいかなる変数であろうとも 1/2 である(図33-14)。ここで新たな量 E_{rms} を定義しよう；これは電場の rms 値である：

$$E_{\mathrm{rms}} = \frac{E_m}{\sqrt{2}} \quad (34\text{-}25)$$

これを使うと,

$$I = \frac{1}{c\mu_0} E_{\mathrm{rms}}^2 \quad (34\text{-}26)$$

$E = cB$ という関係があり, c はとても大きな量だから, 電場のエネルギーは磁場のエネルギーよりはるかに大きい, と結論してはいけない；これは間違いである。2種類のエネルギーは厳密に等しい。電場のエネルギー密度 $u\left(=\frac{1}{2}\varepsilon_0 E^2\right)$ を与える式(26-23)から出発してこれを示そう。E を cB で置き換えると,

$$u_E = \frac{1}{2}\varepsilon_0 E^2 = \frac{1}{2}\varepsilon_0 (cB)^2$$

c を式(34-3)で置き換えると,

$$u_E = \frac{1}{2}\varepsilon_0 \frac{1}{\mu_0 \varepsilon_0} B^2 = \frac{B^2}{2\mu_0}$$

式(31-56)によれば, 磁場 $\vec{B}$ のエネルギー密度 u_B は $B^2/2\mu_0$ で与えられる。したがって, 電磁波のどの場所でも $u_E = u_B$ が成り立っている。

距離による強度変化

電磁波源からの距離によって強度がどのように変化するかという問題は, 実際の波源について考えると, 多くの場合——特に光源が(主役に当たるスポットライトのように)ビーム状で指向性をもつとき——大変複雑である。しかし, ある状況では光源は点源とみなすことができる。点光源は光を等方的に(すなわち, すべての向きに同じ強度で)発する。球面波が等方的な点光源 S から広がっている様子の断面が図34-8に示されている。

波源から波が広がるときエネルギーは保存されると仮定する。波源のまわりに半径 r の仮想的な球を考えよう(図34-8)。波源から放射されるエネルギーはこの球を通過しなければならない。球を通過する放射エネルギーの輸送率は, 波源からのエネルギー放射率 P_s に等しい。したがって, 球面上での強度 I は,

$$I = \frac{P_s}{4\pi r^2} \quad (34\text{-}27)$$

$4\pi r^2$ は球の表面積である。式(34-27)によれば, 点源から等方的に放射される電磁放射の強度は, 波源からの距離 r の2乗に反比例して減少する。

> ✓ **CHECKPOINT 2:** 図は，ある位置におけるある瞬間の電磁波の電場を表している。波はzの負の向きにエネルギーを運んでいる。この位置におけるこの瞬間の電磁波の磁場はどちらを向いているか。

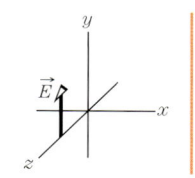

例題 34-1

エネルギー放射率P_s($= 250\,\mathrm{W}$)の等方的な点光源から$1.8\,\mathrm{m}$の距離に観測者がいる。この位置での電場と磁場のrms値はいくらか。

解法： Key Idea 1: 電場のrms値E_rmsは，式(34-26)($I = E_\mathrm{rms}^2/c\mu_0$)により，光の強度$I$と関係づけられる。

Key Idea 2: 光源はすべての向きに同じ強度の光を発する点光源なので，光源から距離rでの強度Iは，式(34-27)($I = P_s/4\pi r^2$)により，光源のエネルギー放射率P_sと関係づけられる。

これら2つのKey Ideasを合わせて，

$$I = \frac{P_s}{4\pi r^2} = \frac{E_\mathrm{rms}^2}{c\mu_0}$$

これより，

$$\begin{aligned}
E_\mathrm{rms} &= \sqrt{\frac{P_s c \mu_0}{4\pi r^2}} \\
&= \sqrt{\frac{(250\,\mathrm{W})(3.00\times 10^8\,\mathrm{m/s})(4\pi\times 10^{-7}\,\mathrm{H/m})}{(4\pi)(1.8\,\mathrm{m})^2}} \\
&= 48.1\,\mathrm{V/m} \approx 48\,\mathrm{V/m} \quad (\text{答})
\end{aligned}$$

Key Idea 3: 電磁波の電場と磁場は，いかなる場所でも，いかなる瞬間でも，式(34-5)($E/B = c$)により関係づけられる。したがって，電場と磁場のrms値も式(34-5)で関係づけられる：

$$\begin{aligned}
B_\mathrm{rms} &= \frac{E_\mathrm{rms}}{c} \\
&= \frac{48.1\,\mathrm{V/m}}{3.00\times 10^8\,\mathrm{m/s}} = 1.6\times 10^{-7}\,\mathrm{T} \quad (\text{答})
\end{aligned}$$

E_rms($= 48\,\mathrm{V/m}$)は実験室にある標準的な機器で測定可能な大きさであるが，B_rms($= 1.6\times 10^{-7}\,\mathrm{T}$)はとても小さな量である。このため，電磁波の検出や測定に使われる機器の多くは，波の電場成分に反応するように設計されている。しかし，電磁波の電場成分が磁場成分より"強い"というのは間違いである。異なる単位で測られる量の大小を比べてはいけない。本節で学んだように，波の伝播に関して電場と磁場は同等である；同じ土俵で比べることのできる両者の平均エネルギーは厳密に等しい。

34-5 放射圧

電磁波はエネルギーだけでなく運動量ももっている。これは，物体に光を当てて圧力を加えることができる，ということを意味している。この圧力は**放射圧**(radiation pressure；輻射圧)と呼ばれる。しかし，写真撮影のときにフラッシュを浴びても圧力を感じることはないので，この圧力はとても小さいに違いない。

放射圧の表式を導くために，電磁放射——たとえば可視光線——を時間Δtの間物体に当ててみよう。この物体は自由に動くことができ，放射は物体に完全に吸収されるものとする。時間Δtにこの物体が放射から得るエネルギーをΔUとする。マクスウェルは，物体が同時に運動量も得ることを示した。物体の運動量変化の大きさΔpは，エネルギー変化ΔUと関係づけられる：

$$\Delta p = \frac{\Delta U}{c} \quad (\text{完全吸収}) \quad (34\text{-}28)$$

cは光速である。物体の運動量変化の向きは，物体が吸収する入射

(incident) ビームの向きと同じである。

電磁放射は吸収される代わりに物体から反射されることもある；放射は（物体で跳ね返されたように）別の向きに進む。放射が入射経路に沿って反対向きに完全に反射されると，物体の運動量変化の大きさは，先程の2倍になる：

$$\Delta p = \frac{2\Delta U}{c} \quad \text{(逆向きの完全反射)} \tag{34-29}$$

全く同様に，完全に弾性的なテニスボールが物体と衝突して跳ね返されるとき，この物体の運動量変化は，同じ質量，同じ速度の完全に非弾性的なボール（たとえば湿った粘土の塊）が衝突したときの2倍である。入射した放射の一部が吸収され一部が反射されるときは，物体の運動量変化は $\Delta U/c$ と $2\Delta U/c$ の中間の値となる。

ニュートンの第2法則より，運動量変化は力と関係づけられる：

$$F = \frac{\Delta p}{\Delta t} \tag{34-30}$$

放射が及ぼす力を放射強度 I で表すために，放射の向きに垂直な面積 A の平面が放射を遮るとしよう。時間 Δt の間に，面積 A で遮られるエネルギーは，

$$\Delta U = IA\,\Delta t \tag{34-31}$$

エネルギーが完全に吸収されると，式(34-28)より，$\Delta p = IA\,\Delta t/c$。面積 A に働く力の大きさは，式(34-30)より，

$$F = \frac{IA}{c} \quad \text{(完全吸収)} \tag{34-32}$$

同じように，放射が反対向きに完全に反射されると，式(34-29)より，$\Delta p = 2IA\,\Delta t/c$。さらに式(34-30)より，

$$F = \frac{2IA}{c} \quad \text{(逆向きの完全反射)} \tag{34-33}$$

入射した放射の一部が吸収され一部が反射されるときは，面積 A に働く力の大きさは，IA/c と $2IA/c$ の中間の値となる。

物体の単位面積に働く放射による力が放射圧 p_r である。式(34-32)と(34-33)の両辺を A で割ると，それぞれの場合の放射圧が得られる：

$$p_r = \frac{I}{c} \quad \text{(完全吸収)} \tag{34-34}$$

および， $$p_r = \frac{2I}{c} \quad \text{(逆向きの完全反射)} \tag{34-35}$$

放射圧を表す p_r と運動量の記号として使われる p を混同しないように注意しよう。第15章の流体の圧力と同じく，放射圧のSI単位は N/m² で，パスカル(Pa)と呼ばれる。

レーザー技術の発達により，研究者は放射圧を，たとえばカメラのフラッシュに比べて，格段に上げることができるようになった。これは，レーザービームを（電球の小さなフィラメントから出る光線と異なり）極めて小さな点——波長の数倍程度のスポット——に絞り込むことができるから

34-5 放射圧

である．このため，大きなエネルギーを小さなスポットに送り込むことができる．

> ✓ **CHECKPOINT 3:** 完全に光を吸収する平面全体に，光が垂直かつ一様に当たっている．この面の面積が小さくなると，(a) 放射圧，(b) 放射によって面に働く力，は増えるか，減るか，変わらないか．

例題 34-2

彗星から塵が放出されると，塵は太陽から外向きに太陽光の放射圧を受け，その軌道は彗星の軌道からずれる．塵粒子は半径 R，密度 $\rho = 3.5 \times 10^3 \text{ kg/m}^3$ の球であり，当たった太陽光を完全に吸収すると仮定する．この粒子が太陽から受ける重力 $\vec{F}_g$ と太陽光から受ける放射の力 $\vec{F}_r$ がつり合うときの R はいくらか．

解法： 太陽は粒子から十分に遠いので，等方的な点光源であると仮定する．放射圧は太陽から外向きに働くので，粒子が放射から受ける力 $\vec{F}_r$ も太陽中心から外向きである．同時に，重力 $\vec{F}_g$ が太陽中心に向かって内向きに働く．2つの力がつり合う条件は，

$$F_r = F_g \quad (34\text{-}36)$$

これらの力を別々に考えよう．

放射の力： 式 (34-36) の左辺を計算するために，3つの Key Ideas を使う：

Key Idea 1： 粒子は放射を完全に吸収するので，力の大きさ F_r は，粒子の位置における太陽光の強度 I と断面積 A を使って，式 (34-32) ($F = IA/c$) から求めることができる．

Key Idea 2： 太陽を点光源とみなすので，式 (34-27) ($I = P_S/4\pi r^2$) を使って，太陽からの距離 r での太陽光の強度 I は太陽のエネルギー放射率 P_S に関係づけることができる．

Key Idea 3： 粒子は球形なので断面積は πR^2 である (表面積の半分ではない)．

これらの Key Ideas を合わせると，

$$F_r = \frac{IA}{c} = \frac{P_S \pi R^2}{4\pi r^2 c} = \frac{P_S R^2}{4 r^2 c} \quad (34\text{-}37)$$

重力：Key Idea： 粒子に働く重力はニュートンの重力の法則 (式 13-1) で与えられる：

$$F_g = \frac{GM_S m}{r^2} \quad (34\text{-}38)$$

M_S は太陽の質量，m は粒子の質量である．次に，粒子の質量を密度 ρ と体積 $V (= \frac{4}{3}\pi R^3)$ に関係づける：

$$\rho = \frac{m}{V} = \frac{m}{\frac{4}{3}\pi R^3}$$

この式を m について解いて，結果を式 (34-38) に代入すると，

$$F_g = \frac{GM_S \rho (\frac{4}{3}\pi R^3)}{r^2} \quad (34\text{-}39)$$

式 (34-37) と (34-39) を式 (34-36) に代入して，R について解くと，

$$R = \frac{3 P_S}{16 \pi c \rho G M_S}$$

ρ に与えられた数値を，G と M_S にわかっている値 (付録A参照) を代入して分母を計算すると，

$(16\pi)(3 \times 10^8 \text{ m/s})(3.5 \times 10^3 \text{ kg/m}^3)$
$\quad \times (6.67 \times 10^{-11} \text{ N} \cdot \text{m}^2/\text{kg}^2)(1.99 \times 10^{30} \text{ kg})$
$= 7.0 \times 10^{33} \text{ N/s}$

付録Bにある P_S の値を使って，

$$R = \frac{(3)(3.9 \times 10^{26} \text{ W})}{7.0 \times 10^{33} \text{ N/s}} = 1.7 \times 10^{-7} \text{ m} \quad \text{(答)}$$

この結果は太陽からの距離 r に依存しないことに注意しよう．

半径 $R \sim 1.7 \times 10^{-7}$ m の塵粒子は，ほぼ直線に沿って運動する (図 34-19 の経路 b)．式 (34-37) と (34-39) を比べると F_g は R^3 に，F_r は R^2 に比例することがわかる．したがって，R の値がこれより大きいと，重力の方が大きくなり，粒子の軌跡は太陽に向かって曲がる (図 34-19 の経路 c)．同様に，R の値がこれより小さいと，放射による力の方が大きくなり，粒子の軌跡は太陽から遠ざかるように曲がる (図 34-19 の経路 a)．これらの塵粒子の集合体が彗星の尾を形成している．

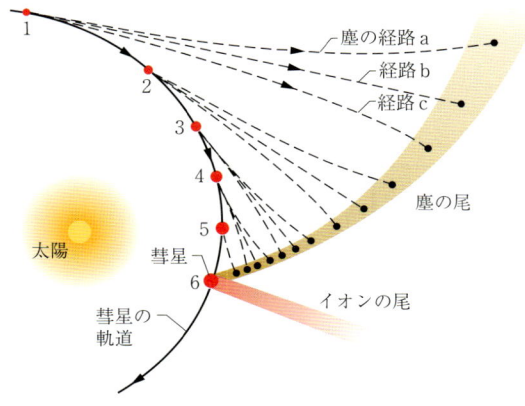

図 34-9 例題 34-2．彗星は現在 6 の位置にいる．1 から 5 の位置で放出された塵は，太陽光の放射圧により，破線で示された経路に沿って外側に押し出される．このようにして湾曲した彗星の尾がつくられる．

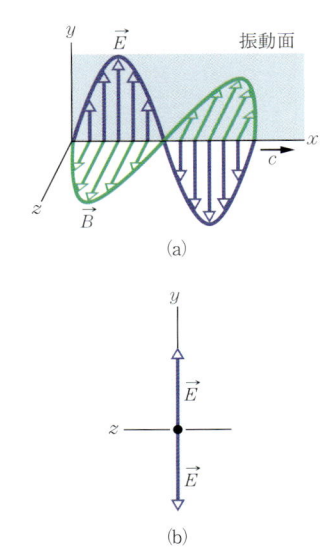

図34-10 (a)偏光した電磁場の振動面。(b)偏光を表すために，振動面を正面から見て，振動電場の方向を双方向矢印で示す。

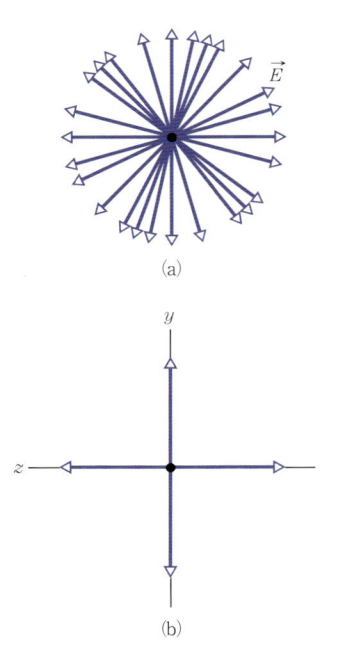

図34-11 (a)偏光していない光の電場はランダムな方向を向いている。この図の波は，すべて同じ軸上を同じ振幅 E で紙面から手前向きに進んでいる。(b)偏光していない光を表す第2の方法——直交した振動面をもつ2つの偏光した波の重ね合わせで表す。

34-6 偏　　光

イギリスではテレビのVHF(very high frequency)アンテナは鉛直に立っているが，北アメリカでは水平である。この違いは，テレビ信号を運ぶ電磁波の振動の向きによるものである。イギリスでは，送信機は鉛直方向に**偏光した**(polarized)波を送り出すように設計されている；すなわち，電場が鉛直方向に振動する。入射するテレビ電波の電場がアンテナに沿って電流を駆動するように(そしてテレビ受像器に信号を送るために)，アンテナは鉛直に立っていなければならない。北アメリカでは波は水平に偏光している。

図34-10では，電磁波の電場は鉛直方向の y 軸に平行に振動している。電場ベクトル $\vec{E}$ を含む面は波の**振動面**(plane of oscillation)(訳注：または**偏光面**(plane of polarization))と呼ばれる。このとき波は，y 方向に**面偏光**している(plane-polarized)(訳注：または**直線偏光**している(linearly-polarized))といわれる。波の**偏光**(polarization；偏光した状態)は，波を正面から見たときの電場振動の向きで表される(図34-10b)。図に示された"双方向矢印"は，波の通過にともなって電場が鉛直方向に振動することを示している——電場は y 軸に沿って上下に連続的に変化する。

偏　　光

テレビの送信所から送り出される電磁波はすべて同じように偏光しているが，普通の光源(太陽や電球)から放射される電磁波は，**ランダム偏光**(randomly polarized light)または**非偏光**(unpolarized light)である；ある点での電場ベクトルは，常に波の進行方向に垂直であるが，その向きが変化している。したがって，ある時間にわたって振動を正面から見た図を描こうとしても，図34-10bのようなひとつの双方向矢印で表すことはできない；その代わり，たくさんの双方向矢印が集まった図34-11aのような図になるだろう。

図34-11aのそれぞれの電場を y 成分と z 成分に分解すれば，状況をいくらか簡単にすることができる。こうすると，波が通過するときの正味の y 成分は y 軸に平行に振動し，正味の z 成分は z 軸に平行に振動する。すなわち，非偏光を一対の双方向矢印で表すことができる(図34-11b)。y 軸に沿った双方向矢印は正味の電場の y 成分の振動を表し，z 軸に沿った双方向矢印は正味の電場の z 成分の振動を表す。したがって，非偏光は，互いに直交する偏光面をもつ2つの直線偏光の重ね合わせ，とみなすことができる；偏光面のひとつは y 軸を含み，もうひとつの偏光面は z 軸を含む。このように変更する理由のひとつは，図34-11aより図34-11bを描く方がはるかに簡単だからである。

部分偏光(partially polarized light)についても同じような図を描くことができる。部分偏光では，電場の振動は図34-11aのように完全にランダムというわけではないが，図34-10bのようにひとつの双方向矢印で表すこともできない。このような場合は，双方向矢印対の一方を他方より長く描けばよい。

34-6 偏光

偏光していない可視光が*偏光板*(polarizing sheet)を通過すると偏光する(図34-12)。このような板は，当時大学生だったEdwin Land(訳注：Polaroid社の創始者)が1932年に発明したもので，ポラロイドまたはポラロイドフィルターとして商品化された。偏光板はある種の長い分子がプラスチックの中に埋め込まれたものである。偏光板をつくるときは，この板を伸ばして畦道のように分子が平行に並ぶようにする。光が偏光板を通過するとき，ある方向の電場成分は偏光板を通り抜けるが，その方向に垂直な成分は分子に吸収されて消えてしまう。

ここでは分子については立ち入らず，偏光板の*偏光軸*(polarizing direction)——電場が通り抜けられる方向——を定めるだけにとどめる：

> ▶ 偏光軸に平行な電場成分は偏光板を通り抜ける(*透過する*)；垂直成分は吸収される。

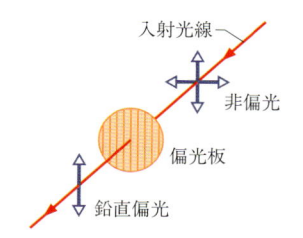

図 **34-12** 非偏光が偏光板を通過すると偏光する。偏光方向は偏光板の偏光軸(ここでは偏光板内に描かれた鉛直線)と平行である。

したがって，偏光板を透過した光の電場は偏光板の偏光軸に平行である；光はその方向に偏光している。図34-12では，鉛直方向の電場成分が偏光板を透過し，水平成分は吸収されている。したがって，透過光は鉛直に偏光している。

偏光した透過光の強度

偏光板を透過した光の強度について考えよう。非偏光から出発する。非偏光の電場の振動は y 成分と z 成分に分解できる(図34-11b)。偏光板の偏光軸を y 軸にとると，電場の y 成分だけが偏光板を通り抜ける；z 成分は吸収される。入射光の電場がランダムな向きを向いていると，y 成分の和と z 成分の和は等しい(図34-11b)。z 成分が吸収されると，入射光強度 I_0 の半分が失われる。偏光板を通過した光の強度は，

$$I = \frac{1}{2} I_0 \tag{34-40}$$

これを*1/2ルール*と呼ぼう；このルールは入射光が偏光していないときにだけ適用できる。

次に，既に偏光した光が偏光板に当たる場合を考える。図34-13のように，偏光板は紙面の中にあり，偏光した光の電場 $\vec{E}$ が紙面に向かって進んでいる(吸収される前の状態である)。偏光板の偏光軸を基準として，$\vec{E}$ を2つの成分に分解する；平行成分 E_y は偏光板を透過し，垂直成分 E_z は吸収される。偏光軸と $\vec{E}$ の間の角を θ とすると，透過する平行成分は，

$$E_y = E \cos\theta \tag{34-41}$$

電磁波(今考えている光)の強度は，電場の大きさの2乗に比例する(式34-26)。ここでは，通過した波の強度 I は E_y^2 に比例し，入射光の強度 I_0 は E^2 に比例している。したがって，式(34-41)より $I/I_0 = \cos^2\theta$ ，または

$$I = I_0 \cos^2\theta \tag{34-42}$$

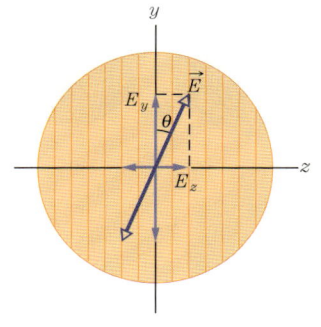

図 **34-13** 偏光した光が偏光板に入射する。光の電場 $\vec{E}$ は成分に分解される；偏光板の偏光軸に平行な E_y と偏光軸に垂直な E_z。E_y 成分が偏光板を透過する；E_z は吸収される。

これを*コサイン2乗ルール*と呼ぼう；このルールは入射光が既に偏光しているときにだけ適用できる。入射光が偏光板の偏光軸と平行(式34-42の

θ が0°または180°)に偏光しているときに透過光の強度 I は最大となり，入射光の強度 I_0 と等しくなる．入射光が偏光板の偏光軸と垂直（θ が90°）に偏光しているとき，I はゼロになる．

図34-14は，非偏光入射光が2枚の偏光板 P_1 と P_2 を通過する様子を描いている．（最初の偏光板をポーラライザー，2番目をアナライザーと呼ぶ．）P_1 の偏光軸は鉛直だから，P_1 を透過して P_2 へ向かう光は鉛直方向に偏光している．P_2 の偏光軸も鉛直であれば，P_1 を透過した光はすべて P_2 も透過する．P_2 の偏光軸が水平であれば，P_1 を透過した光はすべて P_2 で遮られる．2枚の偏光板の相対的な向きを考えれば，どのような偏光軸に対しても同じ結論が得られる：2枚の偏光板の偏光軸が平行であれば，最初の偏光板を通過した光は2番目の偏光板も通過する．偏光軸が直交していれば，2番目の偏光板を通過する光はない．これら2つの極端な例は，図34-15の偏光サングラスによって示されている．

最後に，図34-14の2つの偏光軸が0°と90°の間の角になっているときは，P_1 を透過した光の一部が P_2 を透過する．透過光の強度は式(34-42)で与えられる．

光を偏光させるのは偏光板だけではない；反射（34-9節で学ぶ）や原子や分子による散乱でも光は偏光する．散乱においては，光は物体（たとえば分子）にいったん遮られ，さまざまな（多くの場合ランダムな）向きに送り出される．たとえば，太陽光が空気分子で散乱するために空全体が明るく見えるのである．

太陽からの直接光は偏光していないが，空からくる光の多くは散乱によって少なくとも部分的に偏光している．ミツバチは巣箱へのナビゲーションに空の光の偏光を使っている．北欧のバイキングは，昼間でも太陽が昇らない北海の航行に偏光を用いた（北海では緯度が高いため，冬の太陽は1日中水平線の下にある）．昔の船乗りは，ある種の結晶（コージライトと呼ばれている）に偏光した光が当たると，向きによって色が変わることを発見した．この結晶を通して空を見ながらこの結晶を回転すると，隠れた太陽の位置，すなわち，南を知ることができるのである．

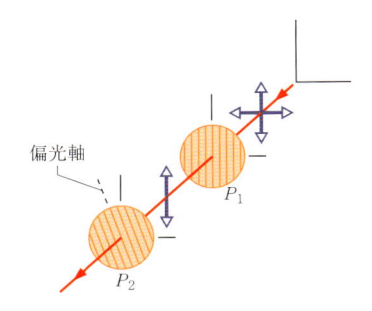

図 34-14 偏光板 P_1 を透過する光は鉛直偏光である（図の鉛直矢印）．偏光板 P_2 を透過する光の強度は，光の偏光方向と，偏光板内の線と破線で示されている P_2 の偏光軸のなす角に依存する．

図 34-15 偏光サングラスの偏光軸は鉛直方向である．(a)同じ向きに重ねたサングラスはよく光を通すが，(b)90°回転させて重ねるとほとんどの光を遮る．

例題 34-3

非偏光入射光線の通り道に 3 枚の偏光板が置かれている（図 34-16a）。最初の偏光板の偏光軸は y 軸に平行，第 2 の偏光軸は y 軸から反時計まわりに $60°$，第 3 の偏光軸は x 軸に平行である。入射光強度 I_0 のうち最終的に透過してくる光の強度の割合はいくらか。

解法: **Key Idea 1**: 最初の偏光板から 1 枚ずつ調べていく。

Key Idea 2: 偏光板を透過する光の強度を求めるためには，偏光板に入射する光が偏光していないか，既に偏光しているかによって，1/2 ルールまたはコサイン 2 乗ルールを適用する。

Key Idea 3: 偏光板を透過した光は常に偏光板の偏光軸に平行に偏光している。

第 1 偏光板: 入射光は（図 34-11b の正面から見た双方向矢印を使って）図 34-16b に示されている。入射光は偏光していないので，第 1 偏光板を透過する光の強度 I_1 は 1/2 ルール（式 34-40）で与えられる：

$$I_1 = \frac{1}{2} I_0$$

第 1 偏光板の偏光軸は y 軸に平行なので透過光も y 軸に平行に偏光している（図 34-16c）。

第 2 偏光板: 入射光は偏光しているので，透過光の強度 I_2 はコサイン 2 乗ルール（式 34-42）で与えられる。このルールに現れる角 θ は，入射光の偏光方向（y 軸に平行）と第 2 偏光板の偏光軸（y 軸から反時計まわりに $60°$）の間の角，すなわち，$\theta = 60°$ である。したがって，

$$I_2 = I_1 \cos^2 60°$$

透過光の偏光は，偏光板の偏光軸と平行であるから，y 軸から反時計まわりに $60°$ である（図 34-16d）。

第 3 偏光板: 入射光は偏光しているので，透過光の強度 I_3 はコサイン 2 乗ルールで与えられる。角 θ は入射光の偏光方向（図 34-16d）と第 3 偏光板の偏光軸（x 軸に平行）の間の角，すなわち，$\theta = 30°$ である。したがって，

$$I_3 = I_2 \cos^2 30°$$

この最終透過光は x 軸に平行に偏光している（図 34-16e）。I_2 に先程求めた式を代入し，さらに I_1 を最初に求めた式で置き換えると，

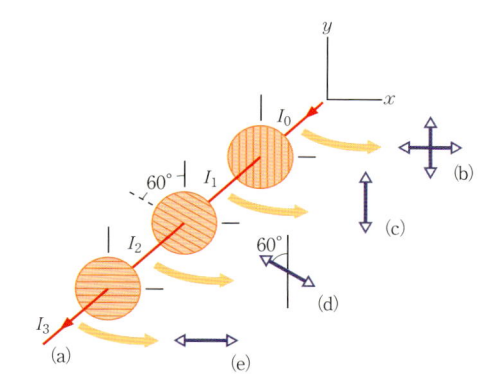

図 34-16 例題 34-3。(a) 強度 I_0 の非偏光が 3 枚の偏光板システムに入射する。I_1, I_2, I_3 は，それぞれの偏光板を透過した光の強度を表す。図の矢印は光の偏光を表す：(b) は入射光；(c) は第 1 偏光板の透過光；(d) 第 2 偏光板の透過光；(e) 第 3 偏光板の透過光。

$$I_3 = I_2 \cos^2 30° = (I_1 \cos^2 60°) \cos^2 30°$$
$$= \left(\frac{1}{2} I_2\right) \cos^2 60° \cos^2 30° = 0.094 I_0$$

これより，　　$\dfrac{I_3}{I_0} = 0.094$ 　　　　（答）

すなわち，入射光強度の 9.4 % が 3 枚の偏光板を通り抜けてくる。（第 2 偏光板を取り除くとどうなるであろうか？）

> ✓ **CHECKPOINT 4**: 図は 4 対の偏光板の組を正面から見たものである。それぞれの偏光板対を（図 34-16b のように）非偏光入射光線の光路に並べる。各偏光板の偏光軸は破線で示され，水平 x 軸または鉛直 y 軸からの角度で表されている。これらの対を透過率の大きい順に並べよ。

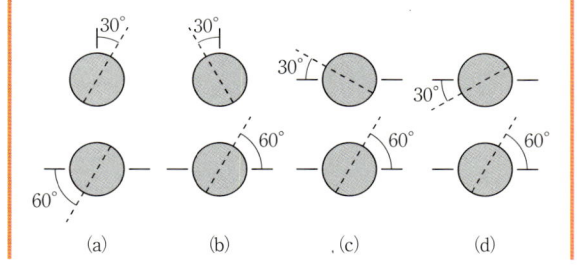

34-7 反射と屈折

光の波は，光源から離れるにつれてだんだん広がっていくが，光の進路は直線で近似することが多い；図 34-5a では光をビームと考えた。このような近似の元に光の性質を調べる分野は幾何光学（geometrical optics）と呼

ばれる．本章の残りの部分では可視光の幾何光学を学ぶ．

図34-17aの白黒写真は，直進する光の例である．細い光のビーム（入射ビーム）が左からやや下向きに空気を通過して平らなガラスの面に当たる．光の一部は表面で**反射**して（reflected），あたかも元のビームが表面で跳ね返されたかのように，右上向きのビームとなって出ていく．残りの光は表面を抜けてガラスの内部に入り，右下に向かうビームとなっている．光がこのようにガラスを通過するので，ガラスは透明である（transparent）といわれる；すなわち，ガラスを通してものが見える．（本章では透明の媒質のみを扱う．）

異なる媒質の間の表面（境界面）を光が通過することを**屈折**（refraction）といい，光は*屈折*する（refracted）といわれる．入射光が境界面に垂直でなければ，境界面での屈折により光の進行方向が変わる．このとき，屈折によりビームが"曲げられた"といわれる．図34-17aを見ればわかるが，光の進路が曲がるのは境界面においてだけであることに注意しよう；ガラス中では光は直進する．

図34-17bには，写真の光線が，入射光線，反射光線，屈折光線として波面とともに描かれている．それぞれの光線の方向は，境界面に垂直な線（*法線*）に対して測られる．**入射角**（angle of incidence）は θ_1，**反射角**（angle of reflection）は θ_1'，**屈折角**（angle of refraction）は θ_2 であり，すべて法線を基準としている（図34-17b）．入射光線と法線を含む面は**入射面**（plane of incidence）と呼ばれ，図34-17bでは紙面に一致している．

反射と屈折は，2つの法則に支配されていることが実験によってわかっている：

反射の法則：反射光線は入射面内にあり，反射角は入射角に等しい．図37-17bの記号を使うと，

$$\theta_1' = \theta_1 \quad \text{（反射）} \tag{34-43}$$

（これ以後，反射角にダッシュはつけない．）

屈折の法則：屈折光線は入射面内にあり，屈折角 θ_2 と入射角 θ_1 の関係は，

$$n_2 \sin \theta_2 = n_1 \sin \theta_1 \quad \text{（屈折）} \tag{34-44}$$

n_1 と n_2 はどちらも無次元量で，**屈折率**（index of refraction）と呼ばれる；屈折に関係した媒質固有の量である．スネルの法則（Snell's law）と呼ばれるこの式は第36章で導かれる．そこで詳しく議論するが，媒質の屈折率は，v を媒質中の光の速さ，c を真空中の光の速さとすると，c/v となる．

真空といくつかの物質の屈折率を表34-1にまとめた．真空に対しては，n は厳密に1と定義される；空気の n は1.0に非常に近い値で，1.0と近似されることが多い．1以下の屈折率をもつ物質は存在しない．

図34-17 (a)ガラスの表面に当たった入射光線の反射と屈折を示した白黒写真．（ガラス内の屈折光線の一部はうまく写っていない．）湾曲した底面では光線と面が垂直である；光線は屈折によって曲げられない．(b)光線を使って(a)を表す．入射角は θ_1，反射角は θ_1'，屈折角は θ_2 である．

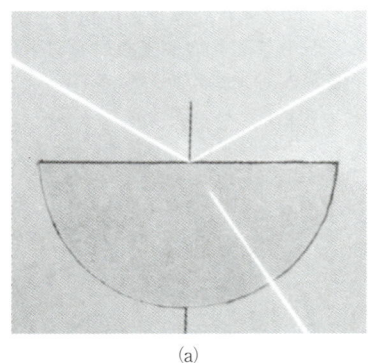

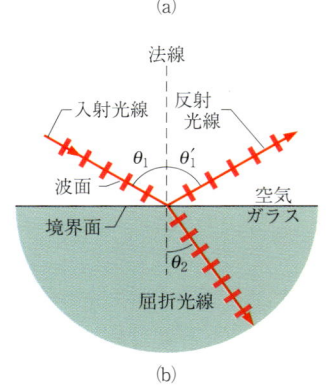

34-7 反射と屈折

表 34-1 屈折率[a]

媒　質	屈折率	媒　質	屈折率
真空	厳密に 1	典型的なクラウンガラス	1.52
空気(標準状態)[b]	1.00029	塩化ナトリウム	1.54
水(20℃)	1.33	ポリスチレン	1.55
アセトン	1.36	二硫化炭素	1.63
エチルアルコール	1.36	重いフリントガラス	1.65
砂糖溶液(30%)	1.38	サファイア	1.77
石英ガラス	1.46	最も重いフリントガラス	1.89
砂糖溶液(80%)	1.49	ダイアモンド	2.42

a：波長 589 nm（ナトリウムの黄色い光）に対する値
b：標準状態は 0℃，1 気圧の状態。

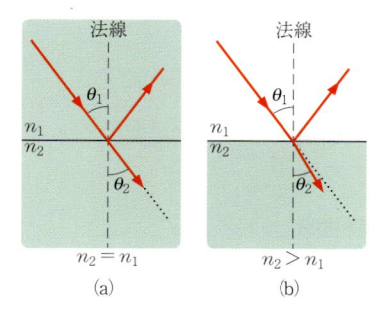

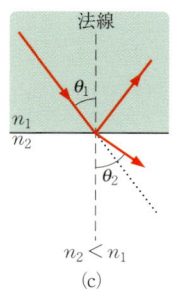

図 34-18 光が屈折して屈折率 n_1 の媒質から屈折率 n_2 の媒質へ進む。

式(34-44)を変形すると，屈折角 θ_2 と入射角 θ_1 を比べることができる：

$$\sin\theta_2 = \frac{n_1}{n_2}\sin\theta_1 \qquad (34\text{-}45)$$

角度の大小は屈折率の比に依存し，次の基本的な結果が得られる：

1. n_2 と n_1 が同じときは，θ_2 と θ_1 は等しい。この場合，光線は屈折によって曲げられず直進し続ける（図34-18a）。
2. n_2 が n_1 より大きいときは，θ_2 は θ_1 より小さい。この場合，光線は法線に近づくように曲げられる（図34-18b）。
3. n_2 が n_1 より小さいときは，θ_2 は θ_1 より大きい。この場合，光線は法線から遠ざかるように曲げられる（図34-18c）。

屈折によって，屈折光と入射光が法線の同じ側にくることはない。

色 分 散

媒質の屈折率は（真空を除いて）光の波長に依存する。光線が異なる波長の光で構成されているとき，n の波長依存性は光線が異なる角に屈折することを意味する；光線は屈折により広がる。このような広がりは**色分散**（chromatic dispersion）と呼ばれる；"色"は波長が色に対応していることを，"分散"は波長または色による光線の広がりを表している。図34-17と図34-18には色分散がないが，これは光線が単色（monochromatic；単一の波長）であるためである。

一般に，短波長（可視光では青い光）に対する媒質の屈折率は，長波長（可視光では赤い光）に比べて大きい。一例として石英ガラスの屈折率の波長依存性を図34-19に示す。このような依存性により，青い光と赤い光が混在した光線が境界面で屈折すると（たとえば空気から石英ガラスへ，またはその逆），青い成分（青い光に対応する光線）は赤い成分より大きく曲げられる。

白色光（white light）は，可視光のほとんどすべての色成分がほぼ同じ強度をもつような光である。白色光線を見ても，個々の色は見えずに白を感じるだけである。図34-20a では，空気中を進む白色光がガラスの表面に入射している。（紙面が白いので白色光線はここでは灰色で示し，単色光

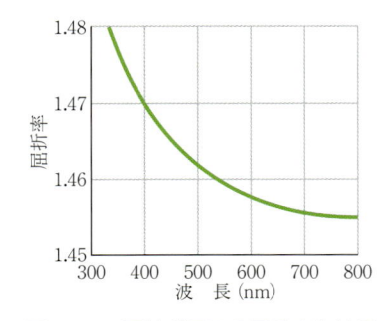

図 34-19 石英ガラスの屈折率を波長の関数として表したグラフ。屈折率は短波長に対して大きくなっている。したがって，光線が石英ガラスと空気の境界面を通過するときは，短波長の方が長波長より大きく曲げられる。

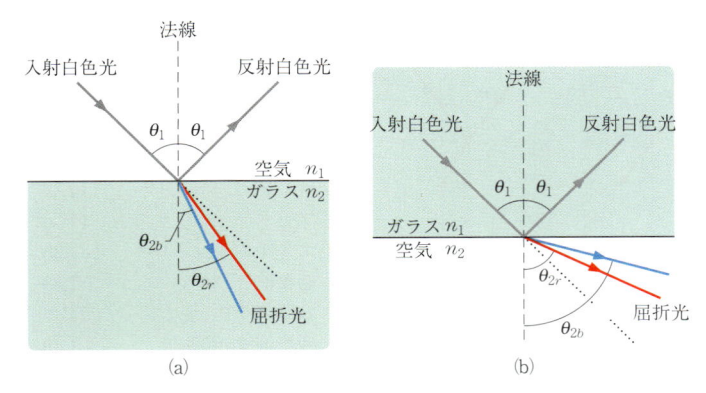

図 34-20 白色光の色分散。青成分は赤成分より大きく曲げられる。(a)空気からガラスへ進むときは，青成分の屈折角の方が小さい。(b)ガラスから空気へ進むときは，青成分の屈折角の方が大きい。

は赤色などで示す。）図 34-20a には，屈折光のうち赤と青の成分だけが示されている。青成分は赤成分より大きく曲げられるので，青成分の屈折角 θ_{2b} は赤成分の屈折角 θ_{2r} より小さい。（角度は法線から測ることに注意。）図 34-20b では，ガラス中を進む白色光がガラス–空気境界面に入射している。ここでも青成分は赤成分より大きく曲げられるが，こんどは θ_{2b} は θ_{2r} より大きい。

色の分離を大きくしたければ，三角形のガラスのプリズムを使うとよい（図 34-21a）。最初の面での分散は（図 34-21a,b の左側），第 2 の面でさらに大きくなる。

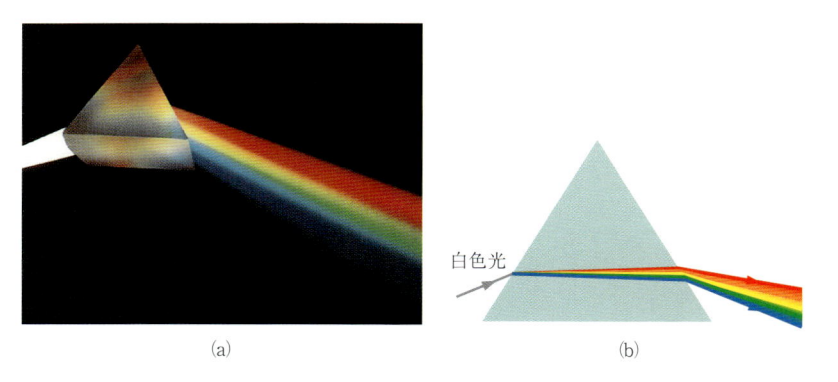

図 34-21 (a)三角プリズムが白色光を色成分に分解する。(b)最初の入射面で色分散が起こり，第 2 の面で拡大される。

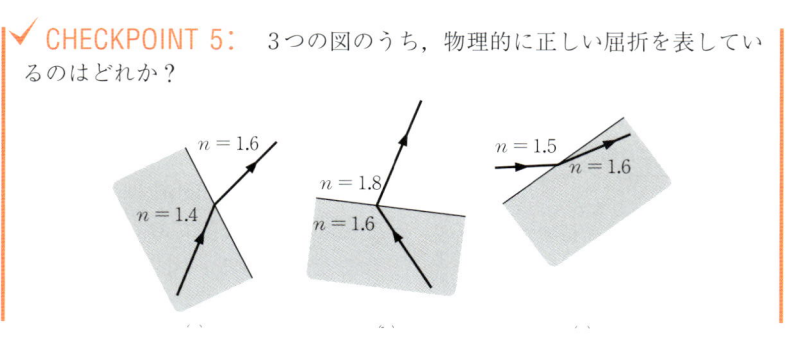

✓ **CHECKPOINT 5:** 3つの図のうち，物理的に正しい屈折を表しているのはどれか？

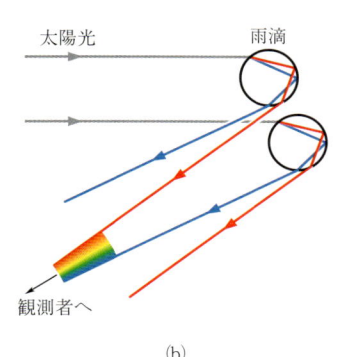

図 34-22 (a)虹は常に円弧を描く：太陽を背にしたときの視線方向が円弧の中心となる．普通の状況では，たとえ運がよくても長い円弧しか見ることができない．しかし高いところから下を見下ろすと，完全な円形の虹を見ることができる．(b)太陽光が雨滴に入るときと出るときの屈折によって虹がつくられる．この図では，太陽は地平線上にあり（したがって太陽光線は水平），2つの雨滴を通過する赤い光線と青い光線が描かれている．多くの雨滴が赤や青の光をつくるのに寄与している；可視スペクトルの中間の色についても同様である．

虹は最も素晴らしい色分散であろう．太陽からの白色光が雨滴に当たると，一部の光は屈折して雨滴のなかに入り，雨滴の内面で反射して，再び屈折して雨滴の外に出る（図 34-22）．プリズムと同じように，最初の屈折で色が分離して，2番目の屈折で分離が拡大される．

われわれが見る虹には，多数のこのような雨滴での屈折が関与している；赤い光は高い所の雨滴から，青い光は低い所の雨滴から，中間の色は中間の高さからくる．あなたに虹の光を送り出しているすべての雨滴は，太陽を背にして約 42°の角度に位置する．激しい雨が強い太陽光で照らされると，円弧状の色，赤が一番上，青が一番下になって見える．あなたの見る虹はあなただけのものである；別の人が見る虹は別の雨滴からきている．

例題 34-4

(a) 図 34-23a では，単色光が点 A で反射および屈折している．点 A は屈折率 $n_1 = 1.33$ の物質 1 と，屈折率 $n_2 = 1.77$ の物質 2 の境界面上にある．入射光線は境界面と 50°の角をなしている．点 A での反射角と屈折角はいくらか？

解法: **Key Idea**: 反射角と入射角は等しい．これらの角は，反射する点でそれぞれの光線と境界面の法線のなす角である．図 34-23a では，法線は点 A を通る破線で示されている．入射角 θ_1 は，与えられている 50°ではなく，$90° - 50° = 40°$ である．したがって，反射角は，

$$\theta_1' = \theta_1 = 40° \quad \text{(答)}$$

物質 1 から物質 2 に入る光は，境界面上の点 A で屈折する．**Key Idea**: 屈折角は入射角と 2 つの物質の屈折率に関係づけられる：

$$n_2 \sin \theta_2 = n_1 \sin \theta_1 \quad (34\text{-}46)$$

これらの角も，屈折する点でのそれぞれの光線と法線のなす角である．したがって，図 34-23a で θ_2 と記された角が屈折角である．式 (34-46) を θ_2 について解くと，

$$\theta_2 = \sin^{-1}\left(\frac{n_1}{n_2}\sin\theta_1\right) = \sin^{-1}\left(\frac{1.33}{1.77}\sin 40°\right)$$
$$= 28.88° \approx 29° \quad \text{(答)}$$

この結果，光線は法線に近づくように曲がることがわかる（40°が 29°になった）．これは，光線が屈折率の小さ

(b) 点 A で物質 2 に入った光線が，点 B で物質 2 と物質 3（空気）の境界面に達した（図 34-23b）。A を通る境界面と B を通る境界面は平行である。点 B で一部の光は反射して，残りが屈折して空気に入った。反射角と屈折角はいくらか？

解法：点 B での角のひとつを，既にわかっている点 A での角と関係づけなければならない。2 つの境界面は平行だから，B での入射角は屈折角 θ_2 に等しい（図 34-23b）。**Key Idea**：(a) と同じ反射の法則である。B での反射角は，

$$\theta_2' = \theta_2 = 28.88° \approx 29° \qquad (答)$$

物質 2 から空気に入る光線は点 B で屈折する；屈折角を θ_3 とする。**Key Idea**：屈折の法則を適用するが，式 (34-46) を次のように書き換える：

$$n_3 \sin \theta_3 = n_2 \sin \theta_2 \qquad (答)$$

これを θ_3 について解くと，

$$\theta_3 = \sin^{-1}\left(\frac{n_2}{n_3} \sin \theta_2\right) = \sin^{-1}\left(\frac{1.77}{1.00} \sin 28.88°\right)$$

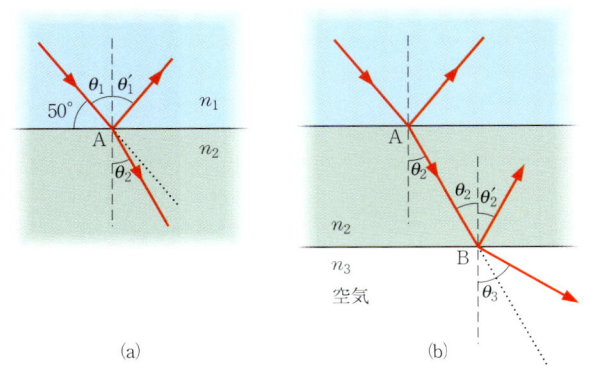

図 34-23 例題 34-23。(a) 物質 1 と 2 の境界面にある点 A で光が反射し，屈折している。(b) 物質 2 を通過した光は，物質 2 と 3 の境界面にある点 B で反射し，屈折している。

$$= 58.75° \approx 59° \qquad (答)$$

この結果，光線は法線から遠ざかるように曲がることがわかる（29° が 59° になった）。これは，光線が屈折率の大きな物質から小さな物質（空気）へ入ろうとするからである。

34-8 全反射

図 34-24 では，何本かの単色光線がガラスの中にある光源 S から出て，ガラスと空気の境界面に向かっている。光線 a は境界面に垂直に入射し，一部が境界面で反射され，残りが向きを変えずに空気へと出ていく。

光線 b から e は，境界面での入射角が少しずつ大きくなっていて，反射と屈折の両方が境界面で起きている。入射角が大きくなると，屈折角も大きくなる；光線 e は屈折角が 90° になるので屈折光線は境界面に沿うように進む。このような状況になるときの入射角を**臨界角**（critical angle）θ_c と呼ぶ。入射角が臨界角より大きくなると（光線 f と g），屈折光線はなくなり，すべての光は反射される；この現象を**全反射**（total internal reflection）という。

式 (34-44) を使って θ_c を求めよう；ガラスを添字 1，空気を添字 2 で表し，θ_1 を θ_c で，θ_2 を 90° で置き換えると，

$$n_1 \sin \theta_c = n_2 \sin 90°$$

これより，

$$\theta_c = \sin^{-1} \frac{n_2}{n_1} \qquad (臨界角) \qquad (34\text{-}47)$$

サインが 1 を超えることはないので，この式で n_2 が n_1 より大きくなることはない。この制限が意味することは，屈折率がより小さな媒質の中の光は全反射を起こさない，ということである。図 34-24 の光源 S が空気中に

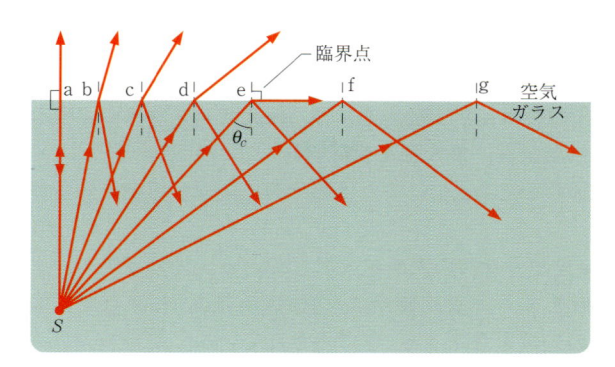

図34-24 ガラスの中にある点光源Sから出た光は、入射角が臨界角 θ_c より大きいときは必ず全反射する。入射角が臨界角に等しいときは、反射光は空気–ガラス境界面に沿って進む。

図34-25 光ファイバーの端から入った光は、側面から逃げることはほとんどなく、反対側の端まで到達する。

あるときは、空気–ガラス境界面に入射するすべての光に対して（光線fとgも含む）、反射と屈折の両方が境界面で起きる。

全反射は医療技術の面でさまざまに応用されている。内科医は2束の光ファイバー（optical fiber；図34-25）を使って患者の胃の中にある潰瘍を調べる。ファイバー束の端から光を入れると、光は全反射を繰り返しながらファイバーの中を進み、束が曲がっていてもほとんどの光は反対側の端から出て胃の中を照らす。胃の中で反射した光は、第2のファイバー束を通って同じように全反射を繰り返して元に戻り、モニターの画面上に像となって表示される。医者はこれを見て診断する。

例題 34-5

図34-26では、空気中に置かれたガラスの三角プリズムに垂直に入射した光線が、奥のガラス-空気境界面で全反射している。θ_1 が 45° であるとき、ガラスの屈折率 n について何がいえるか。

解法： **Key Idea 1：** 光線が境界面で全反射したのだから、臨界角 θ_c は入射角の 45° より小さい。**Key Idea 2：** ガラスの屈折率 n は、屈折の法則を使って θ_c と関係づけられる（式34-47）。空気に対して $n_2 = 1$、ガラスに対して $n_1 = n$ とおくと、式(34-47)は、

$$\theta_c = \sin^{-1}\frac{n_2}{n_1} = \sin^{-1}\frac{1}{n}$$

θ_c は入射角の 45° より小さくなければならないので、

$$\sin^{-1}\frac{1}{n} < 45°$$

これより、

$$\frac{1}{n} < \sin 45°$$

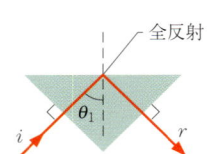

図34-26 例題34-5。入射光線 i はガラス–空気境界面で全反射して反射光線 r となる。

または、

$$n > \frac{1}{\sin 45°} = 1.4 \qquad (答)$$

ガラスの屈折率は 1.4 より大きい；そうでなければ入射光線は全反射しない。

> ✓ **CHECKPOINT 6：** この例題のプリズムの屈折率が $n = 1.4$ であるとする。図34-26において入射光を水平に保ったまま、(a) 時計まわりに 10°、(b) 反時計まわりに 10° だけプリズムを回転させたとき、光は全反射するか？

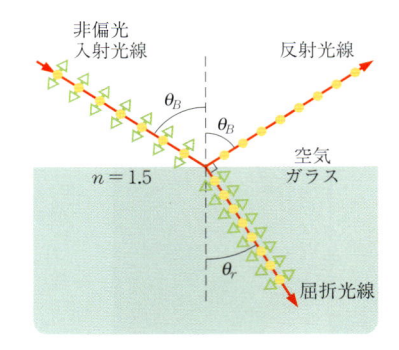

図 34-27 非偏光光線が空気からガラスへブリュースター角で入射する。光の電場を紙面(=入射面，反射面，屈折面)に垂直な成分と平行な成分に分解する。反射波は垂直成分だけをもち，その方向に偏光している。屈折光は紙面に平行な成分と，弱い垂直成分をもち，部分偏光している。

34-9 反射による偏光

水面で反射した太陽光のまぶしさを変えるには，偏光サングラスのような偏光板を通して光を見ながら，偏光軸を視線に対して回転させるとよい。なぜなら，表面で反射する光は完全にまたは部分的に偏光しているからである。

図 34-27 では，非偏光がガラスの表面に入射している。光の電場ベクトルを2つの成分に分解しよう。垂直成分は入射面(=紙面)に垂直で，図34-27 では(ベクトルの先端を意味する)点で表されている。平行成分は入射面(=紙面)に平行で，図では双方向矢印で表されている。入射光は偏光していないので，これら2つの成分の強度は等しい。

一般に，反射光もまた両方の成分をもつが，両者の強度は必ずしも同じではない。すなわち，反射光は部分的に偏光している——ある方向に振動する電場の振幅が，別の方向に振動する振幅より大きい。しかし，入射角がある特定の値をとるとき，反射光は垂直成分のみをもつ(図34-27)；このような角をブリュースター角(Brewster's angle) θ_B という。このとき，反射光は入射面に垂直に完全に偏光する。入射光の平行成分は消えてしまうわけではない；(垂直成分とともに)屈折してガラスの中に入る。

26-7節で学んだガラスや水のような誘電物質は，反射によって完全にあるいは部分的に光を偏光させる。このような面で反射した光を見ると，反射面上にまぶしい点が見えるだろう。図34-27のような水平面からの反射であれば，反射波は完全にまたは部分的に水平に偏光している。まぶしさを減らすには，偏光サングラスの偏光軸を鉛直にすればよい。

ブリュースターの法則

光の入射角がブリュースター角 θ_B に一致すると，反射光線と屈折光線が直交することが実験によってわかっている。反射光線の反射角は θ_B だから，屈折角を θ_r とすると(図34-27)，

$$\theta_B + \theta_r = 90° \tag{34-48}$$

これらの角は式(34-44)によっても関係づけられる。入射光と反射光が通過する物質を添字1で表すと，

$$n_1 \sin \theta_B = n_2 \sin \theta_r$$

これら2つの式を組み合わせて，

$$n_1 \sin \theta_B = n_2 \sin(90° - \theta_B) = n_2 \cos \theta_r$$

これより，

$$\theta_B = \tan^{-1} \frac{n_2}{n_1} \quad \text{(ブリュースター角)} \tag{34-49}$$

(この式の添字には先程決めたような意味があるので勝手に変えてはいけない。)入射光と反射光が空気中を進むときは，n_1 を1で近似することができるので，n_2 を n と書き換えて，

$$\theta_B = \tan^{-1} n \quad \text{(ブリュスターの法則)} \quad (34\text{-}50)$$

これは**ブリュスターの法則**(Brester's law)として知られる式(34-49)の特別な場合である．この法則と θ_B の名前は，1812年にこの角と法則を実験によって見いだしたDavid Brester卿に因んで付けられたものである．

まとめ

電磁波 電磁波は振動する電場と磁場である．さまざまな振動数の電磁波がスペクトルを構成し，可視光はその一部である．x 軸に沿って進む進行電磁波の電場 $\vec{E}$ と磁場 $\vec{B}$ の大きさは x と t に依存する：

$$E = E_m \sin(kx - \omega t)$$

および $\quad B = B_m \sin(kx - \omega t) \quad (34\text{-}1, 34\text{-}2)$

E_m と B_m は $\vec{E}$ と $\vec{B}$ の振幅である．電場は磁場を，磁場は電場を互いに誘導する．真空中を伝わる電磁波の速さは c であり，次のように関係にある：

$$c = \frac{E}{B} = \frac{1}{\sqrt{\mu_0 \varepsilon_0}} \quad (34\text{-}5, 34\text{-}3)$$

E と B は，ある瞬間での場の大きさである．

エネルギーの流れ 電磁波の単位面積あたりのエネルギー輸送率はポインティングベクトル $\vec{S}$ で表されおよび：

$$\vec{S} = \frac{1}{\mu_0} \vec{E} \times \vec{B} \quad (34\text{-}19)$$

$\vec{S}$（すなわち，波の伝播とエネルギー輸送）の向きは，$\vec{E}$ と $\vec{B}$ の両方に垂直である．単位面積あたりのエネルギー輸送率の時間平均 S_avg は，波の強度 I と呼ばれる：

$$I = \frac{1}{c\mu_0} E_\text{rms}^2 \quad (34\text{-}26)$$

ここで $E_\text{rms} = E_m/\sqrt{2}$ である．電磁波の点源は等方的に（すべての向きに同じように）波を放射する．エネルギー放射率 P_s の点光源から距離 r での波の強度は，

$$I = \frac{P_s}{4\pi r^2} \quad (34\text{-}27)$$

放射圧 面が電磁放射を遮ると，面には力と圧力が働く．放射が面に完全に吸収されるときに面が受ける力は，

$$F = \frac{IA}{c} \quad \text{(完全吸収)} \quad (34\text{-}32)$$

I は放射強度，A は放射に垂直な面積である．放射が完全に反射されて元の経路を戻るときに面が受ける力は，

$$F = \frac{2IA}{c} \quad \text{(逆向きの完全反射)} \quad (34\text{-}33)$$

放射圧は単位面積あたりの力である：

$$p_r = \frac{I}{c} \quad \text{(完全吸収)} \quad (34\text{-}34)$$

および， $\quad p_r = \frac{2I}{c} \quad \text{(逆向きの完全反射)} \quad (34\text{-}35)$

偏光 電磁波の電場ベクトルがひとつの面内（**偏光面**）にあるときこの電磁波は**偏光**しているという．普通の光源から出る光は**非偏光**または**ランダム偏光**である．

偏光板 光の進路上に偏光板をおくと，偏光板の**偏光軸**に平行な光の電場成分だけが偏光板を透過する；偏光軸に垂直成分は吸収される．

入射光が非偏光の場合は，透過光の強度 I は入射光強度 I_0 の半分になる：

$$I = \frac{1}{2} I_0 \quad (34\text{-}40)$$

入射光が偏光している場合は，透過光の強度は偏光の偏光方向と偏光板の偏光軸の間の角 θ に依存する：

$$I = I_0 \cos^2 \theta \quad (34\text{-}42)$$

幾何光学 幾何光学では，光の波を直進する光線とみなす．

反射と屈折 光線が透明な媒質間の境界面に当たると，一般には**反射**と**屈折**が起こる．反射光線も屈折光線も入射面内にある．**反射角**は入射角に等しく，**屈折角**は入射角と次式で関係づけられる：

$$n_2 \sin \theta_2 = n_1 \sin \theta_1 \quad \text{(屈折)} \quad (34\text{-}44)$$

n_1 と n_2 は入射光線と屈折光線が通る媒質の屈折率である．

全反射 屈折率の大きな媒質から小さな媒質へ光が進むとき，入射角が**臨界角** θ_c より大きくなると**全反射**が起こる．臨界角は，

$$\theta_c = \sin^{-1} \frac{n_2}{n_1} \quad \text{(臨界角)} \quad (34\text{-}47)$$

反射による偏光 入射角がブリュスター角 θ_B に等しいとき，反射光は完全に偏光し，$\vec{E}$ ベクトルは入射面に平行になる．**ブリュスター角**は，

$$\theta_B = \tan^{-1} \frac{n_2}{n_1} \quad \text{(ブリュスター角)} \quad (34\text{-}49)$$

問題

1. y軸に平行に振動している光の磁場が$B_y = B_m \sin(kz - \omega t)$で与えられている。(a)波はどちらの向きに進んでいるか。(b)電場はどの軸に平行に振動しているか。

2. 図34-28は，ある瞬間の電磁波の電場と磁場を表している。波の進む向きは，紙面に入る向きか，紙面から出る向きか。

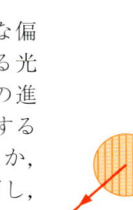

図 34-28 問題2

3. 図34-29は，y軸に平行な偏光軸をもつ偏光板に入射する光を表している。偏光板を光の進行方向に対して40°だけ回転すると，透過光の強度は，増えるか，減るか，変わらないか。ただし，入射光は，(a)非偏光，(b)x軸方向に偏光，(c)y軸方向に偏光。

図 34-29 問題3

4. 図34-16aにおいて，入射光がx軸方向に偏光しているとする。最終透過光の強度I_3と入射光の強度I_0の比を$I_3/I_0 = A \cos^n \theta$で表すとき，$A$, n, θを求めなさい。ただし，第1偏光板を図の向きから (a)反時計まわりに60°回転する，(b)時計まわりに90°回転する。

5. 図34-16aの第2偏光板の偏光軸を，y軸に平行な状態($\theta = 0$)からx軸に平行($\theta = 90°$)になるまで回転する。このとき，3偏光板システムを透過する光の最終透過光強度Iを正しく表している曲線は，図34-30の3つの曲線のうちどれか。

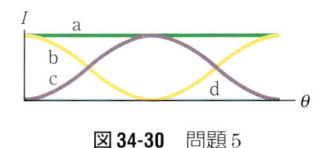

図 34-30 問題5

6. 図34-31は，ガラスの壁で次々に反射されて進む光線を表している。ガラスの壁は互いに平行か垂直になっている。点aでの入射角を30°とすると，点b, c, d, e, fでの反射角はいくらか。

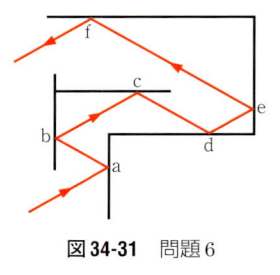

図 34-31 問題6

7. 図34-32は，物質a, b, cを通る単色光線を表している。3種類の物質を屈折率の大きい順に並べよ。

8. 図34-33では，物質aを進む光が，他の3層の物質

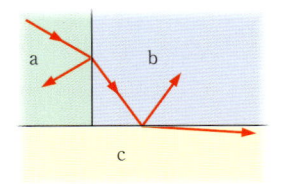

図 34-32 問題7

を通過した後，再び物質aの層に入っている；境界面はすべて平行である。図には(反射光は省略し)屈折光だけが描かれている。4種類の物質を屈折率の大きい順に並べよ。

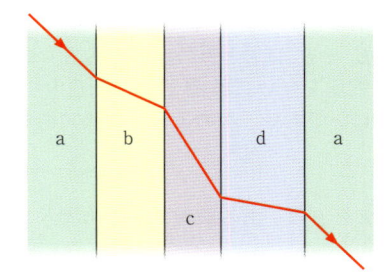

図 34-33 問題8

9. 図34-34の各図は，2種類の物質の境界で屈折する光を表している。入射光(灰色の線)は赤と青の光で構成されている。可視光に対する屈折率のおよその値が示されている。物理的に可能な屈折はどれか。

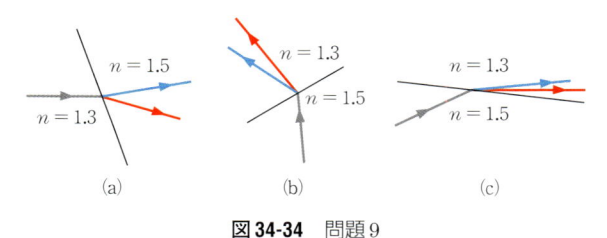

図 34-34 問題9

10. (a)図34-35aでは，プールの中に鉛直に立てられた棒の上端ぎりぎりを太陽光線が通過している。この光線はaの方へ曲がるか，bの方へ曲がるか。(b)光の赤い成分と青い成分のうち，棒に近い方へ曲がるのはどちらか。(c)図34-35bでは，平らな物体(たとえば両刃のカミソリ)が浅い水の上に浮いていて，上から照らされ

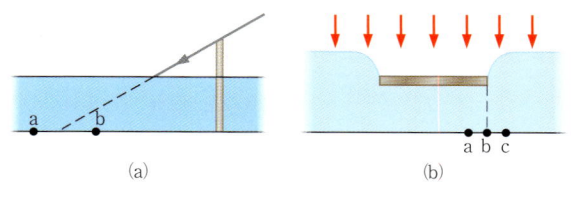

図 34-35 問題10

ている．この物体に働く重力と水の凝集力のために，水面は図のようなカーブを描く．物体の縁の影はa，b，cのうちどこにできるか．（影の縁の右側には太陽光線が集まる場所ができるため輝いて見える；このような効果はコースティック（caustic）と呼ばれる）

11. 図34-22は，主虹（primary rainbow；光は雨滴の中で1回だけ反射する）に関与する太陽光線を描いている．主虹より暗くて見える頻度も少ないが，副虹（secondary rainbow；光は雨滴の中で2回反射する）が主虹の上に見えることがある．このとき太陽光線は図34-36のように雨滴に入り，出ていく．赤い光に対応するのはaとbのうちどちらの光線か．

12. 図34-37では，上下を空気にはさまれた4種類の異なる物質が層をなしている．それぞれの物質の屈折率が与えられている．図のように光線が左端から入射する．光を完全に捕捉する（何回も反射した後，すべての光が右端に到達する）ことが可能な層はどれか，その物質の屈折率で答えよ．

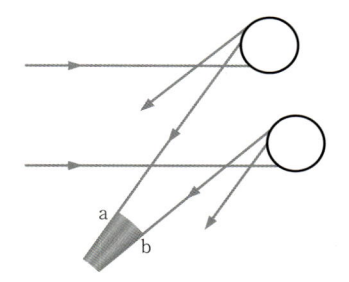

図34-36 問題11

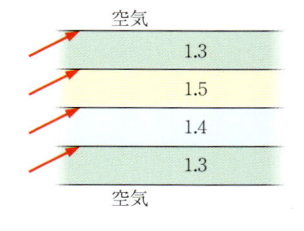

図34-37 問題12

付録A　基礎物理定数

定数	記号	本書で用いる値	最も精度の高い値（1998年現在） 値[a]	相対誤差[b]
真空中の光速度	c	3.00×10^8 m/s	2.997 924 58	厳密な値
電気素量	e	1.60×10^{-19} C	1.602 176 462	0.039
重力定数	G	6.67×10^{-11} m³/s²·kg	6.673	1500
気体定数	R	8.31 J/mol·K	8.314 472	1.7
アボガドロ定数	N_A	6.02×10^{23} mol⁻¹	6.022 141 99	0.079
ボルツマン定数	k	1.38×10^{-23} J/K	1.380 650 3	1.7
ステファン-ボルツマン定数	σ	5.67×10^{-8} W/m²·K⁴	5.670 400	7.0
理想気体1モルの体積（STP）[d]	V_m	2.27×10^{-2} m³/mol	2.271 098 1	1.7
真空の誘電率	ε_0	8.85×10^{-12} F/m	8.854 187 817 62	厳密な値
真空の透磁率	μ_0	1.26×10^{-6} H/m	1.256 637 061 43	厳密な値
プランク定数	h	6.63×10^{-34} J·S	6.626 068 76	0.078
電子の質量[c]	m_e	9.11×10^{-31} kg	9.109 381 88	0.079
		5.49×10^{-4} u	5.485 799 110	0.0021
陽子の質量[c]	m_p	1.67×10^{-27} kg	1.672 621 58	0.079
		1.0073 u	1.007 276 466 88	1.3×10^{-4}
陽子と電子の質量比	m_p/m_e	1840	1836.152 667 5	0.0021
電子の比電荷	e/m_e	1.76×10^{11} C/kg	1.758 820 174	0.040
中性子の質量[c]	m_n	1.68×10^{-27} kg	1.674 927 16	0.079
		1.0087 u	1.008 664 915 78	5.4×10^{-4}
水素原子の質量[c]	$m_{^1H}$	1.0078 u	1.007 825 031 6	0.0005
重水素原子の質量[c]	$m_{^2H}$	2.0141 u	2.014 101 777 9	0.0005
ヘリウム原子の質量[c]	$m_{^4He}$	4.0026 u	4.002 603 2	0.067
ミューオンの質量	m_μ	1.88×10^{-28} kg	1.883 531 09	0.084
電子の磁気モーメント	μ_e	9.28×10^{-24} J/T	9.284 763 62	0.040
陽子の磁気モーメント	μ_p	1.41×10^{-26} J/T	1.410 606 663	0.041
ボーア磁子	μ_B	9.27×10^{-24} J/T	9.274 008 99	0.040
核磁子	μ_N	5.05×10^{-27} J/T	5.050 783 17	0.040
ボーア半径	r_B	5.29×10^{-11} m	5.291 772 083	0.0037
リドベリ定数	R	1.10×10^7 m⁻¹	1.097 373 156 854 8	7.6×10^{-6}
電子のコンプトン波長	λ_C	2.43×10^{-12} m	2.426 310 215	0.0073

a　本書で用いる値と同じ単位，同じ10の累乗が付く．
b　ppm（100万分の1）単位
c　uは原子質量単位を表す．1 u = 1.66053873 × 10⁻²⁷ kg
d　STP (standard temperature and pressure) は標準状態を意味する：0℃で1.0気圧（0.1 MPa）．

付録 B　天文データ

地球からの距離

月*	3.82×10^8 m	銀河の中心	2.2×10^{20} m
太陽*	1.50×10^{11} m	アンドロメダ銀河	2.1×10^{22} m
最も近い恒星 (Proxima Centauri)	4.04×10^{16} m	観測可能な距離	$\sim 10^{26}$ m

*平均距離

太陽，地球，月

特性	単位	太陽	地球	月
質量	kg	1.99×10^{30}	5.98×10^{24}	7.36×10^{22}
平均半径	m	6.96×10^8	6.37×10^6	1.74×10^6
平均密度	kg/m³	1410	5520	3340
表面での自由落下加速度	m/s²	274	9.81	1.67
脱出速度	km/s	618	11.2	2.38
自転周期[a]	—	37 d (極)[b]　26 d (赤道)[b]	23 h 56 min	27.3 d
放射強度[c]	W	3.90×10^{26}		

[a] 遠くの星に対して測る。
[b] 太陽はガス球であり剛体のようには回転しない。
[c] 地球の大気圏外で太陽に垂直な面が太陽エネルギーを受ける割合は 1340 W/m²

恒星

	水星 (Mercury)	金星 (Venus)	地球 (Earth)	火星 (Mars)	木星 (Jupiter)	土星 (Saturn)	天王星 (Uranus)	海王星 (Neptune)	冥王星 (Pluto)
太陽からの平均距離 (10^6 km)	57.9	108	150	228	778	1 430	2 870	4 500	5 900
公転周期 (年)	0.241	0.615	1.00	1.88	11.9	29.5	84.0	165	248
自転周期[a] (日)	58.7	-243[b]	0.997	1.03	0.409	0.426	-0.451[b]	0.658	6.39
軌道速度 (km/s)	47.9	35.0	29.8	24.1	13.1	9.64	6.81	5.43	4.74
赤道傾斜角	$< 28°$	≈ 3	23.4°	25.0°	3.08°	26.7°	97.9°	29.6°	57.5°
地球公転面に対する軌道傾斜角	7.00°	3.39°		1.85°	1.30°	2.49°	0.77°	1.77°	17.2°
離心率	0.206	0.0068	0.0167	0.0934	0.0485	0.0556	0.0472	0.0086	0.250
赤道直径 (km)	4 880	12 100	12 800	6 790	143 000	120 000	51 800	49 500	2 300
質量 (地球=1)	0.0558	0.815	1.000	0.107	318	95.4	14.5	17.2	0.002
密度 (水=1)	5.60	5.20	5.52	3.95	1.31	0.704	1.21	1.67	2.03
表面での重力加速度 g[c] (m/s²)	3.78	8.60	9.78	3.72	22.9	9.05	7.77	11.0	0.5
脱出速度 (km/s)	4.3	10.3	11.2	5.0	59.5	35.6	21.2	23.6	1.0
衛星の数	0	0	1	2	16 + ring	18 + rings	17 + rings	8 + rings	1

[a] 遠くの星に対して測る。
[b] 金星と天王星は公転と自転が逆向き。
[c] 惑星の赤道で測る重力加速度。

付録 C　数学公式

幾何学
半径 r の円：円周 $= 2\pi r$；面積 $= \pi r^2$
半径 r の球：表面積 $= 4\pi r^2$；体積 $= \frac{4}{3}\pi r^3$
底面の半径 r，高さ h の円柱：
　　　　表面積 $= 2\pi r^2 + 2\pi rh$；体積 $= \pi r^2 h$
底辺の長さ a，高さ h の三角形：面積 $= \frac{1}{2}ah$

2次方程式
$ax^2 + bx + c = 0$ のとき $x = \dfrac{-b \pm \sqrt{b^2 - 4ac}}{2a}$

三角比
$\sin\theta = \dfrac{y}{r}$　　$\cos\theta = \dfrac{x}{r}$　　$\tan\theta = \dfrac{y}{x}$

$\cot\theta = \dfrac{x}{y}$　　$\sec\theta = \dfrac{r}{x}$　　$\csc\theta = \dfrac{r}{y}$

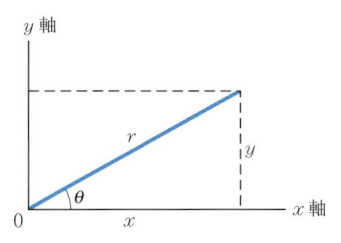

ピタゴラスの定理
右図のような直角三角形では，
$a^2 + b^2 = c^2$

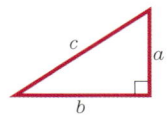

三角形
角 A, B, C の対辺をそれぞれ a, b, c とするとき，
$$A + B + C = 180°$$
$$\dfrac{\sin A}{a} = \dfrac{\sin B}{b} = \dfrac{\sin C}{c}$$
$$c^2 = a^2 + b^2 - 2ab\cos C$$
外角 $D = A + C$

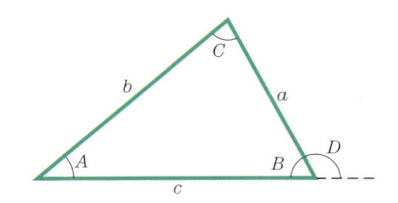

記号
$=$	等しい
$\approx$	ほぼ等しい
$\sim$	桁 (order of magnitude) が等しい
$\neq$	等しくない
$\equiv$	恒等式，定義する
$>$	より大きい（$\gg$ 非常に大きい）
$<$	より小さい（$\ll$ 非常に小さい）
$\geq$	大きいか等しい
$\leq$	小さいか等しい
$\pm$	正または負
$\propto$	比例する
Σ	総和を取る
x_{avg}	x の平均値

三角関数の公式
$\sin(90° - \theta) = \cos\theta$
$\cos(90° - \theta) = \sin\theta$
$\sin\theta / \cos\theta = \tan\theta$
$\sin^2\theta + \cos^2\theta = 1$
$\sec^2\theta - \tan^2\theta = 1$
$\csc^2\theta - \cot^2\theta = 1$
$\sin 2\theta = 2\sin\theta\cos\theta$
$\cos 2\theta = \cos^2\theta - \sin^2\theta$
　　　　$= 2\cos^2\theta - 1 = 1 - 2\sin^2\theta$
$\sin(\alpha \pm \beta) = \sin\alpha\cos\beta \pm \cos\alpha\sin\beta$
$\cos(\alpha \pm \beta) = \cos\alpha\cos\beta \mp \sin\alpha\sin\beta$
$\tan(\alpha \pm \beta) = \dfrac{\tan\alpha \pm \tan\beta}{1 \mp \tan\alpha\tan\beta}$
$\sin\alpha \pm \sin\beta = 2\sin\dfrac{\alpha \pm \beta}{2}\cos\dfrac{\alpha \mp \beta}{2}$
$\cos\alpha \pm \cos\beta = 2\cos\dfrac{\alpha + \beta}{2}\cos\dfrac{\alpha - \beta}{2}$
$\cos\alpha - \cos\beta = -2\sin\dfrac{\alpha + \beta}{2}\sin\dfrac{\alpha - \beta}{2}$

2項定理

$$(1+x)^n = 1 + \frac{nx}{1!} + \frac{n(n-1)x^2}{2!} + \cdots \qquad (x^2 < 1)$$

指数関数の展開

$$e^x = 1 + x + \frac{x^2}{2!} + \frac{x^3}{3!} + \cdots$$

対数関数の展開

$$\ln(1+x) = x - \frac{1}{2}x^2 + \frac{1}{3}x^3 - \cdots \qquad (|x| < 1)$$

三角関数の展開(θ はラジアンで測る)

$$\sin\theta = \theta - \frac{\theta^3}{3!} + \frac{\theta^5}{5!} - \cdots$$

$$\cos\theta = 1 - \frac{\theta^2}{2!} + \frac{\theta^4}{4!} - \cdots$$

$$\tan\theta = \theta + \frac{\theta^3}{3} + \frac{2\theta^5}{15} + \cdots$$

Cramer の公式

x と y を未知数とする連立方程式

$$a_1 x + b_1 y = c_1 \quad \text{および} \quad a_2 x + b_2 y = c_2$$

の解は

$$x = \frac{\begin{vmatrix} c_1 & b_1 \\ c_2 & b_2 \end{vmatrix}}{\begin{vmatrix} a_1 & b_1 \\ a_2 & b_2 \end{vmatrix}} = \frac{c_1 b_2 - c_2 b_1}{a_1 b_2 - a_2 b_1}$$

および

$$y = \frac{\begin{vmatrix} a_1 & c_1 \\ a_2 & c_2 \end{vmatrix}}{\begin{vmatrix} a_1 & b_1 \\ a_2 & b_2 \end{vmatrix}} = \frac{a_1 c_2 - a_2 c_1}{a_1 b_2 - a_2 b_1}$$

ベクトル積の公式

$\hat{\mathrm{i}}, \hat{\mathrm{j}}, \hat{\mathrm{k}}$ をそれぞれ x, y, z 方向の単位ベクトルとする。

$$\hat{\mathrm{i}}\cdot\hat{\mathrm{i}} = \hat{\mathrm{j}}\cdot\hat{\mathrm{j}} = \hat{\mathrm{k}}\cdot\hat{\mathrm{k}} = 1 \qquad \hat{\mathrm{i}}\cdot\hat{\mathrm{j}} = \hat{\mathrm{j}}\cdot\hat{\mathrm{k}} = \hat{\mathrm{k}}\cdot\hat{\mathrm{i}} = 0$$

$$\hat{\mathrm{i}}\times\hat{\mathrm{i}} = \hat{\mathrm{j}}\times\hat{\mathrm{j}} = \hat{\mathrm{k}}\times\hat{\mathrm{k}} = 0$$

$$\hat{\mathrm{i}}\times\hat{\mathrm{j}} = \hat{\mathrm{k}} \qquad \hat{\mathrm{j}}\times\hat{\mathrm{k}} = \hat{\mathrm{i}} \qquad \hat{\mathrm{k}}\times\hat{\mathrm{i}} = \hat{\mathrm{j}}$$

任意のベクトル $\vec{a}$ は x, y, z 方向の成分 a_x, a_y, a_z を使って次のように表される:

$$\vec{a} = a_x \hat{\mathrm{i}} + a_y \hat{\mathrm{j}} + a_z \hat{\mathrm{k}}$$

任意のベクトル $\vec{a}, \vec{b}, \vec{c}$ の大きさを a, b, c とするとき,

$$\vec{a}\times(\vec{b}+\vec{c}) = (\vec{a}\times\vec{b}) + (\vec{a}\times\vec{c})$$

$$(s\vec{a})\times\vec{b} = \vec{a}\times(s\vec{b}) = s(\vec{a}\times\vec{b}) \quad (s = \text{スカラー})$$

$\vec{a}$ と $\vec{b}$ の間の角のうち小さい方を θ とすると,

$$\vec{a}\cdot\vec{b} = \vec{b}\cdot\vec{a} = a_x b_x + a_y b_y + a_z b_z = ab\cos\theta$$

$$\vec{a}\times\vec{b} = -\vec{b}\times\vec{a} = \begin{vmatrix} \hat{\mathrm{i}} & \hat{\mathrm{j}} & \hat{\mathrm{k}} \\ a_x & a_y & a_z \\ b_x & b_y & a_z \end{vmatrix}$$

$$= \hat{\mathrm{i}}\begin{vmatrix} a_y & a_z \\ b_y & b_z \end{vmatrix} - \hat{\mathrm{j}}\begin{vmatrix} a_x & a_z \\ b_x & b_z \end{vmatrix} + \hat{\mathrm{k}}\begin{vmatrix} a_x & a_y \\ b_x & b_y \end{vmatrix}$$

$$= (a_y b_z - b_y a_z)\hat{\mathrm{i}} + (a_z b_x - b_z a_x)\hat{\mathrm{j}} + (a_x b_y - b_x a_y)\hat{\mathrm{k}}$$

$$|\vec{a}\times\vec{b}| = ab\sin\theta$$

$$\vec{a}\cdot(\vec{b}\times\vec{c}) = \vec{b}\cdot(\vec{c}\times\vec{a}) = \vec{c}\cdot(\vec{a}\times\vec{b})$$

$$\vec{a}\times(\vec{b}\times\vec{c}) = (\vec{a}\cdot\vec{c})\vec{b} - (\vec{a}\cdot\vec{b})\vec{c}$$

微分と積分

以下の関係式において u と v は x の関数であり，a と m は定数である。不定積分には任意の積分定数が付く。

1. $\dfrac{dx}{dx} = 1$
2. $\dfrac{d}{dx}(au) = a\dfrac{du}{dx}$
3. $\dfrac{d}{dx}(u+v) = \dfrac{du}{dx} + \dfrac{dv}{dx}$
4. $\dfrac{d}{dx}x^m = mx^{m-1}$
5. $\dfrac{d}{dx}\ln x = \dfrac{1}{x}$
6. $\dfrac{d}{dx}(uv) = u\dfrac{dv}{dx} + v\dfrac{du}{dx}$
7. $\dfrac{d}{dx}e^x = e^x$
8. $\dfrac{d}{dx}\sin x = \cos x$
9. $\dfrac{d}{dx}\cos x = -\sin x$
10. $\dfrac{d}{dx}\tan x = \sec^2 x$
11. $\dfrac{d}{dx}\cot x = -\csc^2 x$
12. $\dfrac{d}{dx}\sec x = \tan x \sec x$
13. $\dfrac{d}{dx}\csc x = -\cot x \csc x$
14. $\dfrac{d}{dx}e^u = e^u \dfrac{du}{dx}$
15. $\dfrac{d}{dx}\sin u = \cos u \dfrac{du}{dx}$
16. $\dfrac{d}{dx}\cos u = -\sin u \dfrac{du}{dx}$

1. $\int dx = x$
2. $\int au\,dx = a\int u\,dx$
3. $\int (u+v)\,dx = \int u\,dx + \int v\,dx$
4. $\int x^m\,dx = \dfrac{x^{m+1}}{m+1}\quad (m \neq -1)$
5. $\int \dfrac{dx}{x} = \ln |x|$
6. $\int u\dfrac{dv}{dx}\,dx = uv - \int v\dfrac{du}{dx}\,dx$
7. $\int e^x\,dx = e^x$
8. $\int \sin x\,dx = -\cos x$
9. $\int \cos x\,dx = \sin x$
10. $\int \tan x\,dx = \ln |\sec x|$
11. $\int \sin^2 x\,dx = \dfrac{1}{2}x - \dfrac{1}{4}\sin 2x$
12. $\int e^{-ax}\,dx = -\dfrac{1}{a}e^{-ax}$
13. $\int xe^{-ax}\,dx = -\dfrac{1}{a^2}(ax+1)e^{-ax}$
14. $\int x^2 e^{-ax}\,dx = -\dfrac{1}{a^3}(a^2x^2 + 2ax + 2)e^{-ax}$
15. $\int_0^x x^n e^{-ax}\,dx = \dfrac{n!}{a^{n+1}}$
16. $\int_0^x x^{2n} e^{-ax^2}\,dx = \dfrac{1\cdot 3\cdot 5\cdots(2n-1)}{2^{n+1}a^n}\sqrt{\dfrac{\pi}{a}}$
17. $\int \dfrac{dx}{\sqrt{x^2+a^2}} = \ln(x+\sqrt{x^2+a^2})$
18. $\int \dfrac{x\,dx}{(x^2+a^2)^{3/2}} = -\dfrac{1}{(x^2+a^2)^{1/2}}$
19. $\int \dfrac{dx}{(x^2+a^2)^{3/2}} = \dfrac{x}{a^2(x^2+a^2)^{1/2}}$
20. $\int_0^x x^{2n+1} e^{-ax^2}\,dx = \dfrac{n!}{2a^{n+1}}\quad (a>0)$
21. $\int \dfrac{x\,dx}{x+d} = x - d\ln(x+d)$

付録 D 元素の特性

物理的特性は特記なき場合は1気圧での値。

元素		記号	原子番号 Z	モル質量 g/mol	密度 g/cm³ (20℃)	融点 ℃	沸点 ℃	比熱 J/(g·℃) (25℃)
Actinium	アクチニウム	Ac	89	(227)	10.06	1 323	(3 473)	0.092
Aluminum	アルミニウム	Al	13	26.9815	2.699	660	2 450	0.900
Americium	アメリシウム	Am	95	(243)	13.67	1 541	—	—
Antimony	アンチモン	Sb	51	121.75	6.691	630.5	1 380	0.205
Argon	アルゴン	Ar	18	39.948	1.6626×10^{-3}	−189.4	−185.8	0.523
Arsenic	砒素	As	33	74.9216	5.78	817 (28 atm)	613	0.331
Astatine	アスタチン	At	85	(210)	—	(302)	—	—
Barium	バリウム	Ba	56	137.34	3.594	729	1 640	0.205
Berkelium	バークリウム	Bk	97	(247)	14.79	—	—	—
Beryllium	ベリリウム	Be	4	9.0122	1.848	1 287	2 770	1.83
Bismuth	ビスマス	Bi	83	208.980	9.747	271.37	1 560	0.122
Bohrium	ボーリウム	Bh	107	262.12	—	—	—	—
Boron	硼素	B	5	10.811	2.34	2 030	—	1.11
Bromine	臭素	Br	35	79.909	3.12 (liquid)	−7.2	58	0.293
Cadmium	カドミウム	Cd	48	112.40	8.65	321.03	765	0.226
Calcium	カルシウム	Ca	20	40.08	1.55	838	1 440	0.624
Californium	カリホルニウム	Cf	98	(251)	—	—	—	—
Carbon	炭素	C	6	12.01115	2.26	3 727	4 830	0.691
Cerium	セリウム	Ce	58	140.12	6.768	804	3 470	0.188
Cesium	セシウム	Cs	55	132.905	1.873	28.40	690	0.243
Chlorine	塩素	Cl	17	35.453	$*3.214 \times 10^{-3}$	−101	−34.7	0.486
Chromium	クロム	Cr	24	51.996	7.19	1 857	2 665	0.448
Cobalt	コバルト	Co	27	58.9332	8.85	1 495	2 900	0.423
Copper	銅	Cu	29	63.54	8.96	1 083.40	2 595	0.385
Curium	キュリウム	Cm	96	(247)	13.3	—	—	—
Dubnium	ドブニウム	Db	105	262.114	—	—	—	—
Dysprosium	ジスプロシウム	Dy	66	162.50	8.55	1 409	2 330	0.172
Einsteinium	アインスタイニウム	Es	99	(254)	—	—	—	—
Erbium	エルビウム	Er	68	167.26	9.15	1 522	2 630	0.167
Europium	ユウロピウム	Eu	63	151.96	5.243	817	1 490	0.163
Fermium	フェルミウム	Fm	100	(237)	—	—	—	—
Fluorine	フッ素	F	9	18.9984	$*1.696 \times 10^{-3}$	−219.6	−188.2	0.753
Francium	フランシウム	Fr	87	(223)	—	(27)	—	—
Gadolinium	ガドリニウム	Gd	64	157.25	7.90	1 312	2 730	0.234
Gallium	ガリウム	Ga	31	69.72	5.907	29.75	2 237	0.377
Germanium	ゲルマニウム	Ge	32	72.59	5.323	937.25	2 830	0.322
Gold	金	Au	79	196.967	19.32	1 064.43	2 970	0.131
Hafnium	ハフニウム	Hf	72	178.49	13.31	2 227	5 400	0.144
Hassium	ハッシウム	Hs	108	(265)	—	—	—	—

付録D 元素の特性

元素		記号	原子番号 Z	モル質量 g/mol	密度 g/cm³ (20℃)	融点 ℃	沸点 ℃	比熱 J/(g·℃) (25℃)
Helium	ヘリウム	He	2	4.0026	0.16664×10^{-3}	−269.7	−268.9	5.23
Holmium	ホルミウム	Ho	67	164.930	8.79	1 470	2 330	0.165
Hydrogen	水素	H	1	1.00797	0.08375×10^{-3}	−259.19	−252.7	14.4
Indium	インジウム	In	49	114.82	7.31	156.634	2 000	0.233
Iodine	ヨウ素	I	53	126.9044	4.93	113.7	183	0.218
Iridium	イリジウム	Ir	77	192.2	22.5	2 447	(5 300)	0.130
Iron	鉄	Fe	26	55.847	7.874	1 536.5	3 000	0.447
Krypton	クリプトン	Kr	36	83.80	3.488×10^{-3}	−157.37	−152	0.247
Lanthanum	ランタン	La	57	138.91	6.189	920	3 470	0.195
Lawrencium	ローレンシウム	Lr	103	(257)	—	—	—	—
Lead	鉛	Pb	82	207.19	11.35	327.45	1 725	0.129
Lithium	リチウム	Li	3	6.939	0.534	180.55	1 300	3.58
Lutetium	ルテチウム	Lu	71	174.97	9.849	1 663	1 930	0.155
Magnesium	マグネシウム	Mg	12	24.312	1.738	650	1 107	1.03
Manganese	マンガン	Mn	25	54.9380	7.44	1 244	2 150	0.481
Meitnerium	マイトネリウム	Mt	109	(266)	—	—	—	—
Mendelevium	メンデレビウム	Md	101	(256)	—	—	—	—
Mercury	水銀	Hg	80	200.59	13.55	−38.87	357	0.138
Molybdenum	モリブデン	Mo	42	95.94	10.22	2 617	5 560	0.251
Neodymium	ネオジム	Nd	60	144.24	7.007	1 016	3 180	0.188
Neon	ネオン	Ne	10	20.183	0.8387×10^{-3}	−248.597	−246.0	1.03
Neptunium	ネプツニウム	Np	93	(237)	20.25	637	—	1.26
Nickel	ニッケル	Ni	28	58.71	8.902	1 453	2 730	0.444
Niobium	ニオブ	Nb	41	92.906	8.57	2 468	4 927	0.264
Nitrogen	窒素	N	7	14.0067	1.1649×10^{-3}	−210	−195.8	1.03
Nobelium	ノーベリウム	No	102	(255)	—	—	—	—
Osmium	オスミウム	Os	76	190.2	22.59	3 027	5 500	0.130
Oxygen	酸素	O	8	15.9994	1.3318×10^{-3}	−218.80	−183.0	0.913
Palladium	パラジウム	Pd	46	106.4	12.02	1 552	3 980	0.243
Phosphorus	リン	P	15	30.9738	1.83	44.25	280	0.741
Platinum	白金	Pt	78	195.09	21.45	1 769	4 530	0.134
Plutonium	プルトニウム	Pu	94	(244)	19.8	640	3 235	0.130
Polonium	ポロニウム	Po	84	(210)	9.32	254	—	—
Potassium	カリウム	K	19	39.102	0.862	63.20	760	0.758
Praseodymium	プラセオジム	Pr	59	140.907	6.773	931	3 020	0.197
Promethium	プロメチウム	Pm	61	(145)	7.22	(1 769)	—	—
Protactinium	プロトアクチニウム	Pa	91	(231)	15.37(推定値)	(1 230)	—	—
Radium	ラジウム	Ra	88	(226)	5.0	700	—	—
Radon	ラドン	Rn	86	(222)	$*9.96 \times 10^{-3}$	(−71)	−61.8	0.092
Rhenium	レニウム	Re	75	186.2	21.02	3 180	5 900	0.134
Rhodium	ロジウム	Rh	45	102.905	12.41	1 963	4 500	0.243
Rubidium	ルビジウム	Rb	37	85.47	1.532	39.49	688	0.364
Ruthnium	ルテニウム	Ru	44	101.107	12.37	2 250	4 900	0.239
Rutherfordium	ラザホージウム	Rf	104	261.11	—	—	—	—
Samarium	サマリウム	Sm	62	150.35	7.52	1 072	1 630	0.197

元素		記号	原子番号 Z	モル質量 g/mol	密度 g/cm³ (20℃)	融点 ℃	沸点 ℃	比熱 J/(g·℃) (25℃)
Scandium	スカンジウム	Sc	21	44.956	2.99	1 539	2 730	0.569
Seaborgium	シーボーギウム	Sg	106	263.118	—	—	—	—
Selenium	セレン	Se	34	78.96	4.79	221	685	0.318
Silicon	珪素	Si	14	28.086	2.33	1 412	2 680	0.712
Silver	銀	Ag	47	107.870	10.49	960.8	2 210	0.234
Sodium	ナトリウム	Na	11	22.9898	0.9712	97.85	892	1.23
Strontium	ストロンチウム	Sr	38	87.62	2.54	768	1 380	0.737
Sulfur	硫黄	S	16	32.064	2.07	119.0	444.6	0.707
Tantalum	タンタル	Ta	73	180.948	16.6	3 014	5 425	0.138
Technetium	テクネチウム	Tc	43	(99)	11.46	2 200	—	0.209
Tellurium	テルル	Te	52	127.60	6.24	449.5	990	0.201
Terbium	テルビウム	Tb	65	158.924	8.229	1 357	2 530	0.180
Thallium	タリウム	Tl	81	204.37	11.85	304	1 457	0.130
Thorium	トリウム	Th	90	(232)	11.72	1 755	(3 850)	1.117
Thulium	ツリウム	Tm	69	168.934	9.32	1 545	1 720	0.159
Tin	錫	Sn	50	118.69	7.2984	231.868	2 270	0.226
Titanium	チタニウム	Ti	22	47.90	4.54	1 670	3 260	0.523
Tungsten	タングステン	W	74	183.85	19.3	3 380	5 930	0.134
Un-named	名称未設定	Uun	110	(269)	—	—	—	—
Un-named	〃	Uuu	111	(272)	—	—	—	—
Un-named	〃	Uub	112	(264)	—	—	—	—
Un-named	〃	Uut	113	—	—	—	—	—
Un-named	〃	Uuq	114	(285)	—	—	—	—
Un-named	〃	Uup	115	—	—	—	—	—
Un-named	〃	Uuh	116	(289)	—	—	—	—
Un-named	〃	Uus	117	—	—	—	—	—
Un-named	〃	Uuo	118	(293)	—	—	—	—
Uranium	ウラニウム	U	92	(238)	18.95	1 132	3 818	0.117
Vanadium	バナジウム	V	23	50.942	6.11	1 902	3 400	0.490
Xenon	キセノン	Xe	54	131.30	5.495×10^{-3}	−111.79	−108	0.159
Ytterbium	イッテルビウム	Yb	70	173.04	6.965	824	1 530	0.155
Yttrium	イットリウム	Y	39	88.905	4.469	1 526	3 030	0.297
Zinc	亜鉛	Zn	30	65.37	7.133	419.58	906	0.389
Zirconium	ジルコニウム	Zr	40	91.22	6.506	1 852	3 580	0.276

モル質量の欄の括弧内の数値は長寿命の同位体の値。
融点と沸点の欄の括弧内の数値は不確かである。
気体に関するデータは通常の分子状態（H_2, He, O_2, Ne 等）のときに正しい。気体の比熱は定圧比熱。
出典：J. Emsley, *The Elements*, 3rd ed., 1998, Clarendon Press, Oxford.
密度欄の＊は 0℃ での値。

解答

CHECKPOINTS

第22章
1. CとDは引き合う；BとDは引き合う
2. (a) 左向き；(b) 左向き；(c) 左向き
3. (a) a, c, b；(b) 小さい
4. $+15e$（正味の電荷 $+30e$ を等分配）

第23章
1. (a) 右向き；(b) 左向き；(c) 左向き；(d) 右向き（pとeの電荷の大きさは等しいがpの方が遠い）
2. すべて同じ
3. (a) $+y$ の向き；(b) $+x$ の向き；(c) $-y$ の向き
4. (a) 左向き；(b) 左向き；(c) 減少する
5. (a) すべて同じ；(b) 1と3が同じ, 2と4が同じ

第24章
1. (a) $+EA$；(b) $-EA$；(c) 0；(d) 0
2. (a) 2；(b) 3；(c) 1
3. (a) 同じ；(b) 同じ；(c) 同じ
4. (a) $+50e$；(b) $-150e$
5. 3と4が同じ, 2, 1

第25章
1. (a) 負の仕事；(b) 増える
2. (a) 正の仕事；(b) 高いところ
3. (a) 右向き；(b) 1, 2, 3, 5：正；4：負 (c) 3, 1と2と5が同じ, 4
4. 皆同じ
5. a, c（ゼロ）, b
6. (a) 2, 1と3が同じ；(b) 3；(c) 左向きに加速

第26章
1. (a) 変わらない；(b) 変わらない
2. (a) 減る；(b) 増える；(c) 減る
3. (a) $V, q/2$；(b) $V/2, q$
4. (a) $q_0 = q_1 + q_{34}$；(b) 同じ（C_3 と C_4 は直列）
5. (a) 変わらない；(b)〜(d) 増える；(e) 変わらない（電極板間の距離が変わらず, 電位差も変わらない）
6. (a) 変わらない；(b) 減る；(c) 増える

第27章
1. 8A, 右向き
2. (a)〜(c) 右向き
3. aとcが同じ, b
4. 素子2
5. aとbが同じ, d, c

第28章
1. (a) 右向き；(b) 皆同じ；(c) b, aとcが同じ；(d) b, aとcが同じ
2. (a) 皆同じ；(b) R_1, R_2, R_3
3. (a) 小さい；(b) 大きい；(c) 同じ
4. (a) $V/2, i$；(b) $V, i/2$
5. (a) 1, 2, 4, 3；(b) 4, 1と2が同じ, 3

第29章
1. (a) $+z$；(b) $-x$；(c) $\vec{F}_B = 0$
2. (a) 2, 1と3が同じ（ゼロ）；(b) 4
3. (a) $+z$ と $-z$ が同じ, $+y$ と $-y$ が同じ, $+x$ と $-x$ が同じ（ゼロ）；(b) $+y$
4. (a) 電子；(b) 時計まわり
5. $-y$
6. (a) 皆同じ；(b) 1と4が同じ, 2と3が同じ

第30章
1. a, c, b
2. b, c, a
3. d, aとcが同じ, b
4. d, a, bとc同じ（ゼロ）

第31章
1. b, dとeが同じ, aとcが同じ（ゼロ）
2. aとbが同じ, c（ゼロ）
3. cとdが同じ, aとbが同じ
4. b 出る, c 出る, d 入る, e 入る
5. d と e
6. (a) 2, 3, 1（ゼロ）；(b) 2, 3, 1
7. aとbが同じ, c

第32章
1. d, b, c, a（ゼロ）
2. (a) 2；(b) 1
3. (a) 遠ざかる；(b) 遠ざかる；(c) 小さい
4. (a) 向かう；(b) 向かう；(c) 小さい
5. a, c, b, d（ゼロ）
6. bとcとdが同じ, a

第33章
1. (a) $T/2$；(b) T；(c) $T/2$；(d) $T/4$
2. (a) 5V；(b) 150μJ
3. (a) 変わらない；(b) 変わらない
4. (a) C, B, A；(b) 1, A；2, B；3, S；4, C；(c) A
5. (a) 変わらない；(b) 増える
6. (a) 変わらない；(b) 減る
7. (a) 1, 遅れる；2, 進む；3, 同位相；(b) 3（$X_L = X_C$ のとき $\omega_d = \omega$）
8. (a) 増やす（回路は容量的；X_C を減らすために C を増やして共鳴に近づける）；(b) 近づく
9. (a) 大きくする；(b) 昇圧

第34章

1. (a)(図34-5参照)長方形の右辺で$\vec{E}$は$-y$向き；左辺で$\vec{E}+d\vec{E}$は同じ向きでより大きい；(b)$\vec{E}$は下向き。長方形の右辺で$\vec{B}$は$-z$向き；左辺で$\vec{B}+d\vec{B}$は同じ向きでより大きい
2. $+x$の向き
3. (a)変わらない；(b)減る
4. a, d, b, c(ゼロ)
5. a
6. (a)いいえ；(b)はい

問題

第22章

1. いいえ，荷電粒子(帯電した粒子状の物体)と球殻に対してのみ成り立つ
2. 全て同じ
3. aとb
4. (a)2つの間；(b)正電荷；(c)不安定
5. 紙面上向きに$2q^2/4\pi\varepsilon_0 r^2$
6. aとdが同じ，bとcが同じ
7. (a)同じ；(b)小さい；(c)打ち消す；(d)足される；(e)足される成分；(f)yの正の向き；(g)yの負の向き；(h)xの正の向き；(i)xの負の向き
8. (a)中性；(b)負に帯電
9. (a)可能性；(b)確実
10. ある程度の電子が遠い端に移動すると，近い端の電子は，負に帯電した棒だけでなく遠い端に移動した電子からも反発力を受ける。
11. いいえ(人間と導体が電荷を分け合う)

第23章

1. (a)$+x$の向き；(b)右下向き；(c)A
2. (a)左；(b)ない
3. 1点は3粒子の左，もう1点は陽子の間
4. $q/4\pi\varepsilon_0 d^2$，左向き
5. (a)はい；(b)電荷へ向かう向き；(c)いいえ(電場ベクトルは同じ直線上にない)；(d)打ち消す；(e)足される；(f)加算成分；(g)$-y$の向き
6. 皆同じ
7. e, b, aとcが同じ，d(ゼロ)
8. (a)右向き；(b)$+q_1$と$-q_3$は増える；$+q_2$は減る；nは変わらない
9. (a)下向き；(b)2と4は下向き，3は上向き
10. (a)正；(b)同じ
11. (a)4, 3, 1, 2；(b)3, 1と4が同じ, 2
12. 摩擦によって余剰電荷がたまる；余剰電荷が電場をつくる；別の物体が近づくと余剰電荷が引き寄せられて電場が強くなる；空気の絶縁破壊が起きて放電する。

第24章

1. (a)$8\,\mathrm{Nm^2/C}$；(b)0
2. (a)a^2；(b)πr^2；(c)$2\pi rh$
3. (a)4つすべて；(b)同じ
4. 皆同じ
5. (a)S_3, S_2, S_1；(b)皆同じ；(c)S_3, S_2, S_1；(d)皆同じ(ゼロ)
6. 皆同じ
7. $2\sigma, \sigma, 3\sigma$ または $3\sigma, \sigma, 2\sigma$
8. (a)2, 1, 3；(b)皆同じ($+4q$)
9. (a)皆同じ ($E=0$)；(b)皆同じ
10. (a)a, b, c, d；(b)aとbが同じ, c, d

第25章

1. (a)高くなる；(b)正；(c)負；(d)皆同じ
2. (a)1と2；(b)ない；(c)いいえ；(d)1と2，はい；3と4，いいえ
3. $-4q/4\pi\varepsilon_0 d$
4. b, aとcとdが同じ
5. (a)〜(c)$Q/4\pi\varepsilon_0 R$；(d)a, b, c
6. (a)1, 2と3が同じ；(b)3
7. (a)2, 4, 1と3と5が同じ ($E=0$)；(b)負の向き；(c)正の向き
8. (a)3と4が同じ，1と2が同じ；(b)1と2は増える，3と4は減る
9. (a)〜(d)すべてゼロ
10. (a)正；(b)正；(c)負；(d)皆同じ

第26章

1. a, 2；b, 1；c, 3
2. (a)$V/3$；(b)$+CV/3$；(c)$+CV/3$ ($+CV$ではない)
3. (a)直列；(b)並列；(c)並列
4. (a)いいえ；(b)はい；(c)皆同じ
5. (a)$C/3$；(b)$3C$；(c)並列
6. 並列，C_1のみ，C_2のみ，直列
7. (a)変わらない；(b)変わらない；(c)大きい；(d)多い
8. (a)〜(d)すべて小さくなる
9. (a)2；(b)3；(c)1
10. (a)小さい；(b)大きい；(c)同じ；(d)大きい
11. (a)増える；(b)増える；(c)減る；(d)減る；(e)変わらない，増える，増える，増える

第27章

1. aとbとcが同じ，d(ゼロ)
2. aとbとcが同じ，d
3. b, a, c
4. 大きくなる
5. AとBとCが同じ，A+BとB+Cが同じ，A+B+C
6. (a)〜(d)上下，前後，左右

解答 303

7. (a)～(c) 1と2が同じ，3
8. C，AとBが同じ，D
9. C，A，B
10. (a) 導体：1と4；半導体：2と3；(b) 2と3；(c) 4つすべて

第28章

1. 3, 4, 1, 2
2. (a) 直列；(b) 並列；(c) 並列
3. (a) いいえ；(b) はい；(c) 皆同じ
4. (a) 同じ；(b) 大きい
5. 並列，R_2，R_1，直列
6. 2.0 A
7. (a) 同じ；(b) 同じ；(c) 小さい；(d) 大きい
8. 60 μC
9. (a) 小さい；(b) 小さい；(c) 大きい
10. (a) 皆同じ；(b) 1, 3, 2
11. c, b, a

第29章

1. (a) 間違い，$\vec{v}$と$\vec{F}_B$は直交すべき；(b) 正しい；(c) 間違い，$\vec{B}$と$\vec{F}_B$は直交すべき
2. aとbとcが同じ，d (ゼロ)
3. (a) $\vec{F}_E$；(b) $\vec{F}_B$
4. 2, 5, 6, 9, 10
5. (a) 負；(b) 同じ；(c) 同じ；(d) 同じ
6. 紙面に入る向き：a, d, e；紙面から出る向き：b, c, f (粒子は負電荷)
7. (a) $\vec{B}_1$；(b) $\vec{B}_1$紙面に入る，$\vec{B}_2$紙面から出る (c) 短い
8. 1i, 2e, 3c, 4a, 5g, 6j, 7d, 8b, 9h, 10f, 11k
9. (a) 1, 180°；2, 270°；3, 90°；4, 0°；5, 315°；6, 225°；7, 135°；8, 45° (b) 1と2が同じ，3と4が同じ；(c) 8, 5と6が同じ，7
10. (a) 正；(b) (1)と(2)が同じ，(3) (ゼロ)

第30章

1. c, d, aとbが同じ
2. (a) 紙面に入る；(b) 大きい
3. c, a, b
4. b, d, a (ゼロ)
5. (a) 1, 3, 2；(b) 小さい
6. a, bとdが同じ，c
7. cとdが同じ，b, a
8. b, a, d, c (ゼロ)
9. d, aとeが同じ，b, c
10. (a) 2と4を逆に；(b) (2と4)を6と逆に；(c) (1と5)を(3と6)と逆に；(d) (1と5)を(2と3と4)と逆に

第31章

1. (a) すべて同じ (ゼロ)；(b) 2, 1と3が同じ (ゼロ)
2. 紙面から出る
3. (a) 紙面に入る；(b) 反時計まわり；(c) 大きい
4. (a) 左向き；(b) 右向き
5. c, a, b

6. dとcが同じ，b, a
7. c, b, a
8. c, a, b
9. (a) 大きい；(b) 同じ；(c) 同じ；(d) 同じ (ゼロ)
10. a, 2；b, 4；c, 1；d, 3

第32章

1. 与える
2. b
3. (a) すべて下向き；(b) 1上向き，2下向き，3ゼロ
4. (a) 増える；(b) 増える
5. (a) 1上向き，2上向き，3下向き；(b) 1下向き，2上向き，3ゼロ
6. (a) 1下向き，2下向き，3上向き；(b) 1上向き，2下向き，3ゼロ
7. (a) 1上向き，2上向き，3下向き；(b)と(c) 2, 1と3が同じ
8. a, 増える；b, 減る
9. (a) 右向き；(b) 左向き；(c) 紙面に入る
10. 1/4
11. 1, a；2, b；3, cとd

第33章

1. (a) $T/4$；(b) $T/4$；(c) $T/2$ (図33-2)；(d) $T/2$ (図31-37)
2. nをゼロまたは正の整数として，(a) $0 \pm n2\pi$；(c) $\pi/2 \pm n2\pi$；(e) $\pi \pm n2\pi$；(g) $3\pi/2 \pm n2\pi$
3. b, a, c
4. (a) 小さい；(b) 大きい
5. (a) 3, 1, 2；(b) 2, 1と3が同じ
6. (a) 減る；(b) 変わらない (U_BはU_Eに等しいが，U_Eは変わっていない)
7. a, インダクター；b, 抵抗；c, キャパシター
8. (a) 1と4；(b) 2と3
9. (a) 進んでいる；(b) 容量的；(c) 小さい
10. a, 小さい；b, 同じ；c, 大きい
11. (a) 右，増える (X_Lが増えて共鳴に近づく)；(b) 右，増える (X_Cがが減って共鳴に近づく) (c) 右，増える (ω_d/ωが増えて共鳴に近づく)
12. (a) 正；(b) 減らす (X_Lを減らして共鳴に近づける)；(c) 減らす (X_Cを増やして共鳴に近づける)

第34章

1. (a) $+z$の向き；(b) x軸
2. 紙面に入る向き
3. (a) 変わらない；(b) 増える；(c) 減る
4. (a)と(b) どちらも $A = 1$，$n = 4$，$\theta = 30°$
5. c
6. b, 30°；c, 60°；d, 60°；e, 30°；f, 60°
7. a, b, c
8. d, b, a, c
9. どれも不可能
10. (a) b；(b) 青；(c) c
11. b
12. 1.5

PHOTO CREDITS

CHAPTER 22
Page 1: Michael Watson. Page 2: ©Fundamental Potographs. page 3: Courtesy Xerox Corporation. Page 4: Johann Gabriel Doppelmayr, *Neuentdeckte Phaenomena von Bewünderswurdigen Würckungen der Natur,* Nuremberg, 1744. Page 12: Courtesy Lawrence Berkeley Laboratory.

CHAPTER 23
Page 15: Tsuyoshi Nishiinoue/Orion press. Page 29: Russ Kinne/Comstock, Inc.

CHAPTER 24
Page 35: Ralph H. Wetmore II/Tony Stone Images/New York, Inc. Page 46: (left): ©C.Johnny Autery. Page 46: (right): Courtesy E. Philip Krider, Institute for Atmospheric Physics, University of Arizona, Tucson.

CHAPTER 25
Pages 53 and 58: Courtesy NOAA. Page 70: Courtesy Westinghouse Corporation.

CHAPTER 26
Page 73: Bruce Ayres/Tony Stone Images/New York, Inc. Page 74: Paul Silvermann/Fundamental Photographs. Page 85: ©Harold & Ester Edgerton Foundaion, 1999, courtesy of Palm press, Inc. Page 87: Courtesy The Royal Institute, England.

CHAPTER 27
Page 95: ©UPI/Corbis Images. Page 101: The Image Works. Page 109: ©Laurie Rubin. Page 112: Courtesy Shoji Tonaka, International Superconductivity Technology Center, Tokyo, Japan.

CHAPTER 28
Page 115: Hans Reinhard/Bruce Coleman, Inc. Page 116: Courtesy Southern California Edison Company.

CHAPTER 29
Page 137: Johnny Johnson/Tony Stone Images/New York, Inc. Page 138: Ray Pfortner/Peter Arnold, Inc. Page 140: Lawrence Berkeley Laboratory/Photo Researchers. Page 141: Courtesy Dr. Richard Cannon, Southeast Missouri State University, Cape Girardeau. Page 147: Courtesy John Le P. Webb, Sussex University, England. Page 149: Courtesy Dr. L. A. Frank, University of Iowa.

CHAPTER 30
Page 162: Michael Brown/Florida Today/Gamma Liaison. Page 164: Courtesy Educaiton Development Center.

CHAPTER 31
Page 181: Dan McCoy/Black Star. Page 186: Courtesy Fender Musical Instruments Corporation. Page 196: Courtesy The Royal Institute, England.

CHAPTER 32
Page 210: Courtesy A. K. Geim, High Field Magnet Laboratory, University of Nijmegen, The Netherlands. Page 211: Runk/Schoenberger/Grant Heilman Photography. Page 220: Peter Lerman. Page 223: Courtesy Ralph W. DeBlois.

CHAPTER 33
Page 234: Photo by Rick Diaz, provided courtesy Haverfield Helicopter Co. Page 237: Courtesy Agilent Technolofies. Page 259: Ted Cowell/Black Star.

CHAPTER 34
Page 265: John Chumack/Photo Researchers. Page 280: Diane Schiumo/Fundamental Photographs. Page 282: *PSSC Physics,* 2nd edition; ©1975 D. C. Heath and Co. with Education Development Center, Newton, MA. Reproduced with permission of Education Development Center. Page 284: Courtesy Bausch & Lomb. Page 285: Barbara Filet/Tony Stone Images/New York, Inc. Page 287: Greg Pase/Tony Stone Images /New York, Inc.

索　　引

あ　行

RC 回路　　131
RL 回路　　198, 199
RLC 回路　　242, 251
泡箱　　13, 140
アンテナ　　267
アンペア　　97
アンペール　　170
　　――の法則　　170
　　――-マクスウェルの法則
　　　　226, 228, 230
　　――・ループ　　170, 171

位相定数　　245, 253
位相ベクトル　　246
稲妻　　46
色分散　　283
陰極管　　142
インクジェット・プリンタ　　28
インダクター　　195
インダクタンス　　195
インピーダンス　　253
　　――整合　　261

ヴァンアレン帯　　95, 148
渦電流　　190, 191
宇宙線　　96

永久磁石　　137
エッジ効果　　48
エネルギー移動率　　109, 123, 189
エネルギー散逸率　　256
エネルギー密度　　85, 274
　　磁気――　　203
エネルギー輸送率　　273
LC 回路　　235
LC 振動子　　267
エルステッド　　1
エレクトリックギター　　186
遠隔作用　　15

オーミック損失　　259
オーム　　101
オームの法則　　105, 106, 107

か　行

オーロラ　　148
　　――オーバル　　148
オンネス　　112

回路
　　RC――　　131
　　電気――　　75
　　分岐――　　124
　　RL――　　198, 199
　　RLC――　　242, 251
　　LC――　　235
ガウス　　35, 140
　　――の法則（電気）　　230
　　――の法則（磁気）　　230
ガウスの法則　　35, 36, 39, 41, 45,
　　47, 48, 211
ガウス面　　36, 38, 39, 211
角振動数　　240, 244
　　駆動――　　244
　　固有――　　245
重ね合わせの原理　　19, 20, 61
荷電粒子　　5
　　――の円運動　　146
雷　　46, 58, 69
完全吸収　　276
完全反射　　276

幾何光学　　281
基準配置　　54
基準ポテンシャルエネルギー
　　54, 55
起電力　　115, 117
　　――の規則　　119
　　――発生装置　　115
軌道角運動量　　215
軌道磁気双極子モーメント　　215
軌道磁気量子数　　216
キャパシター　　73
　　円筒――　　78
　　球形――　　78
　　等価――　　79
　　平行極板――　　74, 78, 90
　　――の充電　　131
　　――の直列接続　　80

　　――の並列接続　　79
　　――の放電　　75, 132
球殻定理　　6, 7, 49
キュリー　　221
　　――温度　　222
　　――定数　　221
　　――の法則　　221
共鳴　　254
キルヒホッフ　　118
　　――の電圧法則　　118
　　――の電流法則　　125
　　――の分岐点法則　　125
　　――の閉回路法則　　118

クーロン　　5
クーロン（C）　　6
クーロンの法則　　3, 5, 19, 35, 41
クォーク　　10
屈折　　282
　　――角　　282
　　――の法則　　282
　　――率　　282

原子核　　4
検流計　　156

コイル　　176
交換相互作用　　222
光線　　268
光速　　268
降伏電圧　　86
交流　　243, 244
　　――発電機　　244
コンデンサー　　73

さ　行

サイクロトロン　　151
散逸　　109
散逸率　　123

磁荷　　138, 211
磁化　　221
　　――曲線　　221, 225
　　――電流　　260
磁気双極子　　157, 176, 211

索引

　　　——モーメント　157
磁気単極子　138, 211
磁気ポテンシャルエネルギー
　　　157
磁気ボトル　148
磁極　141
　　S極　140
　　N極　140
　　磁南極　141, 212
　　磁北極　141, 212
　　北——　213
磁気力　139
磁区　223
試験電荷　16, 19
仕事　31, 54, 56
仕事率　189, 190
自己誘導　197
　　——起電力　197
磁性　218
　　強——　218, 222
　　常——　218, 220
　　反——　218, 219
　　——体　218
磁束　183
　　——の結合　195
実効速度　107
実効値　257
　　起電力——　257
　　電圧——　257
　　電流——　257
質量分析器　149
時定数　132, 199
　　誘導性——　199
　　容量性——　132
磁南極　141, 148, 212
磁場　137, 138
　　地球——　141
磁北極　141, 148, 212
充電　74
自由電子　42
磁力線　140
シンクロトロン　152
振動　235
　　LC——　235, 238, 239
　　強制——　245
　　駆動——　245
　　減衰——　242
　　自由——　245
　　電荷と電流の——　240
　　電気的——　238
　　電磁エネルギーの——　240

　　力学的——　238
振幅　245

彗星　277
スネルの法則　282
スパーク　15, 29
スピン　214
　　——角運動量　214
　　——磁気双極子モーメント
　　　　214
　　——磁気量子数　214
スペクトル　265

静電気力　3, 5
静電定数　5
絶縁体　3
絶縁破壊　29
接地　3

双極子軸　20
双極子モーメント　21, 64
　　永久電気——　63, 89
　　誘導——　64
相互インダクタンス　205
相互誘導　205
素電荷　10, 28
ソレノイド　173

た　行

対称性　35
帯電　2
太陽風　95
単色　283

地磁気　212
　　——の伏角　212
　　——の偏角　212
中性子　4, 10
超伝導　112
　　——体　4
直列　80
直交電磁場　142, 144

対消滅　12
対生成　13

抵抗　101
　　——器　101
　　——計　130
　　——の温度係数　104
　　——の規則　119

　　——の直列接続　120
　　——の並列接続　125
　　——率　102, 106
テスラ　140
電圧計　130, 156
電位　55, 56, 193, 194
電位差　55, 122
電荷　2
　　自由——　90, 91
　　正味の——　2
　　線——　22, 25
　　表面——　91
　　面——　26
　　誘起——　91
　　——の保存　12
　　——ポンプ　115
電荷キャリア　97, 144
　　——の数密度　145
　　——密度　100
電荷密度　22
　　線——　22, 45
　　面——　22, 47
電気回路　75
電気ウナギ　128
電気双極子　18, 20, 30, 31, 63
　　——モーメント　21
電気素量　10
電気抵抗　101
電気的に中性　2
電気ポテンシャルエネルギー
　　　53, 54, 84, 109
　　電荷系の——　67
電気容量　74, 76
電極板　74
電気力線　17, 38
電子　3, 10
　　自由——　96
　　伝導——　96
　　——の発見　143
電磁エネルギー　242
電磁石　137
電磁振動　235
電磁波　265, 267
電子ボルト　56
電池　75
点電荷　5, 19
伝導電子　4, 42
伝導率　102
電場　15, 16
　　一様な——　18
　　外部——　27

合成―― 19
正味の―― 19
――のrms値 274
電場束 37, 38, 211
電流 4, 95, 96
――の向き 97
電流計 130, 156
電流振幅 252
電流-長さ要素 163
電流密度 98
電力 108, 109, 123, 256
平均―― 257
等価―― 121

等価抵抗 126
同軸ケーブル 204
透磁率 163
導体 3
孤立した―― 42
等電位面 57
トムソン 142
トランス 260
ドリフト速度 99, 107, 145
トルク 30, 155
双極子に働く―― 30
トロイド 175

な 行
内部抵抗 120, 198
波の強度 273

虹 285
入射角 282

は 行
場
スカラー―― 16
ベクトル―― 16
白色光 283
波面 268
反射 282
全―― 286
――角 282
――の法則 282
半導体 4, 110

ビオ・サバールの法則 163
光の強度 279
――のコサイン2乗ルール 279
――の1/2ルール 279

光ファイバー 287
非極性分子 63
ヒステリシス 225
――曲線 225
火花放電 29
微分方程式 132, 199, 239, 242
――の一般解 133
――の特殊解 133

ファラッド 74
ファラデー 1, 17, 86
――の電磁誘導の法則 181, 182, 270
――の法則 184, 230
抵抗―― 245
誘導性―― 249
容量性―― 247
輻射 267
――圧 275
不導体 3
フラックス 36
プランク定数 214
フランクリン 3
ブリュスター 289
ブリュスター角 288
ブリュスターの法則 288, 289
フリンジング 48
分岐点の法則 125
分極 64

閉回路の法則 118
平面波 268
並列 79, 125
ヘルツ 265
変圧器 260
変位電流 228
偏光 278
直線―― 278
非―― 278
部分―― 278
面―― 278
ランダム―― 278
――軸 279
――板 279
――面 278
ヘンリー 195

ポインティング 273
ポインティングベクトル 273
放射 267
――圧 275

放射性崩壊 12
法線ベクトル 155
放電 3
ボーア磁子 215
ホール 144
――効果 144
――電圧 144
保存力 59
ポテンシャル 55
ポテンシャルエネルギー 31
基準―― 54, 55
双極子の―― 31
電気―― 53, 54, 84, 109
ボルト 56

ま 行
マクスウェル 2, 170, 265
――の方程式 230
――の誘導法則 225, 272

右手ルール 164, 168
ミリカン 28

面積ベクトル 36

モーター 155

や 行
誘電体 86, 89
極性―― 89
非極性―― 89
誘電破壊強さ 87
誘電物質 86
誘電率
真空の―― 6
真空の―― 88
比―― 86, 88
誘導 64, 182
――起電力 182, 193
――磁場 225, 271
――電圧 260
――電荷 4
――電場 191, 193, 270
――電流 182, 183

陽子 3, 10
陽電子 12

ら 行
螺旋軌道 147
螺旋の半径 148

螺旋のピッチ　148

リアクタンス
　　誘導性——　249
　　容量性——　247
力率　257

流線　99
量子化　11, 214
臨界角　286

ループ模型　216, 217

レールガン　169
レンツ　185
　　——の法則　185

ローランドリング　222

監訳者略歴

野 﨑 光 昭
のざき みつあき

1977年　東京大学理学部物理学科卒
1982年　東京大学大学院博士課程修了，
　　　　理学博士
1982年　東京大学理学部助手
1991年　神戸大学理学部助教授
1996年　神戸大学理学部教授
2006年　高エネルギー加速器研究機構
　　　　素粒子原子核研究所教授

Ⓒ　培風館 2002

2002年11月20日　初　版　発　行
2020年 3 月10日　初版第12刷発行

物理学の基礎 3

電 磁 気 学

　　　　　　　D. ハリディ
原著者　　　R. レスニック
　　　　　　　J. ウォーカー
監訳者　　野　﨑　光　昭
発行者　　山　本　　格

発行所　株式会社　培風館
東京都千代田区九段南 4-3-12・郵便番号 102-8260
電話(03)3262-5256(代表)・振替00140-7-44725

中央印刷・牧 製本
PRINTED IN JAPAN

ISBN978-4-563-02257-0　C3042